半导体科学与技术丛书

半导体太阳电池数值分析基础

（上册）

张 玮 著

科学出版社

北 京

内 容 简 介

本书涵盖了实现半导体太阳电池数值分析所需的器件物理模型、数据结构、数值算法和软件实施等四部分内容，着重于物理模型的来龙去脉、数据结构的面向对象、数值算法的简洁高效、软件实施的完整详尽，最终方便读者快速开发面向自己工作的数值分析工具。本书建立在作者 20 年来从事 III-V 族多结太阳电池器件物理与制备技术的经验基础上，相关内容是十几年来开发具有自主知识产权的多异质结太阳电池数值分析软件工作的总结与提炼，部分内容作为上海航天技术研究院研究生的专业课讲授过。

本书可作为从事半导体太阳电池研究和制备工作的技术人员的系统性培训和参考手册，也可作为相关专业高年级本科生、研究生的学习资料，同时相关模型和方法可以直接应用于开发面向半导体光电器件与固态微波器件的数值分析软件。

图书在版编目(CIP)数据

半导体太阳电池数值分析基础. 上册/张玮著.—北京：科学出版社，2022.8
(半导体科学与技术丛书)
ISBN 978-7-03-072923-1

Ⅰ. ①半… Ⅱ. ①张… Ⅲ. ①太阳能电池–数值分析 Ⅳ. ①TM914.4

中国版本图书馆 CIP 数据核字(2022)第 152883 号

责任编辑：周　涵　田轶静 / 责任校对：彭珍珍
责任印制：赵　博 / 封面设计：陈　敬

科 学 出 版 社 出版
北京东黄城根北街 16 号
邮政编码：100717
http://www.sciencep.com

北京建宏印刷有限公司印刷
科学出版社发行　各地新华书店经销
*
2022 年 8 月第 一 版　　开本：720×1000　B5
2025 年 2 月第二次印刷　　印张：27
字数：542 000
定价：198.00 元
(如有印装质量问题，我社负责调换)

《半导体科学与技术丛书》编委会

《半导体科学与技术丛书》出版说明

半导体科学与技术在 20 世纪科学技术的突破性发展中起着关键的作用，它带动了新材料、新器件、新技术和新的交叉学科的发展创新，并在许多技术领域引起了革命性变革和进步，从而产生了现代的计算机产业、通信产业和 IT 技术。而目前发展迅速的半导体微/纳电子器件、光电子器件和量子信息又将推动 21 世纪的技术发展和产业革命。半导体科学技术已成为与国家经济发展、社会进步以及国防安全密切相关的重要的科学技术。

新中国成立以后，在国际上对中国禁运封锁的条件下，我国的科技工作者在老一辈科学家的带领下，自力更生，艰苦奋斗，从无到有，在我国半导体的发展历史上取得了许多"第一个"的成果，为我国半导体科学技术事业的发展，为国防建设和国民经济的发展做出过有重要历史影响的贡献。目前，在改革开放的大好形势下，我国新一代的半导体科技工作者继承老一辈科学家的优良传统，正在为发展我国的半导体事业、加快提高我国科技自主创新能力、推动我们国家在微电子和光电子产业中自主知识产权的发展而顽强拼搏。出版这套《半导体科学与技术丛书》的目的是总结我们自己的工作成果，发展我国的半导体事业，使我国成为世界上半导体科学技术的强国。

出版《半导体科学与技术丛书》是想请从事探索性和应用性研究的半导体工作者总结和介绍国际和中国科学家在半导体前沿领域，包括半导体物理、材料、器件、电路等方面的进展和所开展的工作，总结自己的研究经验，吸引更多的年轻人投入和献身到半导体研究的事业中来，为他们提供一套有用的参考书或教材，使他们尽快地进入这一领域中进行创新性的学习和研究，为发展我国的半导体事业做出自己的贡献。

《半导体科学与技术丛书》将致力于反映半导体学科各个领域的基本内容和最新进展，力求覆盖较广阔的前沿领域，展望该专题的发展前景。丛书中的每一册将尽可能讲清一个专题，而不求面面俱到。在写作风格上，希望作者们能做到以大学高年级学生的水平为出发点，深入浅出，图文并茂，文献丰富，突出物理内容，避免冗长公式推导。我们欢迎广大从事半导体科学技术研究的工作者加入到丛书的编写中来。

愿这套丛书的出版既能为国内半导体领域的学者提供一个机会，将他们的累累硕果奉献给广大读者，又能对半导体科学和技术的教学和研究起到促进和推动作用。

2005 年 3 月 16 日

序

　　上海空间电源研究所张玮教授所著《半导体太阳电池数值分析基础》(上下册)，是我国第一本有关太阳电池器件物理与光电特性分析的模拟计算基础著作。该书涵盖了半导体太阳电池数值分析的物理模型、数据结构、数值算法与软件实施四个部分，建立了四者之间的有机联系，使读者在明晰的物理模型与简洁高效的数值算法的基础上，掌握一套完整的开发体系，由此可开发出自主可控、面向自己工作的数值分析软件。

　　借助数值模拟计算进行器件结构的优化设计与性能分析是半导体太阳电池研制过程中的关键环节。在学术交流中发现，世界上主要的器件研制单位几乎都有自己独立自主的数值分析软件，这使得他们在光伏材料和器件的创新工作中引领风骚。例如，澳大利亚新南威尔士大学从 20 世纪 80 年代以来，就将单晶硅太阳电池的前、后表面钝化作为研究的焦点，将单晶硅电池效率提高到 20% 以上；同时在 20 世纪 80 年代中期开发出 PC-1D 软件，进一步促进了单晶硅电池效率的改善，直到 20 世纪 90 年代后期将电池效率提高到 24.7%，同时 PC-1D 软件也有若干新版本出现。

　　再如，早在 1981 年，美国宾夕法尼亚大学 S. J. Fonash 教授撰写了 *Solar Cell Device Physics* 一书，成为这一领域的经典，被美国各大学广泛采用作为教科书或者教学参考书。在此基础上，1997 年 S. J. Fonash 教授等开发了 AMPS-1D 软件，虽可广泛适用于微电子和光电子器件结构的模拟分析，但实际上主要针对非晶硅薄膜太阳电池。还有一个有趣的背景是，C. R. Wronski 教授——非晶硅电池的发明者之一、非晶硅光致退化效应 (Staebler-Wronski effect) 发现者之一，也在该校任职。张玮教授 2011 年还采用 AMPS-1D 软件研究了 nc-p/i-a-SiGe 界面失配引起的 *J-V* 曲线拐弯问题，模拟的结果同实验数据非常吻合，彰显了该软件对非晶硅太阳电池数值模拟的效能。

　　1996 年比利时根特大学发布的 SCAPS-1D 软件，原本针对的是 CIGS 和 CdTe 薄膜电池，后来扩展到其他种类电池的数值模拟。2003 年德国亥姆霍兹柏林材料和能源研究中心开发的 AFORS-HET 软件，主要用于模拟计算异质结光伏电池器件。我国河北工业大学任丙彦等，以及中国科学院电工研究所赵雷等，应用 AFORS-HET 软件分析了非晶硅/晶体硅异质结 (HJT)，他们在 AFORS-HFT 软件使用手册指导下，输入若干相关参数，通过改变参数得到相应电池性能变化趋势，获得了若干有意义的结果。不过，这些数值计算模拟还是属于"应用"层面上。近年来，我国非晶硅/晶体硅异质结电池，获得了显著进展，几家公司所获得的效率突破了 25%，甚至达到 26%，很需要有数值软件分析的帮助，以获得进一步的提高。

　　该书作者有近 20 年从事 Ⅲ-Ⅴ 族高效多结叠层太阳电池器件物理与制备技术的实践经验，特别是作为 973 项目首席科学家，有完成"基于光谱匹配材料体系的空间高效太阳电池基础研究"任务的总结与提炼。在该书基础上，张玮教授开发了通用性软件"先进异质结太阳电池模拟器"，可以应用于 Ⅲ-Ⅴ 族多结高效电池、非晶硅/晶体硅异质结电池、有机太阳电池等的数值模拟。书中还给出了关于 Ⅲ-Ⅴ 族高效五结叠层太阳电池的数值模拟范例。另外，该书部分内容给上海航天技术研究院研究生作为专业课讲授过。

廖显伯

2021 年 12 月 27 日于北京

前　言

借助数值计算进行器件结构设计与性能分析是半导体太阳电池研制过程的关键环节，开展相关工作需要具备四个基本要素：① 源头清晰的物理模型；② 面向物理模型和数值计算的数据结构；③ 简洁高效的数值算法；④ 完整详尽的软件实施过程。《半导体太阳电池数值分析基础》面向上述需求而生，全书分上下两册。

上册主要阐述半导体太阳电池数值分析涉及的物理模型及对应的数据结构，主要目的是明晰各种物理模型的来龙去脉与适用范围，没有像很多参考资料那样直接引用，而是尽量放到物理学的基本理论框架范围内推导出，这样做虽然开始有些费时费力，但最终既有助于认识物理模型的内涵与有效性，又能加深对数据结构的理解，方便读者做持续的理论框架上的修正和延展。主要内容如下。

第 1 章：半导体太阳电池的基本图像。半导体太阳电池作为太阳能发电的一个组成部分，具有一些典型的基本特征，从全局上认识这些基本特征至关重要。本章从材料物理与器件物理角度分析了组成半导体太阳电池的各个基本要素的意义，包括热力学、能带、产生复合、输运、光子调控、唯象电路以及多结等。

第 2 章：半导体太阳电池数值分析基本流程。半导体太阳电池数值分析从属于半导体光电器件，这是一门有着近 60 年悠久历史的学科。本章阐述了光电器件数值分析的意义及各个组成要素，同时简介了目前国外半导体太阳电池数值分析软件的发展情况。

第 3 章：电子态。设计太阳电池的第一步是要观察材料中吸收光子的能级及其容纳光生载流子的能力，即所谓的电子态。不同半导体材料的电子态不同，本章从晶体对称性角度阐述了典型半导体光伏材料发生光学吸收的电子态特性，获得相关的能带结构，建立了电子态在弱外场 (太阳电池是稳态静电场) 作用下的演化方程，最后讨论了与之相对应的数据结构。

第 4 章：输运模型。从热力学角度看，半导体太阳电池传递能量的介质是光生载流子，本章在半经典气体统计热力学理论框架 (Boltzmann-Vlasov 方程) 内建立了载流子的分布统计规律和宏观输运模型，强调了半导体太阳电池的做功介质是 "电子气" 这一基本概念，基于光子、载流子、晶格 (含缺陷) 和环境等四个系综之间的能量交换图像，推导出适用于一般情形的 6 成员能量输运方程体系、载流子与晶格能量瞬间交换情形的 4 成员扩散漂移热传导体系与低光照情形的 3 成员扩散漂移体系，也给出了量子限制对载流子统计与输运方程的修正，最后讨论了面向输运方程的数据结构以及输运特性对电子态数据结构的扩展。

第 5 章：缺陷的电荷统计与复合速率。半导体材料中的缺陷特性几乎完全决定了太阳电池的性能，基于统计热力学多系综模型的方法能够将缺陷特性有机地嵌入半经典输运模型中。本章在平衡态巨正则系综统计力学框架内建立了独立多能级缺陷的热平衡统计分布模型，获得了具有重要研究意义的电荷中性方程，在化学反应热力学框架内建立了光照情况下缺陷的非平衡统计分布模型与复合动力学模型，讨论了复合动力学模型的数值溢出问题并给出了稳定算法，最后讨论了相对应的数据结构。

第 6 章：光学产生速率。依据光学原理能够先验地设计和分析太阳电池结构的优劣。本章在薄膜干涉光学理论框架内建立了半导体太阳电池的光学模型，阐述了减反射膜的设计方法与输运方程中光学产生速率的计算方法 (包括表面/界面粗糙度引入的修正)。实际研制工作中，光学计算部分通常以独立模块的形式先于输运方程计算环节出现，针对这种需求，给出了完整的数据结构和计算细节，并以 Ⅲ-V 族五结太阳电池中前面三结的光学设计为例进行阐述。

第 7 章：光子自循环。自发辐射复合效应产生的光子被重新吸收是光电材料的一种本征效应，同一电池本体内的光子再利用效应能够唯象地增加少数载流子的有效寿命与扩散长度，不同子电池之间则增强了相互的电流耦合。光子自循环效应对于精细设计与分析太阳电池结构至关重要。本章分别在射线光学理论框架和多层薄膜电磁学框架内阐述了近年来颇受关注的太阳电池中光子自循环效应的计算方法。

第 8 章：表面与界面。要严格地建立关于表面和界面的物理模型是一件相当繁复的事情，这主要是因为在边界附近几个原子层内存在极大的起伏，不是通常理解的那样陡变，然而针对宏观器件，依据陡变边界假设基础建立的半经典物理模型得到的结果又非常合理，本章系统地描述了这些模型的建立过程。

第 9 章：量子隧穿。当势垒厚度在几纳米时，量子隧穿效应会起到主导作用，半导体太阳电池中发生这种效应的区域如多结中的隧穿结、急剧弯曲的异质界面等，涉及能带之间、能带与缺陷能级之间，甚至缺陷与缺陷之间等的不同通道，准确地设计和分析量子隧穿效应对太阳电池，尤其是多结非常关键。然而，关于它们的数值分析远不如子电池本身的那么成熟，主要是因为隧穿机制的引入使得数值分析复杂起来，同时数值描述模型尚处于不断完善之中。本章讨论了容易嵌入第 4 章半经典输运模型的量子隧穿物理模型。

本书得到了上海空间电源研究所出版基金的全额资助，感谢姜文正、陈鸣波、朱凯、张永立等领导在书稿准备和撰写过程中所给予的持续鼓励与大力支持，感谢李欣益、陆宏波、李戈等同事许多有益的建议与对稿件的修正，感谢人力资源部郑贤东、康昱等的大力协助，感谢家人的支持与陪伴。

如果本书的内容能对您的工作有些许帮助,将是作者最大的欣慰。最后限于作者的认识范围,多有不当之处,敬请读者多提宝贵意见。联系方式: ageli@163.net。

作　者

2021 年 12 月 31 日

目　　录

第 1 章　半导体太阳电池的基本图像

1.0　概　　述

将太阳光能量转换成电能的方式有多种，基于 pn 结的半导体太阳电池具有最高的光电转换效率，又能继承半导体微电子与光电子技术日新月异的材料技术与制造技术来进行大规模生产，因而占据主导地位，其历史非常悠久，几乎与半导体激光器、半导体光电探测器同时问世。能够使其长期占据主导地位的主要原因是，太阳光能量光谱范围非常广且分布不均匀，要实现高效光电转换，必须要最大可能地利用好每个波段光子的能量，而半导体材料种类繁多且吸收波段灵活可调，刚好在内在本质上满足这个要求。

半导体太阳电池经过近 60 年的发展，理论与制备都达到了比较成熟的阶段，形成了多种多样丰富多彩的体系，其组成元素涵盖了周期表中 I、II、III、IV、V、VI、VII 族及部分过渡金属，材料形态从液态、单晶、非晶、微晶、多晶、有机大分子到高分子聚合物，光电转换效率从 ~1% 到 ~40%。其应用场合覆盖外太空到地面，典型的应用场合如下所述。

(1) 深空探测，比如火星或者金星甚至木星等，目前人类探索这些远日或者近日的活动一直没有停止过，这里是挑战人类技术极限和想象力的舞台。

(2) 绕地观测，指脱离地球大气层但依然在地球轨道上飞行的飞行器，包括各种卫星、飞船以及其他飞行器，比如空间站的轨道一般在 ~400km，对地观测卫星的轨道高度为 300~1000km，地球同步轨道 36000km，这是太阳光到达地球表面首先穿过的地方，基本上是真空状态。

(3) 临近空间，是指从外空间到地球表面这个距离，大气由稀薄逐渐变稠，同时各种分子 (包括 AO、N_2、CO_2、H_2O 以及 O_3) 对光线产生吸收、折射与散射，太阳光强度逐渐减弱，由于空气分子对太阳光的选择吸收与散射，强度分布发生变化。应用场合包括近年来比较热门的高度，例如，高度在 20km 以上的平流层飞艇、无人机，高度在 4km 左右的对流层飞艇以及各种飞行器。

(4) 地球表面，是各种地面民用太阳电池应用的场合，同时受到天气、经纬度、昼夜以及四季变化的影响。

一个高效的太阳电池需要良好的光电转换材料以及与之相适应的器件结构，本章从基本概念与唯象图像两方面进行介绍。

1.1　基　本　图　像

半导体太阳电池的基本图像主要包括太阳光谱、吸收太阳光的半导体光伏材料特征、热机做功过程的热力学图像和载流子输运过程的能带图像等四部分。

1.1.1　太阳光谱

太阳光谱有两个关键物理量：总辐照强度与强度随波长的分布。我们地球处于太阳系中，其核心太阳是一个表面温度为 5762K 的发光体，由于太阳与地球之间的距离远比这两个球体的几何尺寸要大，可以认为太阳光是平行光。

为了表征大气入射角对太阳光谱的影响，定义一个关于空气质量的参数 n_{air}：海平面法线与太阳光线夹角的余弦的倒数，外空间情形由于没有大气，称为 AM0 光谱，这时的太阳总功率称为太阳常数。太阳在头顶，比如赤道经常遇到的情况，称为 AM1。地球表面的光线由于反射、散射作用，可以分成三部分：直射、地面反射与散射，如果只考虑直射部分，则称为 D 光谱，如果三者一起考虑，则称为 G 光谱。

当光照射到地球表面时，光线与所照射面的几何关系比较复杂，首先对于地球表面的大部分区域，太阳光是斜射的，地球表面法向与太阳光线存在夹角，即天顶角 θ。其次，太阳电池表面一般情况下与地球表面不平行，为了尽可能地增加光伏模块的输出功率，往往把光伏组件倾斜以减小天顶角，当然光伏组件的倾斜可以是任意的，但对于北半球来说，太阳的运行轨迹由东经南往西，可以认定平均的角度是正向南的，即南向倾斜角 β。如果不是正向南，则存在一个与正南方向的夹角：方向角 α。目前也有跟踪太阳轨迹的光伏组件。根据这两点可以定义一个太阳光谱斜射到地球表面的几何图，如图 1.1.1 所示[1]。

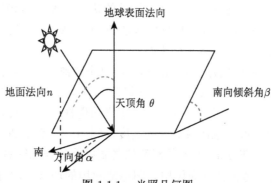

图 1.1.1　光照几何图

通常把地球绕太阳的公转椭圆轨道长半径的长度 (太阳与地球的距离) 称为一个天文单位 (AU)。为了表征各种情况，国际照明委员会 (CIE) 和美国材料与

试验协会 (ASTM) 建立了各种光谱，基本情况见表 1.1.1。

表 1.1.1 各种太阳光谱

名称	标准	条件	强度/(W/m²)	备注
AM0	ASTM E490	太空	1366.1	—
AM1	CIE	太阳直射海平面水平表面	1000	—
AM1.5G	ASTM G173-03	南向倾斜角 37°，天顶角 48°，反射度 0.3，不透明度 0.29，环境温度 20℃	全部辐射 963.8	针对美国本土 48 个州的辐射情况
AM1.5D	—	—	768.3	直射部分
AM1.5G	CIE	—	1000	与 AM1.5G ASTM E-892 相同，总辐射强度归整到 1kW/m²
AM2	—	天顶角 60°	—	—

一般太阳光谱的基本单位是 W/(m²·nm) 或 W/(m² · μm)，表示单位面积单位波长的光强，这是一个随波长变化的量。在应用中我们经常需要计算光子流密度 (该波长光子数目) 与电流密度，通常所用面积单位为 cm²，根据基本导体物理知识，波长与光子能量之间存在如下关系：

$$E_{\mathrm{ph}}(\lambda) = \frac{1239.8}{\lambda\,(\mathrm{nm})}\mathrm{eV} \tag{1.1.1.1}$$

式中，$1\mathrm{eV} = qV = 1.6 \times 10^{-19}\mathrm{J}$。光子流密度为入射光强除上对应波长光子能量：

$$F(\lambda) = \frac{I(\lambda)}{E_{\mathrm{ph}}(\lambda)} = \frac{I(\lambda)\,\mathrm{J}}{\mathrm{s} \times 10^4 \mathrm{cm}^2 \times \mathrm{nm} \times \dfrac{1239.8}{\lambda\,(\mathrm{nm})} \times 1.6 \times 10^{-19}\mathrm{J}}$$

$$= I(\lambda)\,\lambda\,(\mathrm{nm}) \frac{5.041 \times 10^{11}}{\mathrm{s} \times \mathrm{cm}^2 \times \mathrm{nm}} \tag{1.1.1.2}$$

单位为光子数目/(s·cm²·nm)，该波长所对应的电流密度为光子流密度乘上电荷：

$$A(\lambda) = qF(\lambda) = \frac{I(\lambda) \times \mathrm{C}}{\mathrm{s} \times 10^4 \mathrm{cm}^2 \times \mathrm{nm} \times \dfrac{1239.8}{\lambda\,(\mathrm{nm})}} = 0.1 \times \frac{I(\lambda)\,\lambda\,(\mathrm{nm})}{1239.8} \frac{\mathrm{mA}}{\mathrm{cm}^2 \times \mathrm{nm}}$$

$$\tag{1.1.1.3}$$

如果我们知道某种半导体材料的光学带隙，就可以计算该半导体材料所能够吸收的最大电流，即比该光学带隙所对应的波长短的光都被吸收并转化成电流，此电流称为光谱电流。显而易见，光谱电流密度就相当于太阳光谱中某个截止波长以前的曲线所覆盖的有效面积。表现在数学上是对光谱曲线的积分，即

$$I(E_{\mathrm{g}}) = \int_0^{1239.8/E_{\mathrm{g}}} A(\lambda)\mathrm{d}\lambda = \int_0^{1239.8/E_{\mathrm{g}}} q\frac{I(\lambda)}{E_{\mathrm{ph}}(\lambda)}\mathrm{d}\lambda \tag{1.1.1.4}$$

图 1.1.2 是以光学吸收截止带隙为 1.424eV(对应波长 0.87μm) 的材料划分的 AM0 光谱。

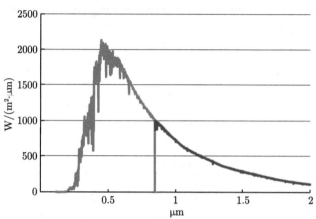

图 1.1.2   0 ∼ 2μm ASTM-E490 AM0 光谱, 蓝色线所包围的面积表示的是针对 850nm 半导体材料的光谱电流

表 1.1.2 是根据 (1.1.1.4) 结合 ASTM-E490 AM0[2] 光谱计算的典型光伏材料的光谱电流密度, 也可以计算其他光谱下的值, 如 AM1.5G, 通过比较这些电流值与实际器件电流值可以得到一些关于材料质量和器件结构的粗略信息。

表 1.1.2   常见半导体材料 AM0 光谱电流密度

材料	特征	光学带隙 /eV	光谱电流密度 /(mA/cm^2)
Si	间接带隙	1.12	52.91
GaInP(完全无序)	直接带隙	1.9	22.13
GaInP(部分无序)	直接带隙	1.85	23.60
GaAs	直接带隙	1.424	38.65
CdTe	直接带隙	1.45	37.56
CIGS	直接带隙	1.15	51.42
α-Si	直接带隙	1.7	28.40

【练习】

1. 根据真空中光色散关系推导 (1.1.1.1)。

2. 编程验证表 1.1.2 中的数据, 进一步计算 AM1.5G 下的截止电流密度。

1.1.2   半导体光伏材料

晶体原子的种类和空间排列形式决定了电子态和能级的分布特征。从原子排列的角度来说, 半导体光伏材料几乎占据了从分子 (有机半导体)、原子无序 (非晶) 到完整严格周期性材料 (晶体硅和 III-V 族半导体) 的所有类型。根据局部有序的晶体颗粒的大小，又可以分成晶粒尺寸几到几十纳米级的微晶材料；尺寸为微米级 (如铜铟镓硒 (CIGS)) 到毫米甚至厘米级 (多晶硅) 的多晶材料 [3,4]。

● 完整严格周期性晶体主要由晶体硅和 III-V 族材料组成：材料结构对称性 (空间群) 和原子性质 (成键能) 决定成键态和反键态能否重叠扩展成能带，能带结构完全由晶体对称性决定，能带电子态及简并度与相应平移周期性对称性波矢的群 (小群) 所对应的不可约表示相对应 (详见第 3 章)。实际的 III-V 族材料异质结构中，生长方向上的严格周期性遭到破坏，但由于吸收区的厚度远大于电子波长，也当作周期性晶体，例外是窗口层、背场、超薄隧穿结等地方，其厚度小于电子波长，会形成量子限制效应，比如 n++-GaInP 和 n-AlInP 界面处的类三角势阱。

● 多晶：通常把晶粒尺寸从微米到毫米甚至厘米的材料称为多晶材料，晶粒内部原子呈现严格周期或者是规则有序排列，晶粒间以晶界为界线，晶界主要由位错阵列组成。这样的原子排列方式导致多晶材料的电子能级结构整体上还具有能带特征，只是在光学带隙之间存在大量由晶界缺陷 (位错) 所产生的缺陷能级，这些缺陷能级通常是连续分布的。由于晶界特殊的热力学和电子学特性，一些组分和杂质原子倾向于聚集在这里，如何钝化饱和晶界处的位错缺陷是多晶材料提高光电转换的关键。

晶界通常带有电荷，这些高密度分布的电荷会导致能带弯曲，如图 1.1.3 所示。

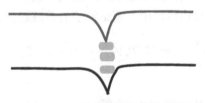

图 1.1.3　晶界能带分布示意图

同时，载流子在晶界处会发生散射和复合，而且多种输运机制交替综合发生。

● 微晶和非晶。非晶的特点是无序，以非晶硅为例，尽管大多数原子还是四面体成键，但键长和键角各有差异，以标准四面体结构为中心做高斯分布，而且还存在大量未成键电子 (悬挂键)，导致周期性完全消失，电子能级分为成键和反键两个，这两个能级由于键长和角度的无序也呈现以某一能级位置为中心的分布，出现了带尾态，同时大量悬挂键在光学带隙中间引入俘获能力很强的高密度缺陷态。因此提高非晶半导体光电性能的关键是钝化这些悬挂键和设计良好的器件结构以降低这些缺陷对载流子的俘获概率。微晶的晶粒有几至几十纳米，有时也称纳米晶，部分周期性晶体的引进改善了材料电子学特性，但是也降低了光学带隙。对于微晶材料，如何控制晶粒尺寸是关键。

• 有机分子：有机半导体材料分子形成高度局域的反键 (如最低未占据分子轨道 (LUMO)) 和成键轨道 (如最高占据分子轨道 (HOMO))，光生电子空穴对的束缚能比无机半导体材料要大，一般在 100meV，比通常载流子热能 (25meV) 大得多。从器件物理角度来说，有机半导体光生载流子的输运机制不同，主要表现为光生电子空穴对 (激子) 的空间整体运动，同时由于分子轨道的高度局域化，电子和空穴主要在不同局域态之间跳跃，迁移率很低。对于这种材料，关键是改善输运机制以增强电子和空穴的有效分离。

1.1.3   热力学图像

半导体太阳电池能够工作的热力学原理是两个相互接触的系统如果化学势或温度不相等就存在粒子与能量的交换：

$$\frac{\mu_1}{T_1} = \frac{\mu_2}{T_2} \tag{1.1.3.1}$$

在光激发这个过程中，n 型掺杂区与 p 型掺杂区化学势偏离平衡态，不再相等，从而产生电流。用统计热力学的方法对太阳电池进行最低层和最基础的研究，最直接的结果是关于开路电压的基本结论。

热力学图像中 (图 1.1.4) 由于存在能量与粒子交换，导带中的电子和价带中的空穴是巨正则子系综，两个系综各有自身的化学势 (固体物理中通常称为电子费米 (Fermi) 能级 E_{Fe} 和空穴 Fermi 能级 E_{Fh})。根据统计力学，化学势表示多粒子系综的单个粒子的自由能，用于衡量粒子的扩散趋势：

$$E_F \equiv \left(\frac{\partial G}{\partial N}\right)_{T,V} = G(T,V,N+1) - G(T,V,N) \tag{1.1.3.2}$$

电子化学势 $\mu_e = E_{Fe}$

空穴化学势 $\mu_h = E_{Fh}$

图 1.1.4   电子和空穴的热力学子系综

首先，根据统计力学原理，由系综配分函数得到相应量子态的概率分布。以电子为例，泡利 (Pauli) 不相容原理限制每个量子态只能容纳一个电子，因此有两种占据情况：0 和 1，配分函数为 $\Xi = 1 + e^{\frac{E_{Fe}-E_e}{k_BT}}$，由此得到能量为 E_e 的电子的分布概率为

$$f_e(E_e) = \frac{1}{1 + e^{\frac{E_e-E_{Fe}}{k_BT}}} \tag{1.1.3.3a}$$

同样，能量为 E_h 的空穴的分布概率分别为

$$f_h(E_h) = 1 - \frac{1}{1 + e^{\frac{E_h - E_{Fh}}{k_B T}}} = \frac{1}{1 + e^{\frac{E_{Fh} - E_h}{k_B T}}} \tag{1.1.3.3b}$$

通常把价带顶作为能量 0 点，电子和空穴的能量包括两部分：$E_e = E_c + E(k)$ 和 $E_h = E_v - E(k)$，即导带边 E_c 和价带边 E_v 代表的势能与晶格动量表示的动能之和。当以空穴作为衡量价带被电子占据与否的术语时，电子能量增加的方向向上，空穴能量增加的方向向下，能量坐标系如图 1.1.5 所示。

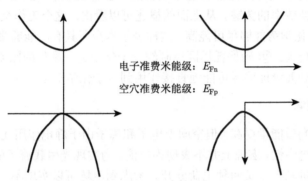

电子准费米能级：E_{Fn}

空穴准费米能级：E_{Fp}

图 1.1.5　导带和价带两种能量参考坐标

有了分布函数与能带色散关系就可以定义载流子浓度了，电子与空穴的浓度分别为

$$n = \frac{2}{(2\pi)^3} \int f_e(p_e)\, dp_e = \frac{2}{(2\pi)^3} \int f_e(E_e) N_c(E_e)\, dE_e \tag{1.1.3.4a}$$

$$p = \frac{2}{(2\pi)^3} \int f_h(p_h)\, dp_h = \frac{2}{(2\pi)^3} \int f_h(E_h) N_v(E_h)\, dE_h \tag{1.1.3.4b}$$

其次，热力学函数可以表示成概率分布的函数形式。通常所用的热力学函数为内能 U、热力学势 $\Omega = -PV$、熵 S 和吉布斯 (Gibbs) 自由能 $G = U - TS + PV$。通过一系列推导 (具体见第 3 章) 可以得到标准的统计力学结论，即巨正则系综的 Gibbs 自由能为粒子数与准 Fermi 能的乘积：

$$G_e = n E_{Fe} \tag{1.1.3.5a}$$

$$G_h = -p E_{Fh} \tag{1.1.3.5b}$$

没有光照的热平衡情况下，p 区与 n 区多子与少子的化学势重合；吸收太阳光后，p 区与 n 区的少子 (分别对应电子与空穴) 的化学势偏离平衡态，而与多子

(分别对应空穴与电子) 的化学势分离。鉴于少子的化学势穿过耗尽区后分别与 n 区和 p 区的多子化学势连接，从而在耗尽区没有很严重损耗的情况下，会带动 n 区和 p 区多子化学势分离而不再重合。如果没有对外输出电流，该分离量就是开路电压，于是得到 pn 结太阳电池的开路电压定理 (详见第 3 章) [5]：

$$V_{oc} = \frac{1}{q} \left(E_{Fe} - E_{Fh} \right) \tag{1.1.3.6}$$

由此可见，太阳电池的开路电压取决于 n 区与 p 区光照下的多子载流子化学势之差。如何辨认并降低各种能够损害这个差值的机制 (通常称为复合) 就成了提高光电转换效率的关键。从上面的概述可以看出，这个工作至少分成两部分：① 确保少子的化学势能够尽可能高，这样少子本身所具有的能够带动多子化学势的内在力量就越大；② 确保耗尽区里制约少子化学势分离量的因素尽可能少，这样少子化学势分离量能够尽可能地直接作用到多子化学势上。

1.1.4　能带图像

电子吸收光后能量提高，但空间上电子和离子由于静电作用还是捆绑在一块，整体上表现为电中性，宏观上并不表现为电流。为实现光生载流子的有效抽取，需要选择适当的机制把正负两种电荷分开。考虑到电场可以实现不同电荷的空间有效分离，各种具有耗尽区的结构就自然而然地成为半导体太阳电池的首选，典型的属 pn 结 [6-8]，热平衡的电场方向如图 1.1.6 所示。

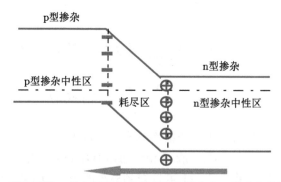

图 1.1.6　pn 结热平衡，其中箭头方向是内建电场方向，即光生载流子运动方向

其中需要注意以下几点。

• 内建电场方向从 n 区指向 p 区，光生电流方向也是从 n 区指向 p 区。明确光生电流方向对实际器件结构设计至关重要——比如对各种异质结结构，附加势垒往往会产生反向电场阻碍光生载流子的有效输运——判断方法是通过能带图查看是否与光生电流方向一致。

• 耗尽区外其他区域靠载流子浓度梯度进行扩散运动，p 型中性区的光生电子由于耗尽区边缘电子漂移到 n 区而向耗尽区扩散。

• 由于有大量光生载流子通过耗尽区，而其中的复合比较严重，说明耗尽区的宽度不是越宽越好。这里有两种情况需要区分，对于高质量材料，上述说法是成立的，但是对于低少子寿命材料而言，过宽的耗尽区反而可以有效提高其寿命，比如非晶和 Ⅲ-V 族的早期含 Al pin 结构，整个光生载流子区都处在电场内。

• 与 pn 结加反向偏压时产生的漂移电流不同，光生电流使耗尽区宽度变窄，实际上一般太阳电池的光生载流子浓度比较低，能带分布的改变很小，基本形状与热平衡 pn 结能带分布相同。

上面的图像仅是针对耗尽区和扩散区的，如果把两边的金属半导体接触与界面复合也考虑在内，就得到完整的基于 pn 结的半导体太阳电池图像，如图 1.1.7 所示。

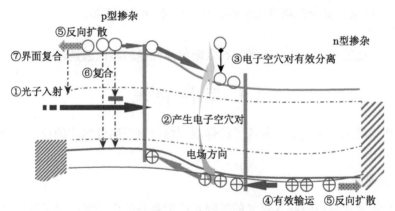

图 1.1.7　半导体 pn 结太阳电池完整能带图像

半导体太阳电池能量转换过程可以分成如下四步，根据这四个步骤可以得到高效太阳电池结构，或者说高效太阳电池有四个基本原则。

1. 光入射到半导体太阳电池中

第一个原则：如何让最多的光进入半导体而不被反射或重新出来，即光最小反射原则。鉴于太阳光强度分布不均匀且集中在若干波长范围内，衡量光最小反射的标准不是某个波长或波段的反射率，而是以太阳光谱强度为权重的加权积分反射率，这将在第 6 章中详细阐述。

2. 选择半导体材料产生电子空穴对

第二个原则：选择什么样的半导体材料，既能产生多的光生载流子又能最大可能地保持光子能量，即光的最有效利用原则，这个过程中，电流密度 (吸收光子的数目) 与电压 (光子能量) 都要保证。

3. 将静电耦合在一起的光生载流子进行有效分离

第三个原则：尽管光生载流子在能量上得到了分离，但在空间上还是没有分离，因此要选择合适的分离机制让不同能量的载流子分开，即光生载流子的有效分离原则。

4. 所有扩散区的光生载流子能够跑到耗尽区边缘

第四个原则：扩散区载流子跑到耗尽区边界而不是途中复合掉，即光生载流子的有效输运原则。

图 1.1.7 所示的 pn 结图像也描述了光生载流子在界面复合 (过程⑦) 中所引起的反向扩散 (过程⑤)，表面复合速率比较高的情况下，复合所引起的浓度梯度非常大，光生载流子反向扩散非常严重。另外扩散过程中也存在各种复合 (过程⑥)，并且这些复合在耗尽区中也存在，可能种类更繁多。

【练习】

结合自己的实际工作，思考制约太阳电池性能的其他因素还有哪些。

1.2　器件物理

器件物理描述了光子和载流子的微观图像，对于器件结构的设计与分析具有引导性作用。

1.2.1　光吸收

半导体光伏材料吸收入射光的过程是成键基态的电子吸收光子跃迁到高能量的反键态，这两个能级对于晶体材料是价带和导带，对于有机光电材料分子是最高已占据轨道和最低未占据轨道等，这是一个可逆的量子跃迁过程，在电子吸收光能量从价带跃迁到导带的同时，也存在电子又把能量发射出去重新回到价带的过程，称为自发辐射。图 1.2.1 是光吸收与光生载流子自发辐射复合能带图像。

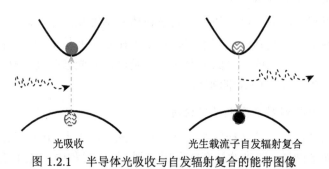

光吸收　　　　　　　　光生载流子自发辐射复合

图 1.2.1　半导体光吸收与自发辐射复合的能带图像

当电子吸收光子能量跃迁到比导带底还高的量子态时，会通过与晶格振动的耦合形式将能量传递给晶格，形式上表现为材料发热，电子也快速回落到导带底，这部分热光生载流子能量损耗是制约光电转换效率的主要因素，常称为热载流子损耗，多结结构是降低热损耗的主要途径。

尽管能带能级连续分布，但对于像半导体太阳电池这样的低载流子浓度情形，这些连续分布的能级可以认为是各自独立的，在考虑光学效应比如吸收、发射等时，简单地视为两个独立能级之间的行为，即双能级体系，这与高注入的激光器不同。下面简述一下这样独立双能级体系中的光学跃迁模型 [9,10]。

根据爱因斯坦 (Einstein) 的光电理论，处在黑体腔中的双能级系统中存在三种动力学过程：一种是自身的属性，自发辐射复合过程，即载流子从高能级跃迁到低能级上，能量以光子的形式辐射出来，这种过程与光是否存在没关系；另外两种与光强度即光子密度息息相关，载流子吸收外来光的能量从低能级跃迁到高能级，即吸收过程，同时载流子在光的扰动下从高能级跃迁到低能级上，能量以光子的形式辐射出来，即受激辐射过程。价带和导带中电子能量分别记为 E_1、E_2，上面三个过程可以表达成动力学方程的形式：

- 发射光子从导带跃迁到价带的自发辐射复合速率：$r_{\text{spon}} = A_{21} f_2 (1 - f_1)$；
- 吸收光子从价带跃迁到导带的吸收速率：$r_{\text{ab}} = B_{12} f_1 (1 - f_2) P(E_{21})$；
- 发射光子从导带跃迁到价带的受激辐射速率：$r_{\text{st}} = B_{21} f_2 (1 - f_1) P(E_{21})$。

速率的单位是 $\text{m}^{-3} \cdot \text{s}^{-1}$。$P(E_{21})$ 是单位体积内能量为 $E_2 - E_1$ 的光子数目，B 是表征两个能级之间相互跃迁概率的参数。对于通常的太阳电池，光生载流子浓度比较小，一般在 $10^{11} \sim 10^{15} \text{cm}^{-3}$，比激光器和发光管 ($10^{19} \text{cm}^{-3}$) 要小得多，达不到实现受激辐射的条件。

温度为 T 的立方腔黑体中能量为 E 的光子，其单位体积 (m^{-3}) 单位能量的光子数目，即态密度为

$$\text{d}D(E) = P(E)\text{d}E = \frac{n^3 E^2}{\hbar^3 c^3 \pi^2} \frac{1 + \dfrac{E\text{d}n}{n\text{d}E}}{\text{e}^{E/k_B T} - 1} \text{d}E \tag{1.2.1.1}$$

式中，n 是折射率；k_B 是玻尔兹曼 (Boltzmann) 常量；c 是光速；$\hbar$ 是普朗克 (Planck) 常量，这里考虑了折射率随光子能量的变化和光子的热占据。定义光子流密度 $F(E)$ 为能量为 E 的光子态密度与速度的乘积：

$$F(E) = P(E) v_{\text{g}} = P(E) \frac{c}{n} \frac{1}{1 + \dfrac{E\text{d}n}{n\text{d}E}} \tag{1.2.1.2}$$

注意光子能量关系：$E = \hbar\omega = h\nu = \hbar k \dfrac{c}{n}$。当达到平衡时，三个系数之间存

在关联关系:

$$g_2 B_{21} = g_1 B_{12}, \quad A_{21} = \frac{n^3 E^2}{\hbar^3 c^3 \pi^2} B_{21} \tag{1.2.1.3}$$

这里, g 表示相应能级的简并度, 导带和价带简并度相等。这个关系称为 Einstein 关系。可以看出, 材料的吸收越大, 其自发辐射和受激辐射系数越大, 其次, 知道三个系数中的一个, 可以推出其他两个。

材料对光的绝对吸收率表现为吸收过程减去自发辐射过程, 即绝对吸收率:

$$r_{12,\mathrm{abs}} = B_{12} f_1 (1 - f_2) P(E_{21}) - B_{21} f_2 (1 - f_1) P(E_{21}) = B_{21} (f_1 - f_2) P(E_{21}) \tag{1.2.1.4}$$

有了绝对吸收率, 可以定义材料的吸收系数:

$$\alpha_{12}(E_{21}) = \frac{r_{12,\mathrm{abs}}}{F(E)} = \frac{n}{c} B_{12} (f_1 - f_2) \tag{1.2.1.5}$$

这里忽略能量色散关系, 吸收系数的单位为 cm^{-1}, 还有一种宏观上以光强随入射深度衰减率所定义的吸收系数:

$$\mathrm{d}I = -\alpha I \mathrm{d}x, \quad \alpha = -\frac{\mathrm{d}I}{I \mathrm{d}x} \tag{1.2.1.6}$$

根据 Einstein 关系可以得到吸收系数与自发辐射复合系数之间的关系:

$$r_{\mathrm{spon}}(E) = \frac{n^3 E^2}{\hbar^3 c^3 \pi^2} \alpha(E) \frac{f_2 (1 - f_1)}{f_1 - f_2} = \frac{n^3 E^2}{\hbar^3 c^3 \pi^2} \frac{\alpha(E)}{\mathrm{e}^{\frac{E - (E_{\mathrm{Fe}} - E_{\mathrm{Fh}})}{k_{\mathrm{B}} T}} - 1} \tag{1.2.1.7}$$

(1.2.1.7) 在用吸收系数估算自发辐射复合速率以及后面分析光子自循环时非常有用。

1.2.2　跃迁概率

到现在为止, 还没有关于 B 的任何信息, 为实现这一步, 需要量子力学中关于跃迁的基本理论, 这有一套非常标准的处理方法 [11,12]。首先, 引入所谓的矢量势 $\boldsymbol{A}$ 描述光照情况下的电磁场, 并取库仑 (Coulomb) 标度, 即其散度为零。电场由正向和反向两部分组成, 取电场振幅为 $E(k, \omega)$:

$$\boldsymbol{E} = E(k, \omega) \boldsymbol{e} \left[\mathrm{e}^{-\mathrm{i}(\boldsymbol{k} \cdot \boldsymbol{r} - \omega t)} - \mathrm{e}^{\mathrm{i}(\boldsymbol{k} \cdot \boldsymbol{r} - \omega t)} \right] \tag{1.2.2.1}$$

电磁波传播方向与偏振方向垂直, $\boldsymbol{e} \cdot \boldsymbol{k} = 0$。由矢量势与电场之间的关系 $\boldsymbol{E} = -\dfrac{\partial \boldsymbol{A}}{\partial t}$ 得到

$$\boldsymbol{A} = \mathrm{i} \frac{E(k, \omega)}{\omega} \boldsymbol{e} \left[\mathrm{e}^{-\mathrm{i}(\boldsymbol{k} \cdot \boldsymbol{r} - \omega t)} + \mathrm{e}^{\mathrm{i}(\boldsymbol{k} \cdot \boldsymbol{r} - \omega t)} \right] \tag{1.2.2.2}$$

电场强度可以与光子能量联系起来，即光子能流密度可以表示成坡印亭 (Poynting) 矢量的形式，也可以表示成光子能量与群速率的乘积：$|S| = \text{Re}\{E \times H\} = \frac{1}{2}n\varepsilon_0 E^2 c = \hbar\omega\frac{c}{n}$，于是得到矢量势 A 的模平方为：$|A|^2 = \frac{2\hbar}{n^2\varepsilon_0\omega}$，在光照射情况下，电子的哈密顿量 (Hamiltonian) 为

$$H = \frac{1}{2m}(p + qA)^2 + V(r) \tag{1.2.2.3}$$

不考虑二阶项 (二次跃迁)，并考虑到矢量势的散度性质，有

$$H \approx H_0 + \frac{qA \cdot p}{m} = H_0 + H_1 \tag{1.2.2.4}$$

其次，对于由价带和导带这样的双能级组成的系统，价带与导带的时变波函数为：$|c(t)\rangle = e^{-i\frac{E_c t}{\hbar}}|c\rangle$ 和 $|v(t)\rangle = e^{-i\frac{E_v t}{\hbar}}|v\rangle$。根据含时微扰理论，从 0 到 t 时刻由价带向导带的跃迁概率为 $\int_0^t |\langle c(t)|H_1|v(t)\rangle|^2 \, dt$，其中，$\langle c|H_1|v\rangle$ 为导带电子态与空穴电子态的相互作用矩阵元，其模平方的单位是 J，$\hbar$ 的单位为 J·s，整个项的单位量纲为 s^{-1}。将上面各表达式代入并进行积分会产生两项：$\frac{4\pi\hbar q^2}{m^2 n^2\varepsilon_0\hbar\omega}\left|\langle c\left|\frac{qe \cdot pe^{ik \cdot r}}{m}\right|v\rangle\right|^2 \delta(E_2 - E_1 - \hbar\omega)$ 与 $\frac{4\pi\hbar q^2}{m^2 n^2\varepsilon_0\hbar\omega}\left|\langle c\left|\frac{qe \cdot pe^{-ik \cdot r}}{m}\right|v\rangle\right|^2 \times \delta(E_2 - E_1 + \hbar\omega)$。

第一项表示吸收一个光子电子从价带跃迁到导带，是所需要的光吸收；后面一项表示在入射电场的作用下，电子跃迁到价带放出一个光子，即所谓的受激辐射复合。记 $|\langle c|e \cdot pe^{-ik \cdot r}|v\rangle|^2 = |M_{cv}|^2$，考虑所有满足跃迁的电子态，光子能量为 $\hbar\omega$ 的自发辐射速率为

$$r_{spon}(\hbar\omega) = \frac{4\pi\hbar q^2}{m^2 n^2\varepsilon_0\hbar\omega}$$
$$\times \int |M_{cv}|^2 \delta(E_2 - E_1 - \hbar\omega) f(E_2)[1 - f(E_1)] N_c(E_2) N_v(E_1) \, dE_1 dE_2 \tag{1.2.2.5}$$

如果跃迁矩阵元 M_{cv} 不随能量变化，并且假设 $f(E_2) = 1$，$1 - f(E_1) = 1$，有

$$r_{spon}(\hbar\omega) = \frac{4\pi\hbar q^2 |M_{cv}|^2}{m^2 n^2\varepsilon_0\hbar\omega}$$
$$\times \int \delta(E_2 - E_1 - \hbar\omega) N_c(E_2) N_v(E_1) \, dE_1 dE_2 \tag{1.2.2.6}$$

(1.2.2.6) 中积分项称为联合态密度。

到现在为止，提到的吸收仅限于价带/导带、HOMO/LUMO 等，实际中还存在能带/缺陷、缺陷/缺陷等主体之间，涉及电子、声子、光子等多种粒子，这些吸收往往不能贡献有效光生电流。

1.2.3 迁移率

电子电流密度为电荷、密度与速度的乘积 (如 (1.2.3.1))，其中速度包括方向与数值大小：

$$\boldsymbol{J}_\mathrm{n} = -qn\boldsymbol{v} \tag{1.2.3.1}$$

光生载流子的有效输运应该保证速度不变，但不可避免地要遇到各种局部势场改变运动方向甚至能量，这个改变过程宏观上表现为材料的迁移率，微观上表现为光生载流子的有效漂移寿命。根据固体物理学，迁移率有个非常重要的结论：迁移率与载流子运动的自由漂移时间 (τ) 成正比，而与有效质量成反比，即

$$\mu = q\frac{\langle\tau\rangle}{m} \tag{1.2.3.2}$$

自由漂移时间与载流子有效存活寿命不同，前者表征的是不受干扰的自由运动时间，后者是存活时间。载流子在运动中经常与杂质原子、晶格振动 (声子)、缺陷或其他载流子发生碰撞 (通常采用散射这个比较形象的词)，散射直接决定着载流子的自由漂移时间。

• 杂质原子的散射，包括没有离化的中性原子和带有电荷的离化原子 (离子)，通常半导体太阳电池中的掺杂原子有些接近 100% 离化，带有电荷的离子的静电散射起到了主要作用。

• 晶格振动，主要是由于原子偏离正常位置所引起的晶格周期势变化，偏离的原因可能是压力，也可能是温度导致热振动增强，振动分成能量比较低 ($\sim$meV) 的声学声子与能量比较高 ($\sim$10meV) 的光学声子。

• 缺陷，包括位错、合金无序、界面粗糙等，化合物半导体、合金引起的散射比较严重。

• 载流子散射，载流子都带有电荷，这种散射主要是 Coulomb 作用，而且载流子也会屏蔽其他带有电荷的缺陷，比如掺杂离化原子等。半导体太阳电池中，光生载流子浓度比较低，无论是屏蔽作用还是载流子碰撞散射都相对较弱。

借助于量子力学的散射理论能够获得一些基本概念，我们用 $\Phi(p,p')$ 表示单位时间内由动量 p 的态散射到动量 p' 态的概率，根据 Fermi 定则：

$$\Phi(p,p') = \frac{2\pi}{\hbar}\left|H_{pp'}\right|^2\delta\left[E(p) - E(p') - \Delta E\right] \tag{1.2.3.3}$$

其中跃迁矩阵元由散射势能函数决定, 不同散射中心的散射势能各不相同, 这也体现了不同的散射机制. 根据量子力学, 散射矩阵元为

$$H_{pp'} = \frac{1}{\Omega} \int_{-\infty}^{+\infty} \mathrm{e}^{-\mathrm{i}p'r/\hbar} U_\mathrm{s}\left(r\right) \mathrm{e}^{\mathrm{i}pr/\hbar} \mathrm{d}r \qquad (1.2.3.4)$$

有了散射概率可以定义载流子的态的弛豫时间, 它表示的是载流子某个态的平均存活时间, 或者是从一个态跃迁到其他态所用的平均时间:

$$\frac{1}{\tau\left(p\right)} = \int \Phi\left(x, p, p'\right) \left[1 - \frac{f_1'}{f_1}\right] \mathrm{d}p \qquad (1.2.3.5)$$

积分中的形式表示散射过程并不改变载流子的自旋属性. 对于非简并半导体, 其他态的占据概率是非常低的, 这种情况下可以认为 $f_1' \approx 0$.

$$\frac{1}{\tau\left(p\right)} = \int \Phi\left(x, p, p'\right) \mathrm{d}p \qquad (1.2.3.6)$$

寿命可以分类成用来表征散射运动方向变化的动量弛豫时间及表征能量变化的能量弛豫时间等. 半导体太阳电池需要掺杂形成 pn 结, 离化的掺杂离子对低浓度载流子的静电散射是关键的机制 [13]. 引入德拜 (Debye) 长度参数 L_D 表示载流子对离子静电势能的屏蔽效应, 被屏蔽的 Coulomb 势能表达成

$$U_\mathrm{s}\left(r\right) = \frac{q^2}{4\pi\varepsilon_0\varepsilon_r r} \mathrm{e}^{-r/L_\mathrm{D}} \qquad (1.2.3.7)$$

上式中的参数具有通常意义. 通过一些计算可以得到散射弛豫时间为

$$\tau\left(p\right) = \frac{32\pi\sqrt{2m}\varepsilon_r^2\varepsilon_0^2}{N_\mathrm{I}q^4} \frac{1+\gamma^2}{\gamma^4} E\left(p\right)^{3/2} \qquad (1.2.3.8)$$

这里引入参数 $\gamma^2 = 4L_\mathrm{D}^2\left(\dfrac{p}{\hbar}\right)^2 = 8mL_\mathrm{D}^2 E\left(p\right)/\hbar^2$, (1.2.3.8) 称为 Brooks-Herring 公式. 如果把弛豫时间随能量的变化曲线画出来, 会发现随着能量的增加, 有效弛豫时间是增长的, 因此高温强场有助于增加载流子散射弛豫时间, 这是某些 pin 场增强结构的理论来源.

当载流子浓度很低时, 载流子的屏蔽效应是很弱的, Debye 长度很长, 跃迁概率退化为

$$\frac{1}{\tau\left(p\right)} = N_\mathrm{I}\pi b_{\max}^2 \frac{\sqrt{2mE\left(p\right)}}{m} \qquad (1.2.3.9)$$

式中, $b_{\max} = \dfrac{1}{2}N_\mathrm{I}^{-1/3}$. 对于器件模拟来说, 上面的表达式还是比较复杂的, 而且应用场合也比较少, 各种软件中常用的是经验模型 [14,15], 或通过测试结果拟合得到其中各参数的实验数值.

1.2.4　自发辐射复合

对于缺陷比较多的材料，光生载流子寿命主要取决于缺陷复合，随着近年来材料制备方法与源材料纯度的突飞猛进，光生载流子寿命逐渐由缺陷复合主导转向自发辐射复合主导，这会产生两个效应：一是这个过程降低了光生载流子的化学势；二是光子循环利用效应，即前面材料辐射出去的光子被后面的材料吸收重新利用。自发辐射复合对效率的影响就成了当前制约光电转换效率提高的关键。

通常情况下 (1.2.1.7) 不能反映出任何实际上的唯象意义，实践中经常遇到的是自发辐射速率表示成电子和空穴乘积的形式，即双分子表示：

$$R_{\mathrm{rad}} = B\left(np - n_0 p_0\right) \tag{1.2.4.1}$$

式中，n 与 p 是光照下的电子和空穴浓度，下标 0 表示热平衡值。(1.2.4.1) 需要如下几个假设：

- 载流子集中在导带底和价带顶，分布满足 Boltzmann 统计：$f_{\mathrm{e}}\left(E_{\mathrm{e}}\right) = \mathrm{e}^{\frac{E_{\mathrm{Fn}} - E_{\mathrm{e}}}{k_{\mathrm{B}} T}}$，$f_{\mathrm{h}}\left(E_{\mathrm{h}}\right) = \mathrm{e}^{\frac{E_{\mathrm{v}} - E_{\mathrm{Fp}}}{k_{\mathrm{B}} T}}$；

- 能带结构是抛物色散关系，态密度具有 $N\left(E\right) = \dfrac{1}{2\pi^2}\left(\dfrac{2m}{\hbar^2}\right)^{\frac{2}{3}} E^{\frac{1}{2}}$ 的形式；

- 跃迁矩阵元 M_{cv} 对电子态的依赖很弱，可以看作常数。

由 (1.2.1.7) 得到跃迁速率：

$$r_{21}(\hbar\omega) = \frac{4\pi\hbar q^2 \left|M_{\mathrm{cv}}\right|^2}{m^2 n^2 \varepsilon_0 \hbar\omega} \mathrm{e}^{E_{\mathrm{g}} - \hbar\omega} \mathrm{e}^{B_{\mathrm{Fn}} - E_{\mathrm{Fp}} - E_{\mathrm{g}}} \int_{E_{\mathrm{c}} - \hbar\omega}^{E_{\mathrm{v}}} \sqrt{\left(E + \hbar\omega - E_{\mathrm{c}}\right)\left(E_{\mathrm{v}} - E\right)}\,\mathrm{d}E \tag{1.2.4.2}$$

(1.2.4.2) 中最右边积分的结果为 $\pi\left(\dfrac{E_{\mathrm{g}} - \hbar\omega}{2}\right)^2$，可以推出自发辐射复合速率具有如下形式：

$$r_{21}\left(\hbar\omega\right) = B\left(\hbar\omega\right) np \tag{1.2.4.3}$$

可以看出在上述假设下，自发辐射系数与电子和空穴浓度的乘积成正比。对于热平衡状态 $E_{\mathrm{Fe}} - E_{\mathrm{Fh}} = 0$，自发辐射复合速率为：$r_{21}\left(\hbar\omega\right) = B\left(\hbar\omega\right) n_0 p_0$，非平衡情况下，净自发辐射复合速率为

$$r_{21}\left(\hbar\omega\right) = B\left(\hbar\omega\right)\left(np - n_0 p_0\right) \tag{1.2.4.4}$$

总的自发辐射复合速率可以表示成对导带和价带所有电子态的积分：

$$R_{\mathrm{rad}} = \int_{E_{\mathrm{g}}}^{\infty} r_{21}(\hbar\omega)\,\mathrm{d}(\hbar\omega) = \left(np - n_0 p_0\right)\int_{E_{\mathrm{g}}}^{\infty} B(\hbar\omega)\,\mathrm{d}(\hbar\omega) = B\left(np - n_0 p_0\right)$$

$$\tag{1.2.4.5}$$

根据自发辐射复合系数的表达式，我们知道这是由电子和空穴之间的跃迁矩阵元决定的，而跃迁矩阵元是由电子和空穴波函数的重叠程度决定的。显然，直接带隙半导体的跃迁矩阵元要比间接带隙半导体的大得多，这种趋势也反映在自发辐射复合系数上，比如 GaAs 为 $10^{-10}\text{cm}^3/\text{s}$，而 Si 和 Ge 分别为 $10^{-15}\text{cm}^3/\text{s}$ 和 $10^{-14}\text{cm}^3/\text{s}$。根据影响波函数的因素来源，可以推算有如下几种因素：

- 材料本身的性质，如光学带隙、态密度等；
- 外来掺杂类型和浓度，外来掺杂能够影响光学带隙、跃迁矩阵元以及本征载流子浓度等。

Hall 推出直接半导体材料的自发辐射复合系数与带边有效质量、光学带隙、介电常数和温度之间存在如下关系 [16]：

$$B = 0.58 \times 10^{-12} \sqrt{\varepsilon} \left(\frac{1}{m_n + m_p}\right)^{1.5} \left(1 + \frac{1}{m_n} + \frac{1}{m_p}\right) \left(\frac{300}{T}\right)^{1.5} E_g^2 \ (\text{cm}^3/\text{s})$$

$$(1.2.4.6)$$

【练习】

假设电子和空穴能带具有抛物色散关系：$E_e(k) = E_c + \dfrac{\hbar^2 k^2}{2m_e}$，$E_h(k) = E_v - \dfrac{\hbar^2 k^2}{2m_h}$，证明联合态密度具有 (1.2.4.2) 中积分号的形式，并完成积分计算验证其值为 $\pi\left(\dfrac{E_g - \hbar\omega}{2}\right)^2$。

1.2.5 缺陷辅助复合

半导体光伏材料中最常见的是缺陷能级参与的无辐射复合过程，其直接决定了光生载流子的寿命与化学势，过程见图 1.2.2，电子借助带隙内的缺陷能级，类似阶梯的样子从导带跃迁到缺陷能级再到价带与空穴复合，这个过程取决于缺陷能级的特性，包括俘获截面 σ(分为电子和空穴)、载流子热速率 v_{th} 和缺陷密度 N_T，这种复合机制最早由 Schokley、Read 和 Hall 提出 [17-19]，因此通常称为 SRH

图 1.2.2 SRH 复合机制示意

复合。具体可以参看第 5 章中的部分内容。在非简并抛物能带半导体中，SRH 复合速率可以写成

$$R = \frac{np - n_0 p_0}{\tau_{\mathrm{p}}\left(n + n_{\mathrm{T}}\right) + \tau_{\mathrm{n}}\left(p + p_{\mathrm{T}}\right)} \tag{1.2.5.1}$$

式中，参数 $\tau_{\mathrm{n(p)}}$ 分别称为材料的本征电子 (空穴) 寿命。

1.2.6　俄歇复合

在如发射区的高掺杂区域，多数载流子浓度比较高，容易诱导另外一种涉及带内与带间跃迁的复合过程：俄歇 (Auger) 复合过程。

相较于自发辐射复合是一种涉及两个载流子的一次跃迁过程，Auger 复合是由四个载流子参与的二次无辐射过程，此过程可能由三个电子一个空穴共同完成，也可能由一个电子三个空穴共同完成。由于是无辐射过程，前者是一个电子跃迁到价带与空穴复合，同时把自身能量传递给其他电子，使其跃迁到更高能量态，后者是一个电子跃迁到价带与空穴复合，同时把自身能量传递给其他空穴，使其也跃迁到更高能态。能量传递过程可以借助声子或局域态。对于电子，导带之间距离通常比较大，三个电子通常分布在一个能带内，而对空穴而言，价带顶点附近的轻 (L)、重 (H) 和自旋 (S) 三个带的距离很小，更高能量的空穴态可能是轻空穴态，也可能是自旋空穴态。标志这些过程的时候，三个电子一个空穴的过程可以写成 CCCH，一个电子三个空穴的过程可以写成 CHHL 和 CHHS，如图 1.2.3 所示。由于 CCCH 过程需要三个电子，通常发生在重掺杂 n 型半导体材料中，而 CHHL 和 CHHS 通常发生在 p 型材料中。在半导体激光器的高注入条件下，这三种过程必须同时考虑，而对于单倍光照射下的太阳电池，考虑一种就可以了。

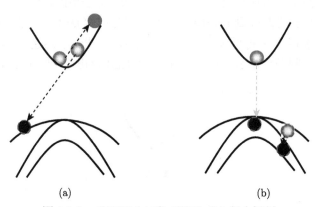

图 1.2.3　CCCH (a) 和 CHHL (b) 复合机制

经过推导,与双分子表示的自发辐射复合一样,非简并抛物带半导体中,Auger 复合速率也可以写成载流子乘积的形式[20-22],上述三种过程分别为

$$R_{\text{Auger}}^{\text{CCCH}} = C_\text{n}\left(n^2p - n_0^2p_0\right) \tag{1.2.6.1a}$$

$$R_{\text{Auger}}^{\text{CHHL(S)}} = C_\text{p}\left(np^2 - n_0p_0^2\right) \tag{1.2.6.1b}$$

文献 [23] 中给出了更加一般的表达式。(1.2.6.1a) 和 (1.2.6.1b) 为了与 (1.2.5.1) 保持类似的形式有时也写成[24]

$$R_{\text{Auger}}^{\text{CCCH}} = C_\text{n}(n - n_0)\left(np - n_0p_0\right) \tag{1.2.6.2a}$$

$$R_{\text{Auger}}^{\text{CHHL(S)}} = C_\text{p}(p - p_0)\left(np - n_0p_0\right) \tag{1.2.6.2b}$$

理论上可以证明,Auger 复合系数与带隙呈负指数关系,因此随着带隙的增加,Auger 复合系数急剧下降,这也说明 Auger 复合在窄带隙材料中的重要性比在宽带隙材料中要大得多,另外,Auger 复合系数随着温度的增加也急剧增加。

表 1.2.1 列出了 300K 时计算得到的 $In_{0.53}Ga_{0.47}As$ 的 CCCH、CHHS 和 CHHL 等三种过程的 Auger 复合系数[25]。

表 1.2.1 $In_{0.53}Ga_{0.47}As$ 的 Auger 复合系数

过程	Auger 复合系数 $C/(\text{cm}^6/\text{s})$
CCCH	1.3×10^{-27}
CHHS	9.1×10^{-28}
CHHL	1.3×10^{-28}

1.2.7 碰撞离化效应

高电场区域的电子漂移速度比较大,会将其他处于局域态的电子碰撞轰击出来,使得电子数目产生倍增效应 (impact ionization),图 1.2.4 示意了高能电子与高能空穴引发的碰撞离化效应。

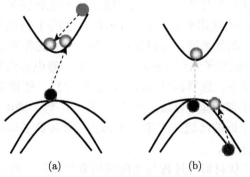

(a)　　　　　　(b)

图 1.2.4　高能电子 (a) 与高能空穴 (b) 碰撞产生的离化效应

在扩散漂移框架内可以唯象地将这种机制表示成 [26,27]

$$qG_{\mathrm{impact}} = \alpha_{\mathrm{n}} |\boldsymbol{J}_{\mathrm{n}}| + \alpha_{\mathrm{p}} |\boldsymbol{J}_{\mathrm{p}}| \tag{1.2.7.1a}$$

式中，α_{n} 和 α_{p} 称为离化系数，可写成局域电场强度相关的阈值效应：

$$\alpha_{\mathrm{n(p)}} = A_{\mathrm{n(p)}} \mathrm{e}^{-\left(\frac{E_{\mathrm{n(p)}}^{\mathrm{crit}}}{E}\right)^{\beta_{\mathrm{n(p)}}}} \tag{1.2.7.1b}$$

一些常见材料的离化系数如表 1.2.2 所示 [28]。

表 1.2.2　不同半导体材料的碰撞离化系数

材料	$A_{\mathrm{n}}/\mathrm{cm}^{-1}$	$E_{\mathrm{n}}^{\mathrm{crit}}/(\mathrm{V/cm})$	β_{n}	$A_{\mathrm{p}}/\mathrm{cm}^{-1}$	$E_{\mathrm{p}}^{\mathrm{crit}}/(\mathrm{V/cm})$	β_{p}
Si	7.04×10^{5}	1.23×10^{6}	1	1.582×10^{6}	2.03×10^{6}	1
Ge	4.9×10^{5}	7.9×10^{5}	1	2.15×10^{5}	7.1×10^{5}	1
GaAs	2.99×10^{5}	6.848×10^{5}	1.6	2.215×10^{5}	6.57×10^{5}	1.75

由表 1.2.2 可以看出，发生离化效应的典型电场强度阈值在 $10^5\mathrm{V/cm}$，在常用半导体太阳电池中只有隧穿结中的电场强度满足这个条件。碰撞电离效应最典型的应用是雪崩光电二极管。

1.2.8　输运体系

半导体太阳电池在几何尺寸与时间尺度上的特征如下所述。

(1) 吸收区横向尺寸通常都是厘米以上，纵向尺寸为了保证光生电流密度，厚度通常在 $\sim1\mu\mathrm{m}$，最薄位置存在于窗口层、背场层、隧穿结等区域，这些层高掺杂导致材料质量很差，需要限制其厚度，最薄可达到 $\sim10\mathrm{nm}$，有些异质结或量子结构太阳电池的特征层厚度基本也在这个范围。

(2) 工作时间都在小时以上，可以认为是稳态工作器件。通常会感觉到有异于环境温度的差别存在，这意味着温度是关键量，从微观机制上看，导致温度差异的因素与材料特性息息相关。

上述两个特征使得半导体太阳电池的输运体系能够在半经典体系 (载流子能级和分布是量子，运动规律满足牛顿 (Newton) 力学) 得以解决 [29]，这样能够有效降低数值实施上的复杂度，同时又能获得有意义的物理结果。这个框架基本以能量输运模型 (以载流子系综 Fermi 势、温度、静电势为变量) 为主，在入射光能量非常低的情况下，忽略器件与环境的温度差别，能量输运模型退化成去掉载流子温度的扩散漂移模型 (以载流子系综 Fermi 势、静电势为变量)，在几何厚度与载流子波长相近的区域，采用量子修正 (增加量子修正势) 或联立薛定谔 (Schrödinger) 方程求解。

实验室中研究光伏材料的过程与实际应用有所不同，有可能会遇到典型时间尺度接近载流子能量改变时间 (能量寿命) 的过程，小于 10ps，如使用时间分辨光谱技术研究载流子碰撞和复合动力学机制，这使得输运模型需要进一步提升到流体动力学框架。上述模型的层级就组成了半导体太阳电池的输运体系，如图 1.2.5 所示。

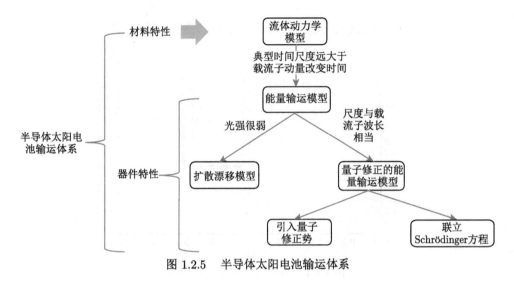

图 1.2.5 半导体太阳电池输运体系

1.3 器 件 结 构

半导体太阳电池作为一种能够有效将光能转换成电能的器件，存在若干决定性能的关键区域。

1.3.1 表面与界面

众所周知，材料表面存在大量未饱和悬挂键，在带隙中间产生高密度缺陷能级，这些缺陷能级的负面作用有两个：① 高表面复合速率导致近界面光生载流子的反向扩散与化学势下降，极大地降低了开路电压；② 高缺陷浓度导致化学势位置固定在带隙中间 (又称 Fermi 能级钉扎)，限制了开路电压。

鉴于半导体太阳电池对表面复合极其敏感，表面悬挂键用其他材料饱和 (简称表面钝化) 是非常关键的工作，钝化有三种方式。

(1) 采用不导电介质来保护表面，如氧化物、氮化物等，防止表面沾污和静电吸附。另外一个附加作用是，用来钝化的介质中会带有电荷，介质光学带隙很宽，电场都施加在半导体一方，介质电场强度为零，导致能带在靠近表面的地方适当弯曲，阻止光生载流子向表面扩散从而降低表面复合速率。

(2) 通过掺杂梯度形成电场阻止少子反向扩散，这种结构放在后面称为背场 (back surface)，如硅太阳电池中的高低结；放在前面称为前场 (floating surface)，如背接触太阳电池中的前端表面扩散结。图 1.3.1 是计算得到的误差函数分布的 n-Si 前场能带图 (深度分别为 0.2 ~ 1.0μm)，可以看出形成少子空穴的有效界面阻挡势垒。

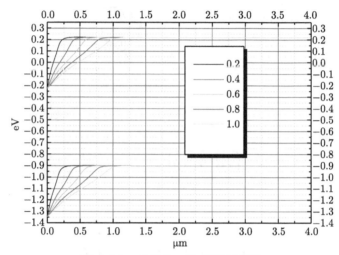

图 1.3.1 典型的 n-Si 前场能带图

(3) 选择同种晶格常数或原子排列方式并且比 pn 结光学带隙更宽的材料来饱和 pn 结前后表面，放在吸收区前面的称为窗口层，放在吸收区后面的称为背场层。这样会形成一个异质结势垒，也能够阻挡少子向界面反向扩散，缺点是对多子形成附加势垒，因此宽带隙材料往往需要高掺杂。还有一点需要注意的是不同材料界面往往会存在界面缺陷，比如晶格失配或界面污染等，也能引入不可忽视的界面复合，如图 1.3.2 所示。

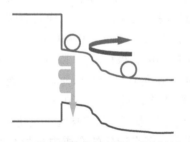

图 1.3.2 窗口层或背场对少子的反射与复合

表面钝化在一些电池结构中尤其重要，比如背面接触硅太阳电池 (IBC)，电荷分离的 pn 结和欧姆 (Ohmic) 接触全部在背面，正面没有任何收集电流的栅线，光生载流子在绝大多数区域都是靠有效扩散进行输运的，器件工艺需要认真选取钝化方法，严格控制前表面的表面复合速率。另外一种结构是日本 Sanyo 公司所发明的本征异质结结构 (HIT)，用高质量本征 α-Si 饱和硅太阳电池表面悬挂键，宽带隙 α-Si 也会在窄带隙 Si 一方施加一个异质结产生的电场，辅助载流子的有效漂移。另一方面，两者界面的高密度电荷会极大地修改界面处的能带分布，进而影响载流子输运。图 1.3.3 是计算得到的不同界面电荷密度下的 α-Si/n-Si 能带图，界面电荷密度从 $10^1 cm^{-2}$ 到 $10^{12} cm^{-2}$，显示上述两种效应。

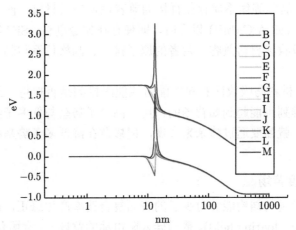

图 1.3.3   不同界面电荷密度下的 α-Si/n-Si 能带图

从器件物理的角度而言，表面缺陷可以用 SRH 复合模型来处理[30]：

$$R_s = \frac{np - n_0 p_0}{\dfrac{1}{S_n}(p + p_t) + \dfrac{1}{S_p}(n + n_t)} \qquad (1.3.1.1a)$$

式中，$S_n = v_{th}^e \sigma_n \rho_s$ 为表面复合速率，单位是 cm/s。实际工作中，如果表面复合速率在 $10^4 cm/s$ 以下，则对器件性能的影响比较小，诸如 AlInP/GaAs 表面复合速率可以降到几十的大小。上面假设缺陷能级是单一的，如果是连续的，则需要对整个分布积分：

$$R_s = (np - n_0 p_0) \int \frac{1}{\dfrac{1}{S_n}(p + p_t) + \dfrac{1}{S_p}(n + n_t)} N(E)\, dE \qquad (1.3.1.1b)$$

通常把 (2) 和 (3) 两种方法组合，如 GaInP 电池的复合背场结构 p-GaInP/p+-GaInP/p+-AlGaInP 结构，p-GaInP 的掺杂浓度在 $10^{16} cm^{-3}$，而 p+-GaInP 和 p+-AlGaInP 的掺杂浓度都在 $10^{18} cm^{-3}$。

本书约定介质或半导体/非半导体界面为表面,半导体/半导体界面为界面,这主要是因为表面与界面数值处理的模型有所不同,尽管在物理上是相同的。

1.3.2　窗口层

窗口层选择还有另外一种意思,顾名思义,就是要像窗口一样透明,因此带隙要尽可能宽,但现实中存在两种困难。

(1) 宽带隙材料是否存在,即使存在,材料是否与吸收区材料相兼容。比如传统的 GaAs、非晶硅等体系就存在直接的兼容性窗口层材料,而当太阳电池的带隙提升到 2.2eV (如 AlGaInP) 以上时,即使存在如金刚石、SiC 等更宽带隙的材料,也无法与吸收区材料兼容,两者的原子排列、晶格体系与制备方法存在大的差异。

(2) 窗口层材料与吸收区材料的能带或能级排列是否理想。最理想的情形是窗口层的能带排列也能起到如背场的作用:高少子势垒与低多子势垒,如果能带差依然比较大,就需要通过掺杂来实现,但掺杂在降低多子势垒的同时也恶化了材料质量[31]。

1.3.3　浓度梯度背场

具有梯度背场的结构能够对少子的表面复合速率产生修正,诸如背面接触硅太阳电池的前场 (floating field)、普通硅太阳电池的背场 (B 背场和 Al 背场)、Ⅲ-V 族太阳电池的复合背场等,从载流子输运角度来说,少子在反向扩散过程中会遇到一反向电场。下面给出具有浓度梯度结构的等效表面复合速率。Godlewski 首先推导了这一情形[32],以 p-基区为例,等效表面复合速率为

$$S = \frac{N_A}{N_A^+} \frac{D_n^+}{D_n} \left[\frac{S_n L_n^+ / D_n^+ \cosh\left(W_p^+/L_n^+\right) + \sinh\left(W_p^+/L_n^+\right)}{S_n L_n^+ / D_n^+ \sinh\left(W_p^+/L_n^+\right) + \cosh\left(W_p^+/L_n^+\right)} \right] \tag{1.3.3.1}$$

式中,带有 + 号的为高掺杂背场层中的参数;W 表示宽度;S 表示界面复合速率;L 表示扩散长度;D 表示扩散系数。可以看出,随着掺杂浓度提高,等效表面复合速率是下降的,但是一般而言,掺杂浓度也使扩散长度下降,因而背场区相对载流子扩散长度而言不能过厚。继而存在梯度背场情况下的基区暗电流可以表示成等效表面复合速率的函数,形式与通常 pn 结所得到的结果一致。

$$J_n^0 = q \frac{D_n}{L_n} \frac{N_i^2}{N_A} \left[\frac{S L_n / D_n \cosh\left(W_p/L_n\right) + \sinh\left(W_p/L_n\right)}{S L_n / D_n \sinh\left(W_p/L_n\right) + \cosh\left(W_p/L_n\right)} \right] \tag{1.3.3.2}$$

1.3.4　异质结界面的输运

上述窗口层和背场层与 pn 结组成了异质结,更一般地说,有些 pn 结本身就是异质结而不是同质结,因此异质结在太阳电池结构中有非常重要的地位,需要

对异质界面载流子输运机制进行深入研究。泛泛地说，异质结界面由于两种不同半导体材料结合在一起会有两个特征，形成势垒和产生界面缺陷，当载流子输运到异质结界面时会产生两种结果：① 通过扩散、量子力学隧穿或者热跃迁跑到另一边的材料层中，或者重新反射回到材料内；② 通过界面缺陷复合。对于少子而言，这两种机制是降低开路电压的主要因素，如图 1.3.4 所示。

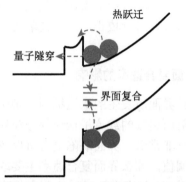

图 1.3.4　异质结界面处载流子的输运机制

对于扩散，其驱动力是两边载流子准 Fermi 能级的梯度，而对于热跃迁 (称热离子发射)，其驱动力是两边载流子准 Fermi 能级的差异。如果势垒薄到足以产生量子隧穿，通常把热离子发射与量子隧穿同时存在的情况称为场发射，量子隧穿有直接穿越势垒的隧穿，也有通过与势垒层中局域缺陷能级 (如同量子阱共振隧穿) 共振所产生的缺陷共振隧穿。对于异质结结构来说，有时这几种机制是同时存在的，有时某一种占主导地位。

1.3.5　晶格失配决定的界面复合速率

如上面所讨论的，Ⅲ-V 族半导体材料通常使用宽带隙半导体材料作为窗口层和背场层，外延生长的时候，材料的组分不能完全与 pn 结完全匹配，这不可避免地会产生失配位错，这些位错是以表面复合中心的形式存在的。如 GaAs 和其他闪锌矿 Ⅲ-V 半导体材料，失配位错密度可以从晶格常数的差别中估算出来：

$$N_{\text{idd}} = 4\frac{a_0^2 - a_{\text{w}}^2}{a_0^2 a_{\text{w}}^2} \tag{1.3.5.1}$$

如果位错的能级单一非连续，忽略 SRH 模型光生载流子浓度的乘积项，表面复合速率为

$$S_{\text{rec}} = \frac{n_0 + p_0}{\dfrac{1}{v_{\text{th}} N_{\text{idd}} \sigma_{\text{n}}}(p_0 + \Delta p + p_{\text{T}}) + \dfrac{1}{v_{\text{th}} N_{\text{idd}} \sigma_{\text{p}}}(n_0 + \Delta n + n_{\text{T}})} \tag{1.3.5.2}$$

式中参数具有通常的意义。考虑 p 型基区与背场界面的失配情形，由于 $\Delta p \ll p_0$，$n_0 \ll \Delta p$，$n_T \ll \Delta p$，表面复合速率可以表示成热速率、表面缺陷浓度和俘获截面的函数：$S_{\mathrm{rec}} = v_{\mathrm{th}} N_{\mathrm{idd}} \sigma_n$。

Gregory 根据实验结果推算得到失配位错的复合截面数量级为：5.8×10^{-16} cm^{-2}，根据表面复合速率对电池性能的影响，认为表面复合速率应该小于 $10^4 \mathrm{cm/s}$，由此得到界面失配应该小于 0.04% [33]。实际中根据 X 射线衍射 (XRD) 测试得到的结果，可以反复对生长参数进行校正，界面失配在生长中一般都控制在 0.01% 以下。

1.3.6　异质结势垒对界面复合速率的影响

根据载流子在异质结界面所发生的输运机制，相应的界面复合速率可以分成由量子隧穿加热离子发射所组成的载流子跃迁部分和异质结界面缺陷造成的复合部分。如果界面缺陷密度非常低，界面缺陷复合可以忽略不计，同时势垒厚度超出量子隧穿能够发生的阈值，那么界面复合速率主要取决于异质结势垒高度，主要机制是热离子发射，例如，从窄带隙材料 1 到宽带隙材料 2 的热离子发射电流密度为 [34]

$$J_0 = qSn_1 = q\frac{m_2}{m_1}\left(\frac{2k_{\mathrm{B}}T}{\pi m_1}\right)^{\frac{1}{2}} \mathrm{e}^{-\frac{\Delta E}{k_{\mathrm{B}}T}} \cdot n_1 \tag{1.3.6.1}$$

式中，m_1 和 m_2 分别是窄带隙材料与宽带隙材料的载流子有效质量；ΔE 是带阶，也就是势垒高度；n_1 是窄带隙处的载流子浓度，这样可以粗略得到势垒高度与界面复合速率之间的关系。如采用 $\mathrm{Al_{0.10}GaInP}$ 和 $\mathrm{Al_{0.25}GaInP}$ 时，两者的导带带阶分别为 48meV 和 120meV (假设导带带阶为整个带阶的 40%)，两者的差别使得前者的界面复合速率为后者的 20 倍左右，如果 GaInP 电池电流密度为 $16\mathrm{mA/cm}^2$，那么前者限制的电池开路电压为 1.37V，而后者可以做到 1.40V 以上。

1.3.7　金属半导体接触

如上所述，光照下，半导体 pn 结中的 n 区与 p 区的多子化学势在少子化学势的带动下分离，分离量决定了 pn 结能够对外做功的最大量，最好能够原封不动地传递到外界，这需要能够瞬时平衡无缝衔接的电子库。而金属的电子密度高、碰撞概率大，能够快速平衡，因此经常用金属实现半导体对外链接，这就是所谓的金属半导体接触 [35,36]。

现实中，当金属与半导体接触形成界面时，由于两者电子亲和势和材料特性不同，会产生界面缺陷和形成势垒，存在载流子的量子隧穿、热离子发射和界面复合三种机制。半导体接触分为对电子的 n 型接触和对空穴的 p 型接触，衡量接触好坏的参数是半导体导带边与金属 Fermi 能级之间的距离 ϕ_{B}，其反映了电子

从金属到半导体的势垒高度,称为肖特基 (Schottky) 势垒 (图 1.3.5):

$$\phi_{\mathrm{B}} = E_{\mathrm{cs}} - E_{\mathrm{Fm}} \tag{1.3.7.1a}$$

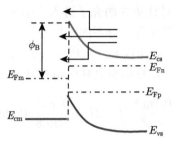

图 1.3.5 金属半导体接触示意图

在 p 型接触中,也可以定义一个金属中空穴 Fermi 能级到半导体价带边的势垒高度 ϕ_{Bp}:

$$\phi_{\mathrm{Bp}} = E_{\mathrm{Fm}} - E_{\mathrm{vs}} \tag{1.3.7.1b}$$

量子隧穿仅能够在很短的距离内发生 (约 < 5nm),通常定义一个能够发生量子隧穿的导带边位置 X_{T} 及其对应能量 E_{T},认为在距离界面内 X_{T} 的载流子以量子隧穿为主,X_{T} 外的载流子以热离子发射为主 [37]。当掺杂浓度比较低,界面势垒比较厚时,量子隧穿概率大幅下降,热离子发射主导,称为 Schottky 接触,如果掺杂浓度很高,半导体达到简并状态,界面势垒比较窄,则量子隧穿机制主导,界面电阻接近零,称为 Ohmic 接触,通常用 R_{s} 来表征 Ohmic 接触的串联电阻。半导体太阳电池中能够形成 Schottky 接触的有非晶硅、有机太阳电池、CIGS/CdTe 等,而 III-V 族半导体太阳电池和硅太阳电池基本上是 Ohmic 接触,主要通过表面重掺杂和高温快速热退火合金形成,另外金属原子在合金过程中的扩散也是接触电阻下降的重要原因,各种能带示意如图 1.3.6。

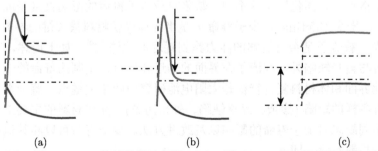

(a) (b) (c)

图 1.3.6 (a) n 型 Schottky 接触能带示意图;(b) n 型 Ohmic 接触能带示意图;(c) p 型接触能带示意图

但实际上 Ohmic 接触也存在一定的电阻，通常根据实验来优化合金参数和接触金属材料来降低接触电阻，比如目前正在研究的新型 Ag 浆。

1.3.8   减反射膜

减反射膜的主要作用是让更多的光子进入太阳电池吸收区[38]，与通常见到的窄带低反膜系不同，太阳光强度分布的不均匀，决定了衡量其性能的主要指标是一种"加权"后的反射率，即以某一波段的入射光照强度加权积分反射电流作为目标函数，根据 (1.1.1.3)，目标函数具有如下形式：

$$J_{\mathrm{R}}^{\mathrm{cal}}(\lambda_0, \lambda_1) = \frac{0.1\mathrm{mA}}{\mathrm{cm}^2} \int_{\lambda_0}^{\lambda_1} I(\lambda) \frac{\lambda(\mathrm{nm})}{1239.8} R(\lambda) \mathrm{d}\lambda(\mathrm{nm}) \tag{1.3.8.1}$$

显然，某个膜系的光照强度积分加权电流密度越低越好。如果整个太阳电池膜系存在透射，则应该以实际进入太阳电池吸收区的有效电流密度为目标函数：

$$J_{\mathrm{c}}^{\mathrm{cal}}(\lambda_0, \lambda_1) = \frac{0.1\mathrm{mA}}{\mathrm{cm}^2} \int_{\lambda_0}^{\lambda_1} I(\lambda) \frac{\lambda(\mathrm{nm})}{1239.8} [1 - R(\lambda) - T(\lambda)] \mathrm{d}\lambda(\mathrm{nm}) \tag{1.3.8.2}$$

从光线传输的角度看，降低反射的机制有两种：① 多层膜系的光学相干；② 改变光线的传输方向以增加其光程。由此在实践中也产生了两种方法：① 单层/多层膜系，如非晶硅、CIGS、Ⅲ-V 多结太阳电池等体系；② 表面图形，如硅太阳电池中的倒金字塔就是通过改变了光的传输方向而增加了光程，这种效果在吸收系数很大的短波段没有影响，但在吸收系数很小的近带边长波段就很显著。

1.4   光生载流子寿命

寿命 (扩散长度) 生动地衡量了载流子是否有机会跑到金属半导体接触端，是太阳电池最重要的微观参数。

1.4.1   概念

与晶格振动、离化原子等不同，缺陷对载流子输运的影响直接表现为有效存活时间，即寿命 (lifetime)。少子寿命 τ 是半导体光伏材料最关键的参数之一，可以衡量光生载流子是否有足够的能力跑到耗尽区边缘[39]，如上所述，除了自发辐射复合与自身缺陷外，载流子在界面的输运和复合也是制约寿命的一个关键因素，因此界面和体材料复合特征是太阳电池研究中两个关键点。鉴于半导体必然存在各种各样的缺陷 (掺杂、晶格缺陷、外来污染)，光伏材料的主要工作就是研究其中不同缺陷对少子寿命的影响以及改进方法。少子寿命可以和其他参数联系起来，如扩散长度，即

$$L = \sqrt{D\tau} \tag{1.4.1.1}$$

下面建立材料少子浓度及其寿命与光学产生速率之间的关联关系。出发点是光照情况下的连续性方程，以电子为例：

$$q\frac{\partial n}{\partial t} = \nabla \cdot \boldsymbol{J}_n - qR + qG \tag{1.4.1.2}$$

热平衡状态下，$R(n_0, p_0) = 0$，少子浓度为零可以认为寿命为 0，作如下几个假设：

- 光注入下产生的少子电子和空穴浓度相等，记 $\Delta n = n - n_0 = \Delta p$；
- 样品处在开路状态，各处没有电流存在，$\nabla \cdot \boldsymbol{J}_n = 0$；
- 光学产生速率可以通过稳态、缓慢衰减或脉冲光照射产生。

通常定义载流子的有效寿命为某个单一复合机制相关联的项，如某个 R 对应的一个寿命 τ：

$$R(\Delta n, n_0, p_0) = \frac{\Delta n}{\tau_{\text{eff}}} \tag{1.4.1.3}$$

连续性方程为

$$\frac{\partial \Delta n}{\partial t} = G - R(\Delta n, n_0, p_0) = G - \frac{\Delta n}{\tau_{\text{eff}}} \tag{1.4.1.4}$$

过剩载流子的有效寿命可以与光学产生速率、有效浓度及其变化率联系起来：

$$\tau_{\text{eff}} = \frac{\Delta n}{G - \dfrac{\partial \Delta n}{\partial t}} \tag{1.4.1.5}$$

稳态时 $\partial \Delta n / \partial t = 0$，从而得到光生过剩载流子浓度的表达式为

$$\Delta n = \tau_{\text{eff}} G \tag{1.4.1.6}$$

如果没有扩散电流，稳态光生载流子浓度为有效寿命与相应光学产生速率的乘积。

依据 (1.4.1.5) 可以估算典型半导体材料中的过剩载流子浓度。通常 GaAs 等半导体材料的少子寿命为 10ns 的量级，晶体硅材料的少子寿命从几十微秒到毫秒的量级，非晶硅的少子寿命为纳秒的量级，根据光谱电流密度可以获得能够进入半导体的最高光子密度，表 1.4.1 根据 (1.4.1.6) 计算了不同半导体材料中的最高光生载流子浓度，吸收系数取 10^5cm^{-1}，硅为间接带隙半导体，吸收系数为 10^3cm^{-1}，假设入射光没有反射且密度以指数形式衰减。表中的最高光生载流子浓度是在所有波长光都具有一样的吸收系数的假设下得到的，这实际上是不成立的，因此实际器件中的光生载流子浓度要比这低得多。

表 1.4.1　不同半导体材料最高光生载流子浓度

材料	少子寿命	光学带隙 /eV	最高光生载流子浓度 /cm^{-3}
Si	50μs	1.12	10^{16}
Si	1ms	1.12	$10^{17} \sim 10^{18}$
GaInP(完全无序)	10ns	1.9	10^{13}
GaInP(完全无序)	1ns	1.9	10^{12}
GaAs	10ns	1.424	10^{14}
CdTe	1ns	1.45	10^{13}
CIGS	1ns	1.15	10^{13}
α-Si	1ns	1.7	10^{13}

1.4.2　典型复合机制的寿命

根据载流子有效寿命的定义，可以获得复合机制所决定的寿命，主要讨论三种复合机制：

- 质量非常好的半导体材料，其复合机制为自发辐射复合，少子寿命为

$$\tau = \frac{\Delta n}{B\left[(n_0 + \Delta n)\left(p_0 + \Delta p\right) - n_0 p_0\right]} = \frac{1}{B\left[n_0 + p_0 + \Delta n\right]} \tag{1.4.2.1a}$$

对于如 p-Si，n/p 结构的 Ⅲ-V 子电池，其基区主要是 p 型掺杂材料，通常掺杂浓度比光生载流子浓度要高得多，即 $p_0 \approx N_A \gg (\Delta n, n_0)$，那么有

$$\tau = \frac{1}{B N_A} \tag{1.4.2.1b}$$

- SRH 复合主导的半导体材料，一般情况下，

$$\tau_{SRH} = \frac{n}{R} = \frac{\tau_p\left(n_0 + n_1 + \Delta n\right) + \tau_n\left(p_0 + p_1 + \Delta p\right)}{n_0 + p_0 + \Delta n} \tag{1.4.2.2}$$

可以看出少子寿命是一个与过剩载流子浓度相关联的量，也就是说，少子寿命是随过剩载流子浓度变化的。我们来看一下两个极端情况。

(1) 太阳电池属于低注入，满足 $p_0 \approx N_A \gg \Delta n \gg n_0$，以 p 型掺杂材料为例，$\tau_{SRH} = \tau_n$；

(2) 发光管与激光器等属于高注入，满足 $\Delta n \gg (p_0, n_0)$，$\tau_{SRH} = \tau_n + \tau_p$。

可以看出，低注入情况下，少子寿命就是材料本征寿命；高注入情况下，少子寿命为电子与空穴本征寿命的和。对于太阳电池，大部分材料满足低注入条件，而 pin 结构的本征材料满足高注入条件。

- 重掺杂 Auger 复合主导的半导体材料，考虑低注入下的 n 型材料 $n \approx n_0 \approx N_D$：

$$\tau = \frac{1}{C_{Auger}^{CCCH} N_D^2} \tag{1.4.2.3}$$

注 1：少子寿命与掺杂浓度的经验表示。

根据上面的讨论，无论是自发辐射复合还是 SRH 复合，少子寿命都与背景掺杂浓度息息相关，有时根据实验数据建立了少子寿命与掺杂浓度的经验关系[40]：

$$\tau_{\mathrm{n}} = \frac{\tau_{\mathrm{n}}^0}{1 + \dfrac{N_{\mathrm{A}} + N_{\mathrm{D}}}{N_{\mathrm{ref}}}} \tag{1.4.2.4a}$$

注 2：硅中的开关模型。

对于硅太阳电池，有时也采用所谓的开关模型来表征掺杂浓度对载流子寿命的影响，其基本思想是定义一阈值浓度，阈值浓度以下，寿命不受影响，阈值浓度以上，寿命下降满足一定关系。

Clunz 总结了 Ga-掺杂的 p-Si 中的少子寿命，满足如下开关模型[41,42]：

$$\tau\left(N_{\mathrm{A}}\right) = \begin{cases} \tau_0, & N_{\mathrm{A}} \leqslant N_{\mathrm{onset}} \\ \tau_0\left(\dfrac{N_{\mathrm{A}}}{N_{\mathrm{onset}}}\right)^\alpha, & N_{\mathrm{A}} > N_{\mathrm{onset}} \end{cases} \tag{1.4.2.4b}$$

通过实验获得参数：$\alpha = -1.779$，$\tau_0 = 1047\mu\mathrm{s}$，$N_{\mathrm{onset}} = 1.25 \times 10^{15} \mathrm{cm}^{-3}$。

1.4.3 低迁移率材料的场助效应

依据 (1.2.3.8) 可以知道，提高电场强度、加快载流子漂移速度能够改善太阳电池的寿命，因此一些低迁移率的材料会采用所谓的 pin 结构，诸如非晶硅、I-III-VI$_2$、III-V 宽禁带材料，pin 电池结构会在 i 区引入均匀电场强度，少子的扩散长度会增加，推导表明，载流子的扩散长度可以表示成电场和本征扩散长度的函数[43,44]，以空穴为例：

$$L_{\mathrm{p}} = v\tau = \mu E \tau \tag{1.4.3.1}$$

式中，μ 是少子迁移率；τ 是本征寿命；E 是电场强度；纯漂移情况下载流子速率为迁移率与电场强度的乘积 $v = \mu E$。得到上述结论的前提是电场强度不太强，对扩散系数、迁移率的影响比较小，或者说载流子的碰撞离化效应比较弱。

1.4.4 寿命的测试

通过调制光照强度与变化速率可以获得过剩载流子寿命的相关信息。如果过剩载流子的变化速率比外部光源的衰减小得多，即 G 很快衰减为 0，比如脉冲或短方波，则称为准瞬态 (quasi-transient)，有

$$\tau_{\mathrm{eff}} = -\frac{\Delta n}{\partial \Delta n} : \partial t \tag{1.4.4.1a}$$

显而易见，其数学上的形式解为

$$\Delta n\left(t\right) = C\mathrm{e}^{-\frac{t}{\tau_{\mathrm{eff}}}} \tag{1.4.4.1b}$$

如果光源比较稳定，而载流子寿命比较短，那么称为准稳态 (quasi-steady-state)。有

$$\tau_{\mathrm{eff}} = \frac{\Delta n}{G} \tag{1.4.4.2}$$

通过测试光电导的方法得到过剩载流子浓度，而光电导可以通过电感耦合方法或微波反射方法获得，如准稳态光电导技术 (QSSPC)[45] 与微波探测光电导衰减技术 (MW-PCD)[46]。

另一方面，根据 (1.2.4.1)，材料自发辐射复合所产生的荧光强度与载流子浓度的乘积成正比，经过专门调节材料性能参数，可以 "屏蔽" 一种载流子，而只显示另外一种载流子的有效寿命，如在长度为 d 的 p 型掺杂材料中，设计 p 型掺杂浓度满足 $p_0 \approx N_{\mathrm{A}} \gg \Delta n \gg n_0$，则整个发光区的荧光发射强度为

$$\begin{aligned} I_{\mathrm{PL}}\left(t\right) &= B\int_0^d \left[n\left(x,t\right)p\left(x,t\right) - n_0\left(x,t\right)p_0\left(x,t\right)\right]\mathrm{d}x \\ &= BN_{\mathrm{A}}\int_0^d \Delta n\left(x,t\right)\mathrm{d}x = \frac{1}{\tau_{\mathrm{R}}}\int_0^d \Delta n\left(x,t\right)\mathrm{d}x \end{aligned} \tag{1.4.4.3}$$

实际中采用所谓双异质结的结构测试荧光强度，即需要表征的材料 B 夹在宽带隙材料 A 中间 (图 1.4.1)，宽带隙材料 A 起到钝化表面以及增加有效光生载流子浓度的作用。

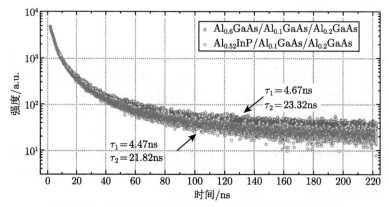

图 1.4.1   典型双异质结时间分辨荧光 (TRPL) 测试结果

在某些近似下：① 窄带隙材料仅存在扩散电流，没有内建电场，且仅有一种复合缺陷；② 掺杂浓度要高于光生载流子浓度与本征少子浓度；③ 双异质结两个界面完全对称，具有完全相同的界面复合速率，荧光强度随时间衰减具有简单的指数关系[47]。以 p 型掺杂材料为例，荧光强度随时间的衰减规律为

$$I_{\mathrm{PL}}\left(t\right) \propto \frac{1}{\tau_{\mathrm{R}}} \mathrm{e}^{-\left(\frac{1}{\tau_{\mathrm{s}}} + \frac{1}{\tau}\right)t} \tag{1.4.4.4}$$

式中，τ_{s} 是由界面复合速率定义的表面寿命，$\tau_{\mathrm{s}} = \dfrac{d^2}{\pi^2 D_n} + \dfrac{d}{2s}$，这里，$D_n$ 是电子扩散系数，s 是界面复合速率 (由界面缺陷及少子的热跃迁组成)，如果满足 $\dfrac{d}{2s} \gg \dfrac{d^2}{\pi^2 D_n}$，那么荧光强度寿命也可以写成

$$\frac{1}{\tau_{\mathrm{eff}}} = \frac{2s}{d} + \frac{1}{\tau} \tag{1.4.4.5}$$

现实中有两个因素使得这个结论难以严格成立：一方面，两边的势垒层所产生的内建电场弯曲界面附近的能带，使界面附近看起来与材料内部不那么一致；另一方面，材料制备过程中前后生长顺序 A/B 和 B/A 界面材料组分原子与掺杂原子的互扩散，使得两个界面具有反对称的性质。尽管如此，上述 ①～③ 依然是可行的假设，并且在实际操作中也是近似可行的。

1.4.5 光子自循环

从 1.2.4 节中的自发辐射复合可以得出一个结论：产生的光子会重新被本层或后面窄带隙层吸收，这就是所谓的光子自循环 (photon recycling)[48-51]。光子自循环有个显著的作用是在材料缺陷复合不是特别严重的情况下，能够有效增加少子寿命与扩散长度。

如图 1.4.2 所示，在非辐射复合不严重的情况下 (基本上 $\tau_{\mathrm{r}} > \dfrac{1}{BN_{\mathrm{A,D}}}$)，入射光强呈指数下降，导致光生载流子在前方 (空间坐标 x_0) 浓度偏高，而在后方 (空间坐标 x_1) 浓度很小。这表明，x_0 处自发辐射复合的强度要比 x_1 处大得多，而 x_1 处吸收自发辐射光的概率比 x_0 处高得多，x_1 处的光生载流子浓度增加，形式上显示为光生载流子寿命增加。通常定义扩散区的辐射寿命增强因子 ϕ 参数来表征光子循环利用强度

$$\frac{\Delta n}{\phi \tau_{\mathrm{r}}} + \frac{\Delta n}{\tau_{\mathrm{nr}}} = \frac{\Delta n}{\phi \tau_{\mathrm{r}}} + \frac{\Delta n}{\tau_{\mathrm{nr}}} - G_{\mathrm{pr}} \tag{1.4.5.1a}$$

$$\phi = \frac{\Delta n}{\Delta n - G_{\mathrm{pr}} \tau_{\mathrm{r}}} \tag{1.4.5.1b}$$

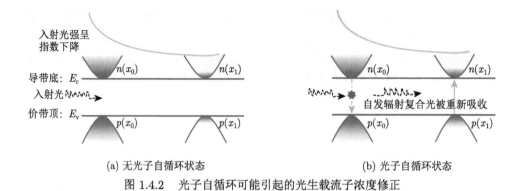

(a) 无光子自循环状态　　　　　　　　　　(b) 光子自循环状态

图 1.4.2　光子自循环可能引起的光生载流子浓度修正

显而易见，ϕ 是一个与空间相关的量，体现了太阳电池中不同位置的光学关联。另外，根据自发辐射光总的利用程度也可以定义一个整体的辐射寿命增强因子：

$$\frac{1}{\phi} = 1 - \frac{\int G_{\mathrm{pr}}\mathrm{d}x}{\int R_{\mathrm{rad}}\mathrm{d}x} \tag{1.4.5.2}$$

1.5　pn 结的经典分析模型

基于上述半导体 pn 结太阳电池的热力学、能带、材料、输运、光学等图像，希望获得一个数学上能够精确求解又具有实际指导意义的简单模型，为了达到这个目的，需要如下假设。

· 对于单个 pn 结，太阳电池可以分为五部分：前表面、发射区扩散部分、耗尽区、基区扩散部分与后表面。各部分用具有不同物理意义的参数表征，比如，前后表面用界面复合速率，扩散区用少子寿命，耗尽区用宽度等。这种情况下，界面复合速率包含两部分：热离子发射和界面复合。

· 忽略光在材料中的干涉与自循环，光在各层里面除了吸收外没有任何其他效应。

· 光生载流子的注入不足以改变内部静电势的分布。

下面以 n(发射区)/p(基区) 结构为例，d 是发射区扩散部分长度，W_{n} 与 W_{p} 分别是耗尽区在 n 区与 p 区部分的宽度，L 是基区扩散部分长度，参数如图 1.5.1 所示。各部分物理模型如下：

(1) 前表面的少子为空穴，其表面复合电流可以表示成

$$J_{\mathrm{p}} = -S_{\mathrm{p}}\left(p - p_0\right) = -D_{\mathrm{p}}\frac{\mathrm{d}\Delta p}{\mathrm{d}x} \tag{1.5.1}$$

(2) 发射区扩散部分少子 (空穴) 的扩散方程为

$$\frac{\mathrm{d}^2 \Delta p}{\mathrm{d}x^2} + \frac{\alpha I \left(1 - R\right) \mathrm{e}^{-\alpha x}}{D_{\mathrm{p}}} - \frac{\Delta p}{L_{\mathrm{p}}^2} = 0 \qquad (1.5.2)$$

(3) 耗尽区边界上的少子准 Fermi 能级位置与其热平衡一致，如空穴：

$$p\left(w_{\mathrm{n}}\right) = p_{\mathrm{n}0} \mathrm{e}^{E_{\mathrm{Fh}}(0)/k_{\mathrm{B}}T} \qquad (1.5.3)$$

(4) 基区扩散部分电子的扩散方程为

$$\frac{\mathrm{d}^2 \Delta n}{\mathrm{d}x^2} + \frac{\alpha I \left(1 - R\right) \mathrm{e}^{-\alpha x}}{D_{\mathrm{n}}} - \frac{\Delta n}{L_{\mathrm{n}}^2} = 0 \qquad (1.5.4)$$

(5) 后表面少子 (电子) 的表面复合电流为

$$J_{\mathrm{n}} = -S_{\mathrm{n}}\left(n - n_0\right) = D_{\mathrm{n}} \frac{\mathrm{d}\Delta n}{\mathrm{d}x} \qquad (1.5.5)$$

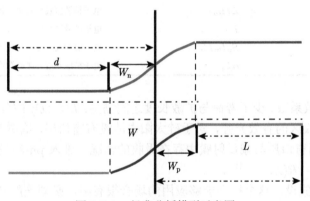

图 1.5.1   经典分析模型示意图

几乎每本关于半导体太阳电池的书中都有关于上述模型很详尽的过程 [52,53]，这里不再详细推导，只给出结果并进行说明。总的电流可以分成三部分：发射区扩散部分、耗尽区和基区扩散部分，即

$$J_{\mathrm{p}}\left(\lambda, V\right) = \frac{I_{\mathrm{eff}}\left(\lambda\right)\beta_0}{\beta_0^2 - 1} \left[\frac{\beta_3 + \beta_0 - \mathrm{e}^{-\beta_2}\left(\beta_3\cosh\beta_1 + \sinh\beta_1\right)}{\beta_3\sinh\beta_1 + \cosh\beta_1} - \mathrm{e}^{-\beta_2}\right] - J_{\mathrm{p}0}$$

$$(1.5.6\mathrm{a})$$

$$J_{\mathrm{p}0} = \frac{qD_{\mathrm{p}}p_{\mathrm{n}0}}{L_{\mathrm{p}}}\left(\mathrm{e}^{qV/k_{\mathrm{B}}T} - 1\right)\frac{\beta_3\cosh\beta_1 + \sinh\beta_1}{\beta_3\sinh\beta_1 + \cosh\beta_1} \qquad (1.5.6\mathrm{b})$$

$$J_{\mathrm{dp}}\left(\lambda, V\right) = I_{\mathrm{eff}}\left(\lambda\right)\left(1 - \mathrm{e}^{-\beta_4}\right)\mathrm{e}^{-\beta_2} - J_{\mathrm{RB}}\left(\mathrm{e}^{qV/nk_{\mathrm{B}}T} - 1\right) \qquad (1.5.6\mathrm{c})$$

$$J_{\mathrm{n}}(\lambda, V) = \frac{I_{\mathrm{eff}}(\lambda)\,\beta_8}{\beta_8^2 - 1}\mathrm{e}^{-(\beta_2 + \beta_4)}$$

$$\times \left[\frac{(\beta_7 - \beta_8)\,\mathrm{e}^{-\beta_6} - (\beta_7\cosh\beta_5 + \sinh\beta_5)}{\beta_7\sinh\beta_5 + \cosh\beta_5} + \beta_8 \right] - J_{\mathrm{n}0} \tag{1.5.6d}$$

$$J_{\mathrm{n}0} = \frac{qD_{\mathrm{n}}n_{\mathrm{p}0}}{L_{\mathrm{n}}}\left(\mathrm{e}^{qV/k_{\mathrm{B}}T} - 1\right)\frac{\beta_7\cosh\beta_5 + \sinh\beta_5}{\beta_7\sinh\beta_5 + \cosh\beta_5} \tag{1.5.6e}$$

各种符号表示物埋含义如表 1.5.1 所示。

表 1.5.1　模型符号

符号	表达式	物理含义
β_0	αL_{p}	空穴扩散长度与吸收深度乘积
β_1	d/L_{p}	空穴扩散区长度与空穴扩散长度比值
β_2	$d\alpha$	空穴扩散区长度与吸收深度乘积
β_3	$S_{\mathrm{p}}L_{\mathrm{p}}/D_{\mathrm{p}}$	空穴表面复合速率与空穴扩散速率比值
β_4	αW	耗尽区厚度与吸收深度乘积
β_5	L/L_{n}	电子扩散区长度与电子扩散长度比值
β_6	$L\alpha$	电子扩散区长度与吸收深度乘积
β_7	$S_{\mathrm{n}}L_{\mathrm{n}}/D_{\mathrm{n}}$	电子表面复合速率与电子扩散速率比值
β_8	αL_{n}	电子扩散长度与吸收深度乘积

其中，扩散系数、少子寿命与扩散长度之间满足：$L = (D\tau)^{1/2}$，$I_{\mathrm{eff}}(\lambda)$ 是能够进入 pn 结吸收区的有效光强，对于硅太阳电池没有窗口层，有效光强为 $qI_0(\lambda)\cdot[1 - R(\lambda)]$，而窗口层与减反射膜中存在吸收的情况，进入 pn 结吸收区的有效光强为 $qI_0(\lambda)[1 - R(\lambda)]\mathrm{e}^{-\alpha dW}$。

基于上述假设，这个模型能够应用的场合很有限，必须是严格的 pn 结且不存在窗口层和背场异质结所施加的电场，比如通常的 GaAs n+p 结构。但实际上经常用这种最简单的结构结合经典分析模型对材料质量和界面复合速率进行表征，之后再进行复杂结构的设计。严格地说，扩散硅太阳电池是不能采用经典分析模型的，主要是因为发射区能带不是平的，而是带有一定程度的缓变。另外，即使是严格的 pn 结，由于存在入射光的多层干涉也不能采用。显而易见，耗尽区的位置是由表面复合速率、材料电子学 (扩散长度) 参数以及光谱 (光强分布) 共同决定的。

图 1.5.2 是依据上述模型初步拟合测试得到的 1.9eV GaInP 的外量子效率 (EQE)，可以看出尽管在短波 (靠近窗口层) 与长波 (基区靠近背场层) 段有所差异，但总体吻合较好，且能够给出相当好的规律，短波与长波响应差异来自于异质结界面载流子输运机制与光子自循环效应的影响。

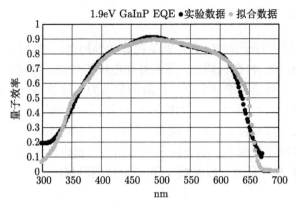

图 1.5.2　1.9eV GaInP 太阳电池 EQE 拟合

1.6　太阳电池的典型参数

通常衡量太阳电池的三个典型参数是量子效率 (也称光谱响应)、填充因子与开路电压。

1.6.1　量子效率

量子效率是每个波长的光子转换成电流的效率，也称光谱响应[38]，量子效率分内量子效率 (IQE) 和外量子效率 (EQE) 两种，前者衡量结构本身的光电转换能力，后者衡量整个器件结构包括减反射膜在内的整体光电转换能力，外量子效率可以表示成

$$\mathrm{EQE}\,(\lambda) = \frac{J\,(\lambda,0)}{I\,(\lambda)} \tag{1.6.1.1}$$

内外量子效率之间的联系为

$$\mathrm{EQE}\,(\lambda) = \mathrm{IQE}\,(\lambda)\,[1 - R\,(\lambda)] \tag{1.6.1.2}$$

尽管我们实际上得到的光谱响应是关于能量的函数，表征的是不同波长的光子数目最终到电极的转换效率，但是由于不同能量的光在材料中的吸收深度，而呈现很强的指数分布，比如高能光 (蓝) 主要集中在 pn 结的发射区，而接近带隙的光能够延伸到 pn 结的背面，接近背场。依据粗略的入射深度，可以比较粗糙地建立起 $Q(\lambda,x)$，通过观察量子效率，可以粗略获得关于材料本征特性和界面特性的影响。

根据定义，内量子效率表征的是材料质量、异质结界面复合速率。排除减反射膜等光学结构的影响，在器件研究初期，可以借助内量子效率观察器件结构与制备参数变动对性能的影响，获得满意结果以后再用外量子效率来综合优化减反射膜与太阳电池结构的耦合，包括膜系干涉所引起的反射谱振荡等。

1.6.2　填充因子

我们知道, 填充因子 (FF) 表示的是在施加外加电压的过程中 I/V 曲线的形状因子。对于 pn 结, 内在机理是, 随着外加电压的增加, 内建电场逐渐削弱, 从而直接削弱了光生载流子漂移分离与扩散的驱动力, 这使得光生载流子有更大概率反向扩散到界面进行复合, 或直接在体材料内复合 (图 1.6.1)。根据我们前面的讨论, 对于低迁移率材料, 也表现为光生载流子有效漂移长度的变短, 无论如何都表现为光生电流的降低、填充因子的恶化。根据内建电场的质量和材料质量 (材料复合与界面复合是否可以忽略), 可以分成四种情况。

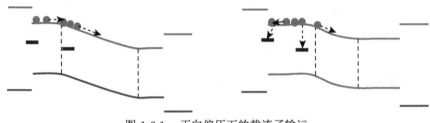

图 1.6.1　正向偏压下的载流子输运

(1) 内建电场强度比较大, 材料质量好。表现为开路电压与填充因子都比较高。

(2) 内建电场强度比较大, 材料质量差。表现为开路电压比较高, 填充因子下降。

(3) 内建电场强度比较小, 材料质量好。表现为开路电压下降, 填充因子比较高。

(4) 内建电场强度比较小, 材料质量差。表现为开路电压与填充因子的同步下降。

1.6.3　开路电压

一种半导体材料, 光学带隙为 E_g, 同时还知道其一些材料特性, 比如缺陷复合参数等。我们最想知道, 把这种材料做成 pn 结, 其理想开路电压能够到达多高, 或者说这种 pn 结子电池的开路电压最高限在哪里。根据前面我们对半导体热力学图像的描述, 电子和空穴子系综的自由能取决于其准 Fermi 能级, 开路电压应该等于两端没有电流的情况下, 电子和空穴准 Fermi 能级的差, 见 (1.1.3.6), 这时电子和空穴两个子系综实际上是相互独立的或者是各自平衡的。

这个关系看起来比较抽象, 实际中总是想与器件结构或者材料特性联系起来, 给予一些设计的指导原则。为了实现这个想法, 首先看一下在光照开路情况下, 开路电压结论是怎么形成的。以 n/p 结为例，热平衡情况下，n/p 区的准 Fermi 能级是一致的，整个结构中没有载流子流动。根据 pn 结基本知识，由掺杂所决定的 pn 结势垒决定了结两侧载流子浓度之间的关系：$n_{p0} = n_{n0}e^{-\frac{q\varphi_{bi}}{k_BT}}$。这里我们认为，光生载流子浓度比少子浓度要高，但比多子要低。于是光照开路情况下，n 区空穴浓度和 p 区电子浓度都要比热平衡情况高，两者的准 Fermi 能级开始偏离平衡位置，通过耗尽区传递这个差而带动相应多子区 Fermi 能级沿同一方移动，这样的移动导致多子在半导体/金属接触处产生势能，即开路电压 (图 1.6.2)。

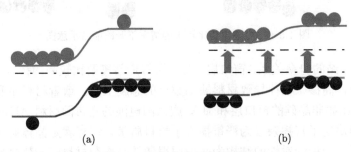

(a)   (b)

图 1.6.2   光生电压产生过程

既然开路电压的形成过程是由光生非平衡载流子所引起的准 Fermi 能级的移动所导致的，那么就自然存在两个问题：第一个问题是，显然光生载流子浓度越高越好，高浓度光生载流子会更大幅度地推动多子 Fermi 能级向减少内建电势的方向移动，能够减少这个光生载流子浓度的因素有材料本身的缺陷以及表面复合等，因此材料质量和表面质量至关重要；另外一个问题是，pn 结的内建势垒能够在多大程度上允许这种多子 Fermi 能级的移动，显而易见的结果是，如果内建电势势垒不够大，则轻微的多子区带边移动会导致内建势垒被抵消并引发正向多子的注入，从而产生正向电流，因此需要一个足够高势垒的 pn 结。

第一个问题的结果是，内建电场势垒足够高，但是材料本身和界面质量比较差，导致光生载流子推动准 Fermi 能级分离的能力不足，从而开路电压比较小，如图 1.6.3 所示。

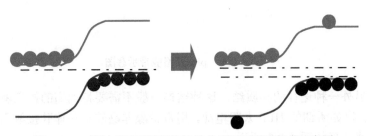

图 1.6.3   材料或界面质量比较差的情况下开路能带示意图

第二个问题的结果是，尽管材料本身质量比较好，但 pn 结的内建电势比较小，导致光生载流子浓度稍微超过某一值就会抵消内建电势，使多子向少子扩散，形成正向电流，从而开路电压比较小，如图 1.6.4 所示。

图 1.6.4   内建电势比较小的情况下开路能带示意图

根据 pn 结的势垒关系，窗口层、背场层等通常需要比较高的掺杂浓度，然而很不幸的是，高掺杂往往导致材料缺陷数目的急剧上升，或者材料本身并不能进行高掺杂，比如非晶硅的窗口层和 III-V 族太阳电池的宽带隙材料 AlGaInP，这些材料的结构决定了其掺杂行为严重损害了材料质量。还有就是晶体硅表面的所谓高掺杂死层，一种针对性的结构为两边用很薄的高掺杂材料作为势垒形成区，中间很长的材料类似本征材料，即所谓的 pin 结构，当前硅基薄膜和高效 III-V 族太阳电池结构中低质量单结子电池都采用这种结构。

硅基薄膜电池的基本结构为：p 区 5nm/i 区 300nm/n 区 20nm，可以看出，p 型窗口层比 n 型背场要窄，主要是因为 p 型材料的迁移率要低得多，其形成的 pin 结构开路电压示意如图 1.6.5 所示。

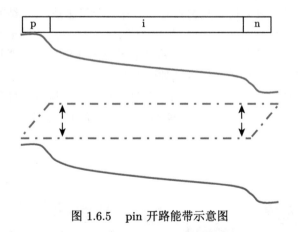

图 1.6.5   pin 开路能带示意图

还有另外一种途径的异质结，这种结构一般不需要特别高的掺杂就具有比较高的势垒，比如所谓的 HIT 太阳电池，用宽带隙非晶硅与晶体硅接触而形成高势垒，其开路情形如图 1.6.6 所示。

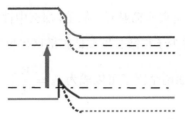

图 1.6.6　异质结结构开路电压示意图

1.7　理想开路电压

理想开路电压衡量了一种半导体光伏材料发电的极限能力，通常在选取一种光伏材料时首先计算其理想开路电压。

1.7.1　理想开路电压计算 1: 二极管模型

Schockley 首先根据二极管的 I/V 方程反推出 pn 结太阳电池的二极管方程为

$$J\left(V\right) = J_{\mathrm{ph}} - J_0 \left[\mathrm{e}^{\frac{qV}{nk_{\mathrm{B}}T}} - 1 \right] \tag{1.7.1.1}$$

式中，J_{ph} 为光生电流密度；J_0 是反向饱和电流密度；n 是 pn 结理想因子。开路电压的定义为

$$V_{\mathrm{oc}} = \frac{nk_{\mathrm{B}}T}{q} \ln\left(1 + \frac{J_{\mathrm{ph}}}{J_0}\right) \tag{1.7.1.2}$$

现在的任务是如何计算反向饱和电流。反向饱和电流密度的计算有两种方法。第一种方法是所谓的一维 pn 结二极管模型，该方法的基本思想来自于 1.5 节中 pn 结太阳电池的经典分析模型，如果忽略耗尽区的复合，那么总的 pn 结中的反向饱和电流可以分成 n 中性区和 p 中性区，由体材料缺陷和界面缺陷所引起的复合决定。整理 (1.5.6b) 与 (1.5.6e) 有

$$J_0 = q \left[\frac{n_{\mathrm{i}}^2}{N_{\mathrm{A}}} \frac{L_{\mathrm{e}}}{\tau_{\mathrm{e}}} \xi_{\mathrm{e}} + \frac{n_{\mathrm{i}}^2}{N_{\mathrm{D}}} \frac{L_{\mathrm{h}}}{\tau_{\mathrm{h}}} \xi_{\mathrm{h}} \right] \tag{1.7.1.3a}$$

式中，$\xi_{\mathrm{e}} = \dfrac{S_{\mathrm{e}}\cosh\left(\dfrac{W_{\mathrm{p}}}{L_{\mathrm{e}}}\right) + \dfrac{L_{\mathrm{e}}}{\tau_{\mathrm{e}}}\sinh\left(\dfrac{W_{\mathrm{p}}}{L_{\mathrm{e}}}\right)}{S_{\mathrm{e}}\sinh\left(\dfrac{W_{\mathrm{p}}}{L_{\mathrm{e}}}\right) + \dfrac{L_{\mathrm{e}}}{\tau_{\mathrm{e}}}\cosh\left(\dfrac{W_{\mathrm{p}}}{L_{\mathrm{e}}}\right)}$；$\xi_{\mathrm{h}} = \dfrac{S_{\mathrm{h}}\cosh\left(\dfrac{W_{\mathrm{n}}}{L_{\mathrm{h}}}\right) + \dfrac{L_{\mathrm{h}}}{\tau_{\mathrm{h}}}\sinh\left(\dfrac{W_{\mathrm{n}}}{L_{\mathrm{h}}}\right)}{S_{\mathrm{h}}\sinh\left(\dfrac{W_{\mathrm{n}}}{L_{\mathrm{h}}}\right) + \dfrac{L_{\mathrm{h}}}{\tau_{\mathrm{h}}}\cosh\left(\dfrac{W_{\mathrm{n}}}{L_{\mathrm{h}}}\right)}$。

(1.7.1.3a) 比较复杂，涉及的因素比较多，我们通常需要知道某种半导体材料的光电转换潜能如何，比如最高开路电压能够达到多少等。由于复合缺陷和表面复合速率通常与制备条件紧密结合在一起，所以需要去掉这些因素的影响。如果表

面复合速率为零,材料中没有非辐射复合缺陷,那么中性区厚度和少子扩散长度的比值就趋向于零,或者说少子扩散长度要比扩散区厚度大得多,那么有 $\dfrac{W_{\mathrm{p}}}{L_{\mathrm{e}}} \to 0$,而 $\lim\limits_{x \to 0} \tanh(x) = x$,上面两个因子可以成为 $\xi_{\mathrm{e}} = \dfrac{W_{\mathrm{p}}}{L_{\mathrm{e}}}$,$\xi_{\mathrm{h}} = \dfrac{W_{\mathrm{n}}}{L_{\mathrm{h}}}$,因此整个二极管的暗电流:

$$J_0 = q \left[\frac{n_{\mathrm{i}}^2}{N_{\mathrm{A}}} \frac{W_{\mathrm{p}}}{\tau_{\mathrm{e}}} + \frac{n_{\mathrm{i}}^2}{N_{\mathrm{D}}} \frac{W_{\mathrm{n}}}{\tau_{\mathrm{h}}} \right] \tag{1.7.1.3b}$$

只考虑辐射复合时,少子寿命为:$\tau_{\mathrm{e}} = 1/BN_{\mathrm{A}}$,$\tau_{\mathrm{h}} = 1/BN_{\mathrm{D}}$。则这样的暗电流为

$$J_0 = qn_{\mathrm{i}}^2 B \left[W_{\mathrm{p}} + W_{\mathrm{n}} \right] \tag{1.7.1.3c}$$

当载流子浓度和掺杂浓度不是很高时,少子寿命满足叠加原则,则暗电流方程又可以推广为

$$J_0 = q \left[\frac{n_{\mathrm{i}}^2}{N_{\mathrm{A}}} W_{\mathrm{p}} \left(\sum_i \frac{1}{\tau_{\mathrm{e}}^i} \right) + \frac{n_{\mathrm{i}}^2}{N_{\mathrm{D}}} W_{\mathrm{n}} \left(\sum_i \frac{1}{\tau_{\mathrm{h}}^i} \right) \right] \tag{1.7.1.3d}$$

求和表示各种微观过程的叠加,如自发辐射复合、SRH 复合、载流子散射、声子散射、界面粗糙度散射等。在 Maxwell-Boltzmann 统计情形下,本征载流子浓度为:$n_{\mathrm{i}}^2 = N_{\mathrm{c}} N_{\mathrm{v}} \mathrm{e}^{-\frac{E_{\mathrm{g}}}{k_{\mathrm{B}} T}}$。如果光生电流密度为 J_{ph},则开路电压为 [54]

$$V_{\mathrm{oc}} \approx \frac{k_{\mathrm{B}} T}{q} \ln \frac{J_{\mathrm{ph}}}{J_0} = \frac{E_{\mathrm{g}}}{q} - \frac{k_{\mathrm{B}} T}{q} \ln \frac{q N_{\mathrm{c}} N_{\mathrm{v}} B \left[W_{\mathrm{p}} + W_{\mathrm{n}} \right]}{J_{\mathrm{ph}}} \tag{1.7.1.4}$$

(1.7.1.4) 通常用来估算材料能够达到的最大开路电压,并与实验结果比较而获得材料质量的相关信息。目前这种方法的最大用处就是,在 III-V 多结太阳电池中研究不同子电池材料生长方法对其材料质量的影响。表 1.7.1 根据不同材料的光学带隙、带边态密度、电池厚度计算了其理想开路电压,其中光生电流取表 1.1.2 中的数据。

表 1.7.1 半导体材料的理想开路电压

材料	导带带边态密度 /cm^{-3}	价带带边态密度 /cm^{-3}	光学带隙 /eV	电流密度 /(mA/cm^2)	自发辐射复合系数 /(cm^3/s)	厚度/μm	理想开路电压/V
Si	3.2×10^{19}	1.8×10^{19}	1.12	52.91	1.1×10^{-14}	200	0.788
GaInP(完全无序)	1.0×10^{18}	1.6×10^{19}	1.9	22.13	3.0×10^{-10}	0.7	1.521
GaAs	4.7×10^{17}	9.0×10^{18}	1.424	38.65	7.0×10^{-10}	3	1.033
Ge	1.0×10^{19}	5.0×10^{18}	0.67	30.00	6.4×10^{-14}	140	0.350

1.7.2 根据开路电压估计材料非辐射复合寿命

如果界面质量足够好,则开路电压主要由材料缺陷引起的非辐射复合决定,由此可以大概推算相关缺陷寿命。以 p 型掺杂赝匹配 InGaAs 为例 [55],1%InGaAs 光学带隙为 1.406eV,测得的 V_{oc} 为 1.010V,8%InGaAs 光学带隙为 1.25eV,测得的 V_{oc} 为 0.856V。假设材料中只存在缺陷参与的 SRH 复合与自发辐射复合,则暗电流为

$$J_0 = q\frac{n_i^2}{N_A}W_p\left(\frac{1}{\tau_R} + \frac{1}{\tau_{SRH}}\right) = q\frac{n_i^2}{N_A}W_p\left(BN_A + \frac{1}{\tau_{SRH}}\right) \tag{1.7.2.1}$$

得到 SRH 复合寿命与暗电流之间的关系为

$$\tau_{SRH} = q\frac{n_i^2}{N_A}W_p\frac{1}{J_0 - qBn_i^2W_p} \tag{1.7.2.2}$$

根据电压与电流的关系可以知道,暗电流与短路电流及开路电压的关系满足:$J_0 = J_{sc}e^{\frac{qV_{oc}}{k_BT}}$。

1.7.3 高注入材料的开路电压

如果电子和空穴都是高注入,如近本征材料,则可以建立开路电压与光生载流子浓度相关联的结果,此时,$\Delta p \approx \Delta n \gg (p_0, n_0)$,同时假设载流子统计满足 Maxwell-Boltzmann 统计,那么有

$$\Delta n \approx \Delta p = N_c e^{\frac{E_{Fe}-E_c}{k_BT}} = N_v e^{\frac{E_v-E_{Fh}}{k_BT}} \tag{1.7.3.1}$$

把电子和空穴准 Fermi 能级分离出来得到

$$E_{Fe} = E_c + \frac{k_BT}{q}\ln\frac{\Delta n}{N_c} \tag{1.7.3.2a}$$

$$E_{Fh} = E_v - \frac{k_BT}{q}\ln\frac{\Delta n}{N_c} \tag{1.7.3.2b}$$

于是有

$$V_{oc} = \frac{E_g}{q} + \frac{k_BT}{q}\ln\frac{\Delta n}{\sqrt{N_cN_v}} \tag{1.7.3.3}$$

注意到光生载流子浓度是一个与入射光强、材料吸收系数及少子寿命相关的量:

$$\Delta n \approx \tau G \approx \tau \int\frac{\alpha I}{E_{ph}}d\lambda \tag{1.7.3.4}$$

　　由材料本征质量所决定的开路电压往往与材料带隙具有一定的关联关系。Schiff 研究了 United Solar 所研制的 SiGe:H 和 Si:H 的开路电压与带隙的关系[56,57]，发现如下关系：

$$V_{oc} = \left[\frac{E_g}{q} - 0.79 \right] (\text{eV}) \tag{1.7.3.5}$$

　　掺杂层对开路电压的影响非常小，由此断言，硅基薄膜的本征层材料质量决定器件的开路电压。

1.7.4　理想开路电压计算 2：细致平衡模型

　　另外一种方法基于热力学中的细致平衡模型。Shockley 和 Queisser 在他们的经典文章中首先提出了基于热力学的细致平衡模型[58]，其基于太阳电池和环绕周围的等温黑体之间的热交换。准 Fermi 能级距离为 qV 的半导体中，由辐射复合所导致的载流子复合速率正比于电子和空穴浓度的乘积：$F_{c,rad} = C_{rad}np$，为了得到比例因子，他们考虑太阳电池周围有一个等温半球形黑体辐射器，通过热辐射进入电池的电子空穴数目为：$F_{c0} = At_c Q_c$，Q_c 是黑体辐射能够进入太阳电池且被吸收的能量大于 E_g 的光子在单位面积单位时间内的数目，在热平衡的情况下，两者之间的光子交换数目应该相等，$C_{rad}n_i^2 = At_c Q_c$。由辐射复合所引起的暗电流为

$$J_{rec} = q\frac{C_{rad}np}{A} = q\frac{t_c Q_c}{n_i^2}n_i^2 e^{\frac{qV}{k_B T_c}} = qt_c Q_c e^{\frac{qV}{k_B T_c}} = J_0 e^{\frac{qV}{k_B T_c}} \tag{1.7.4.1}$$

　　根据黑体辐射理论，能量大于带隙的光子数目为

$$Q_c = \frac{2\pi}{h^3 c^2} \int_{E_g}^{\infty} \frac{E^2}{e^{\frac{E_g}{k_B T_c}} - 1} dE$$

$$\approx qt_c \frac{2\pi (k_B T_c)^3}{h^3 c^2} \left(\frac{E_g}{k_B T_c} + 1 \right)^2 e^{-\frac{E_g}{k_B T_c}} \tag{1.7.4.2}$$

$$J_0 = qt_c \frac{2\pi (k_B T_c)^3}{h^3 c^2} \left(\frac{E_g}{k_B T_c} + 1 \right)^2 e^{-\frac{E_g}{k_B T_c}} \tag{1.7.4.3}$$

Wanlass 基于对化合物半导体实验结果的观察[59]，进一步修正了暗电流公式：

$$J_0 = 3.165 e^{2.912 E_g} T^3 e^{-\frac{E_g}{k_B T}} \left(\frac{A}{m^2 \cdot K^3} \right) \tag{1.7.4.4}$$

　　这个公式后来被用来研究不同带隙组合对太阳电池效率的影响。

1.7.5 表面复合速率所决定的极限开路电压

如果忽略耗尽区里的复合，那么 pn 结里的暗电流主要由 n 区及 p 区的暗电流部分组成，在某些情况下 (如背面接触背面结结构 (IBC))，材料的质量足够好，那么整个器件的性能，比如开路电压等，主要由表面复合决定，因此可以建立表面复合速率与开路电压之间的关联关系 [60]。假设基区界面复合对电池开路电压起最终决定性作用，根据上面的讨论，则暗电流简化成

$$J_0 = q \frac{n_i^2}{N_A} \frac{W_p}{\tau_e} \qquad (1.7.5.1)$$

同时，由于只存在一个界面，则有效界面寿命为

$$\tau_e = 2 \left(\frac{W_p^2}{\pi^2 D} + \frac{W_p}{2S} \right) \qquad (1.7.5.2)$$

代入 (1.7.5.1) 得到

$$J_0 = q \frac{n_i^2}{N_A} \frac{D}{W_p} \frac{1}{\dfrac{2}{\pi^2} + \dfrac{D}{S W_p}} \qquad (1.7.5.3)$$

表 1.7.2 利用 (1.7.5.1) 估算了 GaInP 电池中后表面复合速率对开路电压的影响，这里忽略了材料质量的影响。

表 1.7.2　模型参数

	光生电流密度 /(mA/cm²)	复合速率 /(cm/s)	结因子	n_i^2 /cm⁻⁶	N_A /cm⁻³	$(D/W)/$ (cm/s)	V_{oc} /V
I	16	1.3×10^5	1	7×10^5	9×10^{16}	5×10^5	1.367
II	16	1.3×10^4	1	7×10^5	9×10^{16}	5×10^5	1.426

【练习】

结合 (1.7.5.3)，观察不同参数对太阳电池开路电压的影响。

1.8　电路模型

含有几个基本电学参数的简单电路模型能够提供简单直接的图像，广泛应用在 pn 结质量分析、服役情况模拟等场合，并有时与全数值计算结合在一起，进行大规模模块性能分析。

1.8.1　基本参数的影响

上面的讨论仅限于 pn 结本身，实际上太阳电池作为一个立体平面对象，需要通过电极把光生电流导出去，另外，边缘也存在电流回流通道 (图 1.8.1)，于是引入串联电阻 R_s 与并联电阻 R_{sh} 两个参数来衡量其质量，这样得到由串联与并联组合在一起的太阳电池 I/V 曲线模型 [61]：

$$J(V) = J_{\text{ph}} - J_0 \left(e^{\frac{qV + JR_s}{nk_B T}} - 1 \right) - \frac{qV + JR_s}{R_{sh}} \tag{1.8.1.1}$$

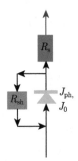

图 1.8.1　具有并联与串联电阻的太阳电池等效电路图

在图 1.8.1 的基础上进而能够发展出兼顾发射区与基区的双二极管模型 [62]。文献 [38] 中进一步列举了各种寄生串联电阻，如发射极电阻、基区电阻、前接触电阻、背接触电阻、单位长度母线电阻等。本节我们仅限于单二极管模型。

当 $R_s \to 0$ 与 $R_{sh} \to \infty$ 时，(1.8.1.1) 退化成标准二极管模型。鉴于光生电流是由 pn 结本身决定的，可以认为是恒定的量。下面我们观察串联电阻和并联电阻这两个量的变化对太阳电池 I/V 曲线的影响，参数见表 1.8.1。

表 1.8.1　模型参数

	光生电流密度/ (mA/cm²)	暗电流/ (mA/cm²)	结因子	R_s/ (Ω·cm²)	R_{sh}/ (Ω·cm²)	备注
理想	17	4×10^{-23}	1	1	100000	—
R_s	17	4×10^{-23}	1	30	100000	—
R_{sh}	17	4×10^{-23}	1	1	400	—

如图 1.8.2 所示，可以看出当串联电阻 R_s 变大时，曲线在最大功率点以下的斜率绝对值变小，而当并联电阻 R_{sh} 变小时，最大功率点以上切线斜率绝对值变大，两者都导致填充因子下降，还有一点是并联电阻的下降导致反向特性变差，这也是在实际中要注意的。

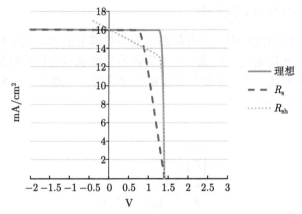

图 1.8.2 串联与并联电阻变化对 I/V 曲线的影响

【练习】

结合 (1.8.1.1) 与表 1.8.1 中的数据，编程计算图 1.8.2。

1.8.2 平面不均匀

通常太阳电池的平面区域很大，而平面往往不均匀，这可能是由材料制备不均匀或工艺损耗所导致的，有些区域甚至不能发电，形成所谓的坏点。在电学性能上，坏点往往会具有电流漏斗的作用，如果载流子平面输运电阻远小于垂直输运电阻，那么光生电流会优先聚集在这里漏掉 [63]，当然，这种效应也与坏点的面积大小有关。如果把坏点模型看成一个暗电流、串联电阻和并联电阻都与平面其他区域不一样的二极管，并假设坏点与其他区域之间通过有限电阻串联 (图 1.8.3)，那么可以定量研究平面不均匀性所带来的近似结果。

$$\begin{cases} J_1(V) = \left[J_{\text{ph}}^1 - J_0^1 \left(e^{\frac{qV+JR_s}{n_1 k_B T}} - 1 \right) - \frac{qV+JR_s}{R_{\text{sh}}^1} \right] A_1 \\ J_2(V) = \left[J_{\text{ph}}^2 - J_0^2 \left(e^{\frac{qV+JR_s+J_2R_\rho}{n_1 k_B T}} - 1 \right) - \frac{qV+JR_s+J_2R_\rho}{R_{\text{sh}}^2} \right] A_2 \\ J(V) = J_1(V) + J_2(V) \end{cases} \quad (1.8.2.1)$$

借助模型图 1.8.3，可以处理两种实际中经常遇到的情形。

1. 材料制备产生的平面不均匀

材料制备过程中会导致 pn 结不均匀，其结果是有些地方的暗电流增大，导致局部开路电压降低，在数值分析中，有时可以假设 J_{01} 比 J_{02} 大 100 倍，面积比从 1% 到 10%，其他参数相同。

2. 部分遮挡区域的太阳电池

太阳电池在使用过程中，会有局部污染遮挡部分面积，从而使得被遮挡区域光生电流偏小。严格地说，载流子在单层内的平面输运会比较快地完成，从而引起静电势分布的变化，这种平面不均匀特性需要借助二维或三维数值模型来完成，以获得精确有意义的结果。

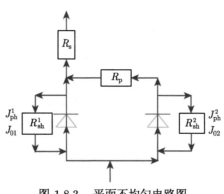

图 1.8.3　平面不均匀电路图

【练习】

选定一个块 Si 太阳电池片，利用 (1.8.2.1) 编程计算观察不同遮挡面积对电池性能的影响。

1.9　多　　结

到目前为止，多结结构依然是提高光电转换效率的基本途径，这主要是由太阳光谱的基本特征和光电转换的基本物理要求决定的。

1.9.1　基本特性

根据上面我们对太阳光谱基本特征的了解，发现其具有如下两个特点：

- 分布连续范围宽，波长从几纳米到几百微米；
- 强度分布不均匀，峰值集中在 300~800nm。

要实现高效光电转换[64,65]，应该至少做到两件事：① 最大可能地覆盖吸收太阳光谱；② 尽可能用不同吸收范围的材料对各个谱段进行划分吸收，以最大可能地保持光生载流子能量。第一件事情比较容易，只是选择不同光学带隙的半导体材料，但在实际中，选择的具有这些光学带隙的半导体材料根本不存在或很难为高效光电转换使用，或者说不同光学带隙的半导体材料存在，但是由于它们的晶体结构各不相同，很难兼容集成在一起。对于前一种情况，需要材料科学工作者不停地进行新材料新结构的研究探索，对于后面一种情况，目前有两种解决方法，一是采用光学手段把太阳光谱进行劈裂，然后会聚在不同吸收范围的子电池上；二是研究新的材料兼容制备方法，比如不同 III-V 族晶格常数材料有效集成的键合技术[66] 和赝失配生长技术[67,68]。

多结太阳电池可以看作是不同吸收波段的材料的组合，如果是垂直单片集成的结构形式，则必须要求材料的带隙越来越窄，如图 1.9.1 所示，三结太阳电池结构满足 $E_{g1} > E_{g2} > E_{g3}$，至于各个带隙多少是合适的，则取决于太阳光谱强度分布与材料质量两个因素。

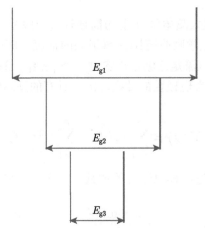

图 1.9.1　三结太阳电池带隙分布示意图

从纯光学角度来看，多结太阳电池是一平面多层光学体系，每一前面的层不能影响后面层所吸收波段的光的入射，因此要求折射率应该有递增的要求，如图 1.9.2 所示。

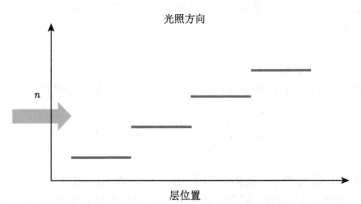

图 1.9.2　垂直单片集成多结太阳电池中各层折射率分布示意图

根据半导体材料的经验规律 [69]:

$$E_{\mathrm{g}} n^4 = \mathrm{const} \tag{1.9.1.1}$$

式中, n 是材料近带边折射率。(1.9.1.1) 表明带隙越窄, 靠近带边的折射率越大, 这要求在多层结构中尽量不要出现折射率反向降低的现象。

【练习】

查找文献, 搜寻不同材料体系的多结太阳电池的带隙分布。

1.9.2 结数与效率

通常考虑到半导体太阳电池使用的简便性 (一般的光学结构都是比较复杂的), 我们只关心不同光学吸收范围材料级联的情况, 即所谓的多结级联太阳电池。对于这种结构, 其电流是连续依次穿过每个 pn 结, 两个 pn 结之间通过低微分串联电阻的隧穿结而实现极性的转换。因此具有的基本特征可以归结为两个简明扼要的公式:

$$V(J) = \sum_{i=1}^{n} V_i(J) - \sum_{i=1}^{n} V_i^{\mathrm{TJ}}(J) \tag{1.9.2.1}$$

即电压取各个子电池经过同样电流时的和减去隧穿结带来的压降。

$$J = \min\{J_i\} \tag{1.9.2.2}$$

即电流取其中各个 pn 结中的最小值。

鉴于太阳光谱的这种特性, 我们首先关心的问题只有一个: 如果是电池串联的情况, 即电流依次连续通过每个子电池, 能够取得的最高效率是多少? 首先人们研究的是在给定结数的情况下, 能够取得的最大效率是多少, 处理方法有两种, 一种是认为每个 pn 结能够最大程度地吸收落在其吸收范围内的所有光, 另外一种是如果上面电流过大, 可以让其一部分光进入下面的子电池, 所谓的顶电池减薄。

基本算法如下所述。

• 根据光学带隙计算每个 pn 结所对应的理想光谱电流密度:

$$J_i = \int_{1239.8/E_{\mathrm{g}(i+1)}}^{1239.8/E_{\mathrm{g}i}} q \frac{I_0(\lambda)}{E_{\mathrm{ph}}(\lambda)} \mathrm{d}\lambda \tag{1.9.2.3}$$

• 给定或计算每个 pn 结的结因子 n_{i} 和暗电流 J_0^i (根据 (1.7.4.4) 计算), 由此可以获得理想 I/V 曲线。根据上面的讨论, 这里的暗电流密度的计算方法也可以有多种。

• 根据每个 pn 结的理想 I/V 曲线计算级联叠加时最大功率点的电流密度，具体步骤如下：

级联叠加时的功率可以表示成 $P = JV(J) = \sum_i \dfrac{k_\mathrm{B}T}{q} \ln\left(1 + \dfrac{J_\mathrm{ph}^i - J}{J_0^i}\right)$，对其取 J 的微分可以得到

$$\sum_i \ln\left(1 + \frac{J_\mathrm{ph}^i - J}{J_0^i}\right) - \sum_i \frac{J}{J_0^i + J_\mathrm{ph}^i - J} = 0 \qquad (1.9.2.4)$$

这是一个特殊方程，可以通过诸如二分法等简单算法得到。

• 根据计算得到的最大功率点电流，计算各个 pn 结在通过最大功率点电流时的电压，然后计算总功率并除以总的入射功率即获得叠加后的效率：

$$\eta = \frac{P}{P_0} \qquad (1.9.2.5)$$

在多结太阳电池研究中，为了直观地比较不同光学带隙组合的效果，经常采用效率等高线图 (图 1.9.3)。根据上面给出的算法，我们初步计算了 GaInP(1.9eV)/GaAs(1.424eV) 加 0.7 ~ 1.1eV 双结太阳电池的效率等高线图，即目前的反向四结太阳电池，当带隙组合为 1.9eV/1.4eV/1.02eV/0.7eV 时，可以获得最高效率 40.8%，如果乘上 0.85 的实际损耗因子 (减反射膜 5%+ 电极遮挡 5%+ 材料缺陷 5%)，那么能够实现的最高效率为 34.7% 左右。

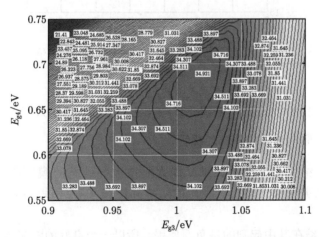

图 1.9.3　GaInP(1.9eV)/GaAs(1.424eV) 加 0.7~1.1eV 双结太阳电池的效率等高线图

自然而然地，我们就会问一个问题，是不是结数越多，太阳电池的效率就越高？但实际我们又会联想到，太阳电池的功率输出取决于电流和电压的乘积，这

样就可以预见，到了一定结数时，太阳电池的效率会饱和掉。实际上根据理论计算的结果确实如此，图 1.9.4 是采用基于 (1.9.2.1)~(1.9.2.5) 的方法计算的多结太阳电池的实际效率随结数增加的关系图，理论效率 × 0.85 = 实际效率，另外也列入了目前已经实现的电池效率进行对比 [70-72]，可以看出，当结数增加到 6 以上时，效率趋于平稳。另外需要注意的一点是，结数比较少的情况下，剩余因子在 0.85 以上，而当结数增加时，这个因子就变得越来越难以达到。上面的讨论仅限于理论探讨，但实际中还存在随着一个结数增加，制作成本和难度增加的负面效应，这些效应抵消了效率有限增加所带来的优势，因此综合这些因素可以判断，5~6 结可能是多结太阳电池的终极实际实现形式。

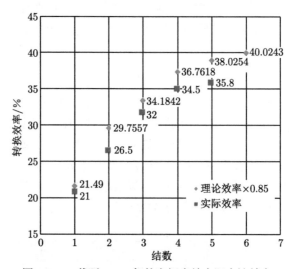

图 1.9.4　截至 2020 年的空间多结太阳电池效率

【练习】

基于 (1.9.2.1)~(1.9.2.5) 编程计算 $E_{g1}/E_{g2}/1.424\mathrm{eV}$ 的效率等高线图。

1.9.3　多结太阳电池中的隧穿二极管

串联型多结太阳电池，如 III-V 族太阳电池与硅基薄膜太阳电池中，广泛使用隧穿结来实现极性转换，利用的是隧穿结在 0 点附近可以看成一个电阻 (图 1.9.5)。

由于隧穿结在其中起到的是负面作用，所以一个良好的隧穿结应该具有如下三个特点：

• 0 点附近非常小的串联微分电阻；

• 通过短路电流时非常小的电压降，比如 III-V 太阳电池要求 $V(1.2J_{\mathrm{sc}})<1\mathrm{mV}$；

● 可以忽略的附加光吸收损耗，往往隧穿结的光学带隙比下面电池的光学带隙要宽，否则会降低下面子电池的光生电流密度。实际上半导体的带隙在高电场作用下会延伸到带隙以下，产生所谓的 Franz-Keldysh 效应[73]。

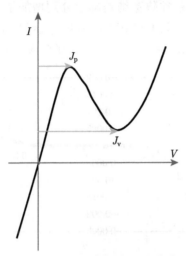

图 1.9.5　隧穿结典型 I/V 曲线

太阳电池中的隧穿机制分为两种，能带弯曲引起的带对带直接量子隧穿与高缺陷密度引起的缺陷辅助隧穿，前者多用在材料质量良好的 III-V 多结太阳电池[74,75]，后者多用在难以实现简并掺杂的非晶材料体系中[76,77]。图 1.9.6 显示的是一单独的 p++-$Al_{0.3}Ga_{0.7}As$/n++-$Al_{0.05}GaInP$ 隧穿二极管测试 I/V 曲线，可以看出谷底电流密度远比理想曲线中的要大，这是高掺杂诱导缺陷所引起的。

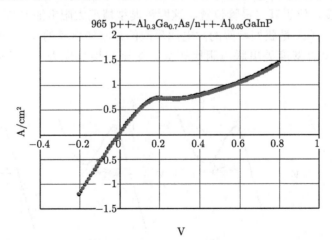

图 1.9.6　单独 p++-$Al_{0.3}Ga_{0.7}As$/n++-$Al_{0.05}GaInP$ 隧穿结 I/V 测试曲线

　　鉴于应用在太阳电池中的隧穿二极管往往是夹在窗口层与背场层之间，则三者之间的能带排列对隧穿结的载流子输运起到了关键作用，不匹配的背场层/隧穿结/窗口层能带排列往往会引入反向势垒，从而破坏了隧穿结的有效性[78]。图 1.9.7 是在图 1.9.6 中的单独隧穿结基础上分别增加了 p-$Al_{30}GaInP$ 背场和 n-AlInP 窗口层所形成的 p-$Al_{30}GaInP$/$Al_{0.3}Ga_{0.7}As$/$Al_{0.05}GaInP$/n-AlInP 结构的测试 I/V 曲线，可以看出，附加势垒使得隧穿结成为一 pn 结，电阻效应消失。

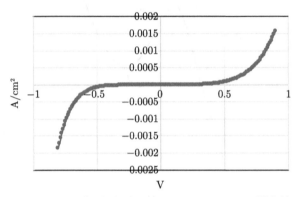

图 1.9.7　　p-$Al_{30}GaInP$/$Al_{0.3}Ga_{0.7}As$/$Al_{0.05}GaInP$/n-AlInP 隧穿结 I/V 测试曲线

　　隧穿二极管性能对多结太阳电池的制约作用更多地表现为 I/V 曲线的特征，太阳电池短路电流密度在隧穿结 I/V 曲线中的不同位置，决定了多结太阳电池最终 I/V 曲线的形状，图 1.9.8 显示了四种不同状态隧穿二极管：(a) 短路电流密度远小于峰值电流密度；(b) 短路电流密度小于峰值电流密度但在其附近；(c) 短路电流密度稍微大于峰值电流密度，位于其二极管位置；(d) 短路电流密度大于峰值电流密度，位于其二极管位置。这四种典型情况太阳电池 I/V 曲线影响如图 1.9.9 所示，(a) 是我们希望的，电池反映的是真实自身的 I/V 曲线；(b) 由于靠近峰值电流密度处串联电阻比较大，测试结果显现为多结太阳电池 I/V

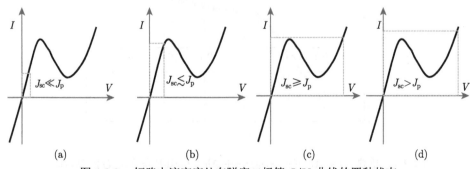

图 1.9.8　　短路电流密度处在隧穿二极管 I/V 曲线的四种状态

曲线 R_s 增加, 填充因子 (FF) 下降; (c), (d) 隧穿结峰值电流密度低于短路电流密度, 随着外加正向电压的增加, 在电流下降过程中出现双稳态现象, 如图 1.9.9(c), (d) 所示 [79,80], 当 J_{sc} 在 J_p 附近时, 出现所谓隐性的向内凹的 I/V 曲线 (对应 (c)), 而 $J_{sc} > J_p$ 出现所谓的明显凹坑。

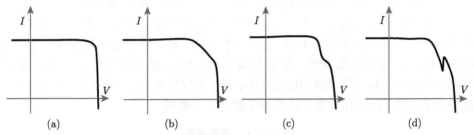

(a)   (b)   (c)   (d)

图 1.9.9 短路电流密度处在隧穿二极管 I/V 曲线的四种状态所对应的太阳电池 I/V 曲线

当隧穿二极管退化成一普通 pn 结时 (图 1.9.10), 多结太阳电池 I/V 曲线表现为附加了一个势垒, 在 1.9.4 节中讲述。

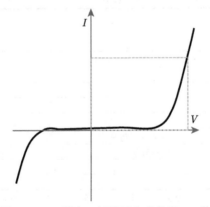

图 1.9.10 隧穿二极管退化成普通 pn 结

1.9.4 多结太阳电池中的反向势垒

如果两个串联的子电池之间存在一 pn 结型反向势垒, 那么 I/V 曲线会出现什么样的特征? 下面我们就这个特点进行分析, 首先建立数学模型如下:

$$J_1\left(V_1\right) = J_{ph}^1 - J_0^1\left(e^{\frac{qV_1}{n_1 k_B T}} - 1\right), \quad J_2\left(V_2\right) = J_{ph}^2 - J_0^2\left(e^{\frac{qV_2}{n_2 k_B T}} - 1\right)$$

$$J_3\left(V_3\right) = J_0^3\left(e^{\frac{qV_3}{n_3 k_B T}} - 1\right) \tag{1.9.4.1}$$

对于串联型双结电池, 其通过的电流相等: $J_1\left(V_1\right) = J_2\left(V_2\right) = J_3\left(V_3\right)$, 另外, 三个电压之和等于外加电压: $V = V_1 + V_2 - V_3$, 将子电池 I/V 曲线代入上面两

个关系式得到

$$\frac{k_B T}{q}\left[n_1 \ln\left(\frac{J_{\mathrm{ph}}^1 + J_0^1 - J}{J_0^1}\right) + n_2 \ln\left(\frac{J_{\mathrm{ph}}^2 + J_0^2 - J}{J_0^2}\right) - n_3 \ln\left(\frac{J_0^3 - J}{J_0^3}\right)\right] = V$$

$$(1.9.4.2)$$

从上式可以看出，与通常双结电池的 I/V 曲线叠加结果不同的是电压有所损失，损失大小为左边第三项，当外加电流为零的时候，整个的开路电压还是两者之和，但是在表征测试时由于测试取样问题，其表观开路电压变小。下面以 GaInP/GaAs 双结电池为例，基本参数如表 1.9.1，模拟结果如图 1.9.11 所示，与没有势垒的理想双结电池相比较。其中最显著的现象是，当电流比较小时，I/V 曲线表现出很强的拖尾现象，而短路电流却几乎相等。

表 1.9.1   模型参数

	光生电流密度 /(mA/cm²)	暗电流 /(mA/cm²)	结因子	备注
GaInP	17	3×10^{-17}	1	—
GaAs	17	4×10^{-23}	1	—
势垒	—	1×10^{-6}	1	二极管模型

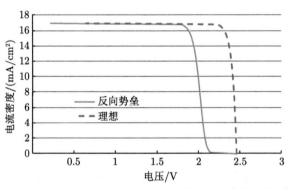

图 1.9.11   理想双结电池与具有反向势垒的双结电池 I/V 曲线

从这一种情况就很容易反推出单个 pn 结电池中存在反向势垒的情况。

【练习】

结合 (1.9.4.1) 与表 1.9.1 中参数，计算出如图 1.9.11 中的曲线。

1.9.5   多结太阳电池中的匹配

对于串联组成的多结太阳电池，电流依次串联通过每个子电池，通常认为当每个子电池的短路电流相等时，组合成的多结太阳电池效率会达到最大，即所谓的电流匹配原则，该匹配原则是建立在每个子电池填充因子一致的假设上的，但实际上每个子电池的填充因子各不相同，叠加成串联多结太阳电池 I/V 曲线时，在短路电流一致的情况下，多结太阳电池填充因子取决于填充因子最差的子电池[81]，即

$$FF = \mathrm{Min}\{ff_i : i = 1, \cdots, n\} \tag{1.9.5.1}$$

在这种情况下，适当提高该电池的短路电流来提高总填充因子也是一种策略，比如多结太阳电池中的最后一结子电池往往由于材料质量或者带隙较窄等，填充因子比较低，通常使该子电池电流比其他的都要高。

实际上具有不同填充因子的子电池串联成多结太阳电池时，最终 I/V 曲线呈现出比较奇异的现象，下面以 GaInP/GaAs 双结中的两结电池为对象进行说明，不同的是，我们在子电池 GaInP (标志为 1，SC1) 的二极管模型曲线中加入串联与并联电阻来表征其填充因子的影响，即

$$J(V) = J_{\mathrm{ph}}^1 - J_0^1 \left(e^{\frac{qV + JR_s}{n_1 k_B T}} - 1 \right) - \frac{qV + JR_s}{R_{\mathrm{sh}}^1} \tag{1.9.5.2}$$

参数见表 1.9.2，子电池 GaAs (标志为 2，SC2) 采用串联电阻很小和并联电阻很大的假设，其结果类似于理想二极管模型。

表 1.9.2　模型参数

	光生电流密度/ (mA/cm²)	暗电流/ (mA/cm²)	结因子	串联电阻 R_s/Ω	并联电阻 R_{sh}/Ω	备注
GaInP	18	3×10^{-17}	1	1~30	400,20000	—
GaAs	17	4×10^{-23}	1	1	20000	—

图 1.9.12 给出了三种情况下的子电池及双结电池 I/V 曲线，可以看出，当 GaInP 电池漏电或串联电阻过大时，双结电池 I/V 曲线呈现三段特征，表象为把最差电池的 I/V 曲线进行了平移。

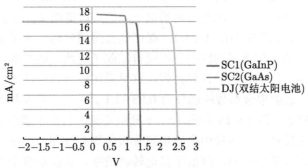

(a) 两个完美子电池 ($R_s = 1\Omega$ 和 $R_{\mathrm{sh}} = 20000\Omega$)

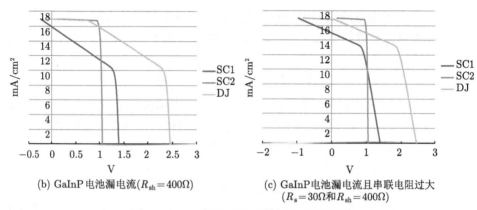

(b) GaInP 电池漏电流($R_{sh}=400\Omega$)

(c) GaInP 电池漏电流且串联电阻过大
$(R_s=30\Omega 和 R_{sh}=400\Omega)$

图 1.9.12   不同特性子电池串联时的曲线

在这种情况下，如果不能改善该子电池的性能，则需要尽可能提高该子电池的短路电流密度，以降低对填充因子的限制而获取整体性能的最优。

【练习】

根据 (1.9.5.1) 和 (1.9.5.2) 编程计算获得图 1.9.12 的曲线。

1.9.6   多结太阳电池中的光子自循环

多结太阳电池中不同子电池之间的光子耦合效应是另外一种非局域效应，它直接制约了结构设计与实验测试。直接带隙半导体材料的近带边自发辐射是一种基本量子力学效应，在多结太阳电池中，上边较宽带隙的子电池近带边自发辐射的光子穿透到下边较窄带隙的子电池，被吸收后转换成有效的光生电流，通常称为光子耦合效应[82]，在传统的三结太阳电池中，光子耦合效应并没有引入什么显著的效应，同时根据计算知道，顶电池电流富足，这样顶电池的自发辐射光反而有助于下面子电池的电流增加。对于光生电流密度需要严格匹配的 5 结以上电池来说，这种光子耦合效应却不是有利的，因为从光生电流的统计热力学本质上来说，自发辐射光降低了光生载流子系综的化学势，从而降低了子电池的开路电压，上面子电池的短路电流密度同时也是稍微下降的。这里以 $E_{g1}/E_{g2}/1.4eV$ 三结为例 (第三结的光学带隙限制在 1.4eV)，观察最上面顶电池与下面子电池之间的光子耦合对光子带隙优化选择的影响。不同带隙的子电池之间的耦合系数原则必须通过空间光学强度的耦合关联计算得到，这里采用耦合系数的概念简化计算的复杂性。通常自发辐射耦合系数的选择为 0.93 以上，但对于隧穿结的附加吸收，耦合系数比 0.9 要小。图 1.9.13 和图 1.9.14 分别是无 / 有光子耦合系数情况下，上述三结电池光电转换效率随顶中电池带隙分布的等高线图。可以看出，光子耦合效应修改了等高线图的分布，降低了光电转换效率。这仅是两个电池之间的光子耦合效应结果，对于 5 结/6 结电池，多子电池之间的光子耦合效应更复杂，使得电池结构的设计变得越来越难以准确。另外，实验发现，这种光子耦合效应极大地修改了量子效率的测试结果，使得量子效率的测试必须经过若干的修正，因此无论从结构设计还是实验测试来说，准确地理解这种物理现象并掌握其背后的规律至关重要。

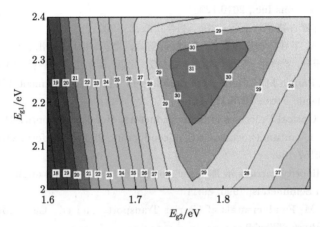

图 1.9.13 无光子耦合下，三结电池效率随顶中电池带隙分布的等高线图

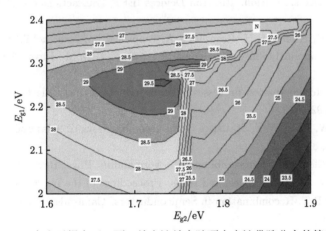

图 1.9.14 有光子耦合下，面三结电池效率随顶中电池带隙分布的等高线图

参 考 文 献

[1] Luque L, Hegedus S. Handbook of Photovoltaic Science and Engineering. Hoboken: John Wiley & Sons Inc., 2010:912.
[2] NREL. 2021. 2000 ASTM Standard Extraterrestrial Spectrum Reference E-490-00. https://www.nrel.gov/grid/solar-resource/spectra-astm-e490.html.

[3] Bube R H. Photovoltaic Materials. Singapore: World Scientific Publishing Co Pte Ltd., 2018.

[4] Markvart T, Casterner L. Solar Cells: Materials, Manufactures, and Operation. Amsterdam: Elsevier Science Publishers B.V., 2005.

[5] Luque L, Hegedus S. Handbook of Photovoltaic Science and Engineering. Hoboken: John Wiley & Sons Inc., 2010:120.

[6] 施敏. 半导体器件物理与工艺. 北京: 科学出版社, 1992.

[7] Neamen D A. 半导体物理与器件. 赵毅强, 等译. 北京: 电子工业出版社, 2010:170-186.

[8] 刘恩科, 朱秉升, 罗晋生. 半导体物理学. 4 版. 北京: 国防工业出版社, 2010:156-170.

[9] Casey H C, Panish M B. Heterostructure Lasers, Part A: Fundamental Principles. New York: Academic Press, 1978:111-121.

[10] Pankove J. Optical Processes in Semiconductors. Hoboken: Prentice-Hall, 1971.

[11] Ridley R K. Quantum Processes in Semiconductors. 2nd ed. Oxford: Oxford University Press, 2013:157-160.

[12] David Y. Minority carriers in III-V semiconductors: physics and applications. Semiconductors and Semimetals, 1993, 39:11.

[13] Lundstrom M. Fundamentals of Carrier Transport. 2nd ed. Cambridge: Cambridge University Press, 2000:70.

[14] Darwish M N, Lentz J L. An improved electron and hole mobility model for general purpose device simulation. Electron Devices IEEE Transactions on, 1997, 44(9):1529-1538.

[15] Sotoodeh M, Khalid A H, Rezazadeh A. Empirical low-field mobility model for III-V compounds applicable in device simulation codes. J. Appl. Phys., 2000, 87(6):2890-2900.

[16] Hall R N. Recombination processes in semiconductors. Inst. Elect. Eng., 1960, 106B (Suppl.17):921-923.

[17] Shockley W, Read W T. Statistics of the recombinations of holes and electrons. Phys. Rev., 1952, 87:835.

[18] Hall R N. Electron-hole recombination in germanium. Phys. Rev., 1952, 87:387.

[19] Shockley W. Electrons, holes, and traps. Proceedings of the Ire, 1958, 46(6):973-990.

[20] Landsberg P T. Recombination in Semiconductors. Cambridge: Cambridge University Press, 1991.

[21] Beatti A R, Landsberg P T. Auger effect in semiconductors. Proc. Royal. Soc., 1958, A429:16.

[22] Grundmann M. The Physics of Semiconductors, An Introduction Including Nanophysics and Applications. Berlin, Heidelberg: Springer-Verlag, 2010.

[23] Tsang W T. 半导体注入型激光器 (II) 与发光二极管. 杜宝勋, 等译. 北京: 清华大学出版社, 1991:19-20.

[24] Dutta N K, Nelson R J. The case for Auger recombination in $In_{1-x}Ga_xAs_yP_{1-y}$. J. Appl. Phys., 1982, 53:74.

[25] Bhattacharya P. Properties of Lattice-matched and Strained Indium Gallium Arsenide. London: INSPEC, the Institution of Electrical Engineers, 1993:182.

[26] Chuang S L. 光子器件物理. 2 版. 贾东方, 等译. 北京: 电子工业出版社, 2013:31.

[27] Grundmann M. The Physics of Semiconductors, An Introduction Including Nanophysics and Applications. Berlin, Heidelberg: Springer-Verlag, 2010:254-256.

[28] Palankovski V, Quay R. Analysis and Simulation of Heterostructure Devices. Vienna: Springer, 2004:131.

[29] Jüngel A. Transport Equations for Semiconductors. Berlin, Heidelberg: Springer, 2009.

[30] Luque A, Hegedus S. Handbook of Photovoltaic Science and Engineering. Hoboken: John Wiley & Sons Inc., 2010:77.

[31] Kurtz S R, Olson J M, Friedman D J, et al. Effect of front-surface doping on back-surface passivation in Ga$_{0.5}$In$_{0.5}$P cells. IEEE Photovoltaic Specialists Conference, 1997:819-822.

[32] Godlewski M P, Baraona C R, Brandhorst H W. The drift field model applied to the lithium-containing silicon solar cell. 10th IEEE Photovoltaic Specialists Conference, 1973:1-6.

[33] Gregory C, DeSalvo, Barnett A M. Investigation of alternative window materials for GaAs solar cells. IEEE Transactions on Electron Devices, 1993, 40(4):705-711.

[34] Schroeder D. Modelling of Interface Carrier Transport for Device Simulation. Vienna: Springer, 1994:167.

[35] Rhoderick E H, Rothwarf A. Metal-semiconductor contacts. Physics Today, 1979, 32(5):66-71.

[36] HenischH K. Semiconductor Contacts. Oxford: Oxford University Press, 1984.

[37] Matsuzawa K, Chida K, Nishiyama A. A unified simulation of Schottky and Ohmic contacts. IEEE Transactions on Electron Devices, 2002, 47(1):103-108.

[38] Markvart T, Castaner L. Solar Cells: Materials, Manufacture and Operation. Amsterdam: Elsevier Science Publishers B.V., 2005:10.

[39] Rein S. Lifetime Spectroscopy: A Method of Defect Characterization in Silicon for Photovoltaic Applications. Berlin, Heidelberg : Springer-Verlag, 2004.

[40] Cuevas A, Russell D A. Co-optimisation of the emitter region and the metal grid of silicon solar cells. Progress in Photovoltaics Research and Applications, 2000, 8:603-616.

[41] Glunz S W. Minority carrier lifetime degradation in boron-doped Czochralski silicon. J. Appl. Phys., 2001, 90:2397.

[42] Glunz S W, Rein S, Warta W, et al. Degradation of carrier lifetime in Cz silicon solar cells. Solar Energy Materials & Solar Cells, 2001, 65(1-4):219-229.

[43] Crandall R S. Modeling of thin film solar cells: Uniform field approximation. J. Appl. Phys., 1983, 54(12):7176-7186.

[44] Crandall R S. Modeling of thin-film solar cells: nonuniform field. J. Appl. Phys., 1984, 55(12):4418-4425.

[45] Lauer K, Laades A, Uebensee H, et al. Detailed analysis of the microwave-detected photoconductance decay in crystalline silicon. J. Appl. Phys., 2008, 104:104503-1-9.

[46] Sinton R A, Mankad T, Bowden S, et al. Evaluating silicon blocks and ingots with quasi-steady-state lifetime measurements. EUPVSC, 2004.

[47] Yevick D. Minority carriers in III-V semiconductors: physics and applications. Semiconductors and Semimetals, 1993, 39:40-60.

[48] Kuriyama T, Kamiya T, Yanai H. Effect of photon recycling on diffusion length and internal quantum efficiency in $Al_xGa_{1-x}As$-GaAs heterostructures. Japanese J. Appl. Phys., 1977, 16(3):465-477.

[49] Ahrenkiel R K. Minority carriers in III-V semiconductors: physics and applications. Semiconductors and Semimetals, 1993, 39:84-85.

[50] Marti A, Balenzategui J L, Reyna R F. Photon recycling and Shockley's diode equation. J. Appl. Phys., 1997, 82(8):4067-4075.

[51] Walker A W, Höhn O, Micha D N, et al. Impact of photon recycling and luminescence coupling in III-V photovoltaic devices. Proc. of SPIE, 2015, 9358:93580A.

[52] Fonash S J. Solar Cell Device Physics. New York: Academic Press, 2010.

[53] Nelson J. The Physics of Solar Cells. London: Imperial College Press, 2003.

[54] King R R, Herif R A, Kinsey G S, et al. Bandgap engineering in high-efficiency multijunction concentrator cells. International Conference on Solar Concentrators for the Generation of Electricity or Hydrogen, 2005: 1-5.

[55] France R M, Geisz J F, Steiner M A, et al. Reduction of crosshatch roughness and threading dislocation density in metamorphic GaInP buffers and GaInAs solar cells. J. Appl. Phys., 2012, 111(10):908.

[56] Schiff E A. Hole mobilities and the physics of amorphous silicon solar cells. Journal of Non-Crystalline Solids, 2006, 352(9-20):1087-1092.

[57] Liang J, Schiff E A, Guha S, et al. Temperature-dependent open-circuit voltage measurements and light-soaking in hydrogenated amorphous silcon solar cells. Materials Research Society Symposia Proceedings, 2005, 862(1).

[58] Shockley W, Queisser H J. Detailed balance limit of efficiency of p-n junction solar cells. J. Appl. Phys., 1961, 32(3):510-519.

[59] Wanlass M W. Development of high-performance GaInAsP solar cells for tandem solar cell applications. IEEE Conference on Photovoltaic Specialists, 1990: 172-178.

[60] King R R, Ermer J H, Joslin D E, et al. Double heterostructures for characterization of bulk lifetime and interface recombination velocity in III-V multijunction solar cells. 2nd World Conference on Photovoltaic Solar Energy Conversion, 1998: 86-90.

[61] Luque A, Hegedus S. Handbook of Photovoltaic Science and Engineering. Hoboken: John Wiley & Sons Ltd, 2003:102.

[62] Goetzberger A, Voβ B, Knobloch J. Crystalline Silicon Solar Cells. Hoboken: John Wiley & Sons, 1994:79-83.

[63] Altermatt P P, Heiser G, Aberle A G, et al. Spatially resolved analysis and minimization

of resistive losses in high-efficiency Si solar cells. Progress in Photovoltaics: Research and Applications, 1996, 4:399-414.

[64] Friedman D J. Progress and challenges for next-generation high-efficiency multijunction solar cells. Current Opinion in Solid State and Materials Science, 2010, 14(6):131-138.

[65] King R R, Bhusari D, Boca A, et al. Band gap-voltage offset and energy production in next-generation multijunction solar cells. Progress in Photovoltaics Research & Applications, 2011, 19(7):797-812.

[66] Law D C. Semiconductor-bonded III-V multijunction space solar cells, 34th IEEE Photovoltaic Specialists Conference (PVSC), 2009: 002237-002239.

[67] Wanlass M W. Lattice-mismatched approaches for high performance, III-V photovoltaic energy converters. Conference Record of the Thirty-first IEEE Photovoltaic Specialists Conference, 2005:530-535.

[68] Klinger V, Wekkeli A, Roesener T, et al. Development of metamorphic buffer structures for inverted metamorphic solar cells. 37th IEEE Photovoltaic Specialists Conference, 2011: 501-505.

[69] Adachi S. IV 族、III-V 族和 II-VI 族半导体材料的特性. 季振国, 等译. 北京: 科学出版社, 2009:229.

[70] Patel P, Aiken D, Boca A, et al. Experimental results from performance improvement and radiation hardening of inverted metamorphic multi-junction solar cells. IEEE Journal of Photovoltaics, 2012, 2(3):377-380.

[71] Dimroth F, Tibbits T, Niemeyer M, et al. Four-junction wafer bonded solar cells for space applications. European Space Power Conference (ESPC), 2019:1-4.

[72] Chiu P T, Law D C, Woo R L, et al. 35.8% space and 38.8% terrestrial 5J direct bonded cells. IEEE 40th Photovoltaic Specialist Conference (PVSC), 2014:11-13.

[73] Fox M. Optical Properties of Solids. Oxford: Oxford University Press, 2010:74.

[74] Grundmann M. The Physics of Semiconductors. Berlin, Heidelberg: Springer-Verlag, 2010:592.

[75] Sharps P R, Li N Y, Hills J S, et al. AlGaAs/InGaAlP tunnel junctions for multijunction solar cells. Conference Record of the Twenty-Eighth IEEE Photovoltaic Specialists Conference, 2000:1185-1188.

[76] Hou J, Xi J, Kampas F, et al. Non-local recombination in tunnel junctions of multijunction amorphous Si alloy solar cells. Mrs Proceedings, 1994, 336:717.

[77] Vukadinovic M, Smole F, Topic M, et al. Transport in tunneling recombination junctions: a combined computer simulation study. J. Appl. Phys., 2004, 96(12):7289-7299.

[78] Guter W, Dimroth F, Meusel M, et al. Tunnel diodes for III-V multi-junction solar cells. 20th EUPVSC, 2005:515-518.

[79] Bertness K A, Friedman D J, Olson J M. Tunnel junction interconnects in GaAs-based multijunction solar cells. Proceedings of 1994 IEEE 1st World Conference on Photovoltaic Energy Conversion—WCPEC (A Joint Conference of PVSC, PVSEC and PSEC), 1994, 2:1859-1862.

[80] Andreev V M, Ionova E A, Larionov V R. Tunnel diode revealing peculiarities at I-V measurements in multijunction Ⅲ-V solar cells. IEEE 4th World Conference on Photovoltaic Energy Conference, 2006:799-802.

[81] Braun A, Szabo N, Schwarzburg K, et al. Current-limiting behavior in multijunction solar cells. Appl. Phys. Lett., 2011, 98(22):617.

[82] Steiner M A, Geisz J F, Garcia F I, et al. Effects of internal luminescence and internal optics on V_{oc} and J_{sc} of Ⅲ-V solar cells. IEEE Journal of Photovoltaics, 2013, 3(4):1437-1442.

第 2 章 半导体太阳电池数值分析基本流程

2.0 概 述

在实际工作中有三种情况是迫切需要进行半导体数值分析的:

(1) 拿到一种新材料,前期通过测试积累了材料的相关参数 (电学与光学),想获得一个能够匹配该种材料的初始器件结构来进行试探性制备;

(2) 拿到一个器件结构,该结构的来源可能是别人或者前面技术人员沉积下来的,想清晰当初设计该结构的来龙去脉;

(3) 针对现有器件和性能测试结果,想建立结构中某层材料某个参数或某个模型参数变化对器件性能的关联关系,观察这种关联关系是否与实际测试结果趋势一致,从而指导材料制备或器件结构的优化。

上面三个方向是半导体太阳电池数值分析的实际意义,还有更高一层的科学意义:当前提高光电转换效率的思想百花齐放,丰富多彩,然而有效的却不多,其中最可能的原因是不同条件下所取得的实验结果所依据的物理假设不同,从这个角度而言,独立自主地开展半导体太阳电池数值分析必须建立在对各种物理模型和假设的正确认识的基础上,从而使得设计人员能够有效甄别各种技术路线的风险与真伪。

同时,与所有的计算机辅助设计 (CAD) 一样,半导体太阳电池数值分析的基本出发点是加快实验流程,降低工艺成本。与通常半导体器件 (微电子集成电路与光电子器件) 面临的共同的处境是,太阳电池目前市场的竞争主要是在效率与成本上,如何快速地把握一种太阳电池的要领,把结构优化与生产线工艺有机结合起来,并善于改进创新是赢得竞争的关键。因此对工艺人员来说,单纯地掌握工艺参数是远远不够的,必须要掌握半导体太阳电池数值模拟相关技术,当然,前提是愿意静下心来付出一点"努力"。

本书将从物理模型、数据结构、数值算法和软件实施四个链条环节来阐述半导体太阳电池数值分析的全过程,最终希望达到如下几个目标:

- 了解各个物理概念的来龙去脉,知道器件典型参数隐藏的物理内涵;
- 明确各个物理模型的有效性范围,能够及时辨别各种技术陷阱;
- 理性认识所采用的结构,加深对器件性能相关参数与结构的理解;
- 引导结构和材料性能改进,加快实验流程,降低工艺成本。

图 2.0.1 是计算得到的顺序提高带隙为 2.05eV 的 AlGaInP 子电池不同区域 Al-O 深能级浓度的 I/V 曲线。标准浓度在 $1.0 \times 10^{16} \mathrm{cm}^{-3}$，依次把发射区 (n++-emitter)、低浓度发射区 (n-emitter)、本征区 (UID)、基区 (base) 的 Al-O 浓度提高到 $1.0 \times 10^{18} \mathrm{cm}^{-3}$。可以看出，n++-emitter 缺陷浓度增加，电池开压仅有轻微的下降；将 n-emitter 缺陷浓度提高到 $1 \times 10^{18} \mathrm{cm}^{-3}$，开压降低了约 30mV；继续提高本征区缺陷浓度，则开压大幅下降 ~200mV，而短路电流几乎不变；最后提高基区的缺陷浓度，则导致短路电流密度达 $1.5 \mathrm{mA/cm}^2$，开压仅下降 20mV，同时伴随的是填充因子的急剧恶化，上述规律与实际实验结果完全符合。这个例子能够清楚地表明太阳电池数值分析在我们结构设计与实验结果反推中的重大意义与指导性作用。

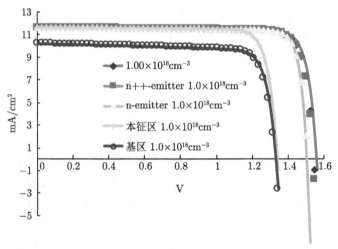

图 2.0.1　2.05eV AlGaInP 子电池不同区域缺陷浓度的影响

与半导体太阳电池是半导体器件的一个很小分支一样，其数值分析也是整个半导体器件数值分析的一个小内容，所有相关理论框架和方法体系都可以拿来用。半导体器件数值分析具有悠久的历史，从第一个晶体管诞生起，伴随着器件物理的发展与器件复杂度的增加，数值分析在结构设计与性能优化方面起到了关键作用，同时也促进了计算数学与计算机科学的巨大发展。但是由于器件自身的特性，如横向尺寸远比纵向尺寸大、稳态工作、载流子浓度低、发热明显、多异质界面、多结集成等，半导体太阳电池数值分析又有一些特殊性，偏向注重光学产生速率、少子稳态能量输运、异质界面跃迁、量子隧穿等。

有很多半导体器件模拟书可以作参考，比较经典的如文献 [1]~[6]，另外大量的文章要参考 *IEEE Transactions On Compuer-Aided Design*。

如果想了解器件数值模拟的来龙去脉以及许多有用的思想，则需要参考 NA-

SECODE 会议的经典文章。国内科学出版社出版过东南大学何野教授的《半导体器件模拟的计算机辅助设计》。

另外可以确定的是，阅读完本书，除了能够熟练进行太阳电池数值分析软件的开发外，进行如文献 [7]，[8] 中的其他固态电子与光电子器件数值分析软件开发，也不再是一件很困难的事情。

2.1 器件数值分析任务

我们实施器件数值分析，一方面是要获得各种性能曲线，进而抽取出暗电流、开路电压 (V_{oc})、填充因子 (FF) 与短路电流 (J_{sc}) 等典型代表参数 [9,10]，建立起物理模型参数与器件性能的关联关系；另一方面，希望能够结合材料制备与表征数据，从中抽取物理模型参数，以方便数值分析软件使用或指导后续性能优化，根据第 1 章中的描述，最希望得到的数据是直接关系到器件的最终性能的载流子寿命 τ 与界面表面复合速率 S。对于半导体太阳电池而言，前者基本包括反射谱、光学产生速率、各种偏压与光照下的能带图、暗 I/V 曲线、光照 I/V 曲线、量子效率等，其中的能带图能够形象地给出载流子系综电化学势的空间分布，进而分析出制约器件性能的内在因素；后者包括稳态荧光、时间分辨荧光谱、深能级瞬态谱、光电导等 [11]。对于由多层材料组成的器件结构，获得不同层材料之间的能带排列是必要前提，因为不同材料之间的能带势垒往往是制约载流子在界面输运的主要因素。图 2.1.1 概述了半导体太阳电池数值分析任务的基本组成。

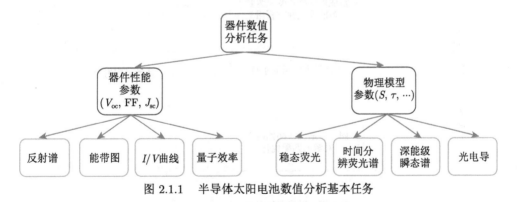

图 2.1.1　半导体太阳电池数值分析基本任务

2.2 数值分析基本过程

器件数值分析是一门综合材料物理、器件物理、材料生长、器件工艺、计算数学、软件工程的交叉学科，是一个借助计算机技术将物理问题转化成计算数学问题求解的过程。图 2.2.1 显示了一个半导体太阳电池数值分析的典型过程，大致可以分成：模型建立与处理、参数读取、前处理、网格初始化、输运方程的离散化、非线性方程组的求解 (包含线性方程组的求解)、网格自适应、后处理等 8 个典型步骤。从概述的内容可以看出，几乎每一步都涉及几个学科的综合运用，正是这个原因，独立自主地开展器件数值分析是一件长期艰巨而有趣的事情。下面几节中将概述这 8 个典型步骤的基本内涵。

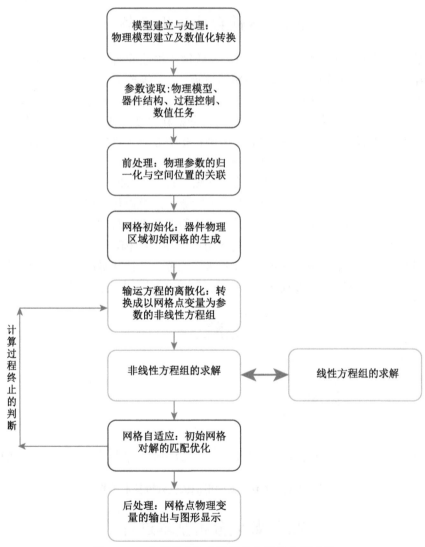

图 2.2.1   半导体太阳电池数值分析的典型过程

2.2.1 模型建立与处理

这一步要依据器件中所发生的物理现象，基于合适的物理假设建立相应模型，并生成与之对应的数据结构。物理模型是整个软件开发的基石，决定数值分析对象的应用范围，制约数值计算的效率。这一步体现了半导体太阳电池数值分析的基于材料物理、器件物理与数理逻辑的学科交叉特性。半导体器件数值分析不太受到广泛重视的主要原因是多学科交叉，取得一定进展往往需要在设计理论和实验两方面有很长时间的积累，不如材料制备与实验物理那么具有比较短的时间效益。但是数值分析一旦取得进展，成果往往巨大且影响深远，其毕竟属于一种基础工具，而人类文明的历史就是一个不断创造工具的历史。

针对半导体太阳电池中所发生的过程 (大致如第 1 章所述)，需要建立的物理模型应该包括载流子的电子态、输运方程、产生与复合、光学特性、表面与界面等，对于太阳电池而言，还包括如光子自循环、量子隧穿、量子限制等一些比较重要的物理模型，这些模型涉及材料物理、器件物理、统计力学、薄膜光学，甚至一些量子光学与量子电动力学等方面的知识，如图 2.2.2 所示，这些内容将分别在第 3~9 章中阐述。

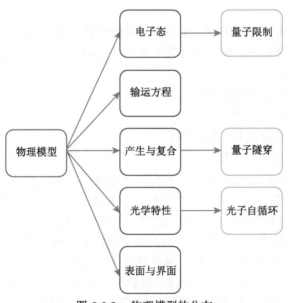

图 2.2.2 物理模型的分布

本步骤的第一要求是，在器件物理的认知基础上所建立的物理模型首先是要准确，为了验证其准确度，往往需要借助粗糙的唯象理论和测试结果进行反复验证；其次是要合适，太复杂与太简单的模型都不利于数值分析高效、准确、快速的基本原则。选择合适数据结构简明扼要地封装物理模型原始成员与辅助成员是本步骤的第二个主要任务,经过几十年的发展,数据结构作为计算机科学的一门基础学科得到了长足发展,建立了多种多样的类型,能够封装各种实际物理实体[12]。器件数值分析的数据结构既要满足物理模型横向与纵向逻辑关系,又要能够方便数值分析过程的高效快速实施,横向逻辑关系是指物理模型自身所具有的参数之间的联系,纵向逻辑关系是指不同物理模型之间的嵌套。器件物理中的模型往往会形成嵌套关系,一些简单的物理模型通过聚合嵌套形成大的复杂的物理模型,借助于这类数据结构可以清晰地表明这种嵌套关系。同时每个模型根据前提假设的不同也存在多种版本。

如果数据结构仅包含物理模型的组成参数,则往往不满足数值实施的要求,数值过程需要一些状态变量或中间数值来引导方向,这就需要从数值实施的角度重新设计或修正相应的数据结构,比如,数据成员除了与物理模型相关之外,还包括反映模型数值特征的状态成员、数值实施所引入的阶段性数值等。从这个角度来看,器件数值分析的数据结构实际上是一个类似 OpenGL 的状态客户机。用户需要不断地明确和填充其状态与过程控制参数。

2.2.2　参数读取

器件数值分析所面对的第二个环节就是把任务所涉及的方方面面的数据准确便利地输入,并转化成匹配数值计算的参数文件的过程,这些数据种类繁多,大致分成如下几类:

- 描述各种物理模型的参数;
- 描述器件结构的参数;
- 描述数值计算过程控制的参数;
- 描述数值任务的参数。

最简单的器件结构当属各种单结太阳电池,如 Si、三层非晶硅/微晶硅、CIGS、CdTe、有机材料等,最复杂的器件结构属于多结太阳电池,如图 2.2.3 所示的背接触 Si 太阳电池 (图 (a)) 与作者课题组研制的直接键合五结太阳电池 (图 (b)),后者由 5 个子电池及连接相邻子电池的隧穿结组成,包含将近 40 层性能各不相同的 III-V 半导体光电材料。同时,器件结构还应该包括器件工艺所形成的选择性反射区、背场层、金属电极、光学减反射膜在二维空间上的几何排列与相对位置,对于多结结构要包含具有非局域特征的量子隧穿、量子限制和光子自循环。最终还应指定物理模型参数与器件结构的几何位置之间的关联关系。

物理模型参数用来表征组成太阳电池的每一最小层的各种特性,如材料、能带、光学、缺陷等,显而易见,参数量与太阳电池结构的复杂度呈比例关系。然而即使是最简单的由同一种材料组成的太阳电池,其物理模型参数量也比较多。

表 2.2.1 与表 2.2.2 列举了三层微晶硅太阳电池所涉及的简化后的物理模型参数[13,14]，表 2.2.1 中的前表面/背表面模型参数描述整个器件的金属半导体接触特性与光学反射特性，表 2.2.2 中层的材料和能带模型参数描述了 p、i 和 n 三层的基本特性，层的带尾态缺陷模型参数和层的带间高斯态缺陷模型参数描述了三层的缺陷特性，所谓的简化是指一维 (1D)、没有细化异质界面特性、反射没有光学色散、吸收采用经验模型、采用漂移扩散输运模型，等等。即使这样，这些物理模型数据的准确可靠读取也是非常困难的。

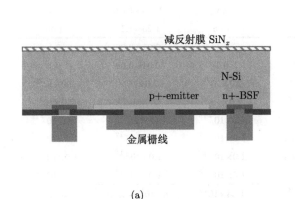

(a)	(b)

图 2.2.3   (a) 背接触 Si 太阳电池与 (b) 直接键合五结太阳电池的结构示意图

表 2.2.1   三层微晶硅太阳电池金属半导体接触与光学模型参数

前表面模型参数	前表面接触势垒/eV	1.54
	前表面电子复合速率/ (cm/s)	1×10^7
	前表面空穴复合速率/ (cm/s)	1×10^7
	前表面反射率	0
背表面模型参数	背表面接触势垒/eV	0.2
	背表面电子复合速率/ (cm/s)	1×10^7
	背表面空穴复合速率/ (cm/s)	1×10^7
	背表面反射率	0.6

不同器件结构和物理模型需要选择不同的计算方法，以使实验准确、高效、快速，因此还需要输入一些能够选择和优化计算过程的控制参数。最终还需要输入一些设定数值任务和输出数据的参数，比如，计算 I/V 还是 QE，是否输出能带图和光学产生速率等。

表 2.2.2　三层微晶硅太阳电池材料与缺陷模型参数

		p	i	n
层的材料和能带模型参数	相对介电常数 (ε_0)	11.9	11.9	11.9
	电子迁移率/ (cm^2/(V·s))	40	5~40	40
	空穴迁移率/ (cm^2/(V·s))	4	0.5~4	4
	受主浓度/cm^{-3}	9.0×10^{18}	0	0
	施主浓度/cm^{-3}	0	0	9.0×10^{18}
	迁移率带隙/eV	1.9	1.2~1.6	1.5
	导带带边态密度/cm^{-3}	3.0×10^{19}	3.0×10^{19}	3.0×10^{19}
	价带带边态密度/cm^{-3}	2.0×10^{19}	2.0×10^{19}	2.0×10^{19}
	电子亲和势/eV	3.8	3.8	3.8
	厚度/nm	15	1200~1800	25
	光学带隙/eV	1.85	1.25~1.55	1.45
层的带尾态缺陷模型参数	价带尾指数因子/eV	0.1	0.01~0.06	0.1
	导带尾指数因子/eV	0.1	0.01~0.06	0.1
	价带尾态密度/cm^{-3}	2.0×10^{20}	2.0×10^{20}	2.0×10^{20}
	导带尾态密度/cm^{-3}	2.0×10^{20}	2.0×10^{20}	2.0×10^{20}
	价带尾电子俘获截面/cm^2	1.0×10^{-15}	1.0×10^{-15}	1.0×10^{-15}
	价带尾空穴俘获截面/cm^2	1.0×10^{-17}	1.0×10^{-17}	1.0×10^{-17}
	导带尾电子俘获截面/cm^2	1.0×10^{-17}	1.0×10^{-17}	1.0×10^{-17}
	导带尾空穴俘获截面/cm^2	1.0×10^{-15}	1.0×10^{-15}	1.0×10^{-15}
层的带间高斯态缺陷模型参数	施主型态密度/cm^{-3}	1.04×10^{18}	5×10^{14}~5×10^{17}	1.0×10^{16}
	施主型能级位置/eV	1	1.0	1.0
	施主型展宽因子/eV	0.08	0.08	0.08
	施主型电子俘获截面/cm^2	1×10^{-14}	1×10^{-14}	1×10^{-14}
	施主型空穴俘获截面/cm^2	1×10^{-15}	1×10^{-15}	1×10^{-15}
	受主型态密度/cm^{-3}	1.04×10^{18}	5×10^{14}~5×10^{17}	4×10^{18}
	受主型能级位置/eV	1.0	0.9	0.9
	受主型展宽因子/eV	0.08	0.08	0.08
	受主型电子俘获截面/cm^2	1×10^{-15}	1×10^{-15}	1×10^{-15}
	受主型空穴俘获截面/cm^2	1×10^{-14}	1×10^{-14}	1×10^{-14}

　　实际中通常有两种方式来简化读取流程，一种是每个物理模型形成一个图形界面，若干文本框对应相应参数，另外一种方式是把器件结构按照设定规则写成文本文件，由一个编译器进行读取解析并生成面向数值计算过程的文件。前一种方式由于各种物理模型种类和附属参数都已经提前确定，所以进行拓展难度比较大，同时复杂结构图形界面会越来越多，使得检查与输入都比较烦琐，因此适用于比较简单的情形，如 AMPS、PC1D 等；后一种方式适合结构复杂且物理模型

多变的情形，是目前大型数值分析软件通用的方式，本书采用后一种方式。

　　综上所述，一个器件结构数值分析任务的实施需要大量的物理模型、器件结构、数值计算控制与数值任务的描述参数。如何将这些参数简单准确读取输入并自动识别归类是降低设计人员工作量与失误率、提高软件可用性的基本要求，这往往需要一个简单好用的器件结构编辑器来完成。为了实现这个目标，需要定义编辑器所需要的数据结构、词法与语法规则、语句解析等内容。同时，面向光电转换的结构编辑器还承担了模型参数的物理意义和数值合理性判断、数值转换、不同类型参数之间的几何与逻辑关联等中间任务。最后，重要的是，结构编辑器要根据器件结构重排所有种类的参数，以便利于数值计算形式输出到相关文件中，如果说输入的各种参数多以现实物理模型实体的方式呈现的话，那么输出文件中的数据类型更多以数组的形式出现。这种做法能够大大降低数值计算模块的复杂性，增加程序的可维护性。图 2.2.4 显示了典型的器件结构编辑器的基本功能。

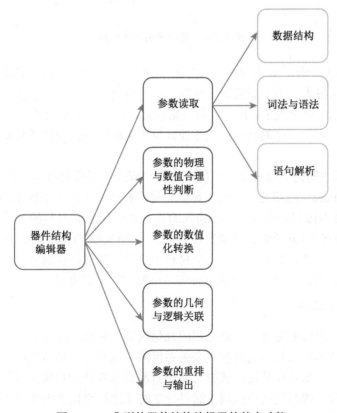

图 2.2.4　典型的器件结构编辑器的基本功能

2.2.3　前处理

　　光电数值软件前处理的主要功能是确保计算过程任务专一高效，将其他方面的任务剥离出来，其主要功能基本上有三个方面 (图 2.2.5)。

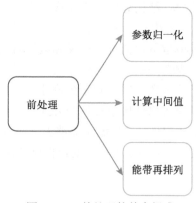

图 2.2.5　前处理的基本组成

　　(1) 参数归一化。如表 2.2.1 和表 2.2.2 所示，所输入的各种物理模型参数幅值与量纲差距很大，为了适应数值计算，需要分别对不同类型的模型参数进行归一化以转化成无单位数值；同时，归一化也是数值计算稳定的要求 [15]；最后，记录储存这些用来归一化的参数，以方便计算结束时进行由数值计算状态到物理空间的还原。

　　(2) 计算中间值。这些中间值的存在使得程序不要反复计算一些常用的数据，如热平衡时 Fermi 能级与能带边距离值、每层材料热平衡下的静电势等。

　　(3) 能带再排列。表 2.2.2 中输入的各个能带位置是材料的电子亲和势，前处理需要将能带的电子亲和势参数转换成以 n 型金属 Fermi 能级为 0 参考点的 E_c-E_v 形式，这样做的原因是，光电材料中各种缺陷的位置通常是以能带边作为参考 0 点；另外，E_c-E_v 图像更具有实际物理空间上的意义。

2.2.4　网格初始化

　　偏微分方程组的数值计算是在相应几何区域的网格划分基础上开展的，典型的网格由小片局域以及周边几何关联关系组成，这样连续解就转换成网格点离散值的集合。网格初始化是指，依据对解的猜测将器件结构物理区域划分成若干个小区域的集合，解在这些小区域上满足一定的连续性变化上限要求 (通常是指值、一阶与二阶导数)，这样可以对输运方程在这些小区域上做一定的数值近似。显然，我们希望能够实现在解变化剧烈的区域网格密集的目标，但是现在尚没有解的全局信息，由于半导体物理中已经发展了很多近似情况下的解，这为预测解的空间分布提供了有力支撑。例如，入射光强度在太阳电池中呈现指数下降的趋势，这需要网格在前半部分密一些；界面是静电势变化比较剧烈的地方，也需要密集网格分布。

2.2.5　输运方程的离散化

输运方程的离散化是指，将主导光生载流子输运特性的偏微分方程组在初始网格集合中的小区域上采用适当的以小局域区域几何顶点值为参数的离散数值逼近，经过所有小区域的聚合后，输运方程转换成以网格顶点值为参数的非线性方程组。经过近 60 年的发展，离散数值逼近理论与技术得到飞速发展，如有限差分法、有限体积法、有限元法等。衡量离散方法的指标有误差、便利性等。主导光生载流子输运特性的偏微分方程组中的参数呈现极强的指数函数变化行为，需要采用特殊的数值处理技术 (通常称为 Scharfetter-Gummel 方法) 小心对待。由于太阳电池器件的几何特征通常由规则的凸几何体组成，如一维的线段、二维的长方形、三维的长方体等，本书采用有限体积法进行离散。

2.2.6　非线性方程组的求解

太阳电池由于器件几何尺寸比较大，顶点数目通常在 10^3 以上，所得到的非线性方程组无法采用分析的方法得到。所以通常采用迭代求解的方法，即先结合物理特性猜测适当的初始值，在此基础上逐步修正步长 (增量) 直到得到满意精度的最终解。这个过程中，初始值猜测与修正步长的策略至关重要，对于像半导体光电器件离散化得到的非线性方程，已经发展出了相当成熟的解法。

上述迭代法求解非线性方程组的过程中，步长通常是在非线性方程组残差降低的基础上得到的，这往往是其线性化后得到的以雅可比 (Jacobian) 矩阵为系数、网格点变量为未知数、当前余量为函数值的大型线性方程组，其求解算法主要有直接法 (高斯 (Gauss) 消元法) 和迭代法两大类，选择算法的标准是快速稳定地求解。

2.2.7　网格自适应

解的空间分布与网格空间分布特征及数目是相互交替优化的过程。理想的结果是在解变化大的地方网格密一些，变化小的地方网格稀疏一些，这样既能提高数值准确度又能提高迭代算法的性能。为了实现这个目的，就需要对初始网格进行针对解的匹配优化调整 (如何定义这个变化与调整是网格自适应的核心内容)。网格自适应的终极目标是采用比较少的网格单元实现要求的数值精度。

2.2.8　后处理

计算得到网格点物理变量通常是归一化的数值，不能显示实际物理意义，需要依据先前所做的归一化步骤还原其本来面目并输出到指定目录的文件中。另一方面, 将计算结果以可视化的形式显现出来是进行实际工作的非常有意义的一步, 尽管现实中存在很多种图形显示软件, 但往往有一些结果是不能做到的, 开发属于自己的针对性强的图形显示工具是很有意义的工作。

2.3　模块化与通用性

　　器件数值分析的第一阶段是编写一个包含上述所有环节的程序, 甚至各种物理模型参数读取都作为程序文本的一部分, 程序应用结束后将需要的结果输出到文本文件中借助 Excel、Origin、GnuPlot 等数据与图形软件进行处理, 如文献 [1] 中定义了简化的 1D 扩散漂移求解程序。随着结构的复杂和越来越多物理模型的嵌入, 代码的读取分析与可维护性成为制约整个程序的关键要素, 这就需要模块化的思想, 目前大多数器件数值分析软件都采用这种方式。我们所开发的先进异质结构太阳电池模拟器 (AHSCS) 分成了六个模块: 结构文件编辑模块 DevEdit (对应步骤 2)、前处理模块 ProEdit (对应步骤 3)、网格相关 Meshing (对应步骤 4 和 7)、数值计算模块 NumCore (对应步骤 5 和 6)、后处理模块 PostEdit (对应步骤 8)、结果显示模块 Display 等 (图 2.3.1)。其中 Display 采用 C 语言调用 OpenGL 将计算结果进行图形显示, 解决上述通用处理软件所不能显示的一些模型, 如量子隧穿概率在空间与能量坐标下的分布、多种类带隙间缺陷的显示等。

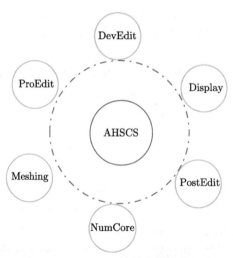

图 2.3.1　AHSCS 的基本模块化组成

　　既然是要开发一种跨平台的不依赖于中间数值软件 (如 Matlab) 的自主器件数值分析工具, 那么就应采用基础语言来进行程序编写, 如 C 语言与 Fortran。在一些程序开发网站中有很多关于 C 语言和 Fortran 优劣性比较的文章。本书中 DevEdit 和 Display 采用 C 语言，方便文本读入与调用 OpenGL 进行交互式图形开发。其他部分则采用 Fortran，这是一门目前在数值计算方面非常通用的计算机语言，具有海量的数值计算程序库可供参考调用。在 Linux 平台和 Windows 平台上，都能找到免费的编译器，Fortran 从最初的 77 版本，经历 90、95、2003、2008、2013、2018 等阶段修正，在原先强大的数组处理能力上，增加了相当的动态内存分配和面向对象功能，非常适合进行半导体器件数值分析软件的开发 [2-6]。

AHSCS 中关于 Fortran 的应用除了强大的面向数值计算的类型和数组功能外，主要利用有如下三种。

1. 利用指针运行时分配空间

指针的作用是能够在运行时动态分配空间，这非常适合半导体太阳电池模型和结构多变，以及运行时各种自适应数值匹配的特点。表 2.3.1 利用指针定义了一个二维不定长度实数数组。

表 2.3.1　利用指针建立不定长度实数数组

1D 数组	2D 数组
type rda1_	type rda2_
integer number	integer number
real(wp) , pointer , dimension(:) :: a	type(rda1_) , pointer :: row(:)
end type rda1_	end type rda2_

2. 导出类型进行物理模型的聚合

在 Fortran 中，导出类型能够将不同的数据类型有效地封装在一起。表 2.3.2 描述了一种半导体太阳电池的材料特性，通常至少有能带、介电、输运等参数体系。

表 2.3.2　材料特性参数聚合

材料
type material_
type(EB_) , pointer :: eb
type(Dielectric_) , pointer :: de
type(Transport_) , pointer :: tp
end type material_

3. 使用子模块 (submodule)

C 语言中通常使用头文件.h 和定义文件.c 分别进行类型与子程序声明和子程序定义等两种功能，调用相关函数只需在程序中包含头文件即可，现代 Fortran

中建立了 Module-Submodule，实现了相对应的功能，表 2.3.3 显示了封装参数归一化的 Module-Submodule 过程，module scalling 中进行类型声明与 interface 中包含函数声明，submodule(scalling) scalling_source 则包含函数定义。

表 2.3.3　参数归一化的 Module-Submodule 过程

模块	子程序
module scalling	submodule(scalling) scalling_source
use ah_precision, only : wp => REAL_PRECISION	implicit none
implicit none	contains
type scalling_	module subroutine Scalling_Default(s)
...	use ah_precision , only : wp =>REAL_PRECISION
end type scalling_	implicit none
	type(Scalling_) :: s
interface	...
module subroutine scalling_default(s)	end subroutine scalling_default
implicit none	module subroutine Scalling_Init(s)
type(scalling_) :: s	use ah_precision, only:wp=>REAL_PRECISION
end subroutine scalling_default	use cons
module subroutine Scalling_Init(s)	implicit none
use cons	type(Scalling_) :: s
implicit none	...
type(Scalling_) :: s	end subroutine scalling_Init
end subroutine scalling_Init	module subroutine Scalling_Output(ou,s)
module subroutine Scalling_Output(ou,s)	implicit none
implicit none	integer , intent(in) :: ou
integer , intent(in) :: ou	type(Scalling_) :: s
type(Scalling_) :: s	...
end subroutine scalling_output	end subroutine scalling_output
end interface	end submodule scalling_source

2.4　国外软件概述

国外关于半导体太阳电池数值模拟的发展是与其先进的半导体计算机辅助设计一脉相承的。从这个意义上来说，几乎所有的半导体模拟软件都可以用来模拟半导体太阳电池。但是考虑到半导体太阳电池的物理模型具有独特的特征，也需要开发专门的软件。文献 [22],[23] 中介绍了多种半导体器件与太阳电池数值分析软件，目前常用的模拟软件主要有如下几种。

1. PC1D

PC1D 是由澳大利亚新南威尔士大学开发的基于 IBM 个人计算机的程序，其通过求解完全耦合的非线性微分方程来模拟晶体半导体器件 (尤其是光伏器件)

中的电子和空穴的准一维输运。目前广泛应用于单晶硅、CIGS、CdTe 等太阳电池结构。最新的版本是 2008 年发布的,该软件是免费的。

PC1D 的优点在于具有较准确的性能预测结果和较快的计算收敛速度。经过 20 多年的不断丰富和完善,在数值计算方法、材料特性参数库、基本物理模型等方面,PC1D 可实现对最多五个区域组成的太阳电池的模拟,并支持多种杂质纵向分布描述、前后表面的反射与陷光特性描述,以及多个二极管或并联电阻分流行为等条件下的快速、准确模拟,使软件具有强大的灵活性与较宽的适用性。PC1D 可直接输出太阳电池器件物理涉及的多种物理量关系图,如载流子浓度分布、电流密度分布、产生与复合速率分布、电势与电场分布、I/V 特性、量子效率等,对器件性能的全面分析很实用。

PC1D 的主要缺点在于:① 内嵌物理模型采用 Maxwell-Boltzmann 载流子分布;② 对于异质界面的输运行为处理能力有限,由于没有内建成熟的物理模型处理异质界面问题,对包含重要异质界面的太阳电池器件性能模拟时,通常需要靠个人的经验对材料参数进行 "修正";③ 不具备模拟仿真多结太阳电池的能力;④ 是一维模拟软件,不能对具有二维或三维结构不均匀的太阳电池进行数值模拟。

2. AMPS

AMPS,全称为 Analysis of Microelectronic and Photonic Structures,是由美国宾夕法尼亚州立大学电子材料工艺研究实验室的 Stephen Fonash 教授主持开发的,属于一维半导体物理与器件设计通用软件。该软件是免费的。

AMPS 在模拟能带中存在缺陷态的太阳电池方面做了较多的优化,目前广泛应用于单晶硅、非晶硅、HIT、CdTe、CIGS 等半导体太阳电池。标准版的 AMPS 物理模型采用基本的载流子漂移扩散模型,并没有考虑隧穿机制,因此在太阳电池的模拟上存在一定的局限,且在求解算法与用户界面方面存在不足。

wxAMPS 是在开源的 AMPS 基础上二次开发而成的。wxAMPS 继承了 A-MPS 中对太阳电池内部缺陷的处理方法与光学模型,通过添加带内隧穿模型与缺陷辅助隧穿模型,近似描述隧穿结中的隧穿增强复合与载流子输运过程,使程序具备了模拟隧穿电流的功能,从而初步具备了描述载流子在异质结界面处复杂的输运机制和过程能力,实现对叠层电池性能的简单模拟。

3. SCAPS-1D

SCAPS-1D 是由比利时根特大学开发的一维太阳电池模拟软件。1996 年发布的低版本程序专为 CuInSe2 和 CdTe 薄膜太阳电池的模拟设计。经过多次功能扩展与完善,最新版本的 SCAPS 还能适用于晶体太阳电池 (Si 和 GaAs) 以及非晶体太阳电池 (α-Si 和 μc-Si) 的模拟计算。

4. AFORS-HET

AFORS-HET 是德国柏林亥姆霍兹材料与能源研究中心基于光生载流子输运机制开发的用于同质或异质结光伏器件模拟计算的程序，提供了平衡态、直流稳态、交流稳态和瞬态四种计算模式，分别适用于不同的测量方式。除了常规的 I/V 特性和量子效率等，还可以模拟器件阻抗 (IMP) 测量、表面光电压 (SPV) 测量、光致发光和电致发光 (PEL) 测量、电子束感应电流 (EBIC) 测量、电检测磁共振 (EDMR) 测量等。

AFORS-HET 设计的应用目标主要针对异质结器件，对器件材料界面和边界条件的处理上比上述三个软件更加细致。材料界面有两种建模方式：一种是没有附加的边界条件，界面附近有效态密度、能隙以及电子亲和势的梯度导致电流增加；一种是热电子发射模型，认为载流子通过异质结界面的方式使势垒热电子发射与界面复合，界面的缺陷态受邻近的两种半导体材料的影响，缺陷特征由四个俘获截面共同决定，载流子可以借助缺陷态通过界面。

5. SILVACO

SILVACO International 是世界领先的电子设计自动化 (EDA) 软件供应商，提供用于模拟/混合信号集成电路设计的工具。公司创建于 1984 年，供应已经证明的产品用于 TCAD 工艺和器件仿真、Spice 参数提取、电路仿真、全定制 IC 设计/验证等。总部设于美国加利福尼亚州的圣塔克莱拉，在全世界设有 12 个分支机构，由经验丰富、知识渊博的应用工程师为国际用户提供技术支持和服务。SILVACO 针对半导体器件模拟开发了 ATLAS，能够模拟二维和三维稳态和瞬态半导体器件的电学、光学和热特性，该软件目前应用于 GaInP/GaAs/Ge 三结太阳电池、α-Si/SiGe/SiGe 三结太阳电池、聚光太阳电池等。该软件是商业软件。

参 考 文 献

[1] Kurata M. Numerical Analysis for Semiconductor Devices. New York: Lexington Books, 1982.

[2] Selberherr S. Analysis and Simulation of Semiconductor Devices. Vienna: Springer, 1984.

[3] Kircher R, Bergner W. Three-Dimensional Simulation of Semiconductor Devices. Basel: Birkhauser, 1991.

[4] Carey G F, Richardson W B, Reed C S, et al. Circuit, Device and Process Simulation: Mathematical and Numerical Aspects. Hoboken: John Wiley & Sons Inc., 1996.

[5] Snowden E. Introduction to Semiconductor Device Modelling. Singapore: World Scientific Publishing Co Pte Ltd., 1998.

[6]   Cole E. Mathematical and Numerical Modelling of Heterostructure Semiconductor Devices: From Theory to Programming. London: Springer, 2009.

[7]   Palankovski V, Quay R, Selberherr S. Industrial application of heterostructure device simulation. GaAs IC Symposium. IEEE Gallium Arsenide Integrated Circuits Symposium. 22nd Annual Technical Digest 2000 (Cat. No.00CH37084), 2000:117-120.

[8]   Piprek J. Semiconductor Optoelectronic Devices. Introduction to Physics and Simulation. New York: Academic Press, 2003.

[9]   Partain L. Solar Cell Device Physics. Hoboken: John Wiley & Sons Inc., 2010.

[10] Luque A, Hegedus S. Handbook of Photovoltaic Science and Engineering. 2nd ed. Hoboken: John Wiley & Sons Inc., 2011.

[11] Bär M, Weinhardt L, Heske C. Advanced Characterization Techniques for Thin Film Solar Cells. Hoboken: John Wiley & Sons Inc., 2011.

[12] Mehta D P, Sahni S. Handbook of Data Structures and Applications. 2nd ed. New York: Chapman & Hall/CRC, 2005.

[13] 胡志华, 廖显伯, 刁宏伟, 等. 非晶硅太阳电池光照 J-V 特性的 AMPS 模拟. 物理学报, 2005, 54(5):2302-2306.

[14] 孔光临, 曾湘波, 许颖, 等. 非晶/微晶两相硅薄膜电池的计算机模拟. 物理学报, 2005, 54(7):3370-3374.

[15] Selberherr S. Analysis and Simulation of Semiconductor Devices. Vienna: Springer, 1984, Chap 5.

[16] Vasileska D, Goodnick S M, Klimeck G. Computational Electronics: Semiclassical and Quantum Device Modeling and Simulation. Los Angeles: CRC Press, 2010.

[17] Chapman S J. Fortran 95/2003 程序设计. 刘瑾, 庞岩梅, 赵越, 译. 3 版. 北京: 中国电力出版社, 2009.

[18] 宋叶志, 茅永兴, 赵秀杰. Fortran 95/2003 科学计算与工程. 北京: 清华大学出版社, 2011.

[19] Metcalf M, Reid J, Cohen M. Modern Fortran Explained. Oxford: Oxford University Press, 2011.

[20] Clerman N S, Spector W. Modern Fortran: Style and Usage. Cambridge: Cambridge University Press, 2011.

[21] Press W H. Numerical Recipes in Fortran. Cambridge: Cambridge University Press, 1992.

[22] Palankovski V, Quay R. Analysis and Simulation of Heterostructure Devices. Vienna: Springer, 2004:10-16.

[23] Bär M, Weinhardt L, Heske C. Advanced Characterization Techniques for Thin Film Solar Cells. Hoboken: John Wiley & Sons Inc., 2011:633-674.

第 3 章 电 子 态

3.0 概 述

在进行 Si 太阳电池数值分析的时候，我们首先要输入几个如表 3.0.1 所示的典型参数。这些参数到底是什么？它们的来源是什么？这需要了解材料的电子态特征。

表 3.0.1 Si 的典型电子态特征参数

电子有效质量 (m_0)		空穴有效质量 (m_0)		光学带隙 E_g(300K)/eV
m_l	m_t	m_{hh}	m_{lh}	
0.9163	0.1905	0.537	0.153	1.12

材料的电子态是指载流子的能级与波函数特性，清晰这些电子态特性对于理解太阳电池的基本机制至关重要，太阳电池的这种清晰至少要满足如下几点要求。首先是导带和价带 (对应最低空能级与最高已占据能级) 的能量位置、波函数特性、容纳载流子的能力 (带边态密度)、光学吸收的能力 (光学跃迁矩阵元)。导带/价带的能量间距即光学带隙，决定了半导体光伏材料吸收截止波长；波函数特性决定了能级的简并；带边态密度决定了外界掺杂对光生载流子系综化学势的调节能力 (显然越小越好)；光学跃迁矩阵元特性决定了材料吸收是需要声子辅助的间接带隙半导体，还是无需声子的直接带隙半导体，通常间接带隙材料的吸收系数比直接带隙的要小得多，例如，Si 和 GaAs 分别是间接带隙材料与直接带隙材料，前者在带边附近的吸收系数是后者的约 10^{-4}。

其次是不同材料的能级排列。如第 1 章中关于窗口层与背场层的概述中所建立的总体筛选原则，针对载流子的极性需要选择不同的电子势垒或空穴势垒，如 p-基区/p-背场需要高的电子势垒与小的空穴势垒，而 n-窗口层/n-发射区需要小的电子势垒与高的空穴势垒。

最后是链接不同吸收波段子电池的隧穿结。如第 1 章中所述，两种材料通过极高的掺杂浓度 (通常 $>10^{19}\mathrm{cm}^{-3}$) 拉近电子与空穴的空间距离，导致波函数上的重叠，从而产生隧穿电流。这里的前提是掺杂浓度能够大幅修改载流子化学势，如果材料带边态密度过大，则借助掺杂调节化学势的能力大打折扣，如 Al 组分 $>30\%$ 的 AlGaInP，三种不同特性的能带 (Γ、X 和 L) 距离很近，导致等效态边态密度异常增大，再高的掺杂浓度也不能实现设计目的，这时就需要研究新的隧穿结构。

　　尽管如第 1 章中所述的光伏材料多种多样，但晶体材料的电子态特性具有最直接的物理感觉：自由原子的未满外层原子轨道混合成键后在周期性势场的作用下拓展成能带 (图 3.0.1)，光生载流子在这些能带中运动，同时基于晶体材料的电子态特性知识，容易感性地拓展到非晶、微晶、多晶、有机等材料体系，因此本章将着重介绍晶体材料的电子态理论框架。

局域态　　　　　　　　　　　　　　　　　　　拓展态

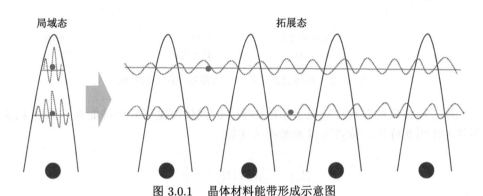

图 3.0.1　　晶体材料能带形成示意图

　　多数晶体太阳电池材料参与成键的是 s 轨道和 p 轨道，能够以 sp^3 或 sp^2 轨道杂化的形式形成四面体或平面六边形 [1]，前者在晶体结构的表现是立方结构或密集六方结构。本章中以典型的立方结构的晶体太阳电池材料的电子态为例展开，其他结构的可以类似得到。

　　晶体材料具有很好的对称性，包括围绕晶格点的旋转镜像与平移等两种对称操作,晶体材料的电子态在这两种对称操作下保持不变,这说明对称操作所对应的算符与其能量算符对易。另一方面，量子力学的基本结论是对易算符具有相同的本征函数和量子数，这使得我们能够依据晶体材料的对称性来刻画或分类其电子态的某些特性，这是群论的方法在固体物理中的典型应用 [2,3]。上述两种对称操作组成了晶体点群与空间群,采用与量子力学相同的基函数及其矩阵来表示它们,就是所谓的线性表示。线性代数上通过相似变换能够将这些线性矩阵约化成不能再约化的小方块,每个不同的小方块称为一个不可约表示,对应不同的能带,相应的基函数对应能带的波函数,借助这些不可约表示特征可以直接判断跃迁矩阵元特性,进而得到不同电子态之间的跃迁选择性。晶体点群的线性表示理论使得我们能够重组原子轨道函数,得到成键态与反键态所对应的能级。空间群的线性表示理论明确了晶体材料的电子态波函数为点群表示的局域原子轨道波函数组合与平移表示的指数相位函数的乘积，平移表示参数 (晶

体波矢) 确定了能带的扩展结构,借助对称性能判断这些能带在某些极值点的
解析结构,进而获得带边态密度,这对于太阳电池中光生载流子统计非常关键,
如图 3.0.2 所示。

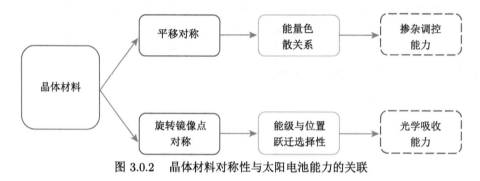

图 3.0.2   晶体材料对称性与太阳电池能力的关联

除了晶体几何对称性对电子态的影响,时间反演是另外一种能够附加电子态
简并的逻辑对称性,读者可以参考相关文献。

3.1   基本电子态

这节将简明概述不同环境中电子态的基本特征。

3.1.1   自由原子中的电子态

自由原子中的电子能量由动能与势能两部分组成,势能包括电子与电子之间、
电子与原子核之间的静电相互作用、轨道自旋相互作用、电子与核自旋相互作用
等四部分 [4,5],能量描述为

$$H_{\text{free}} = \sum_i \left[\frac{p_i^2}{2m_i} + \frac{q^2}{8\pi\varepsilon_0} \left(\sum_{i\neq i'} \frac{1}{|r_i - r_{i'}|} - \sum_j \frac{z_j}{|R_j - r_i|} \right) \right.$$

$$\left. + \sum_j \beta_{ij} L_i \cdot S_j + \sum_j \gamma_{ij} \right] \tag{3.1.1.1}$$

前三项是电子能量的主要组成部分 (记作 H_0)。自由原子的第二、三项应该
有球对称 (绕任意轴转动任意角度以及对任何通过原点的平面进行镜面成像,函
数保持不变,这样的旋转与镜像称为对称操作) 的分布特征,如果把坐标原点放
在原子核中心 (后面称为原子坐标系),根据量子力学,这样的球对称中心势场中
波动方程的解可以分离成径向部分与角度部分的函数的乘积:

$$\phi_{nlm}(r, \theta, \varphi) = R_{nl}(r) Y_l^m(\theta, \varphi) \tag{3.1.1.2}$$

式中，nlm 分别表示不同壳层 (主量子数)、轨道 (角动量)、磁的量子数；$R_{nl}(r)$ 是只与 r 的绝对值有关的径向函数；$Y_l^m(\theta, \varphi)$ 是仅与球坐标方向角度有关的球谐函数，也是球对称中心势场中角动量算符 $\hat{\boldsymbol{L}} = \boldsymbol{r} \times \boldsymbol{p}$ 的 L^2 与 L_z 的本征函数：

$$\hat{L}^2 Y_l^m(\theta, \varphi) = l(l+1)\hbar^2 Y_l^m(\theta, \varphi) \tag{3.1.1.3a}$$

$$\hat{L}_z Y_l^m(\theta, \varphi) = m\hbar Y_l^m(\theta, \varphi) \tag{3.1.1.3b}$$

加上自旋因素，整个电子态可以用四个量子数表征：n, l, m, s。通常把 (3.1.1.1) 中的第四、五项作为微扰引入，电子态波函数用坐标空间 $\mathcal{E}_r$ 与二分量自旋空间 $\mathcal{E}_s$ 的乘积 (严格的应该是直积 $\mathcal{E}_r \otimes \mathcal{E}_s$) 表示，每个 nlm 上对应两个自旋相反的电子波函数如 (3.1.1.4a) 和 (3.1.1.4b)，也称为二分量旋量。

$$\phi_{nlm\uparrow}(r, \theta, \varphi) = R_{nl}(r) Y_l^m(\theta, \varphi) |\uparrow\rangle \tag{3.1.1.4a}$$

$$\phi_{nlm\downarrow}(r, \theta, \varphi) = R_{nl}(r) Y_l^m(\theta, \varphi) |\downarrow\rangle \tag{3.1.1.4b}$$

其中，两个自旋态在 z 轴的投影分别是 $1/2$ 与 $-1/2$，即

$$S_z|\uparrow\rangle = \frac{1}{2}|\uparrow\rangle \tag{3.1.1.5a}$$

$$S_z|\downarrow\rangle = \frac{1}{2}|\downarrow\rangle \tag{3.1.1.5b}$$

球谐函数具有一些很重要的性质，如

$$Y_l^{-m}(\theta, \varphi) = (-1)^m Y_l^{m*}(\theta, \varphi) \tag{3.1.1.6}$$

由 (3.1.1.6) 知道，Y_l^0 是实函数，$\dfrac{Y_l^{-m} + (-1)^m Y_l^m}{\sqrt{2}}$ 与 $\dfrac{Y_l^{-m} - (-1)^m Y_l^m}{\sqrt{2}\mathrm{i}}$ 也是实函数，并且都是坐标轴投影的多项式函数，具有很强的直观感。这样每个角动量量子数 l 均对应 $2l+1$ 个实函数，与球谐函数相对应，通常把这种 $2l+1$ 个多项式函数称为固体谐函数 [6,7]，在电子态理论中广泛采用这种组合产生的实函数。表 3.1.1 列举了常用的 l =0,1,2,3 的固体谐函数，在晶体对称性中经常看到。

表 3.1.1　$l = 0, 1, 2, 3$ 的球谐函数与固体谐函数

l	$R_l(r)$	Y_l^m	$\dfrac{Y_l^{-m}+(-1)^m Y_l^m}{\sqrt{2}},\ \dfrac{Y_l^{-m}-(-1)^m Y_l^m}{\sqrt{2}\mathrm{i}}$
0　s	$\dfrac{1}{2}\sqrt{\dfrac{1}{\pi}}\dfrac{1}{r}$	$Y_0^0 = 1$	
1　p	$\dfrac{1}{2}\sqrt{\dfrac{3}{2\pi}}\dfrac{1}{r}$	$\begin{pmatrix} Y_1^{-1} \\ Y_1^0 \\ Y_1^1 \end{pmatrix} = \begin{pmatrix} x - \mathrm{i}y \\ \sqrt{2}z \\ -(x+\mathrm{i}y) \end{pmatrix}$	$\dfrac{1}{\sqrt{2}}\begin{pmatrix} Y_1^{-1}+Y_1^1 \\ Y_1^0 \\ \mathrm{i}\left(Y_1^{-1}+Y_1^1\right) \end{pmatrix} = \sqrt{2}\begin{pmatrix} x \\ z \\ y \end{pmatrix}$
2　d	$\dfrac{1}{4}\sqrt{\dfrac{15}{2\pi}}\dfrac{1}{r^2}$	$\begin{pmatrix} Y_2^{-2} \\ Y_2^{-1} \\ Y_2^0 \\ Y_2^1 \\ Y_2^2 \end{pmatrix} = \begin{pmatrix} (x-\mathrm{i}y)^2 \\ 2(x-\mathrm{i}y)z \\ \sqrt{2}\left(2z^2-x^2-y^2\right) \\ -2(x+\mathrm{i}y)z \\ (x+\mathrm{i}y)^2 \end{pmatrix}$	$\dfrac{1}{\sqrt{2}}\begin{pmatrix} Y_2^{-2}+Y_2^2 \\ Y_2^{-1}-Y_2^1 \\ \dfrac{Y_2^0}{\sqrt{2}} \\ \mathrm{i}\left(Y_2^{-1}+Y_2^1\right) \\ \mathrm{i}\left(Y_2^{-2}+Y_2^2\right) \end{pmatrix} = \sqrt{2}\begin{pmatrix} x^2-y^2 \\ 2xz \\ 2z^2-x^2-y^2 \\ 2yz \\ 2xy \end{pmatrix}$
3　f	$\dfrac{1}{8}\sqrt{\dfrac{35}{\pi}}\dfrac{1}{r^3}$	$\begin{pmatrix} Y_3^{-3} \\ Y_3^{-2} \\ Y_3^{-1} \\ Y_3^0 \\ Y_3^1 \\ Y_3^2 \\ Y_3^3 \end{pmatrix} = \begin{pmatrix} (x-\mathrm{i}y)^3 \\ \sqrt{6}(x-\mathrm{i}y)^2 z \\ \sqrt{\dfrac{3}{5}}(x-\mathrm{i}y)\left(5z^2-r^2\right) \\ \dfrac{2}{\sqrt{5}}z\left(5z^2-3r^2\right) \\ \sqrt{\dfrac{3}{5}}(x+\mathrm{i}y)\left(5z^2-r^2\right) \\ \sqrt{6}(x+\mathrm{i}y)^2 z \\ -(x+\mathrm{i}y)^3 \end{pmatrix}$	$\dfrac{1}{\sqrt{2}}\begin{pmatrix} Y_3^{-3}-Y_3^3 \\ Y_3^{-2}+Y_3^2 \\ Y_3^{-1}-Y_3^1 \\ \dfrac{Y_3^0}{\sqrt{2}} \\ \mathrm{i}\left(Y_3^{-1}-Y_3^1\right) \\ \mathrm{i}\left(Y_3^{-2}-Y_3^2\right) \\ -\mathrm{i}\left(Y_3^{-3}+Y_3^3\right) \end{pmatrix} = \sqrt{2}\begin{pmatrix} x\left(x^2-3y^2\right) \\ \sqrt{6}z\left(x^2-y^2\right) \\ \sqrt{\dfrac{3}{5}}x\left(5z^2-r^2\right) \\ \dfrac{2}{\sqrt{5}}z\left(5z^2-3r^2\right) \\ \sqrt{\dfrac{3}{5}}y\left(5z^2-r^2\right) \\ \sqrt{6}xyz \\ y\left(y^2-3x^2\right) \end{pmatrix}$

3.1.2 材料原子中的电子态

自由原子之间成键组成材料时，电子能级与波函数，尤其是外层未配对的部分被打乱，电子的能量在 (3.1.1.1) 的基础上需要加上一个成键所引起的势能空间修正量：

$$H_{\mathrm{mat}} = H_{\mathrm{free}} + V_{\mathrm{crstal}} \tag{3.1.2.1}$$

如 1.1.4 节所述的不同物理形态的光伏材料，成键所引起的势能修正量不再具有自由原子球对称的特征，无论晶体材料的长程有序，非晶材料的短程有序，还是分子材料的轨道分布。势能修正量完全没有空间特征的材料只能借助第一性原理的方法计算，但大多数材料如晶体、分子、有机材料等的势能修正量往往具有适当的空间对称性，H_{mat}(后面简化为 H) 的对称性从自由原子的球对称性降低到势能修正量的对称性 (后面把修正过的势能简称为势能)，假设对称操作的集合为 G，很容易验证，G 满足四条基本性质 [8]：

(1) 封闭：任意两个元素的乘积依然在集合中，$g_1 g_2 = g_3 \in G$；

(2) 结合：三元素相乘，前两个积乘第三个与第一个乘后两个积的结果相等，$(g_1 g_2) g_3 = g_1 (g_2 g_3)$；

(3) 单位元：存在唯一一个元素，每一个元素与其相乘后均保持不变，$e g_i = g_i$；

(4) 逆元：每个元素存在唯一一个相应元素，两者的乘积等于单位元，$g_i g_i^{-1} = g_i^{-1} g_i = e$。

数学上把满足上述四条性质的元素集合 $G = \{g_1, \cdots, g_n\}$ 称为群。对于其中的任意元素 g，定义对函数操作如 (3.1.1.2a)，显然势能以及 H 在 g 的作用下保持不变：

$$gV(x) = V(g^{-1}x) = V(x) \tag{3.1.2.2a}$$

$$gH(x) = H(g^{-1}x) = H(x) \tag{3.1.2.2b}$$

本征函数表象下，各种算符呈现为矩阵形式，如果 g 对应的矩阵为 $D(g)$，作用下的 Schrödinger 方程满足：

$$D(g) H(x) \psi(x) = H(g^{-1}x) \psi(g^{-1}x) = H(x) D(g) \psi(x) = E\psi(g^{-1}x) \tag{3.1.2.3}$$

因此 H 不变的形式显示为对称操作 g 与 H 的对易：

$$D(g) H(x) = H(x) D(g) \tag{3.1.2.4}$$

根据量子力学结论，互相对易的算符能够用同一组量子数来表征，因此 (3.1.2.3) 和 (3.1.2.5) 使得我们能够用材料对称的相关指标刻画电子态 (借助群论的方法)，这将在下面几节中充分体现。对于多晶材料的电子态，往往在晶粒内晶体材料电子态的基础上进行适当修正得到。

3.1.3 单电子近似

材料中的总势能由电子与电子之间、电子与原子核之间、原子核与原子核之间存在的静电相互作用产生, 整体能量描述是一多体 Schrödinger 方程 [9]:

$$H\Psi(\{R\},\{r\}) = E\Psi(\{R\},\{r\}) \tag{3.1.3.1a}$$

$$H = \sum_i \frac{p_i^2}{2m_i} + \sum_j \frac{P_j^2}{2M_j} + \frac{q^2}{8\pi\varepsilon_0}\left(\sum_{j\neq j'}\frac{Z_j Z_{j'}}{|R_j - R_{j'}|} + \sum_{i\neq i'}\frac{1}{|r_i - r_{i'}|} - \sum_{j,i}\frac{Z_j}{|R_j - r_i|}\right)$$
$$+ \sum_i V_e(r_i) \tag{3.1.3.1b}$$

式中, $\{R\}$ 与 $\{r\}$ 分别是原子核坐标与电子坐标集合, 式中右边第一项是电子动能, 第二项是原子核动能, 括号中第一项是原子核间相互作用能, 第二项是电子之间相互作用能, 第三项是原子核与电子相互作用能, 最后一项是外场下的电子能量。

由于原子核偏离其平衡位置 $\{R^0\}$ 很小, 即 $\{R\} = \{R^0\} + \{\delta R\}$, 多体方程中含有原子核位置的参数按照一阶 Taylor 展开可以得到电子在平衡位置周期性原子核势场下运动、原子偏离平衡位置的微小振动 (晶格振动声子) 与电子原子偏离耦合 (电子声子相互作用) 等三部分:

$$H = H_e(\{r\},\{R^0\}) + H_{e\text{-nuclear}}(\{r\},\{\delta R\}) + H_{nuclear}(\{R_0\}) + O(\{\delta R\}^2) \tag{3.1.3.2}$$

原子核与电子运动的体积差别悬殊, 运动时间尺度差别比较大, 可以认为电子能够瞬间适应原子核的运动, 或者说原子核处在时间平均的绝热电子势场中, 这种假设被称为绝热近似或玻恩-奥本海默 (Born-Oppenheimer) 近似。电子运动呈现为原子势场中的多电子体系方程:

$$H_e\Psi(\{r\},\{R^0\}) = E_n\Psi(\{r\},\{R^0\}) \tag{3.1.3.3a}$$

$$H = \sum_i \frac{p_i^2}{2m_i} + \frac{q^2}{8\pi\varepsilon_0}\left(\sum_{i\neq i'}\frac{1}{|r_i - r_{i'}|} - \sum_{j,i}\frac{Z_j}{|R_j^0 - r_i|}\right) + \sum_i V_e(r_i) \tag{3.1.3.3b}$$

进一步, 原子核对电子的影响可以用一个平均的背景势能加以描述, 称为平均场近似, 同时认为电子不相关, 都在一个相同的由其他电子与原子核相互作用构成的有效平均势场下运动, 这种方法称为单电子近似, 电子是费米子, 这种相互独立电子多体体系的总波函数必须满足交换反对称性, 可以写成斯莱特 (Slater) 行列式的形式:

$$\Psi_n\left(\{r\}\right) = \frac{1}{\sqrt{N}} \begin{vmatrix} \psi_{n1}\left(r_1\right) & \cdots & \psi_{n1}\left(r_N\right) \\ \vdots & \ddots & \vdots \\ \psi_{nN}\left(r_1\right) & \cdots & \psi_{nN}\left(r_N\right) \end{vmatrix} \qquad (3.1.3.4)$$

相应的单电子 Hamiltonian 可以表示成

$$H\left(r\right)\psi_n\left(r\right) = \left[-\frac{p^2}{2m^*} + \tilde{V}\left(r\right)\right]\psi_n\left(r\right) = \varepsilon_n\psi_n\left(r\right) \qquad (3.1.3.5)$$

有了方程 (3.1.3.4) 与 (3.1.3.5)，通过假设一些合适的势能函数与单电子波函数展开形式，能够计算出单电子波函数与能级，这称为基于赝势的第一性原理计算。同时多个原子组成的原胞内又满足在旋转或者旋转加分数晶胞常数平移不变的对称性操作，这些操作组成了数学意义上的群，晶体学上统称空间群。显而易见，电子 Hamiltonian 在空间群对称操作下也应该保持不变，这使得空间群算符与电子 Hamiltonian 对易，根据量子力学的基本结论，与电子 Hamiltonian 对易的算符共享量子数与波函数，因此可以用空间群的相关结构来刻画具有同一对称性的单电子能级与波函数的性质。下面几节将依据晶体对称性的基本结论进行概述。

3.1.4 晶格振动

(3.1.3.2) 右边第三项来源于原子核之间静电相互作用与时间平均绝热电子势场等两种机制，这部分能量也可以以平衡位置为出发点展开关于偏移量 $\{\delta R\}$ 的级数：

$$E_{\text{nuclear}}\left(\{R\}\right) = E_{\text{nuclear}}\left(\{R^0\}\right) + \sum_i \frac{\partial E_{\text{nuclear}}}{\partial R_i}\delta R_i + \frac{1}{2}\sum_{i,j}\frac{\partial^2 E_{\text{nuclear}}}{\partial R_i \partial R_j}\delta R_i \delta R_j + \cdots$$

$$(3.1.4.1)$$

其中，二阶导数项称为相互作用矩阵，又称力学常数。从数学上理解，平衡位置是 $E_{\text{nuclear}}\left(\{R\}\right)$ 的一个极值点，一阶项为 0，取二阶项截断上述级数，作用在某个原子核上的力为

$$F_i = -\frac{\partial E_{\text{nuclear}}}{\partial R_i} = -\sum_j \frac{\partial^2 E_{\text{nuclear}}}{\partial R_i \partial R_j}\delta R_j = M_k\frac{\mathrm{d}^2\delta R_i}{\mathrm{d}t^2} \qquad (3.1.4.2)$$

根据群论结论，满足平移对称性的晶体，原子位移可以写成平移指数函数与局部位移的乘积：

$$\delta R_i = u_i \mathrm{e}^{\mathrm{i}(k\cdot r_i - \omega t)} \qquad (3.1.4.3)$$

将 (3.1.4.3) 代入 (3.1.4.2) 就得到

$$M_i\omega^2 u_i = \sum_j \frac{\partial^2 E_{\text{nuclear}}}{\partial R_i \partial R_j} e^{ik\cdot(r_j-r_i)} u_j \tag{3.1.4.4}$$

通过求解上述本征值方程可以得到频率与波矢之间的关系 (声子色散), 这样原子核的运动就可以用谐振子集合描述, 称为简谐近似 [9-11]。

电子晶格相互作用 $H_{\text{e-nuclear}}(\{r\},\{\delta R\})$ 也可以展开以平衡位置为零点关于偏移量 $\{\delta R\}$ 的级数:

$$H_{\text{e-nuclear}}(\{r\},\{\delta R\}) = \sum_i \frac{\partial H_e}{\partial R_i}\delta R_i + O(\{\delta R\}^2) \tag{3.1.4.5}$$

电子晶格相互作用直接的结果是引起电子能级的移动。

3.2　晶体对称性

3.2.1　概述

实际中很多光伏材料具有很好的对称性, 如 Si、III-V 族、II-VI、I-III-VI$_2$ 族等晶体材料构成的太阳电池, 材料本身具有很好的长程有序, 表现在材料内部即具有平移不变性 (称为平移对称), 这种满足平移对称的最小原子集合称为晶格点 (平移对称要求格点周围环境完全相同, 需要注意的是格点可能是单个原子或离子, 也可能是多个原子或离子甚至分子的组合)。假设三个方向的晶格点平移矢量分别是 a, b 与 c, 某个晶格矢 R_m 可以写成

$$R_m = m_1 a + m_2 b + m_3 c \tag{3.2.1.1}$$

结合 (3.2.1.1) 可以定义不同晶格的类型 (称为晶系), 参考点是 a, b 与 c 的长度与夹角, 如三者长度相等且夹角都是 90°, 则生成立方晶系, 前两者长度相等、夹角 120° 且与第三者垂直就生成六方晶系等, 共有 7 大晶系。另外, 晶格点内部同一种类或不同种类原子的排列, 使得包含原子的晶胞在同一晶系内衍生出多种类型, 如立方晶系在基本型 (符号标志 P, Γ_c) 衍生出了面心型 (符号标志 F, Γ_c^f) 与体心型 (符号标志 I, Γ_c^v) 两种, 总共有 14 种布拉维 (Bravais) 格子。有趣的是立方晶体在 [111] 晶向上体现的是 ABC 三层重复嵌套的六方结构。

不同的晶格矢量可以定义不同体积的晶胞, 最简单的可以定义一个三坐标轴 x, y 和 z(三者不一定相互垂直, 立方晶体中相互垂直) 及其关联单位长度。只含有一个晶格点的晶胞称为原胞 (primitive lattice cell), 原胞内通常含有不止一

个原子 (尤其是对于化合物半导体材料)。为了让原胞反映出同晶系不同型的特点，需要定义一套有别于 (3.2.1.1) 中的 a, b 与 c 的且需要满足只含有一个格点的三个基矢，立方晶系中，除了简单立方与晶格平移单位矢量重合外，面心立方与体心立方都有所区别 [12]，如简单立方：

$$a = ax, \quad b = ay, \quad c = az \tag{3.2.1.2a}$$

面心立方

$$a' = \frac{a}{2}(y + z), \quad b' = \frac{a}{2}(x + z), \quad c' = \frac{a}{2}(x + y) \tag{3.2.1.2b}$$

体心立方

$$a' = \frac{a}{2}(y + z - x), \quad b' = \frac{a}{2}(x - y + z), \quad c' = \frac{a}{2}(x + y - z) \tag{3.2.1.2c}$$

而对于六方晶系，基矢为

$$a = \frac{a}{2}\left(y + \sqrt{3}x\right), \quad b' = \frac{a}{2}\left(y - \sqrt{3}x\right), \quad c' = cz \tag{3.2.1.2d}$$

大多时候，原胞并不能反映晶体的非平移对称性 (维格纳-塞茨 (Wigner-Seitz) 原胞)，因此引入单胞 (unit cell) 的概念 [13]，如我们在固体物理学书目或晶体学书目中常见的简单立方、体心立方和面心立方，后面各节中也都是基于单胞展开。晶体结构的描述通常是晶系加上基矢，如体心立方是 (0), $\frac{a}{2}(x + y + z)$，面心立方是 (0), $\frac{a}{2}(x + y)$, $\frac{a}{2}(y + z)$, $\frac{a}{2}(x + z)$，金刚石结构是两个沿对角线平移 $a/4$ 的面心立方交叉而成 (0), $\frac{a}{4}(x + y + z)$，六方密集结构是 ax, $\frac{a}{2}\left(x + \sqrt{3}y\right)$, cz。

除了满足周期排列所体现的平移对称外，以某个点为原点，某个晶格矢量为轴的旋转或某个镜面晶格点成像或者两者的综合作用也能使得晶体本身保持不变。可以想象的是，这种平移对称对晶胞自身的旋转与镜面成像属性施加了限制，例如，沿某一晶格矢量旋转一定角度后，点必须与另外一个点重合的要求使得旋转次数仅能为 1、2、3、4、6，结合晶系产生了 32 晶体点群。点群里仅含有旋转操作的称为第一类晶体点群，含有镜面成像操作的称为第二类晶体点群。

上述晶体点群是把晶胞当作坐标点获得的点对称操作，有些材料晶胞内原子排列比较简单，晶体点群的旋转或镜面成像后就完全重合。但有些材料晶胞内原子分布比较复杂，仅靠晶体点群的操作不能使得内部原子重合。必须在旋转或镜面成像后再平移晶胞尺寸的几分之一才能重合，这种考虑晶胞内部原子重合的对称加晶体平移的操作集合称为空间群。

对于晶体对称性所对应的空间群而言，存在两种定义：原子旋转坐标轴保持不变，或坐标轴旋转原子保持位置不动。本书定义对称操作是后者，即

$$x_i' = \sum_j \mathcal{R}_{ji}(g_s) x_j = (g_s^{-1} x)_i \tag{3.2.1.3}$$

【练习】

证明具有平移对称的晶体中允许存在的对称轴的旋转次数 n 仅限于 1、2、3、4、6。

3.2.2 旋转

关于旋转对三维空间中点的作用，有两种表达约定：① 坐标轴不动、点逆时针旋转；② 点不动、坐标轴反方向旋转。两约定最终的作用相同，都呈现为点相对坐标系的旋转。我们采取约定②。旋转符号标记为 $C_n\,[nkl]$，其中 n 表示转动角度是 2π 的分数 (称为阶数)，$[nkl]$ 表示晶向。

现在观察几何构成如图 3.2.1 所示的旋转[14]，旋转轴 $\boldsymbol{n}$(单位矢量)、旋转轴 $\boldsymbol{n}$ 与矢量 $\boldsymbol{r}$ 叉乘 $\boldsymbol{n} \times \boldsymbol{r}$ 以及 $\boldsymbol{n} \times \boldsymbol{r} \times \boldsymbol{n}$ 组成局部坐标系，旋转轴位于 $\boldsymbol{n}\text{-}O\text{-}(\boldsymbol{n} \times \boldsymbol{r} \times \boldsymbol{n})$ 平面，相应轴分量分别为：$\boldsymbol{n} \cdot \boldsymbol{r}$ 与 $\dfrac{\boldsymbol{n} \times \boldsymbol{r} \times \boldsymbol{n}}{\|\boldsymbol{n} \times \boldsymbol{r} \times \boldsymbol{n}\|} \cdot \boldsymbol{r}$，旋转 θ 角度后成为 $\boldsymbol{r}'$，原先轴 $\boldsymbol{n} \times \boldsymbol{r} \times \boldsymbol{n}$ 上的分量变成了 $\boldsymbol{r}'$ 在 $(\boldsymbol{n} \times \boldsymbol{r})\text{-}O\text{-}(\boldsymbol{n} \times \boldsymbol{r} \times \boldsymbol{n})$ 平面上的投影，与轴 $\boldsymbol{n} \times \boldsymbol{r} \times \boldsymbol{n}$ 的夹角为 θ，而旋转轴 $\boldsymbol{n}$ 上的分量保持不变，得到新矢量与原矢量之间的关系满足：

$$\boldsymbol{r}' = (\boldsymbol{n} \cdot \boldsymbol{r})\boldsymbol{n} + \frac{\boldsymbol{n} \times \boldsymbol{r} \times \boldsymbol{n}}{\|\boldsymbol{n} \times \boldsymbol{r} \times \boldsymbol{n}\|} \cdot \boldsymbol{r} \cos\theta \frac{\boldsymbol{n} \times \boldsymbol{r} \times \boldsymbol{n}}{\|\boldsymbol{n} \times \boldsymbol{r} \times \boldsymbol{n}\|} + \frac{\boldsymbol{n} \times \boldsymbol{r} \times \boldsymbol{n}}{\|\boldsymbol{n} \times \boldsymbol{r} \times \boldsymbol{n}\|} \cdot \boldsymbol{r} \sin\theta \frac{\boldsymbol{n} \times \boldsymbol{r}}{\|\boldsymbol{n} \times \boldsymbol{r}\|} \tag{3.2.2.1a}$$

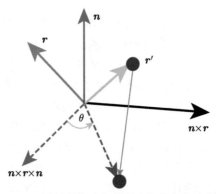

图 3.2.1   旋转轴与坐标矢量之间的局部坐标系

根据一些矢量运算关系 $\|\boldsymbol{n} \times \boldsymbol{r} \times \boldsymbol{n}\| = \|\boldsymbol{n} \times \boldsymbol{r}\|$ 与 $(\boldsymbol{n} \times \boldsymbol{r} \times \boldsymbol{n}) \cdot \boldsymbol{r} = -\|\boldsymbol{n} \times \boldsymbol{r}\|^2$，(3.2.2.1a) 可以简化成

$$\boldsymbol{r}' = (\boldsymbol{n} \cdot \boldsymbol{r})\,\boldsymbol{n} - \boldsymbol{n} \times \boldsymbol{n} \times \boldsymbol{r}\cos\theta - \boldsymbol{n} \times \boldsymbol{r}\sin\theta \tag{3.2.2.1b}$$

另外, 根据旋量关系 $\boldsymbol{a} \times \boldsymbol{b} \times \boldsymbol{c} = \boldsymbol{b}\,(\boldsymbol{c} \cdot \boldsymbol{a}) - \boldsymbol{c}\,(\boldsymbol{a} \cdot \boldsymbol{b})$，可以得到 (3.2.2.1b) 的另外一种形式:

$$\boldsymbol{r}' = \boldsymbol{r}\cos\theta + [1 - \cos\theta]\,(\boldsymbol{n} \cdot \boldsymbol{r})\,\boldsymbol{n} - \boldsymbol{n} \times \boldsymbol{r}\sin\theta \tag{3.2.2.1c}$$

表示成矩阵形式为

$$\begin{pmatrix} x' \\ y' \\ z' \end{pmatrix} = \begin{pmatrix} x \\ y \\ z \end{pmatrix}\cos\theta + \frac{(nx + ky + lz)}{n^2 + k^2 + l^2}\,(1 - \cos\theta)\begin{pmatrix} n \\ k \\ l \end{pmatrix}$$

$$- \frac{1}{\sqrt{n^2 + k^2 + l^2}}\begin{pmatrix} kz - ly \\ lx - nz \\ ny - kx \end{pmatrix}\sin\theta \tag{3.2.2.1d}$$

注意, 采用 (3.2.2.1a)~(3.2.2.1d) 时, 按照约定中旋转角度需要将 θ 换成 $-\theta$。分别将旋转轴选定为 [100]、[010] 与 [001] 直接得到绕 x 轴、y 轴与 z 轴旋转 α、β、γ 角度的作用矩阵如表 3.2.1。

表 3.2.1　主坐标轴旋转矩阵

	$C_x(\alpha)$	$C_y(\beta)$	$C_z(\gamma)$
	$\begin{pmatrix} 1 & 0 & 0 \\ 0 & \cos\alpha & -\sin\alpha \\ 0 & \sin\alpha & \cos\alpha \end{pmatrix}$	$\begin{pmatrix} \cos\beta & 0 & \sin\beta \\ 0 & 1 & 0 \\ -\sin\beta & 0 & \cos\beta \end{pmatrix}$	$\begin{pmatrix} \cos\gamma & -\sin\gamma & 0 \\ \sin\gamma & \cos\gamma & 0 \\ 0 & 0 & 1 \end{pmatrix}$
$\pi/2$	$\begin{pmatrix} 1 & 0 & 0 \\ 0 & 0 & -1 \\ 0 & 1 & 0 \end{pmatrix}$	$\begin{pmatrix} 0 & 0 & 1 \\ 0 & 1 & 0 \\ -1 & 0 & 0 \end{pmatrix}$	$\begin{pmatrix} 0 & -1 & 0 \\ 1 & 0 & 0 \\ 0 & 0 & 1 \end{pmatrix}$
π	$\begin{pmatrix} 1 & 0 & 0 \\ 0 & -1 & 0 \\ 0 & 0 & -1 \end{pmatrix}$	$\begin{pmatrix} -1 & 0 & 0 \\ 0 & 1 & 0 \\ 0 & 0 & -1 \end{pmatrix}$	$\begin{pmatrix} -1 & 0 & 0 \\ 0 & -1 & 0 \\ 0 & 0 & 1 \end{pmatrix}$

可以验证 $C_{2x}C_{2y}C_{2z} = I$，$C_{2x}C_{2y} = C_{2z}$ 等循环关系。绕主坐标轴之间的平分轴 [110]、$[\bar{1}10]$、[101]、$[\bar{1}01]$ 与 [011]、$[01\bar{1}]$ 转动 π 的作用矩阵如表 3.2.2 所示。

表 3.2.2　二分轴 π 旋转矩阵

[110]	[Ī10]	[101]
$\begin{pmatrix} 0 & 1 & 0 \\ 1 & 0 & 0 \\ 0 & 0 & -1 \end{pmatrix}$	$\begin{pmatrix} 0 & -1 & 0 \\ -1 & 0 & 0 \\ 0 & 0 & -1 \end{pmatrix}$	$\begin{pmatrix} 0 & 0 & 1 \\ 0 & -1 & 0 \\ 1 & 0 & 0 \end{pmatrix}$
[Ī01]	[011]	[0Ī1]
$\begin{pmatrix} 0 & 0 & -1 \\ 0 & -1 & 0 \\ -1 & 0 & 0 \end{pmatrix}$	$\begin{pmatrix} -1 & 0 & 0 \\ 0 & 0 & 1 \\ 0 & 1 & 0 \end{pmatrix}$	$\begin{pmatrix} -1 & 0 & 0 \\ 0 & 0 & -1 \\ 0 & -1 & 0 \end{pmatrix}$

绕 $\{111\}$ 系轴旋转 $120°$ $(\cos(-2\pi/3) = -1/2,\ \sin(-2\pi/3) = -\sqrt{3}/2)$ 的操作，容易根据 (3.2.2.1d) 得到坐标作用矩阵，如表 3.2.3 第一、二列。

表 3.2.3　$\{111\}$ 系轴旋转 $2\pi/3$ 矩阵

	[111]	[Ī Ī 1]	[Ī 1 Ī]	[1 Ī Ī]
C_3	$\begin{pmatrix} 0 & 0 & 1 \\ 1 & 0 & 0 \\ 0 & 1 & 0 \end{pmatrix}$	$\begin{pmatrix} 0 & 0 & -1 \\ 1 & 0 & 0 \\ 0 & -1 & 0 \end{pmatrix}$	$\begin{pmatrix} 0 & 0 & 1 \\ -1 & 0 & 0 \\ 0 & -1 & 0 \end{pmatrix}$	$\begin{pmatrix} 0 & 0 & -1 \\ -1 & 0 & 0 \\ 0 & 1 & 0 \end{pmatrix}$
C_3^2	$\begin{pmatrix} 0 & 1 & 0 \\ 0 & 0 & 1 \\ 1 & 0 & 0 \end{pmatrix}$	$\begin{pmatrix} 0 & 1 & 0 \\ 0 & 0 & -1 \\ -1 & 0 & 0 \end{pmatrix}$	$\begin{pmatrix} 0 & -1 & 0 \\ 0 & 0 & -1 \\ 1 & 0 & 0 \end{pmatrix}$	$\begin{pmatrix} 0 & -1 & 0 \\ 0 & 0 & 1 \\ -1 & 0 & 0 \end{pmatrix}$
		$C_{2z}C_{3[111]}C_{2z}^{-1}$	$C_{2y}C_{3[111]}C_{2y}^{-1}$	$C_{2x}C_{3[111]}C_{2x}^{-1}$

根据线性代数的基本结论：左边乘对角矩阵相当于把所有行乘上相应行对角元，右边乘上对角矩阵相当于把所有列乘上相应对角元，同时绕主坐标轴旋转 180° 都是对角矩阵，很容易验证表 3.2.3 中第三行关系成立。更一般地，如果绕 n' 的旋转 $R_{n'}(\theta)$ 能够将旋转轴 n 旋转到轴 n''，那么

$$R_{n''}(\alpha) = R_{n'}(\theta) R_n(\alpha) R_{n'}^{-1}(\theta) \qquad (3.2.2.2)$$

利用表 3.2.2 中的作用矩阵可以观察相互之间的乘积结果，如

$$C_{3[111]}C_{3[\bar{1}\bar{1}1]} = \begin{pmatrix} 0 & 0 & 1 \\ 1 & 0 & 0 \\ 0 & 1 & 0 \end{pmatrix} \begin{pmatrix} 0 & 0 & -1 \\ 1 & 0 & 0 \\ 0 & -1 & 0 \end{pmatrix} = \begin{pmatrix} 0 & -1 & 0 \\ 0 & 0 & -1 \\ 1 & 0 & 0 \end{pmatrix} = C_{3[\bar{1}1\bar{1}]}^2$$

$$(3.2.2.3a)$$

$$C_{3[111]}^2 C_{3[\bar{1}\bar{1}1]} = \begin{pmatrix} 0 & 1 & 0 \\ 0 & 0 & 1 \\ 1 & 0 & 0 \end{pmatrix} \begin{pmatrix} 0 & 0 & -1 \\ 1 & 0 & 0 \\ 0 & -1 & 0 \end{pmatrix} = \begin{pmatrix} 1 & 0 & 0 \\ 0 & -1 & 0 \\ 0 & 0 & -1 \end{pmatrix} = C_{2[100]}$$

$$(3.2.2.3b)$$

$$C_{3[111]}^2 C_{3[\bar{1}\bar{1}1]}^2 = \begin{pmatrix} 0 & 1 & 0 \\ 0 & 0 & 1 \\ 1 & 0 & 0 \end{pmatrix} \begin{pmatrix} 0 & 1 & 0 \\ 0 & 0 & -1 \\ -1 & 0 & 0 \end{pmatrix} = \begin{pmatrix} 0 & 0 & -1 \\ -1 & 0 & 0 \\ 0 & 1 & 0 \end{pmatrix} = C_{3[1\bar{1}\bar{1}]}$$

$$(3.2.2.3c)$$

3.2.3 镜面

假设平面法线晶向为 $[nkl]$，且满足平面方程:

$$nx + ky + lz + d = 0 \qquad (3.2.3.1)$$

式中，d 是平面与原点的距离，依据镜面对称的几何关系，容易得到镜面对称的矩阵形式为

$$\begin{pmatrix} x' \\ y' \\ z' \end{pmatrix} = \frac{1}{n^2 + k^2 + l^2} \left[\begin{pmatrix} k^2 + l^2 - n^2 & -2nk & -2nl \\ -2nk & n^2 + l^2 - k^2 & -2kl \\ -2nl & -2kl & n^2 + k^2 - l^2 \end{pmatrix} \right.$$

$$\left. \times \begin{pmatrix} x \\ y \\ z \end{pmatrix} + 2d \begin{pmatrix} n \\ k \\ l \end{pmatrix} \right] \qquad (3.2.3.2)$$

镜面用符号 $m[nkl]$ 表示，有时把垂直旋转轴的镜面标志为 h，含有旋转轴的镜面标志为 v，等分两个旋转轴夹角的镜面标志为 d。根据 (3.2.3.2) 得到一些镜面作用矩阵, 如表 3.2.4 与表 3.2.5 所示。

表 3.2.4　常用镜面作用矩阵

$m[001](\sigma_{\mathrm{h}})$	$m[110](\sigma_{\mathrm{d}})$
$\begin{pmatrix} 1 & 0 & 0 \\ 0 & 1 & 0 \\ 0 & 0 & -1 \end{pmatrix}$	$\begin{pmatrix} 0 & -1 & 0 \\ -1 & 0 & 0 \\ 0 & 0 & 1 \end{pmatrix}$

表 3.2.5   主坐标轴等分镜面作用矩阵

$m\,[110]$	$m\,[\bar{1}10]$	$m\,[101]$
$\begin{pmatrix} 0 & -1 & 0 \\ -1 & 0 & 0 \\ 0 & 0 & 1 \end{pmatrix}$	$\begin{pmatrix} 0 & 1 & 0 \\ 1 & 0 & 0 \\ 0 & 0 & 1 \end{pmatrix}$	$\begin{pmatrix} 0 & 0 & -1 \\ 0 & 1 & 0 \\ -1 & 0 & 0 \end{pmatrix}$
$m\,[\bar{1}01]$	$m\,[011]$	$m\,[0\bar{1}1]$
$\begin{pmatrix} 0 & 0 & 1 \\ 0 & 1 & 0 \\ 1 & 0 & 0 \end{pmatrix}$	$\begin{pmatrix} 1 & 0 & 0 \\ 0 & 0 & -1 \\ 0 & -1 & 0 \end{pmatrix}$	$\begin{pmatrix} 1 & 0 & 0 \\ 0 & 0 & 1 \\ 0 & 1 & 0 \end{pmatrix}$

【练习】

根据 (3.2.3.2) 演算表 3.2.5 中的镜面作用矩阵。

3.2.4 旋转加镜面

3.2.2 节与 3.2.3 节中两种基本对称操作的乘积容易产生一些复合对称元素，如

$$m\,[001]\,C_{2[001]} = \begin{pmatrix} 1 & 0 & 0 \\ 0 & 1 & 0 \\ 0 & 0 & -1 \end{pmatrix}\begin{pmatrix} -1 & 0 & 0 \\ 0 & -1 & 0 \\ 0 & 0 & 1 \end{pmatrix} = \begin{pmatrix} -1 & 0 & 0 \\ 0 & -1 & 0 \\ 0 & 0 & -1 \end{pmatrix} = i$$

$$(3.2.4.1)$$

式中，i 有个专门的称号，即反演，几何意义是作用在任何点上使其成为与原点连线的反方向等距点，反演作用矩阵是矩阵，与所有对称操作满足交换关系。通常把旋转与与之垂直的镜面 (也可以是旋转与反演的乘积) 的乘积用符号 S 表示，如

$$iC_{3[111]} = \begin{pmatrix} -1 & 0 & 0 \\ 0 & -1 & 0 \\ 0 & 0 & -1 \end{pmatrix}\begin{pmatrix} 0 & 0 & 1 \\ 1 & 0 & 0 \\ 0 & 1 & 0 \end{pmatrix} = \begin{pmatrix} 0 & -1 & 0 \\ 0 & 0 & -1 \\ -1 & 0 & 0 \end{pmatrix} = S_{3[111]}$$

$$(3.2.4.2)$$

由于反演的存在，$S_{3[111]}$ 需要 6 次连续操作才能成为恒等元，相当于元素个数增加了一倍。同时，绕主坐标轴之间的平分轴转动 π 的作用矩阵与主坐标轴等分镜面作用矩阵差一个镜面变换或者反演。

$$C_{2[\bar{1}10]}\,m\,[001] = \begin{pmatrix} 0 & -1 & 0 \\ -1 & 0 & 0 \\ 0 & 0 & -1 \end{pmatrix}\begin{pmatrix} 1 & 0 & 0 \\ 0 & 1 & 0 \\ 0 & 0 & -1 \end{pmatrix}$$

$$= \begin{pmatrix} 0 & -1 & 0 \\ -1 & 0 & 0 \\ 0 & 0 & 1 \end{pmatrix} = m\,[110] \tag{3.2.4.3a}$$

$$C_{2[110]}m\,[001] = \begin{pmatrix} 0 & 1 & 0 \\ 1 & 0 & 0 \\ 0 & 0 & -1 \end{pmatrix}\begin{pmatrix} -1 & 0 & 0 \\ 0 & -1 & 0 \\ 0 & 0 & -1 \end{pmatrix}$$

$$= \begin{pmatrix} 0 & -1 & 0 \\ -1 & 0 & 0 \\ 0 & 0 & 1 \end{pmatrix} = m\,[110] \tag{3.2.4.3b}$$

利用矩阵表示，容易验证如下几个关系：

(1) 与高阶轴相互垂直的二阶轴，高阶轴相同角度的旋转与逆旋转相互共轭：

$$C_n^{-k} = C_{2'}C_n^k C_{2'} \tag{3.2.4.4a}$$

(2) 与高阶轴相互垂直的镜面，高阶轴的旋转与镜面满足交换关系：

$$C_n^k \sigma_{\mathrm{h}} = \sigma_{\mathrm{h}} C_n^k \tag{3.2.4.4b}$$

(3) 含有旋转轴的镜面，该轴相同角度的旋转与逆旋转相互共轭：

$$C_n^{-k} = \sigma_\nu C_n^k \sigma_\nu \tag{3.2.4.4c}$$

有时把纯旋转称为正则旋转，含有镜面或反演的复合旋转称为非正则旋转。

【练习】

结合 (3.2.1.1d) 与 (3.2.3.2) 验证 (3.2.4.4a)~(3.2.4.4c)。

3.3 对称性群的基本框架

3.3.1 群的基本概念

有了上面一些感性认识，可以认识群体系。群有很多附属概念 [15]，大致总结如下。

(1) 群的生成。群元素可以写成若干基本操作的乘积 (3.3.1.1a) 或若干参数的连续可微函数的形式 (3.3.1.1b)：

$$g = a^p b^q \cdots \tag{3.3.1.1a}$$

$$x' = g\,(\{\alpha\})\,x \tag{3.3.1.1b}$$

满足 (3.3.1.1a) 的群称为离散群，只有一个生成元的离散群称为循环群 (满足 $C^n = e$)。典型的离散群的生成元为晶体材料中绕特定晶向旋转某个角度或者以镜面成像。满足 (3.3.1.1b) 的群称为连续群或李群，例如，球对称中的旋转角度可以从 0 连续增加到 2π。

(2) 元素之间的相互关系。可以观察是否满足共轭：

$$g' = g_1 g g_1^{-1} \cdots \tag{3.3.1.2}$$

相互共轭的元素组成一个集合称为共轭类，显而易见，单位元自成一个只包含自己的共轭类。

(3) 群元素的分类。可以采用共轭类或者子群 (群中部分元素集合也是一个群 F) 加陪集 (子群与操作 g 的左乘积 gF 或右乘积 Fg，g 称为陪集的一个代表元素) 的方法，此方法可以证明共轭类相互之间没有重叠元素，这个结论也适用于陪集之间 (不同陪集的代表元素不重叠)。

(4) 群的继承。可以采用不变子群 (子群的所有元素的共轭元也在子群内 $\mathcal{F} = g\mathcal{F}g^{-1}, \forall g \in \mathcal{G}$，即多个共轭类组成子群) 加商群 (不变子群的所有陪集代表元 $e\mathcal{F}, g_1\mathcal{F}, g_2\mathcal{F}, \cdots$ 组成的集合 $\{e, g_1, g_2, \cdots\}$) 的方法，有时不变子群内还有更小的不变子群，这种不变子群嵌套组成了群链。

(5) 群之间的比较。满足同态 (一个群与另外一个群成员之间存在多对一一映射关系) 或同构 (两个群成员之间存在一一映射关系)，具有同构关系的群可以认为在数学上完全一样。

(6) 群的扩展。采用直积的方式 (成员相互对易的两个群分别相乘 $\mathcal{G} = \mathcal{F} \times \mathcal{H}$，$g = fh = hf$)。

【练习】

1. 证明群的两个共轭类、陪集不重叠；
2. 证明子群与共轭类的阶数都是群阶数的因数。

3.3.2 群的线性表示

对于群论在光伏材料中的应用，我们最关心的是如何把电子态波函数及能级与群元素对应起来，这需要群的线性表示 [16]。如果有一系列相互正交的线性独立的函数集合 $\{\varphi_1, \cdots, \varphi_h\}$：

$$\langle \varphi_i, \varphi_j \rangle = \frac{1}{\Omega} \int \varphi_i^* (r) \varphi_j (r) \, \mathrm{d}r = \delta_{ij} \tag{3.3.2.1}$$

单个群元素作用在集合中某个函数的结果可以表示成集合中若干个函数的线

性组合：

$$g_s \varphi_i(x) = \mathcal{D}(g_s) \varphi_i(x) = \varphi_i(g_s^{-1}x) = \sum_j \mathcal{D}_{ji}(g_s) \varphi_j(x) \tag{3.3.2.2}$$

将 g_s 连续作用在函数集合中，每函数上会得到一个 $h \times h$ 变换矩阵，数学上把满足上述关系的变换矩阵与函数集合 $\{\varphi_1, \cdots, \varphi_h\}$ 统称为一个线性矩阵表示，函数集合称为基函数，容易验证基函数的正交性使得变换矩阵具有厄米 (Hermitian) 对称性：矩阵的复共轭转置等于其逆，矩阵具有列正交性。

通常变换矩阵可以被一个幺正矩阵定义的相似变换约化成若干个对角分块矩阵的形式：

$$S^{-1}\mathcal{D}(g_s)S = \begin{bmatrix} \mathcal{D}_1(g_s) & \cdots & 0 \\ \vdots & \ddots & \vdots \\ 0 & \cdots & \mathcal{D}_{n_\mu}(g_s) \end{bmatrix} \tag{3.3.2.3}$$

这些分块矩阵可能相同或相异，每个相异的部分对应基函数集合中更小的独立子系统，称为不可约表示矩阵，一个不可约表示 ν 所对应的基函数 $\{\varphi_i^\nu\}$ 也满足式中的变换关系：

$$\mathcal{D}^\nu(g_s) \varphi_i^\nu(x) = \varphi_i^\nu(g_s^{-1}x) = \sum_j D_{ji}^\nu(g_s) \varphi_j^\nu(x) C \tag{3.3.2.4}$$

两个元素乘积得到的元素 $c = ab$ 的表示矩阵为这两个元素表示矩阵的乘积：

$$c\varphi_i^\nu(x) = ab\varphi_i^\nu(x) = a\sum_j D_{ji}^\nu(b) \varphi_j^\nu(x) = \sum_j D_{ji}^\nu(b) \sum_k D_{jk}^\nu(c)\varphi_k^\nu(x)$$

$$= \sum_k D_{ki}^\nu(c) \varphi_k^\nu(x) \tag{3.3.2.5a}$$

$$\sum_k D_{ki}^\nu(c) = \sum_k \sum_j D_{jk}^\nu(c) D_{ji}^\nu(b) \tag{3.3.2.5b}$$

如果是一维表示，则直接有

$$\mathcal{D}^\nu(c) = \mathcal{D}^\nu(a) \mathcal{D}^\nu(b) \tag{3.3.2.5c}$$

同时可以定义不可约表示矩阵的特征标为所有对角元素的和：

$$\chi^\nu(g_s) = \sum_i D_{ii}^v(g_s) \tag{3.3.2.6a}$$

类似一维表示

$$\chi^\nu (c) = \chi^\nu (a) \chi^\nu (b) \tag{3.3.2.6b}$$

从表示矩阵的厄米性知道, 相互共轭的元素具有相同的特征标, 从这种意义上讲, 特征标是共轭类的函数。另外, 单位元在任何不可约表示中的特征标等于该表示的维数。如果是循环群的一维表示, 则由其循环特性可以得到

$$\chi^\nu (c^n) = \chi^\nu (c^{n-1}) \chi^\nu (c) - \cdots = [\chi^\nu (c)]^n = \chi^\nu (e) = 1 \tag{3.3.2.6c}$$

$$\chi^\nu (c) = \mathrm{e}^{-\mathrm{i}\frac{2\pi k}{n}} \tag{3.3.2.6d}$$

不可约表示在物理学上具有重要意义: 鉴于对称算符与 Hamiltonian 对易, 一个不可约表示对应着一个简并能级, 即该表示所有的基函数具有相同的能量, 维数对应着相应能级的简并度。

不可约表示矩阵具有能够有效区分不同不可约表示的关键特性: 不同不可约表示矩阵的行与列具有群元素上的正交性, 即

$$\sum_g D_{ij}^\mu (g) D_{kl}^\nu (g^{-1}) = \sum_g D_{ij}^\mu (g) D_{lk}^{\nu*} (g) = \frac{n}{n_u} \delta_{\mu\nu} \delta_{il} \delta_{jk} \tag{3.3.2.7a}$$

结合特征标的定义, 可以得到三个重要结论。

(1) 特征标第一正交定理: 不同不可约表示的特征标具有群上正交性 (c 表示共轭类), 即

$$\sum_c n_c \chi^{i*} (c) \chi^j (c) = n \delta_{ij} \tag{3.3.2.7b}$$

从 (3.3.2.7b) 知道, 总存在一个任何元素特征标为 1 的一维表示, 称为单位表示或恒等表示。

(2) 特征标第二正交定理: 不同共轭类的特征标是正交的, 即

$$\sum_i \chi^{i*} (c) \chi^i (c') = n \delta_{ij} \tag{3.3.2.7c}$$

(3) Burnside 定理: 所有不可约表示的维数平方的和等于群元素的个数, 即

$$\sum_i n_\mu^2 = n \tag{3.3.2.7d}$$

光谱学中约定一些表示的标志符号: 一维用 A(主轴 $\chi (C_n^1) = 1$) 或 B(主轴 $\chi (C_n^1) = -1$), 下标为 1($\chi (\sigma_h) = 1$), 下标为 2($\chi (\sigma_h) = -1$), 二维用 E, 三维为 T 或 F, 四维为 G, 五维为 H, 下标为 g($\chi (i) = 1$), 下标为 u($\chi (i) = -1$)。

3.3.3 立方体的晶体点群

通常把能够使得晶格点阵不变的旋转、镜面及其乘积的对称元素所组成的群称为晶体点群, 现在我们主要观察立方晶体材料的晶体点群 [17,18], 过程如下所述。

(1) 首先从 (3.2.2.3a)~(3.2.2.3c) 可以知道, 四个 $\langle 111 \rangle$ 轴 $\{[111], [\bar{1}\bar{1}1], [\bar{1}1\bar{1}], [1\bar{1}\bar{1}]\}$ 的 $2\pi/3(\{C_{3[111]}, C_{3[\bar{1}\bar{1}1]}, C_{3[\bar{1}1\bar{1}]}, C_{3[1\bar{1}\bar{1}]}\}$ 简写为 $4C_3$) 与 $4\pi/3$ ($\{C^2_{3[111]}, C^2_{3[\bar{1}\bar{1}1]}, C^2_{3[\bar{1}1\bar{1}]}, C^2_{3[1\bar{1}\bar{1}]}\}$ 简写为 $4C^2_3$) 转动加上三个主坐标轴 x, y, z 的 π 转动 ($\{C_{2x}, C_{2y}, C_{2z}\}$ 简写为 $3C_2$) 加恒等元组成一个群, 元素个数为 12 个, 其次从表 3.2.3 第三行可以知道, $4C_3$ 与 $4C^2_3$ 各自组成一个共轭类, 同时, 三个转动加上三个主坐标轴的 π 转动也自己组成一个共轭类, 加上恒等元的自身类, 共轭类数目为 4 个:$\{e\}$, $\{3C_2\}$, $\{4C_3\}$ 和 $\{4C^2_3\}$。由 Burnside 定理知道共有 4 个不可约表示, $1^2+1^2+1^2+3^2 = 12$, 维数分别为 1, 1, 1, 3。从几何意义上说, 这个点群对应正四面体的纯旋转操作群, 称为四面体群 (T)。显而易见, T 群可以表示成单一轴 $2\pi/3$ 与 $4\pi/3$ 转动组成的 C_3 群 $\{e, C_3, C^2_3\}$ 与三个主坐标轴 π 转动组成的 D_2 群 (存在与高阶 n 旋转相互垂直的二阶旋转轴的群用符号 D_n 表示, 这里 $n = 2$)$\{e, C_{2x}, C_{2y}, C_{2z}\}$ 的乘积 ((3.3.3.1)), 由于 D_2 是由共轭类 $\{e\}$ 与 $\{3C_2\}$ 组成, 所以子群 C_3 与子群 D_2 都是 T 群的不变子群, 即互为商群。同时容易验证 D_2 具有不变子群 C_2 群 $\{e, C_{2x}\}$, 商群也是一个 C_2 群 $\{e, C_{2y}\}$((3.3.3.2)), T 群的群链为 $C_2 : D_2 : T$ 或者 $C_3 : T$。

$$T = \{e, C_{3[111]}, C^2_{3[111]}\} \times \{e, C_{2x}, C_{2y}, C_{2z}\} = C_3 \times D_2 \qquad (3.3.3.1)$$

$$D_2 = \{e, C_{2x}\} \times \{e, C_{2y}\} = C_{2x} \times C_{2y} \qquad (3.3.3.2)$$

T 群的记号为 23, 一般规律是高阶数旋转轴标记在前面, 但 T 群的标志是把主坐标的 2 阶旋转放在前, 主要考虑到 T 是立方体全旋转群 (主坐标轴为 4 阶轴) 的子群的缘故。

(2) 在 T 群的基础上加上垂直主坐标轴的任意镜面, 如 $m[001]$, 生成 24 个元素所组成的群称为 T_h 群。如图 3.3.1, $m[001]$ 将恒等元类与 $\{3C_2\}$ 打乱:与 C_{2z} 乘积生成反演, 反演与恒等元一样, 成为单独一个类, 而 $m[001]$ 本身可以写成 iC_{2z}, 与另外两个轴二次旋转与反演的乘积组成一个类, $\{3S_2\}=\{e, iC_{2x}, iC_{2y}, iC_{2z}\}$, 这样 T_h 群含有 8 个类: $\{e\}$, $\{i\}$, $\{3C_2\}$, $\{4C_3\}$, $\{4C^2_3\}$, $\{3S_2\}$, $\{4\sigma_h C_3\}$, 和 $\{4\sigma_h C^2_3\}$, 也就是说 $m[001]$ 对于 T 来说基本保持了原有的类结构。由 Burnside 定理知道共有 8 个不可约表示, $1^2+1^2+1^2+1^2+1^2+1^2+3^2+3^2 = 24$, 维数分别为 1, 1, 1, 1, 1, 1, 3, 3。在与 T 的继承关系上, 由恒等元与反演组成一个不变子群

C_i，有 $T_\mathrm{h}=T\times C_\mathrm{i}$，群链为 $C_2:D_2:T:T_\mathrm{h}$，另外镜面对 T 群共轭类的重组，T_h 中存在不变子群 $D_{2\mathrm{h}}=\{e\}+\{i\}+\{3C_2\}+\{3iC_2\}$，这样群链为 $C_2:D_2:D_{2\mathrm{h}}:T_\mathrm{h}$。 考虑到生成元的特征，$T_\mathrm{h}$ 群的记号为 $\dfrac{2}{m}\bar{3}$，简写为 $m\bar{3}$。

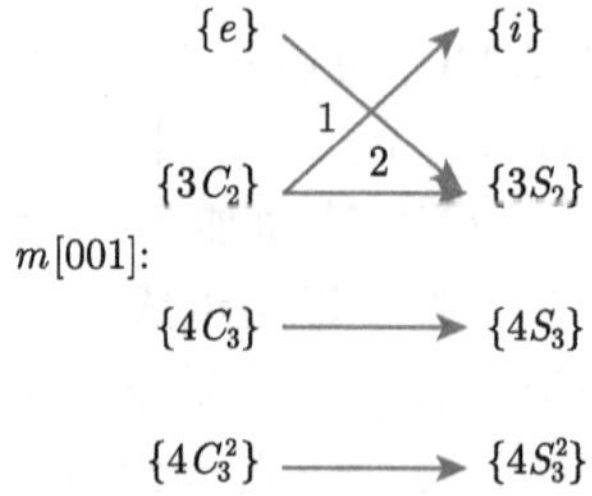

$\{e\}$ $\{i\}$

1

2

$\{3C_2\}$ $\{3S_2\}$

$m[001]:$

$\{4C_3\} \longrightarrow \{4S_3\}$

$\{4C_3^2\} \longrightarrow \{4S_3^2\}$

图 3.3.1 $m[001]$ 对 T 群中类的作用

(3) T 群的基础上加上含有三次轴的镜面，如 $m[110]$、$m[\bar{1}10]$、$m[101]$、$m[\bar{1}01]$、 $m[011]$、$m[0\bar{1}1]$ 等 6 个，这些镜面也位于平分主坐标轴的位置，这样生成的群符号是 T_d。由式 (3.2.2.3c) 知道，三次轴的 $2\pi/3$ 与 $4\pi/3$ 操作存在共轭关系，属于同一个类。通过观察 $m[101]$ 对 T 原有类 $\{3C_2\}$ 和 $\{4C_3,4C_3^2\}$ 的作用 ((3.3.3.2) 结合表 3.2.3)，知道类 $\{3C_2\}$ 两个元素组成反演与主坐标轴 4 阶旋转的乘积 S_4 和 S_4^3，一个保持为镜面，类 $\{4C_3,4C_3^2\}$ 中两个元素组成反演与主坐标轴 4 阶旋转的乘积 S_4 和 S_4^3，两个成为镜面，如图 3.3.2 所示。

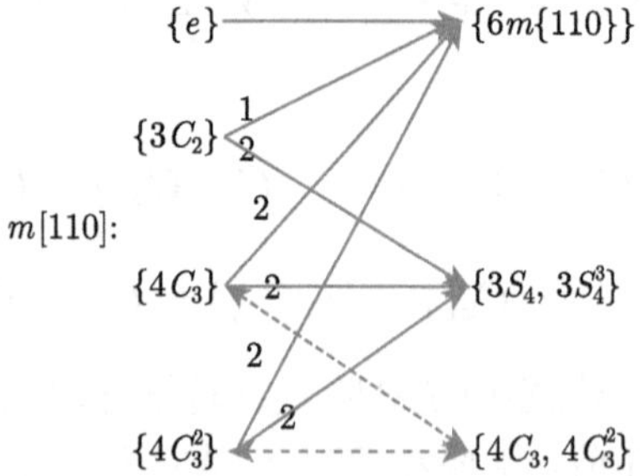

$\{e\} \longrightarrow \{6m\{110\}\}$

$\{3C_2\}$ 1   2

2

$m[110]:$

$\{4C_3\}$ 2 $\{3S_4, 3S_4^3\}$

2

$\{4C_3^2\}$ 2 $\{4C_3, 4C_3^2\}$

图 3.3.2 $m[110]$ 对 T 群中类的作用

$$m[110]C_{2x}=\begin{pmatrix} 0 & -1 & 0 \\ -1 & 0 & 0 \\ 0 & 0 & 1 \end{pmatrix}\begin{pmatrix} 1 & 0 & 0 \\ 0 & -1 & 0 \\ 0 & 0 & -1 \end{pmatrix}$$

$$=\begin{pmatrix} -1 & 0 & 0 \\ 0 & -1 & 0 \\ 0 & 0 & -1 \end{pmatrix}\begin{pmatrix} 0 & -1 & 0 \\ 1 & 0 & 0 \\ 0 & 0 & 1 \end{pmatrix}=iC_{4z}=S_{4z} \qquad (3.3.3.3a)$$

$$m[110]C_{2y} = \begin{pmatrix} 0 & -1 & 0 \\ -1 & 0 & 0 \\ 0 & 0 & 1 \end{pmatrix} \begin{pmatrix} -1 & 0 & 0 \\ 0 & 1 & 0 \\ 0 & 0 & -1 \end{pmatrix}$$

$$= \begin{pmatrix} -1 & 0 & 0 \\ 0 & -1 & 0 \\ 0 & 0 & -1 \end{pmatrix} \begin{pmatrix} 0 & 1 & 0 \\ -1 & 0 & 0 \\ 0 & 0 & 1 \end{pmatrix} = iC_{4z}^3 = S_{4z}^3 \qquad (3.3.3.3b)$$

$$m[110]C_{2z} = \begin{pmatrix} 0 & 1 & 0 \\ 1 & 0 & 0 \\ 0 & 0 & 1 \end{pmatrix} = m[\bar{1}10] \qquad (3.3.3.3c)$$

$$m[110]C_{3[111]} = \begin{pmatrix} 0 & -1 & 0 \\ -1 & 0 & 0 \\ 0 & 0 & 1 \end{pmatrix} \begin{pmatrix} 0 & 0 & 1 \\ 1 & 0 & 0 \\ 0 & 1 & 0 \end{pmatrix}$$

$$= \begin{pmatrix} -1 & 0 & 0 \\ 0 & -1 & 0 \\ 0 & 0 & -1 \end{pmatrix} \begin{pmatrix} 1 & 0 & 0 \\ 0 & 0 & 1 \\ 0 & -1 & 0 \end{pmatrix} = iC_{4x}^3 = S_{4x}^3 \qquad (3.3.3.3d)$$

$$m[110]C_{3[111]}^2 = \begin{pmatrix} 0 & -1 & 0 \\ -1 & 0 & 0 \\ 0 & 0 & 1 \end{pmatrix} \begin{pmatrix} 0 & 1 & 0 \\ 0 & 0 & 1 \\ 1 & 0 & 0 \end{pmatrix}$$

$$= \begin{pmatrix} -1 & 0 & 0 \\ 0 & -1 & 0 \\ 0 & 0 & -1 \end{pmatrix} \begin{pmatrix} 0 & 0 & 1 \\ 0 & 1 & 0 \\ -1 & 0 & 0 \end{pmatrix} = iC_{4y} = S_{4y} \qquad (3.3.3.3e)$$

$$m[110]C_{2z}C_{3[111]}C_{2z} = C_{2z}m[110]C_{3[111]}C_{2z} = C_{2z}S_{4x}^3C_{2z} = S_{4x} \qquad (3.3.3.3f)$$

$$m[110]C_{2z}C_{3[111]}^2C_{2z} = C_{2z}m[110]C_{3[111]}C_{2z} = C_{2z}S_{4y}C_{2z} = S_{4y}^3 \qquad (3.3.3.3g)$$

$$m[110]C_{2y}C_{3[111]}C_{2y} = \begin{pmatrix} 0 & -1 & 0 \\ -1 & 0 & 0 \\ 0 & 0 & 1 \end{pmatrix} \begin{pmatrix} 0 & 0 & 1 \\ -1 & 0 & 0 \\ 0 & -1 & 0 \end{pmatrix}$$

$$= \begin{pmatrix} 1 & 0 & 0 \\ 0 & 0 & -1 \\ 0 & -1 & 0 \end{pmatrix} = m[011] \qquad (3.3.3.3h)$$

$$m[110]C_{2y}C_{3[111]}^2C_{2y} = \begin{pmatrix} 0 & -1 & 0 \\ -1 & 0 & 0 \\ 0 & 0 & 1 \end{pmatrix} \begin{pmatrix} 0 & -1 & 0 \\ 0 & 0 & -1 \\ 1 & 0 & 0 \end{pmatrix}$$

$$= \begin{pmatrix} 0 & 0 & 1 \\ 0 & 1 & 0 \\ 1 & 0 & 0 \end{pmatrix} = m\,[\bar{1}01] \tag{3.3.3.3i}$$

$$m[110]C_{2x}C_{3[111]}C_{2x} = \begin{pmatrix} 0 & -1 & 0 \\ -1 & 0 & 0 \\ 0 & 0 & 1 \end{pmatrix} \begin{pmatrix} 0 & 0 & -1 \\ -1 & 0 & 0 \\ 0 & 1 & 0 \end{pmatrix}$$

$$= \begin{pmatrix} 1 & 0 & 0 \\ 0 & 0 & 1 \\ 0 & 1 & 0 \end{pmatrix} = m\,[0\bar{1}1] \tag{3.3.3.3j}$$

$$m[110]C_{2x}C_{3[111]}^2C_{2x} = \begin{pmatrix} 0 & -1 & 0 \\ -1 & 0 & 0 \\ 0 & 0 & 1 \end{pmatrix} \begin{pmatrix} 0 & -1 & 0 \\ 0 & 0 & 1 \\ -1 & 0 & 0 \end{pmatrix}$$

$$= \begin{pmatrix} 0 & 0 & -1 \\ 0 & 1 & 0 \\ -1 & 0 & 0 \end{pmatrix} = m[101] \tag{3.3.3.3k}$$

因此 $T_{\rm d}$ 群存在 5 个类，$\{e\},\{3C_2\}$, $\{4C_3, 4C_3^2\},\{6m\},\{3S_4, 3S_4^3\}$，共有 5 个不可约表示，$1^2+1^2+2^2+3^2+3^2 =24$，维数分别为 1，1，2，3，3。根据生成元的特征，$T_{\rm d}$ 群的记号为 $\bar{4}3m$。显而易见，T 是 $T_{\rm d}$ 的一个不变子群，群链为 C_2 : $D_2 : T : T_{\rm d}$。

(4) 在 T 群的基础上使得主坐标轴具有四阶旋转对称性，同时在 6 个 [110] 方向各增加一个二阶旋转轴 (表示矩阵见表 3.2.2)，就组成了立方体全旋转群 O，由于 $C_{2[110]}$ 的存在，$C_{4[001]}$ 与 $C_{4[001]}^{-1}$ 共轭，另外，容易验证：

$$C_{2[110]}C_{[111]}C_{2[110]} = C_{3[\bar{1}\bar{1}1]}^2 \tag{3.3.3.4}$$

O 群总共有 5 个类，$\{e\},\{3C_4, 3C_4^3\},\{3C_2\},\{4C_3, 4C_3^2\},\{6C_{2'}\}$，共有 5 个不可约表示，$1^2 + 1^2 + 2^2 + 3^2 + 3^2 = 24$，维数分别为 1，1，2，3，3。从形式上看，$O$ 群与 $T_{\rm d}$ 群同构，因此具有相同的不可约表示。根据生成元的特征，O 群的记号为 432。显而易见，T 是 O 的一个不变子群，群链为 $C_2 : D_2 : T : O$。

(5) 在 O 群的基础上加上垂直主坐标轴的任意镜面, 如 $m[001]$, 生成 48 个元素所组成的群, 称为 O_h 群。根据前面的结论, $m[001]$ 与 C_{2z} 乘积生成反演 i, $m[001]$ 与 $C_{2[\bar{1}10]}$ 乘积生成 $m[110]$, 因此 O_h 群继承了 T_h 群、T_d 群与 O 群的特点, 这样 O_h 群含有 10 个类: $\{e\},\{i\},\{3C_4,3C_4^3\},\{3C_2\},\{3S_2\},\{3S_4,3S_4^3\},\{4C_3,4C_3^2\},\{4S_3,4S_3^3\},\{6C_{2'}\},\{6m\}$。在继承关系上, 根据 O_h 群的共轭类组成, T_h 群、T_d 群与 O 群都是 O_h 群的不变子群, 群链为 $C_2 : D_2 : T : T_h : O_h$ 或 $C_2 : D_2 : D_{2h} : T_h : O_h$, $C_2 : D_2 : T : O : O_h$, $C_2 : D_2 : T : T_d : O_h$, 尤其是最后一个群链:

$$O_h = T_d \times C_i \tag{3.3.3.5}$$

由 Burnside 定理知道 O 群共有 10 个不可约表示, 根据 (3.3.3.2) 可以得到这十个不可约表示的维数与特征标: $1^2+1^2+1^2+1^2+2^2+2^2+3^2+3^2+3^2+3^2 = 48$, 维数分别为 1,1,1,1,2,2,3,3,3,3。考虑到生成元的特征, O_h 群的记号为 $\frac{4}{m}\bar{3}\frac{2}{m}$, 简写为 $m\bar{3}m$。上述基本结论见表 3.3.1。

表 3.3.1　立方结构的晶体点群符号及表示特征

全写	简写	熊夫利	共轭类数目	群链
23	23	T	4	$C_3 \times D_2$
$\frac{2}{m}\bar{3}$	$m\bar{3}$	T_h	8	$T \times C_i$
432	432	O	5	$T \times C_2$
$\bar{4}3m$	$\bar{4}3m$	T_d	5	$T \times \sigma_d$
$\frac{4}{m}\bar{3}\frac{2}{m}$	$m\bar{3}m$	O_h	10	$T_d \times C_i$

3.3.4　旋转的单值表示

下面观察三维旋转的无穷小渐近性质[19,20], 当转动角度趋于无穷小时, (3.2.2.1c) 可以展开为

$$\begin{pmatrix} x' \\ y' \\ z' \end{pmatrix} \approx \begin{pmatrix} x \\ y \\ z \end{pmatrix} - \begin{pmatrix} n_y z - n_z y \\ n_z x - n_x z \\ n_x y - n_y x \end{pmatrix} \delta\theta$$

$$= \left\{ 1 - \delta\theta \left[n_x \begin{pmatrix} 0 & 0 & 0 \\ 0 & 0 & -1 \\ 0 & 1 & 0 \end{pmatrix} + n_y \begin{pmatrix} 0 & 0 & 1 \\ 0 & 0 & 0 \\ 0 & -1 & 0 \end{pmatrix} \right.\right.$$

$$
+ n_z \begin{pmatrix} 0 & -1 & 0 \\ 1 & 0 & 0 \\ 0 & 0 & 0 \end{pmatrix} \Bigg] \Bigg\} \begin{pmatrix} x \\ y \\ z \end{pmatrix}
$$

$$
= \Bigg\{ 1 - \mathrm{i}\delta\theta \Bigg[n_x \begin{pmatrix} 0 & 0 & 0 \\ 0 & 0 & \mathrm{i} \\ 0 & -\mathrm{i} & 0 \end{pmatrix} + n_y \begin{pmatrix} 0 & 0 & -\mathrm{i} \\ 0 & 0 & 0 \\ \mathrm{i} & 0 & 0 \end{pmatrix}
$$

$$
+ n_z \begin{pmatrix} 0 & \mathrm{i} & 0 \\ -\mathrm{i} & 0 & 0 \\ 0 & 0 & 0 \end{pmatrix} \Bigg] \Bigg\} \begin{pmatrix} x \\ y \\ z \end{pmatrix}
$$

$$
= \{ 1 - \mathrm{i} \boldsymbol{n} \cdot \boldsymbol{L} \delta\theta \} \begin{pmatrix} x \\ y \\ z \end{pmatrix} \tag{3.3.4.1a}
$$

式中，三个含有虚数 i 的矩阵标组成一个三维矩阵矢量 (L_x, L_y, L_z)，称为无穷小生成元。一个有限角度的旋转可以看成无穷多个无穷小旋转的叠加，结合指数函数性质有

$$
R_{\boldsymbol{n}}(\theta)\,\boldsymbol{r} = \lim_{N \to \infty} \left(1 - \mathrm{i}\boldsymbol{n} \cdot \boldsymbol{L}\frac{\theta}{N} \right)^N \boldsymbol{r} = \mathrm{e}^{-\mathrm{i}\boldsymbol{n}\cdot\boldsymbol{L}\theta}\boldsymbol{r} \tag{3.3.4.1b}
$$

任意坐标函数在三维旋转作用下也有类似性质，当转动角度趋于无穷小时展开泰勒 (Taylor) 级数：

$$
\lim_{\theta \to 0} R_{\boldsymbol{n}}(\theta) F(\boldsymbol{r}) = \lim_{\theta \to 0} F\left[R_{\boldsymbol{n}}^{-1}(\theta)\boldsymbol{r} \right] = (1 - \delta\theta\boldsymbol{n} \times \boldsymbol{r} \cdot \nabla_r) F(\boldsymbol{r})
$$

$$
= \left(1 - \delta\theta\frac{\mathrm{i}}{\hbar}\boldsymbol{n} \cdot \boldsymbol{r} \times \frac{\hbar}{\mathrm{i}}\nabla_r \right) F(\boldsymbol{r})
$$

$$
= \left(1 - \delta\theta\frac{\mathrm{i}}{\hbar}\boldsymbol{n} \cdot \boldsymbol{r} \times \boldsymbol{p} \right) F(\boldsymbol{r})
$$

$$
= \left(1 - \delta\theta\frac{\mathrm{i}}{\hbar}\boldsymbol{n} \cdot \boldsymbol{L} \right) F(\boldsymbol{r}) \tag{3.3.4.2a}
$$

有限角度时也同样成为指数形式：

$$
R_{\boldsymbol{n}}(\theta) F(\boldsymbol{r}) = \lim_{N \to \infty} \left(1 - \frac{\mathrm{i}}{\hbar}\boldsymbol{n} \cdot \boldsymbol{L}\frac{\theta}{N} \right)^N F(\boldsymbol{r}) = \mathrm{e}^{-\frac{\mathrm{i}}{\hbar}\boldsymbol{n}\cdot\boldsymbol{L}\theta} F(\boldsymbol{r}) \tag{3.3.4.2b}
$$

L 被称为无穷小算符，显而易见，这是角动量算符，形式如下：

$$\hat{L}_x = \frac{\hbar}{i}(y\partial z - z\partial y) = y\hat{p}_z - z\hat{p}_y \tag{3.3.4.3a}$$

$$\hat{L}_y = \frac{\hbar}{i}(z\partial x - x\partial z) = z\hat{p}_x - x\hat{p}_z \tag{3.3.4.3b}$$

$$\hat{L}_z = \frac{\hbar}{i}(x\partial y - y\partial x) = x\hat{p}_y - y\hat{p}_x \tag{3.3.4.3c}$$

根据 3.1.1 节中的内容，其本征函数是球谐函数，对于绕 z 轴的旋转直接有

$$e^{-i\phi\hat{L}_z}Y_l^m(\theta,\varphi) = \sum_{i=0}^{\infty}\frac{(-i\phi\hat{L}_z)^n}{n!}Y_l^m(\theta,\varphi)$$

$$= \sum_{i=0}^{\infty}\frac{(-i\phi m)^n}{n!}Y_l^m(\theta,\varphi) = e^{-i\phi m}Y_l^m(\theta,\varphi) \tag{3.3.4.4}$$

结合球谐函数的特性进一步可以得到反演作用对球谐函数的影响：

$$iR(\phi\boldsymbol{n})Y_l^m(\theta,\varphi) = R(\phi\boldsymbol{n})iY_l^m(\theta,\varphi) = R(\phi\boldsymbol{n})Y_l^m(\pi-\theta,\pi+\varphi)$$

$$= (-1)^l R(\phi\boldsymbol{n})Y_l^m(\theta,\varphi) \tag{3.3.4.5}$$

根据 (3.3.4.3) 很容易得到 $2l+1$ 维空间中旋转矩阵的特征标为

$$\chi^l(\alpha) = \sum_{-l}^{l}e^{-im\alpha} = \frac{e^{i(l+\frac{1}{2})\alpha}-e^{-i(l+\frac{1}{2})\alpha}}{e^{i\frac{1}{2}\alpha}-e^{-i\frac{1}{2}\alpha}} = \frac{\sin\left(l+\frac{1}{2}\right)\alpha}{\sin\frac{1}{2}\alpha} \tag{3.3.4.6}$$

空间反演对特征标的影响：

$$\chi^l[iR(\phi\boldsymbol{n})] = (-1)^l\chi^l[\phi] \tag{3.3.4.7}$$

容易验证无穷小生成元与无穷小算符都满足一定的对易关系：$[L_i,L_j]=i\epsilon_{ijk}L_k$，其中 ϵ_{ijk} 是狄拉克 (Dirac) 反对称符号。(3.3.4.2a) 与 (3.3.4.2b) 代表了连续群 (李群) 的两个基本性质：① 任意元素可以表示成无穷小生成元的无穷级数；② 任意元素对坐标函数的作用可以表示成无穷小算符的无穷级数。

数学上把所有 $n\times n$ 的实正交矩阵在通常矩阵运算下所形成的群称为实正交矩阵 $O(n,R)$ 群，满足 $a^{\mathrm{T}}a=1$，$O(n,R)$ 群的矩阵行列式可以是 1 或 -1，通常把行列式为 1 的那部分矩阵称为特殊正交群 $SO(n)$，表示 n 维空间的纯旋转，是

$O(n, R)$ 群的不变子群，而行列式为 -1 的那部分矩阵表示含有镜像的复合旋转。上述纯旋转群属于 $SO(3)$，旋转群属于 $O(3)$，上述晶体点群 T 与 O 中的元素都是有限角度的旋转，因此两者都是纯旋转群的子群。

【练习】

验证 (3.3.4.7)。

3.3.5 旋转的双值表示

3.3.4 节中三维转动矩阵具有直观几何意义，有三个参数，同样具有三参数的群还有二维幺正矩阵按照通常乘法所形成的群 $SU(2)$[20]。容易验证，如果采用形式如 $\begin{pmatrix} a & b \\ -b^* & a^* \end{pmatrix}$，且满足 $|a|^2 + |b|^2 = 1$ 的二维矩阵，刚好有三个参数，这样的群称为二维幺正群 $SU(2)$。$SU(2)$ 群有三个无穷小生成元：$X_1 = \begin{pmatrix} 0 & i \\ i & 0 \end{pmatrix}$，$X_2 = \begin{pmatrix} 0 & 1 \\ -1 & 0 \end{pmatrix}$，$X_3 = \begin{pmatrix} i & 0 \\ 0 & -i \end{pmatrix}$，分别乘上 $-i$ 后得到泡利 (Pauli) 矩阵。三维转动群与 $SU(2)$ 通过定义所谓的 Pauli 积的形式建立映射关系：

$$(\sigma_x, \sigma_y, \sigma_z) \cdot \begin{pmatrix} x' \\ y' \\ z' \end{pmatrix} = \begin{pmatrix} a & b \\ -b^* & a^* \end{pmatrix} \left[(\sigma_x, \sigma_y, \sigma_z) \cdot \begin{pmatrix} x \\ y \\ z \end{pmatrix} \right] \begin{pmatrix} a^* & -b \\ -b & a \end{pmatrix}$$

$$(3.3.5.1)$$

展开对应坐标分量为

$$\begin{pmatrix} x' \\ y' \\ z' \end{pmatrix} = \begin{pmatrix} \mathrm{Re}\,(a^2) - \mathrm{Re}\,(b^2) & \mathrm{Im}\,(a^2) + \mathrm{Im}\,(b^2) & 2\mathrm{Re}\,(ab) \\ \mathrm{Im}\,(b^2) - \mathrm{Im}\,(a^2) & \mathrm{Re}\,(a^2) + \mathrm{Re}\,(b^2) & 2\mathrm{Im}\,(ab) \\ 2\mathrm{Re}\,(a^*b) & 2\mathrm{Im}\,(ab^*) & |a|^2 - |b|^2 \end{pmatrix} \begin{pmatrix} x \\ y \\ z \end{pmatrix}$$

$$= D\,(a, b) \begin{pmatrix} x \\ y \\ z \end{pmatrix}$$

$$(3.3.5.2)$$

绕 x，y，z 轴分别旋转 α，β，γ 角时，比较式 (3.2.2.1c)，三个旋转下 a 和 b 的对应值分别为：$\left(\cos\dfrac{\alpha}{2}, -\mathrm{i}\sin\dfrac{\alpha}{2} \right)$，$\left(\cos\dfrac{\beta}{2}, -\sin\dfrac{\beta}{2} \right)$，$\left(\mathrm{e}^{-\mathrm{i}\frac{\gamma}{2}}, 0 \right)$。

假设 $SU(2)$ 有两个坐标 (u, v)，我们知道 $(u + v)^{n=0,1,\cdots}$ 展开项含有 $2n$ 个线性独立的函数 $u^k v^{n-k}$，能够代表一个 $2n$ 维的线性表示基函数集合，如 $n =$

$2l$, 则 l 可以拓展到半整数 $l = 0, \frac{1}{2}, 1, \frac{3}{2}, \cdots$, $(u+v)^{2l} = \sum\limits_{k=0}^{2l} C_{2l}^k u^k v^{2l-k} = \sum\limits_{k=0}^{2l} C_{2l}^{l+m} u^{l+m} v^{l-m}$, 其中 $m = -l, \cdots, l$, 基函数是

$$f_l^m (u, v) = \frac{u^{l+m} v^{l-m}}{\sqrt{(l+m)!(l-m)!}} \tag{3.3.5.3}$$

例如, $l = 1/2$ 时, 基函数为 u 和 v; $l = 1$ 时, 基函数分别为 $\dfrac{u^2}{\sqrt{2}}$, uv 与 $\dfrac{v^2}{\sqrt{2}}$。依据基函数能够确定变换矩阵, $SU(2)$ 矩阵作用 (u, v): $u' = au + bv$, $v' = -b^* u + a^* v$, 有

$$\begin{aligned} P_{s^{-1}} f_l^m (u, v) &= \frac{(au+bv)^{l+m} (-b^* u + a^* v)^{l-m}}{\sqrt{(l+m)!(l-m)!}} \\ &= \sum_{\substack{j=0,\cdots,l+m \\ t=0,\cdots,l-m}} \frac{C_{l+m}^j u^{2l-j-t} v^{j+t} C_{l-m}^t a^{l+m-j} b^j (-b^*)^{l-m-t} (a^*)^t}{\sqrt{(l+m)!(l-m)!}} \end{aligned} \tag{3.3.5.4}$$

我们需要转换到 (3.3.2.2) 的形式, 通过观察只需要令 $j + t = l - m'$, 于是有

$$\begin{aligned} &\sum_{\substack{j=0,\cdots,l+m \\ m'=-l,\cdots,l}} \frac{\sqrt{(l+m)!(l-m)!(l+m')!(l-m')!}}{j!(l+m-j)!(j+m'-m)!(l-m'-j)!} \\ &\quad a^{l+m-j} b^j (-b^*)^{j+m'-m} (a^*)^{l-m'-j} f_{m'}^l (u, v) \\ &= \sum_{m'=-l,\cdots,l} D_{m'm}^l (a, b) f_l^{m'} (u, v) \end{aligned} \tag{3.3.5.5}$$

把 $f_l^m (u, v)$ 标记成 $|lm\rangle$。如果是绕 z 轴旋转, $a = \mathrm{e}^{-\mathrm{i}\frac{\gamma}{2}}, b = 0$, 要求 $j = 0, m' = m$, 旋转矩阵具有非常简单的指数形式:

$$D_{m'm}^l \left(\mathrm{e}^{-\mathrm{i}\frac{\gamma}{2}}, 0 \right) = \mathrm{e}^{-\mathrm{i}m\gamma} \delta_{m'm} \tag{3.3.5.6}$$

如果是绕 y 轴旋转, $a = \cos\dfrac{\beta}{2}, b = -\sin\dfrac{\beta}{2}$, 有时也把这种旋转矩阵标记为 $d_{m'm}^l (\beta)$:

$$D_{m'm}^l \left(\cos\frac{\beta}{2}, -\sin\frac{\beta}{2} \right) = d_{m'm}^l (\beta)$$

$$= \sum_{j=0,\cdots,l+m} (-1)^j \frac{\sqrt{(l+m)!(l-m)!\,(l+m')!\,(l-m')!}}{j!\,(l+m-j)!\,(j+m'-m)!\,(l-m'-j)!}$$

$$\times \left(\cos\frac{\beta}{2}\right)^{2l-2j+m-m'} \left(\sin\frac{\beta}{2}\right)^{2j+m'-m} \tag{3.3.5.7}$$

如果是绕 x 轴旋转，$a = \cos\dfrac{\alpha}{2}, b = -\mathrm{i}\sin\dfrac{\alpha}{2}$，旋转矩阵为

$$D^l_{m'm}\left(\cos\frac{\alpha}{2}, -\mathrm{i}\sin\frac{\alpha}{2}\right)$$

$$= \sum_{j=0,\cdots,l+m} \frac{\sqrt{(l+m)!(l-m)!\,(l+m')!\,(l-m')!}}{j!\,(l+m-j)!\,(j+m'-m)!\,(l-m'-j)!}$$

$$\times \left(\cos\frac{\alpha}{2}\right)^{2l-2j+m-m'} \left(-\mathrm{i}\sin\frac{\alpha}{2}\right)^{2j+m'-m} \tag{3.3.5.8}$$

当绕 y 轴旋转 2π 时，$\sin\dfrac{\beta}{2} = 0$ 要求其指数须满足 $2j + m' - m = 0$，另一方面组合项展开要求 $j + m' - m \geqslant 0$，两者同时满足需要 $j = 0$，$m' = m$：

$$D^l_{m'm}(0, 2\pi, 0) = (-1)^{2l}\frac{\sqrt{(l+m)!(l-m)!\,(l+m)!\,(l-m)!}}{(l+m)\,(l-m)!} = (-1)^{2l}\delta_{m'm} \tag{3.3.5.9}$$

显而易见，当 l 是半整数时，$D^l(0, 2\pi, 0)$ 是负单位矩阵，$D^l(0, 4\pi, 0)$ 才是单位矩阵，整数时 $D^l(0, 2\pi, 0)$ 是单位矩阵，也就是说整数 D^l 是旋转群的同构真实表示，半整数 D^l 是旋转群的 2 对 1 同态表示。通常把半整数 $D^l(0, 2\pi, 0)$ 旋转定义成一个新的 "对称操作元素"$\bar{e}$，由于其表示矩阵仅是负单位矩阵，与所有旋转操作对易，这样晶体点群就扩展成双值点群。

根据上述结论能够得到量子力学中专门表示旋转的二维表示矩阵，如电子两个自旋方向：

$$R_{\boldsymbol{n}}(\theta)\begin{pmatrix} u \\ v \end{pmatrix} = \mathrm{e}^{-\mathrm{i}\frac{1}{2}\boldsymbol{n}\cdot\boldsymbol{\sigma}\theta}\begin{pmatrix} u \\ v \end{pmatrix} = \left(I_2\cos\frac{\theta}{2} - \mathrm{i}\frac{1}{2}\boldsymbol{n}\cdot\boldsymbol{\sigma}\sin\frac{\theta}{2}\right)\begin{pmatrix} u \\ v \end{pmatrix}$$

$$= \begin{bmatrix} \cos\dfrac{\theta}{2} - \mathrm{i}n_z\sin\dfrac{\theta}{2} & -(n_y + \mathrm{i}n_x)\sin\dfrac{\theta}{2} \\[2mm] (n_y - \mathrm{i}n_x)\sin\dfrac{\theta}{2} & \cos\dfrac{\theta}{2} + \mathrm{i}n_z\sin\dfrac{\theta}{2} \end{bmatrix}\begin{pmatrix} u \\ v \end{pmatrix} \tag{3.3.5.10}$$

式中, σ 的各个分量是 Pauli 矩阵 $\sigma_x = \begin{pmatrix} 0 & 1 \\ 1 & 0 \end{pmatrix}$, $\sigma_y = \begin{pmatrix} 0 & -i \\ i & 0 \end{pmatrix}$, $\sigma_z = \begin{pmatrix} 1 & 0 \\ 0 & -1 \end{pmatrix}$。

【练习】

写出 $d_{m'm}^1(\beta)$ 的矩阵形式。

3.3.6 Euler 角度

现实中通常采用所谓的欧拉 (Euler) 角三参数方式描述任意一个转动[20,21]: 任意绕空间中某个轴的旋转都可以分解成先绕 z 轴旋转 $\alpha[0,\pi)$, 再绕新 y' 轴旋转 $\beta[-\pi,\pi)$, 最后绕新 z'' 轴旋转 $\gamma[0,\pi)$。采用 Euler 角度表示后, 旋转矩阵元成为

$$D_{m'm}^l(\alpha,\beta,\gamma) = e^{im\alpha}\left[d_{m'm}^l(\beta)\right]e^{im'\gamma} \tag{3.3.6.1}$$

[ ] 括号中间仅有绕 y 轴旋转的参数, 两边是绕 z 轴旋转。

有了基函数与矩阵表达式, 可以直接得到算符的具体表达式, 如绕 x 轴的旋转:

$$P_{R_x^{-1}(\alpha)}|lm\rangle = e^{i\alpha J_x}|lm\rangle = \sum_{m'=-l}^{l} D_{m'm}^l\left(\cos\frac{\alpha}{2}, -i\sin\frac{\alpha}{2}\right)|lm'\rangle \tag{3.3.6.2}$$

当旋转角度无穷小时, $\left(\sin\frac{\alpha}{2}\right)^{2j+m'-m}$ 需要展开成 $\frac{\alpha}{2}$ 的线性形式, 要求 $2j + m' - m = 0,1$, 与前面一样, 0 值导致 $j = 0$, $m' = m$, 而 1 值生成两个值: $j = 0$, $m' = m+1$ 和 $j = 1$, $m' = m-1$, 于是有

$$(I + i\alpha J_x)|lm\rangle = \sum_{m'=-l}^{l}\left[I\delta_{m'm} - i\delta_{m'(m+1)}\sqrt{(l-m)(l+m+1)}\frac{\alpha}{2}\right.$$
$$\left. - i\delta_{m'(m-1)}\sqrt{(l+m)(l-m+1)}\frac{\alpha}{2}\right]|lm'\rangle \tag{3.3.6.3}$$

整理有

$$J_x|lm\rangle = \frac{1}{2}\left[\delta_{m'(m+1)}\sqrt{(l-m)(l+m+1)} + \delta_{m'(m-1)}\sqrt{(l+m)(l-m+1)}\right]|lm'\rangle \tag{3.3.6.4}$$

类似地, 可以得到绕 y 轴与 z 轴旋转的算符矩阵:

$$J_y|lm\rangle = \frac{i}{2}\left[\delta_{m'(m+1)}\sqrt{(l-m)(l+m+1)} + \delta_{m'(m-1)}\sqrt{(l+m)(l-m+1)}\right]|lm'\rangle \tag{3.3.6.5}$$

$$J_z \left| lm \right\rangle = m \left| lm' \right\rangle \tag{3.3.6.6}$$

定义升降算符 $J_\pm = J_x \pm \mathrm{i} J_y$，可以验证：

$$J_\pm \left| lm \right\rangle = \delta_{m'm \mp 1} \sqrt{(l \pm m)(l \mp m + 1)} \left| lm' \right\rangle \tag{3.3.6.7}$$

$$J^2 \left| lm \right\rangle = \left[\frac{1}{2} \left(J_+ J_- + J_- J_+ \right) + J_z^2 \right] \left| lm \right\rangle = l(l+1) \left| lm \right\rangle \tag{3.3.6.8}$$

【练习】

将 T_d 中的旋转元素用 Euler 角度的形式表示出来。

3.3.7　表示直积

(3.1.1.4a) 和 (3.1.1.4b) 定义了两种不同表示的基函数的乘积形式：整数 1 阶与分数 1/2 阶，更广义的可以定义两种甚至更多种不可约表示的直积，以两种表示为例：对于群 g 的两个不可约表示 μ 与 ν 乘积生成的直积表示 $\mu\nu$，不可约表示基函数 $\{\varphi_i^\mu(x)\}$ 与不可约表示基函数 $\{\varphi_j^\nu(x)\}$ 的乘积组成了表示 $\mu\nu$ 的一组基函数 $\{\varphi_i^\mu(x)\varphi_j^\nu(x)\}$，变换矩阵为

$$\mathcal{D}(g)\varphi_i^\mu(x)\varphi_j^\nu(x) = \varphi_i^\mu(g^{-1}x)\varphi_j^\nu(g^{-1}x) = \sum_{k,l} \mathcal{D}_{ki}(g)\varphi_k^\mu(x)\mathcal{D}_{lj}(g)\varphi_j^\nu(x)$$

$$\tag{3.3.7.1}$$

线性表示矩阵的对角元素和为

$$\chi_{\mu\nu}(g) = \sum_{i,j} D_{ii}^\mu(g) D_{jj}^\nu(g) = \chi_\mu(g)\chi_\nu(g) \tag{3.3.7.2}$$

直积表示 $\mu\nu$ 通常可以约化，不可约表示 α 在其中所产生的次数为

$$n_\alpha = \frac{1}{h} \sum_g \chi_\alpha^* \chi_\mu(g)\chi_\nu(g) \tag{3.3.7.3}$$

而对于旋转群的特征标，结合 (3.3.4.6) 定义可以得到 j_1 阶与 j_2 阶表示的乘积的特征标为

$$\chi_{j_1 j_2}(g) = \sum_{|j_1 - j_2|}^{j_1 + j_2} \chi_j(g) \tag{3.3.7.4}$$

这就是 $D_1^j \otimes D_2^j$ 所包含的所有可能的不可约表示，阶数从 $|j_1 - j_2|$ 到 $j_1 + j_2$，并且系数都是 1，通过一系列变换可以进行对角化：

$$\Psi_j^m = \sum_{m_1, m_2} \begin{pmatrix} j_1 & j_2 & \bigg| & j \\ m_1 & m_2 & \bigg| & m \end{pmatrix} \gamma \,\psi_{j_1}^{m_1}\psi_{j_2}^{m_2} \tag{3.3.7.5}$$

式中，$\begin{pmatrix} j_1 & j_2 & j \\ m_1 & m_2 & m \end{pmatrix}_\gamma$ 称为 CG 系数，这个概念可以扩展到更一般的群的不可约表示直积对角化过程，其数值计算在量子力学中有标准的程序，这里不再赘述，仅列出典型的其中一个表示阶数为 1/2(对应自旋) 的值 [20]，如表 3.3.2 所示。

表 3.3.2 $\begin{pmatrix} j_1 & \dfrac{1}{2} & j \\ m - m_2 & m_2 & m \end{pmatrix}$

j	$m_2 = 1/2$	$m_2 = -1/2$
$j_1 + 1/2$	$\sqrt{\dfrac{j_1 + m + \dfrac{1}{2}}{2j_1 + 1}}$	$\sqrt{\dfrac{j_1 - m + \dfrac{1}{2}}{2j_1 + 1}}$
$j_1 - 1/2$	$-\sqrt{\dfrac{j_1 - m + \dfrac{1}{2}}{2j_1 + 1}}$	$\sqrt{\dfrac{j_1 + m + \dfrac{1}{2}}{2j_1 + 1}}$

如果 j_1 为 1，j_2 为 1/2，分别对应轨道角动量量子数与自旋角动量量子数，这种情形称为自旋轨道耦合，分别得到 3/2 阶与 1/2 阶，由表 3.3.2 可以得到新的基函数为

$$\Psi_{3/2}^{3/2} = Y_1^1 \uparrow \tag{3.3.7.6a}$$

$$\Psi_{3/2}^{1/2} = \frac{1}{\sqrt{3}} \left(\sqrt{2} Y_1^0 \uparrow + Y_1^1 \downarrow \right) \tag{3.3.7.6b}$$

$$\Psi_{3/2}^{-1/2} = \frac{1}{\sqrt{3}} \left(\sqrt{2} Y_1^0 \downarrow + Y_1^{-1} \uparrow \right) \tag{3.3.7.6c}$$

$$\Psi_{3/2}^{-3/2} = Y_1^{-1} \downarrow \tag{3.3.7.6d}$$

$$\Psi_{1/2}^{1/2} = \frac{1}{\sqrt{3}} \left(\sqrt{2} Y_1^1 \downarrow - Y_1^0 \uparrow \right) \tag{3.3.7.6e}$$

$$\Psi_{1/2}^{-1/2} = \frac{1}{\sqrt{3}} \left(Y_1^0 \downarrow - \sqrt{2} Y_1^{-1} \uparrow \right) \tag{3.3.7.6f}$$

另外一种表示直积是跃迁矩阵元形式，如

$$H_{ikj}^{'\mu\kappa\nu} = \left\langle \varphi_i^{\mu}(x) \left| H_k^{'\kappa} \right| \varphi_j^{\nu}(x) \right\rangle \tag{3.3.7.7}$$

其中，μ、κ 与 ν 分别对应左矢、扰动项 H' 与右矢的不可约表示；i、k 与 j 是相应表示内的基函数编号，可以验证矩阵元在对称操作 g 的作用下是三个表示的直积：

$$D = D^{\mu*} \times D^{\kappa} \times D^{\nu} \tag{3.3.7.8}$$

对称性能够决定扰动项所产生的独立不为零的矩阵元个数，即恒等表示在其中的个数：

$$N_0 = \frac{1}{h} \sum_g \sum_{ikj} D_{ii}^{\mu*}(g) \, D_{kk}^{\kappa}(g) \, D_{jj}^{\nu}(g) = \frac{1}{h} \sum_g \chi^{\mu*}(g) \, \chi^{\kappa}(g) \, \chi^{\nu}(g) \tag{3.3.7.9}$$

最后一种常见的表示直积是材料张量 [22]，如电导率、弹性模量，由于坐标的不可约表示是 D_1，所以 n 阶材料张量是 n 个 D_1 的乘积：

$$D = D_1 \times \cdots \times D_1 \tag{3.3.7.10}$$

依据上述分析得到独立不为零的张量个数为

$$N_0 = \frac{1}{h} \sum_g \chi^n(g) \tag{3.3.7.11}$$

另外还可以定义群的直积表示，如两个群 $\mathcal{G}_1$ 与 $\mathcal{G}_2$ 乘积生成的直积群 $\mathcal{G}$，$\mathcal{G}_1$ 的不可约表示基函数 $\{\varphi_i^{\mu}(x)\}$ 与 $\mathcal{G}_2$ 的不可约表示基函数 $\{\varphi_j^{\nu}(x)\}$ 的乘积组成了直积群的不可约表示 $\mu\nu$ 的一组基函数 $\{\varphi_i^{\mu}(x)\varphi_j^{\nu}(x)\}$，变换矩阵为

$$\mathcal{D}(g)\varphi_i^{\mu}(x)\varphi_j^{\nu}(x) = \varphi_i^{\mu}(g_1^{-1}x)\varphi_j^{\nu}(g_2^{-1}x) = \sum_{k,l} \mathcal{D}_{ki}(g_1)\varphi_k^{\mu}(x)\mathcal{D}_{lj}(g_2)\varphi_j^{\nu}(x)$$

$$\tag{3.3.7.12}$$

线性表示矩阵的对角元素和为

$$\chi(g) = \sum_{i,j} \mathcal{D}_{ii}(g_1)\mathcal{D}_{jj}(g_2) = \chi_{\mu}(g_1)\chi_{\nu}(g_2) \tag{3.3.7.13}$$

3.3.8 点群的单值表示

知道点群的组成、生成元以及类结构可以获得点群的表示，这有两方面内容：① 所有表示在各个共轭类上的特征标称为特征标表；② 所有表示的可能基函数。这两者所依据的方法如下所述。

1. 特征标表可以遵循的基本原则

(1) 不可约表示的个数以及维数分布满足 Burnside 定理。

(2) 特征标的正交性, 即 3.3.2 节中所阐述的第一、第二正交定理, 特征标在共轭类上对不同表示与在表示上对不同共轭类是正交的, 这也表明, 表示要充分反映出所有共轭类的特征。

(3) 从比较简单的子群的表示诱导出大群的表示, 称为诱导表示。如含有空间反演的群 $G = g \times I$, 如果知道了子群 g 的表示 χ, 则 G 的不可约表示个数是 g 不可约表示的 2 倍, 且特征表满足表 3.3.3 的形式。

表 3.3.3 典型角度旋转群特征标

	g	ig
$g(+)$	χ	χ
$u(-)$	χ	$-\chi$

表中, $g(+)$ 和 $u(-)$ 分别表示不可约表示在空间反演作用下是否变号, 前者多用在光谱学, 后者多用在固体物理中。

(4) 关于不变子群的商群的特征标的上升, 如果一个群含有不变子群 N, 则其所对应的商群 G/N 以及群 G 的不可约表示特征标存在如下关系: 如果不变子群包含在特征标为 1 群的元素集合 $\{g : \chi(g) = 1, g \in G\}$ 内, 那么商群的不可约表示特征标 $\tilde{\chi}(G/N)$ 同时也是群的不可约表示特征标, 即

$$\chi(g) = \tilde{\chi}(G/N) \tag{3.3.8.1}$$

(3.3.8.1) 所定义的特征标称为提升特征标 [23]。

(5) 元素与其逆的关系满足

$$\chi(g) = \chi^*\left(g^{-1}\right) \tag{3.3.8.2}$$

因此如果元素与其逆都在同一个共轭类中, 那么特征标为实数。

(6) $SO(3)$ 群的某个表示的特征标满足 3.3.4 节中所定义的关系, 典型的几个角度的特征标如表 3.3.4 所示, 结合式 (3.3.4.6) 可以判断能级的劈裂情况。

表 3.3.4 典型角度旋转群特征标

$\chi l(\theta)$	$l = 1$	$l = 2$	$l = 3$
0	3	5	7
$2\pi/3$	0	-1	1
$\pi/2$	1	-1	-1
π	-1	1	-1

2. 基函数的生成途径 [24-26]

(1) 球谐函数及其衍生型。$SO(3)$ 群的基函数即球谐函数是点群基函数的天然选项，包括球谐函数的衍生型，如 3.1.1 节中所描述的固体谐函数，这实际反映了 $SO(3)$ 群在有限点群势场中的能级劈裂。通常把 $l=1$ 所对应的固体谐函数 (x,y,z) 称为坐标矢量基函数，矢量基函数具有空间反演变号与时间反演同时变号的性质，矢量基函数有时也称为极向量 (polar vector)。

(2) 角动量算符作为基函数。可以验证 (3.13.3a)∼(3.13.3c) 所定义的角动量算符具有表示三维空间旋转同时又在空间反演操作下保持不变的特性，其与 $SO(3)$ 的三维 ($l=1$) 基函数特性不同之处，可以用来表示三维空间中对空间反演不变的表示的基函数，有时把具有这种性质的基函数称为轴向量 (axial vector)。

通常把旋转作用下变换行为类似球谐函数的算符称为不可约球张量算符 [27]，如 (3.3.8.3):

$$D^l(g)\,\hat{O}^l_m D^{l\dagger}(g) = \sum_{m'=-l}^{m'=l} D^l_{m'm}(g)\,\hat{O}^l_{m'} \qquad (3.3.8.3)$$

(3.3.8.3) 中，$D^l(g)$ 为 $2l+1$ 维不可约旋转矩阵，如角动量 $\left\{ J_- = \dfrac{1}{\sqrt{2}}(J_x - iJ_y), \right.$ $\left. J_0 = J_z, J_+ = -\dfrac{1}{\sqrt{2}}(J_x + iJ_y) \right\}$，动量算符组合 $\left\{ p_- = \dfrac{1}{\sqrt{2}}(p_x - ip_y), p_0 = p_z, \right.$ $\left. p_+ = -\dfrac{1}{\sqrt{2}}(p_x + ip_y) \right\}$ 以及 (3.3.4.4) 中的 $\{Y^1_{-1}, Y^1_0, Y^1_1\}$ 球谐函数，都是三维的不可约球张量算符，可以用来生成某些不可约表示的基函数。要注意的是角动量算符是轴向量基函数，而动量算符与球谐函数是矢量基函数。有时把去除径向部分的 $l=1$ 的谐函数称为球向量基函数 (如表 3.1.1 中第四列等号右边所示)。

(3) 矢量的叉乘积。两个矢量的叉乘积 $\boldsymbol{R} = \boldsymbol{r}_1 \times \boldsymbol{r}_2$ 具有空间反演与时间反演双重不变号的特性，有时也用来生成某种不可约表示的基函数，显而易见，这是轴向量。

(4) 借助低维表示直积生成高维表示的基函数。依据 3.3.7 节中所定义的表示直积来生成特定表示的基函数，如对某些操作下敏感的表示直积能够产生对这些操作不敏感的表示。

(5) 利用群上代数 (投影算符) 从一个已知基函数获得其他基函数。如果已经通过某种方式获得了某个不可约表示的一个基函数，则可以借助群上代数的正交性来获得其他基函数。在 (3.3.2.2) 的两边乘上一个满足 (3.3.2.7a) 形式的因子，得到 (3.3.8.4):

$$\frac{n_\alpha}{g} \sum_g D^\alpha_{kl}(g^{-1})\, g\varphi^\alpha_i(x) = \sum_j \frac{n_\alpha}{g} \sum_g D^\alpha_{kl}(g^{-1})\, D^\alpha_{ji}(g)\varphi^\alpha_j(x)$$

$$= \sum_j \delta_{lj}\delta_{ki}\varphi_j^\alpha(x) = \delta_{ki}\varphi_l^\alpha(x) \tag{3.3.8.4}$$

这样能够定义群上代数算符, 也称投影算符:

$$P_{li}^\alpha = \frac{n_\alpha}{g} \sum_g D_{il}^\alpha\left(g^{-1}\right) g \tag{3.3.8.5}$$

通过轮换指标 l, 就能反复得到该不可约表示的所有基函数.

下面我们以经常遇到的点群 T_{d} 与 O_{h} 来进行点群表示获取过程的阐述.

3.3.9 T_{d} 的单值表示

根据 3.3.1 节中定义的群链, 得到 T_{d} 及不变子群链中的 D_2、C_3 与 T 的表示, 如表 3.3.5~ 表 3.3.8 所示.

(1) D_2: D_2 有不变子群 C_2 与商群 C_2: $D_2 = C_{2x} \times C_{2y}$, 而且有四个一维的表示选择 x 轴作为主轴, 特征标可以通过 C_2 不变子群的特征标提升得到, 这里表现为 $(1, -1) \times (1, -1)$ 的直积形式, 基函数能通过球谐函数的劈裂得到, 容易验证 $l = 1$ 劈裂成 A_2、B_1 与 B_2 三个表示, 通过 A_2、B_1 与 B_2 的自身直积获得 A_1 的恒等表示, 如以 A_2 直积表示的 A_1 为

$$N_{A_1} = \frac{1}{4}\left[1 \times 1 + 1 \times 1 + (-1) \times (-1) + (-1) \times (-1)\right] \tag{3.3.9.1}$$

$l = 2$ 劈裂成 2 个 A_1 与三个 A_2、B_1、B_2 的一维表示, $l = 3$ 劈裂成一个 A_1、两个 A_2、一个 B_1 和两个 B_2 表示, 基函数采用固体谐函数表示.

表 3.3.5　D_2 的表示

	e	C_{2x}	C_{2y}	C_{2z}	p	d	f
A_1	1	1	1	1	x^2, y^2, z^2	$x^2 - y^2, 2z^2 - x^2 - y^2$	xyz
A_2	1	1	-1	-1	x	yz	$x\left(x^2 - 3y^2\right), x\left(5z^2 - r^2\right)$
B_1	1	-1	1	-1	y	xz	$y\left(5z^2 - r^2\right)$
B_2	1	-1	-1	1	z	xy	$z\left(5z^2 - 3r^2\right), z\left(x^2 - y^2\right)$

(2) C_3: 选择 z 轴作为主轴, 这是一个三阶循环群, 容易验证 $l = 1$ 劈裂成 A、B_1 与 B_2 三个一维表示, 基函数只能采用球向量;

$$C_{3z}^1 Y_1^1 = \mathrm{e}^{-\mathrm{i}\frac{2}{3}\pi} Y_1^1 \tag{3.3.9.2}$$

表 3.3.6 C_3 的表示

	e	C_3^1	C_3^2	p	d	f
A	1	1	1	Y_1^0	Y_2^0	Y_3^0
B_1	1	$e^{-i\frac{2}{3}\pi}$	$e^{-i\frac{4}{3}\pi}$	$Y_1^1\,(x+iy)$	Y_2^1	Y_3^1
B_2	1	$e^{-i\frac{4}{3}\pi}$	$e^{-i\frac{2}{3}\pi}$	$Y_1^{-1}\,(x-iy)$	$-Y_2^{-1}$	$-Y_3^{-1}$

(3) T：四个类，有 4 个表示，容易知道维数分别是 1，1，1，3，D_2 是 T 的不变子群，C_3 是商群，因此一维表示的特征标可以通过不变子群与商群表示的乘积获得，三维表示根据表示裂解可以得出是 $SO(3)$ 中 $l=1$ 的不可约表示，基函数为 (x, y, z)，两个一维表示 B_1 与 B_2 的基函数因为要同时满足三个坐标轴 π 转动不变与反映 C_3 循环群的要求，可以从 D_2 中的 A_1 表示基函数中得到

$$\hat{P}_{B_1}x^2 = \frac{1}{12}\left(x^2 + 3x^2 + 4e^{-i\frac{2}{3}\pi}C_{3xyz}x^2 + e^{-i\frac{4}{3}\pi}C_{3xyz}^2x^2\right)$$
$$= \frac{1}{3}\left(x^2 + e^{-i\frac{2}{3}\pi}y^2 + e^{-i\frac{4}{3}\pi}z^2\right) \tag{3.3.9.3a}$$

$$\hat{P}_{B_2}x^2 = \frac{1}{12}\left(x^2 + 3x^2 + 4e^{-i\frac{4}{3}\pi}C_{3xyz}x^2 + e^{-i\frac{2}{3}\pi}C_{3xyz}^2x^2\right)$$
$$= \frac{1}{3}\left(x^2 + e^{-i\frac{4}{3}\pi}y^2 + e^{-i\frac{2}{3}\pi}z^2\right) \tag{3.3.9.3b}$$

同样也可以得到 A_1 的基函数为

$$\hat{P}_{A_1}x^2 = \frac{1}{12}\left(x^2 + 3x^2 + 4C_{3xyz}x^2 + C_{3xyz}^2x^2\right) = \frac{1}{3}\left(x^2 + y^2 + z^2\right) \tag{3.3.9.4}$$

表 3.3.7 T 的表示

	e	$\{3C_{2x}\}$	$\{4C_{3xyz}\}$	$\{4C_{3xyz}^2\}$	p	d	f
A	1	1	1	1	$x^2 + y^2 + z^2$	—	xyz
B_1	1	1	$e^{-i\frac{2}{3}\pi}$	$e^{-i\frac{4}{3}\pi}$	$x^2 + e^{-i\frac{2}{3}\pi}y^2 + e^{-i\frac{4}{3}\pi}z^2$	Y_2^{-2}	—
B_2	1	1	$e^{-i\frac{4}{3}\pi}$	$e^{-i\frac{2}{3}\pi}$	$x^2 + e^{-i\frac{4}{3}\pi}y^2 + e^{-i\frac{2}{3}\pi}z^2$	Y_2^2	—
E	3	-1	0	0	(x, y, z)	(xz, yz, xy)	—

实际上 $x^2 + y^2 + z^2 = r^2$ 是对所有点群操作均不变的径向函数。

(4) T_d：有五个类，因此有 5 个表示，很容易知道维数分别是 1，1，2，3，3，T 是不变子群，C_3 是商群，因此一维表示的特征标可以通过不变子群 T 与商群 σ_d 表示的乘积获得，恒等表示 A_1 直接继承过来，一维表示 A_2 需要反映出镜面

与反演的作用，可以采用 T 群从 $SO(3)$ 中 $l = 3$ 劈裂来的基函数 xyz 或者三个角动量算符乘积 $\hat{L}_x\hat{L}_y\hat{L}_z$。二维表示 E 由于镜面 $m[110]$ 对三次旋转轴逆的合并作用，是 T 群中 B_1 与 B_2 的合并，三维表示中 T_2 继承了一个从 T 群来的表示，基函数是 (x, y, z)，另外一个三维表示 T_1 需要区分镜面类 $\{6m_{\{110\}}\}$ 与反演类 $\{3S_4^1, 3S_4^{-1}\}$，采用角动量算符为基函数。p、d 和 f 轨道在 T_d 群中的分解如表 3.3.9 所示。

表 3.3.8 T_d 的表示

	e	$\{3S_4^1, 3S_4^{-1}\}$	$\{4C_{3xyz}, 4C_{3xyz}^{-1}\}$	$\{3C_{2x}\}$	$\{6m_{\{110\}}\}$	p	d	f
A_1	1	1	1	1	1	$x^2+y^2+z^2$	—	xyz
A_2	1	-1	1	1	-1	—	—	$\hat{L}_x\hat{L}_y\hat{L}_z$
E	2	0	-1	2	0	—	$\begin{array}{c}x^2+e^{-i\frac{2}{3}\pi}y^2+e^{-i\frac{4}{3}\pi}z^2\\ x^2+e^{-i\frac{4}{3}\pi}y^2+e^{-i\frac{2}{3}\pi}z^2\\ \hat{L}_x^2+e^{-i\frac{2}{3}\pi}\hat{L}_y^2+e^{-i\frac{4}{3}\pi}\hat{L}_z^2\\ \hat{L}_x^2+e^{-i\frac{4}{3}\pi}\hat{L}_y^2+e^{-i\frac{2}{3}\pi}\hat{L}_z^2\end{array}$	—
T_1	3	1	0	-1	-1	$\left(\hat{L}_x, \hat{L}_y, \hat{L}_z\right)$	—	—
T_2	3	-1	0	-1	1	(x, y, z)	(xy, yz, zx)	—

表 3.3.9 p、d 和 f 轨道在 T_d 中的分解

	e	$\{3S_4^1, 3S_4^{-1}\}$	$\{4C_{3xyz}, 4C_{3xyz}^{-1}\}$	$\{3C_{2x}\}$	$\{6m_{\{110\}}\}$	
p	3	-1	0	-1	1	T_2
d	5	-1	-1	1	1	$T_1 + E$
f	7	1	1	-1	1	$T_2+T_1+A_1$

表 3.3.7 最左列不可约表示标志对应光谱学上的约定，在固体物理学里采用另外两套标志方法，分别为 Koster，以及 Bouckaert, Smoluchowski 和 Wigner (BSW)[28]，它们之间的对应关系如表 3.3.10 所示。

表 3.3.10 T_d 的固体物理学标志

光谱	A_1	A_2	E	T_1	T_2
Koster	Γ_1	Γ_2	Γ_3	Γ_4	Γ_5
BSW	Γ_1	Γ_2	Γ_{12}	Γ_{15}	Γ_{25}

3.3.10 O_h 的单值表示

由于 O_h 群具有 T_d 与 C_i 两个不变子群，所以可以通过直积直接获得其特征标表，关于反演所产生的附加表示，每个基函数需要乘上 xyz，这里我们用 g 和 u 表示来表示在空间反演下是否变号 (表 3.3.11)。

表 3.3.11　O_h 的表示

	e	$\{3C_4^1, 3C_4^{-1}\}$	$\{4C_3, 4C_3^{-1}\}$	$\{3C_{2x}\}$	$\{6C_{2xy}\}$	$\{i\}$	$\{3S_4^1, 3S_4^{-1}\}$	$\{4S_3, 4S_3^{-1}\}$	$\{3S_{2x}\}$	$\{6m_{\{110\}}\}$	
A_{1g}	1	1	1	1	1	1	1	1	1	1	$x^2+y^2+z^2$
A_{2g}	1	-1	1	1	-1	1	-1	1	1	-1	$\hat{L}_x\hat{L}_y\hat{L}_z$
E_g	2	0	-1	2	0	2	0	-1	2	0	$x^2+\mathrm{e}^{-\mathrm{i}\frac{2}{3}\pi}y^2+\mathrm{e}^{-\mathrm{i}\frac{4}{3}\pi}z^2$ $x^2+\mathrm{e}^{-\mathrm{i}\frac{4}{3}\pi}y^2+\mathrm{e}^{-\mathrm{i}\frac{2}{3}\pi}z^2$ $\hat{L}_x^2+\mathrm{e}^{-\mathrm{i}\frac{2}{3}\pi}\hat{L}_y^2+\mathrm{e}^{-\mathrm{i}\frac{4}{3}\pi}\hat{L}_z^2$ $\hat{L}_x^2+\mathrm{e}^{-\mathrm{i}\frac{4}{3}\pi}\hat{L}_y^2+\mathrm{e}^{-\mathrm{i}\frac{2}{3}\pi}\hat{L}_z^2$
T_{1g}	3	1	0	-1	-1	3	1	0	-1	-1	$(\hat{L}_x, \hat{L}_y, \hat{L}_z)$
T_{2g}	3	-1	0	-1	1	3	-1	0	-1	1	(xy, yz, zx)
A_{1u}	1	1	1	1	1	-1	-1	-1	-1	-1	xyz
A_{2u}	1	-1	1	1	-1	-1	1	-1	-1	1	—
E_u	2	0	-1	2	0	-2	0	1	-2	0	$xyz\left(x^2+\mathrm{e}^{-\mathrm{i}\frac{2}{3}\pi}y^2+\mathrm{e}^{-\mathrm{i}\frac{4}{3}\pi}z^2\right)$ $xyz\left(x^2+\mathrm{e}^{-\mathrm{i}\frac{4}{3}\pi}y^2+\mathrm{e}^{-\mathrm{i}\frac{2}{3}\pi}z^2\right)$
T_{1u}	3	1	0	-1	-1	-3	-1	0	1	1	—
T_{2u}	3	-1	0	-1	1	-3	1	0	1	-1	(x, y, z)

可以看出，O_h 中 T_1 和 T_2 是用来区分 4 阶轴旋转 $\{3C_4^1, 3C_4^{-1}\}$ 与对角线 2 阶轴旋转 $\{6C_{2xy}\}$ 的。

光谱学与固体物理学里标志方法的对应关系如表 3.3.12 所示。

表 3.3.12 O_h 的固体物理学标志

光谱学	A_{1g}	A_{2g}	E_g	T_{1g}	T_{2g}	A_{1u}	A_{2u}	E_u	T_{1u}	T_{2u}
BSW	Γ_1	Γ_2	Γ_{12}	Γ_{15}'	Γ_{25}'	Γ_1'	Γ_2'	Γ_{12}'	Γ_{25}	Γ_{15}

【练习】

试用表示直积的方法导出 A_{2u} 的一种基函数。

3.3.11 点群的双值表示

双群在物理意义上是带有自旋的粒子的波函数，假设两个自旋分别为 α 与 β，对称操作为

$$\psi_j' \begin{pmatrix} \alpha \\ \beta \end{pmatrix} = D(g)\, \psi_j(r) \begin{pmatrix} \alpha \\ \beta \end{pmatrix} = D^{\frac{1}{2}}(g) \begin{pmatrix} \alpha \\ \beta \end{pmatrix} \psi_j(g^{-1}r)$$

$$= D(g) \times D^{\frac{1}{2}}(g)\, \psi_j(r) \begin{pmatrix} \alpha \\ \beta \end{pmatrix} \tag{3.3.11.1}$$

典型的点群旋转元素在 $SU(2)$ 中 1/2 阶表示的矩阵如表 3.3.13 所示。

根据 3.3.5 节中的论述，双群是点群加上一个新的 "对称操作元素" $\bar{e}$ 而重新生成的，可以认为是 $G \times \{e, \bar{e}\}$，因此群的总元素数目增加了一倍，但双群中不是所有类都是由 G 中类乘上新元素平移而来的，在某些情况下可能发生类 X 与 $\bar{e}X$ 的合并，例如：

(1) C_2 与 $\bar{e}C_2$ 在同一类中，如果存在垂直的二阶轴 C_2' 或者自己本身在对称镜面 σ_v 中；

(2) σ 与 $\bar{e}\sigma$ 在同一类中，如果含有二阶轴 C_2' 或者垂直的镜面对称 σ_h。

依据上面两条，可以知道 T 的双群中三个二阶轴组成的类 $\{3C_{2x}\}$ 与 $\{3\bar{e}C_{2x}\}$ 在同一类，T_d 中除了三个二阶轴类外，6 个镜面类与自旋附加类也在同一类，类似的有 O_h 的群，这类双群 T^D、T_d^D 与 O_h^D 分别增加了 3、3、6 个类。

既然类的数目增加了，表示也要增加同样的数目，通常把原先的表示称为单值表示，具有 $D(\bar{e}) = 1$，额外增加的表示称为双值表示，具有 $D(\bar{e}) = -1$，这些附加双值表示通常可以借助 (3.3.7.12) 表示成现有表示与 $SU(2)$ 中 1/2 阶表示的直积。知道了双群的类组成，容易得到相应的表示特征标，其中有两个基本结论。

表 3.3.13　典型点群操作 g 的 1/2 维表示矩阵

g	$D^{\frac{1}{2}}(g)$	$\chi^{\frac{1}{2}}(g)$
e	$\begin{bmatrix} 1 & 0 \\ 0 & 1 \end{bmatrix}$	2
$\bar{e}$	$\begin{bmatrix} -1 & 0 \\ 0 & -1 \end{bmatrix}$	-2
C_{2x}	$\begin{bmatrix} 0 & -\mathrm{i} \\ -\mathrm{i} & 0 \end{bmatrix}$	0
C_{2y}	$\begin{bmatrix} 0 & -1 \\ 1 & 0 \end{bmatrix}$	0
C_{2z}	$\begin{bmatrix} -\mathrm{i} & 0 \\ 0 & \mathrm{i} \end{bmatrix}$	0
C_{2d}	$\dfrac{1}{\sqrt{2}}\begin{bmatrix} -\mathrm{i} & -1 \\ 1 & \mathrm{i} \end{bmatrix}$	0
C_{3xyz}	$\dfrac{1}{2}\begin{bmatrix} 1+\mathrm{i} & 1-\mathrm{i} \\ -1-\mathrm{i} & 1-\mathrm{i} \end{bmatrix}$	1
C_{4x}	$\dfrac{1}{\sqrt{2}}\begin{bmatrix} 1 & -\mathrm{i} \\ -\mathrm{i} & 1 \end{bmatrix}$	$\sqrt{2}$

(1) 附加类在所有单值表示中具有与原始类相同的特征标, 即

$$\chi^{\alpha}(\bar{e}X) = \chi^{\alpha}(X) \tag{3.3.11.2a}$$

(2) 附加类在所有双值表示中具有与原始类在双值表示中符号相反的特征标, 即

$$\chi^{\bar{\alpha}}(\bar{e}X) = -\chi^{\bar{\alpha}}(X) \tag{3.3.11.2b}$$

上述两个基本结论使得我们能够在继承点群单值表示的基础上, 只需要再获得原始类的双值表示特征标就可以获得整个双群的全部双值表示特征标, 下面以几个点群为例。

(1) C_2 的双群 C_2^{D} 是一个同构于 C_4 的四阶循环群, 特征标为: $\chi_n^j = \left(\mathrm{e}^{-\mathrm{i}n\frac{\pi}{2}}\right)^j$, C_2 的双群表示特征标表如表 3.3.14 所示。

(2) D_2 的双群多一个类 $\{\hat{e}\}$, 表示相应多一个二维, 这个二维附加表示可以表示成单值表示中 4 个一维表示与 $SU(2)$ 中 1/2 阶表示的直积, 这样很容易得到 D_2 的双群表示如表 3.3.15 所示。

表 3.3.14 C_2^D 的表示

	e	C_2	$\hat{e}$	$\hat{e}C_2$
A	1	1	1	1
B	1	-1	1	-1
A	1	i	-1	$-$i
B	1	$-$i	-1	i

表 3.3.15 D_2^D 的表示

	e	$\hat{e}$	$\left\{\begin{array}{c}C_{2x}\\\hat{e}C_{2x}\end{array}\right\}$	$\left\{\begin{array}{c}C_{2y}\\\hat{e}C_{2y}\end{array}\right\}$	$\left\{\begin{array}{c}C_{2z}\\\hat{e}C_{2z}\end{array}\right\}$	p
A_1	1	1	1	1	1	x^2,y^2,z^2
A_2	1	1	1	-1	-1	x
B_1	1	1	-1	-1	1	y
B_2	1	1	-1	1	-1	z
$\bar{E}$	2	-2	0	0	0	α,β

T 的双群多三个类，表示也同样增加三个，由 Burnside 定理容易知道这三个表示的维数都是 2，$2^2+2^2+2^2=12$，由上所知三个二阶轴的二维表示的特征标都是 0，这三个二维表示是三个一维表示与 $SU(2)$ 中 1/2 阶表示的直积，一个表示可以直接采用 $D^{\frac{1}{2}}$ 的基函数，另外两个二维表示可以通过分解 $D^{\frac{3}{2}}$ 表示的方法得到相应的基函数与变换矩阵 (留作练习)。T^D 的表示如表 3.3.16 所示。

T_d 的双群多了三个类，表示也同样增加三个，由 Burnside 定理容易知道这三个表示的维数是 2,2,4，$2^2+2^2+4^2=24$，容易验证，$\Gamma_6=\Gamma_1\times D^{\frac{1}{2}}$，$\Gamma_7\oplus\Gamma_8=\Gamma_5\times D^{\frac{1}{2}}=D^{\frac{1}{2}}\oplus D^{\frac{3}{2}}$，从而得到相应表示矩阵与特征标，$T_d$ 的双群表示如表 3.3.17 所示。

类似的，O_h 群的双群表示中的 T_{2u} 也存在同样的基函数。

【练习】

试用表示直积的方法导出 Γ_2 和 Γ_3 的一种基函数。

表 3.3.16　T^{D} 的表示

	e	$\{3C_{2x}, 3\bar{e}C_{2x}\}$	$\{4C_{3xyz}\}$	$\{4C^2_{3xyz}\}$	$\{\bar{e}\}$	$\{4\bar{e}C_{3xyz}\}$	$\{4\bar{e}C^2_{3xyz}\}$	p
A_1	1	1	1	1	1	1	1	$x^2+y^2+z^2$
B_1	1	1	$\mathrm{e}^{-\mathrm{i}\frac{2}{3}\pi}$	$\mathrm{e}^{-\mathrm{i}\frac{4}{3}\pi}$	1	$\mathrm{e}^{-\mathrm{i}\frac{2}{3}\pi}$	$\mathrm{e}^{-\mathrm{i}\frac{4}{3}\pi}$	$x^2+\mathrm{e}^{-\mathrm{i}\frac{2}{3}\pi}y^2+\mathrm{e}^{-\mathrm{i}\frac{4}{3}\pi}z^2$
B_2	1	1	$\mathrm{e}^{-\mathrm{i}\frac{4}{3}\pi}$	$\mathrm{e}^{-\mathrm{i}\frac{2}{3}\pi}$	1	$\mathrm{e}^{-\mathrm{i}\frac{4}{3}\pi}$	$\mathrm{e}^{-\mathrm{i}\frac{2}{3}\pi}$	$x^2+\mathrm{e}^{-\mathrm{i}\frac{4}{3}\pi}y^2+\mathrm{e}^{-\mathrm{i}\frac{2}{3}\pi}z^2$
E	3	-1	0	0	3	0	0	(x,y,z)
$\bar{E}=A_1\times D^{\frac{1}{2}}$	2	0	1	-1	-2	-1	1	α,β
$\bar{F}_1=B_1\times D^{\frac{1}{2}}$	2	0	$\mathrm{e}^{-\mathrm{i}\frac{2}{3}\pi}$	$-\mathrm{e}^{-\mathrm{i}\frac{4}{3}\pi}$	-2	$-\mathrm{e}^{-\mathrm{i}\frac{2}{3}\pi}$	$\mathrm{e}^{-\mathrm{i}\frac{4}{3}\pi}$	$\frac{1}{\sqrt{2}}\left(Y_{3/2}^{-1/2}-\mathrm{i}Y_{3/2}^{-3/2}\right),\ \frac{1}{\sqrt{2}}\left(Y_{3/2}^{1/2}-\mathrm{i}Y_{3/2}^{-3/2}\right)$
$\bar{F}_2=B_2\times D^{\frac{1}{2}}$	2	0	$\mathrm{e}^{-\mathrm{i}\frac{4}{3}\pi}$	$-\mathrm{e}^{-\mathrm{i}\frac{2}{3}\pi}$	-2	$-\mathrm{e}^{-\mathrm{i}\frac{4}{3}\pi}$	$\mathrm{e}^{-\mathrm{i}\frac{2}{3}\pi}$	$\frac{1}{\sqrt{2}}\left(Y_{3/2}^{1/2}+\mathrm{i}Y_{3/2}^{3/2}\right),\ \frac{1}{\sqrt{2}}\left(Y_{3/2}^{-1/2}+\mathrm{i}Y_{3/2}^{3/2}\right)$

表 3.3.17　T_{d} 的双群表示

	e	$\{3S_4^1, 3S_4^{-1}\}$	$\{4C_3, 4C_3^{-1}\}$	$\{3C_2, 3\bar{e}C_2\}$	$\{6m, 6\bar{e}m\}$	$\{\bar{e}\}$	$\{3\bar{e}S_4^1, 3\bar{e}S_4^{-1}\}$	$\{4\bar{e}C_3, 4\bar{e}C_3^{-1}\}$	p
Γ_1	1	1	1	1	1	1	1	1	$x^2+y^2+z^2$
Γ_2	1	-1	1	1	-1	1	-1	1	—
Γ_3	2	0	-1	2	0	2	0	-1	
Γ_4	3	1	0	-1	-1	3	1	0	$(\hat{L}_x, \hat{L}_y, \hat{L}_z)$
Γ_5	3	-1	0	-1	1	3	-1	0	(x,y,z)
Γ_6	2	$\sqrt{2}$	1	0	0	-2	$-\sqrt{2}$	-1	α,β；$\Psi_{1/2}^{-1/2}, \Psi_{1/2}^{1/2}$
Γ_7	2	$-\sqrt{2}$	1	0	0	-2	$\sqrt{2}$	-1	—
Γ_8	4	0	-1	0	0	-4	0	1	$\Psi_{3/2}^{-3/2}, \Psi_{3/2}^{-1/2}, \Psi_{3/2}^{1/2}, \Psi_{3/2}^{3/2}$

3.4 空间群及其表示

3.4.1 空间群的定义

晶体点群仅考虑了周围环境完全相同的晶格点比较宏观的对称性,如果要从原子角度考虑晶体材料的对称性,如 Si、Ge、Ⅲ-V、I-Ⅲ-Ⅵ$_2$、黄铜矿、钙钛矿等晶格点内部由多个原子排列组成,则存在如下两种可能:① 有一些正则旋转或非正则旋转直接使得晶体重合;② 出现新的正则旋转或非正则旋转在附加分数个晶格常数的基础上也使得晶体重合;③ 晶格点的平移对称保持,上述三种对称操作组成了晶体材料的空间群[29],可以用统一 Seitz 算符表示:

$$\{\boldsymbol{\alpha}|\boldsymbol{\tau}\}\,\boldsymbol{r} = \boldsymbol{\alpha}\boldsymbol{r} + \boldsymbol{\tau} \tag{3.4.1.1}$$

式中,$\boldsymbol{r}$ 为正则旋转或非正则旋转;$\boldsymbol{\tau}$ 包括晶格矢量整数倍 $\boldsymbol{R}_m$ 加分数倍 $\boldsymbol{\tau}'$,$\boldsymbol{\tau} = \boldsymbol{R}_m + \boldsymbol{\tau}'$。纯粹的旋转或镜面旋转复合:$\boldsymbol{\tau} = \boldsymbol{R}_m$,纯粹平移:$\boldsymbol{\alpha} = e$,$\boldsymbol{\tau} = \boldsymbol{R}_m$。

如果旋转的阶为 n,由于 $\{\boldsymbol{\alpha}|\boldsymbol{\tau}\}^n\,\boldsymbol{r} = \{e|0\}\,\boldsymbol{r}$,则 $\boldsymbol{\tau}'$ 必须是旋转轴方向晶格矢量的 $1/n$,即

$$\boldsymbol{\tau}' = \frac{\boldsymbol{a}_R}{n} \tag{3.4.1.2}$$

如 $C_{4[001]}$ 和的非整数部分为 $c/4$,这种对称作用称为螺旋,晶体中所有的螺旋对称为:$2_1, 3_1, 3_2, 4_1, 4_2, 4_3, 6_1, 6_2, 6_3, 6_4, 6_5$。镜面对称的阶是 2,$\boldsymbol{\tau}'$ 必须是晶格矢量的 $1/2$,如果仅是单一晶格矢量的 $1/2$,称为轴滑移 (如 $a/2, b/2, c/2$ 等,符号标志 a 或者 c),面对角线称为对角滑移 $((a+b)/2,(b+c)/2,(a+c)/2$ 等,符号标志 n),体对角线称为金刚石滑移 $((a+b+c)/4$, 符号标志 d+)。另外同一晶系内有不同的型。综合上述因素,空间群的符号标志为型-点对称-螺旋-滑移。表 3.4.1 列举了常见半导体光伏材料室温稳定情况下晶体结构的空间群表示,同时也给出了空间群的 Schoenflies 标志,如 O_h^7 表示 Schoenflies 从 O_h 点群导出的第 7 个空间群。

表 3.4.1　常见材料空间群

	俗称	国际符号	Schoenflies
Si(diamond)	金刚石	$Fd3m$	O_h^7
GaAs(zinc blende)	闪锌矿	$F\bar{4}3m$	T_d^2
CIGS:I-Ⅲ-Ⅵ$_2$(chalcopyrite)	黄铜矿	$I\bar{4}2d$	D_{2d}^{12}
ABX(perovskite)	钙钛矿	$Pm\bar{3}m$	O_h^1
GaN:Ⅲ-N(wurzrite)	纤锌矿	$P6_3mc$	C_{6v}^4

空间群总共有 230 种，τ' 为 0 称为简单空间群，共有 73 种，其余为非简单空间群，共有 157 种。通常把 τ' 为 0 的旋转或镜面组成的群称为空间群的点子群，所有旋转和镜面操作组成的群称为空间群的点群，显然点子群是点群的子集，对于简单空间群而言，点子群与点群重合。

根据空间元素的定义容易证明：$\{R|\tau\}$ 的逆元与共轭元分别是

$$(\alpha|\tau)^{-1} = \left(\alpha^{-1}|-\alpha^{-1}\tau\right) \tag{3.4.1.3a}$$

$$(\alpha|\tau)^{-1}\left(\alpha'|\tau'\right)(\alpha|\tau) = \left(\alpha\alpha'\alpha^{-1}|-\alpha\alpha'^{-1}\tau + \alpha\tau' + \tau\right) \tag{3.4.1.3b}$$

平移元素的共轭元是

$$(\alpha|\tau)\,(0|\boldsymbol{R}_m)\,(\alpha|\tau)^{-1} = (0|\alpha\boldsymbol{R}_m) \tag{3.4.1.4}$$

(3.4.1.4) 所定义的平移元素的共轭元表明空间群的旋转元素只能是晶体点群的子群元素，同时表明平移群 T 是空间群的一个不变子群，如果把空间群操作平移部分中整数晶格矢量所对应的平移群 T 提取出来，空间群就可以表示成平移群与分数平移定义的空间群操作的陪集分解形式：

$$G = \{e\}T + \{R_1|\tau_1'\}T + \{R_2|\tau_2'\}T + \cdots + \{R_n|\tau_n'\}T \tag{3.4.1.5}$$

【练习】

推导空间群逆元、平移共轭元与空间群共轭元的形式。

3.4.2 平移群的表示

平移群是空间群的一个循环子群，循环群有个很好的特性：其作用在函数上的结果相当于在函数上乘上一常数 (所有表示矩阵都是一维)。想象一下平移操作的物理意义：沿晶体某一方向平移 N 个 a 的距离后物理特征与原点完全相同 (可以认为循环回到原点)，如果平移对称基函数是 $\varphi(r)$，平移一个 a 对应的一维表示系数是 λ，平移 N 个 a 的结果是

$$(e|Na)\varphi(r) = \varphi(r - Na) = \lambda^N \varphi(r) = \varphi(r) \tag{3.4.2.1}$$

容易知道 λ 需要满足：

$$\lambda = \mathrm{e}^{\mathrm{i}2\pi\frac{j}{N}} = \mathrm{e}^{\mathrm{i}2\pi k_j} = \mathrm{e}^{\mathrm{i}\frac{2\pi}{a}k_j a} = \mathrm{e}^{\mathrm{i}bk_j a}, \quad k_j = \frac{j}{N}, \quad j = 0, \cdots, N-1 \tag{3.4.2.2}$$

式中，$b = 2\pi/a$ 称为倒空间矢量；$k = bk_j$ 为晶体波矢。两个相邻波矢间距是 $2\pi/Na$，当 N 有限时，波矢呈现离散值；当 N 趋向无穷多时，波矢连续表现为带，称为能带。

可以看出波矢数目与晶胞数量一样多:

$$N = \sum_k = \frac{Na}{2\pi} \sum_k \Delta k = \frac{Na}{2\pi} \int \mathrm{d}k \qquad (3.4.2.3)$$

根据这些观察,单电子波函数的一个量子数是 k,平移 ma 波函数保持不变:

$$(e|ma)\,\varphi(r) = \mathrm{e}^{\mathrm{i}k \cdot ma}\varphi(r) = \varphi(r) \qquad (3.4.2.4)$$

相关结论能直接推广到三维晶体中,此时平移对称性限制波函数具有性质:

$$\psi^k(r) = \mathrm{e}^{\mathrm{i}k \cdot r}u^k(r), \quad u^k(r + R_m) = u^k(r) \qquad (3.4.2.5)$$

(3.4.2.5) 称为布洛赫 (Bloch) 定理,单电子波函数是局域函数调制 $u^k(r)$ 的周期函数,如同指数函数的原子节点插值形式,称为 Bloch 波函数。上述一维平移表示容易拓展到三维空间,三个方向的晶胞尺寸分别是 a_1,a_2 与 a_3,一个晶格矢量 R_m 可以写成:$R_m = m_1 a_1 + m_2 a_2 + m_3 a_3$,晶胞体积 $\Omega = a_1 \cdot (a_2 \times a_3)$,此时倒空间矢量可以定义成

$$b_1 = \frac{2\pi a_2 \times a_3}{\Omega}, \quad b_2 = \frac{2\pi a_3 \times a_1}{\Omega}, \quad b_3 = \frac{2\pi a_1 \times a_2}{\Omega} \qquad (3.4.2.6)$$

根据 3.4.2 节中定义的简单立方、面心立方、体心立方与六方原胞基矢,结合 (3.4.2.6) 可以得到对应的倒空间矢量分别为

$$b_1 = \frac{2\pi}{a}x, \quad b_2 = \frac{2\pi}{a}y, \quad b_3 = \frac{2\pi}{a}z \qquad (3.4.2.6a)$$

$$b_1 = \frac{2\pi}{a}(y + z - x), \quad b_2 = \frac{2\pi}{a}(x - y + z), \quad b_3 = \frac{2\pi}{a}(x + y - z) \qquad (3.4.2.6b)$$

$$b_1 = \frac{2\pi}{a}(y + z), \quad b_2 = \frac{2\pi}{a}(x + z), \quad b_3 = \frac{2\pi}{a}(x + y) \qquad (3.4.2.6c)$$

$$b_1 = \frac{2\pi}{a}\left(\frac{1}{\sqrt{3}}x + y\right), \quad b_2 = \frac{2\pi}{a}\left(-\frac{1}{\sqrt{3}}x + y\right), \quad b_3 = \frac{2\pi}{c}z \qquad (3.4.2.6d)$$

晶体波矢可以写成

$$k = b_1 k_1^{j_1} + b_2 k_2^{j_2} + b_3 k_3^{j_3} \qquad (3.4.2.7)$$

与 k 相关联的平移 R_m 作用在波函数上的系数 (表示) 为

$$P_k\left(e|\boldsymbol{R}_m\right)=\mathrm{e}^{\mathrm{i}\boldsymbol{k}\cdot\boldsymbol{R}_m} \tag{3.4.2.8}$$

显而易见，以 (b_1,b_2,b_3) 为坐标轴刻度的点组成了一个新的向量空间，称为倒空间，如晶格空间一样，可以定义倒晶格矢量：

$$\boldsymbol{K}_q=b_1\boldsymbol{q}_1+b_2\boldsymbol{q}_2+b_3\boldsymbol{q}_3,\quad \boldsymbol{q}_{1,2,3}\in\text{integer} \tag{3.4.2.9}$$

$\boldsymbol{k}_i^{j_i}\leqslant 1$ 的波矢称为约化波矢，通常取一个具有同样对称的布里渊 (Brillouin) 区在几何上形象地表示这些约化波矢，它的生成是取从原点到最近与次近倒晶格点的所有连线中垂面相交围成的几何体，Brillouin 区内部点之间的差不会是一个倒晶格矢量，而表面上的点差可能是倒晶格矢量。

由于空间群的点操作是晶体点群的元素，可以得到

$$2n\boldsymbol{\pi}=\boldsymbol{K}_q^{\mathrm{T}}\cdot\alpha^{-1}\boldsymbol{R}_m=\boldsymbol{K}_q^{\mathrm{T}}D\left(\alpha\right)^{-1}\boldsymbol{R}_m=\boldsymbol{R}_m^{\mathrm{T}}\left(D\left(\alpha\right)^{-1}\right)^{\mathrm{T}}\boldsymbol{K}_q^{\mathrm{T}}$$

$$=\boldsymbol{R}_m^{\mathrm{T}}D\left(\alpha\right)\boldsymbol{K}_q=\alpha\boldsymbol{K}_q\cdot\boldsymbol{R}_m^{\mathrm{T}} \tag{3.4.2.10}$$

可见倒晶格矢量在点群作用下依然是倒晶格矢量，倒空间具有晶体点群同样的对称性。这证明对于晶格矢量的点群操作与对倒晶格矢量逆操作的结果一样。倒晶格点依然是倒晶格点。由波矢与晶格矢量的定义知，平移表示具有很好的正交性：

$$\langle\boldsymbol{k}|\boldsymbol{k}'\rangle_{\boldsymbol{r}}=V\delta_{\boldsymbol{k}\boldsymbol{k}'} \tag{3.4.2.11a}$$

$$\langle\boldsymbol{r}|\boldsymbol{r}'\rangle_{\boldsymbol{k}}=\delta_{\boldsymbol{r}\boldsymbol{r}'} \tag{3.4.2.11b}$$

很多文献里把 $\hbar k$ 称为晶体动量，主要是因为 $\hbar k$ 是动量算符 $\boldsymbol{p}$ 对平面波的本征值，而平面波是具有周期性晶体的自由电子的典型特征：

$$\boldsymbol{p}\mathrm{e}^{\mathrm{i}\boldsymbol{k}\cdot\boldsymbol{r}}=\hbar\boldsymbol{k}\mathrm{e}^{\mathrm{i}\boldsymbol{k}\cdot\boldsymbol{r}} \tag{3.4.2.12a}$$

但是对于 Bloch 波函数 (周期性晶体中非自由电子)，动量算符却不是其本征算符：

$$\boldsymbol{p}\mathrm{e}^{\mathrm{i}\boldsymbol{k}\cdot\boldsymbol{r}}u^{\boldsymbol{k}}\left(\boldsymbol{r}\right)=\mathrm{e}^{\mathrm{i}\boldsymbol{k}\cdot\boldsymbol{r}}\left(\hbar\boldsymbol{k}+\boldsymbol{p}\right)u^{\boldsymbol{k}}\left(\boldsymbol{r}\right) \tag{3.4.2.12b}$$

严格地说，$\hbar k$ 不是电子本身的动量，而是经过平均的态的动量，这在第 4 章中会用到。

在 (3.4.2.12b) 的基础上容易得到关于 Bloch 局域调制函数所遵守的方程为

$$\left[\frac{\boldsymbol{p}^2}{2m}+\frac{\hbar}{m}\boldsymbol{k}\cdot\boldsymbol{p}+\tilde{V}\left(\boldsymbol{r}\right)\right]u^{\boldsymbol{k}}\left(\boldsymbol{r}\right)=\left(E-\frac{\hbar^2\boldsymbol{k}^2}{2m}\right)u^{\boldsymbol{k}}\left(\boldsymbol{r}\right)=\varepsilon u^{\boldsymbol{k}}\left(\boldsymbol{r}\right) \tag{3.4.2.13}$$

其中，ε 是调制函数的能量本征值。

【练习】

1. 由 (3.4.2.6) 晶格矢量推导 (3.4.2.6a)~(3.4.2.6d)。

2. 证明如果算符 f 是 $\dfrac{\hbar}{i}\nabla$ 的函数，作用在单电子波函数上的效应仅需要作如下替换：

$$f\left(\frac{\hbar}{i}\nabla\right)\psi^k(r) = e^{ik\cdot r} f(\hbar k + i\hbar\nabla) u^k(r) \tag{3.4.2.14}$$

3. 在第一性原理计算中经常定义平面波：

$$r|PW,k\rangle = \frac{1}{\sqrt{V}} e^{ik\cdot r} \tag{3.4.2.15}$$

(3.4.2.15) 所定义的平面波具有很好的代数特性，例如：

(1) 任一波矢对所有晶格格点的和仅在波矢不为零的情形下不为 0，其和为晶格格点数目 N：

$$\sum_{R_n} e^{ik\cdot R_n} = N\delta_{k0} \tag{3.4.2.15a}$$

(2) 任一晶格点对所有波矢的和仅在晶格矢量不为零的情形下不为 0，其和为晶格格点数目 N：

$$\sum_{k} e^{ik\cdot R_n} = N\delta_{k0} \tag{3.4.2.15b}$$

(3) 两个不同波矢的平面波矢正交：

$$\langle PW,k \mid PW,k'\rangle = \delta_{kk'} \tag{3.4.2.15c}$$

(4) 长程缺陷势展开为对倒晶格矢量的傅里叶 (Fourier) 变换：

$$U(r) = \frac{1}{\sqrt{V}}\sum_{k} U(k) e^{ik\cdot r} \tag{3.4.2.15d}$$

相应的逆变换为

$$\frac{1}{\sqrt{V}}\sum_{r} U(r) e^{-ik\cdot r} = \sum_{k'} U(k') \frac{1}{V}\sum_{r} e^{i(k'-k)\cdot r} = \sum_{k'} U(k')\delta_{kk'} = U(k) \tag{3.4.2.15e}$$

4. 结合 k 的定义 ((3.4.2.2))，证明 (3.4.2.11a) 和 (3.4.2.11b)。

3.4.3　高度局域化的基函数：Wannier 函数

有时定义一个高度局域化的 Wannier 函数为 Bloch 关于格点的 Fourier 变换 [30]：

$$|nj\rangle = a_n(r - R_j) = \frac{1}{\sqrt{N}} \sum_{k} e^{-ik \cdot R_j} |nk\rangle \qquad (3.4.3.1)$$

借助于 Bloch 函数的性质，可以直接证明 Wannier 函数具有如下特性：

(1) Bloch 函数是所有格点 Wannier 函数的 Fourier 和，即

$$|nk\rangle = \frac{1}{\sqrt{N}} \sum_{j} e^{ik \cdot R_j} |nj\rangle \qquad (3.4.3.2a)$$

(2) Wannier 函数组成正交完备函数集，即

$$\langle nj|n'j'\rangle = \delta_{nn'} \delta_{jj'} \qquad (3.4.3.2b)$$

(3) Wannier 函数与 Bloch 函数的内积，即

$$\langle nj|n'k'\rangle = \frac{1}{\sqrt{N}} \sum_{j} e^{ik \cdot R_j} \langle nj|n'j'\rangle = \frac{1}{\sqrt{N}} e^{ik \cdot R_j} \delta_{nn'} \qquad (3.4.3.2c)$$

(4) Bloch 函数与 Wannier 函数的内积，即

$$\langle nk|n'j'\rangle = \frac{1}{\sqrt{N}} \sum_{j} e^{-ik \cdot R_j} \langle nj|n'j'\rangle = \frac{1}{\sqrt{N}} e^{-ik \cdot R_j} \delta_{nn'} \qquad (3.4.3.2d)$$

如果晶体中的电子态波函数可以同时表示成 Wannier 函数与 Bloch 函数的包络形式：

$$\Psi(r,t) = \sum_{n} \chi_n a_n(r - R_j) = \sum_{n} \sum_{k} c_{nk} \psi_n^k(r) \qquad (3.4.3.3)$$

依据两者之间的关系可以得到 Wannier 系数是 Bloch 系数关于晶格格点的 Fourier 逆变换：

$$\chi_n = \sum_{k} c_{nk} e^{ik \cdot R_j} \qquad (3.4.3.4)$$

Wannier 函数广泛应用于以密度泛函第一性原理计算中。针对晶体材料或者具有一定对称性的微结构，通常把参与成键的原子轨道波函数组合成某个不约表示的基函数的形式，这样 Wannier 函数可以表示成能够有效反映对称性的函数的形式。

【练习】

1. 证明 Wannier 函数性质 (3.4.3.2a)~(3.4.3.2d)；
2. 证明 (3.4.3.4)。

3.4.4 波矢的对称性

根据 Bloch 定理 (3.4.2.5)，晶体波函数可以表示成平移群基函数与局域调制函数的乘积，满足空间群的对称性，因此可以借助群论的方法进一步细化 Bloch 波函数形式。鉴于 $u^{\boldsymbol{k}}(r)$ 是与 $\boldsymbol{k}$ 关联且高度局域，可以猜测是否与空间群中旋转元素 α 的特性关联，观察

$$(\alpha|\tau)\,\psi^{\boldsymbol{k}}\,(\boldsymbol{r}) = \mathrm{e}^{\mathrm{i}\boldsymbol{k}\cdot\alpha^{-1}(\boldsymbol{r}-\boldsymbol{\tau})}u^{\boldsymbol{k}}\left[\alpha^{-1}\left(\boldsymbol{r}-\boldsymbol{\tau}\right)\right] = \mathrm{e}^{\mathrm{i}\alpha\boldsymbol{k}\cdot(\boldsymbol{r}-\boldsymbol{\tau})}u^{\alpha\boldsymbol{k}}\,(\boldsymbol{r}-\boldsymbol{\tau}) = \psi^{\alpha\boldsymbol{k}}\,(\boldsymbol{r}-\boldsymbol{\tau}) \tag{3.4.4.1}$$

其中用到了 $\boldsymbol{k}\cdot\alpha^{-1}\boldsymbol{r}=\alpha\boldsymbol{k}\cdot\boldsymbol{r}$ 以及定义 $u^{\alpha\boldsymbol{k}}\,(\boldsymbol{r}-\boldsymbol{\tau})=u^{\boldsymbol{k}}\left[\alpha^{-1}\left(\boldsymbol{r}-\boldsymbol{\tau}\right)\right]$。注意到 (3.4.4.1) 中平移群基函数的波矢变成了 $\alpha\boldsymbol{k}$，结合 (3.4.2.13) 可知能量变换满足：

$$E\,(\boldsymbol{k}) = E\,(\alpha\boldsymbol{k}) \tag{3.4.4.2}$$

从 (3.4.2.10) 可以知道倒空间格点具有与晶格同样的对称性，但对于 Brillouin 区内的波矢 $\boldsymbol{k}$ 的对称性可能比晶体对称性要低，对于描述晶体对称性的空间群元素 $(\alpha|\boldsymbol{R}_m+\boldsymbol{\tau})$，其中点群操作 α 作用在 $\boldsymbol{k}$ 上变成了 $\alpha\boldsymbol{k}$，新波矢可能与原波矢 $\boldsymbol{k}$ 相等或等价，也可能不同，空间群中所有保持 $\boldsymbol{k}$ 等价或相等的对称操作组成了一个群，称为波矢群，也称为小群：

$$G_k = \{\{\alpha|\boldsymbol{R}_m+\boldsymbol{\tau}\} : \alpha\boldsymbol{k} = \boldsymbol{k} + \boldsymbol{K}_q, \forall\,\{\alpha|\boldsymbol{R}_m+\boldsymbol{\tau}\} \in G\} \tag{3.4.4.3}$$

去除平移不变子群后得到的商点群称为波矢点群：

$$F_k = \{\alpha : \alpha\boldsymbol{k} = \boldsymbol{k} + \boldsymbol{K}_q, \forall\,\{\alpha|\boldsymbol{R}_m+\boldsymbol{\tau}\} \in G\} \tag{3.4.4.4}$$

空间群与点群可以分别按照波矢群与波矢点群分解成左陪集：

$$G = G_k + \alpha_1 G_k + \cdots \tag{3.4.4.5a}$$

$$F = F_k + \alpha_1 F_k + \cdots \tag{3.4.4.5b}$$

这些不重叠的陪集分别代表一个与 $\boldsymbol{k}$ 不相等或不等价的波矢，它们的集合称为 $\boldsymbol{k}$ 的波矢星 $\{^*\boldsymbol{k}\}$：

$$\{^*\boldsymbol{k}\} = \{\{\alpha|\boldsymbol{R}_m+\boldsymbol{\tau}\} : \alpha\boldsymbol{k} \neq \boldsymbol{k} + \boldsymbol{K}_q, \forall\,\{\alpha|\boldsymbol{R}_m+\boldsymbol{\tau}\} \in G\} \tag{3.4.4.6}$$

波矢星中的态具有相同的能量，如果 $\boldsymbol{k}$ 态能量处于谷底 (材料能带边)，形象上有多个谷，称为多谷能带，波矢星的元素数目是多谷能带的简并度，这个概念在载流子统计中要用到。

Brillouin 区内典型波矢分布在原点 (符号 Γ)、边界多边形的中心点 (四面体中心点 X、六面体中心点 L)、多面体顶点 (R、P 等)、连线 (Γ-X 连线为 Δ 线, Γ-L 连线为 Λ 线, Γ-K 连线为 Σ 线)。下面分别以简单立方结构和闪锌矿结构为例阐述。

简单立方结构: 晶体点群是 O_h, 如表 3.4.2 所示。

表 3.4.2 O_h 常见波矢的对称群

波矢 k (省略 π/2a)	符号	几何特征	波矢点群 G_k	商群	波矢星 $\{k^*\}$	简并度	以 k 态为能量最低点的典型材料
(0,0,0)	Γ	原点	O_h	E	(0,0,0)	1	—
(1,0,1)	X	位于正方形中心, 类似 x,y,z 轴	$D_{4h}=D_{2d}\times C_i$	C_3	(1,0,1) (1,1,0) (0,1,1)	3	Si
(1,1,1)	L	位于六边形中心	$D_{3d}=C_{3v}\times C_i$	C_4	(1,0,0) (0,1,0) (0,0,1) (1,1,1)	4	Ge

闪锌矿结构: 晶体点群是 T_d, 如表 3.4.3 所示。

表 3.4.3 T_d 常见波矢的对称群

波矢 k (省略 π/2a)	符号	几何特征	波矢点群 G_k	商群	波矢星 $\{k^*\}$	简并度	以 k 态为能量最低点的典型材料
(0,0,0)	Γ	原点	T_d	E	(0,0,0)	1	GaAs,InAs,InP,GaSb,InSb
(1,0,1)	X	位于正方形中心, 类似 x,y,z 轴	D_{2d}	C_3	(1,0,1) (1,1,0) (0,1,1)	3	AlAs,AlP,GaP,AlSb
(1,1,1)	L	位于六边形中心	C_{3v}	S_4	(1,0,0) (0,1,0) (0,0,1) (1,1,1)	4	AlSb

另外, 在没有磁场的情况下, 时间反演将 $k\uparrow$ 态转换成 $-k\downarrow$ 态, 这种附加简并称为 Kramers 简并, 如果晶体存在空间反演对称, 那么由 (3.4.4.2) 可以知道, 同一波矢的两个自旋不同的态能量简并: $E_{n\uparrow}(k)=E_{n\downarrow}(k)$, 如 Si 的空间群的点群中含有空间反演, 导致存在这种附加简并。

【练习】

结合旋转矩阵的正交性, 验证 $k\cdot\alpha^{-1}r=\alpha k\cdot r$。

3.4.5　空间群的表示

(3.4.4.1) 引导我们猜测 Bloch 调制因子是否可以用 k 点群的表示生成，进而空间群的表示是否可以由波矢群的表示生成。

数学结论说空间群的不可约表示可以由波矢群的不可约表示产生，对应空间群的不可约表示的维数是波矢群不可约表示维数与波矢星元素个数的乘积，即波矢星中每个 k 所产生的表示都是等价的 [31]，由 G_k 的不可约表示 α 的第 i 个基函数，可以生成空间群对应不可约表示的所有基函数：

$$\Gamma^{(k,\alpha)} = \left\{ (\alpha|\tau)\,\psi_i^{(k_v,\alpha)} \,\middle|\, v = 1, \cdots, s; i = 1, \cdots, d_\alpha \right\} \tag{3.4.5.1}$$

这样空间群的基函数由四个指标来标志：波矢 k，小群表示 α，α 中编号 i，波矢星中编号 ν，则 (3.4.2.5) 中的 Bloch 定理重新写为 [32]

$$\psi_{i,v}^{(k,\alpha)}(r) = e^{ik_v \cdot r} u_{i,v}^{(k,\alpha)}(r), \quad u_{i,v}^{(k,\alpha)}(r + R_m) = u_{i,v}^{(k,\alpha)}(r) \tag{3.4.5.2}$$

在这种基函数选取下，空间群的平移不变子群的表示矩阵为

$$D^{(^*k,\text{sub})}\{e|R_m\} = \begin{pmatrix} I_\alpha e^{-ik_1 \cdot R_m} & \cdots & 0 \\ \vdots & \ddots & \vdots \\ 0 & \cdots & I_\alpha e^{-ik_s \cdot R_m} \end{pmatrix} \tag{3.4.5.3}$$

自然产生一个问题：波矢群表示是否可以写成平移群表示与波矢点群表示的乘积？即

$$D(\alpha|R_m + \tau) \equiv e^{-ik \cdot (R_m + \tau)} D(\alpha) \tag{3.4.5.4}$$

结论是：一般情况下，两种表示之间差一个因子 $e^{i(1-\alpha^{-1})k \cdot \tau}$，也就是说，这里的 $D(\alpha)$ 在通常情况下不是波矢点群的不可约表示矩阵，这里的表示之间在波矢点群元素之间乘积时相差一个因子：

$$D(\alpha)D(\beta) = \omega(\alpha, \beta)D(\alpha\beta) \tag{3.4.5.5}$$

通常这种表示称为投影表示，(3.4.5.2) 仅在两种情况下成立：

(1) 波矢群不含有非整数平移 $\tau = 0$，即简单空间群；

(2) 波矢在 Brillouin 内且点群的所有旋转使得旋转前后波矢的差为 0：$k = \alpha^{-1}k$。上述两种情况下，空间群的表示矩阵基相应的 Bloch 函数为

$$D^{k,\alpha}(r|\tau) = e^{-ik \cdot \tau} D^{k,\alpha}(r) \tag{3.4.5.6a}$$

$$\psi_i^{k,\alpha}(r) = e^{ik \cdot r} \varphi_i^{k,\alpha}(r) \tag{3.4.5.6b}$$

式中，α 表示 $\boldsymbol{k}$ 的波矢群的第 α 个不可约表示；$\psi_i^{\boldsymbol{k},\alpha}(\boldsymbol{r})$ 是不可约表示 α 的第 i 个基函数。

下文中采用一个指标 n 来简单标志空间群基函数的三个指标：小群表示 α，α 中编号 i，波矢星中编号 ν。

【练习】

根据空间群表示的定义证明波矢群与商点群表示之间的因子形式 $\mathrm{e}^{\mathrm{i}(1-\alpha^{-1})\boldsymbol{k}\cdot\boldsymbol{\tau}}$。

3.4.6　Si 和 GaAs 的空间群表示

本节介绍 Si 与 GaAs 代表的一些典型半导体材料的空间群表示[33-35]。Si 的空间群 O_{h}^7 代表一大类具有金刚石结构的材料，对应点群表示成 T_{d} 与 C_{i} 的直积，凡是与空间反演相关的元素都有一个沿体对角线的平移 $s=(1,1,1)a/4$，因此 O_{h}^7 是非简单空间群，结合表 3.4.2 与 (3.4.1.5) 有

$$
\begin{aligned}
O_{\mathrm{h}}^7 = & \{e|0\}\,T + \left\{3C_4^1, 3C_4^{-1}|0\right\}T + \left\{4C_3, 4C_3^{-1}|0\right\}T + \{3C_{2x}|0\}\,T \\
& + \{6C_{2xy}|0\}\,T + \{i|s\}\,T + \left\{3S_4^1, 3S_4^{-1}|s\right\}T + \left\{4S_3, 4S_3^{-1}|i\right\}T \\
& + \{3S_{2x}|s\}\,T + \left\{6m_{\{110\}}|s\right\}T
\end{aligned}
\tag{3.4.6.1}
$$

除了某些特殊点外，波矢群元素含有非基平移，需要借助投影表象的方法获得其表示，Γ 点的波矢群就是其波矢点群 O_{h}，含有 10 个单值表象与 6 个双值表象。

$X(1,0,0)\pi/a$ 的波矢点群是 $D_{4\mathrm{h}}$，波矢星有三个由 C_{3xyz} 产生的不等价成员：

$$
O_{\mathrm{h}}^7 = G_X + C_{3xyz}G_X + C_{3xyz}^{-1}G_X
\tag{3.4.6.2}
$$

鉴于 $D_{4\mathrm{h}} = D_{2\mathrm{d}} \times C_{\mathrm{i}}$ 中含有空间反演元素，也是非简单空间群：

$$
\begin{aligned}
D_{4\mathrm{h}}^X = & \{e|0\}\,T + \{3C_{2x}|0\}\,T + \left\{2m_{\{110\}}|0\right\}T + \left\{S_{4z}^1, S_{4z}^{-1}|0\right\}T + \{i|s\}\,T \\
& + \{3S_{2x}|s\}\,T + \left\{C_{4z}^1, C_{4z}^{-1}|s\right\}T + \left\{2C_{2\{110\}}|0\right\}T
\end{aligned}
\tag{3.4.6.3}
$$

波矢群表示为

$$
D_\alpha^X(g) = \mathrm{e}^{-\mathrm{i}\frac{2\pi}{a_0}\beta_x}D_\alpha^X(r)
\tag{3.4.6.4}
$$

$D_{4\mathrm{h}}$ 总共有 10 个单值表象，4 个 2 维双值表象，因此导带最低是双重简并，共有 3 个同样能量的态，文献 [34] 中列出了所有对应 X 波矢群的投影表象的特征标。

L 的波矢点群是 $D_{3\mathrm{d}} = D_3 \times C_{\mathrm{i}}$，也是非简单空间群：

$$
D_{3\mathrm{d}}^L = \{e|0\}\,T + \{2C_{3x}|0\}\,T + \left\{3m_{\{110\}}|0\right\}T + \{i|s\}\,T + \{2S_{6x}|s\}\,T + \left\{3C_{2\{110\}}|0\right\}T
\tag{3.4.6.5}
$$

波矢群表示为

$$D^L(g) = e^{-i\frac{\pi}{a_0}(\beta_x+\beta_y+\beta_z)} u(r) D^L(r) \tag{3.4.6.6}$$

D_{3d} 总共有 6 个单值表象, 6 个双值表象, 导带最低是双重简并, 共有 4 个同样能量的态.

GaAs 的空间群 T_d^2 代表了很多 III-V 族半导体材料, 而且是简单空间群:

$$T_d^2 = \{e|0\}T + \{4C_3, 4C_3^{-1}|0\}T + \{3C_{2x}|0\}T + \{3S_4^1, 3S_4^{-1}|s\}T + \{6m_{\{110\}}|0\}T \tag{3.4.6.7}$$

所有空间群表示可以表示成平移群表示与波矢点群表示的乘积, 这样仅需要获得相应波矢点群的表示就足够了. 如 Γ 点的波矢点群是 T_d, 相应的不可约表示见表 3.3.17, 其中导带对应 Γ_6, 最上面的价带对应 Γ_8, 对应轻重空穴带, 次下的价带是 Γ_7, 对应自旋轨道. X 的波矢点群是 D_{2d}, 对应 5 个单值表示与 2 个 2 维双值表示, 相应的符号标志为 $X_1 \sim X_7$. L 的波矢点群是 C_{3v}, 对应 3 个单值与 3 个双值表示.

【练习】

推导 D_{2d} 全部单值与双值表示.

3.5 对称性决定的能带结构

3.5.1 微扰修正

根据空间群表示的结论, 对于每个波矢 $\boldsymbol{k}$, 都存在很多能带, 这使得处理起来非常麻烦, 而我们感兴趣的仅在能够发生光学跃迁的两个或几个之间, 如何把其他能带的影响压缩到一个唯象参数上, 就要借助量子力学的微扰修正方法.

根据量子力学, 当系统 H_0 存在一个很小的能量扰动 H' 时, 波函数可以表示成本征正交函数系的线性组合, 本征方程含有扰动项在不同态之间所引起的耦合:

$$\Psi = \sum_n c_n \varphi_n \tag{3.5.1.1a}$$

$$\sum_n c_n (E_n \delta_{mn} + \langle \varphi_m|H'|\varphi_n \rangle) = E \sum_n c_n \delta_{mn} \tag{3.5.1.1b}$$

(3.5.1.1b) 可以写成矩阵形式:

$$\left[\begin{pmatrix} E_1 - E & \cdots & 0 \\ \vdots & \ddots & \vdots \\ 0 & \cdots & E_n - E \end{pmatrix} + \begin{pmatrix} H_{11}' & \cdots & 0 \\ \vdots & \ddots & \vdots \\ 0 & \cdots & H_{nn}' \end{pmatrix} + \begin{pmatrix} 0 & \cdots & H_{1n}' \\ \vdots & \ddots & \vdots \\ H_{n1}' & \cdots & 0 \end{pmatrix} \right]$$

$$\times \begin{pmatrix} c_1 \\ \vdots \\ c_n \end{pmatrix} = 0 \tag{3.5.1.1c}$$

(3.5.1.1c) 括号中第 1, 2, 3 项分别表示本征能量对角、扰动对角与扰动非对角部分。

太阳电池中光电过程主要发生在导带、价带等几个态之间，如果设计一个仅包括这几个态 (假设 l 个态) 的本征方程，那么远离这些态的其他态的影响如何计入？显而易见，需要在 H'_{mn} 上加上一个其他态所产生的具有无穷阶的修正项，Bir-Pikus 结合正则变换给出了相应的微扰理论结果 [36]，如能量二阶修正项及相应的波函数修正为

$$E_{mn}^{(2)} = -\frac{1}{2} \sum_s \left(\frac{1}{E_s^0 - E_m^0} + \frac{1}{E_s^0 - E_n^0} \right) H'_{ms} H'_{sn} \tag{3.5.1.2a}$$

$$\bar{\varphi}_m = \sum_s e_{lm}^{-s} \varphi_s \approx \varphi_m - \sum_s \frac{H'_{sm}}{E_s^0 - E_m^0} \varphi_s - \sum_s \sum_{m'} \frac{H'_{sm'} H'_{m'm}}{(E_s^0 - E_m^0)(E_s^0 - E_{m'}^0)} \varphi_s$$

$$+ \sum_s \sum_{s'} \frac{H'_{ss'} H'_{s'm}}{(E_s^0 - E_m^0)(E_{s'}^0 - E_m^0)} \varphi_s \tag{3.5.1.2b}$$

(3.5.1.1c) 变成

$$\left[\begin{pmatrix} E_1 - E & \cdots & 0 \\ \vdots & \ddots & \vdots \\ 0 & \cdots & E_l - E \end{pmatrix} + \begin{pmatrix} H'_{11} & \cdots & 0 \\ \vdots & \ddots & \vdots \\ 0 & \cdots & H'_{ll} \end{pmatrix} + \begin{pmatrix} 0 & \cdots & H'_{1l} \\ \vdots & \ddots & \vdots \\ H'_{l1} & \cdots & 0 \end{pmatrix} \right.$$

$$\left. + \begin{pmatrix} E_{mn}^{(2)} & \cdots & E_{mn}^{(2)} \\ \vdots & \ddots & \vdots \\ E_{mn}^{(2)} & \cdots & E_{mn}^{(2)} \end{pmatrix} \right] \begin{pmatrix} c_1 \\ \vdots \\ c_l \end{pmatrix} = 0 \tag{3.5.1.2c}$$

(3.5.1.2c) 在后面计算能带色散关系与外场包络函数模型中反复用到。

3.5.2 极值附近的能量色散

能量随晶格波矢的函数关系 $E_n(k)$ 称为能带的能量色散关系，决定了能带结构。k 小群的不可约表示维数决定了能带的简并度，k 的星中的元素数目决定了相同能量的 "谷" 的个数，同一能带在不同 k 处可能对应相同能量，称为能带重

叠,不同能带在同一波矢可能具有相同能量,称为能带交叉。能量上处于谷底或峰值的 k 点称为极值点:

$$\left.\frac{\partial E_n(k)}{\partial k}\right|_{k_0} = 0 \qquad (3.5.2.1)$$

极值点是具有高度对称性的 k 点,其 Bloch 函数很容易用上述群论的方法获得,另外从函数解析性质来看,从高对称性点到低对称性点的 k 曲线往往会出现分枝 (对称性劈裂)。鉴于太阳电池的低载流子浓度特征,我们只需要依据极值点附近的能带结构来考察相关态载流子的占据与输运特性。

极值点附近的波函数采用极值点波函数加反映偏移的波矢指数相位因子的方法 (称为 Kane 函数)[37] 得到

$$\varphi_{nk} = e^{i\boldsymbol{k}\cdot\boldsymbol{r}}\psi_{nk_0} \qquad (3.5.2.2)$$

H 作用于 Kane 函数产生了两个附加项:

$$H\varphi_{nk} = e^{i\boldsymbol{k}\cdot\boldsymbol{r}}\left[H_0 + \frac{\hbar}{m}\boldsymbol{k}\cdot\boldsymbol{\pi} + \frac{\hbar^2 k^2}{2m}\right]\psi_{nk_0} \qquad (3.5.2.3)$$

(3.5.2.3) 中, $\boldsymbol{\pi} = \boldsymbol{p} + \dfrac{\hbar}{4mc^2}(\nabla V \times \boldsymbol{p})\cdot\boldsymbol{\sigma}$,其中忽略了另外相对比较小的一项 $\dfrac{\hbar^2}{4mc^2}(\boldsymbol{\sigma}\times\nabla V)\cdot\boldsymbol{k}$。Kane 函数具有与 Bloch 函数同样的对称性,因此继承了与 Bloch 函数相同的正交性:

$$\langle\varphi_{n'k'}|\varphi_{nk}\rangle = \delta_{nn'}\delta_{kk'} \qquad (3.5.2.4a)$$

$$\langle\varphi_{n'k'}|\boldsymbol{\pi}|\varphi_{nk}\rangle = \pi_{nn'}\delta_{kk'} \qquad (3.5.2.4b)$$

(3.5.2.4b) 表明, $\boldsymbol{\pi}$ 只能诱导不同能带之间同一 k 的电子态之间的耦合,也就是说 $\boldsymbol{\pi}$ 矩阵元是波矢守恒的。将波函数用 (3.5.2.1) 的形式展开并代入 Schrödinger 方程,并左乘 $\varphi_{n'k'}^*$ 进行积分得到

$$\sum_{nk} c_{nk}\left\{\left(E_{nk_0} + \frac{\hbar^2 k^2}{2m} - E\right)\delta_{nn'}\delta_{kk'} + \frac{\hbar}{m}\boldsymbol{k}\cdot\boldsymbol{\pi}_{n'n}\right\} = 0 \qquad (3.5.2.5a)$$

(3.5.2.5a) 称为 Luttinger-Kohn 表示,其中的 $\boldsymbol{\pi}$ 项定义为

$$\boldsymbol{\pi}_{n'n} = \langle\psi_{n'k_0}|\boldsymbol{p}|\psi_{nk_0}\rangle + \frac{\hbar}{4mc^2}\langle\psi_{n'k_0}|(\nabla V \times \boldsymbol{p})\cdot\boldsymbol{\sigma}|\psi_{nk_0}\rangle \qquad (3.5.2.5b)$$

(3.5.2.5b) 中第一项刻画了动量引起的不同能带相同波矢、相同自旋电子态之间的耦合,称为动量矩阵元,第二项描述了自旋轨道相互作用诱导的不同能带相同

波矢不同自旋电子态之间的耦合。(3.5.2.5a) 以 $\dfrac{\hbar}{m}\boldsymbol{k}\cdot\boldsymbol{\pi}$ 作为微扰项计入其他能量距离较远的能带的影响后修正为

$$\sum_{nk} c_{nk}\left\{\left(E_{nk_0}+\frac{\hbar^2 k^2}{2m}-E\right)\delta_{nn'}\delta_{kk'}+\frac{\hbar}{m}\boldsymbol{k}\cdot\boldsymbol{\pi}_{n'n}\right.$$

$$\left.+\frac{\hbar^2}{m^2}\sum_{s\neq n}\frac{(\boldsymbol{k}\cdot\boldsymbol{\pi}_{n's})(\boldsymbol{k}\cdot\boldsymbol{\pi}_{sn})}{E_n^0-E_s^0}\right\}=0 \tag{3.5.2.6}$$

下面以 (3.5.2.6) 为基础观察无自旋时两种极值点附近的能带结构,其中 $\varepsilon_{nk}=E_{nk_0}+\dfrac{\hbar^2 k^2}{2m}$。

(1) 单重简并态:对应大部分半导体材料的导带底。由 (3.5.2.5) 可以得到二阶项近似为

$$E_{nk}=\varepsilon_{nk}+\frac{\hbar}{m}\boldsymbol{k}\cdot\boldsymbol{p}_{nk_0nk_0}+\frac{1}{m^2}\sum_{s\neq n}\frac{(\boldsymbol{k}\cdot\boldsymbol{p}_{n's})(\boldsymbol{k}\cdot\boldsymbol{p}_{sn})}{E_n^0-E_s^0}$$

$$=E_{nk_0}+\frac{\hbar}{m}\boldsymbol{k}\cdot\boldsymbol{p}_{nk_0nk_0}+\frac{\hbar^2}{2m_n^{\alpha\beta}}k_\alpha k_\beta \tag{3.5.2.7}$$

定义有效质量 $m_n^{\alpha\beta}$ 为

$$\frac{1}{m_n^{\alpha\beta}}=\frac{1}{m^2}\sum_{s\neq n}\frac{p_{nk_0sk_0}^\alpha p_{sk_0nk_0}^\beta+p_{nk_0sk_0}^\beta p_{sk_0nk_0}^\alpha}{E_n^0-E_s^0}+\frac{1}{m}\delta_{\alpha\beta} \tag{3.5.2.8}$$

这样极值点附近能量色散关系能够简化成二次抛物线型,等能面形状由六个二阶张量 $m_{\alpha\beta}$ 所决定,基本型是椭球,如果对称轴与主轴重合,依据对称性可转换成三个轴张量的椭球,甚至是球:

$$\varepsilon_n(k_0+k)=E_{nk_0}+\frac{\hbar^2 k^2}{2m}+\frac{\hbar^2}{m^2}\sum_{m\neq n}\frac{(\boldsymbol{k}\cdot\boldsymbol{p}_{nk_0mk_0})(\boldsymbol{k}\cdot\boldsymbol{p}_{mk_0nk_0})}{E_n^0-E_m^0}$$

$$=E_{nk_0}+\sum_{\alpha\beta}\frac{\hbar^2}{2m_n^{\alpha\beta}}k_\alpha k_\beta \tag{3.5.2.9}$$

(2) 非兼并双带:对应导带与价带双带系统,是处理很多半导体问题的简易模型。(3.5.2.5c) 成为 2×2 的本征矩阵:

$$\begin{pmatrix} E_{1k_0}+\dfrac{\hbar^2 k^2}{2m}+P_{11}-E & P_{12} \\ P_{21} & E_{2k_0}+\dfrac{\hbar^2 k^2}{2m}+P_{22}-E \end{pmatrix}\begin{pmatrix} c_1 \\ c_2 \end{pmatrix}=0 \tag{3.5.2.10}$$

式中，$P_{ij} = \dfrac{\hbar}{m} \boldsymbol{k} \cdot \boldsymbol{p}_{ij} + \dfrac{\hbar^2}{2m^2} \sum\limits_{s \neq n} \left(\dfrac{1}{E_{ik_0} - E_s^0} + \dfrac{1}{E_{jk_0} - E_s^0} \right) (\boldsymbol{k} \cdot \boldsymbol{p}_{is})(\boldsymbol{k} \cdot \boldsymbol{p}_{sj})$，包含一阶与二阶项。

(3) 三重简并态：对应大部分忽略自旋轨道相互作用的半导体材料的价带顶，对应波矢点群表示的基函数为 (x, y, z) 的 Γ_5 电子态，将三个态分别记为 1, 2, 3, (3.5.2.5a) 成为 3×3 的本征矩阵：

$$\begin{pmatrix} \varepsilon_{nk} + P_{11} - E & P_{12} & P_{13} \\ P_{21} & \varepsilon_{nk} + P_{22} - E & P_{23} \\ P_{31} & P_{32} & \varepsilon_{nk} + P_{33} - E \end{pmatrix} \begin{pmatrix} c_1 \\ c_2 \\ c_3 \end{pmatrix} = 0 \quad (3.5.2.11)$$

式中，$P_{ij} = \dfrac{\hbar}{m} \boldsymbol{k} \cdot \boldsymbol{p}_{ij} + \dfrac{\hbar^2}{m^2} \sum\limits_{s \neq n} \dfrac{(\boldsymbol{k} \cdot \boldsymbol{p}_{is})(\boldsymbol{k} \cdot \boldsymbol{p}_{sj})}{E_n^0 - E_s^0}$，包含一阶与二阶项。

由此可以看出，有效质量衡量了材料中某个态发生变化时其他态产生的黏滞效应。

3.5.3 跃迁矩阵元

量子力学中把扰动引起的不同电子态之间的耦合矩阵元称为跃迁矩阵元。本节中我们借助对称性判断跃迁矩阵元是否为 0。

在太阳电池中遇到的跃迁矩阵可以分成两类，一类体现在有效质量的定义中的动量跃迁矩阵元，如 (3.5.2.6) 中的一阶 $\boldsymbol{\pi}_{nk_0nk_0}$ 与二阶 $(\boldsymbol{k} \cdot \boldsymbol{\pi}_{n's})(\boldsymbol{k} \cdot \boldsymbol{\pi}_{sn})$（非自旋情形退化为 $\boldsymbol{p}_{nk_0nk_0}$），另外一类是光学跃迁矩阵元，电磁场诱导的扰动为 $-\dfrac{q}{mc} \boldsymbol{A} \cdot \boldsymbol{p}^{[38]}$，其中 $\boldsymbol{A}$ 为电磁场矢量势 (详见第 6 章)，于是光学跃迁矩阵元为

$$\frac{q}{mc} \langle \varphi_{n'k'} | \boldsymbol{A} \cdot \boldsymbol{p} | \varphi_{nk} \rangle \quad (3.5.3.1)$$

通常在太阳光 300~2000nm 范围内，矢量势在原子尺度上的变化比较平缓，可以近似取其 Fouier 变换的前两项：

$$\boldsymbol{A}(x) = \int A_q \mathrm{e}^{\mathrm{i}\boldsymbol{q} \cdot \boldsymbol{r}} \mathrm{d}\boldsymbol{q} \approx \int \boldsymbol{A}_q (1 + \mathrm{i}\boldsymbol{q} \cdot \boldsymbol{r}) \mathrm{d}\boldsymbol{q} \quad (3.5.3.2)$$

将上式代入 (3.5.3.1) 得到

$$\int \langle \varphi_{n'k'} | \boldsymbol{A}_q (1 + \mathrm{i}\boldsymbol{q} \cdot \boldsymbol{r}) \cdot \boldsymbol{p} | \varphi_{nk} \rangle \mathrm{d}\boldsymbol{q}$$

$$= \int \boldsymbol{A}_q \cdot \langle \varphi_{n'k'} | \boldsymbol{p} | \varphi_{nk} \rangle + \mathrm{i}\boldsymbol{A}_q \cdot \langle \varphi_{n'k'} | (\boldsymbol{q} \cdot \boldsymbol{r}) \boldsymbol{p} | \varphi_{nk} \rangle \mathrm{d}\boldsymbol{q} \quad (3.5.3.3)$$

（3.5.3.3）中右边第二项根据矢量性质 $(\boldsymbol{q} \cdot \boldsymbol{r})(\boldsymbol{A}_q \cdot \boldsymbol{p}) = (\boldsymbol{r} \times \boldsymbol{p}) \cdot (\boldsymbol{q} \times \boldsymbol{A}_q) + (\boldsymbol{A}_q \cdot \boldsymbol{r})(\boldsymbol{q} \cdot \boldsymbol{p})$，等号右边第一项能够重新组织成

$$\boldsymbol{A}_q \cdot \langle \varphi_{n'k'} | (\boldsymbol{q} \cdot \boldsymbol{r}) \, \boldsymbol{p} | \varphi_{nk} \rangle = (\boldsymbol{q} \times \boldsymbol{A}_q) \cdot \langle \varphi_{n'k'} | \boldsymbol{r} \times \boldsymbol{p} | \varphi_{nk} \rangle$$

$$+ \langle \varphi_{n'k'} | (\boldsymbol{A}_q \cdot \boldsymbol{r})(\boldsymbol{q} \cdot \boldsymbol{p}) | \varphi_{nk} \rangle$$

$$= (\boldsymbol{q} \times \boldsymbol{A}_q) \cdot \langle \varphi_{n'k'} | \boldsymbol{L} | \varphi_{nk} \rangle + E_2 \qquad (3.5.3.4)$$

（3.5.3.4）定义的 $(\boldsymbol{q} \times \boldsymbol{A}_q) \cdot \langle \varphi_{n'k'} | \boldsymbol{L} | \varphi_{nk} \rangle$ 称为磁偶极矩阵元，$\langle \varphi_{n'k'} | (\boldsymbol{A}_q \cdot \boldsymbol{r})(\boldsymbol{q} \cdot \boldsymbol{p}) | \varphi_{nk} \rangle$ 称为二阶动量矩阵元，这样光学跃迁矩阵元由动量矩阵元与磁偶极矩阵元两种组成，鉴于 $\boldsymbol{q} \approx \boldsymbol{0}$，近似地可以认为光学跃迁也是保持波矢守恒的过程。

下面观察对称操作的影响规律，假设矩阵元中左矢、算符与右矢分别是对称群的第 γ、β、α 个不可约表示的第 l、j、i 个基函数，根据矩阵元对称操作保持不变的性质：

$$g \left\langle \varphi_\gamma^l | T_\beta^j | \varphi_\alpha^i \right\rangle = \sum_{l'j'i'} D_{l'l}^{*\gamma}(g) \, D_{j'j}^{\beta}(g) \, D_{i'i}^{\alpha}(g) \left\langle \varphi_\gamma^{l'} | T_\beta^{j'} | \varphi_\alpha^{i'} \right\rangle = \left\langle \varphi_\gamma^l | T_\beta^j | \varphi_\alpha^i \right\rangle$$

$$(3.5.3.5)$$

（3.5.3.5）表明，这三个表象的乘积是恒等表示，或者用另外一种描述是 β 和 α 不可约表示的直积分解中含有 γ 不可约表示，这是因为两个互为复共轭的表示的直积肯定含有恒等表示：

$$\Gamma_\gamma \in \Gamma_\alpha \otimes \Gamma_\beta \qquad (3.5.3.6)$$

如（3.5.2.7）对应的情况比较简单，电子态为一维表示，满足 $\chi_n^*(g) \chi_n(g) = 1$，由于 π 的表示为 D_1，则一阶动量矩阵元不为零的条件是 G_{k0} 中存在 D_1（或分解）且特征标不为 0：

$$N_1 = \frac{1}{h} \sum_g \chi_n^*(g) \chi_1(g) \chi_n(g) = \frac{1}{h} \sum_g \chi_1(g) \qquad (3.5.3.7)$$

如果 G_k 中含有反演，则一阶动量矩阵元总是为 0。

能够得到二阶项在对称操作作用下的变换规律类似矩阵元 [39]：

$$\langle n'k_0 | \pi^i \pi^j + \pi^j \pi^i | nk_0 \rangle \qquad (3.5.3.8)$$

这样得知二阶项的表示为 D_1 的直积 $D_1 \times D_1$ 的对称组合，于是二阶项的数目为

$$N_2 = \frac{1}{2} \sum_g \left[\chi_1^2(g) + \chi_1(g^2) \right] \qquad (3.5.3.9)$$

空间群下的跃迁矩阵元的对称变换性质涉及晶体波矢的守恒，如

$$\left\langle e^{i\boldsymbol{k'}\cdot\boldsymbol{r}}\varphi_\gamma^l \middle| e^{i\boldsymbol{q}\cdot\boldsymbol{r}}T_\beta^j \middle| e^{i\boldsymbol{k}\cdot\boldsymbol{r}}\varphi_\alpha^i \right\rangle = \delta\left(\boldsymbol{k}+\boldsymbol{q}-\boldsymbol{k'}-\boldsymbol{K}_\mathrm{h}\right)\left\langle\varphi_\gamma^l|T_\beta^j|\varphi_\alpha^i\right\rangle \tag{3.5.3.10}$$

这里需要注明的是，l, j 和 i 分别是 k', q 和 k 小群的表示编号。

3.5.4 典型能带结构

现在观察立方晶体太阳电池材料中常见的几个布里渊区 (BZ) 极值点处的能带结构。这类材料的能带结构可以用一个简单的物理图像 (图 3.5.1) 表示[40]，价带顶是简单的 Γ 三重态，而导带底则取决于 L-Γ-X 三个极值点的相对位置，不同材料显示了不同的排列顺序。

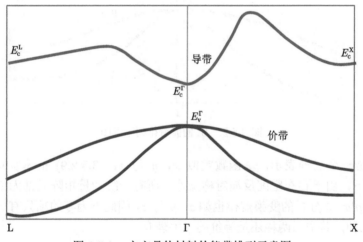

图 3.5.1　立方晶体材料的能带排列示意图

1. Si

图 3.5.2 是 Si 的典型能带示意图。鉴于通常 Si 的自旋轨道作用比较弱 (只有几个 eV)，我们这里仅用单群表示来描述能带结构，价带顶为 Γ_{25}'，导带三个极值点相对价带顶由低到高分为 $X_1 \to L_1 \to \Gamma_{15}$，但最低点并不在 X 上，而是从 Γ 到 X 的 Δ 轴 (小群为 C_{4v}) 靠近 X 点处，通常提到的 Si 的光学带隙就是从 Γ_{25}' 到 X_1 的能量差，300K 的值约为 1.12eV。考虑到两个态之间的波矢差为非整数倒晶格矢量，因此需要借助声子等实现光学跃迁。由表 3.4.2 可知，X 点小群为含有空间反演的 $D_{4h} = D_{2d} \times C_i$，$X_{1c}$ 是一维表示，因此一阶矩阵元全部为 0，二阶矩阵元只有 x^2, y^2 与 z^2 项不为 0，而且两个垂直二次轴等价，能量色散关系如 (3.5.4.1) 所示：

$$E\left(k\right) = E_X + \frac{\hbar^2\left(k_x^2 + k_y^2\right)}{2m_t} + \frac{\hbar^2 k_z^2}{2m_l} \tag{3.5.4.1}$$

式中，t 表示两个等价的二次轴方向，l 表示四次轴方向，对于 Si 而言，两个方向的有效质量分别为 $m_t = 0.1905m_0$，$m_l = 0.9163m_0$[41]，正是这个能带特征使得 Si 的导带有效质量比较大。

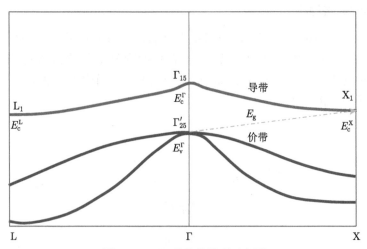

图 3.5.2　Si 的能带排列示意图

Γ_{25}' 是一个三维表示，基函数类似 x，y 与 z，(3.5.2.9) 的本征矩阵在 O_h 对称操作下，由于存在空间反演对称操作，所有一阶动量矩阵元都为 0，先观察 $P_{xx} \sim x p^i p^j x$，p 分量的变换规律也如 x，y 与 z，因此不为零的项只有 $xxxx$，$xyyx$ 与 $xzzx$ 三种，其中后两种还是等价的，整理有

$$P_{xx} = \frac{\hbar^2}{m^2}\sum_{s\neq n}\frac{\langle x|p^x|n\rangle\langle n|p^x|x\rangle}{E_n^0 - E_s^0}k_x^2 + \frac{\hbar^2}{m^2}\sum_{s\neq n}\frac{\langle x|p^y|n\rangle\langle n|p^y|x\rangle}{E_n^0 - E_s^0}k_y^2$$

$$+ \frac{\hbar^2}{m^2}\sum_{s\neq n}\frac{\langle x|p^z|n\rangle\langle n|p^z|x\rangle}{E_n^0 - E_s^0}k_z^2 \tag{3.5.4.2}$$

类似地得到 P_{yy} 与 P_{zz}。另外也能得到如 P_{xy} 的交叉项：

$$P_{xy} = \frac{\hbar^2}{m^2}\sum_{s\neq n}\frac{\langle x|p^x|n\rangle\langle n|p^y|y\rangle + \langle x|p^y|n\rangle\langle n|p^x|y\rangle}{E_n^0 - E_s^0}k_x k_y \tag{3.5.4.3}$$

令 $L = \frac{\hbar^2}{m^2}\sum_{s\neq n}\frac{|\langle x|p^x|n\rangle|^2}{E_n^0 - E_s^0} + \frac{\hbar^2}{m^2}\delta_{ij}$，$M = \frac{\hbar^2}{m^2}\sum_{s\neq n}\frac{|\langle x|p^y|n\rangle|^2}{E_n^0 - E_s^0} + \frac{\hbar^2}{m^2}\delta_{ij}$，$N = L + M$，综合上述结果，本征矩阵可以写成

$$
\begin{pmatrix}
Lk_x^2 + M\left(k_y^2 + k_z^2\right) - E & Nk_xk_y & Nk_xk_z \\
Nk_xk_y & Lk_y^2 + M\left(k_x^2 + k_z^2\right) - E & Nk_yk_z \\
Nk_xk_z & Nk_yk_z & Lk_z^2 + M\left(k_x^2 + k_y^2\right) - E
\end{pmatrix}
$$

$$
\times \begin{pmatrix} c_x \\ c_y \\ c_z \end{pmatrix} = 0 \tag{3.5.4.4}
$$

通过求解 (3.5.4.4) 的行列式得到三个能量色散关系, 详见文献 [42]。金刚石结构的自旋轨道耦合情形将在闪锌矿中阐述, 因为这两者具有类似的特征。

2. 闪锌矿

闪锌矿的 III-V 族半导体材料的价带顶电子态通常是三维不可约表示 Γ_5(对应 $SO(3)$ 的 D^1, 自旋轨道作用下劈裂成四维不可约表示 $D^{3/2}\Gamma_{8+}$ 二维不可约表示 $D^{1/2}\Gamma_7$, 即 $D^1 \times D^{1/2} = D^{3/2} + D^{1/2}$), 导带底由一维不可约表示 Γ_1(自旋轨道作用下成为 Γ_6)、L_1(自旋轨道作用下成为 L_6) 和 X_1(自旋轨道作用下成为 X_6) 的能量相对位置决定 (表 3.5.1)。闪锌矿的晶体点群不含有空间反演对称, 因此一阶动量矩阵元可能不为 0, 这是与金刚石结构的 Si 相区别的地方。首先观察 Γ 点导带结构, 一阶动量矩阵元变换规律如 p^i, 在 C_2 的作用下变号, 因此一阶动量矩阵元为 0, 二阶动量矩阵元的变换规律如 $p^ip^j + p^jp^i$, 考虑到对角镜面、体对角线三次旋转轴、主轴四次旋转等对称操作的存在, 只有 $x^2 + y^2 + z^2$ 是保持不变的形式, 这样得到 Γ 点附近能量色散关系为

$$
E\left(k\right) = E_c^{\Gamma_1} + \frac{\hbar^2\left(k_x^2 + k_y^2 + k_z^2\right)}{2m_{\Gamma_1}} \tag{3.5.4.5}
$$

式中, $m_{\Gamma_1} = \dfrac{\hbar^2}{m^2}\displaystyle\sum_{s\neq n}\dfrac{|\langle x|p^x|n\rangle|^2}{E_n^0 - E_s^0} + \dfrac{\hbar^2}{m^2} = \dfrac{\hbar^2}{m^2}\displaystyle\sum_{s\neq n}\dfrac{|\langle y|p^y|n\rangle|^2}{E_n^0 - E_s^0} + \dfrac{\hbar^2}{m^2} = \dfrac{\hbar^2}{m^2}$

$\displaystyle\sum_{s\neq n}\dfrac{|\langle z|p^z|n\rangle|^2}{E_n^0 - E_s^0} + \dfrac{\hbar^2}{m^2}$。(3.5.4.5) 表示完全球体的能带结构 (后面称抛物色散关系), 即三个主轴是完全等价的, 有些对称性也会产生主轴之间不完全等价的类似椭球的能带结构, 其一般形式如:

$$
E\left(k\right) = E_{\text{extrem}} + \frac{\hbar^2 k_x^2}{2m_x} + \frac{\hbar^2 k_y^2}{2m_y} + \frac{\hbar^2 k_z^2}{2m_z} \tag{3.5.4.6}
$$

L_1 对应的小点群为 C_{3v}, 体对角线三次旋转 (三次轴为主轴) 与等分主坐标轴镜面综合作用使得一阶动量矩阵元为 0, 二阶动量矩阵元只有 $x^2 + y^2$ 和 z^2 是

保持不变的形式，因此 L_1 的能量色散关系如 (3.5.4.7)：

$$E(k) = E_c^{L_1} + \frac{\hbar^2 \left(k_x^2 + k_y^2\right)}{2m_t} + \frac{\hbar^2 k_z^2}{2m_l} \tag{3.5.4.7}$$

X_1 对应的小点群为 D_{2d}，容易验证一阶动量矩阵元为 0，二阶动量矩阵元也只有 $x^2 + y^2$ 和 z^2 是保持不变的形式，因此 X_1 的能量色散关系如 (3.5.4.8)：

$$E(k) = E_c^{X_1} + \frac{\hbar^2 \left(k_x^2 + k_y^2\right)}{2m_t} + \frac{\hbar^2 k_z^2}{2m_l} \tag{3.5.4.8}$$

借助于 3.3.7 节中发展的电子态基函数能够得到自旋轨道耦合情况下，III-V 族半导体 Γ_6，Γ_8，Γ_7 等三个态组成的子系统的本征方程，即 Kane 的 4×4、6×6、8×8 甚至 16×16 多带模型 [43-47]。这里我们省略球谐函数中的径向部分，仅以表 3.1.1 中第四列的形式显现，如表 3.5.1 所示。

表 3.5.1　Γ_6，Γ_8，Γ_7 等三个态基函数

$\Gamma_6^{1/2}$	$\Gamma_6^{-1/2}$	$\Gamma_8^{3/2}$	$\Gamma_8^{1/2}$	$\Gamma_8^{-1/2}$	$\Gamma_8^{-3/2}$	$\Gamma_7^{1/2}$	$\Gamma_7^{-1/2}$
$1\uparrow$	$1\downarrow$	$-(x+iy)\uparrow$	$\frac{1}{\sqrt{3}}[2z\uparrow - (x+iy)\downarrow]$	$\frac{1}{\sqrt{3}}[2z\downarrow + (x-iy)\uparrow]$	$(x-iy)\downarrow$	$-\sqrt{\frac{2}{3}}[z\uparrow + (x+iy)\downarrow]$	$\sqrt{\frac{2}{3}}[z\downarrow - (x-iy)\uparrow]$

将表 3.5.1 中基函数代入 (3.5.2.6) 中得到相应的本征矩阵，经过涉及自旋的配对重组，出现变换规律关于 x, y, z 的二次项、三次项与四次项多项式组合，结合上述对称性操作对矩阵元的要求 (3.5.3.5) 容易发现，二次项仅有 x^2, y^2, z^2 等不为 0，三次项仅有 xyz 不为 0，四次项有 x^4 与 x^2y^2 两种不为 0，这样能够直接给出各个项的形式，如 Γ_6 与 Γ_8，Γ_7 的一阶项：

$$\frac{\hbar}{m}\boldsymbol{k}\cdot\left\langle\Gamma_6^{\frac{1}{2}}\left|\boldsymbol{p}\right|\Gamma_8^{\frac{3}{2}}\right\rangle = \frac{\hbar}{m}\boldsymbol{k}\cdot\langle 1\uparrow|\boldsymbol{p}| - (x+iy)\uparrow\rangle = -\frac{\hbar}{m}\langle 1|p^x|x\rangle(k_x + ik_y) \tag{3.5.4.9a}$$

$$\frac{\hbar}{m}\boldsymbol{k}\cdot\left\langle\Gamma_6^{\frac{1}{2}}\left|\boldsymbol{p}\right|\Gamma_8^{\frac{1}{2}}\right\rangle = \frac{\hbar}{m}\boldsymbol{k}\cdot\left\langle 1\uparrow\left|\boldsymbol{p}\right|\frac{1}{\sqrt{3}}[2z\uparrow - (x+iy)\downarrow]\right\rangle = \frac{2}{\sqrt{3}}\frac{\hbar}{m}\langle 1|p^z|z\rangle k_z \tag{3.5.4.9b}$$

$$\frac{\hbar}{m}\boldsymbol{k}\cdot\left\langle\Gamma_6^{\frac{1}{2}}\left|\boldsymbol{p}\right|\Gamma_8^{-\frac{1}{2}}\right\rangle = \frac{\hbar}{m}\boldsymbol{k}\cdot\left\langle 1\uparrow\left|\boldsymbol{p}\right|\frac{1}{\sqrt{3}}[2z\downarrow + (x-iy)\uparrow]\right\rangle = \frac{1}{\sqrt{3}}\frac{\hbar}{m}\langle 1|p^x|x\rangle(k_x - ik_y) \tag{3.5.4.9c}$$

$$\frac{\hbar}{m}\boldsymbol{k}\cdot\left\langle\Gamma_6^{\frac{1}{2}}\left|\boldsymbol{p}\right|\Gamma_8^{-\frac{3}{2}}\right\rangle = \frac{\hbar}{m}\boldsymbol{k}\cdot\langle 1\uparrow|\boldsymbol{p}|(x-iy)\downarrow\rangle = 0 \tag{3.5.4.9d}$$

体对角线三次旋转轴的存在使得 $\langle 1|p^x|x\rangle = \langle 1|p^z|z\rangle = \langle 1|p^y|y\rangle$，令 $P = \frac{\hbar}{m}\langle 1|p^x|x\rangle$，$k_\pm = k_x \pm \mathrm{i}k_y$。三次多项式的对称性要求使得所有 Γ_8 与 Γ_7 一阶动量矩阵元只能是 xyz 的形式，如：

$$\left(\boldsymbol{k}\cdot\left\langle \Gamma_8^{\frac{3}{2}}\middle|\boldsymbol{p}\middle|n\right\rangle\right)\left(\boldsymbol{k}\cdot\left\langle n\middle|\boldsymbol{p}\middle|\Gamma_8^{\frac{1}{2}}\right\rangle\right) = -\frac{2}{\sqrt{3}}\left(\boldsymbol{k}\cdot\langle x+\mathrm{i}y|\boldsymbol{p}|z\rangle\right) = \mathrm{i}\frac{2}{\sqrt{3}}Q\left(k_x+\mathrm{i}k_y\right)$$

$$(3.5.4.10)$$

式中，$Q = \langle x|p_y|z\rangle$。一阶动量矩阵元总结如表 3.5.2 所示。

表 3.5.2　Γ_6，Γ_8，Γ_7 等三个态一阶动量矩阵元

	$\Gamma_6^{1/2}$	$\Gamma_6^{-1/2}$	$\Gamma_8^{3/2}$	$\Gamma_8^{1/2}$	$\Gamma_8^{-1/2}$	$\Gamma_8^{-3/2}$	$\Gamma_7^{1/2}$	$\Gamma_7^{-1/2}$
$\Gamma_6^{1/2}$	0	0	$-Pk_+$	$\frac{2}{\sqrt{3}}Pk_z$	$\frac{1}{\sqrt{3}}Pk_-$	0	$-\frac{2}{\sqrt{6}}Pk_z$	$-\frac{2}{\sqrt{6}}Pk_-$
$\Gamma_6^{-1/2}$		0	0	$-\frac{1}{\sqrt{3}}Pk_+$	$\frac{2}{\sqrt{3}}Pk_z$	Pk_-	$-\frac{2}{\sqrt{6}}Pk_+$	$\frac{2}{\sqrt{6}}Pk_z$
$\Gamma_8^{3/2}$			0	$\mathrm{i}\frac{2}{\sqrt{3}}Q\left(k_x+\mathrm{i}k_y\right)$	0	0	$-\mathrm{i}\frac{2}{\sqrt{6}}Q\left(k_x+\mathrm{i}k_y\right)$	0
$\Gamma_8^{1/2}$				0	0	0	0	$\mathrm{i}\sqrt{2}Q\left(k_x+\mathrm{i}k_y\right)$
$\Gamma_8^{-1/2}$					0	$-\mathrm{i}\frac{2}{\sqrt{3}}Q\left(k_x+\mathrm{i}k_y\right)$	$-\mathrm{i}\sqrt{2}Q\left(k_x+\mathrm{i}k_y\right)$	0
$\Gamma_8^{-3/2}$						0	0	$-\mathrm{i}\frac{2}{\sqrt{6}}Q\left(k_x+\mathrm{i}k_y\right)$
$\Gamma_7^{1/2}$							0	0
$\Gamma_7^{-1/2}$								0

Γ_6 与 Γ_8，Γ_7 的二阶项的所有不为 0 的二阶动量矩阵元由于都是关于 xyz 的三次多项式组合 $\langle 1|p_y|n\rangle\langle n|p_z|x\rangle$，如 (3.5.4.11a)～(3.5.4.11c) 所示：

$$\left(\boldsymbol{k}\cdot\left\langle \Gamma_6^{\frac{1}{2}}\middle|\boldsymbol{p}\middle|n\right\rangle\right)\left(\boldsymbol{k}\cdot\left\langle n\middle|\boldsymbol{p}\middle|\Gamma_8^{\frac{3}{2}}\right\rangle\right) = -\left(\boldsymbol{k}\cdot\langle 1|\boldsymbol{p}|n\rangle\right)\left(\boldsymbol{k}\cdot\langle n|\boldsymbol{p}|(x+\mathrm{i}y)\rangle\right)$$

$$= -\mathrm{i}R\left(k_x-\mathrm{i}k_y\right)k_z \qquad (3.5.4.11\mathrm{a})$$

$$\left(\boldsymbol{k}\cdot\left\langle \Gamma_6^{\frac{1}{2}}\middle|\boldsymbol{p}\middle|n\right\rangle\right)\left(\boldsymbol{k}\cdot\left\langle n\middle|\boldsymbol{p}\middle|\Gamma_8^{\frac{1}{2}}\right\rangle\right) = \frac{2}{\sqrt{3}}\left(\boldsymbol{k}\cdot\langle 1|\boldsymbol{p}|n\rangle\right)\left(\boldsymbol{k}\cdot\langle n|\boldsymbol{p}|z\rangle\right) = \frac{2}{\sqrt{3}}Rk_xk_y$$

$$(3.5.4.11\mathrm{b})$$

$$\left(\boldsymbol{k}\cdot\left\langle \Gamma_6^{\frac{1}{2}}\middle|\boldsymbol{p}\middle|n\right\rangle\right)\left(\boldsymbol{k}\cdot\left\langle n\middle|\boldsymbol{p}\middle|\Gamma_8^{-\frac{1}{2}}\right\rangle\right) = \frac{1}{\sqrt{3}}\left(\boldsymbol{k}\cdot\langle 1|\boldsymbol{p}|n\rangle\right)\left(\boldsymbol{k}\cdot\langle n|\boldsymbol{p}|(x-\mathrm{i}y)\rangle\right)$$

$$= \frac{\mathrm{i}}{\sqrt{3}}R\left(k_x+\mathrm{i}k_y\right)k_z \qquad (3.5.4.11\mathrm{c})$$

式中，$R = \langle 1|p_y|n\rangle\langle n|p_z|x\rangle + \langle 1|p_z|n\rangle\langle n|p_y|x\rangle$，如表 3.5.3 所示。

表 3.5.3　Γ_6 与 Γ_8，Γ_7 之间的耦合二阶动量矩阵元

	$\Gamma_6^{1/2}$	$\Gamma_6^{-1/2}$	$\Gamma_8^{3/2}$	$\Gamma_8^{1/2}$	$\Gamma_8^{-1/2}$	$\Gamma_8^{-3/2}$	$\Gamma_7^{1/2}$	$\Gamma_7^{-1/2}$
$\Gamma_6^{1/2}$	$E_{\Gamma_6} + \dfrac{\hbar^2 k^2}{2m_{\Gamma_6}}$	0	$-iRk_-k_z$	$\dfrac{2}{\sqrt{3}}Rk_xk_y$	$\dfrac{i}{\sqrt{3}}Rk_+k_z$	0	$-\dfrac{2}{\sqrt{6}}Rk_xk_y$	$i\dfrac{2}{\sqrt{6}}Rk_+k_z$
$\Gamma_6^{-1/2}$	—	$E_{\Gamma_6} + \dfrac{\hbar^2 k^2}{2m_{\Gamma_6}}$	0	$\dfrac{i}{\sqrt{3}}Rk_-k_z$	$\dfrac{2}{\sqrt{3}}Rk_xk_y$	$-iRk_+k_z$	$-i\dfrac{2}{\sqrt{6}}Rk_-k_z$	$\dfrac{2}{\sqrt{6}}Rk_xk_y$

Γ_8，Γ_7 之间的二阶耦合呈现四次多项式组合的形式，如

$$\left(\boldsymbol{k}\cdot\left\langle\Gamma_8^{\frac{3}{2}}\big|\boldsymbol{p}\big|n\right\rangle\right)\left(\boldsymbol{k}\cdot\left\langle n\big|\boldsymbol{p}\big|\Gamma_8^{\frac{3}{2}}\right\rangle\right) = (\boldsymbol{k}\cdot\langle x+iy|\boldsymbol{p}|n\rangle)\,(\boldsymbol{k}\cdot\langle n|\boldsymbol{p}|x+iy\rangle)$$

$$\sim (x-iy)\,p^i p^j\,(x+iy) \tag{3.5.4.12a}$$

$$\left(\boldsymbol{k}\cdot\left\langle\Gamma_8^{\frac{3}{2}}\big|\boldsymbol{p}\big|n\right\rangle\right)\left(\boldsymbol{k}\cdot\left\langle n\big|\boldsymbol{p}\big|\Gamma_8^{\frac{1}{2}}\right\rangle\right) = -\frac{2}{\sqrt{3}}\,(\boldsymbol{k}\cdot\langle x+iy|\boldsymbol{p}|n\rangle)\,(\boldsymbol{k}\cdot\langle n|\boldsymbol{p}|z\rangle)$$

$$\sim -\frac{2}{\sqrt{3}}\,(x-iy)\,p^i p^j\,z \tag{3.5.4.12b}$$

$$\left(\boldsymbol{k}\cdot\left\langle\Gamma_8^{\frac{3}{2}}\big|\boldsymbol{p}\big|n\right\rangle\right)\left(\boldsymbol{k}\cdot\left\langle n\big|\boldsymbol{p}\big|\Gamma_8^{-\frac{1}{2}}\right\rangle\right) = -\frac{1}{\sqrt{3}}\boldsymbol{k}\cdot\langle x+iy|\boldsymbol{p}|n\rangle\,(\boldsymbol{k}\cdot\langle n|\boldsymbol{p}|x-iy\rangle)$$

$$\sim -\frac{1}{\sqrt{3}}\,(x-iy)\,p^i p^j\,(x-iy) \tag{3.5.4.12c}$$

$$\left(\boldsymbol{k}\cdot\left\langle\Gamma_8^{\frac{3}{2}}\big|\boldsymbol{p}\big|n\right\rangle\right)\left(\boldsymbol{k}\cdot\left\langle n\big|\boldsymbol{p}\big|\Gamma_8^{-\frac{3}{2}}\right\rangle\right) = 0 \tag{3.5.4.12d}$$

$$\left(\boldsymbol{k}\cdot\left\langle\Gamma_8^{\frac{3}{2}}\big|\boldsymbol{p}\big|n\right\rangle\right)\left(\boldsymbol{k}\cdot\left\langle n\big|\boldsymbol{p}\big|\Gamma_7^{\frac{1}{2}}\right\rangle\right) = \frac{2}{\sqrt{6}}\,(\boldsymbol{k}\cdot\langle x+iy|\boldsymbol{p}|n\rangle)\,(\boldsymbol{k}\cdot\langle n|\boldsymbol{p}|z\rangle)$$

$$\sim \frac{2}{\sqrt{6}}\,(x-iy)\,p^i p^j\,z \tag{3.5.4.12e}$$

$$\left(\boldsymbol{k}\cdot\left\langle\Gamma_8^{\frac{3}{2}}\big|\boldsymbol{p}\big|n\right\rangle\right)\left(\boldsymbol{k}\cdot\left\langle n\big|\boldsymbol{p}\big|\Gamma_7^{-\frac{1}{2}}\right\rangle\right) = \frac{2}{\sqrt{6}}\,(\boldsymbol{k}\cdot\langle x+iy|\boldsymbol{p}|n\rangle)\,(\boldsymbol{k}\cdot\langle n|\boldsymbol{p}|x-iy\rangle)$$

$$\sim \frac{2}{\sqrt{6}}\,(x-iy)\,p^i p^j\,(x-iy) \tag{3.5.4.12f}$$

这些四次多项式整理如表 3.5.4 所示。

表 3.5.4 Γ_8, Γ_7 之间的二阶动量矩阵元

	$\Gamma_8^{3/2}$	$\Gamma_8^{1/2}$	$\Gamma_8^{-1/2}$	$\Gamma_8^{-3/2}$	$\Gamma_7^{1/2}$	$\Gamma_7^{-1/2}$
$\Gamma_8^{3/2}$	$(x-iy)p^ip^j(x+iy)$	$\frac{2}{\sqrt3}[(x-iy)p^ip^j z+(x-iy)p^ip^j(x+iy)]$	$-\frac{1}{\sqrt3}(x-iy)p^ip^j(x-iy)$	0	$\frac{2}{\sqrt6}(x-iy)p^ip^j z$	$\frac{2}{\sqrt6}(x-iy)p^ip^j(x-iy)$
$\Gamma_8^{1/2}$		$\frac{1}{3}[4zp^ip^j z+(x-iy)p^ip^j(x+iy)]$	0	$-\frac{1}{\sqrt3}(x-iy)p^ip^j(x-iy)$	$\frac{\sqrt2}{3}[2zp^ip^j z-(x-iy)p^ip^j(x+iy)]$	$-\frac{2}{\sqrt6}[2zp^ip^j(x-iy)+(x-iy)p^ip^j z]$
$\Gamma_8^{-1/2}$			$\frac{1}{3}[4zp^ip^j z+(x+iy)p^ip^j(x-iy)]$	$\frac{2}{\sqrt3}zp^ip^j(x-iy)$	$\frac{\sqrt2}{3}[2zp^ip^j(x+iy)+(x+iy)p^ip^j z]$	$-\frac{\sqrt2}{3}[2zp^ip^j z-(x+iy)p^ip^j(x-iy)]$
$\Gamma_8^{-3/2}$				$(x+iy)p^ip^j(x-iy)$	$-\frac{2}{\sqrt6}(x+iy)p^ip^j(x+iy)$	$\frac{2}{\sqrt6}(x+iy)p^ip^j z$
$\Gamma_7^{1/2}$					$\frac{2}{3}[zp^ip^j z+(x-iy)p^ip^j(x+iy)]$	0
$\Gamma_7^{-1/2}$						$\frac{2}{3}[zp^ip^j z+(x+iy)p^ip^j(x-iy)]$

表 3.5.4 中的项主要包括两种形式: xp^ip^jx 与 xp^ip^jy, 根据定义分别展开如下:

$$(\boldsymbol{k}\cdot\langle x|\boldsymbol{p}|n\rangle)(\boldsymbol{k}\cdot\langle n|\boldsymbol{p}|x\rangle) = |\langle x|p^x|n\rangle|^2\,k_x^2 + |\langle x|p^y|n\rangle|^2\,(k_y^2 + k_z^2)$$

$$= m_1 k_x^2 + m_2\,(k_y^2 + k_z^2) \tag{3.5.4.13a}$$

$$(\boldsymbol{k}\cdot\langle x|\boldsymbol{p}|n\rangle)(\boldsymbol{k}\cdot\langle n|\boldsymbol{p}|y\rangle) = (\langle x|p^x|n\rangle\langle n|p^y|y\rangle + \langle y|p^x|n\rangle\langle n|p^y|x\rangle)\,k_x k_y$$

$$= m_3 k_x k_y \tag{3.5.4.13b}$$

其中定义了三个有效质量参数 m_1, m_2 与 m_3, 表 3.5.4 中主要由如下几种典型组成:

$$(x\pm\mathrm{i}y)\,p^ip^j\,(x\mp\mathrm{i}y) = xp^ip^jx + yp^ip^jy = (m_1 + m_2)\,(k_x^2 + k_y^2) + 2m_2 k_z^2 \tag{3.5.4.13c}$$

$$(x\pm\mathrm{i}y)\,p^ip^jz = xp^ip^jz \pm \mathrm{i}yp^ip^jz = m_3 k_x k_z \pm \mathrm{i}m_3 k_y k_z = m_3 k_z\,(k_x \pm \mathrm{i}k_y) \tag{3.5.4.13d}$$

$$(x\pm\mathrm{i}y)\,p^ip^j\,(x\pm\mathrm{i}y) = xp^ip^jx - yp^ip^jy \pm \mathrm{i}2xp^ip^jy = (m_1 - m_2)\,(k_x^2 - k_y^2) \pm m_3 2\mathrm{i}k_x k_y \tag{3.5.4.13e}$$

$$4zp^ip^jz + (x\pm\mathrm{i}y)\,p^ip^j\,(x\mp\mathrm{i}y) = (m_1 + 5m_2)\,k^2 + 3\,(m_1 - m_2)\,k_z^2 \tag{3.5.4.13f}$$

$$2zp^ip^jz - (x\pm\mathrm{i}y)\,p^ip^j\,(x\mp\mathrm{i}y) = (m_1 - m_2)\,(3k_z^2 - k^2) \tag{3.5.4.13g}$$

$$zp^ip^jz + (x\pm\mathrm{i}y)\,p^ip^j\,(x\mp\mathrm{i}y) = (m_1 + 2m_2)\,k^2 \tag{3.5.4.13h}$$

Γ_8, Γ_7 之间的二阶动量矩阵元如表 3.5.5 所示。

很多文献中采用所谓的 Luttinger 参数[48-50], 其定义为

$$\gamma_1 = 1 - \frac{1}{3}\,(m_1 + 2m_2) \tag{3.5.4.14a}$$

$$\gamma_2 = -\frac{1}{6}\,(m_1 - 2m_2) \tag{3.5.4.14b}$$

$$\gamma_3 = \frac{1}{3}m_3 \tag{3.5.4.14c}$$

如果只考虑 Γ_8 内的矩阵元, 得到在光电子器件模型中广为使用的 Kane 4×4 本征矩阵[46,51,52], 对角化得到两支简并的能带, 分别称为轻重空穴带:

$$E_{\Gamma_{8v}}(\boldsymbol{k}) = E_{\Gamma_{8v}}(0) - \frac{\hbar^2}{2m}\left(\gamma_1 k^2 \pm 2\sqrt{\gamma_2^2 k^4 + 3\,(\gamma_3^2 - \gamma_2^2)\,(k_x^2 k_y^2 + k_y^2 k_z^2 + k_z^2 k_x^2)}\right) \tag{3.5.4.15a}$$

表 3.5.5 Γ_8, Γ_7 等两个态二阶动量矩阵元

	$\Gamma_8^{3/2}$	$\Gamma_8^{1/2}$	$\Gamma_8^{-1/2}$	$\Gamma_8^{-3/2}$	$\Gamma_7^{1/2}$	$\Gamma_7^{-1/2}$
$\Gamma_8^{3/2}$	$E_{\Gamma_8}+(m_1+m_2)(k_x^2+k_y^2)+2m_2 k_z^2$	$-\dfrac{2}{\sqrt{3}}m_3 k_z(k_x-ik_y)$	$-\dfrac{1}{\sqrt{3}}[(m_1-m_2)(k_x^2-k_y^2)-m_3 2ik_x k_y]$	0	$\dfrac{2}{\sqrt{6}}m_3 k_z(k_x-ik_y)$	$\dfrac{2}{\sqrt{6}}[(m_1-m_2)(k_x^2-k_y^2)-m_3 2ik_x k_y]$
$\Gamma_8^{1/2}$		$E_{\Gamma_8}+\dfrac{(m_1+2m_2)}{3}k^2+m_2 k^2+(m_1-m_2)k_z^2$	0	$-\dfrac{1}{\sqrt{3}}[(m_1-m_2)(k_x^2-k_y^2)-m_3 2ik_x k_y]$	$-\dfrac{\sqrt{2}}{3}(m_1-m_2)(3k_z^2-k^2)$	$-\sqrt{6}m_3 k_z(k_x-ik_y)$
$\Gamma_8^{-1/2}$			$E_{\Gamma_8}+\dfrac{(m_1+2m_2)}{3}k^2+m_2 k^2+(m_1-m_2)k_z^2$	$\dfrac{2}{\sqrt{3}}m_3 k_z(k_x+ik_y)$	$-\sqrt{6}m_3 k_z(k_x+ik_y)$	$-\dfrac{\sqrt{2}}{3}(m_1-m_2)(3k_z^2-k^2)$
$\Gamma_8^{-3/2}$				$E_{\Gamma_8}+(m_1+m_2)(k_x^2+k_y^2)+2m_2 k_z^2$	$-\dfrac{2}{\sqrt{6}}[(m_1-m_2)(k_x^2-k_y^2)+m_3 2ik_x k_y]$	$-\dfrac{2}{\sqrt{6}}m_3 k_z(k_x+ik_y)$
$\Gamma_7^{1/2}$					$E_{\Gamma_7}+\dfrac{2}{3}(m_1+2m_2)k^2$	0
$\Gamma_7^{-1/2}$						$E_{\Gamma_7}+\dfrac{2}{3}(m_1+2m_2)k^2$

当 $\gamma_3^2 - \gamma_2^2 \approx 0$ 时, (3.5.4.12) 退化成常见的轻重空穴简并模型:

$$E_{\Gamma_{8v}}(\boldsymbol{k}) = E_{\Gamma_{8v}}(0) - \frac{\hbar^2}{2m}(\gamma_1 \pm 2\gamma_2)k^2 \qquad (3.5.4.15b)$$

其中, 重/轻空穴有效质量分别定义成: $m_{\mathrm{hh}} = 1/(\gamma_1 + 2\gamma_2)$, $m_{\mathrm{lh}} = 1/(\gamma_1 - 2\gamma_2)$。

存在自旋轨道耦合的情况, 由 (3.5.2.5b) 可知, 在 Γ_8 和 Γ_7 之间存在一个如 (3.5.4.16a) 的对称性属于 $xxyy$ 的一阶矩阵元, 使得两个能带拉开了距离, 形成所谓的自旋轨道劈裂:

$$\Delta_0 = \mathrm{i}\frac{3\hbar}{4m_0^2c^2}\left\langle x\left|\frac{\partial V}{\partial x}p_y - \frac{\partial V}{\partial y}p_x\right|y\right\rangle \qquad (3.5.4.16a)$$

同时在 Γ_6 与 Γ_8, Γ_7 之间存在一个如 (3.5.4.16b) 对称性 xyz 的一阶耦合矩阵元:

$$C = \frac{\hbar}{4m_0^2c^2}\left\langle 1\left|\frac{\partial V}{\partial x}p_y - \frac{\partial V}{\partial y}p_x\right|z\right\rangle \qquad (3.5.4.16b)$$

Si 存在自旋轨道耦合情形下的价带结构仅需要把上述内容中关于 xyz 对称性的项设置为 0 即可。鉴于太阳电池的低载流子浓度特征, 这里暂不考虑自旋轨道耦合对载流子占据的影响。

本节中关于能带参数的定义有所不同, 其中的讨论见文献 [48]。

综上所述, 可以借助多带有效质量模型近似精确描述第一布里渊区极值点附近的能带结构, 模型包含带边能量、耦合带间的动量矩阵元、有效质量等, 这些参数可以通过拟合实验数据或依据第一性原理计算得到。

上面我们在推导跃迁矩阵元的时候采用的是基函数展开的方法, 这种方法比较简单直接, 文献 [44], [46], [48], [53] 中提出了一种利用不同表象直积约化系数的不变量方法。

【练习】

演算表 3.5.2~ 表 3.5.5 中的内容。

3.5.5 立方晶体的双带模型

有一些场合往往会用到简化的立方晶体材料的简化双带模型: 即导带基函数为恒等表示基函数, 价带为等价的 x, y 和 z。首先观察一下立方晶体对称性给 (3.5.2.10) 所带来的影响, 一次式为 0, 二次幂式只有 x^2, y^2 与 z^2 不等于 0 且相互等价, 三次幂式全部为 0, 四次幂式只有 $xxxx$, $yxxy$ 与 $zxxz$ 及其轮换形式不为 0, 因此所有对角元素上的一阶扰动项都为 0, 二阶扰动项仅存在于对角元素

上，并且忽略 (3.5.4.3) 中所定义的交叉项，最终 (3.5.2.10) 成为

$$
\begin{pmatrix} E_c + \dfrac{\hbar^2 k^2}{2m_c} - E & -iPk \\ iPk & E_v - \dfrac{\hbar^2 k^2}{2m_v} - E \end{pmatrix} \begin{pmatrix} c_1 \\ c_2 \end{pmatrix} = 0 \tag{3.5.5.1}
$$

式中，导带与价带的有效质量定义为

$$
\frac{1}{m_c} = \frac{1}{m} + \frac{2}{m^2} \sum_{s \neq n} \frac{\langle 1|p^x|s \rangle \langle s|p^x|1 \rangle}{E_c - E_s^0} \tag{3.5.5.2a}
$$

$$
\frac{1}{m_v} = \frac{1}{m} + \frac{2}{m^2} \sum_{s \neq n} \frac{\langle x|p^x|s \rangle \langle s|p^x|1 \rangle + \langle y|p^x|s \rangle \langle s|p^x|y \rangle + \langle z|p^x|s \rangle \langle s|p^x|z \rangle}{E_v - E_s^0} \tag{3.5.5.2b}
$$

(3.5.5.1) 的两个本征值为

$$
E_\pm(k) = \frac{E_c + E_v}{2} + \frac{\hbar^2 k^2}{2m_-} \pm \frac{1}{2} \sqrt{\left(E_g + \frac{\hbar^2 k^2}{2m_+} \right)^2 + 4(Pk)^2} \tag{3.5.5.3}
$$

式中，$\dfrac{1}{m_{+/-}} = \dfrac{1}{2}\left(\dfrac{1}{m_c} + / - \dfrac{1}{m_v} \right)$。(3.5.5.3) 在第 9 章中推导隧穿概率时会用到。

(3.5.5.3) 中，如果忽略远距离能带所带来的有效质量修正，$m_- = 0$，$m_+ = 0$，就成为所谓的 Kane 双带模型[54]：

$$
E_\pm(k) = \frac{E_c + E_v}{2} \pm \frac{E_g + \dfrac{\hbar^2 k^2}{2m}}{2} \sqrt{1 + 4\left(\frac{Pk}{E_g + \dfrac{\hbar^2 k^2}{2m}} \right)^2} \tag{3.5.5.4}
$$

(3.5.5.4) 中根号内第二项远小于 1，借助 Taylor 展开式：

$$
E_\pm(k) \approx \frac{E_c + E_v}{2} \pm \left(\frac{E_g}{2} + \frac{(Pk)^2}{E_g} \right) = \frac{E_c + E_v}{2} \pm \left(\frac{E_g}{2} + \frac{\hbar^2 k^2}{2m_*} \right) \tag{3.5.5.5}
$$

由 (3.5.5.5) 得到有效质量、带隙与动量矩阵元之间的关系：

$$
P^2 = \frac{\hbar^2}{2m_*} E_g \tag{3.5.5.6}
$$

3.5.6 能带的非抛物性

(3.5.4.4) 的本征解、(3.5.4.15a) 与 (3.5.5.3) 都显示了能带具有很强的非抛物性 (band nonparabolocity)。另一方面能带非抛物性也具有很强的实际意义，比较著名的是 n-on-p 型 GaAs 太阳电池 (E_g =1.4eV，300K) 的发射区，n-发射区的掺杂浓度往往在 $1 \times 10^{18} \mathrm{cm}^{-3}$ 左右。按照抛物色散估计，材料已经处于重掺杂简并状态，然而实际中以此浓度制备的太阳电池却具有很好的性能。因此采用抛物色散关系过大地描述了掺杂对 Fermi 能级的调控能力，为了修正这种小有效质量所带来的负面影响，往往进行更高阶的修正 [55]，如

$$E\left(k\right) = E_\mathrm{c}^\Gamma + \frac{\hbar^2\left(k_x^2+k_y^2+k_z^2\right)}{2m_{\Gamma_6}} + \left(\alpha+s\beta\right)k^4 \pm \gamma\left(s-9t\right)^{1/2}k^3 \quad (3.5.6.1)$$

式中，$s = \left(k_x^2 k_y^2 + k_y^2 k_z^2 + k_x^2 k_z^2\right)/k^4$，$t = k_x^2 k_y^2 k_z^2/k^6$，$\alpha = -1969 \mathrm{eV}\cdot\mathrm{Å}^4$，$\beta = -2306\mathrm{eV}\cdot\mathrm{Å}^4$，$\gamma = 23\mathrm{eV}\cdot\mathrm{Å}^3$。常见的 GaAs 电池的生长平面为 (001)，对应的 k 是 [001] 方向，(3.5.6.1) 转换成以 $\frac{\hbar^2 k_z^2}{2m_{\Gamma_6}}$ 为自变量的形式：

$$E\left(k_z\right) = E_\mathrm{c}^\Gamma + \frac{\hbar^2 k_z^2}{2m_{\Gamma_6}} + c\left(\frac{\hbar^2 k_z^2}{2m_{\Gamma_6}}\right)^2 \quad (3.5.6.2)$$

求解 (3.5.6.2) 能够得到下述一般形式 [56]：

$$\frac{\hbar^2 k_z^2}{2m_{\Gamma_6}} = \left[E\left(k_z\right)-E_\mathrm{c}^\Gamma\right]\left\{1+\alpha'\left[E\left(k_z\right)-E_\mathrm{c}^\Gamma\right]\right\} \quad (3.5.6.3)$$

式中，$\alpha'(\mathrm{eV}^{-1})$ 称为表征能带非抛物性的 Kane 参数，通过双带模型也能得到相同形式 [57]。

通常，窄带隙材料导带的带边有效质量比较小，容纳载流子的能力比较弱，需要考虑能带非抛物性，而价带与宽带隙材料导带的带边有效质量比较大，不需要考虑。表 3.5.6 列举了 GaAs，$In_{0.52}Al_{0.48}As$ 与 $In_{0.53}Ga_{0.47}As$ 等三种材料 Γ、X 和 L 三个常用导带电子态的 Kane 参数 [58,59]。

表 3.5.6 典型材料能带非抛物性参数

	Γ	X	L
GaAs	1.02	—	—
$In_{0.52}Al_{0.48}As$	0.843	0.588	0.552
$In_{0.53}Ga_{0.47}As$	1.167	0.649	0.588

【练习】

试通过求解一元二次方程的方式推导 (3.5.6.3)，将得到的 α 与文献 [57] 中的相对应形式进行比较。

3.6 弱外场中的电子态

当晶体中的电子处在外场作用下时，如果外场强度不太强，各个能带相互作用使得电子看起来像是一个具有有效质量的新粒子在外场中运动，本节将给出弱场中的周期性晶体电子态动力学方程 [60,61]。

3.6.1 多带包络函数: Kane 表象

弱场的划分可以用最近能带之间的距离参考来衡量，如太阳电池中内建电场的强度基本都在 $10^6 \mathrm{V/m}$(其中电池本体在 $10^3 \mathrm{V/m}$，只有链接不同子电池的重掺杂隧穿结能到 $10^6 \mathrm{V/m}$) 以下，典型晶格常数 5Å 范围内的变化量为

$$\Delta E \approx q \times 10^6 \frac{\mathrm{V}}{\mathrm{m}} \times 5 \times 10^{-10} \mathrm{m} = 0.5 \mathrm{meV} \tag{3.6.1.1}$$

这大约是能量差比较小的 GaAs 价带顶 Γ_8 与自旋轨道 Γ_7 之间值 ($\sim 300 \mathrm{meV}$) 的 0.001。

当周期性晶体放在一个外加势能在晶格常数范围内变化比较平缓或者近似常数的外场 $U(x,t)$ 中时，借助微扰理论，波函数可以用现有波函数的线性叠加，即波函数展开：

$$\Psi = \sum_n F_n(x,t) \psi_{nk_0} = \frac{1}{\sqrt{N}} \sum_n \sum_k c_{nk} \mathrm{e}^{\mathrm{i}(k+k_0) \cdot r} u_{nk_0} = \sum_n \sum_k c_{nk} \varphi_{nk} \tag{3.6.1.2}$$

上式中用到 $F_n(x,t)$ 的 Fourier 展开并最终产生以 Kane 函数为基函数的形式，后面的过程如得到 (3.6.2.5a) 一样，只是多了一项关于外场诱导的交叉项：

$$\langle \varphi_{n'k'} | U(r) | \varphi_{nk} \rangle = \left\langle u_{n'k_0} \left| U(r) \mathrm{e}^{\mathrm{i}(k-k') \cdot r} \right| u_{nk_0} \right\rangle$$

$$= \frac{1}{\sqrt{N}} \left\langle u_{n'k_0} \left| \sum_q U_q \mathrm{e}^{\mathrm{i}(q+k-k') \cdot r} \right| u_{nk_0} \right\rangle \approx U_{k'-k} \delta_{n'n} \tag{3.6.1.3}$$

本征方程与矩阵元分别为

$$\sum_{nk} c_{nk} \langle \varphi_{n'k'} | H | \varphi_{nk} \rangle = \mathrm{i}\hbar \sum_{nk} \frac{\partial c_{nk}}{\partial t} \delta_{n'n} \delta_{k'k} \tag{3.6.1.4}$$

光照 H 作用在其上的形式为

$$H\varphi_{nk} = e^{i\mathbf{k}\cdot\mathbf{r}}\left[H_0 + \frac{\hbar}{m}\mathbf{k}\cdot\boldsymbol{\pi} + \frac{1}{2m}\frac{q}{c}(\mathbf{A}\cdot\boldsymbol{\pi} + \boldsymbol{\pi}\cdot\mathbf{A}) + U(\mathbf{r},t)\right.$$
$$\left. + \frac{1}{2m}\left(\hbar\mathbf{k} + \frac{q}{c}\mathbf{A}\right)^2\right]\psi_{nk_0} \tag{3.6.1.5}$$

(3.6.1.5) 含有本征 (第 1)、动量项 (第 2)、动量矢量耦合项 (第 3) 和标量项 (第 4, 5)。对比 3.6.2 节发现扰动项除了原先的动量外，多了动量电磁势、外场等两项。

(3.6.1.5) 中左边的矩阵元为

$$\left\langle \psi_{n'k_0}\left|e^{i(\mathbf{k}-\mathbf{k}')\cdot\mathbf{r}}\left[H_0 + \frac{\hbar}{m}\mathbf{k}\cdot\boldsymbol{\pi} + \frac{1}{2m}\frac{q}{c}(\mathbf{A}\cdot\boldsymbol{\pi} + \boldsymbol{\pi}\cdot\mathbf{A})\right.\right.\right.$$
$$\left.\left.\left. + U(\mathbf{r},t) + \frac{1}{2m}\left(\hbar\mathbf{k} + \frac{q}{c}\mathbf{A}\right)^2\right]\right|\psi_{nk_0}\right\rangle \tag{3.6.1.6}$$

根据 Bloch 因子是局域在晶格点附近的周期函数，可以得到

$$\langle\varphi_{n'k'}|\mathbf{A}\cdot\boldsymbol{\pi}|\varphi_{nk}\rangle = \left\langle\varphi_{n'k'}\left|\sum_q \mathbf{A}_q e^{i\mathbf{q}\cdot\mathbf{r}}\cdot\boldsymbol{\pi}\right|\varphi_{nk}\right\rangle$$
$$= \sum_q \mathbf{A}_q\cdot\langle\varphi_{n'k'}|e^{i\mathbf{q}\cdot\mathbf{r}}\boldsymbol{\pi}|\varphi_{nk}\rangle \approx \mathbf{A}_{k'-k}\boldsymbol{\pi}_{nn'} \tag{3.6.1.7a}$$

$$\langle\varphi_{n'k'}|\boldsymbol{\pi}\cdot\mathbf{A}|\varphi_{nk}\rangle = \langle\varphi_{n'k'}|\mathbf{A}\cdot\boldsymbol{\pi}|\varphi_{nk}\rangle + \sum_q q\mathbf{A}_q\cdot\langle\varphi_{n'k'}|e^{i\mathbf{q}\cdot\mathbf{r}}\boldsymbol{\pi}|\varphi_{nk}\rangle$$
$$\approx \mathbf{A}_{k'-k}[\boldsymbol{\pi}_{nn'} + \hbar(k'-k)\delta_{n'n}] \tag{3.6.1.7b}$$

其中 (3.6.1.7b) 中应用了梯度算符的分部微分。可以看出，外加平缓势能仅诱导了同一能带内不同态的跃迁，而动量矩阵元诱导了不同能带间同一 k 态间的跃迁。总的本征方程为

$$\sum_{nk} c_{nk}\left\{\left(E_{nk_0} + \frac{\hbar^2 k^2}{2m}\right)\delta_{n'n}\delta_{k'k} + \left[U_{k'-k}\right.\right.$$
$$+ \frac{\hbar}{2m}\frac{q}{c}A_{k'-k}(k'+k) + \frac{1}{2m}\left(\frac{q}{c}\right)^2 A_{k'-k}^2\right]\delta_{n'n}$$
$$\left. + \frac{1}{m}\left(\hbar k\delta_{k'k} + \frac{q}{c}A_{k'-k}\right)\pi_{n'n}\right\} = i\hbar\frac{\partial c_{n'k'}}{\partial t} \tag{3.6.1.8}$$

(3.6.1.8) 称为多带包络函数模型，是动量表象中的形式。可以通过 Fourier 逆变换 $F_n = \dfrac{1}{\sqrt{V}} \sum\limits_k c_{nk} \mathrm{e}^{\mathrm{i} \boldsymbol{k} \cdot \boldsymbol{r}}$ 得到坐标空间表象的包络函数模型，(3.6.1.6a) 中的几项分别为

$$\frac{1}{\sqrt{V}} \sum_{nk} c_{nk} \left(E_{nk_0} + \frac{\hbar^2 k^2}{2m} \right) \mathrm{e}^{\mathrm{i} \boldsymbol{k} \cdot \boldsymbol{r}} \delta_{n'n} \delta_{k'k} = \left[E_{nk_0} + \frac{\hbar^2 \left(-\mathrm{i} \nabla \right)^2}{2m} \right] F_{n'} \left(\boldsymbol{r} \right)$$
$$(3.6.1.9\mathrm{a})$$

$$\frac{1}{\sqrt{V}} \sum_{nk} \delta_{n'n} U_{k'-k} c_{nk} \mathrm{e}^{\mathrm{i} \boldsymbol{k} \cdot \boldsymbol{r}} = \left(\sum_q U_q \mathrm{e}^{\mathrm{i} q x} \right) \left(\frac{1}{\sqrt{V}} \sum_k C_{n'k} \mathrm{e}^{\mathrm{i} \boldsymbol{k} \cdot \boldsymbol{r}} \right) = U \left(x \right) F_{n'} \left(\boldsymbol{r} \right)$$
$$(3.6.1.9\mathrm{b})$$

$$\frac{\hbar}{2m} \frac{q}{c} \frac{1}{\sqrt{V}} \sum_{nk} \delta_{n'n} A_{k'-k} \left(k' + k \right) c_{nk} \mathrm{e}^{\mathrm{i} \boldsymbol{k} \cdot \boldsymbol{r}} = \frac{1}{2m} \frac{q}{c} \left[\frac{\hbar}{\mathrm{i}} \nabla \boldsymbol{A} + \boldsymbol{A} \frac{\hbar}{\mathrm{i}} \nabla \right] F_{n'} \left(\boldsymbol{r} \right)$$
$$(3.6.1.9\mathrm{c})$$

$$\frac{1}{m} \frac{1}{\sqrt{V}} \sum_{nk} \left(\hbar k \delta_{k'k} + \frac{q}{c} A_{k'-k} \right) \pi_{n'n} c_{nk} \mathrm{e}^{\mathrm{i} \boldsymbol{k} \cdot \boldsymbol{r}} = \frac{1}{m} \sum_n \left[\frac{\hbar}{\mathrm{i}} \nabla + \frac{q}{c} \boldsymbol{A} \right] \pi_{n'n} F_n \left(\boldsymbol{r} \right)$$
$$(3.6.1.9\mathrm{d})$$

(3.6.1.7a) 中利用了关系式：

$$f \left(k \right) \mathrm{e}^{\mathrm{i} \boldsymbol{k} \cdot \boldsymbol{r}} = f \left(\frac{1}{\mathrm{i}} \nabla \right) \mathrm{e}^{\mathrm{i} \boldsymbol{k} \cdot \boldsymbol{r}} \qquad (3.6.1.10)$$

综合 (3.6.1.9a)~(3.6.1.9d) 可以得到坐标表象的多带包络函数模型：

$$\left[E_{nk_0} + U \left(\boldsymbol{r}, \boldsymbol{t} \right) + \frac{1}{2m} \left(\frac{\hbar}{\mathrm{i}} \nabla + \frac{q}{c} \boldsymbol{A} \right)^2 \right] F_{n'} \left(\boldsymbol{r} \right) + \frac{1}{m} \sum_n \pi_{n'n} \left(\frac{\hbar}{\mathrm{i}} \nabla + \frac{q}{c} \boldsymbol{A} \right)$$
$$\times F_n \left(\boldsymbol{r} \right) = \mathrm{i} \hbar \frac{\partial F_{n'} \left(\boldsymbol{r} \right)}{\partial t} \qquad (3.6.1.11)$$

(3.6.1.11) 中包含带内以及带间耦合项，是处理纳米级器件结构 (如量子隧穿) 的主要模型。实际中也要根据对称性来判断动量跃迁矩阵元是否为 0。

  (3.6.1.8) 与 (3.6.1.11) 是针对全部能级的模型，如果考虑如导带与价带组成的小系统，依然需要将能量较远态的影响以微扰修正的形式嵌入小系统本征方程中，鉴于外场与电磁势在晶格常数范围内为常数或者变化微弱，立方晶体中导带与价带基函数的对称性要求使得它们的一阶项为 0，二阶影响仅存在于对角元素上 (闪锌矿晶体中价带不同态中也会存在耦合项，如 $\Gamma_8^{3/2}$ 与 $\Gamma_8^{-1/2}$ 之间，这里

选择忽略), 效果仅是轻微移动了本征能级。同时动量扰动的存在如 3.6.2 节中的处理方式一样, 能量较远的态的影响以有效质量的形式出现, 这样 (3.6.1.8) 与 (3.6.1.11) 中的相应项变为

$$E_{nk_0} + \frac{\hbar^2 k^2}{2m} \longrightarrow E_{nk_0} + \frac{\hbar^2 k^2}{2m_n} \tag{3.6.1.12a}$$

$$\frac{1}{2m}\left(\frac{\hbar}{\mathrm{i}}\nabla + \frac{q}{c}\boldsymbol{A}\right)^2 \longrightarrow \frac{1}{2m_n}\left(\frac{\hbar}{\mathrm{i}}\nabla + \frac{q}{c}\boldsymbol{A}\right)^2 \tag{3.6.1.12b}$$

这就成为有效质量近似下的多带包络函数模型。

【练习】

推导 (3.6.1.5a)~(3.6.1.5c)。

3.6.2 多带包络函数: Wannier 表象

3.6.1 节中给出的是 Kane 表象下的多带包络函数模型, (3.6.1.6) 与 (3.6.1.9) 有个特点是即使不存在外场, 方程也是相互耦合的, 这在一些情况下不怎么方便。本节考虑基于 Bloch 函数的矢量表示与相应坐标空间的 Wannier 表示 [61]。类似 (3.6.1.2) 的展开式为

$$\Psi = \sum_n \sum_k c_{nk}\psi_{nk} = \frac{1}{\sqrt{N}} \sum_n \sum_k c_{nk}\mathrm{e}^{\mathrm{i}\boldsymbol{k}\cdot\boldsymbol{r}}u_{nk} \tag{3.6.2.1}$$

此处与 (3.6.5.5a) 不同的是, 耦合矩阵元由于晶体波矢的不同而不再具有正交性:

$$\langle\psi_{n'k'}|f(x)|\psi_{nk}\rangle = \left\langle u_{n'k'}\left|\sum_q f_q \mathrm{e}^{\mathrm{i}\boldsymbol{q}\cdot\boldsymbol{r}}\right|u_{nk}\right\rangle \approx f_{k'-k}\langle u_{n'k'}|u_{nk}\rangle \tag{3.6.2.2}$$

显而易见, $k = k'$ 时, $\langle u_{n'k'}|u_{nk}\rangle = \delta_{n'n}$, 借助 Bloch 因子本征方程, 可以得到 $k \neq k'$ 的值为

$$\langle u_{n'k'}|u_{nk}\rangle = \frac{\hbar}{m}\frac{\langle u_{n'k'}|\boldsymbol{p}|u_{nk}\rangle}{\Delta E_{nn'k'k}} \cdot (\boldsymbol{k}-\boldsymbol{k}') \tag{3.6.2.3}$$

式中, $\Delta E_{nn'k'k} = \left[E_n(k) - \frac{\hbar^2 k^2}{2m}\right] - \left[E_{n'}(k') - \frac{\hbar^2 k'^2}{2m}\right]$。这样 (3.6.1.6) 就成为

$$\sum_{nk} c_{nk}\left\{E_{n'}(k')\delta_{n'n}\delta_{k'k} + U_{k'-k}\delta_{n'n} + \frac{\hbar}{m}\frac{\langle u_{n'k'}|\boldsymbol{p}|u_{nk}\rangle}{\Delta E_{nn'k'k}} \cdot (\boldsymbol{k}-\boldsymbol{k}')\right\} = \mathrm{i}\hbar\frac{\partial c_{n'k'}}{\partial t} \tag{3.6.2.4}$$

为了得到 Wannier 表象的动力学方程，对 (3.6.2.4) 进行 (3.4.3.4) 中的变换，将晶格矢量拓展到整个坐标空间，左边第一、二、三项分别为

$$\sum_{k'} E_{n'}(k') c_{n'k'} \mathrm{e}^{\mathrm{i}k'\cdot r} = E_{n'}(-\mathrm{i}\nabla) \sum_{k'} c_{n'k'} \mathrm{e}^{\mathrm{i}k'\cdot r} = E_{n'}(-\mathrm{i}\nabla) \chi_{n'}(r) \quad (3.6.2.5\mathrm{a})$$

$$\sum_{k'} \mathrm{e}^{\mathrm{i}k'\cdot r} \sum_{k} \int \mathrm{e}^{-\mathrm{i}(k'-k)\cdot r} U(r) \, \mathrm{d}r c_{n'k}$$

$$= \sum_{k'} \mathrm{e}^{\mathrm{i}k'\cdot r} \int \mathrm{e}^{-\mathrm{i}k'\cdot r} \sum_{k} \mathrm{e}^{\mathrm{i}k\cdot r} c_{n'k} U(r) \, \mathrm{d}r$$

$$= \sum_{k} \mathrm{e}^{\mathrm{i}k'\cdot r} \int \mathrm{e}^{-\mathrm{i}k'\cdot r} \chi_{n'}(r) U(r) \, \mathrm{d}r = \chi_n(r) U(r) \quad (3.6.2.5\mathrm{b})$$

$$\frac{\hbar}{m} \sum_{k'} \mathrm{e}^{\mathrm{i}k'\cdot r} \sum_{n\neq n'} \sum_{k} \frac{P_{n'n}(k',k)}{\Delta E_{n'n}(k',k)} \tilde{U}(k'-k)(k'-k) c_{nk} \quad (3.6.2.5\mathrm{c})$$

总的动力学方程成为

$$\mathrm{i}\hbar \frac{\partial}{\partial t} \chi_{n'}(r) = E_{n'}(-\mathrm{i}\nabla) \chi_{n'}(r) + \chi_{n'}(r) U(r)$$

$$+ \frac{\hbar}{m} \sum_{k'} \mathrm{e}^{\mathrm{i}k'\cdot r} \sum_{n\neq n'} \sum_{k} \frac{P_{n'n}(k',k)}{\Delta E_{n'n}(k',k)} \tilde{U}(k'-k)(k'-k) c_{nk}$$

$$(3.6.2.6)$$

(3.6.2.5) 是关于 k 和 k' 的函数，将 Bloch 因子展开成关于晶体波矢的一阶函数：

$$\nabla_k u_{nk} = \sum_{n'\neq n} \frac{P_{n'n}(k,k)}{E_n(k) - E_{n'}(k)} u_{n'k} \quad (3.6.2.7)$$

将 (3.6.2.7) 代入 (3.6.2.5c) 中得到

$$\frac{\hbar}{m} \sum_{n\neq n'} \sum_{k'} \mathrm{e}^{\mathrm{i}k'\cdot r} \sum_{k} \frac{P_{n'n}(0,0) + k M_{n'n}(0,0) + k' M_{nn'}(0,0)}{\Delta E_{n'n}(0,0)}$$

$$\times \tilde{U}(k'-k)(k'-k) c_{nk} \quad (3.6.2.8)$$

(3.6.2.8) 中的三项及其 Fourier 逆变换为

第一项：$\dfrac{\hbar}{m}\sum\limits_{n\neq n'}\dfrac{P_{n'n}(0,0)}{\Delta E_{n'n}(0,0)}\sum\limits_{k'}\mathrm{e}^{\mathrm{i}k'\cdot r}\sum\limits_{k}\tilde{U}(k'-k)(k'-k)c_{nk}$，相应的

Fourier 变换为

$$\sum_{k'}\mathrm{e}^{\mathrm{i}k'\cdot r}\sum_{k}\int\dfrac{\mathrm{d}\mathrm{e}^{-\mathrm{i}(k'-k)\cdot r}}{-\mathrm{i}\mathrm{d}r}U(r)\,\mathrm{d}rc_{nk}$$

$$=-\mathrm{i}\sum_{k'}\mathrm{e}^{\mathrm{i}k'\cdot r}\int\mathrm{e}^{-\mathrm{i}k'\cdot r}\sum_{k}\mathrm{e}^{\mathrm{i}k\cdot r}c_{nk}\nabla U(r)\,\mathrm{d}r$$

$$=-\mathrm{i}\sum_{k'}\mathrm{e}^{\mathrm{i}k'\cdot r}\int\mathrm{e}^{-\mathrm{i}k'\cdot r}\chi_{n}(r)\nabla U(r)\,\mathrm{d}r=-\mathrm{i}\chi_{n}(r)\nabla U(r) \qquad (3.6.2.9a)$$

第二项：$\dfrac{M_{n'n}(0,0)}{\Delta E_{n'n}(0,0)}\sum\limits_{k'}\mathrm{e}^{\mathrm{i}k'\cdot r}k'\sum\limits_{k}\tilde{U}(k'-k)(k'-k)c_{nk}$，相应的 Fourier

变换为

$$\sum_{k'}\mathrm{e}^{\mathrm{i}k'\cdot r}k'\sum_{k}\tilde{U}(k'-k)(k'-k)c_{nk}$$

$$=\sum_{k'}\mathrm{e}^{\mathrm{i}k'\cdot r}k\sum_{k}\int\dfrac{\mathrm{d}\mathrm{e}^{-\mathrm{i}(k'-k)\cdot r}}{-\mathrm{i}\mathrm{d}r}U(r)\,\mathrm{d}rc_{nk}$$

$$=-\mathrm{i}\sum_{k'}\mathrm{e}^{\mathrm{i}k'\cdot r}k'\int\dfrac{\mathrm{d}\mathrm{e}^{-\mathrm{i}k'\cdot r}}{-\mathrm{i}\mathrm{d}r}\sum_{k}\mathrm{e}^{\mathrm{i}k\cdot r}c_{nk}\nabla U(r)\,\mathrm{d}r$$

$$=-\sum_{k'}\mathrm{e}^{\mathrm{i}k'\cdot r}\int\mathrm{e}^{-\mathrm{i}k'\cdot r}\nabla[\chi_{n}(r)\nabla U(r)]\,\mathrm{d}r=\nabla[\chi_{n}(r)\nabla U(r)] \qquad (3.6.2.9b)$$

第三项：$\dfrac{M_{n'n}^{*}(0,0)}{\Delta E_{n'n}(0,0)}\sum\limits_{k'}\mathrm{e}^{\mathrm{i}k'\cdot r}\sum\limits_{k}k\tilde{U}(k'-k)(k'-k)c_{nk}$，相应的 Fourier 变

换为

$$\sum_{k'}\mathrm{e}^{\mathrm{i}k'\cdot r}\sum_{k}k\tilde{U}(k'-k)(k'-k)c_{nk}$$

$$=\sum_{k'}\mathrm{e}^{\mathrm{i}k'\cdot r}\sum_{k}k\int\dfrac{\mathrm{d}\mathrm{e}^{-\mathrm{i}(k'-k)\cdot r}}{-\mathrm{i}\mathrm{d}r}U(r)\,\mathrm{d}rc_{nk}$$

$$=-\mathrm{i}\sum_{k'}\mathrm{e}^{\mathrm{i}k'\cdot r}\int\mathrm{e}^{-\mathrm{i}k'\cdot r}\dfrac{\mathrm{d}}{-\mathrm{i}\mathrm{d}r}\left[\sum_{k}\mathrm{e}^{\mathrm{i}k\cdot r}c_{nk}\right]\nabla U(r)\,\mathrm{d}r$$

$$=-\sum_{k'}\mathrm{e}^{\mathrm{i}k'\cdot r}\int\mathrm{e}^{-\mathrm{i}k'\cdot r}\nabla\chi_{n}(r)\Delta U(r)\,\mathrm{d}r=\nabla\chi_{n}(r)\nabla U(r) \qquad (3.6.2.9c)$$

总的动力学方程为

$$
i\hbar\frac{\partial}{\partial t}\chi_{n'}(\boldsymbol{r}) = E_{n'}(-i\nabla)\chi_{n'}(\boldsymbol{r}) + \chi_{n'}(\boldsymbol{r})U(\boldsymbol{r})
$$

$$
-i\frac{\hbar}{m}\sum_{n\neq n'}\frac{P_{n'n}(0,0)}{\Delta E_{n'n}(0,0)}\chi_n(\boldsymbol{r})\nabla U(\boldsymbol{r})
$$

$$
-\frac{\hbar}{m}\sum_{n\neq n'}\frac{M_{n'n}(0,0)}{\Delta E_{n'n}(0,0)}\nabla[\chi_n(\boldsymbol{r})\nabla U(\boldsymbol{r})]
$$

$$
-\frac{\hbar}{m}\sum_{n\neq n'}\frac{M_{nn'}^*(0,0)}{\Delta E_{n'n}(0,0)}\nabla\chi_n(\boldsymbol{r})\nabla U(\boldsymbol{r}) \tag{3.6.2.10}
$$

如果物理效应仅发生在带边附近，可以忽略动量矩阵元的一阶展开项，(3.6.2.10) 成为

$$
i\hbar\frac{\partial}{\partial t}\chi_{n'}(\boldsymbol{r}) = E_{n'}(-i\nabla)\chi_{n'}(\boldsymbol{r}) + \chi_{n'}(\boldsymbol{r})U(\boldsymbol{r}) - i\frac{\hbar}{m}\sum_{n\neq n'}\frac{P_{n'n}(0,0)}{\Delta E_{n'n}(0,0)}\chi_n(\boldsymbol{r})\nabla U(\boldsymbol{r})
$$

$$
\tag{3.6.2.11}
$$

【练习】

演算 (3.6.2.5a)~(3.6.2.5c)。

3.6.3　双带包络函数方程

对于 3.5.5 节中所定义的导带与价带子体系，外场为静电势 $U(r) = -qV(r)$ 时，容易得到其双带包络函数方程，这对于数值分析如隧穿结的特定纳米结构提供了理论模型。这里分别给出对应动量空间与坐标空间的形式，坐标空间分成基函数为 Bloch 函数和 Wannier 函数两种。

Bloch 函数动量表象：

$$
\left(E_{\mathrm{c}} + \frac{\hbar^2 k^2}{2m_{\mathrm{c}}}\right)c_{\mathrm{c}k} + \sum_{k'}U_{k-k'}c_{\mathrm{c}k'} + \frac{\hbar k}{m}\pi_{\mathrm{cv}}c_{\mathrm{v}k} = i\hbar\frac{\partial c_{\mathrm{c}k}}{\partial t} \tag{3.6.3.1a}
$$

$$
\left(E_{\mathrm{c}} - \frac{\hbar^2 k^2}{2m_{\mathrm{v}}}\right)c_{\mathrm{v}k} + \sum_{k'}U_{k-k'}c_{\mathrm{v}k'} + \frac{\hbar k}{m}\pi_{\mathrm{vc}}c_{\mathrm{c}k} = i\hbar\frac{\partial c_{\mathrm{v}k}}{\partial t} \tag{3.6.3.1b}
$$

Wannier 函数动量表象：

$$
\left(E_{\mathrm{c}} + \frac{\hbar^2 k^2}{2m_{\mathrm{c}}}\right)c_{\mathrm{c}k} + \sum_{k'}U_{k-k'}c_{\mathrm{c}k'} + \frac{\hbar}{m}\sum_{k'}\frac{\langle u_{\mathrm{c}k}|\boldsymbol{p}|u_{\mathrm{v}k'}\rangle}{\Delta E_{\mathrm{vc}kk'}}\cdot(\boldsymbol{k'}-\boldsymbol{k}) = i\hbar\frac{\partial c_{\mathrm{c}k}}{\partial t}
$$

$$
\tag{3.6.3.2a}
$$

$$\left(E_{\rm c} - \frac{\hbar^2 k^2}{2m_{\rm v}}\right) c_{\rm vk} + \sum_{k'} U_{k-k'} c_{\rm vk'} + \frac{\hbar}{m} \sum_{k'} \frac{\langle u_{\rm vk} | \boldsymbol{p} | u_{\rm ck'} \rangle}{\Delta E_{\rm cvk'k}} \cdot (\boldsymbol{k'} - \boldsymbol{k}) = {\rm i}\hbar \frac{\partial c_{\rm vk}}{\partial t}$$

$$(3.6.3.2b)$$

Bloch 函数坐标表象：

$$\left[E_{\rm c}\left(\frac{1}{\rm i}\nabla\right) + U(\boldsymbol{r})\right] F_{\rm c}(\boldsymbol{r}) + \frac{\hbar \pi_{\rm cv}}{m}\left(\frac{1}{\rm i}\nabla\right) F_{\rm v}(\boldsymbol{r}) = {\rm i}\hbar \frac{\partial}{\partial t} F_{\rm c}(\boldsymbol{r}) \qquad (3.6.3.3a)$$

$$\left[E_{\rm v}\left(\frac{1}{\rm i}\nabla\right) + U(\boldsymbol{r})\right] F_{\rm v}(\boldsymbol{r}) + \frac{\hbar \pi_{\rm vc}}{m}\left(\frac{1}{\rm i}\nabla\right) F_{\rm c}(\boldsymbol{r}) = {\rm i}\hbar \frac{\partial}{\partial t} F_{\rm v}(\boldsymbol{r}) \qquad (3.6.3.3b)$$

Wannier 函数坐标表象：

$${\rm i}\hbar \frac{\partial}{\partial t} \chi_{\rm c}(\boldsymbol{r}) = \left[E_{\rm c}\left(\frac{\nabla}{\rm i}\right) + U(\boldsymbol{r})\right] \chi_{\rm c}(r) - {\rm i}\frac{\hbar}{m}\frac{P_{\rm cv}}{E_{\rm g}} \chi_{\rm v}(\boldsymbol{r}) \nabla U(\boldsymbol{r})$$

$$- \frac{\hbar}{m}\frac{M_{\rm cv}}{E_{\rm g}} \nabla\left[\chi_{\rm v}(\boldsymbol{r}) \nabla U(\boldsymbol{r})\right] - \frac{\hbar}{m}\frac{M_{\rm vc}^*}{E_{\rm g}} \nabla \chi_{\rm v}(\boldsymbol{r}) \nabla U(\boldsymbol{r}) \qquad (3.6.3.4a)$$

$${\rm i}\hbar \frac{\partial}{\partial t} \chi_{\rm v}(\boldsymbol{r}) = \left[E_{\rm c}\left(\frac{\nabla}{\rm i}\right) + U(\boldsymbol{r})\right] \chi_{\rm v}(\boldsymbol{r}) + {\rm i}\frac{\hbar}{m}\frac{P_{\rm vc}}{E_{\rm g}} \chi_{\rm c}(\boldsymbol{r}) \nabla U(\boldsymbol{r})$$

$$+ \frac{\hbar}{m}\frac{M_{\rm vc}}{E_{\rm g}} \nabla\left[\chi_{\rm c}(\boldsymbol{r}) \nabla U(\boldsymbol{r})\right] - \frac{\hbar}{m}\frac{M_{\rm cv}^*}{E_{\rm g}} \nabla \chi_{\rm c}(\boldsymbol{r}) \nabla U(\boldsymbol{r}) \qquad (3.6.3.4b)$$

(3.6.3.4a) 和 (3.6.3.4b) 通常省略后面两项简化为 [61,62]

$${\rm i}\hbar \frac{\partial}{\partial t} \chi_{\rm c}(\boldsymbol{r}) = \left[E_{\rm c}\left(\frac{1}{\rm i}\nabla\right) + U(\boldsymbol{r})\right] \chi_{\rm c}(\boldsymbol{r}) - {\rm i}\frac{\hbar}{m}\frac{P_{\rm cv}}{E_{\rm g}} \chi_{\rm v}(\boldsymbol{r}) \nabla U(\boldsymbol{r}) \qquad (3.6.3.5a)$$

$${\rm i}\hbar \frac{\partial}{\partial t} \chi_{\rm v}(\boldsymbol{r}) = \left[E_{\rm c}\left(\frac{1}{\rm i}\nabla\right) + U(\boldsymbol{r})\right] \chi_{\rm v}(\boldsymbol{r}) + {\rm i}\frac{\hbar}{m}\frac{P_{\rm vc}}{E_{\rm g}} \chi_{\rm c}(\boldsymbol{r}) \nabla U(\boldsymbol{r}) \qquad (3.6.3.5b)$$

3.6.4 二维结构的包络函数

鉴于太阳电池在很多情况下可以用二维结构近似，需要知道这种二维结构中的包络函数形式及其满足的动力学方程，在处理量子限制或故意引入量子阱的区域非常有用。二维结构具有平面均匀特性，其包络函数在横向上的形式为平面波 [51,63,64]：

$$F_n(\boldsymbol{r}) = c_n(z)\,{\rm e}^{{\rm i}(k_x x + k_y y)} \qquad (3.6.4.1)$$

将 (3.6.4.1) 代入 (3.6.1.11) 中发现，唯一发生变化的是动量算符：

$$\frac{\hbar}{\rm i}\nabla c_n(z)\,{\rm e}^{{\rm i}(k_x x + k_y y)} = {\rm e}^{{\rm i}(k_x x + k_y y)}\left[\hbar(\boldsymbol{e}_x k_x + \boldsymbol{e}_y k_y) + \boldsymbol{e}_z \frac{\hbar}{\rm i}\nabla_z\right] c_n(z) \qquad (3.6.4.2)$$

相当于在 (3.6.1.11) 中作替换：

$$\frac{\hbar}{\mathrm{i}}\nabla \to \hbar\left(\boldsymbol{e}_x k_x + \boldsymbol{e}_y k_y\right) + \boldsymbol{e}_z \frac{\hbar}{\mathrm{i}}\nabla_z \tag{3.6.4.3}$$

这种情况下，如 (3.6.3.3a) 和 (3.6.3.3b) 就成为 [65]

$$\left[E_{\mathrm{c}} - qV + \frac{1}{2m_{\mathrm{c}}^l}\left(\frac{\hbar}{\mathrm{i}}\nabla_z\right)^2 + \frac{\hbar^2\left(k_x^2 + k_y^2\right)}{2m_{\mathrm{c}}^t}\right]c_{\mathrm{c}}\left(z\right) + \frac{\hbar\pi_{\mathrm{cv}}}{m}\left(\frac{1}{\mathrm{i}}\nabla\right)c_{\mathrm{v}}\left(z\right) = c_{\mathrm{c}}\left(z\right) \tag{3.6.4.4a}$$

$$\left[E_{\mathrm{v}} - qV - \frac{1}{2m_{\mathrm{v}}^l}\left(\frac{\hbar}{\mathrm{i}}\nabla_z\right)^2 - \frac{\hbar^2\left(k_x^2 + k_y^2\right)}{2m_{\mathrm{v}}^t}\right]c_{\mathrm{v}}\left(z\right) + \frac{\hbar\pi_{\mathrm{vc}}}{m}\left(\frac{1}{\mathrm{i}}\nabla\right)c_{\mathrm{c}}\left(z\right) = c_{\mathrm{v}}\left(z\right) \tag{3.6.4.4b}$$

(3.6.4.4a) 和 (3.6.4.4b) 是后面我们处理太阳电池中量子限制与量子隧穿的物理模型。

3.7 态 密 度

太阳电池中我们关心的是能带对载流子的容纳能力，定义态密度为单位能量范围内的态数目：

$$D\left(E\right) = \frac{\mathrm{d}N\left(E\right)}{\mathrm{d}E}\left[\frac{\Delta N\left(E\right)}{\Delta E}\right] \tag{3.7.1}$$

(3.7.1) 包含了无限晶体材料与有限晶体材料中的态密度。通常在太阳电池结构中遇到的动量空间为三维，量子结构中会遇到二维，一维甚至 0 维。对于一个 n 维空间，如果不考虑简并，能带结构一般可以写成一个 n 维椭球的形状：

$$E = E_0 + \sum_i \frac{\hbar^2\left(k_i - k_{i0}\right)^2}{2m_i} \tag{3.7.2}$$

通过变量变换可以变成 n 维球的形状：$y_i = \hbar\left(k_i - k_{i0}\right)/\sqrt{2m_i}$，$\sum_i y_i^2 = E - E_0$。半径为 r 的 n 维球的体积为：$V_n = 2\left(\sqrt{\pi}\right)^n/n\Gamma\left(n/2\right)r^n$，$n$ 维空间中每个波矢所占的空间为 $(2\pi)^n/V$，这里的 V 是单位体积，于是球内的波矢数目为

$$N\left(E\right) = V\frac{V_n}{(2\pi)^n} = \frac{V}{(2\pi)^n}\frac{2\left(\sqrt{\pi}\right)^n}{n\Gamma\left(n/2\right)}\left(\frac{\sqrt{2}}{\hbar}\right)^n\left(m_1 m_2 \cdots m_n\right)^{1/2}\left(E - E_0\right)^{n/2} \tag{3.7.3}$$

如果简并度为 M，就得到一般形状的单一能带下的态密度表达式：

$$D\left(E\right) = \frac{\mathrm{d}N\left(E\right)}{\mathrm{d}E} = M\frac{\left(m_1 m_2 \cdots m_n\right)^{\frac{1}{2}}}{\Gamma\left(n/2\right)\left(2\pi\hbar\right)^{n/2}}\left(E - E_0\right)^{\frac{n}{2}-1} \tag{3.7.4}$$

下面列举几种特殊情况能带的态密度。

(1) 各向同性电子与空穴能带色散关系分别为

$$E_{\mathrm{e}} = E_{\mathrm{c}} + \frac{p^2}{2m_{\mathrm{e}}} = E_{\mathrm{c}} + \frac{\hbar^2 k^2}{2m_{\mathrm{e}}} = E_{\mathrm{c}} + E_{\mathrm{e}}^k \tag{3.7.5a}$$

$$E_{\mathrm{h}} = E_{\mathrm{v}} - \frac{\hbar^2 k^2}{2m_{\mathrm{h}}} = E_{\mathrm{v}} - \frac{p^2}{2m_{\mathrm{h}}} = E_{\mathrm{v}} - E_{\mathrm{h}}^k \tag{3.7.5b}$$

等能面内的电子数目：

$$N = \frac{2}{\left(2\pi\right)^3}\frac{4}{3}\pi k^3 = \frac{2}{\left(2\pi\right)^3}\frac{4}{3}\pi\left[\frac{2m\left(E - E_{\mathrm{c}}\right)}{\hbar^2}\right]^{3/2} \tag{3.7.6a}$$

电子态密度：

$$N\left(E\right) = \frac{\mathrm{d}N}{\mathrm{d}E} = \frac{1}{2\pi^2}\left(\frac{2m}{\hbar^2}\right)^{3/2}\left(E - E_{\mathrm{c}}\right)^{\frac{1}{2}} \tag{3.7.6b}$$

(2) 各向异性电子能带

$$E\left(k\right) = E_{\mathrm{c}} + \frac{\hbar^2\left(k_x - k_{x0}\right)^2}{2m_x} + \frac{\hbar^2\left(k_y - k_{y0}\right)^2}{2m_y} + \frac{\hbar^2\left(k_z - k_{z0}\right)^2}{2m_z} \tag{3.7.7}$$

比如 Si 的导带：

$$E\left(k\right) = E_{\mathrm{c}} + \frac{\hbar^2\left(k_x^2 + k_y^2\right)}{2m_t} + \frac{\hbar^2 k_z^2}{2m_l} \tag{3.7.8}$$

等能面内的电子数目：

$$N\left(E\right) = \frac{2}{\left(2\pi\right)^3}\frac{4}{3}\pi\left(m_x m_y m_z\right)^{1/2}\left[\frac{2\left(E - E_{\mathrm{c}}\right)}{\hbar^2}\right]^{3/2} \tag{3.7.9}$$

电子态密度：

$$N\left(E\right) = \frac{\mathrm{d}N}{\mathrm{d}E} = \frac{1}{2\pi^2}\left(m_x m_y m_z\right)^{\frac{1}{2}}\left(\frac{2}{\hbar^2}\right)^{3/2}\left(E - E_{\mathrm{c}}\right)^{\frac{1}{2}} \tag{3.7.10}$$

(3) 各向同性简并能带。

如果两个能级在带底简并，但具有不同的有效质量 m_1 和 m_2，比如价带边的轻空穴和重空穴能带，这种情况下等能面内的电子数目：

$$N(E) = \frac{2}{(2\pi)^3}\frac{4}{3}\pi(m_1)^{3/2}\left[\frac{2(E-E_c)}{\hbar^2}\right]^{3/2} + \frac{2}{(2\pi)^3}\frac{4}{3}\pi(m_2)^{3/2}\left[\frac{2(E-E_c)}{\hbar^2}\right]^{3/2}$$

(3.7.11a)

电子态密度：

$$N(E) = \frac{\mathrm{d}N}{\mathrm{d}E} = \frac{1}{2\pi^2}\left[(m_1)^{\frac{3}{2}} + (m_2)^{\frac{3}{2}}\right]\left(\frac{2}{\hbar^2}\right)^{3/2}(E-E_c)^{\frac{1}{2}}$$

$$= \frac{1}{2\pi^2}(m_d)^{\frac{3}{2}}\left(\frac{2}{\hbar^2}\right)^{3/2}(E-E_c)^{\frac{1}{2}}$$

(3.7.11b)

有效质量具有如下形式：

$$m_d = \left[(m_1)^{\frac{3}{2}} + (m_2)^{\frac{3}{2}}\right]^{2/3}$$

(3.7.11c)

而电子由于不同波矢各向异性的差异，所以有效质量呈现多样化 [66]：

$$m_e = \begin{cases} m_\Gamma, & \text{GaAs, InAs(P, Sb)} \\ m_X = (m_{nt}^2 m_{nl})^{1/3}, & \text{Si, AlAs(Sb), GaP} \\ m_L = (m_{nt}^2 m_{nl})^{1/3}, & \text{Ge} \end{cases}$$

(3.7.11d)

(4) 非抛物 (非球) 色散能带。

(3.5.6.3) 表达的导带非抛物色散关系与上述几种情况的推导过程类似，也可以得到态密度：

$$k = \left(\frac{2m}{\hbar^2}\right)^{\frac{1}{2}}[E(1+\alpha E)]^{\frac{1}{2}}$$

(3.7.12a)

$$\mathrm{d}k = \left(\frac{2m}{\hbar^2}\right)^{\frac{1}{2}}\frac{1+2\alpha E}{[E(1+\alpha E)]^{\frac{1}{2}}}\mathrm{d}E$$

(3.7.12b)

$$N(k)\mathrm{d}k = \frac{k^2}{\pi^2}\mathrm{d}k = \frac{1}{2\pi^2}\left(\frac{2m}{\hbar^2}\right)^{\frac{3}{2}}[E(1+\alpha E)]^{\frac{1}{2}}(1+2\alpha E)\mathrm{d}E$$

(3.7.12c)

(5) 二维情形。

量子阱属于二维结构，等能面是个圆，里面的电子数目：

$$N = \frac{2}{(2\pi)^3}\pi k^2 = \frac{2}{(2\pi)^3}\pi \frac{2m\,(E - E_c)}{\hbar^2} \tag{3.7.13a}$$

相应的态密度是个常数：

$$N\,(E) = \frac{\mathrm{d}N}{\mathrm{d}E} = \frac{1}{2\pi^2}\frac{m}{\hbar^2} \tag{3.7.13b}$$

【练习】

二维子限制的结构称为量子线，推导其态密度。

3.8　数 据 结 构

依据上面的电子态模型能够定义相关联的数据结构。太阳电池通常分成多能带与双能级两种情形。

3.8.1　多能带情形

根据实际遇到的情况，多能带模型基础上定义电子态相关的数据结构时通常分成四个层次 (表 3.8.1)。

层次 1：单能带模型 (Seb)。最基本的应该含有态能量 E、带边态密度 N 与简并度 g 等三个参数，可以进一步延伸到平移波矢、态的对称性、简并能带内亚指标、描述近带边能带弯曲等参数，如图 3.8.1 所示。态能量的选取通常有两种方式，选其中某一种材料 (通常是半导体金属接触端材料) 的价带顶为 0，其他单带能量取相对距离值 (在上为正，在下为负，也称为带阶)，这种方式称为带阶图像，如 GaAs 以价带顶 $E(\Gamma_{8v})$ 为 0 点，$E(\Gamma_{6c})$ 导带能量为 1.420eV，自旋轨道价带 $E(\Gamma_{7v})$ 能量为 -0.35eV，另外一种是选择以最低导带的电子亲和势 χ_e(eV) 为参考点，其他能带作相对移动，上述 $E(\Gamma_{6c})$ 导带能量为 χ_e (eV)，价带顶 $E(\Gamma_{8v})$ 为 $(\chi_e+1.420)$eV，自旋轨道价带 $E(\Gamma_{7v})$ 能量为 $(\chi_e +1.770)$eV，对应方式称为电子亲和势图像。

层次 2：几个相同属性 (导带或价带) 能带组成的集合 (Ebs)。实践中把由多个单能带组成的且能够有效辨识的导带与价带的集合称为导带系与价带系。对于大多数半导体光伏材料，导带系与价带系都仅含有一个单能带成员，如 Si 分别是 X_{1c} 与 Γ_{25v}，GaAs 分别是 Γ_{6c} 与 Γ_{8v}，但对于一些特定组分的合金，导带系与价带系中可能存在几个对称性不同、能量距离比较近的单能带，如 $Al_x Ga_{1-x} As$ 当 Al 组分 x 从 0 增加到 1 时 [50,67]，导带存在从 GaAs 的 Γ-L-X 能带排列向 AlAs 的 X-L-Γ 能带排列的转变，从而伴随一个从直接带隙向间接带隙的转变，如果以

价带顶 $E(\Gamma_{8v})$ 作为参考点，几个能带分别为

$$E_g(\Gamma) = 1.420 + 1.087x + 0.438x^2 \tag{3.8.1.1a}$$

$$E_g(X) = 1.905 + 0.10x + 0.16x^2 \tag{3.8.1.1b}$$

$$E_g(L) = 1.705 + 0.695x \tag{3.8.1.1c}$$

几个不同对称性能带的转变点分别为：$x_c(\text{L-X}):0.35$，$x_c(\Gamma\text{-X}):0.43$，$X_c(\Gamma\text{-L}):0.47$。

表 3.8.1　电子态相关数据结构

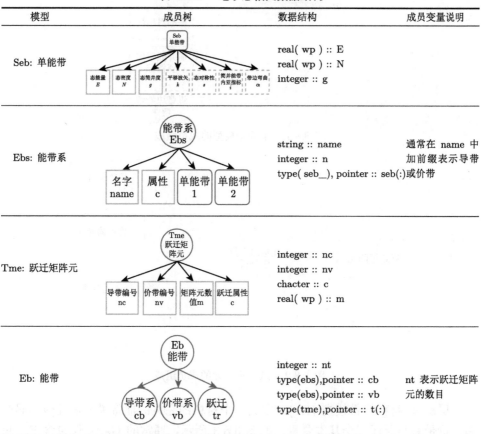

模型	成员树	数据结构	成员变量说明
Seb: 单能带	Seb 单能带 / 态能量 E / 态密度 N / 态简并度 g / 平移波矢 k / 态对称性 s / 简并能带内亚指标 i / 带边弯曲 α	real(wp) :: E real(wp) :: N integer :: g	
Ebs: 能带系	能带系 Ebs / 名字 name / 属性 c / 单能带1 / 单能带2	string :: name integer :: n type(seb_), pointer :: seb(:)	通常在 name 中加前缀表示导带或价带
Tme: 跃迁矩阵元	Tme 跃迁矩阵元 / 导带编号 nc / 价带编号 nv / 矩阵元数值m / 跃迁属性 c	integer :: nc integer :: nv chacter :: c real(wp) :: m	
Eb: 能带	Eb 能带 / 导带系 cb / 价带系 vb / 跃迁 tr	integer :: nt type(ebs),pointer :: cb type(ebs),pointer :: vb type(tme),pointer :: t(:)	nt 表示跃迁矩阵元的数目

　　层次 3: 不同能带之间的跃迁矩阵元 (Tme)。最基本应该含有跃迁所发生的两个能量编号、矩阵元数值、跃迁属性等四个参数，如图 3.8.2 所示，通常半导体太阳电池的跃迁仅有光学与动量两种矩阵元，如表征导带与价带之间自发辐射复合的光学跃迁矩阵元。

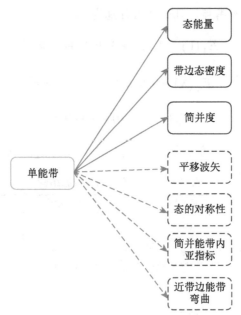

图 3.8.1　单能带模型的成员组成

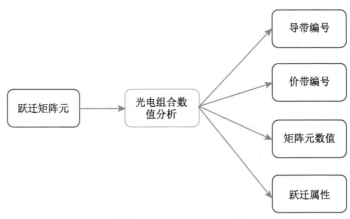

图 3.8.2　跃迁矩阵元的成员组成

层次 4: 材料能带模型 (Eb)，定义一个材料的完整的能带模型需要包括导带系、价带系与跃迁三个基本要素，如图 3.8.3 所示，通常的 GaAs 仅包含 Γ_{6c} 单个能带的导带系与包含 Γ_{8v} 与 Γ_{7v} 的价带系，以及描述 Γ_{6c} 与 Γ_{8v} 之间自发辐射复合矩阵元的跃迁。

这些数据结构见表 3.8.1。通常的具体实施是把常见半导体材料写成含有特定参数 (通常是组分) 的内置函数形式，如 Si、GaAs、AlGaAs、AlGaInP、InGaAsP、CIGS、SiGe 等，化合物的能带模型参数以组分为变量。

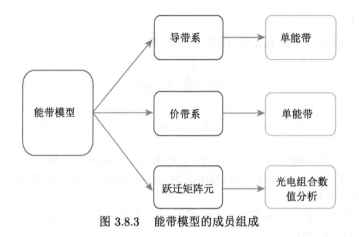

图 3.8.3 能带模型的成员组成

3.8.2 双能级电子态数据结构

工作中经常遇到的太阳电池多是双能级, 如 α-Si、c-Si、CIGS、CdTe、有机等[68], 即使是晶体材料组成的 III-V 族太阳电池, 大部分光电过程也仅考虑能量最低的导带与能量最高的价带, 如图 3.8.4 所示, 涉及的参数仅有最低导带能量位置 (如电子亲和势 χ_e)、能量最低的导带与能量最高的价带之间的距离 (即带隙 E_g, 无论晶体材料还是非晶有机材料都可以类比定义一个相对数据, 两个能级相对应的态密度, 如 N_c 和 N_v), 以及两个能级之间的跃迁矩阵元 m(或者自发辐射复合系数 B), 因此定义一种面向双能级对象的数据结构往往是软件简化的一种需求, 实际上, 在开发 AHSCS 的过程中存在两种模式的材料电子态数据输入模型, 即单能带 Seb-跃迁矩阵元 m-能带 Eb 与双能级 (DEL) 数据结构 (χ_e-E_g-N_c-N_v-m)。

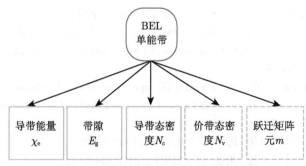

图 3.8.4 典型的双能级电子态数据结构

【练习】

写出 C 语言或 Fortran 的 DEL 数据结构。

参 考 文 献

[1] Madelung O. Semiconductors Data Handbook. Harbin: Harbin Institute of Technology Press, 2014:7-11.

[2] Harrison W A. Solid State Theory. New York: McGraw-Hill, 1980.

[3] Peter Y, Cardona M. Fundamentals of Semiconductors. 3rd ed. Berlin, Heidelberg: Springer, 2003:25-40.

[4] Cohen-Tannoudji C, Diu B, Laloë F. 量子力学. 第 1 卷. 刘家谟, 陈星奎, 译. 北京: 高等教育出版社, 2014:779-878.

[5] Dresselhaus M S, Dresselhaus G, Jorio A. Group Theory: Application to the Physics of Condensed Matter. Berlin, Heidelberg: Springer, 2008:79-81.

[6] Altmann S L. Rotations, Quaternions and Double Groups. Oxford: Clarendon Press, 1986:317.

[7] 陶瑞宝. 物理学中的群论. 北京: 科学出版社, 2011:504-508.

[8] James G, Liebeck M. Representations and Characters of Groups. 2nd ed. 北京: 世界图书出版公司, 2009:1-3.

[9] 李正中. 固体理论.2 版. 北京: 高等教育出版社, 2002:18-35.

[10] Peter Y, Cardona M. Fundamentals of Semiconductors. 3rd ed. Berlin, Heidelberg: Springer, 2003:107-110.

[11] Harrison W A. Solid State Theory. New York: McGraw-Hill, 1970:366-426.

[12] Michael G, Gerald B. Space Groups for Solid State Scientists. 3rd ed. Amsterdam: Elsevier Science Publishers B.V., 2013.

[13] Ashcroft N W, Mermin N D. Solid State Physics. Philadelphi: Saunders College, 1976: 71-74.

[14] El-Batanouny M, Wooten F. Symmetry and Condensed Matter Physics: A Computational Approach. Cambridge: Cambridge University Press, 2008:265.

[15] James G, Liebeck M. Representations and Characters of Groups. 2nd ed. 北京: 世界图书出版公司, 2009: 4-11.

[16] Isaacs M. Character Theory of Finite Groups. New York: Academic Press, 1976.

[17] Pikus G L, Bir G E. Symmetry and Strain-Induced Effects in Semiconductor. Jerusalem: Keter Publishing House Ltd, 1974:15-21.

[18] 陶瑞宝. 物理学中的群论. 北京: 科学出版社, 2011:97-128.

[19] 陶瑞宝. 物理学中的群论. 北京: 科学出版社, 2011:324-329.

[20] Cohen-Tannoudji C, Diu B, Laloë F. 量子力学. 第 1 卷. 刘家谟, 陈星奎, 译. 北京: 高等教育出版社, 2014:682-771.

[21] 马中骐. 物理学中的群论. 2 版. 北京: 科学出版社, 2006:45.

[22] Ludwig W, Falter C. Symmetries in Physics, Group Theory Applied to Physical Problems. Singapore: World Scientific Publishing Co Pte Ltd, 1988:107-112.

[23] James G, Liebeck M. Representations and Characters of Groups. 2nd ed. 北京: 世界图书出版公司, 2009:168-170.

[24] koster G F, Dimmok O, Wheeler R G, et al. Properties of the Thirty-Two Point Groups. Cambridge: MIT Press, 1963.

[25] Lax M. Symmetry Principles in Solid State and Molecular Physics. Hoboken: John Wiley & Sons Inc, 1974.

[26] Pikus G L, Bir G E, Symmetry and Strain-Induced Effects in Semiconductor. Jerusalem: Keter Publishing House Ltd, 1974:67-75.

[27] 林辛未, 殷传宗. 量子力学中的角动量. 成都: 西南师范大学出版社, 2004:154-158.

[28] Peter Y, Cardona M. Fundamentals of Semiconductors. 3rd ed. Berlin, Heidelberg: Springer, 2003:254.

[29] Michael G, Gerald B. Space Groups for Solid State Scientists. 3rd ed. Amsterdam: Elsevier Science Publishers B.V., 2013.

[30] Wannier G. Elements of Solid State Theory. Cambridge: Cambridge Univ. Press, 1959.

[31] Bradley C J, Cracknell A P. 固体对称性数学理论: 点群和空间群的表示理论. 北京: 世界图书出版公司北京公司, 2013.

[32] Ludwig W, Falter C. Symmetries in Physics, Group Theory Applied to Physical Problems. Singapore: World Scientific Publishing Co Pte Ltd, 1988:207.

[33] Pikus G L, Bir G E. Symmetry and Strain-Induced Effects in Semiconductor. Jerusalem: Keter Publishing House Ltd, 1974:210-215.

[34] Ludwig W C, Falter C. Symmetries in Physics, Group Theory Applied to Physical Problems. Singapore: World Scientific Publishing Co Pte Ltd, 1988:205.

[35] 陶瑞宝. 物理学中的群论. 北京: 科学出版社, 2011:182-189.

[36] Pikus G L, Bir G E. Symmetry and Strain-Induced Effects in Semiconductor. Jerusalem: Keter Publishing House Ltd, 1974:139.

[37] Pikus G L, Bir G E. Symmetry and Strain-Induced Effects in Semiconductor. Jerusalem: Keter Publishing House Ltd, 1974:187-201.

[38] Peter Y, Cardona M. Fundamentals of Semiconductors. 3rd ed. Berlin, Heidelberg: Springer, 2003:257.

[39] Pikus G L, Bir G E. Symmetry and Strain-Induced Effects in Semiconductor. Jerusalem: Keter Publishing House Ltd, 1974:195.

[40] Adachi S. IV 族、III-V 族和 II-VI 族半导体材料的特性. 季振国, 等译. 北京: 科学出版社, 2009:136.

[41] Madelung O, Semiconductors: Group IV Elements and III-V Compounds. Berlin: Springer-Verlag, 1991:13.

[42] Seeger K. Semiconductor Physics: An Introduction. Berlin, Heidelberg: Springer, 2010: 265.

[43] Pikus G L, Bir G E. Symmetry and Strain-Induced Effects in Semiconductor. Jerusalem: Keter Publishing House Ltd, 1974:228.

[44] Luttinger J M, Kohn W. Motion of electrons and holes in perturbed periodic fields. Physical Review, 1955, 97(4):869-883.

[45] Peter Y, Cardona M. Fundamentals of Semiconductors: Physics and Materials Properties. 3rd ed. Berlin, Heidelberg: Springer, 2003:71-82.

[46] Pikus G L, Bir G E. Symmetry and Strain-Induced Effects in Semiconductor. Jerusalem: Keter Publishing House Ltd, 1974:226-238.

[47] Dresselhaus M S, Dresselhaus G, Jorio A. Group Theory: Application to the Physics of Condensed Matter. Berlin, Heidelberg: Springer, 2008:367-400.

[48] Lew Yan Voon L C, Willatzen M. The $k \cdot p$ Method: Electronic Properties of Semiconductors. Berlin, Heidelberg: Springer, 2009.

[49] Ehrhardt M, Kopruck T. Multi-Band Effective Mass Approximations. Berlin, Heidelberg: Springer, 2010.

[50] Vurgaftman I, Meyer J R, Ram-Mohan L R. Band parameters for III-V compound semiconductors and their alloys. J. Appl. Phys., 2001, 89:5815.

[51] Chuang S L. 光子器件物理. 2 版. 贾东方, 等译. 北京: 电子工业出版社, 2013:105.

[52] Li X. 器件设计、建模与仿真. 陈四海, 黄黎蓉, 李蔚, 译. 北京: 科学出版社, 2014: 68-71.

[53] 陶瑞宝. 物理学中的群论. 北京: 科学出版社, 2011:747-754.

[54] KChoi K K. The Physics of Quantum Well Infrared Photodetectors. Singapore: World Scientific Publishing Co Pte Ltd, 1997:93.

[55] Madelung O. Semiconductors Data Handbook. Harbin: Harbin Institute of Technology Press, 2014:119.

[56] Ridley B K. Electron and Phonon in Semiconductor Multilayers. 2nd ed. Cambridge: Cambridge University Press, 2014:65.

[57] Kane E O. Band structure of indium antimonide. J. Phys. Chem. Solids, 1957, 1:249.

[58] Zawadski W, Pfeffer P. GaAs as a narrow-gap semiconductor. Semicond Sei. Technol., 1990, 5:179.

[59] Bhattacharya P. Properties of Lattice-matched and Strained Indium Gallium Arsenide. London: INSPEC, the Institution of Electrical Engineers, 1993.

[60] Pikus G L, Bir G E. Symmetry and Strain-Induced Effects in Semiconductor. Jerusalem: Keter Publishing House Ltd, 1974:Chap 22.

[61] Wenckebach W T. Essential of Semiconductor Physics. Hoboken: John Wiley & Sons Inc, 1999.

[62] Morandi O, Modugno M. Multiband envelope function model for quantum transport in a tunneling diode. Physical Review. B, Condensed Matter, 2006, 71:235331.

[63] Nunez H C, Ziegler A, Luisier M, et al. Modeling direct band-to-band tunneling: from bulk to quantum-confined semiconductor devices. J. Appl. Phys., 2015, 117(23): 1018-1121.

[64] Li X. 器件设计、建模与仿真. 陈四海, 黄黎蓉, 李蔚, 译. 北京: 科学出版社, 2014: 78-82.

[65] Yang R Q, Sweeny M, Day D, et al. Interband tunneling in heterostructure tunnel diodes. IEEE Transactions on Electron Devices, 1991, 38(3):442-446.

[66] Palankovski V, Quay R. Analysis and Simulation of Heterostructure Devices. Vienna: Springer, 2004:70.

[67] Piprek J. Semiconductor Optoelectronic Devices, Introduction to Physics and Simulation. New York: Academic Press, 2003:45.

[68] Markvart T, Castaner L. Solar Cells: Materials, Manufacture and Operation. Amsterdam: Elsevier Science Publishers B.V., 2005.

第 4 章 输运模型

4.0 概　述

本章将要回答描述半导体太阳电池性能及一些表征过程需要什么样的输运模型这个问题，数学形式表现为几个偏微分方程组成一个非线性系统，我们希望能够给出各个模型的来龙去脉以及所做的物理近似，这样就可以知道其适用场合。根据器件物理的基本原则，决定一个体系输运模型的三个关键参数是空间尺度、时间尺度与能量尺度，空间尺度决定了是宏观物理模型 (经典力学) 还是微观物理模型 (量子力学)，时间尺度决定了是近似稳态还是需要分离各种微观相互作用过程，能量尺度决定了是非相对论模型还是相对论模型。

以 Si 为例，输运模型能够回答如表 4.0.1 所示的典型参数的来源。

表 4.0.1　Si 的典型输运模型参数值

N_c/cm^{-3}	N_v/cm^{-3}	$\mu_e/(\mathrm{cm}^2/(\mathrm{V\cdot s}))$	$\mu_h/(\mathrm{cm}^2/(\mathrm{V\cdot s}))$	$\kappa/(\mathrm{W}/(\mathrm{cm\cdot K}))$
2.86×10^{19}	3.10×10^{19}	1100	410	45

首先了解太阳电池工作的典型特征：入射到电池表面的太阳光线的能量为 eV 级别，远达不到相对论的要求。太阳电池横向尺寸达到厘米以上，纵向尺寸从隧穿结、背场层等功能层的几纳米到吸收层的微米，硅太阳电池甚至近毫米，显然横向采用经典力学模型即可，纵向有时需要考虑量子效应。太阳电池输出能量的主要形式是电流电压做功，同时也会发热，尤其是聚光和空间多结太阳电池，因此热也是一种能量输出形式。另外，电池内部存在一个从环境温度到自身平衡温度的过程，严格地说，需要考虑这个随时间的演化过程。但实际中这个过程很快，而且大部分太阳电池工作期间温度都处在稳定值，因此可以认为太阳电池是稳态器件。这个稳态不是平衡态，但离热平衡不远，直观地说，只要撤掉光照，太阳电池很快就会恢复热平衡态。

再看一下太阳电池研制过程中若干环节的典型特征：时间分辨光谱、深能级谱等，前者是在实验结构 (通常是双异质结) 照射一短脉冲光，然后测试辐射光强度随时间演化规律进而反推载流子复合机制，这个过程的时间分辨率往往是皮秒量级 (10^{-12}s)，显然是一个瞬态过程，而且时间尺度远小于载流子复合的特征时间。

众所周知，光电转换过程是电子吸收光子能量从低能态跃迁到高能态并输运到金属半导体接触端输出做功的过程，材料中可移动电子众多，参与这个过程的数目却很有限。借助于材料科学的发展，各种光电转换材料中电子的微观运动规律基本上已经很清楚，当然对新出现的材料而言，研究清楚其电子运动规律也是主要研究方向 (这不是本书的任务)。把数目如此庞大的电子集体的微观光电转换过程中的物理量转换成实际可测试的力学量，只能借助统计力学的方法体系，这种联系微观量与宏观力学量的方程称为输运方程。太阳电池宏观可测试的物理量是电压、电流、温度、电阻等，因此太阳电池的输运方程必须能够完整反映这些宏观力学量的方程体系。遗憾的是，要完整获得闭合输运方程体系是不可能的，只能做各种近似进行适当的截断。

从能量转换的角度，如果有足够快的分辨率，则可以将太阳电池分成四个独立的能量体系：光子系综、载流子系综、材料系综 (晶格温度)、环境系综，每个系综都可以有自己独立的特征温度，如 T_{ph}、$T_{e/h}$、T_L 和 T_0，这四个系综的温度是逐步降低的，如图 4.0.1 所示。

图 4.0.1　四个不同特征温度的系综

采用系综描述有非常大的优势，如根据非平衡统计热力学的基本结论，由系综的化学势能够直接得到系综载流子的平均速率：

$$q\boldsymbol{u} = \mu \nabla E_{\mathrm{F}} \tag{4.0.1}$$

式中，μ 是衡量载流子运动能力的物理量 (迁移率)，这样就可以极其容易地得到其他输运物理量。

本章在经典统计力学框架内建立了适合半导体光电器件数值分析的半经典输运模型 (电子态是量子的，运动规律服从经典牛顿力学)，在此基础上简化为当前各种太阳电池以及光电器件数值分析软件广泛采用的环境–晶格–载流子总体热平衡的 3 成员扩散漂移体系、晶格–载流子局部热平衡的 4 成员扩散漂移热传导体系和完全非平衡 6 成员能量输运体系，也初步给出了小尺寸量子半经典修正和量子限制联立求解体系。

4.1 气体动力学框架

4.1.1 动力学方程

知道了太阳电池材料中的电子态特征后，我们需要知道吸收太阳光能量后从低能态跃迁到高能态的电子的行为随时间的演化规律，描述这种演化规律的时变方程称为动力学方程。直接的方法是求解多粒子体系含时薛定谔方程。前面已经提到，光生电子浓度在 $10^{11} \sim 10^{16} \mathrm{cm}^{-3}$ 的数量级，尽管相对于每个能带中波矢态的数目很小，但依然很大。另外，太阳电池横向尺寸太大，尽管第一性原理的计算方法会产生最原始最底层的物理结果，但计算资源的庞大与计算过程的耗时使得这个方法不实用也没有必要。

另一种做法是用统计的方法建立微观状态与宏观物理量的关联关系 [1]，进而导出宏观物理量的动力学方程，经过近百年的发展，这已成为一种非常成熟的理论体系。基本流程是把这些光生电子看作一个小集合 (总数目为 N)，与外界进行能量与粒子交换，集合中每个电子都有属于自己的空间坐标 q 与动量 p 两个参数，粒子的运动规律服从牛顿力学 (这种框架忽略了粒子之间的量子相关性，称为经典统计；如果采用量子力学处理相互关联，则称为量子统计)，不同时刻，每个电子的位置与动量都不同，所有电子可能允许的空间坐标与动量 $(\{q\}, \{p\})$ 组成的集合称为相空间 (q 称为广义位置坐标，比通常空间坐标 x 的范围更广)，相空间中的一个点对应一个态，动力学方程描述了初始态在相空间中的演化轨迹。可以想象，由于每个能带中波矢态的数目远大于光生电子数目，而且随着波矢增加，电子态能量增加，结局是光生电子仅占据靠近带边的波矢比较小的电子态，也就是说，这些态的被占据概率不同，需要给相空间中每个点分配一个权重函数 $F(\{x\}, \{p\})$ 来表征这种被占据概率的差异，这种有权重的点的集合称为系综。根据统计力学，如果集合 Hamiltonian 是 H，那么分布函数的时间演化规律是刘维尔 (Liouville) 方程：

$$\partial_t F(\boldsymbol{q}, \boldsymbol{p}) = \sum_{i=1}^{N} \left(\frac{\partial H}{\partial q_i} \frac{\partial}{\partial p_i} - \frac{\partial H}{\partial p_i} \frac{\partial}{\partial q_i} \right) F = [H, F]_p \tag{4.1.1.1}$$

显而易见，光生电子总归要位于相空间中的一个点，因此分布函数满足归一化：

$$\int \mathrm{d}\boldsymbol{q} \mathrm{d}\boldsymbol{p} F(\boldsymbol{q}, \boldsymbol{p}) = 1 \tag{4.1.1.2}$$

注意到 (4.1.1.2) 中关于坐标与动量的微分实际上是对光生电子系综中所有成员，如 $\mathrm{d}\boldsymbol{q} = \mathrm{d}q_1 \cdots \mathrm{d}q_N$。分布函数具有链接微观电子态与宏观可观测力学量

(如电子密度、电流密度、能量密度) 的关键作用。如果宏观物理量 $B(x,t)$ 是空间坐标 x 与时间坐标 t 的连续或分段连续函数, 对应微观力学量 $b(q,p)$ 是相空间点 $(q_1,\cdots,q_N,p_1,\cdots,p_N)$ 的函数 (如电子密度对应 1, 电流密度对应速度, 能量密度对应能量)。统计力学结论是: 宏观力学函数的观测值与微观函数的系综平均值相等, 即

$$B(x,t) = \langle b \rangle = \int dq dp\, b(q,p)\, F(q,p)\, \delta(q-x) \tag{4.1.1.3}$$

宏观局域物理量随时间的变化率表现为分布函数对时间的变化率:

$$\partial_t B(x,t) = \int dq dp\, b(q,p)\, \partial_t F(q,p)\, \delta(q-x) \tag{4.1.1.4}$$

(4.1.1.1)~(4.1.1.4) 构成了统计力学建立宏观物理量动力学方程的基本框架。显而易见, 这个框架内的关键是如何针对不同情况获得 F。

4.1.2 约化分布函数

光生载流子 (电子与空穴) 浓度可以从 $10^{12}\mathrm{cm}^{-3}$ 到 $10^{16}\mathrm{cm}^{-3}$, 太阳电池平面尺寸通常达到厘米以上, 显然总体的载流子数目巨大, 这使得我们能够有一个合理的物理假设: 不同空间坐标位置的载流子是不可区分的。用量子力学的语言描述即光生载流子是全同粒子, 具有空间交换对称性: 任意交换两个粒子的位置不改变系统状态, 这要求微观力学算符与分部函数要满足

$$b(q_1,\cdots,q_j,\cdots,q_n,\cdots,q_N) = b(q_1,\cdots,q_n,\cdots,q_j,\cdots,q_N) \tag{4.1.2.1a}$$

$$F(q_1,\cdots,q_j,\cdots,q_n,\cdots,q_N) = F(q_1,\cdots,q_n,\cdots,q_j,\cdots,q_N) \tag{4.1.2.1b}$$

这种全同性使得我们能够依据物理过程的特征, 用典型的几个粒子的分布函数来代替这么多粒子数目体系的分布函数[2], 如体系的数、流与能量密度等物理量的统计就仅涉及一个粒子, 选其中一个为代表, 如标号为 1 的粒子:

$$B(x,t) = \int dq_1 dp_1\, b(q_1,p_1)\, N \int dq_2 \cdots dq_N dp_2 \cdots dp_N F$$

$$\times (q_1,p_1,\{q_2,\cdots,q_N,p_2,\cdots,p_N\},t)$$

$$= \int dq_1 dp_1\, b(q_1,p_1)\, f_1(q_1,p_1,t) \tag{4.1.2.2}$$

(4.1.2.2) 定义了约化单粒子分布函数:

$$f_1(q_1,p_1,t) = \int dq_2 \cdots dq_N dp_2 \cdots dp_N F(q_1,p_1,\{q_2,\cdots,q_N,p_2,\cdots,p_N\},t)$$

$$\tag{4.1.2.3}$$

根据分布函数的归一化性质 ((4.1.1.2))，可以得到单粒子分布函数的归一化性质：

$$\int \mathrm{d}q_1 \mathrm{d}p_1 f_1(q_1, p_1, t) = N \tag{4.1.2.4}$$

隧穿结中的隧穿概率显示了空间两处载流子浓度相关的特性，如空间 x_1 与 x_2 相关联的密度：

$$n(x_1, x_2) = \int \mathrm{d}q_1 \cdots \mathrm{d}q_N \mathrm{d}p_1 \cdots \mathrm{d}p_N \sum_{j<i=1}^{N} \delta(q_j - x_1) \delta(q_i - x_2) F(\{q, p\}, t) \tag{4.1.2.5}$$

对应微观力学函数形式如 $\sum\limits_{j<i=1}^{N} b(q_i, p_i, q_j, p_j)$，二阶项总共有 C_N^2 个，类似双粒子过程也有

$$\begin{aligned}
B(x_1, x_2, t) &= \int \mathrm{d}q_1 \mathrm{d}p_1 \mathrm{d}q_2 \mathrm{d}p_2 b(q_1, p_1, q_2, p_2) C_N^2 \int \mathrm{d}q_3 \cdots \mathrm{d}q_N \mathrm{d}p_3 \cdots \mathrm{d}p_N F \\
&\quad \times (q_1, p_1, q_2, p_2, \{q_3, \cdots, q_N, p_3, \cdots, p_N\}, t) \\
&= \frac{1}{2!} \int \mathrm{d}q_1 \mathrm{d}p_1 \mathrm{d}q_2 \mathrm{d}p_2 b(q_1, p_1, q_2, p_2) f_2(q_1, p_1, q_2, p_2, t) \tag{4.1.2.6}
\end{aligned}$$

类似地，(4.1.2.6) 定义了约化双粒子分布函数

$$\begin{aligned}
&f_2(q_1, p_1, q_2, p_2, t) \\
&= C_N^2 2! \int \mathrm{d}q_3 \cdots \mathrm{d}q_N \mathrm{d}p_3 \cdots \mathrm{d}p_N F(q_1, p_1, q_2, p_2, \{q_3, \cdots, q_N, p_3, \cdots, p_N\}, t) \tag{4.1.2.7}
\end{aligned}$$

(4.1.2.7) 中的 2! 是因为双粒子力学函数与分布函数都具有交换对称性所产生的等价表示。进一步可以定义更多个粒子的约化分布函数：

$$\begin{aligned}
&f_s(q_1, p_1, \cdots, q_s, p_s, t) \\
&= C_N^s s! \int \mathrm{d}q_{s+1} \cdots \mathrm{d}q_N \mathrm{d}p_{s+1} \cdots \mathrm{d}p_N F(q_1, p_1, \cdots, q_s, p_s, \{q, p: i = s+1, \cdots, N\}, t) \tag{4.1.2.8}
\end{aligned}$$

所有约化分布函数集合通常称为分布矢量，少个数 (低阶) 的约化分布函数可以从多个数 (高阶) 的约化分布函数获得，如单粒子约化分布函数可以从双粒子约

化分布函数积分得到:

$$f_1(q_1, p_1, t) = \frac{1}{N-1} \int \mathrm{d}q_2 \mathrm{d}p_2 f_2(q_1, p_1, q_2, p_2, t) \tag{4.1.2.9}$$

因此约化分布函数本身不是闭合的, 低阶依赖于高阶, 另外, 约化分布函数也满足归一化条件。这里需要指出的是, 能够满足上述约化的条件是载流子数目的波动不影响约化分布函数, 或者说约化分布函数与载流子数目没有关系, 这种假设通常称为热力学极限, 显然小尺寸的纳米结构不满足这种假设。

单粒子约化分布函数以及动力学方程极大地简化了实际工作, 缺点是约化分布函数的动力学演化行为自身不闭合, 低阶依赖于高阶。

4.1.3　二体模型

太阳电池中的光生电子 (动量 p) 浓度比较低, 除了受到离化原子、其他电子的静电力或某种外场力外, 多体关联形式的互作用机制 (如关联、交换等) 比较弱, 相对来说可以忽略。静电力是一种二体长程力, 如同气体分子之间的相互作用一样, 这种忽略互作用的物理处理方法称为二体模型, 相应光生电子系综的 Hamiltonian 为

$$H = \sum_i \frac{p_i^2}{2m} + \sum_{i<j} V_{ij} + \sum_i V_i^F \tag{4.1.3.1}$$

分别令 $L_i^0 F = \left[\dfrac{p_i^2}{2m}, F \right]_p$, $L_i^F F = \left[V_i^F, F \right]_p$, $L_{ij}^1 F = [V_{ij}, F]_p$, 整理得到相应的 Liouville 方程:

$$\begin{aligned} \partial_t F &= \sum_i \left(L_i^0 + L_i^F + \sum_{i<j} L_{ij}^1 \right) F \\ &= -\sum_i \left(v_i + \frac{\partial V_i^F}{\partial p_i} \right) \cdot \frac{\partial F}{\partial x_i} + \left(\sum_{i<j} \frac{\partial V_{ij}}{\partial x_i} + \frac{\partial V_i^F}{\partial x_i} \right) \cdot \frac{\partial F}{\partial p_i} \end{aligned} \tag{4.1.3.2}$$

进一步, 如果外场不含动量, 并用统一的力来表示 (4.1.3.2) 中等号右边第三项, 得到常见形式:

$$\partial_t F = -\sum_i \boldsymbol{v}_i \cdot \frac{\partial F}{\partial \boldsymbol{x}_i} - \boldsymbol{F} \cdot \frac{\partial F}{\partial \boldsymbol{p}_i} \tag{4.1.3.3}$$

【练习】

根据 (4.1.1.1) 与 (4.1.3.1) 推导 (4.1.3.2)。

4.1.4 单粒子动力学方程

有了单粒子约化分布函数，就可以得到其动力学方程，进行这一步的时候，我们需要仅考虑单粒子与其他粒子的相互作用，而把其他粒子之间的相互作用认为是一种背景[3,4]。二体互作用体系的动力学方程应用于 s 个载流子的分布函数：

$$\partial_t f_s = C_N^s s! \int \mathrm{d}q_{s+1} \cdots \mathrm{d}q_N \mathrm{d}p_{s+1} \cdots \mathrm{d}p_N \partial_t F$$

$$= C_N^s s! \int \mathrm{d}q_{s+1} \cdots \mathrm{d}q_N dp_{s+1} \cdots dp_N \left[\sum_i \left(L_i^0 + L_i^F \right) F + \sum_{i<j} L_{ij}^1 F \right]$$

$$(4.1.4.1a)$$

我们只关心 s 个载流子而忽略其他 $N - s$ 个粒子的贡献，可以得到如下 BBGKY 谱系方程：

$$\partial_t f_s \left(q_1, p_1, \cdots, q_s, p_s; t \right) = \sum_{i=1}^s L_i^0 f_s + \sum_{i=1}^s L_i^F f_s + \sum_{1=i<j}^s L_{ij}^1 f_s$$

$$+ \sum_{i=1}^s \int \mathrm{d}q_{s+1} \mathrm{d}p_{s+1} L_{is+1}^1 f_{s+1} \qquad (4.1.4.1b)$$

例如，单粒子与双粒子约化分布函数的动力学方程为

$$\partial_t f_1 \left(q_1, p_1; t \right) = L_1^0 f_1 + L_1^F f_1 + \int \mathrm{d}q_2 \mathrm{d}p_2 L_{12}^1 f_2 \qquad (4.1.4.2a)$$

$$\partial_t f_2 \left(q_1, p_1, q_2, p_2; t \right) = \left(L_1^0 + L_2^0 \right) f_2 + \left(L_1^F + L_2^F \right) f_2 + L_{12}^1 f_2 + \int \mathrm{d}q_3 \mathrm{d}p_3 \left(L_{13}^1 + L_{23}^1 \right) f_3$$

$$(4.1.4.2b)$$

动力学方程是描述单粒子约化分布函数随时间演化并趋近平衡过程的闭合的非线性方程。显而易见，二体相互作用体系的动力学方程不满足，实际情况中有很多物理机制使得能够产生闭合的动力学方程。例如，玻尔兹曼的稀薄气体理论认为，运动中的气体分子之间的相互作用引起的碰撞会在很小的时间尺度上使得分子偏离当前态，同时碰撞又使得其他态的分子进入当前态，这一得一失的过程可以表示成

$$\left[\partial_t - L_1^0 - L_1^F \right] f_1 \left(x, p; t \right)$$

$$= G - L = \mathcal{K} \left(f \right) = \int \mathrm{d}q_1 \mathrm{d}q_2 \mathrm{d}p_1 \mathrm{d}p_2 \delta \left(q_2 - x \right) \delta \left(q_1 - x \right) \left[M \left(2 \to 1 \right) - M \left(1 \to 2 \right) \right]$$

$$(4.1.4.3)$$

式中，$M(2 \to 1)$ 与 $M(1 \to 2)$ 分别表示 (q_2, p_2) 的粒子向 (q_1, p_1) 的增益过程跃迁速率以及损失过程速率。由双粒子约化分布函数的定义可以很清楚地获得上述两个过程的分布概率，$M(2 \to 1)$ 需要 (q_2, p_2) 的态被占据，和空的 (q_1, p_1) 态，因此增益过程的占据概率为

$$f_{2 \to 1} = \int dq_1 dq_2 dp_1 \delta(q_2 - x)\delta(q_1 - x)[1 - \delta(p_1 - p)]f_2(q_1, p_1, q_2, p_2; t)$$

$$= f_1(x, p_2; t) - f_2(x, p, p_2; t) \qquad (4.1.4.4)$$

一般情况，$f_2(x, p, p_2; t) \neq f_1(x, p; t) \times f_1(x, p_2; t)$，等号仅在密度比较低的情况下才成立：

$$f_1(x, p_2; t) - f_2(x, p, p_2; t) = f_1(x, p_2; t) - f_1(x, p; t) \times f_1(x, p_2; t)$$

$$= f_1(x, p_2; t)[1 - f_1(x, p; t)] \qquad (4.1.4.5)$$

类似地，可以导出损失过程的占据概率，于是得到单粒子近似下的玻尔兹曼方程：

$$\left[\partial_t - L_1^0 - L_1^F\right]f_1(x, p; t) = \int dp_2 \{\Phi(x, p_2, p)f_1(x, p_2; t)[1 - f_1(x, p; t)]$$

$$-\Phi(x, p, p_2)f_1(x, p; t)[1 - f_1(x, p_2; t)]\} \qquad (4.1.4.6)$$

(4.1.4.6) 描述了半经典力学框架内载流子非平衡分布函数的服从规律。广泛应用在各种亚微米与光电微电子器件数值分析中 [5]。

4.1.5 太阳电池中的典型力学量

表征太阳电池宏观电学性能的几个可观测物理量，如载流子浓度、电流密度与能量密度等仅与空间具体位置相关，具有典型的局域性，所对应的微观力学算符形式如 $\sum\limits_{i=1}^{N} b(q_i, p_i)\delta(q_i - x)$，例如，上述三者的局域微观力学算符分别为

$$\hat{n}(x) = \sum_{i=1}^{N} \delta(q_i - x) \qquad (4.1.5.1a)$$

$$\hat{v}(x) = \sum_{i=1}^{N} \delta(q_i - x)\frac{p_i}{m} \qquad (4.1.5.1b)$$

$$\hat{\varepsilon}(x) = \sum_{i=1}^{N} \delta(q_i - x)\frac{p_i^2}{2m} \qquad (4.1.5.1c)$$

根据定义，单粒子分布函数下的宏观观测值分别为

$$n\left(x,t\right) = \frac{1}{\Omega} \int \mathrm{d}p f_1\left(x,p;t\right) \tag{4.1.5.2a}$$

$$n\left(x,t\right) v\left(x,t\right) = \frac{1}{\Omega} \int \mathrm{d}p \frac{p}{m} f_1\left(x,p;t\right) \tag{4.1.5.2b}$$

$$n\left(x,t\right) \varepsilon\left(x,t\right) = \frac{1}{\Omega} \int \mathrm{d}p \frac{p^2}{2m} f_1\left(x,p;t\right) \tag{4.1.5.2c}$$

4.2 传递能量的介质：电子气

将统计热力学中理想和非理想气体模型应用于光生载流子系综的处理方式称为电子气模型，这样光电转换的特征可以借助气体做功的形象概念展示出来。

4.2.1 平均场与理想气体模型

弗拉索夫 (Vlasov) 进一步将载流子二体相互作用中的静电相互作用采用一种背景电荷产生的电场进行近似 [6]，电场过程由泊松 (Poisson) 方程决定，这种处理方法类似平均场的思想，刘维尔方程中的二体静电相互作用转换成外加静电场，而且静电场与空间电荷的瞬时分布息息相关。

$$\boldsymbol{F}_i = -\left(\sum_{i<j} \frac{\partial V_{ij}}{\partial x_i} + \frac{\partial V_i^F}{\partial x_i}\right) = -q\boldsymbol{E} = q\nabla V \tag{4.2.1.1}$$

进一步假设外场力不显含动量 p，(4.2.1.1) 简化成玻尔兹曼-弗拉索夫 (Boltzmann-Vlasov) 方程：

$$\left[\partial_t - L_1^0 - L_1^F\right] f_1\left(x,p;t\right) = \left[\partial_t + \boldsymbol{v}_i \cdot \frac{\partial}{\partial x_i} + \boldsymbol{F}_i \cdot \frac{\partial}{\partial p_i}\right] f_1\left(x,p;t\right) = \mathcal{K}\left(f\right)$$

$$\tag{4.2.1.2}$$

对电子而言，这种静电场施加的静电势能，$\boldsymbol{F}_i = -q\boldsymbol{E} = q\nabla V$，静电势 V 由 Poisson 方程中的局域电荷密度 ρ 决定，而局域电荷密度由离化的施主与受主、自由电子与空穴浓度共同组成：

$$-\nabla \cdot \left[\varepsilon_s \boldsymbol{E}\right] = \nabla\left[\varepsilon_s \nabla V\right] = -\rho = -q\left[N_\mathrm{D}^+\left(x\right) - N_\mathrm{A}^-\left(x\right) + p\left(x\right) - n\left(x\right)\right] \tag{4.2.1.3}$$

式中，$\varepsilon_s = \varepsilon_0 \varepsilon_r$ 为静态介电参数，这里 ε_0 与 ε_r 分别称为真空介电常数与静态相对介电常数；D 与 A 分别表示施主与受主类型的电荷；p 与 n 分别表示价带系上的正电荷与导带系上的负电荷密度。静态介电常数反映了材料对外来电荷的静电作用的屏蔽能力 [7]。外部电荷会产生静电场，材料本身的电荷会影响这种静电场

以抵消其作用，如果材料本身的电子都被原子限制住而不能移动，那么所产生的屏蔽作用也很弱，静态介电常数就比较小；如果成键电子能够稍微移动，如常见的 sp^3 杂化成键的半导体材料，静态介电常数就会变大。鉴于电场是静态的，因此称为静态介电常数，区别于后面第 6 章中材料在光照射下交变电磁场所对应的高频介电常数。常见半导体光伏材料的静态相对介电常数在 10 左右，典型半导体材料静态相对介电常数如表 4.2.1 所示 [8]。

表 4.2.1 典型材料静态相对介电常数 (300K)

	Si	GaAs	InP	CdTe
ε_r	11.6	12.4	12.9	10.4

由此可见，动力学的玻尔兹曼-弗拉索夫体制演化成由两个非线性方程组成的自洽体系。这种处理模式下光生电子系综的 H 可以表示为所有相互独立电子的 H 之和，称为理想气体模型：

$$H = \sum_i \left(\frac{p_i^2}{2m} + V_i^F \right) = \sum_i H_i \tag{4.2.1.4}$$

(4.2.1.4) 表明了理想气体最明显的特征是系综能量的可加性。

一些半导体太阳电池结构中存在某种类型的带隙缓变，以改变载流子的输运方向或增强载流子的漂移，如黄铜矿太阳电池中就存在多种类型的带隙缓变 [9,10]。数值分析的时候也把这种材料缓变效应引起的漂移辅助作用归入静电场，如对应导带电子的 (4.2.1.1) 拓展成 [11]

$$\boldsymbol{F}_i = -q\boldsymbol{E} = \nabla \left(E_c - qV \right) + \varepsilon \frac{\nabla m}{m} = \nabla \left(E_c - qV + \varepsilon \ln m \right) = \nabla E_c' \tag{4.2.1.5}$$

(4.2.1.5) 中定义了不均匀材料中的广义力 $\boldsymbol{F}_i$ 与广义导带边 E_c'。

4.2.2 电子的 Fermi 量子气体模型

电子是费米子，理想气体模型中加入这个限定就是理想 Fermi 量子气体模型 [12,13]，光生电子和空穴系综与外界存在能量和质量输运，属于巨正则系综，这样可以借用统计力学的概念，如费米子特性限制每个量子态上仅能有一个粒子，假设系综化学势为 μ，动量 p 的态的热力学势为

$$\Xi_p = -k_B T \ln \left[\sum_{n=0}^{1} \left(e^{\frac{q\mu - \varepsilon(p)}{k_B T}} \right)^n \right] = -k_B T \ln \left[1 + e^{\frac{q\mu - \varepsilon(p)}{k_B T}} \right] \tag{4.2.2.1}$$

能级上的平均粒子数即占据概率等于热力学势对化学势的导数取反号：

$$f_{\mathrm{e}} = -\frac{\partial \Xi_{\mathrm{p}}}{\partial \mu} = \frac{1}{1 + \mathrm{e}^{\frac{\varepsilon(p) - q\mu}{k_{\mathrm{B}}T}}} \tag{4.2.2.2a}$$

(4.2.2.2a) 是电子的费米-狄拉克 (Fermi-Dirac) 统计分布函数, 大部分固体物理与半导体器件文献把电子化学势写成 E_{Fe}, 也称为 Fermi 能级, 有些文献把化学势定义成 Fermi 能级到导带边的距离 $\mu = E_{\mathrm{Fe}} - E_{\mathrm{c}}$。同时定义价带中电子态不被占据的概率, 即空穴的分布函数为

$$f_{\mathrm{h}} = 1 - f_{\mathrm{e}} = \frac{1}{1 + \mathrm{e}^{\frac{q\mu - \varepsilon(p)}{k_{\mathrm{B}}T}}} \tag{4.2.2.2b}$$

4.2.3 载流子统计

通常把载流子浓度与态密度、分布函数之间的关系称为载流子统计, 如电子与空穴浓度可以分别表示成如 (4.2.3.1a) 和 (4.2.3.1b) 的形式:

$$n = \int_{E_c}^{\infty} f_{\mathrm{e}}\left(\varepsilon\right) N_{\mathrm{c}}\left(\varepsilon\right) \mathrm{d}\varepsilon \tag{4.2.3.1a}$$

$$p = \int_{-\infty}^{E_v} f_{\mathrm{h}}\left(\varepsilon\right) N_{\mathrm{v}}\left(\varepsilon\right) \mathrm{d}\varepsilon \tag{4.2.3.1b}$$

1. 抛物色散能带

结合态密度定义, 电子浓度为

$$\begin{aligned} n &= \frac{1}{2\pi^2}\left(\frac{2m}{\hbar^2}\right)^{3/2} \int_{E_c}^{\infty} \frac{\sqrt{(E - E_{\mathrm{c}})}}{1 + \mathrm{e}^{\frac{E - E_{\mathrm{Fe}}}{k_{\mathrm{B}}T_{\mathrm{e}}}}} \mathrm{d}E \\ &= 2\left(\frac{2\pi m k_{\mathrm{B}}T_{\mathrm{e}}}{h^2}\right)^{3/2} \frac{2}{\sqrt{\pi}} \int_0^{\infty} \frac{x^{\frac{1}{2}}}{1 + \mathrm{e}^{x - \frac{E_{\mathrm{Fe}} - E_{\mathrm{c}}}{k_{\mathrm{B}}T_{\mathrm{e}}}}} \mathrm{d}x \\ &= N_{\mathrm{c}} F_{\frac{1}{2}}\left(\frac{E_{\mathrm{Fe}} - E_{\mathrm{c}}}{k_{\mathrm{B}}T_{\mathrm{e}}}\right) = N_{\mathrm{c}} F_{\frac{1}{2}}\left(\eta_{\mathrm{e}}\right) \end{aligned} \tag{4.2.3.2}$$

(4.2.3.3a)~(4.2.3.3c) 分别定义了带边态密度 N_{c}、约化 Fermi 能 η_{e} 与 1/2 阶的 Fermi-Dirac 积分函数 $F_{1/2}$:

$$N_{\mathrm{c}} = 2\left(\frac{2\pi m k_{\mathrm{B}}T_{\mathrm{e}}}{h^2}\right)^{3/2} \tag{4.2.3.3a}$$

$$\eta_{\mathrm{e}} = \frac{E_{\mathrm{Fe}} - E_{\mathrm{c}}}{k_{\mathrm{B}}T_{\mathrm{e}}} \tag{4.2.3.3b}$$

$$F_{\frac{1}{2}}(\eta_e) = \frac{2}{\sqrt{\pi}} \int_0^\infty \frac{x^{\frac{1}{2}}}{1+e^{x-\eta_e}}\mathrm{d}x \tag{4.2.3.3c}$$

这里需要区分的概念是：Fermi 能级 E_{Fe}，Fermi 能 $E_{Fe}-E_c$ 以及用载流子热能归一化的约化 Fermi 能 η_e。

进一步可以将 (4.2.3.2) 扩展到各向异性色散能带与简并情形，需要在 (4.2.3.3a) 乘上波矢星元素数目 M_c，等效质量定义：

$$N_c = 2M_c\left(\frac{2\pi m k_B T_e}{h^2}\right)^{3/2} \tag{4.2.3.3d}$$

二维情形的量子阱的载流子由 (3.7.13b) 得到一个显式表达式：

$$n = \frac{1}{2\pi^2}\frac{m}{\hbar^2}\int_{E_c}^\infty \frac{1}{1+e^{\frac{E-E_{Fe}}{k_B T_e}}}\mathrm{d}E = \frac{k_B T_e}{2\pi^2}\frac{m}{\hbar^2}\ln\left(1+e^{\frac{E_{Fe}-E_c}{k_B T_e}}\right) = \frac{k_B T_e}{2\pi^2}\frac{m}{\hbar^2}\ln\left(1+e^{\eta_e}\right) \tag{4.2.3.4}$$

2. 非抛物色散能带

这里我们不考虑一般色散关系能带，而只是针对形式如 (3.5.6.3) 的具有 Kane 参数的能带，在 (3.7.12c) 定义的态密度下，可以证明载流子浓度满足：

$$n(\eta_e) = N_c\frac{2}{\sqrt{\pi}}\int_0^\infty \frac{[x(1+\alpha x)]^{\frac{1}{2}}(1+2\alpha x)}{1+e^{x-\eta_e}}\mathrm{d}x \tag{4.2.3.5}$$

这里需要注意的是 $\alpha = \alpha'\cdot k_B T_e$，称为无量纲数值。

【练习】
1. 推导空穴的载流子密度形式。
2. 推导一维量子线的载流子密度形式。
3. 推导 (4.2.3.5)。

4.2.4 电子气体的热力学量

从热力学的角度看，太阳电池输出功率是电子气体在等温等压过程中对外做功的过程[14-16]，因此需要明确的相关热力学量都可以用约化分布函数简单表示出来，如总能、内能、压强、熵、Gibbs 自由能等，能量色散关系满足抛物线 (3.5.4.5) 的电子的各热力学量如表 4.2.2 所示。

注意到单粒子内能为 $\frac{3}{2}k_B T_e\frac{F_{\frac{3}{2}}(\eta_e)}{F_{\frac{1}{2}}(\eta_e)}$，麦克斯韦-玻尔兹曼 (Maxwell-Boltzmann) 分布下 $\frac{F_{\frac{3}{2}}(\eta)}{F_{\frac{1}{2}}(\eta)} = 1$，单粒子内能与压强分别退化成 $\frac{3}{2}k_B T$，$k_B T$，这与经典统计

表 4.2.2 能量色散关系满足抛物线的电子的各热力学量

热力学量	热力学定义	分布函数定义	结果
内能 U_e^p	—	$\dfrac{2}{(2\pi)^3}\int E_e^p f_e \mathrm{d}p$	$\dfrac{3}{2}k_B T_e N_c(T_e) F_{3h}(\eta_e) = n\dfrac{3}{2}k_B T_e \dfrac{F_{\frac{3}{2}}(\eta_e)}{F_{\frac{1}{2}}(\eta_e)}$
总能 U_e	—	$\dfrac{2}{(2\pi)^3}\int E_e f_e \mathrm{d}p$	$nE_c + U_e^p$
压强 p_e	—	$k_D T_e \ln\Xi - \dfrac{2}{3}U_e^p$	$nk_B T_e \dfrac{F_{\frac{3}{2}}(\eta)}{F_{\frac{1}{2}}(\eta)}$
熵 S_e	—	$-\dfrac{2k_B}{(2\pi)^3}\int [f_e \ln f_e + (1-f_e)\ln(1-f_e)]\mathrm{d}p$	$\dfrac{5}{3}U_e - nE_{Fe}$
Gibbs 自由能 G_e	$U_e - TS_e + p_e$	—	nE_{Fe}

力学结论相同。Gibbs 自由能反映了气体对外做功的能力,可以看出,这个能量与输出到金属半导体接触端的光生载流子浓度与能量的乘积成正比。

依据热力学量的定义可以深入理解半导体太阳电池若干参数的物理意义,如从 Gibbs 流密度的表达式出发推导出太阳电池的开路电压定理,电子与空穴 Gibbs 自由能流的表达式为

$$g_e = \frac{2}{(2\pi)^3}\int \boldsymbol{v}_e^p E_{Fe} f_e \mathrm{d}\boldsymbol{p} = -E_{Fe}\frac{J_n}{q} \tag{4.2.4.1a}$$

$$g_h = -\frac{2}{(2\pi)^3}\int \boldsymbol{v}_h^p E_{Fh} f_h \mathrm{d}\boldsymbol{p} = -E_{Fh}\frac{J_p}{q} \tag{4.2.4.1b}$$

考虑两端 Ohmic 接触的 pn 结太阳电池,即电极接触处电子空穴准 Fermi 势能等于相应金属准 Fermi 能级,电流从太阳电池的 p 端输出由 n 端输入流过两端的 Gibbs 流差等于对外做功的量:

$$k = \int g_h \mathrm{d}A - \int g_e \mathrm{d}A = (E_{Fe} - E_{Fh})\int \frac{J}{q}\mathrm{d}A$$
$$= \frac{(E_{Fe} - E_{Fh})}{q}\int J\mathrm{d}A = \frac{(E_{Fe} - E_{Fh})}{q}I \tag{4.2.4.2}$$

其中,$\dfrac{(E_{Fe} - E_{Fh})}{q}$ 等于外界施加的电压 V_{app}。当电流无穷小时,可以认为是开路电压,这样得到 Ohmic 接触的 pn 结太阳电池开路电压定律:

$$V_{oc} = \frac{1}{q}(E_{Fe} - E_{Fh}) \tag{4.2.4.3}$$

从热力学第二定律，以及准平衡近似：$|f - f_0| \ll f_0$，得到热流关系式为

$$\mathrm{d}Q_\mathrm{e} = T_\mathrm{e}\mathrm{d}S_\mathrm{e} = -\frac{2k_\mathrm{B}T_\mathrm{e}}{(2\pi)^3} \int \boldsymbol{v}_\mathrm{e}^\mathrm{p} \left\{ f_\mathrm{e}\left[E_\mathrm{Fe} - (E_\mathrm{c} + E_\mathrm{e}^\mathrm{p})\right] - \ln\Xi \right\} \mathrm{d}\boldsymbol{p} = E_\mathrm{Fe}\frac{J_\mathrm{n}}{q} + U_\mathrm{e}$$

$$(4.2.4.4)$$

【练习】

1. 推导表 4.2.2 中的第四列结果，例如熵可以表示成 $S_\mathrm{e} = -\dfrac{2k_\mathrm{B}}{(2\pi)^3} \times$

$\displaystyle\int \left[f_\mathrm{e}\ln\frac{f_\mathrm{e}}{1 - f_\mathrm{e}} + \ln(1 - f_\mathrm{e}) \right] \mathrm{d}\boldsymbol{p}$，而 $\displaystyle\int f_\mathrm{e}\ln\frac{f_\mathrm{e}}{1 - f_\mathrm{e}}\mathrm{d}\boldsymbol{p} = \int f_\mathrm{e}\left[E_\mathrm{Fe} - (E_\mathrm{c} + E_\mathrm{e}^\mathrm{p})\right]\mathrm{d}\boldsymbol{p} =$

$nE_\mathrm{Fe} - U_\mathrm{e}$，$\displaystyle\int \ln(1 - f_\mathrm{e})\mathrm{d}\boldsymbol{p} = -\ln\Xi$。

2. 如果定义空穴能量色散关系如式 (3.7.5b)，证明内能、总能、Gibbs 自由能及热流分别为 $U_\mathrm{h}^\mathrm{p} = \dfrac{3}{2}k_\mathrm{B}T_\mathrm{h}N_\mathrm{v}(T_\mathrm{h})F_{3\mathrm{h}}(\eta_\mathrm{h})$，$U_\mathrm{h} = pE_\mathrm{v} - U_\mathrm{h}^\mathrm{p}$，$G_\mathrm{h} = -pE_\mathrm{Fh}$，$Q_\mathrm{h} = U_\mathrm{h} - \dfrac{E_\mathrm{Fh}}{q}J_\mathrm{p}$。

3. 给出在 (3.7.12c) 定义的态密度下的各热力学量的表达形式。

4.3 Fermi-Dirac 积分

光生载流子系综统计所产生的 Fermi-Dirac 积分特殊函数在器件数值分析中具有关键作用。

4.3.1 定义

表达式 (4.2.3.2) 与表 4.2.2 中用到了 1/2 阶与 3/2 阶 Fermi-Dirac 特殊函数 [17]，定义有

$$F_j(\eta) = \frac{1}{\Gamma(j+1)} \int_0^\infty \frac{x^j}{1 + \mathrm{e}^{x-\eta}}\mathrm{d}x \qquad (4.3.1.1\mathrm{a})$$

式中，$\Gamma(j+1)$ 是 Gama 函数，具有递推性质 $\Gamma(j+1) = j\Gamma(j)$。半导体太阳电池数值分析中，我们通常需要用到 5/2, 3/2, 1/2, -1/2, -3/2 阶 Gama 函数，注意到当 $j =$1/2 与 -1/2 时，$\Gamma\left(\dfrac{1}{2}+1\right) = \dfrac{\sqrt{\pi}}{2}$，$\Gamma\left(-\dfrac{1}{2}+1\right) = \sqrt{\pi}$，继续可以递推出 $\Gamma\left(\dfrac{5}{2}\right) = \Gamma\left(\dfrac{3}{2}+1\right) = \dfrac{3}{4}\sqrt{\pi}$，$\Gamma\left(\dfrac{7}{2}\right) = \Gamma\left(\dfrac{5}{2}+1\right) = \dfrac{15}{8}\sqrt{\pi}$。

量子限制情形用到不完备 Fermi-Dirac 积分：

$$F_j(\eta, a) = \frac{1}{\Gamma(j+1)} \int_a^\infty \frac{x^j}{1 + \mathrm{e}^{x-\eta}}\mathrm{d}x \qquad (4.3.1.1\mathrm{b})$$

Fermi-Dirac 积分具有如下微分性质：

$$\frac{\mathrm{d}F_j(\eta)}{\mathrm{d}\eta} = -\int_0^\infty x^j \frac{\mathrm{d}}{\mathrm{d}x}\left(\frac{1}{1+\mathrm{e}^{x-\eta}}\right) \tag{4.3.1.2a}$$

$j > 0$ 时应用分布积分得到

$$\frac{\mathrm{d}F_j(\eta)}{\mathrm{d}\eta} = -\frac{x^j}{\Gamma(j+1)}\frac{1}{1+\mathrm{e}^{x-\eta}}\bigg|_0^\infty + \frac{j}{\Gamma(j+1)}\int_0^\infty x^{j-1}\frac{1}{1+\mathrm{e}^{x-\eta}}\mathrm{d}x = F_{j-1}(\eta) \tag{4.3.1.2b}$$

$j < 0$ 时的一阶与二阶导数为 [18]

$$\frac{\mathrm{d}F_j(\eta)}{\mathrm{d}\eta} = -\frac{1}{\Gamma(j+1)}\int_0^\infty x^j \frac{\mathrm{e}^{x-\eta}}{(1+\mathrm{e}^{x-\eta})^2}\mathrm{d}x \tag{4.3.1.2c}$$

$$\frac{\mathrm{d}^2 F_j(\eta)}{\mathrm{d}\eta^2} = -\frac{1}{\Gamma(j+1)}\int_0^\infty x^j \frac{\mathrm{e}^{x-\eta}(\mathrm{e}^{x-\eta}-1)}{(1+\mathrm{e}^{x-\eta})^3}\mathrm{d}x \tag{4.3.1.2d}$$

Fermi-Dirac 积分都具有很好的渐近性质，通常用来计算数值初始值，如 1/2 阶的渐近性为

$$F_{\frac{1}{2}}(x) \cong \begin{cases} \dfrac{2}{3}x^{\frac{3}{2}}, & x \gg 1 \\ \mathrm{e}^x, & x \ll -1 \end{cases} \tag{4.3.1.3}$$

4.3.2 数值计算

下面我们开始讨论 Fermi-Dirac 积分的数值计算方法。首先讨论 1/2 阶 Fermi-Dirac 积分的分析性质，可以看出当 X 是绝对值很大的负数时，积分与指数函数相似；当是很大的正数时，积分与幂函数相似，具体什么值转换为 Maxwell-Boltzman 指数分布，并没有统一的规定。

研究以及数值计算 Fermi-Dirac 积分可以参考一些早期经典文献 [19-22]：

1. 机器精度

许多文献都报道了 Fermi-Dirac 积分的机器精度数值计算方法，其基本思路是把积分展开成级数再分段计算，如果要取得高精度结果，需要增加计算项数，如 Goano、Macleod 的结果 [23-25]：

$$F_j(x) = \begin{cases} \displaystyle\sum_{n=0}^\infty (-1)^{n-1}\frac{\mathrm{e}^{nx}}{n^{j+1}}, & x<0, j>-1 \\ \displaystyle\sum_{n=0}^\infty \frac{(1-2^{n-j})\zeta(j+1-n)}{n!}x^n, & |x|<\pi \\ \dfrac{x^{j+1}}{\Gamma(j+2)}\left(1+\displaystyle\sum_{n=1}^\infty \frac{a_{2n}}{x^{2n}}\right), & x>0 \end{cases} \tag{4.3.2.1}$$

2. 有限精度

实际半导体器件模拟中，可能不需要这么高的数值精度，一方面由于经验参数或者经验模型也存在一定的误差；另一方面，模拟本身的结构也不需要非常高的精度，经验数值计算的要求是简单快速，允许一定的数值误差，这种情况下，有限项的级数展开计算就变得非常关键。这里给出了 Van Halen 和 Pulfrey 的近似结果 [26]，可以获得相对误差小于 10^{-5} 的有效值：

$$F_{\frac{1}{2}}(x) = \begin{cases} \sum\limits_{i=1}^{7} (-1)^{i+1} a0_i \mathrm{e}^{\mathrm{i}x}, & x \leqslant 0 \\ \sum\limits_{i=1}^{7} a02_i x^{i-1}, & 0 < x \leqslant 2 \\ \sum\limits_{i=1}^{7} a24_i x^{i-1}, & 2 < x \leqslant 4 \\ x^{3/2} \sum\limits_{i=1}^{7} \dfrac{a4_i}{x^{2(i-1)}}, & 4 < x \end{cases} \tag{4.3.2.2}$$

4.3.3 代数有理多项式

诸如 (4.3.2.2) 中的有理多项式，在数值实施时为了减少计算量与提高数值精度，通常采用连乘积的形式 [27]：

$$\sum_{i=1}^{7} a02_i x^{i-1} = a02_1 + x\left(a02_2 + x\left(a02_3 + x\left(a02_4 + x\left(a02_5 + x\left(a02_6 + a02_7 x\right)\right)\right)\right)\right) \tag{4.3.3.1}$$

实施时，先计算最里面括号中的一次有理式，之后再依次拓展到外面括号中的部分，类似有

$$x^{\frac{3}{2}} \sum_{i=1}^{7} \frac{a_i}{x^{2(i-1)}}$$
$$= x^{\frac{3}{2}} \left[a_1 + \frac{1}{x^2}\left(a_2 + \frac{1}{x^2}\left(a_3 + \frac{1}{x^2}\left(a_4 + \frac{1}{x^2}\left(a_5 + \frac{1}{x^2}\left(a_6 + a_7 \frac{1}{x^2}\right)\right)\right)\right)\right)\right] \tag{4.3.3.2}$$

【练习】

依据 (4.3.3.1) 和 (4.3.3.2) 编程实施 (4.3.2.2)。

4.3.4 非抛物能带积分的计算

针对 (4.2.3.5) 的非抛物积分形式也发展了相应的有理多项式计算方法 [28]，如

约化 Fermi 能与载流子浓度之间的关系可以表示成如下的对数修正有理多项式：

$$\eta_{\mathrm{e}} = \ln \frac{n}{B_0 N_{\mathrm{c}}} + \frac{B_1}{B_0^3} \frac{n}{N_{\mathrm{c}}} + \frac{B_2}{B_0^5} \left(\frac{n}{N_{\mathrm{c}}}\right)^2 + \cdots + \frac{B_j}{B_0^{2j+1}} \left(\frac{n}{N_{\mathrm{c}}}\right)^j \qquad (4.3.4.1)$$

根据 η_{e} 的分布范围选择合适的截断区域，结果总结为

$$\eta_{\mathrm{e}} = \ln \frac{n}{B_0 N_{\mathrm{c}}} + \frac{B_1}{B_0^3} \frac{n}{N_{\mathrm{c}}}, \qquad\qquad\qquad \eta_{\mathrm{e}} \leqslant 5$$

$$\eta_{\mathrm{e}} = \ln \frac{n}{B_0 N_{\mathrm{c}}} + \frac{B_1}{B_0^3} \frac{n}{N_{\mathrm{c}}} + \frac{B_2}{B_0^5} \left(\frac{n}{N_{\mathrm{c}}}\right)^2 + \frac{B_3}{B_0^7} \left(\frac{n}{N_{\mathrm{c}}}\right)^3 + \frac{B_4}{B_0^9} \left(\frac{n}{N_{\mathrm{c}}}\right)^4, \quad 5 < \eta_{\mathrm{e}} \leqslant 10$$

$$n = \frac{1}{\Gamma\left(\frac{5}{2}\right)} \left[\eta_{\mathrm{e}} \left(1 + \alpha \eta_{\mathrm{e}}\right)\right]^{3/2}, \qquad\qquad\qquad \eta_{\mathrm{e}} > 10$$

$$(4.3.4.2)$$

其中各段的参数如表 4.3.1 所示。

表 **4.3.1** 非抛物能带载流子统计的对数修正有理多项式参数 [28]

η_{e}		1	α	α^2	α^3	α^4
$5 < \eta_{\mathrm{e}}$	B_1	0.3245	0.5115	3.5166	-2.3234	—
$5 < \eta_{\mathrm{e}} < 10$	$B_1 \times 10$	3.4535	17.751	-5.6973	82.296	-93.095
	$B_2 \times 10^2$	-4.9788	-207.21	661.04	-2140.5	1935.2
	$B_3 \times 10^3$	1.0475	63.362	-240.59	830.28	-734.37
	$B_4 \times 10^4$	-1.2491	-74.003	335.47	-1185.2	1014.1
—	B_0	1	3.750	3.281	-2.461	—

4.4 载流子之间的散射

气体统计热力学里把所有分子之间导致运动状态改变的相互作用称为碰撞，基于该理论的半导体输运框架也借鉴了相关概念。

4.4.1 碰撞概念

光生载流子输运过程中遇到所有能改变动量或能量的跃迁也借用碰撞这个概念，粒子物理学喜欢用散射这个词形象地表示运动特征的改变，半导体物理通常用复合与产生这两个词专门指电子从导带到价带及反过程的跃迁。碰撞通常发生在空间同一位置动量能量不同的粒子之间 (空间坐标局域动量能量非局域，后面也会看到，能带/能带、能带/缺陷与缺陷/缺陷的量子隧穿可以认为是一种空间坐标非局域的复合与产生)。根据 (4.1.4.6)，空间 x 处碰撞所引起的粒子数目改变可以用从动量为 p 的态到 p' 的态双向跃迁差这个唯象的量来简单描述：

$$\mathcal{K}(f)(x, p, t) = \int \left[\varPhi(x, p', p) f'(1 - f) - \varPhi(x, p, p') f(1 - f')\right] \mathrm{d}p' \qquad (4.4.1.1)$$

式中，$\Phi(x,p',p)$ 称为散射率。碰撞项 $\mathcal{K}$ 是分布函数 f 的泛函。热平衡时有 $\mathcal{K}(f_0)=0$，称 f_0 为 $\mathcal{K}$ 的零空间或者核，容易验证 f_0 形式是如 (4.2.2.2a) 的 Fermi-Dirac 分布函数，代入 (4.4.1.1) 得到关于散射率的一个普遍关系：

$$\Phi(x,p',p)\,\mathrm{e}^{-\frac{\varepsilon(p')}{k_{\mathrm{B}}T}} = \Phi(x,p,p')\,\mathrm{e}^{-\frac{\varepsilon(p)}{k_{\mathrm{B}}T}} \tag{4.4.1.2}$$

令 $M[\varepsilon(p)] = \mathrm{e}^{-\frac{\varepsilon(p)}{k_{\mathrm{B}}T}}$，实际中经常使用的是 (4.4.1.1) 的低密度形式 [29]，即 $f \ll 1$，$1-f \approx 1$：

$$\mathcal{K}(f)(x,p,t) = \int \frac{\Phi(x,p',p)}{M}[Mf'-M'f]\,\mathrm{d}p' = \int \sigma(x,p',p)[Mf'-M'f]\,\mathrm{d}p' \tag{4.4.1.3}$$

式中，σ 称为散射截面。散射能够向各个方向发生，粒子物理中定义微分散射截面 $\sigma(\theta,\varphi)$ 为散射到立体角内粒子数除以总入射流密度。总的散射截面是对球坐标方位角的积分：

$$\sigma = \int_0^\pi \sin\theta \int_0^{2\pi} \sigma(\theta,\varphi)\mathrm{d}\varphi \tag{4.4.1.4}$$

低密度假设碰撞仅发生在带边附近，散射截面近似常数 $\sigma(x,p',p) = \sigma(x)$，由 (4.4.1.3) 有

$$\mathcal{K}(f)(x,p,t) = \sigma(x)\int[Mf'-M'f]\,\mathrm{d}p' = -\sigma(x)[f-Mn]$$
$$= -\frac{f-Mn}{\tau} = -\frac{f-f_0}{\tau} \tag{4.4.1.5}$$

(4.4.1.5) 称为弛豫时间近似，τ 形式表征了散射机制引起的载流子分布函数回归平衡态的时间，直观想象，弛豫时间与参与碰撞的粒子浓度、运动速度、跃迁概率等实际物理参数密切相关，显而易见，粒子浓度、运动速度与跃迁概率越大，碰撞频率越高，时间间隔越小。弛豫时间与总散射截面、载流子速率、碰撞体数目之间存在一个唯象关系：

$$\frac{1}{\tau} = N_{\mathrm{T}}\sigma v_{\mathrm{th}} \tag{4.4.1.6}$$

4.4.2 碰撞机制

根据光生载流子输运图像，杂质、位错、界面等产生的局域势场、晶格振动、电子短程互作用等都会引起散射 [30-33]，光场和缺陷局域势场使得电子跃迁到导带或价带上，列举如下：

(1) 电子散射：在电子浓度比较高的情形下，如半导体激光器，一般都在 $10^{19}\mathrm{cm}^{-3}$ 以上，涉及四个载流子动量与能量的交换，如图 4.4.1 所示，这个过程一般发生在同一能带不同的动量的电子态之间，时间尺度为 $10\sim 100\mathrm{fs}(1\mathrm{fs}=10^{-15}\mathrm{s})$：

$$Q_{ee}\left(f\right)=\int\Phi_{ee}\left(p,p',p_1,p_1'\right)\delta\left[\varepsilon\left(p'\right)+\varepsilon\left(p\right)-\varepsilon\left(p_1\right)-\varepsilon\left(p_1'\right)\right]\delta\left(p+p'-p_1-p_1'\right)$$

$$\times\left[S_{ee}\left(p'\rightarrow p\right)-S_{ee}\left(p\rightarrow p'\right)\right]\mathrm{d}p'\mathrm{d}p_1\mathrm{d}p_1' \tag{4.4.2.1a}$$

$$S_{ee}\left(p'\rightarrow p\right)=f\left(p_1\right)f\left(p_1'\right)\left[1-f\left(p\right)\right]\left[1-f\left(p'\right)\right] \tag{4.4.2.1b}$$

$$S_{ee}\left(p\rightarrow p'\right)=f\left(p\right)f\left(p'\right)\left[1-f\left(p_1\right)\right]\left[1-f\left(p_1'\right)\right] \tag{4.4.2.1c}$$

可以证明，电子散射的核也是 Fermi-Dirac 分布函数。

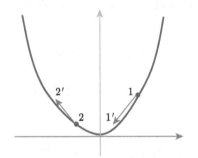

图 4.4.1　电子碰撞 $f_1'f_2'\left(1-f_1\right)\left(1-f_2\right)\delta\left(\varepsilon_1'+\varepsilon_2'-\varepsilon_1-\varepsilon_2\right)$ 示意图

电子之间的散射不改变其动量，对迁移率的影响很小，除非同时诱导了其他效应。

(2) 声子散射：来源于晶格振动对晶体周期势场的扰动，如图 4.4.2 所示。

$$Q_{ph}\left(f\right)=\int\Phi_{ph}\left(x,p,p'\right)\left[S_{ph}\left(p'\rightarrow p\right)-S_{ph}\left(p\rightarrow p'\right)\right]\mathrm{d}p' \tag{4.4.2.2a}$$

图 4.4.2　晶格振动散射示意图

吸收与发射声子如图 4.4.3 所示，表达式如下：

$$S_{\mathrm{ph}}\left(p' \to p\right) = f'\left(1-f\right)$$

$$\times \left[(n_{\mathrm{ph}}+1)\,\delta\left(\varepsilon'\left(p'\right)-\varepsilon\left(p\right)-\varepsilon_{\mathrm{ph}}\right) + n_{\mathrm{ph}}\delta\left(\varepsilon'\left(p'\right)-\varepsilon\left(p\right)+\varepsilon_{\mathrm{ph}}\right)\right]$$

$$(4.4.2.2\mathrm{b})$$

$$S_{\mathrm{ph}}\left(p \to p'\right) = f\left(1-f'\right)$$

$$\times \left[(n_{\mathrm{ph}}+1)\,\delta\left(\varepsilon'\left(p'\right)-\varepsilon\left(p\right)+\varepsilon_{\mathrm{ph}}\right) + n_{\mathrm{ph}}\delta\left(\varepsilon'\left(p'\right)-\varepsilon\left(p\right)-\varepsilon_{\mathrm{ph}}\right)\right]$$

$$(4.4.2.2\mathrm{c})$$

式中，$\varepsilon_{\mathrm{ph}}$ 是声子能量；n_{ph} 是平均声子数。

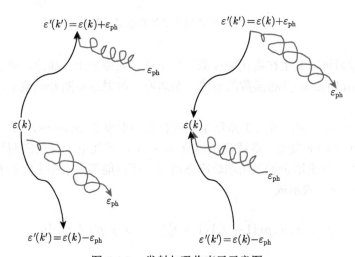

图 4.4.3   发射与吸收声子示意图

声子分成光学声子与声学声子两种，相对于载流子能量，声学声子的能量很小 ($\sim$meV)，时间尺度为几个 ps($1\mathrm{ps}=10^{-12}\mathrm{s}$)，(4.4.2.2a) 简化成

$$Q_{\mathrm{ac}}^{0}\left(f\right) = \int \Phi_{\mathrm{ac}}\left(x,p,p'\right)\left(2n_{\mathrm{ac}}+1\right)\left[f'-f\right]\mathrm{d}p' \qquad (4.4.2.2\mathrm{d})$$

光学声子的能量与室温载流子动能相当 ($\sim$10meV)，时间尺度通常 $<$1ps，根据两种声子的能量大小，可以知道低温及室温以声学声子为主，高温以光学声子为主。

(3) 杂质散射：杂质原子引起材料周期势场的起伏 (图 4.4.4)，引起的散射导致载流子能量不变或改变，前者称为弹性散射 Q_{el}，后者称为非弹性散射 Q_{in}，弹性散射进一步表示成

$$Q_{\text{el}}(f) = \int \Phi_{\text{el}}(p, p') \, \delta\left(\varepsilon' - \varepsilon\right)\left(f' - f\right) \mathrm{d}p' \qquad (4.4.2.3)$$

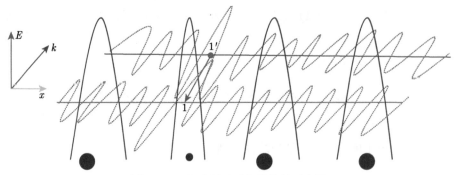

图 4.4.4   杂质原子引起的散射示意图

弹性散射可以发生在离化杂质原子与中性杂质原子上。显然，弹性散射的核也具有 Fermi-Dirac 分布函数的形式。杂质原子散射速率随着载流子能量的升高而下降。

(4) 各种复合 R：如第 1 章所描所的自发辐射复合 (ms~ns)、缺陷辅助复合 (μs~ps) 与 Auger 复合 (多载流子复合 ns~ps)，涉及电子与空穴两种能量与极性不同的态，形象地表示为局域缺陷态诱导了不同能带电子态之间的耦合，如图 4.4.5 所示，统一表示成

$$R = \int \left[g\left(x, p', p\right)\left(1 - f_{\text{e}}\right)\left(1 - f_{\text{h}}'\right) - r\left(x, p, p'\right) f_{\text{e}} f_{\text{h}}'\right] \mathrm{d}p' \qquad (4.4.2.4)$$

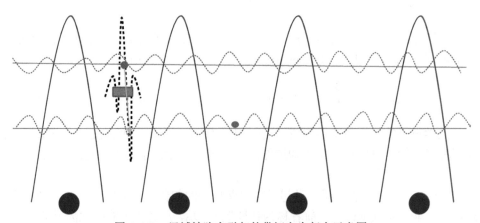

图 4.4.5   局域缺陷态引起的带间产生复合示意图

(5) 光学产生 G：如第 1 章中所描述的光学跃迁，可以认为是恒定的源

$$G = \int \left[g\left(x, p', p\right) \left(1 - f_{\mathrm{e}}\right) \left(1 - f_{\mathrm{h}}'\right) \right] \mathrm{d}p' \qquad (4.4.2.5)$$

总结电子输运过程的碰撞算符表示成

$$\mathcal{K}\left(f\right) = Q_{\mathrm{el}} + Q_{\mathrm{ph}}^{\mathrm{ac}} + Q_{\mathrm{ph}}^{\mathrm{op}} + Q_{\mathrm{ee}} + Q_{\mathrm{in}} - R + G \qquad (4.4.2.6)$$

除了上述典型的散射机制外，材料中还有合金原子无序排列、界面起伏粗糙度等其他机制。

4.4.3　特征时间

载流子在输运过程中首先被改变的是动量与能量，可以想象，每次碰撞都可以改变载流子的速度与方向，即动量，但能量改变可能需要多次碰撞累积效应，即速度弛豫时间比能量弛豫时间要短 (典型的动量弛豫时间: $10^{-14} \sim 10^{-12}$s，能量弛豫时间: $10^{-13} \sim 10^{-11}$s)。更一般地，我们可以考虑散射对某个权重参量 $\phi(p)$ 的影响，由 (4.4.1.1) 可以得到

$$\frac{1}{\Omega} \int \phi\left(p\right) \mathcal{K}\left(f\right) \left(x, p, t\right) \mathrm{d}p$$

$$= \frac{1}{\Omega} \int \frac{1}{\Omega} \int \left[\phi\left(p\right) \Phi\left(x, p', p\right) f' - \phi\left(p\right) \Phi\left(x, p, p'\right) f \right] \mathrm{d}p' \mathrm{d}p$$

$$= \frac{1}{\Omega} \int \phi\left(p\right) f \frac{1}{\Omega} \int \left[\left(\frac{\phi\left(p'\right)}{\phi\left(p\right)} - 1 \right) \Phi\left(x, p, p'\right) \right] \mathrm{d}p' \mathrm{d}p$$

$$= \frac{1}{\Omega} \int \phi\left(p\right) f / \tau_\phi\left(p\right) \mathrm{d}p \qquad (4.4.3.1)$$

其中用到了指标的交换: $\frac{1}{\Omega} \int \frac{1}{\Omega} \int \left[\phi\left(p\right) \Phi\left(x, p', p\right) f' \right] \mathrm{d}p' \mathrm{d}p = \frac{1}{\Omega} \int \frac{1}{\Omega} \int \left[\phi\left(p'\right) \cdot \Phi\left(x, p, p'\right) f \right] \mathrm{d}p' \mathrm{d}p$，以及定义散射对某个权重参量 $\phi(p)$ 的寿命:

$$\frac{1}{\tau_\phi\left(p\right)} = \frac{1}{\Omega} \int \left[\left(\frac{\phi\left(p'\right)}{\phi\left(p\right)} - 1 \right) \Phi\left(x, p, p'\right) \right] \mathrm{d}p' \qquad (4.4.3.2)$$

对应的动量和能量形式为

$$\frac{1}{\tau_m\left(p\right)} = \frac{1}{\Omega} \int \left[\left(\frac{p_z'}{p_z} - 1 \right) \Phi\left(x, p, p'\right) \right] \mathrm{d}p' \qquad (4.4.3.3a)$$

$$\frac{1}{\tau_E\left(p\right)} = \frac{1}{\Omega} \int \left[\left(\frac{\varepsilon\left(p'\right)}{\varepsilon\left(p\right)} - 1 \right) \Phi\left(x, p, p'\right) \right] \mathrm{d}p' \qquad (4.4.3.3b)$$

在此基础上可以定义一个唯象的某个散射机制所引起的权重变化 ϕ 的参数 [34]:

$$\left\langle \frac{1}{\tau_\phi} \right\rangle = \frac{\frac{1}{\Omega} \int \phi(p) f/\tau_\phi(p)\, \mathrm{d}p}{n_\phi(r,t) - n_\phi^0(r,t)} \tag{4.4.3.4}$$

其中 τ_ϕ 称为散射机制关于权重 ϕ 的特征时间,当 ϕ 取 p、ε 时,分别得到动量弛豫时间与能量弛豫时间等量常用的特征时间,与之相应的散射项引起的唯象变换为

$$\left. \frac{\mathrm{d}P_i}{\mathrm{d}t} \right|_{\mathrm{coll}} = -\left\langle \frac{1}{\tau_m} \right\rangle p_i \tag{4.4.3.5a}$$

$$\left. \frac{\mathrm{d}W}{\mathrm{d}t} \right|_{\mathrm{coll}} = \left\langle \frac{1}{\tau_E} \right\rangle (W - W^0) = \left\langle \frac{1}{\tau_E} \right\rangle (nw - n^0 w^0) \tag{4.4.3.5b}$$

式中,n,p 与 w 分别表示载流子的密度、动量与能量。动量弛豫时间与能量弛豫时间都是电场强度与载流子自身能量相关的物理量 [35],关于电子能量弛豫时间与载流子系综自身温度相关的有理函数形式为 [36]

$$\tau_{E,\mathrm{e}} = \tau_{E,0} + \tau_{E,1} \mathrm{e}^{C_1\left(\frac{T_{\mathrm{e}}}{300\mathrm{K}} + C_0\right)^2 + C_2\left(\frac{T_{\mathrm{e}}}{300\mathrm{K}} + C_0\right) + C_3 \frac{T_{\mathrm{e}}}{300\mathrm{K}}} \tag{4.4.3.6}$$

通常空穴的能量弛豫时间取 0.1ps 左右。有时也把能量弛豫时间取常数,对于太阳电池而言,这个假设往往是足够的,如微波固态器件中常用的典型化合物材料的相关值如表 4.4.1 所示。

表 4.4.1　典型化合物材料的能量弛豫时间 [36]

	$Al_{0.2}Ga_{0.8}As$	$In_{0.53}Ga_{0.47}As$	$In_{0.52}Al_{0.48}As$
$\tau_{E,\mathrm{e}}/\mathrm{ps}$	0.1	0.17	0.1
$\tau_{E,\mathrm{h}}/\mathrm{ps}$	0.1	0.1	0.1

4.4.2 节中机制 (1)~(3) 以及其他一些机制确定了载流子在输运过程中的动量寿命,后面会看到,动量寿命直接关联材料的迁移率。

杂质原子浓度比较低的情况下,动量寿命与迁移率满足 Mathiessen 倒数叠加规则:

$$\frac{1}{\tau_m} = \frac{1}{\tau_{\mathrm{el}}} + \frac{1}{\tau_{\mathrm{ac}}} + \frac{1}{\tau_{\mathrm{op}}} + \cdots \tag{4.4.3.7a}$$

$$\frac{1}{\mu} = \frac{1}{\mu_{\mathrm{el}}} + \frac{1}{\mu_{\mathrm{ac}}} + \frac{1}{\mu_{\mathrm{op}}} + \cdots \tag{4.4.3.7b}$$

半导体太阳电池中，通常电离杂质原子的散射由于长程静电相互作用占主导地位，实际中可以通过迁移率的测试数据来估算其散射时间，如 n-GaInP 迁移率 Hall 测试结果为 $100\text{cm}^2/(\text{V·s})$，电子有效质量为 $0.1m_0$，估算的动量弛豫时间为 5fs。直观感觉随着温度的升高，杂质离化率增加，因此电离杂质原子散射随着温度的升高持续增强 [35]。

4.5 从单粒子方程到宏观输运方程

本节将阐述从单粒子 Boltzmann 方程到各种数值分析软件中常用的宏观输运方程的典型过程以及所做的各种物理近似。

4.5.1 归一化

(4.2.1.2) 所定义的 Boltzmann-Vlasov 方程中涉及四种不同的分布函数变化机制：自身综合时间变化 $\left(\dfrac{\partial f}{\partial t}\right)$；粒子自身运动诱导空间位置变化 ($\boldsymbol{v} \cdot \nabla_x$，也称扩散项)；外场诱导粒子动量变化 ($\nabla_x qV \cdot \nabla_p$，如果外场只有静电势情形也称漂移项)，以及碰撞与产生复合引起的动量、能量、数目与空间位置变化 ((4.4.2.6))。显而易见，变化最快 (寿命最短) 的那一项将决定载流子的分布函数，通过比较这四种典型机制的特征时间，可以确定其主导作用的那一项，进而产生不同的输运模型，抽取特征时间的过程称为归一化 [37,38]。对于太阳电池，光生载流子输运过程能够引起导带或价带载流子数目变化的过程只有产生与复合。

下面分别提取 Boltzmann-Vlasov 方程中这四个典型机制的特征时间，即归一化参数，这会方便观察不同项的主导作用。

(1) 复合与产生决定了载流子数目，直接影响了散射机制与强度，鉴于不同散射复合机制的弛豫时间相差巨大，用所有复合机制中的最小弛豫时间 (τ_R) 作为方程中时间导数的归一化常数：

$$\frac{\partial f}{\partial t} = \frac{\partial f}{\tau_R \partial t'} \tag{4.5.1.1}$$

(2) 以最小层厚度 (x_s) 的渡越时间作为扩散项归一化的参考，太阳电池中几何尺寸最小的位置在窗口层、背场层以及隧穿结区域，如 III-V 族多结太阳电池中的背场厚度通常为 $10\sim100\text{nm}$，如果载流子以室温典型热速率 $1\times10^7\text{cm/s}$ 通过，则渡越时间 $\tau_c = x_s/v_{\text{th}}$ 应该为 $0.1\sim1\text{ps}$。实际中太阳电池电流的产生形式有扩散与漂移两种，渡越时间会更加长一些，扩散项的归一化形式为

$$\boldsymbol{v} \cdot \nabla_x = \frac{v_{\text{th}}}{v_{\text{th}}\tau_c}\boldsymbol{v}' \cdot \nabla'_x = \frac{1}{\tau_c}\boldsymbol{v}' \cdot \nabla'_x \tag{4.5.1.2}$$

(3) 漂移项归一化需要分为高场强与低场强两种情况，通常太阳电池施加偏压在 1V 左右，内部电场强度不是太高 (高场情况见文献 [38])，载流子能量主要是热能，动量 $\sim mv_{\text{th}}$，电场漂移所产生的动能相对比较小，依然用典型渡越时间归一化梯度算符。根据理想气体模型结论：$\frac{1}{2}mv_{\text{th}}^2 = \frac{1}{2}k_{\text{B}}T$，结果等同于用室温载流子热能 $U_T(\sim 26\text{meV})$ 归一化静电势能：

$$\nabla_x qV \cdot \nabla_p = \frac{1}{v_{\text{th}}\tau_{\text{c}}} \frac{1}{mv_{\text{th}}} \nabla'_x (qV) \cdot \nabla'_p = \frac{1}{\tau_{\text{c}}} \nabla'_x \left(\frac{qV}{U_T}\right) \cdot \nabla'_p \tag{4.5.1.3}$$

得到的漂移项的特征时间参数与扩散项的相同。通常把能量 $\gg U_T$ 的载流子称为热载流子。

(4) 载流子散射过程包括杂质弹性与非弹性散射、电子碰撞、声学声子与光学声子散射、复合与产生等，低浓度情形下，每种机制都用属于自身的弛豫时间归一化：去掉上标后，Boltzmann-Vlasov 方程成为

$$\frac{\partial f}{\tau_{\text{R}}\partial t} + \frac{1}{\tau_{\text{c}}}[\boldsymbol{v}\cdot\nabla_x + \boldsymbol{F}\cdot\nabla_p]f = \frac{Q_{\text{el}}}{\tau_{\text{el}}} + \frac{Q_{\text{ee}}}{\tau_{\text{ee}}} + \frac{Q_{\text{ph}}^{\text{ac}}}{\tau_{\text{ac}}} + \frac{Q_{\text{ph}}^{\text{op}}}{\tau_{\text{op}}} + \frac{Q_{\text{in}}}{\tau_{\text{in}}} - \frac{R}{\tau_{\text{R}}} + \frac{G}{\tau_{\text{G}}} \tag{4.5.1.4a}$$

为了简明扼要地突出重点，我们把 (4.5.1.4a) 中的散射机制分成弹性、非弹性、复合与产生等四种类型，分别选取其中主导机制为代表：

$$\frac{\partial f}{\tau_{\text{R}}\partial t} + \frac{1}{\tau_{\text{c}}}[\boldsymbol{v}\cdot\nabla_x + \boldsymbol{F}\cdot\nabla_p]f = \frac{Q_{\text{el}}}{\tau_{\text{el}}} + \frac{Q_{\text{in}}}{\tau_{\text{in}}} - \frac{R}{\tau_{\text{R}}} + \frac{G}{\tau_{\text{G}}} \tag{4.5.1.4b}$$

4.5.2 参数化方程

弹性散射过程标志着载流子动量的改变，用其弛豫时间作为最小可分辨时间，(4.5.1.4a) 变成

$$\frac{\tau_{\text{el}}\partial f}{\tau_{\text{R}}\partial t} + \frac{\tau_{\text{el}}}{\tau_{\text{c}}}[\boldsymbol{v}\cdot\nabla_x + \boldsymbol{F}\cdot\nabla_p]f = Q_0 + \frac{\tau_{\text{el}}}{\tau_{\text{ac}}}Q_{\text{ph}}^{\text{ac}} + \frac{\tau_{\text{el}}}{\tau_{\text{op}}}Q_{\text{ph}}^{\text{op}} + \frac{\tau_{\text{el}}}{\tau_{\text{in}}}Q_{\text{in}} - \frac{\tau_{\text{el}}}{\tau_{\text{R}}}R + \frac{\tau_{\text{el}}}{\tau_{\text{G}}}G$$
$$\tag{4.5.2.1a}$$

τ_{R}、τ_{c} 与 τ_{el} 的差别直接决定了各自在输运过程的作用 [37]。太阳电池中的复合寿命 τ_{R} 通常 >1ns(III-V 族通常在 10ns，Si 甚至能达到 1ms 以上)，考虑到实际情况，载流子渡越时间 τ_{c}>10ps，弹性散射关系载流子动量弛豫时间，制约载流子迁移率 (声学声子、杂质原子、界面起伏、合金无序等主导)，典型值为 <1ps，非弹性散射关系载流子能量弛豫时间，影响载流子的能量 (光学声子、离化杂质、局域缺陷等主导)，四个典型机制的寿命排列为 $\tau_{\text{el}} \ll \tau_{\text{c}} \ll \tau_{\text{in}} < \tau_{\text{R}}$[39]。

鉴于复合弛豫时间 ($>10\mathrm{ns}$) 比弹性散射弛豫时间大很多, 定义比例常数 $\alpha^2 = \frac{\tau_{\mathrm{el}}}{\tau_{\mathrm{R}}} < 10^{-4} \ll 1$, 空间尺度渡越时间取复合与弹性散射值的几何平均 ($\sim 10\mathrm{ps}$), $\tau_{\mathrm{c}} = \sqrt{\tau_{\mathrm{el}}\tau_{\mathrm{R}}}$, 方程 (4.5.1.4b) 简化成

$$\alpha^2 \frac{\partial f}{\partial t} + \alpha \left[\boldsymbol{v} \cdot \nabla_x + \boldsymbol{F} \cdot \nabla_p \right] f = Q_{\mathrm{el}} + \alpha^2 \left(Q_{\mathrm{in}} - R + G \right) \tag{4.5.2.1b}$$

4.5.3 稳态分布函数

光照情况下, 载流子不再具有统一的 Fermi 能级, 考察某一载流子系综, 稳态 (非平衡) 时光生载流子系综 (以电子为例) 的分布函数应该满足自由能最大的原则 [40]:

$$F = U - Ts = \int \varepsilon_p f \mathrm{d}p + k_{\mathrm{B}}T \int \left[f \ln f + (1-f) \ln (1-f) \right] \mathrm{d}p \tag{4.5.3.1}$$

光生载流子的数目与能量是限制条件, 根据常用的拉格朗日 (Lagrange) 极值原理, 要求

$$\frac{\delta L}{\delta f} = \frac{\delta}{\delta f} \left[F - \lambda_0 \left(\int f \mathrm{d}p - n \right) - \lambda_1' \left(\int f \varepsilon_p \mathrm{d}p - E \right) \right]$$

$$= \ln \frac{f}{1 - \eta f} - \lambda_0 - (\lambda_1' - 1) \varepsilon_p = 0 \tag{4.5.3.2}$$

容易得到分布函数具有

$$f = \frac{1}{1 + \mathrm{e}^{-\frac{\lambda_0}{k_{\mathrm{B}}T} - (\lambda_1' - 1) \frac{\varepsilon_p}{k_{\mathrm{B}}T}}} = \frac{1}{1 + \mathrm{e}^{-\frac{\lambda_0}{k_{\mathrm{B}}T} - \lambda_1 \frac{\varepsilon_p}{k_{\mathrm{B}}T}}} \tag{4.5.3.3}$$

根据载流子数目限制条件, 容易观察 Lagrange 因子满足:

$$\lambda_0 = qV + E_{\mathrm{F}} - E_{\mathrm{c}} = E_{\mathrm{F}} - E_{\mathrm{c}}' \tag{4.5.3.4a}$$

$$\lambda_1 = -1 \tag{4.5.3.4b}$$

于是稳态分布函数为

$$f_{\mathrm{e}} = \frac{1}{1 + \mathrm{e}^{\frac{\varepsilon_p + E_{\mathrm{c}}' - E_{\mathrm{Fe}}}{k_{\mathrm{B}}T}}} \tag{4.5.3.5a}$$

(4.5.3.5a) 具有与 (4.2.2.2a) 相同的形式, 只是这里的 E_{Fe} 为非平衡稳态下的电子系综的相对独立的化学势, 通常称为准 Fermi 能级, 温度 T 为异于环境温度的电子系综的整体温度 T_{e}, (4.5.3.5a) 也称为热化分布函数。类似的空穴稳态分布函数为

$$f_{\mathrm{h}} = \frac{1}{1 + \mathrm{e}^{\frac{E_{\mathrm{Fh}} - \varepsilon_p - E_{\mathrm{v}}'}{k_{\mathrm{B}}T_{\mathrm{h}}}}} \tag{4.5.3.5b}$$

【练习】

1. 以空穴系综为参考对象，推导 (4.5.3.5b)。

2. 如果限制条件再加上电子系综的平均速度 $\int f \dfrac{\hbar k}{m_{\mathrm{e}}} \mathrm{d}\boldsymbol{p} = \boldsymbol{u}_{\mathrm{e}}$，会得到所谓热化偏移非平衡分布函数，试推导其以 Lagrange 因子为参数的表达式。

4.5.4 能量输运模型

下面用渐近方法观察 (4.5.2.1b)[41-43]。太阳电池具有偏离平衡态不远的特点 (表现为光照去掉，器件复原，实际应用中热循环是衡量太阳电池单体与组件的一种基本考核方式)，将分布函数展开成以稳态分布为原点的某个小参数 (这里选 α) 的级数 (称为希尔伯特 (Hilbert) 展开)：

$$f = f_0 + \alpha f_1 + \alpha^2 f_2 + \cdots \tag{4.5.4.1}$$

代入 (4.5.2.1b) 得到

$$\alpha^2 \left[\frac{\partial f_0}{\partial t} + (\boldsymbol{v} \cdot \nabla_x + \boldsymbol{F} \cdot \nabla_p) f_1 \right] + \alpha (\boldsymbol{v} \cdot \nabla_x + \boldsymbol{F} \cdot \nabla_p) f_0$$

$$= Q_{\mathrm{el}}(f_0) + \alpha \, DQ_{\mathrm{el}}\big|_{f_0} f_1 + \alpha^2 \left[D^2 Q_{\mathrm{el}}\big|_{f_0} f_2 + Q_{\mathrm{in}}(f_0) - R(f_0) + G(f_0) \right] + \cdots \tag{4.5.4.2}$$

合并扰动系数的同阶项为

α^0 项：$Q_{\mathrm{el}}(f_0) = 0$ \qquad (4.5.4.3a)

α^1 项：$(\boldsymbol{v} \cdot \nabla_x + \boldsymbol{F} \cdot \nabla_p) f_0 = DQ_{\mathrm{el}}\big|_{f_0} f_1$ \qquad (4.5.4.3b)

α^2 项：$\dfrac{\partial f_0}{\partial t} + (\boldsymbol{v} \cdot \nabla_x + \boldsymbol{F} \cdot \nabla_p) f_1 = D^2 Q_{\mathrm{el}}\big|_{f_0} f_2 + Q_{\mathrm{in}}(f_0) - R(f_0) + G(f_0)$ \qquad (4.5.4.3c)

(4.5.4.3a) 确保平衡分布函数具有 Fermi-Dirac 统计的形式，同时导致 (4.5.4.3b) 的左边有

$$(\boldsymbol{v} \cdot \nabla_x + \boldsymbol{F} \cdot \nabla_p) f_0 = \boldsymbol{v} \cdot \left[\nabla_x \eta + \frac{\boldsymbol{F}}{k_{\mathrm{B}} T} \right] \frac{\mathrm{d} f_0}{\mathrm{d} \eta}$$

$$= f_0 (1 - f_0) \boldsymbol{v} \cdot \left[\nabla_x \left(\frac{\lambda_0}{k_{\mathrm{B}} T} \right) + \varepsilon_{\mathrm{p}} \nabla_x \left(\frac{\lambda_1}{k_{\mathrm{B}} T} \right) + \lambda_1 \frac{\boldsymbol{F}}{k_{\mathrm{B}} T} \right] \tag{4.5.4.4}$$

上式推导利用了 $v = \nabla_p \varepsilon$，$\dfrac{\mathrm{d} f_0}{\mathrm{d} \eta} = -f_0(1 - f_0)$。$\eta = \dfrac{\varepsilon_{\mathrm{p}} + E_{\mathrm{c}}' - E_{\mathrm{Fe}}}{k_{\mathrm{B}} T}$，数学上可以

证明 f_1 具有形式:

$$f_1 = \left[\nabla_x \left(\frac{\lambda_0}{k_B T} \right) + \lambda_1 \frac{F}{k_B T} \right] h_0 + \nabla_x \left(\frac{\lambda_1}{k_B T} \right) h_1 \tag{4.5.4.5}$$

式中, h_1 与 h_2 分别满足算符关系:

$$DQ_0 |_{f_0} h_0 = f_0 (1 - f_0) \upsilon \tag{4.5.4.6a}$$

$$DQ_0 |_{f_0} h_1 = \varepsilon_p f_0 (1 - f_0) \upsilon \tag{4.5.4.6b}$$

将 (4.5.4.3c) 对 $(1, \varepsilon_p)$ 加权积分得到 (简单起见, 这里省略动量空间的归一化参数 $2/(2\pi\hbar)^3$)

$$\int \left[\frac{\partial f_0}{\partial t} + (\upsilon \cdot \nabla_x + F \cdot \nabla_p) f_1 \right] \begin{pmatrix} 1 \\ \varepsilon_p \end{pmatrix} \mathrm{d}p$$

$$= \int \left[D^2 Q_{\mathrm{el}} |_{f_0} f_2 + Q_{\mathrm{in}}(f_0) - R(f_0) + G(f_0) \right] \begin{pmatrix} 1 \\ \varepsilon_p \end{pmatrix} \mathrm{d}p \tag{4.5.4.7}$$

根据弹性算符与非弹性算符的守恒特征:

$$\int D^2 Q_{\mathrm{el}} |_{f_0} f_2 \mathrm{d}p = 0 \tag{4.5.4.8a}$$

$$\int D^2 Q_{\mathrm{el}} |_{f_0} f_2 \varepsilon_p \mathrm{d}p = 0 \tag{4.5.4.8b}$$

$$\int Q_{\mathrm{in}}(f_0) \mathrm{d}p = 0 \tag{4.5.4.8c}$$

将 (4.5.4.8a)$\sim$(4.5.4.8c) 代入 (4.5.4.7) 进行积分, 分别得到两个动力学方程:

$$\frac{\partial n}{\partial t} + \nabla_x J_0 = \int [G(f_0) - R(f_0)] \mathrm{d}p \tag{4.5.4.9a}$$

$$\frac{\partial (ne)}{\partial t} + \nabla_x J_1 - F \cdot J_0 = \int Q_{\mathrm{in}}(f_0) \varepsilon_p \mathrm{d}p + \int [G(f_0) - R(f_0)] \varepsilon_p \mathrm{d}p \tag{4.5.4.9b}$$

其中, 各参数定义为

$$n = \int f_0 \mathrm{d}p \tag{4.5.4.9c}$$

$$ne = \int f_0 \varepsilon_p \mathrm{d}p \tag{4.5.4.9d}$$

$$D_{00} = \int v \otimes h_0 \mathrm{d}p \tag{4.5.4.9e}$$

$$D_{01} = \int v \otimes h_1 \mathrm{d}p \tag{4.5.4.9f}$$

$$D_{10} = \int v \otimes h_0 \varepsilon_{\mathrm{p}} \mathrm{d}p = D_{01} \tag{4.5.4.9g}$$

$$D_{11} = \int v \otimes h_1 \varepsilon_{\mathrm{p}} \mathrm{d}p \tag{4.5.4.9h}$$

$$
\begin{aligned}
J_0 &= \left[\nabla_x \left(\frac{\lambda_0}{k_{\mathrm{B}}T} \right) + \lambda_1 \frac{F}{k_{\mathrm{B}}T} \right] D_{00} + \nabla_x \left(\frac{\lambda_1}{k_{\mathrm{B}}T} \right) D_{01} \\
&= D_{00} \nabla_x \left(\frac{\lambda_0}{k_{\mathrm{B}}T} \right) + D_{01} \nabla_x \left(\frac{\lambda_1}{k_{\mathrm{B}}T} \right) + D_{00} \lambda_1 \frac{F}{k_{\mathrm{B}}T}
\end{aligned}
\tag{4.5.4.9i}
$$

$$
\begin{aligned}
J_1 &= \left[\nabla_x \left(\frac{\lambda_0}{k_{\mathrm{B}}T} \right) + \lambda_1 \frac{F}{k_{\mathrm{B}}T} \right] D_{10} + \nabla_x \left(\frac{\lambda_1}{k_{\mathrm{B}}T} \right) D_{11} \\
&= D_{10} \nabla_x \left(\frac{\lambda_0}{k_{\mathrm{B}}T} \right) + D_{11} \nabla_x \left(\frac{\lambda_1}{k_{\mathrm{B}}T} \right) + D_{10} \lambda_1 \frac{F}{k_{\mathrm{B}}T}
\end{aligned}
\tag{4.5.4.9j}
$$

式中, D_{ij} 称为扩散系数矩阵; J 与 J_1 分别称为电流密度与能流密度。(4.5.4.9a)~ (4.5.4.9j) 称为能量输运模型 (energy-transport model)。上述推导中采用了广义静电力, 均匀材料退化成 $F = \nabla_x (qV)$。

方程 (4.5.4.9a) 和 (4.5.4.9b) 有个显著的特点: 高阶流密度依赖于低一阶的流密度。

【练习】

依据 (4.5.4.4)~ (4.5.4.8), 推导 (4.5.4.9a) 和 (4.5.4.9b)。

4.5.5　流密度

流密度 (4.5.4.9i) 和 (4.5.4.9j) 采用新的变量能够写成扩散漂移的形式 [40], 定义新的变量: $DQ_{\mathrm{el}}|_{f_0} \chi_i = \varepsilon_{\mathrm{p}}^i f_0 v : i = 0, 1$, 具有特性:

$$
\begin{aligned}
DQ_{\mathrm{el}}|_{f_0} \nabla \chi_i &= \nabla \left(DQ_{\mathrm{el}}|_{f_0} \chi_i \right) - \left(\nabla DQ_{\mathrm{el}}|_{f_0} \cdot \chi_i \right) \\
&= \varepsilon_{\mathrm{p}}^i f_0 (1 - f_0) v \cdot \left[\nabla_x \left(\frac{\lambda_0}{k_{\mathrm{B}}T} \right) + \varepsilon_{\mathrm{p}} \nabla_x \left(\frac{\lambda_1}{k_{\mathrm{B}}T} \right) \right] - \left(\nabla DQ_{\mathrm{el}}|_{f_0} \cdot \chi_i \right)
\end{aligned}
\tag{4.5.5.1a}
$$

$$\nabla\chi_i = h_i \cdot \nabla_x\left(\frac{\lambda_0}{k_{\mathrm{B}}T}\right) + h_{i+1} \cdot \nabla_x\left(\frac{\lambda_1}{k_{\mathrm{B}}T}\right) + cf_0 \qquad (4.5.5.1\mathrm{b})$$

同时引入标量 $g_i = \langle v \otimes \chi_i \rangle$，具有特性：

$$\nabla g_i = \langle v \otimes \nabla\chi_i \rangle = \langle v \otimes h_i \rangle \nabla_x\left(\frac{\lambda_0}{k_{\mathrm{B}}T}\right) + \langle v \otimes h_{i+1} \rangle \nabla_x\left(\frac{\lambda_1}{k_{\mathrm{B}}T}\right)$$

$$= D_{0i}\nabla_x\left(\frac{\lambda_0}{k_{\mathrm{B}}T}\right) + D_{1i}\nabla_x\left(\frac{\lambda_1}{k_{\mathrm{B}}T}\right) \qquad (4.5.5.2)$$

$(4.5.4.9\mathrm{i})\sim(4.5.4.9\mathrm{j})$ 可以重新写成

$$J_0 = \nabla_x g_0 + D_{00}\lambda_1\frac{F}{k_{\mathrm{B}}T} \qquad (4.5.5.3\mathrm{a})$$

$$J_1 = \nabla_x g_1 + D_{10}\lambda_1\frac{F}{k_{\mathrm{B}}T} \qquad (4.5.5.3\mathrm{b})$$

4.5.6 球能带与弛豫时间近似

弛豫时间近似 $((4.4.1.5))$ 下，$(4.5.4.6\mathrm{a})$ 与 $(4.5.4.6\mathrm{b})$ 简化为

$$h_0 = \tau_{\mathrm{el}}\nabla_p\varepsilon\frac{\mathrm{d}f_0}{\mathrm{d}\eta} = -\tau_{\mathrm{el}}f_0(1-f_0)\,v \qquad (4.5.6.1\mathrm{a})$$

$$h_1 = \tau_{\mathrm{el}}\varepsilon_{\mathrm{p}}\nabla_p\varepsilon\frac{\mathrm{d}f_0}{\mathrm{d}\eta} = -\tau_{\mathrm{el}}f_0(1-f_0)\,\varepsilon_{\mathrm{p}}v \qquad (4.5.6.1\mathrm{b})$$

各向同性抛物色散能带呈球状分布，满足 $\varepsilon_{\mathrm{p}} = p^2/2m$，$\mathrm{d}p = 1/2(2m)^{1/2}\varepsilon_{\mathrm{p}}^{-1/2}\mathrm{d}\varepsilon_{\mathrm{p}}$，动量体积微分元为 $\int p_i \cdot p_j \mathrm{d}p = \delta_{ij}\frac{4\pi}{3}\int p^4\mathrm{d}p = \delta_{ij}\frac{2\pi}{3}(2m)^{\frac{5}{2}}\int\varepsilon_{\mathrm{p}}^{\frac{3}{2}}\mathrm{d}\varepsilon_{\mathrm{p}}$，$\dfrac{\mathrm{d}f_0}{\mathrm{d}\eta_{\mathrm{e}}} = \dfrac{\mathrm{d}f_0}{\mathrm{d}\varepsilon_{\mathrm{p}}}k_{\mathrm{B}}T_{\mathrm{e}}$。

扩散系数矩阵为 [40,41]

$$D_{ij} = \frac{\tau_{\mathrm{el}}}{m}k_{\mathrm{B}}T_{\mathrm{e}}N_{\mathrm{c}}F_{i+j+\frac{3}{2}}(\eta)\left[\varGamma\left(i+j+\frac{3}{2}\right)(k_{\mathrm{B}}T_{\mathrm{e}})^{i+j}\left(i+j+\frac{3}{2}\right)\frac{4}{3}\pi^{-\frac{1}{2}}\right] \qquad (4.5.6.2\mathrm{a})$$

$$D_{00} = k_{\mathrm{B}}T_{\mathrm{e}}\frac{\tau_{\mathrm{el}}}{m}N_{\mathrm{c}}F_{1\mathrm{h}}(\eta) = \frac{k_{\mathrm{B}}T_{\mathrm{e}}}{q}\mu_{\mathrm{n}}n \qquad (4.5.6.2\mathrm{b})$$

$$D_{01} = (k_{\mathrm{B}}T_{\mathrm{e}})^2\frac{\tau_{\mathrm{el}}}{m}\frac{5}{2}N_{\mathrm{c}}F_{3\mathrm{h}}(\eta) = \frac{5}{2}(k_{\mathrm{B}}T_{\mathrm{e}})^2\frac{\tau_{\mathrm{el}}}{m}n\frac{F_{3\mathrm{h}}}{F_{1\mathrm{h}}} \qquad (4.5.6.2\mathrm{c})$$

$$D_{11} = (k_B T_e)^3 \frac{\tau_{el}}{m} \frac{35}{4} N_c F_{5h}(\eta) = \frac{35}{4}(k_B T_e)^3 \frac{\tau_{el}}{m} n \frac{F_{5h}}{F_{1h}} \quad (4.5.6.2d)$$

(4.5.6.2b) 用到了低密度低场下迁移率的表示。标量 g_i 的形式为

$$g_i = \frac{\tau_{el}}{m} k_B T_e N_c F_{i+\frac{3}{2}}(\eta) \left[\Gamma\left(i+\frac{3}{2}\right)(k_B T_e)^i \frac{4}{3}\pi^{-\frac{1}{2}} \right] \quad (4.5.6.3a)$$

$$g_0 = \frac{\tau_{el}}{m} k_B T_e N_c F_{3h}(\eta) = \frac{\tau_{el}}{m} \frac{2}{3} \frac{F_{3h}(\eta)}{F_{1h}(\eta)} ne \quad (4.5.6.3b)$$

$$g_1 = \frac{5}{2} \frac{\tau_{el}}{m}(k_B T_e)^2 N_c F_{\frac{5}{2}}(\eta) = \frac{\tau_{el}}{m} \frac{5}{3} \frac{F_{5h}(\eta)}{F_{3h}(\eta)} ne = \frac{\tau_{el}}{m} \frac{10}{9} \frac{F_{5h}(\eta) F_{1h}(\eta)}{F_{1h}^2(\eta)} \frac{(ne)^2}{n}$$
$$\quad (4.5.6.3c)$$

【练习】

推导 (4.5.6.2) 与 (4.5.6.3)。

4.5.7　流密度的数值实施形式

将 (4.5.6.2) 和 (4.5.6.3) 代入 (4.5.5.3) 中得到电流密度与能流密度的一般形式:

$$\boldsymbol{J}_0 = \frac{\tau_{el}}{m} \left\{ \nabla_x \left(n k_B T_e \frac{F_{3h}(\eta)}{F_{1h}(\eta)} \right) + n \nabla_x E_c' \right\}$$
$$= \frac{\tau_{el}}{m} \left\{ k_B T_e \frac{F_{3h}(\eta)}{F_{1h}(\eta)} \nabla_x n + n \nabla_x \left[k_B T_e \frac{F_{3h}(\eta)}{F_{1h}(\eta)} + E_c' \right] \right\} \quad (4.5.7.1)$$

其中采用广义导带边替代了静电广义力, (4.5.7.1) 中与许多光电器件数值分析文献中的表示形式颇为不同, 继续引入变量 $g_e = \dfrac{F_{1h}(\eta)}{F_{3h}(\eta)}$, 并用环境温度 T_L 归一化能量项可以得到形式:

$$\boldsymbol{J}_0 = \frac{k_B T_L}{q} \mu_n \left[\frac{t_e}{g_e} \nabla n + n \nabla \left(\frac{t_e}{g_e} + E_c' \right) \right] \quad (4.5.7.2a)$$

这里要注意的是, (4.5.7.2a) 中不是电流密度的量纲 ($AL^{-2}T^{-1}$) 而是流密度的量纲 ($L^{-2}T^{-1}$), 可以通过其中各个项的量纲分析得到。

同理可以得到 $\boldsymbol{J}_1$ 的形式:

$$\boldsymbol{J}_1 = \frac{5}{2} \frac{\tau_{el}}{m} \left\{ \nabla_x \left[n(k_B T_e)^2 \frac{F_{5h}}{F_{1h}} \right] + n k_B T_e \frac{F_{3h}}{F_{1h}} \nabla_x E_c' \right\}$$

$$= \frac{5}{2} k_{\mathrm{B}} T_{\mathrm{e}} \left\{ \frac{\tau_{\mathrm{el}}}{m} n \frac{2 F_{5\mathrm{h}} F_{1\mathrm{h}} - F_{3\mathrm{h}}^2}{F_{1\mathrm{h}}^2} \nabla_x \left(k_{\mathrm{B}} T_{\mathrm{e}} \right) + \frac{F_{3\mathrm{h}}}{F_{1\mathrm{h}}} \boldsymbol{J}_0 \right\}$$

$$= \kappa_{\mathrm{n}} \nabla_x T_{\mathrm{e}} + \frac{5}{2} k_{\mathrm{B}} T_{\mathrm{e}} \frac{F_{3\mathrm{h}}}{F_{1\mathrm{h}}} \boldsymbol{J}_0 \tag{4.5.7.2b}$$

(4.5.7.2b) 的量纲为 ($L^2 M T^{-2} L^{-2} T^{-1}$)，单位为 $J/(cm^2 \cdot s)$，其中 κ_{n} 称为电子的热导率 (注意不是晶格热导率，类似地也有空穴系综的热导率 κ_{p})，这取决于电子系综与材料晶格之间的散射作用，通常包含更高一级热力学效应，满足维德曼-弗兰兹 (Wiedemann-Frantz) 定律 [42,43]：

$$\kappa_{\mathrm{n}} = \left(\frac{5}{2} + c_{\mathrm{n}} \right) \frac{k_{\mathrm{B}} T_{\mathrm{e}}}{q} \mu_{\mathrm{n}} n k_{\mathrm{B}} \tag{4.5.7.3}$$

其中，c_{n} 取决于晶格振动与晶体缺陷引起的声子散射过程，是一个可调节的参数。

现在可以定义电子的电流密度 $\boldsymbol{J}_{\mathrm{n}}$ 与能流密度 $\boldsymbol{S}_{\mathrm{n}}$，鉴于电荷为 $-q$，由 (4.5.7.2a) 和 (4.5.7.2b) 分别得到

$$\boldsymbol{J}_{\mathrm{n}} = q \boldsymbol{J}_0 = k_{\mathrm{B}} T_{\mathrm{L}} \mu_{\mathrm{n}} \left[\frac{t_{\mathrm{e}}}{g_{\mathrm{e}}} \nabla n + n \nabla \left(\frac{t_{\mathrm{e}}}{g_{\mathrm{e}}} + E_{\mathrm{c}}' \right) \right] \tag{4.5.7.4a}$$

$$\boldsymbol{S}_{\mathrm{n}} = -\boldsymbol{J}_1 = -\kappa_{\mathrm{n}} \nabla T_{\mathrm{e}} - \frac{5}{2} k_{\mathrm{B}} \frac{t_{\mathrm{e}}}{g_{\mathrm{e}}} \frac{\boldsymbol{J}_{\mathrm{n}}}{q} \tag{4.5.7.4b}$$

(4.5.7.4a) 和 (4.5.7.4b) 就是文献 [44], [45] 中的形式，类似地可以得到空穴的流密度。

在 Maxwell-Boltzmann (MB) 统计下，电子和空穴电流密度退化成 [46]

$$J_{\mathrm{n}} = q D_{\mathrm{n}} \nabla n + \mu_{\mathrm{n}} n \nabla \left(k_{\mathrm{B}} T - qV \right) \tag{4.5.7.5a}$$

$$J_{\mathrm{p}} = -q D_{\mathrm{p}} \nabla p - \mu_{\mathrm{p}} p \nabla \left(k_{\mathrm{B}} T + qV \right) \tag{4.5.7.5b}$$

【练习】
1. 推导空穴电流密度和能流密度的表达式。
2. 由 (4.5.7.4a) 推导其在 MB 统计下的形式 (4.5.7.5a)。

4.5.8 输运方程

综合上面几节的内容，能够给出各向同性能带与弛豫时间近似下的能量输运模型的基本方程 [47]。在这之前需要给出 (4.5.4.9a) 和 (4.5.4.9b) 中等号右边三项的表达式，借助弛豫时间近似有

$$\int \left[G \left(f_0 \right) - R \left(f_0 \right) \right] \mathrm{d}p = G - R \tag{4.5.8.1a}$$

$$\int Q_{\mathrm{in}}\left(f_0\right)\varepsilon_{\mathrm{p}}\mathrm{d}p = -\frac{nw_{\mathrm{n}}-n^0 w_{\mathrm{n}}^0}{\tau_{w\mathrm{n}}} \tag{4.5.8.1b}$$

$$\int\left[G\left(f_0\right)-R\left(f_0\right)\right]\varepsilon_{\mathrm{p}}\mathrm{d}p = (G-R)w_{\mathrm{n}} \tag{4.5.8.1c}$$

式中，$nw_{\mathrm{n}}=\frac{3}{2}k_{\mathrm{B}}T_{\mathrm{e}}N_{\mathrm{c}}F_{3\mathrm{h}}\left(\eta_{\mathrm{e}}\right)$, $n^0 w_{\mathrm{n}}^0=\frac{3}{2}k_{\mathrm{B}}T_{\mathrm{L}}N_{\mathrm{c}}F_{3\mathrm{h}}\left(\eta_{\mathrm{L}}\right)$, 这里 L 表示晶格。

下面分别对电子与空穴系综进行描述，首先是电子系综：

$$\frac{\partial(qn)}{\partial t}-\nabla\cdot\boldsymbol{J}_{\mathrm{n}}=q(G-R) \tag{4.5.8.2a}$$

$$\frac{\partial(nw_{\mathrm{n}})}{\partial t}+\nabla\cdot\boldsymbol{S}_{\mathrm{n}}=-\boldsymbol{F}\cdot\boldsymbol{J}_{\mathrm{n}}+(G-R)w_{\mathrm{n}}-\frac{nw_{\mathrm{n}}-n^0 w_{\mathrm{n}}^0}{\tau_{w\mathrm{n}}} \tag{4.5.8.2b}$$

类似地，空穴系综：

$$\frac{\partial(qp)}{\partial t}+\nabla\cdot\boldsymbol{J}_{\mathrm{p}}=q(G-R) \tag{4.5.8.2c}$$

$$\frac{\partial(pw_{\mathrm{p}})}{\partial t}+\nabla\cdot\boldsymbol{S}_{\mathrm{p}}=-\boldsymbol{F}\cdot\boldsymbol{J}_{\mathrm{p}}+(G-R)w_{\mathrm{p}}-\frac{pw_{\mathrm{p}}-p^0 w_{\mathrm{p}}^0}{\tau_{w\mathrm{p}}} \tag{4.5.8.2d}$$

(4.5.8.2a) 和 (4.5.8.2d) 加上 Poisson 方程 (4.2.1.3) 组成了能量输运的输运方程体系，是进行数值分析的数学出发点。按照定义，其中的能量弛豫时间 $\sim$ps，既是能量函数又是分布概率的函数，给数值计算增加了复杂度，已经提出了多种便于数值实施的有理函数形式 [48]。这里需要注意的是 (4.5.8.2a)$\sim$(4.5.8.2d) 是针对单一能带的输运方程，也就是一个单独的粒子系综。

应用 (4.5.8.2b) 和 (4.5.8.2d) 要注意，不同的产生与复合过程所对应的能量有所不同，这主要取决于相应过程所涉及的粒子数。光学吸收、自发辐射复合和 SRH 复合可以认为是单粒子，产生与复合只带走了相应载流子的内能。而碰撞电流过程与 Auger 复合过程分别涉及 4 个载流子态，如 (1.2.7.1a) 中所示的电子碰撞离化过程中为高速漂移电子撞击，使得价带上的电子跃迁到导带并产生空穴，这样漂移电子的能量需要传递给新产生的空穴和电子，高速漂移电子至少需要消耗的能量为 $g_{\mathrm{h,imp}}w_{\mathrm{n}}-g_{\mathrm{e,imp}}\left[E_{\mathrm{g}}\left(T_{\mathrm{L}}\right)+w_{\mathrm{p}}\right]$，同样 (1.2.7.1b) 中高速漂移空穴至少需要消耗的能量为 $g_{\mathrm{e,imp}}w_{\mathrm{p}}-g_{\mathrm{h,imp}}\left[E_{\mathrm{g}}\left(T_{\mathrm{L}}\right)+w_{\mathrm{n}}\right]$。类似地，Auger 复合过程电子空穴对复合增加了另外一个电子的内能，如图 1.2.3(a)CCCH 复合机制中电子能量至少增加了 $u_{\mathrm{e,Aug}}\left[E_{\mathrm{g}}\left(T_{\mathrm{L}}\right)+w_{\mathrm{p}}\right]$，而 CHHL 和 CHHS 复合机制中空穴内能至少增加了 $u_{\mathrm{h,Aug}}\left[E_{\mathrm{g}}\left(T_{\mathrm{L}}\right)+w_{\mathrm{n}}\right]$。这样 (4.5.8.2b) 和 (4.5.8.2d) 可以具体写成

$$\frac{\partial(nw_{\mathrm{n}})}{\partial t}+\nabla\cdot\boldsymbol{S}_{\mathrm{n}}=-\boldsymbol{F}\cdot\boldsymbol{J}_{\mathrm{n}}+(G_{\mathrm{op}}-R_{\mathrm{rad}}-R_{\mathrm{SRH}})w_{\mathrm{n}}+g_{\mathrm{h,imp}}w_{\mathrm{n}}$$

$$+ \left(u_{\text{e,Aug}} - g_{\text{e,imp}}\right) \left[E_{\text{g}}\left(T_{\text{L}}\right) + w_{\text{p}}\right] - \frac{n w_{\text{n}} - n^0 w_{\text{n}}^0}{\tau_{wn}} \quad (4.5.8.2e)$$

$$\frac{\partial \left(p w_{\text{p}}\right)}{\partial t} + \nabla \cdot \boldsymbol{S}_{\text{p}} = -\boldsymbol{F} \cdot \boldsymbol{J}_{\text{p}} + \left(G_{\text{op}} - R_{\text{rad}} - R_{\text{SRH}}\right) w_{\text{p}} + g_{\text{e,imp}} w_{\text{p}}$$

$$+ \left(u_{\text{h,Aug}} - g_{\text{h,imp}}\right) \left[E_{\text{g}}\left(T_{\text{L}}\right) + w_{\text{n}}\right] - \frac{p w_{\text{p}} - p^0 w_{\text{p}}^0}{\tau_{wp}} \quad (4.5.8.2f)$$

另外，(4.5.8.2a)$\sim$(4.5.8.2d) 中的所有缺陷和 $w_{\text{n}}^0/w_{\text{p}}^0$ 所体现的是晶格温度 T_{L}，如果晶格温度在材料内部存在空间上的不均匀，上述 5 成员体系方程还要加上能够反映这种晶格热能不均匀性的动力学方程：

$$\rho C_{\text{L}} \frac{\partial T_{\text{L}}}{\partial t} = \nabla \cdot \left(\kappa_{\text{L}} \nabla T_{\text{L}}\right) + R\left[w_{\text{n}} + E_{\text{g}}\left(T_{\text{L}}\right) + w_{\text{p}}\right] + \frac{n w_{\text{n}} - n^0 w_{\text{n}}^0}{\tau_{wn}} + \frac{p w_{\text{p}} - p^0 w_{\text{p}}^0}{\tau_{wp}}$$

$$(4.5.8.2g)$$

式中，ρ 是材料密度 (单位 g/cm^3)；C_{L} 是晶格比热容 (单位 W·s/(g·K))；κ_{L} 是晶格热导率 (单位 W/(cm·K))。(4.5.8.2e) 刻画了载流子系综与晶格之间的能量交换过程：复合中损失的电子空穴内能以及势能 (带隙能) 都给了晶格。材料带隙 $E_{\text{g}}(T_{\text{L}})$ 随晶格温度 T_{L} 的变化满足 Varshini 关系：

$$E_{\text{g}}\left(T_{\text{L}}\right) = E_{\text{g}}\left(0\right) - \frac{\alpha T_{\text{L}}^2}{T_{\text{L}} + \beta} \quad (4.5.8.3)$$

式中，α 和 β 的单位分别是 K 和 eV/K，常见半导体材料的数值参见文献 [49]。

应用 (4.5.8.1a)$\sim$ (4.5.8.1e) 要非常注意的是晶格热导率与载流子热导率的区别。晶格热导率是温度的函数，典型半导体材料 300K 的晶格热导率参数值如表 4.5.1 所示 [50]。

表 4.5.1　典型材料的热导率

300K	Si	GaAs	InP	CdTe
κ_{L}/(W/(cm·K))	1.31	0.44	0.68	0.05
C_{L}/(W·s/(g·K))	0.703	0.327	0.311	0.205
ρ/(g/cm^3)	2.328	5.318	4.81	5.87

III-V 族化合物 $A_x B_{1-x}$ 的晶格热导率对 T_{L} 与合金组分 x 的经验关系如 (4.5.8.4a)$\sim$ (4.5.8.4c)[51]：

$$\kappa_{\text{L}}\left(T_{\text{L}}\right) = \kappa_{300\text{K}} \left(\frac{T_{\text{L}}}{300}\right)^\alpha \quad (4.5.8.4a)$$

$$\frac{1}{\kappa_{\text{L}}\left(x\right)} = \frac{x}{\kappa_{\text{A}}} + \frac{1-x}{\kappa_{\text{B}}} + \frac{x\left(1-x\right)}{C_\kappa} \quad (4.5.8.4b)$$

$$\alpha\left(x\right) = x \cdot \alpha_{\mathrm{A}} + \left(1 - x\right) \cdot \alpha_{\mathrm{B}} \tag{4.5.8.4c}$$

区别于 (4.5.8.4a), Si 有一个抛物性的倒函数关系 [52]:

$$\frac{1}{\kappa_{\mathrm{L}}\left(T\right)} = 15.98 + 153.2 \cdot 10^{-2}T + 158.3 \cdot 10^{-6}T^2 \,\left(\mathrm{m} \cdot \mathrm{K/W}\right) \tag{4.5.8.5}$$

太阳电池中一种常见的情形是载流子系综与晶格系综的能量交换时间很短: $\tau_{wn(p)} \to 0$, 此时数学上强迫能量弛豫项分子为

$$\lim \tau_{wn(p)\to 0} \frac{pw_{\mathrm{n(p)}} - n^0\left(p^0\right) w_{\mathrm{n(p)}}^0}{\tau_{wn(p)}} = 0 \Longrightarrow pw_{\mathrm{n(p)}} - n^0\left(p^0\right) w_{\mathrm{n(p)}}^0 \Longrightarrow T_{\mathrm{e(h)}} = T_{\mathrm{L}} \tag{4.5.8.6}$$

方程体系 (4.5.8.2a)~ (4.5.8.2e) 退化成

$$\frac{\partial(qn)}{\partial t} - \nabla \cdot \boldsymbol{J}_{\mathrm{n}} = q\left(G - R\right) \tag{4.5.8.7a}$$

$$\frac{\partial(qp)}{\partial t} + \nabla \cdot \boldsymbol{J}_{\mathrm{p}} = q\left(G - R\right) \tag{4.5.8.7b}$$

$$\rho C_{\mathrm{L}}\frac{\partial T}{\partial t} = \nabla \cdot \left(\kappa\nabla T\right) + RE_{\mathrm{g}}\left(T\right) + \boldsymbol{F} \cdot \boldsymbol{J}_{\mathrm{n}} + \boldsymbol{F} \cdot \boldsymbol{J}_{\mathrm{p}} \tag{4.5.8.7c}$$

其中, (4.5.8.5c) 等号右边第 2 项称为复合热, 第 3 项与第 4 项的和称为焦耳热, 有时也会加上自由载流子吸收长波光所产生的热。(4.5.8.5a)~ (4.5.8.5e) 加上 Poisson 方程称为 4 方程体系, 这在很多光电子器件热分析中广为使用。

太阳电池应用的很多场合都是低光照, 器件与环境温度很快达成平衡, 这时方程体系 (4.5.8.7a)~ (4.5.8.7c) 退化成加上 Poisson 方程的 3 成员扩散漂移体系:

$$\frac{\partial(qn)}{\partial t} - \nabla \cdot \boldsymbol{J}_{\mathrm{n}} = q\left(G - R\right) \tag{4.5.8.8a}$$

$$\frac{\partial(qp)}{\partial t} + \nabla \cdot \boldsymbol{J}_{\mathrm{p}} = q\left(G - R\right) \tag{4.5.8.8b}$$

$$\nabla\left[\varepsilon_{\mathrm{s}}\nabla V\right] = -q\left[N_{\mathrm{D}}^+\left(x\right) - N_{\mathrm{A}}^-\left(x\right) + p\left(x\right) - n\left(x\right)\right] \tag{4.5.8.8c}$$

在一些超快过程中, 会增加一载流子在不同能带之间散射跃迁所引入的项, 假设当前能带标志是 c, 其他能带标志为 s, 分别定义相互特征时间为 τ_{c} 和 τ_{s}, 与 s 能带之间的带间散射在 c 能带引起的载流子浓度变化项为 [53]

$$S = \frac{n_{\mathrm{c}}}{\tau_{\mathrm{c}}} - \frac{n_{\mathrm{s}}}{\tau_{\mathrm{s}}} \tag{4.5.8.9}$$

(4.5.8.9) 需要附加在 (4.5.8.2a) 和 (4.5.8.2c) 上，类似的能量修正项也需要附加在相应载流子系综的能量输运方程中，在本书体系中，我们暂不考虑这一项的存在。

4.5.9 扩散漂移模型

当载流子温度均匀时，(4.5.4.5) 退化成

$$f_1 = \left[\nabla_x \left(\frac{E_{Fe} - E_c'}{k_B T} \right) - \frac{\nabla_x (qV)}{k_B T} \right] h_0 = \nabla_x \left(\frac{E_{Fe} - E_c}{k_B T} \right) h_0 \qquad (4.5.9.1)$$

相应的电子电流密度退化成

$$\boldsymbol{J}_n = qD_{00} \nabla_x E_{Fe} = \mu_n n \nabla_x (E_{Fe} - E_c) \qquad (4.5.9.2a)$$

空穴电流密度也有类似的形式：

$$\boldsymbol{J}_p = qD_{00} \nabla_x E_{Fe} = \mu_p p \nabla (E_{Fh} - E_v) \qquad (4.5.9.2b)$$

输运方程成为

$$\frac{\partial(qn)}{\partial t} - \nabla \cdot \boldsymbol{J}_n = q(G - R) \qquad (4.5.9.3a)$$

$$\frac{\partial(qp)}{\partial t} + \nabla \cdot \boldsymbol{J}_p = q(G - R) \qquad (4.5.9.3b)$$

截断 $J_1 = 0$，这种近似称为漂移扩散模型 (drift-diffusion model)，加上 Poisson 方程就组成了漂移扩散输运体系，这是目前很多太阳电池数值分析软件的数学模型。漂移扩散模型已经有 60 多年的历史，目前依然具有强大的生命力 [54,55]。

有些文献里用准 Fermi 势的表达形式 [56,57]，利用准 Fermi 能级与准 Fermi 势之间的关系：$E_{Fe} = -q\phi_e$，在材料均匀的情况下 (4.5.9.2a) 和 (4.5.9.2b) 为

$$\boldsymbol{J}_n = -q\mu_n n \nabla_x \phi_e \qquad (4.5.9.4a)$$

$$\boldsymbol{J}_p = -q\mu_p p \nabla_x \phi_h \qquad (4.5.9.4b)$$

(4.5.9.4a) 和 (4.5.9.4b) 的好处是准 Fermi 势能够与金属半导体接触端的外加电压直接联系起来。

在载流子浓度比较低的情况下，稳态分布函数由 Fermi-Dirac 形式退化成 Maxwell-Boltzmann 形式，代入 (4.5.9.2a) 和 (4.5.9.2b) 就得到教科书里常见的扩散漂移形式 [58,59]：

$$\boldsymbol{J}_n = qD_n \nabla n + \mu_n n \boldsymbol{E} \qquad (4.5.9.5a)$$

$$J_{\mathrm{p}} = -qD_{\mathrm{p}}\nabla p - \mu_{\mathrm{p}} p \boldsymbol{E} \tag{4.5.9.5b}$$

最后回顾总结一下 (4.5.9.2)～ (4.5.9.4) 成立的前提条件或者适用条件。

(1) 满足扩散漂移的基本输运要求：载流子穿越典型层的输运时间适当大于载流子的带内弛豫时间，这对该模型适用的器件几何尺寸施加了限制。

(2) 载流子系综的温度与晶格温度完全一致，两者不存在能量交换上的延迟。

(3) 弛豫时间近似，各个碰撞机制相对独立且不太高，非弛豫时间近似参考 [60]。

(4) 能带色散关系满足各向同性抛物函数，如 4.5.6 节中所描述的情况。

(5) 彻底忽略了电子态之间的对称性区别，载流子可以在各个电子态之间自由快速穿梭，如表 4.0.1 中所列举的 N_{c} 和 N_{v} 本质上属于不同不等价波矢的 Δ-Γ_{25}' 能带的带边态密度。

【练习】

推导扩散漂移假设下的空穴电流密度 (4.5.9.1b)。

4.5.10　半经典模型的量子修正

小尺寸下粒子波函数 ψ 的空间关联性可以用维格纳 (Wigner) 函数来表示 [61,62]

$$w(\boldsymbol{r}, \boldsymbol{p}, t) = \int \psi^{*}\left(\boldsymbol{r} + \frac{\boldsymbol{r}'}{2}, t\right)\psi\left(\boldsymbol{r} - \frac{\boldsymbol{r}'}{2}, t\right)\mathrm{e}^{-\mathrm{i}\boldsymbol{r}'\cdot\boldsymbol{p}}\mathrm{d}\boldsymbol{r}'$$

在此基础上建立的 Liouville 方程称为量子 Liouville 方程，发展的统计力学框架称为量子统计，对应于器件物理范畴称为微观量子输运模型 [63]，区别于 4.1 节中的宏观半经典输运模型。

这样做使得计算过程复杂起来，为了继承半经典模型的数值便利性，可以把小尺寸量子非局域关联效应以某种形式嵌入半经典模型中，具体做法是在载流子原有势能基础上进行某种形式的修正，如电子电流密度相应的修正项为

$$Q_{\mathrm{n}} = -2q\frac{\mu_{\mathrm{n}}\hbar^{2}}{4dm_{\mathrm{e}}}n\nabla\left(\frac{\Delta\sqrt{n}}{\sqrt{n}}\right) = -2q\mu_{\mathrm{n}}b_{\mathrm{n}}n\nabla\left(\frac{\Delta\sqrt{n}}{\sqrt{n}}\right) = -\mu_{\mathrm{n}}n\nabla q\lambda_{\mathrm{e}} \tag{4.5.10.1}$$

λ_{e} 称为电子的量子修正势 [63-65]。总的电流密度与能流密度为

$$J_{\mathrm{n}} = k_{\mathrm{B}}T_{\mathrm{L}}\mu_{\mathrm{n}}\left[t_{\mathrm{e}}\nabla n + n\nabla\left(t_{\mathrm{e}} + E_{\mathrm{c}} - q\lambda_{\mathrm{e}}\right)\right] \tag{4.5.10.2a}$$

$$S_{\mathrm{n}} = -\kappa_{\mathrm{n}}\nabla t_{\mathrm{e}} - \frac{5}{2}k_{\mathrm{B}}\frac{t_{\mathrm{e}}}{g_{\mathrm{e}}}J_{\mathrm{n}} + \frac{3}{2}q\lambda_{\mathrm{e}}J_{\mathrm{n}} \tag{4.5.10.2b}$$

类似的输运方程中的复合产生项也要增加相应的修正 [65]，这样得到的输运方程称为宏观量子输运模型。

4.6 统一的流体力学框架

太阳电池中用来对外输出能量做功的电子气体类比于各种经典气体，这样载流子的经典输运模型能够在热力学框架内统一解决 [66,67]，结合 4.2.2 节 Fermi 量子气体模型，这种非平衡热力学框架能够充分展现前面处理方式中某些参数的物理意义。

继承 4.1.5 节中的概念，鉴于载流子浓度、电流密度、能量密度都是局域物理量，假设一个局域微观函数与对应宏观力学观测量：

$$b\left(q,p;x\right) = \delta\left(x - q\right)\beta\left(q,p\right) \qquad (4.6.1a)$$

$$B\left(x,t\right) = \int \mathrm{d}\boldsymbol{p}\beta\left(x,p\right) f\left(x,p,t\right) \qquad (4.6.1b)$$

宏观局域物理量随时间的变化率为

$$\partial_t B\left(x,t\right) = \int \mathrm{d}\boldsymbol{p}\beta\left(x,p\right) \partial_t f\left(x,p,t\right) \qquad (4.6.2a)$$

根据动力学方程并进行分部积分可以得到

$$\partial_t B\left(x,t\right) = -\nabla \cdot \int \mathrm{d}\boldsymbol{p}\beta\left(x,p\right) \boldsymbol{v}f + \int \mathrm{d}\boldsymbol{p}\nabla\beta\left(x,p\right) \cdot \boldsymbol{v}f$$
$$- \boldsymbol{F} \cdot \int \mathrm{d}p\left[\nabla_{\mathrm{p}}\beta\left(x,p\right)\right] f + \int \mathrm{d}\boldsymbol{p}\beta\left(x,p\right) \mathcal{K}f \qquad (4.6.2b)$$

(4.6.2b) 称为关于矩 (moment)$\beta\left(x,p\right)$ 的平衡方程，等号右边第 1 部分标记为流密度：

$$\varPhi_{\mathrm{B}} = \int \mathrm{d}\boldsymbol{p}\beta\left(x,p\right) \boldsymbol{v}f\left(x,p,t\right) \qquad (4.6.3a)$$

将 (4.6.2b) 中等号右边第 2，3，4 三部分分别标记为

$$\sigma_{\mathrm{B}}^{1} = \int \mathrm{d}\boldsymbol{p}\nabla\beta\left(x,p\right) \cdot \boldsymbol{v}f\left(x,p,t\right) \qquad (4.6.3b)$$

$$\sigma_{\mathrm{B}}^{2} = -\boldsymbol{F} \cdot \int \mathrm{d}p\left[\nabla_{\mathrm{p}}\beta\left(x,p\right)\right] f\left(x,p,t\right) \qquad (4.6.3c)$$

$$\sigma_{\mathrm{B}}^{3} = \int \mathrm{d}\boldsymbol{p}\beta\left(x,p\right) \mathcal{K}f\left(x,p,t\right) \qquad (4.6.3d)$$

矩方程可以写成

$$\partial_t B\left(x,t\right) = -\nabla \cdot \Phi_B + \sigma_B^1 + \sigma_B^2 + \sigma_B^3 \tag{4.6.3e}$$

载流子速度分成两部分：漂移分量和随机热运动分量，后一分量随方向的积分为 0，取矩为 1、载流子速度、载流子能量等分别得到密度、流密度与能量等三个平衡方程组成的单粒子截断体系，由于包含关于粒子速度的方程，这个框架也称为流体动力学框架。

(1) 密度平衡方程：微观力学量 $\beta\left(x,p\right)=1$，

$$\Phi_1 = \int \mathrm{d}\boldsymbol{p}\boldsymbol{v}f\left(x,p,t\right) = n\left(x;t\right)\boldsymbol{u}_1\left(x;t\right) \tag{4.6.4a}$$

$$\sigma_1^1 = \sigma_1^2 = 0 \tag{4.6.4b}$$

$$\partial_t n\left(x,t\right) = -\nabla\cdot\left[n\left(x;t\right)\boldsymbol{u}_1\left(x;t\right)\right] + \sigma_1^3 \tag{4.6.4c}$$

(2) 流密度平衡方程：微观力学量 $\beta\left(x,\boldsymbol{p}\right)=\dfrac{\boldsymbol{p}_\mathrm{r}}{m}=\boldsymbol{v}_\mathrm{r}$，

$$\Phi_\mathrm{p}^\mathrm{rs} = \int \mathrm{d}\boldsymbol{p}\boldsymbol{v}_\mathrm{r}\boldsymbol{v}_\mathrm{s}f = \int \mathrm{d}\boldsymbol{p}m\left[\boldsymbol{v}_\mathrm{r}-\boldsymbol{u}_\mathrm{r}\right]\left[\boldsymbol{v}_\mathrm{s}-\boldsymbol{u}_\mathrm{s}\right]f + \boldsymbol{u}_\mathrm{r}\boldsymbol{u}_\mathrm{s}\int \mathrm{d}\boldsymbol{p}mf = P_\mathrm{rs} + \boldsymbol{u}_\mathrm{r}\boldsymbol{u}_\mathrm{s} \tag{4.6.5a}$$

$$\sigma_\mathrm{p}^1 = 0 \tag{4.6.5b}$$

$$\sigma_\mathrm{p}^2 = -\boldsymbol{F}n \tag{4.6.5c}$$

这样得到的流密度平衡方程为

$$m\partial_t\left[n\left(x;t\right)\boldsymbol{u}_\mathrm{s}\left(x;t\right)\right] = -\nabla\cdot\left[P_\mathrm{rs}+mn\boldsymbol{u}_\mathrm{r}\boldsymbol{u}_\mathrm{s}\right] - m\boldsymbol{F}n + \sigma_\mathrm{p}^3 \tag{4.6.5d}$$

流密度平衡方程中含有几个具有统计热力学意义的物理量，如压强张量：

$$P_\mathrm{rs}\left(x;t\right) = \int \mathrm{d}\boldsymbol{p}m\left[\boldsymbol{v}_\mathrm{r}-\boldsymbol{u}_\mathrm{r}\right]\left[\boldsymbol{v}_\mathrm{s}-\boldsymbol{u}_\mathrm{s}\right]f\left(x,p,t\right) \tag{4.6.6a}$$

典型的标量压强为

$$P\left(x;t\right) = \frac{1}{3}\int \mathrm{d}\boldsymbol{p}m\left(\boldsymbol{v}-\boldsymbol{u}\right)\cdot\left(\boldsymbol{v}-\boldsymbol{u}\right)f\left(x,p,t\right) \tag{4.6.6b}$$

(3) 能量平衡方程：$\beta\left(x,p\right)=\dfrac{p^2}{2m}$，

$$\Phi_\mathrm{e} = \frac{m}{2}\int \mathrm{d}\boldsymbol{p}v^2f = \frac{m}{2}\int \mathrm{d}\boldsymbol{p}\left(\boldsymbol{v}-\boldsymbol{u}\right)\cdot\left(\boldsymbol{v}-\boldsymbol{u}\right)f + \frac{m}{2}u^2\int \mathrm{d}\boldsymbol{p}f$$

$$= n(x;t)e(x;t) + \frac{m}{2}n(x;t)u^2(x;t) \tag{4.6.7a}$$

上式定义统计热力学内能密度: $n(x;t)e(x;t) = \frac{m}{2}\int \mathrm{d}\boldsymbol{p}(\boldsymbol{v}-\boldsymbol{u})\cdot(\boldsymbol{v}-\boldsymbol{u})f(x, p,t)$, 内能密度可以分成漂移能量与热能量两部分, 通常情况下, 漂移能量只有热能量的百分之几的数量级, 载流子的能量可以近似为热能量。

平衡方程为

$$m\partial_t\left[ne + \frac{m}{2}nu^2\right] = -\nabla\cdot[n(x;t)e(x;t)\boldsymbol{u}(x;t) + \mathbb{J}(x;t)]$$

$$+ \sigma_{\mathrm{e}}^1 - m\boldsymbol{F}\cdot n(x;t)\boldsymbol{u}(x;t) + \sigma_{\mathrm{e}}^3 \tag{4.6.7b}$$

(4.6.7b) 中定义了另外两个关于能流密度与热流密度的统计热力学量:

$$\frac{m}{2}\int \mathrm{d}\boldsymbol{p}\boldsymbol{v}^2\cdot\boldsymbol{v}f = \frac{m}{2}\int \mathrm{d}\boldsymbol{p}\left[|\boldsymbol{v}-\boldsymbol{u}|^2\cdot(\boldsymbol{v}-\boldsymbol{u}) + |\boldsymbol{v}-\boldsymbol{u}|^2\boldsymbol{u}\right]f$$

$$= n(x;t)e(x;t)\boldsymbol{u}(x;t) + \mathbb{J}(x;t) \tag{4.6.7c}$$

剩下的两部分为

$$\sigma_{\mathrm{e}}^1 = \int \mathrm{d}\boldsymbol{p}\frac{\nabla\boldsymbol{v}}{m}\boldsymbol{v}\cdot\boldsymbol{v}f(x,\boldsymbol{p},t) = \int \mathrm{d}\boldsymbol{p}\frac{\nabla(\boldsymbol{v}-\boldsymbol{u})}{m}(\boldsymbol{v}-\boldsymbol{u})\cdot(\boldsymbol{v}-\boldsymbol{u})f(x,\boldsymbol{p},t)$$

$$\tag{4.6.7d}$$

$$\sigma_{\mathrm{e}}^2 = -\boldsymbol{F}\cdot\int \mathrm{d}\boldsymbol{p}\frac{\boldsymbol{p}}{m}f(x,\boldsymbol{p},t) = -\boldsymbol{F}\cdot n(x;t)\boldsymbol{u}(x;t) \tag{4.6.7e}$$

(4.6.4a)~(4.6.7e) 中引入了过多的物理量, 使得数值分析与模型解析都变得比较困难, 如文献 [66] 中所述, 实际中经常采用一种唯象的流体力学图像, 即各种物理量只是描述系统热力学状态的强度量或其梯度的线性函数, 压强与内能是温度与密度的函数, 而且进一步认为函数关系与平衡态相同, 非均匀非稳定系统中, 压强与内能仅通过函数 $n(x;t)$ 与 $T(x;t)$ 依赖于空间与时间, 如 (4.6.6b) 所定义的压强, 最简单的情况是采用平衡理想气体压强近似: $P(x) = nk_{\mathrm{B}}T$。

(4.6.4)~ (4.6.7) 仅定义了粒子数密度、流密度与能流密度等三个低阶截断方程体系, 借助 (4.6.3) 中的方式可以扩展到 6 阶的截断方程体系 [68]。

4.7 量子限制的情形

4.7.1 量子限制的输运模型

半导体太阳电池中存在量子限制的地方除了故意引入的量子阱外, 宽带隙与窄带隙界面附近也可能存在不规则的类三角形量子限制, 如 Ⅲ-Ⅴ 族太阳电池中宽带隙 AlInP 窗口层 (E_{g}:2.28eV) 与窄带隙吸收区 GaInP(E_{g}:1.9eV) 的导带带阶为 200meV，如果发射区很薄 ($\sim$ 30nm)，则其在高 n 型掺杂与基区 p 型掺杂的相互作用下，界面附近存在一个很窄的量子限制区域，如图 4.7.1 所示。

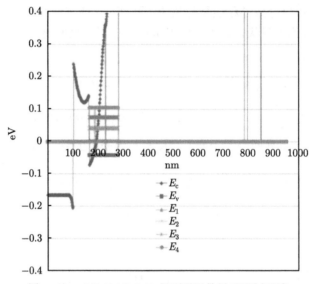

图 4.7.1   AlInP/GaInP 界面附近的量子限制区域

量子限制的一个效应是载流子统计的变化，载流子的电子态分成限制区域内的离散态与之上/之外的连续态两种。显而易见，两者的统计规律与输运机制完全不同，如二维量子阱中的载流子与阱上/阱外的载流子。以电子为例，Poisson 方程中量子限制区域自由电荷形式为 [69]

$$\rho\left(x\right) = -qN_{\mathrm{c}}F_{1\mathrm{h}}\left(\frac{E_{\mathrm{F}}-E_{\mathrm{b}}}{k_{\mathrm{B}}T}\right) - q\sum_{n}A_{\mathrm{D}}\left|\psi_{n}\left(x\right)\right|^{2}F_{y}\left(\frac{E_{\mathrm{F}}-E_{n}}{k_{\mathrm{B}}T}\right)$$

$$= -q\left[n^{3\mathrm{D}}\left(x\right) + n^{2\mathrm{D}}\left(x\right)\right] \tag{4.7.1.1a}$$

式中，E_{F} 是电子系综准 Fermi 能；E_{b} 是垒层带边能量；A_{D} 是对应量子限制能级的态密度；ψ_{n} 与 E_{n} 分别是第 n 个量子能级波函数与能量；F_{y} 是量子限制维数所决定的 Fermi-Dirac 积分，量子阱 (二维) 与量子线 (一维) 的态密度，对应 4.2.3 节内容。

这里需要强调的是，与高频调制下的光电器件与微波器件不同，太阳电池中离散态与连续态的载流子具有相同的准 Fermi 能级 [70]，这意味着两者之间的能量交换发生得很快。

离散态载流子统计必须在包络函数 Schrödinger 方程获得波函数空间分布的基础上进行, 常用的是 (3.6.3.3a) 去掉耦合项的单带方程:

$$\left[-\frac{\hbar^2}{2}\nabla\left(\frac{1}{m}\nabla\right) + E_{\mathrm{c}}\right]\psi_{\mathrm{n}}\left(x\right) = E_{\mathrm{n}}\psi_{\mathrm{n}}\left(x\right) \qquad (4.7.1.1\mathrm{b})$$

(4.7.1.1a) 和 (4.7.1.1b) 共同来决定静电势分布。

量子限制的第二个效应是对输运方程的影响, 可以想象的是, 量子限制区域由于电子/空穴波函数重叠增加, 自发辐射复合增强 (这也是量子阱发明的由来), 同时由于存在光生载流子从量子限制区到垒层以及反方向的热离子发射和俘获 (图 4.7.2), 输运方程中载流子的复合项增加, 也决定了量子结构太阳电池的效率。借助前面建立的弛豫时间模型, 通过形象地定义阱中 2D 载流子与阱外 3D 载流子之间的有效寿命, 能够给出相应的输运模型 [71]。

$$\frac{\partial f_{\mathrm{e}}^{2\mathrm{D}}}{\partial t} = \frac{f_{\mathrm{e}}^{3\mathrm{D}}}{\tau_{\mathrm{e}}^{3\mathrm{D}/2\mathrm{D}}} - \frac{f_{\mathrm{e}}^{2\mathrm{D}}}{\tau_{\mathrm{e}}^{2\mathrm{D}/3\mathrm{D}}} + (g-r)_{\mathrm{e}}^{2\mathrm{D}} \qquad (4.7.1.2\mathrm{a})$$

$$\left[\partial_t + \boldsymbol{v}\cdot\frac{\partial}{\partial x} + \boldsymbol{F}\cdot\frac{\partial}{\partial p}\right] = \frac{f_{\mathrm{e}}^{2\mathrm{D}}}{\tau_{\mathrm{e}}^{2\mathrm{D}/3\mathrm{D}}} - \frac{f_{\mathrm{e}}^{3\mathrm{D}}}{\tau_{\mathrm{e}}^{3\mathrm{D}/2\mathrm{D}}} + (g-r)_{\mathrm{e}}^{3\mathrm{D}} \qquad (4.7.1.2\mathrm{b})$$

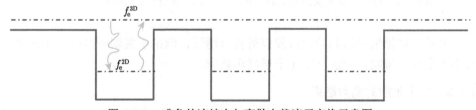

图 4.7.2　唯象的连续态与离散态载流子交换示意图

分别对 (4.7.1.2a) 和 (4.7.1.2b) 进行波矢积分以及重复 4.5.4~4.5.8 节中的运算得到相应的输运方程:

$$\frac{\partial n_{\mathrm{e}}^{2\mathrm{D}}}{\partial t} = \frac{n_{\mathrm{e}}^{3\mathrm{D}}}{\tau_{\mathrm{e}}^{3\mathrm{D}}} - \frac{n_{\mathrm{e}}^{2\mathrm{D}}}{\tau_{\mathrm{e}}^{2\mathrm{D}}} + (G-R)_{\mathrm{e}}^{2\mathrm{D}} \qquad (4.7.1.3\mathrm{a})$$

$$\frac{\partial(qn_{\mathrm{e}}^{3\mathrm{D}})}{\partial t} - \nabla\cdot\boldsymbol{J}_{\mathrm{n}} = q\left(\frac{n_{\mathrm{e}}^{2\mathrm{D}}}{\tau_{\mathrm{e}}^{2\mathrm{D}}} - \frac{n_{\mathrm{e}}^{3\mathrm{D}}}{\tau_{\mathrm{e}}^{3\mathrm{D}}}\right) + q(G-R)_{\mathrm{e}}^{3\mathrm{D}} \qquad (4.7.1.3\mathrm{b})$$

$$\frac{\partial\left(n_{\mathrm{e}}^{3\mathrm{D}}w_{\mathrm{n}}\right)}{\partial t} + \nabla\cdot\boldsymbol{S}_{\mathrm{n}} = -\boldsymbol{F}\cdot\boldsymbol{J}_{\mathrm{n}} + (G-R)\,w_{\mathrm{n}} - n_{\mathrm{e}}^{3\mathrm{D}}\frac{w_{\mathrm{n}} - w_{\mathrm{n}}^0}{\tau_{w\mathrm{n}}} + w_{\mathrm{n}}\left(\frac{n_{\mathrm{e}}^{2\mathrm{D}}}{\tau_{\mathrm{e}}^{2\mathrm{D}/3\mathrm{D}}} - \frac{n_{\mathrm{e}}^{3\mathrm{D}}}{\tau_{\mathrm{e}}^{3\mathrm{D}/2\mathrm{D}}}\right)$$

$$(4.7.1.3\mathrm{c})$$

其中 J_n 与 S_n 仅含有三维载流子。可以看出，(4.7.1.3b)~(4.7.1.3c) 仅是把量子限制区域的载流子作为一个产生复合通道的形象处理。唯象寿命 $\tau_e^{2D/3D}$ 与 $\tau_e^{3D/2D}$ 要通过实验数据反复拟合得到[72]，不当的选择会使得数值计算结果与实验测试结果有比较大的出入。图 4.7.3 显示了 1.96eV/2.08eV 异质结太阳电池的数值计算与实验测试得到的光谱响应曲线。我们故意在输运方程 (4.7.13b) 中忽略了二维/三维 (2D/3D) 相互转换项 (等号右边第一项) 以观察它们对量子效率的影响，可以看出，量子效率曲线尽管数值幅度一致，但是峰值波长不重合。

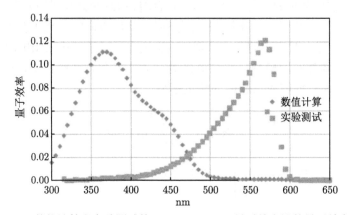

图 4.7.3　数值计算和实验测试的 1.96eV/2.08eV 异质结电池的量子效率曲线

　　另外，尽管量子限制导致自发辐射复合增强，但由于限制能级所产生的光波长小于半导体带隙，无法产生光子子循环效应。

4.7.2　量子限制的离散能级

　　异质结太阳电池由于能带分布形状不规则，量子限制区域的离散能级无法采用精确分析模型得到。因此需要借助数值数学方法，如类似薄膜光学的传输矩阵方法[73,74]、经典二阶椭圆微分方程的有限元与有限差分[75,76]、试探函数、艾里 (Airy) 函数等。无论哪种方法都是把发生量子限制的区域划分成若干小区域，解在这些小区域上满足一定的分布形式。

　　下面概述传输矩阵方法所依据的数学基础。根据二阶微分方程理论，(4.7.1.1b) 的解可以表示成两个函数的叠加：

$$\psi_n(x) = CA(x) + DB(x) \tag{4.7.2.1}$$

　　通常的网格离散中，某一区间中的能带边 $E_{c(v)} - qV$ 是线性变化的，载流子隧穿的势垒分布可以看成分段线性变化的：

$$V(x) = V_0 + (x - x_0)\frac{V_1 - V_0}{x_1 - x_0} \tag{4.7.2.2}$$

其中，$V(x)$ 是势垒分布；$V_{0(1)}$ 和 $x_{0(1)}$ 是区间首末段能量与坐标，如果假设载流子有效质量为常数，(4.7.1.1b) 转化为

$$\frac{\mathrm{d}^2}{\mathrm{d}x^2}\psi_n - \frac{2m}{\hbar^2}[V_0 - E + \mathrm{d}V(x - x_0)]\psi_n = 0 \qquad (4.7.2.3)$$

引入变量 $\xi = ax + b$，使 (4.7.2.3) 转换成 $\dfrac{\mathrm{d}^2}{\mathrm{d}\xi^2}\psi_n - \xi\psi_n = 0$ 的形式，代入得到 $\dfrac{\mathrm{d}^2}{\mathrm{d}x^2}\psi_n - [a^3 x + ab]\psi_n = 0$ 以及 $\xi = \left[\dfrac{2m\mathrm{d}V}{\hbar^2}\right]^{\frac{1}{3}}\dfrac{1}{\mathrm{d}V}[V_0 - E + \mathrm{d}V(x - x_0)]$，其解为

$$\psi_n(x) = C \cdot \mathrm{Ai}[u(x)] + D \cdot \mathrm{Bi}[u(x)] \qquad (4.7.2.4a)$$

$$u(x) = -\left(\frac{2m}{\hbar^2}\right)^{\frac{1}{3}}\left(\frac{x_1 - x_0}{V_1 - V_0}\right)^{\frac{2}{3}}[E - V(x)] \qquad (4.7.2.4b)$$

其中 $\mathrm{Ai}[u(x)]$ 和 $\mathrm{Bi}[u(x)]$ 为 Airy 函数。利用波函数在网格界面上的值与导数连续的性质得到相应的传输矩阵 (具体见第 9 章)。如果认为在网格上能带分布是常数，那么 (4.7.2.4a) 和 (4.7.2.4b) 退化成标准指数函数的形式：

$$\psi_n(x) = C_i \mathrm{e}^{\mathrm{i}k_i(x - x_i)} + D_i \mathrm{e}^{-\mathrm{i}k_i(x - x_i)} \qquad (4.7.2.5a)$$

在量子限制区域的边界，波函数满足瞬逝波的形式：

$$\psi_n(x) = C_- \mathrm{e}^{k_-(x - x_-)} \qquad (4.7.2.5b)$$

$$\psi_n(x) = D_+ \mathrm{e}^{-k_+(x - x_+)} \qquad (4.7.2.5c)$$

考虑到异质结构的能带分布的复杂与有效质量的变化，我们往往采用有限差分法计算离散能级及对应波函数的空间分布。

【练习】

查找 Airy 函数 $\mathrm{Ai}[u(x)]$ 和 $\mathrm{Bi}[u(x)]$ 的数值计算方法，在此基础上，编制本节量子限制数值计算能级的子程序。

4.8 输运模型的数据结构

本章中发展的输运模型扩展了能带和材料模型，相关数据结构成员的增加需要从整个器件物理模型架构的方面统一考虑。

4.8.1 单纯输运模型的数据结构

在器件数值分析软件开发中，通常设定一个与输运模型相关联的参数以方便设计人员依据器件的具体结构确定，上述建立的输运模型对数据结构的要求表现在如下五个方面。

(1) 材料介电参数。目前建立的半经典输运模型都是基于其他载流子的相互作用体现在静电场的 Vlasov 假设上，即 Poisson 方程。其中与材料物理性能相关联的参数是介电常数，鉴于太阳电池不涉及频率，可以建立一个目前仅包含相对稳态介电常数 ε_r 一个物理量的数据结构 Dielectric。结合第 6 章会发现，相关 Dielectric 还包含材料的光学色散关系成员，即折射率与消光系数随波长的变化。

(2) 材料输运参数。不同输运模型需要与之相对应的材料参数，如果仅是扩散漂移模型，则每层材料必须给出相应的迁移率数值或函数模型；能量输运模型则需要载流子系综热导率，以及材料晶格热流所涉及的密度、热导率、比热容等参数值，如图 4.8.1 所示。

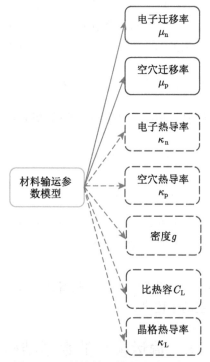

图 4.8.1 单纯输运模型成员示意图

（3）单能带输运参数。包括电子/空穴带内能量弛豫时间、动量弛豫时间等，如图 4.8.2 所示。

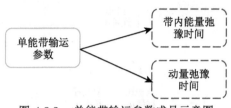

图 4.8.2　单能带输运参数成员示意图

（4）谷间散射输运参数。包括两个能带谷编号与散射特征时间等，如图 4.8.3 所示。

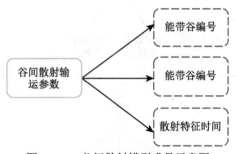

图 4.8.3　谷间散射模型成员示意图

（5）全局参数环境温度。无论能量输运模型还是扩散漂移模型，都需要明确器件的工作温度。半导体太阳电池在测试时通常是放在冷却台上，保持固定温度 25℃ 或 28℃，或者其他需要测试的温度。对于能量输运模型，环境温度表现为金属半导体端的材料温度，扩散漂移模型则需要环境温度统一归一化各种能量数据。在数据输入时，通常以全局数据的形式读入环境温度。

针对能量输运体系，构造输运系数模型 T_{pc}，下面包含迁移率模型 M_c、载流子热导率 κ_c 与晶格热流 L_{hf} 模型，三者的成员关系如表 4.8.1 所示，其中载流子热导率是一个实时按照 (4.5.7.3) 计算的量，实际输入的是调节参数 c_e 和 c_h。

【练习】

1. 在第 3 章单能带数据结构上，依据图 4.8.2，将其扩展成涵盖载流子动量和能量的数据结构；

2. 构造适合能谷间散射模型 (inter-valey scattering model) 的数据结构。

表 4.8.1　材料输运模型数据结构

模型	成员树	数据结构
M_{c}: 载流子迁移率	Mob 迁移率 ↓ ↓ 电子迁移率 μ_{n}　空穴迁移率 μ_{p}	real(wp) :: mn real(wp) :: mp
κ_{c}: 载流子热导率	κ_{c} 热导率修正 ↓ ↓ 电子修正系数 c_{e}　空穴修正系数 c_{h}	real(wp) :: ce real(wp) :: ch
L_{hf}: 晶格热流	L_{hf} 晶格热流 ↓ ↓ ↓ 密度 g　晶格热导率 κ_{L}　比热容 C_{L}	real(wp) :: g real(wp) :: CL real(wp) :: KL

4.8.2　输运模型对能带数据结构的拓展

输运模型对能带数据结构的拓展是指那些仅由材料能带结构决定的跃迁和复合项,包括同一波矢 k 但能量不同的不同能带的电子态之间的相互跃迁 ((4.5.8.2f) 中的带内时间弛豫项)、满足直接跃迁的自发辐射复合 ((4.5.8.2f) 中的 R_{rad},形式如 (1.2.4.1))、无辐射的 Auger 复合 ((4.5.8.2f) 中的 $u_{\mathrm{e(h),Aug}}$,形式如 (1.2.6.2a) 和 (1.2.6.2b) 中的 R_{Auger}) 等三种,这些过程往往涉及几个不同的导带与价带,因此需要在每个能带里拓展进去,如图 4.8.4 所示。

要注意的是,这里没有把载流子热导率包含在里面是因为其与特定材料迁移率息息相关 (4.5.7.3),从而把它们都放在后面的功能层模型数据结构中。

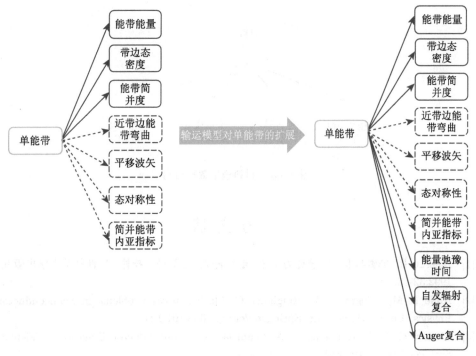

图 4.8.4 输运模型对能带数据结构的拓展

4.8.3 输运模型对材料数据结构的拓展

结合输运模型需要的参数以及第 3 章中的能带结构, 就可以定义一个材料模型的数据结构: Material_, 其基本成员组成与文献 [77](可以参考其中目录) 中描述的一种半导体材料的方式相同, 对于半导体太阳电池而言, 至少应该包括如下几部分 (图 4.8.5)。

(1) 输运特性子模型。在这里只含有晶格热流模型 (L_{hf}) 这一个成员, 而把与材料缺陷性能相关的载流子热导率和迁移率相关的数据结构放在第 5 章功能层中。

(2) 介电子模型。光学特性子模型应该包含两部分: 余辉区的静态介电常数 (Poisson 方程用到) 与高频介电常数 (某些测试用到), 以及光学色散关系 (参考第 6 章) 等。鉴于有些时候只进行无光照数值分析不涉及光学色散, 如能带分布、量子隧穿、暗电流、暗 I/V 特性等, 我们这里将光学模型分成两部分: 介电常数 Dielectric 与光学色散 Opnk 两个子模型。

(3) 能带子模型。包括各能带的位置、色散关系、有效质量、跃迁矩阵元等。

(4) 力学特征子模型。应变下的半导体还应该包括杨氏模量、Poisson 比等相关参数。

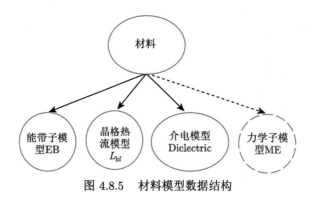

图 4.8.5   材料模型数据结构

参考文献

[1] Balescu R. 平衡与非平衡统计力学 (上册). 陈光旨, 等译. 桂林: 广西师范大学出版社, 1992:32-56.

[2] Anile A M, Allegretto W, Ringhofer C. Mathematical Problems in Semiconductor Physics. Berlin, Heidelberg: Springer-Verlag, 2003:101-104.

[3] Markowich P A, Ringhofer C A, Schmeiser C. Semiconductor Equations. Vienna: Springer-Verlag, 1990:19.

[4] Balescu R. 平衡与非平衡统计力学 (上册). 陈光旨, 等译. 桂林: 广西师范大学出版社, 1992:59.

[5] Balkan N, Xavier M. Springer Series in Materials Science: Semiconductor Modeling Techniques. Berlin, Heidelberg: Springer, 2012:101-108.

[6] Markowich P A, Ringhofer C A, Schmeiser C. Semiconductor Equations. Vienna: Springer-Verlag, 1990:26.

[7] Shcroft N W, Mermin N D. Solid State Physics. Philadelphi: Saunders College, 1976:337-344.

[8] Madelung O. Semiconductors: Group IV Elements and III-V compounds. Berlin, Heidelberg: Springer, 1991.

[9] Scheer R. Chalcogenide Photovoltaics. Hoboken: John Wiley & Sons Inc., 2011:32-36.

[10] Böer K W. Handbook of the Physics of Thin-Film Solar Cells. Berlin, Heidelberg: Springer, 2013:718-720.

[11] Grasser T, Tang T W, Kosina H, et al. A review of hydrodynamic and energy-transport models for semiconductor device simulation. Proceedings of the IEEE, 2003, 91(2):251-274.

[12] Kittel C. 热物理学. 张福初, 梁民基, 译. 北京: 人民教育出版社, 1982:142.

[13] Baierlein R. Thermal Physics. Cambridge: Cambridge University Press, 1999:166-178.

[14] Alexander P, Kirk A P. Solar Photovoltaic Cells: Photons to Electricity. New York: Academic Press, 2015:25-56.

[15] Sieniutycz S, Vos A D. Thermodynamics of Energy Conversion and Transport. New York: Springer-Verlag, 2000.

[16] Luque A, Hegedus S. Handbook of Photovoltaic Science and Engineering. Hoboken: John Wiley & Sons Inc., 2003:87-112.

[17] Blakemore J B. Semiconductor Statistics. Oxford: Pergamon, 1962.

[18] Smith A W, Rohatgi A. Re-evaluation of the derivatives of the half order Fermi integrals. J. Appl. Phys., 1993, 376(11):7030-7034.

[19] Dingle R B. The Fermi-Dirac integral $F_p(n) = (p!)^{-1} \int_0^\infty \varepsilon^p \left(e^{\varepsilon - n} + 1 \right)^{-1} d\varepsilon$. Appl. Sci. Res. Ser. B., 1957, (6):225-229.

[20] Mcdougall J, Toner E C. The computation of Fermi-Dirac functions. Philos. Trans. Roy. Soc. London Ser. A, 1939, 237:67-104.

[21] Dingle R B. Asymptotic expansions and converging factors. I: General theory and basic converging factors. Proc. Roy. Soc. London Ser. A, 1958, 244:456-475.

[22] Dingle R B. Asymptotic expansions and converging factors. III: Gamma, psi and polygama functions, and Fermi-Dirac and Bose-Einstein integrals. Proc. Roy. Soc. London Ser. A, 1958, 244:484-490.

[23] Macleod A J. Algorithm 779: Fermi-Dirac functions of order $-1/2, 1/2, 3/2, 5/2$. ACM Transactions on Mathematical Software, 1998, 24(1):1-14.

[24] Goano M. Algorithm 745:Computation of the complete and incomplete Fermi-Dirac functions integral. ACM Transactions on Mathematical Software, 1995, 21(3):221-234.

[25] Goano M. Series expansion of Fermi-Dirac functions integral $F_j(x)$ over the entire domain of real j and x. Solid-State Electronics, 1993, 36(2):217-221.

[26] van Halen P V, Pulfrey D L. Accurate, short series approximations to Fermi-Dirac functions integrals of order $-1/2$, $1/2$, $3/2$, $5/2$, and $7/2$. J. Appl. Phys., 1985, 57(12):5271-5274.

[27] Demmel J W. 应用数值线性代数. 王国荣, 译. 北京: 人民邮电出版社, 2007:6-13.

[28] Altschul V, Finkman E. Simple approximation for Fermi energy in nonparabolic semiconductors. Applied Physics Letters, 1991, 58:942.

[29] Markowich P A, Ringhofer C A, Schmeiser C. Semiconductor Equations. Vienna: Springer-Verlag, 1990:2-34.

[30] Ridley B K. Quantum Processes in Semiconductors. Oxford: Oxford University Press, 2013.

[31] Lundstrom M. Fundamentals of Carrier Transport. 2nd ed. Cambridge: Cambridge University Press, 2000:55-112.

[32] Li S S. Semiconductor Physical Electronics. New York: Springer, 2006:211-245.

[33] Jünge A. Transport Equations for Semiconductors. Berlin, Heidelberg: Springer, 2009: 71-94.

[34] Lundstrom M. Fundamentals of Carrier Transport. 2nd ed. Cambridge: Cambridge University Press, 2000:131.

[35] Peter Y, Cardona M. Fundamentals of Semiconductors. 3rd ed. Berlin, Heidelberg: Springer, 2003:203-222.

[36] Palankovski V, Quay R. Analysis and Simulation of Heterostructure Devices. Vienna: Springer, 2004:112.

[37] Jüngel A. Transport Equations for Semiconductors. Berlin, Heidelberg: Springer, 2009:99-100.

[38] Markowich P A, Ringhofer C A, Schmeiser C. Semiconductor Equations. Vienna: Springer-Verlag, 1990:95-98.

[39] Ahrenkiel R K, Lundstrom M S. Minority carriers in III-V semiconductors physics and applications. Semiconductors and Semimetals, 1993, 39:42-65.

[40] Jüngel A, Krause S, Pietra P. Diffusive semiconductor moment equations using Fermi-Dirac statistics. Zeitschrift Für Angewandte Mathematik Und Physik, 2011, 62(4):623-639.

[41] Abdallah N B , Degond P, Genieys S . An energy-transport model for semiconductors derived from the Boltzmann equation. Journal of Statistical Physics, 1996, 84(1):205-231.

[42] Ashcroft N W, Mermi N D. Solid State Physics. Philadelphi: Saunders College, 1976:495-505.

[43] Lundstrom M. Fundamentals of Carrier Transport. 2nd ed. Cambridge: Cambridge University Press, 2000:233 .

[44] Leone A, Gnudi A , Baccarani G. Hydrodynamic simulation of semiconductor devices operating at low temperature. IEEE Transactions on Computer-Aided Design of Integrated Circuits and Systems, 1994, 13(11):1400-1408.

[45] Choi W S,Ahn J G, Park Y J, et al. A time dependent hydrodynamic device simulator SNU-2D with new discretization scheme and algorithm. IEEE Transactions on Computer-Aided Design of Integrated Circuits and Systems, 1994, 13(7):899-908.

[46] Palankovski V, Quay R. Analysis and Simulation of Heterostructure Devices. Vienna: Springer, 2004:27.

[47] Thode L E, Csanak G, So L L, et al. Time dependent numerical simulation of vertical cavity lasers. Proceedings of IEEE 21st International Conference on Plasma Sciences (ICOPS), 1994:76.

[48] Grasser T, Tang T W, Kosina H, et al. A review of hydrodynamic and energy-transport models for semiconductor device simulation. Proceedings of the IEEE, 2003, 91(2):251-274.

[49] Adachi S. IV 族、III-V 族和 II-VI 族半导体材料的特性. 季振国, 等译. 北京: 科学出版社, 2009:114.

[50] Madelung O. Semiconductors: Group IV Elements and III-V Compounds. Berlin, Heidelberg: Springer, 1991:20.

[51] Piprek J. Semiconductor Optoelectronic Devices, Introduction to Physics and Simulation. San Diego: Academic Press, 2003:142.

[52] Palankovski V, Quay R. Analysis and Simulation of Heterostructure Devices. Vienna: Springer, 2004:43.

[53] Wilson C L. Hydrodynamic carrier transport in semiconductors with multiple band minima. IEEE Transactions on Electron Devices, 1988, 35(2):180-187.

[54] Roosbroeck W V. Theory of the flow of electrons and holes in germanium and other semiconductors. Bell System Technical J, 1950, 29:560-607.

[55] Lundstrom M. Drift-diffusion and computational electronics—still going strong after 40 years! International Conference on Simulation of Semiconductor Processes and Devices (SISPAD), 2015:1-3.

[56] Cummings D J, Law M E, Cea S, et al. Comparison of discretization methods for device simulation. IEEE International Conference on Simulation of Semiconductor Processes and Devices (SISPAD), 2009:1-4.

[57] Wiedenhaus M, Ahland A, Schulz D, et al. Dynamical simulation of quantum-well structures. IEEE Journal of Quantum Electronics, 2001, 37(5):684-690.

[58] Kurata M. Numerical Analysis for Semiconductor Devices. New York: Lexington Books, 1982:12.

[59] Selberherr S. Analysis and Simulation of Semiconductor Devices. Vienna: Springer,1984: Chap 2.

[60] Jüngel A. Transport Equations for Semiconductors. Berlin, Heidelberg: Springer, 2009:123.

[61] Balescu R. 平衡与非平衡统计力学 (上册). 陈光旨, 等译. 桂林: 广西师范大学出版社, 1992:91.

[62] Markowich P A, Ringhofer C A, Schmeiser C. Semiconductor Equations. Vienna: Springer-Verlag, 1990:41.

[63] Jüngel A. Transport Equations for Semiconductors. Berlin, Heidelberg: Springer, 2009:260.

[64] Gardner C L. The quantum hydrodynamic model for semiconductor device. SIAM J. Appl. Math., 1994, 54(2):409-427.

[65] Hontschel J, Stenzel R, Klix W. Simulation of quantum transport in monolithic ICs based on $In_{0.53}Ga_{0.47}As$-$In_{0.52}Al_{0.48}As$ RTDs and HEMTs with a quantum hydrodynamic transport model. IEEE Transactions on Electron Devices, 2004, 51(5):684-692.

[66] Balescu R. 平衡与非平衡统计力学 (下册). 陈光旨, 等译. 桂林: 广西师范大学出版社, 1992:59-63.

[67] DeGroot S R, Mazur P. Non-Equilibrium Thermodynamics. Amsterdam, North-Holland: Publishing Company, 1962:163-173.

[68] Anile A M, Pennisi S. Thermodynamic derivation of the hydrodynamical model for charge transport in semiconductors. Physical Review B, 1992, 46(20):13186-13193.

[69] Pacelli A. Self-consistent solution of the Schrödinger equation in semiconductor devices by implicit iteration. IEEE Transactions on Electron Devices, 1997, 44(7):1169-1171.

[70] 李洵, 陈四海, 黄黎蓉, 等. 光电子器件设计、建模与仿真. 北京: 科学出版社, 2014:139.

[71] Ramey S M, Khoie R. Modeling of multiple-quantum-well solar cells including capture, escape, and recombination of photoexcited carriers in quantum wells. IEEE Transactions on Electron Devices, 2003, 50(5):1179-1188.

[72] Blom P, Smit C, Haverkort J, et al. Carrier capture into a semiconductor quantum well. Phys. Rev. B, Condens. Matter, 1993, 47(4):2072-2081.

[73] Jonsson B , Eng S T. Solving the Schrödinger equation in arbitrary quantum-well potential profiles using the transfer matrix method. IEEE Journal of Quantum Electronics, 1990, 26(11):2025-2035.

[74] Kirauschek C. Accuracy of transfer matrix approaches for solving the effective mass Schrödinger equation. IEEE Journal of Quantum Electronics, 2009, 45(9):1059-1067.

[75] Nakamura K, Shimizu A, Koshiba M, et al. Finite-element analysis of quantum wells of arbitrary semiconductors with arbitrary potential profiles. IEEE Journal of Quantum Electronics, 1989, 25(5): 889-895.

[76] Juang C, Kuhn K J, Darling R B. Stark shift and field-induced tunneling in $Al_xGa_{1-x}As/$ GaAs quantum-well structures. Phys. Rev. B, 1990, 41:12047-12053.

[77] Adachi S. IV 族、III-V 族和 II-VI 族半导体材料的特性. 季振国, 等译. 北京: 科学出版社, 2009:20-353.

第 5 章　缺陷的电荷统计与复合速率

5.0　概　　述

根据前文对半导体太阳电池基本特征的分析，最后一条原则是让尽可能多的光生载流子能够跑到收集端，即金属半导体接触。理想情况是光生载流子能够顺利地跑到收集端，但平常所遇到的半导体由于种种原因，都存在这样或那样的缺陷，这些缺陷就如同马路上的陷阱一样，能够把载流子限制住或直接作为通道复合。即使是理想完美的材料，光生载流子从产生区域跑到收集端这一路上也存在自发复合辐射所引起的减少。这样问题就产生了，为了能清楚这些缺陷对光生载流子输运的影响，我们需要解决如下几个问题：① 这些缺陷在哪里？从空间上来说，存在于材料内部还是材料表面？从能量上来说，存在于带边还是带隙中间？② 它们是如何分布的或分布特征如何？这里我们主要关心的是缺陷在能量上的分布，是单个缺陷分布，还是连续分布？③ 它们的数目有多少？显而易见，缺陷数目越多，对光生载流子的影响也越大；④ 对光生载流子的俘获能力如何？或者说它们能限制住多少电荷。不同缺陷对光生载流子的俘获能力是不一样的，有的存在但对载流子的影响比较小，有的却比较大。最后，我们还关心在清楚上述问题的情况下，残存的，或者说有效光生载流子还有多少，上述几个问题构成载流子与缺陷电荷的统计问题。

关于缺陷的分布可以分为拓扑 (几何) 和能级两种表示方式。从材料知识，缺陷一般可以分为点缺陷，比如占据晶格点的掺杂原子、间隙原子、空位、反位，以及间隙与空位复合体的弗仑克尔 (Frenkel) 缺陷等；线缺陷，比如位错，包括刃位错与螺旋位错；面缺陷，比如微晶硅、多晶硅、CIGS 柱状晶的晶界；体缺陷，如大应变材料外延生长所形成的岛或者其他图形结构等，量子点及其他一些纳米结构也可以看成体缺陷。这种分类其实就是根据空间几何特征来进行的。能量上的分类主要获得这些缺陷能级的分布情况，比如是处在带隙中间 (深能级) 还是边缘 (浅能级)，是离散分布还是连续分布，当然也有缺陷能级处于导带里，比如稀 N III-V 族化合物，N 原子形成位于导带内的所谓共振态，它与导带底相互排斥导致带隙异常变窄。缺陷的能量分布与光生载流子分布共同构成了电荷分布的能级图像。把缺陷空间分布与能量分布两者联系起来是设计和研究高性能光电转换材料的核心。

缺陷电荷统计对器件制具有重要意义, 不同缺陷形成的电荷中心往往能够起到弱化或者补偿掺杂的作用, 使 pn 结难以形成, 如 Si 中的 Au, 非晶硅里的悬挂键、CdTe 中的 Cd 空位以及 CIGS 中的 Cu 空位等。研究这些缺陷的补偿作用可以更好地优化器件结构。

最后, 复合速率决定载流子寿命, 而复合速率是由电子空穴密度、缺陷的具体特征决定的。因此研究缺陷的目的是要获得各个子系统的电荷分布与各个缺陷所引起的复合速率。

5.1　统计热力学图像

以热力学系综的观点处理载流子体系与缺陷体系之间的关系, 可以使得物理图像很简洁。

5.1.1　半导体电荷分布的简单系综图像

结合光生载流子与缺陷特征, 能够给出光伏材料电荷分布的简单系综图像, 如图 5.1.1 所示, 大致可以分为如下五个部分。

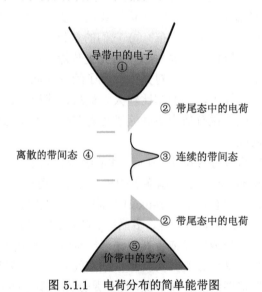

图 5.1.1　电荷分布的简单能带图

(1) 导带中的电子, 无论是掺杂离化、外部注入还是本征热激发, 导带中的电子浓度是太阳电池能够有效利用的量。

(2) 带尾态中的电荷, 包括导带边与价带边带尾态。带尾态通常是由半导体材料的无序所引起的, 这种无序可以是化学键伸缩、扭曲 (非晶硅), 也可以是化合物中不同原子的无序排列 (Ⅲ-V 化合物、CIGS) 等。鉴于不同原子的化学键的扭曲、伸缩以及无序排列不一致,带尾态通常呈现连续分布。伸缩、扭曲等所形成的化学键比正常的结合强度要低,很容易贡献电子,显现为价带边的施主能级,类似反键态所构成的导带边也出现带尾。

(3) 连续的带间态,这里专指由于晶界、高密度悬挂键 (断键) 等在带间引入的缺陷态,断键正常情况下只有一个电子,可以失去电子成为正电荷,也可以再俘获一个电子成为负电荷,这就是缺陷的双性特征 (amphoretic)。断键由于形态不同在能量上显示连续的分布。

(4) 离散的带间态,这里专指由于掺杂或者外来污染所引入的点缺陷所引入的带间缺陷态,包括带边的浅能级缺陷 (施主与受主) 和带间的深能级缺陷,能级是离散的。对于施主与受主,通常贡献电子或俘获电子,但是有些深能级缺陷也显现双性态,比如金属 Au。

(5) 价带中的电子,通常表示成价带中的空穴,与导带一样,也是太阳电池能够有效利用的量。

这里要注意的是:对于电子,无论导带还是价带,向上的能量总是越来越高,如果以空穴作为价带有效电荷描述,向下的能量为正。

根据半导体物理,浅施主的电子能够吸收热能跃迁到导带,价带中的电子也能吸收热能跃迁到受主能级,当存在光吸收的情况下,价带中的电子能够从价带跃迁到导带,各种受到激发的电子也能从缺陷态跃迁到离散态、带尾态或者带间态再重新回到价带。如果把光子也考虑成一个子系统,每个子系统之间不但有能量交换 (表现为热能、光能),还有粒子交换 (发射与俘获),同时每个子系统还存在内部快速平衡 (弛豫)。

处理这样相互交换能量和粒子的多子系统需要借助统计热力学的相关原理。

5.1.2 统计热力学的相关基础

统计热力学上描述光电过程的各个子系统包括各个热力学量及其与统计的关联关系 [1,2]。

1. 热力学量

由吸收、发射与复合等机制组成的半导体光电转换是一个俘获电子或释放电子的过程,涉及能量与粒子数目的同时改变,为了反映粒子数目对能量的影响,引入粒子化学势变量,对于等温等压过程,化学势定义成单个粒子变化所引起的体系 Gibbs 自由能变化:

$$\mu = \left(\frac{\partial G}{\partial n_i}\right)_{T,p,n_j \neq n_i} = G\left(T, P, \cdots, n_i, \cdots\right) - G\left(T, P, \cdots, n_i - 1, \cdots\right) \quad (5.1.2.1)$$

　　对于发生光电转换的半导体而言，体积变化可以忽略，如果温度也保持恒定 (或者近似恒定)，可以采用 Gibbs 自由能这个热力学量来表征：

$$G = U + PV - TS \tag{5.1.2.2}$$

　　Gibbs 自由能参数中的温度和压强不是可加量，化学势是唯一的可加量，在温度和压强固定的情况下，Gibbs 自由能可以写成

$$G = n\mu \tag{5.1.2.3}$$

　　对于多子系统材料，Gibbs 自由能可以表示成所有组成子系统的化学势的和：

$$G = n_1\mu_1 + n_2\mu_2 + \cdots \tag{5.1.2.4}$$

如果存在外加电势 φ，对于带电荷粒子，则可以定义电化学势：

$$\eta_i = \mu_i + zq\varphi \tag{5.1.2.5}$$

其中，z 是电荷数目，负电荷 $z < 0$，正电荷 $z > 0$。

　　2. 开放体系的自由能变化

　　对于粒子数发生变化的开放体系，各热力学量可以表示成状态参数的微分，光电过程引起的 Gibbs 自由能变化有

$$\Delta G \approx \Delta U - T\Delta S \tag{5.1.2.6}$$

式中，内能 U 表示的是体系的粒子动能、势能之和，随着结构和体积的不同而发生变化，是熵和体积的函数。自由能还有表征等温过程的亥姆霍兹 (Helmhotz) 自由能 F 及反映 F 和 G 差的巨热力学势 Ω。

　　3. 热力学量与粒子统计之间的关系

　　统计力学把上述以状态参数为变量的热力学量与粒子的微观统计分布联系起来。以巨正则系综为例，假设体系的配分函数为 Z，每个态的概率为 f_i，内能可以表示为各个态能级的能量的统计平均，熵表征的是微观状态数，表示成各种态概率对数的统计平均，也可以表示成粒子数目 n 和化学势的函数，引入简写量 $\alpha = -\mu/k_BT$ 与 $\beta = 1/k_BT$，各种表示如下：

$$U = \sum_i E_i f_i = -\frac{\partial}{\partial \beta} \ln Z \tag{5.1.2.7a}$$

$$n = -\frac{\partial}{\partial \alpha} \ln Z \tag{5.1.2.7b}$$

$$F = -k_BT \ln Z + n\mu \tag{5.1.2.7c}$$

$$\Omega = F - G = -k_{\mathrm{B}}T \ln Z \tag{5.1.2.7d}$$

$$S = k \ln \Omega = k \left(\ln Z + \alpha n + \beta U \right) = -\sum_i f_i \ln f_i \tag{5.1.2.7e}$$

上述公式是对于单一均匀体系而言的,如果是多个子体系组成的复合体系,化学势需要用各个子体系粒子化学势表示。总的配分函数为各个子体系配分函数的乘积。对于 N 个粒子的固定位置 (定域) 体系,总的配分函数与单粒子的配分函数的关系为

$$Z = \prod_i Z_i \tag{5.1.2.8}$$

根据定义,在温度和压强不变的情况下,单独一个粒子的化学势应该为体系的单个粒子 (电子、原子与分子) 的 Gibbs 自由能。有些情形也定义属于单个粒子的化学势,可以表示为单个粒子的配分函数 z,也可以表示为单个粒子的平均能量与熵之间的关系:

$$\mu = -k_{\mathrm{B}}T \ln z = \langle e \rangle - TS \tag{5.1.2.9}$$

对于缺陷中的电子,其中熵由微观状态数决定的构型熵和由缺陷周围晶格振动决定的振动熵两部分组成。

5.2 稳定缺陷的热平衡统计模型

5.2.1 独立多态多能级缺陷的统计热力学模型

半导体中缺陷的复合过程是个俘获电子或释放电子的过程,在这个过程中涉及粒子数与能量的交换,根据统计力学的系综理论,每个子系统的统计服从巨正则系综分布 (grand canonical distribution),如果系统的配分函数为 Z,位于能量为 E 的概率为

$$p(E) = -\frac{\partial \ln Z}{\partial \left[E/k_{\mathrm{B}}T \right]} \tag{5.2.1.1}$$

这里我们考虑一个通常意义的独立电荷中心或者缺陷体 [3],独立是说它们互不作用,或互不影响。它有 m 个能级可以占据,每个能级分别能够容纳不同数量的电子 (简并度,比如一个 s 态能够容纳自旋相反的两个电子,简并度是 2),由于电子与电子之间以及电子与原子核之间的相互作用,占据第 l 个能级 r 个量子态的能量为 E_l^r(如果原先能级上没有电子占据,那么电子占据该能级所需要的能量就是该能级的基本能量,如果原先上面已经有一个电子,那么电子要占据该能级,除需要基本能量外还要克服已经存在的电子对其排斥的额外能量,以此类推),对

于这样一个电荷中心，如果总共可以容纳 M 个电子，这里并没有假设 M 比各个能级简并度小，其巨正则配分函数为

$$Z = \sum_{r=0}^{M} \sum_{l=0}^{m} g_l^r \mathrm{e}^{\frac{r\mu - E_l^r}{k_{\mathrm{B}}T}} \tag{5.2.1.2}$$

可以理解为每个态上能够占据任意数目电子的各种可能性的和。这里，g_l^r 为第 l 能级被 r 个电子占据时的简并度；μ 是电子的化学势。根据统计力学结论，第 l 个能级占据 r 个电子的概率为

$$p\left(E_l^r\right) = \frac{g_l^r \mathrm{e}^{\frac{r\mu - E_l^r}{k_{\mathrm{B}}T}}}{Z} \tag{5.2.1.3}$$

对能级求和，就得到这样一个电子中心被 r 个电子占据的概率为

$$P\left(r\right) = \frac{\displaystyle\sum_{l=0}^{m} g_l^r \mathrm{e}^{\frac{r\mu - E_l^r}{k_{\mathrm{B}}T}}}{Z} \tag{5.2.1.4}$$

如果有 N 个非相互作用中心，被 r 个电子占据的中心数目：$N_r = NP(r)$，总的被这 N 个中心俘获的电子数目为

$$n = \sum_{r=0}^{M} rNP\left(r\right) \tag{5.2.1.5}$$

上面我们讨论的都是能级能量是独立分布的，如果能级 $E(l, r)$ 连续分布，那么就需要对能级分布进行积分：

$$n = \int \sum_{r=0}^{M} rNP\left(r, E\right) D\left(E\right) \mathrm{d}E \tag{5.2.1.6a}$$

$$Z = \int \sum_{r=0}^{M} \sum_{l=0}^{m} g_l^r \mathrm{e}^{\frac{r\mu - E_l^r}{k_{\mathrm{B}}T}} D\left(E_l^r\right) \mathrm{d}E_l^r \tag{5.2.1.6b}$$

5.2.2　双能级单电子中心

半导体太阳电池中大量使用各种掺杂原子来改变材料的 Fermi 能级位置，以引导光生载流子流向。这些掺杂原子能够贡献或者俘获一个电子 (对应施主和受主)，成为单电子中心，通常文献中称为类氢原子 [4]。物理图像如图 5.2.1 所示，Ⅲ-Ⅴ 族或 Ⅱ-Ⅵ 族或 Ⅳ 族原子通过 sp³ 轨道杂化，它们成键时满足所谓的 8 电子

原则, 如果在 Ⅲ 族原子位置上放入一个 Ⅳ 原子 (如 Si 占 Ga 位), 或 Ⅳ 族原子位置上放上 Ⅴ 族原子 (如 P 占 Si 位), 或 Ⅴ 族原子位置上放上 Ⅵ 族原子 (如 Te 占 As), 会多出一个未配对电子且容易失去, 形成所谓的施主, 反之, 如果 Ⅳ 原子位置上放上 Ⅲ 族原子 (如 Al 占 Si 位), 或 Ⅴ 族原子位置上放入一个 Ⅳ 原子 (C 占 As 位), 会少一个电子参与成键, 这种不稳定体很容易俘获一个电子, 形成所谓的受主。

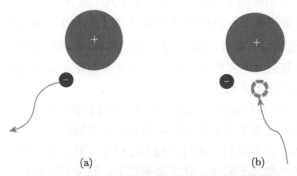

(a)   (b)

图 5.2.1 单电子施主 (a) 与受主 (b) 物理图像

这时它有两个能态, 如果基态和高能态的能量与简并度分别为 E, g_0 和 E_1, g_1, 配分函数为

$$Z = g_0 e^{-\frac{E_0}{k_B T}} + g_1 e^{\frac{\mu - E_1}{k_B T}} \tag{5.2.2.1}$$

有一点需要指出的是, 施主或受主原子的高能态的简并度往往受到实际近邻能带结构的影响, 显示出与单个原子完全不同的值。

1. 贡献一个电子的施主

一般常见的施主掺杂都是双能级单电子中心, 称为类氢原子施主, 形象比喻成轨道上只有一个电子, 其他的电子都参与成键, 其离化时服从反应

$$D^0 \Longleftrightarrow D^+ + e^- \tag{5.2.2.2}$$

施主有两个态, 基态为 0 个电子简并度为 1 的正电荷态, 高能量态为 1 个电子简并度为 2 的电荷中性态, 如果忽略其中的电子关联效应以及整个过程引起的熵变, $E_+ = 0$, $g_+ = 1$, $E_0 = E_D$, $g_0 = 2$, 配分函数为

$$Z = g_+ + g_0 e^{\frac{\mu - E_D}{k_B T}} \tag{5.2.2.3}$$

我们通常感兴趣的是施主失去电子的概率, 即处在离化态上的概率:

$$f^+(E_D) = \frac{1}{Z} = \frac{1}{1 + \dfrac{g_0}{g_+} e^{\frac{\mu - E_D}{k_B T}}} = \frac{1}{1 + 2e^{\frac{\mu - E_c + E_{Dc}}{k_B T}}} \qquad (5.2.2.4a)$$

(5.2.2.4a) 中 $E_{Dc} = E_c - E_D$ 为电子跃迁到导带需要克服的能量，称为施主的离化能。(5.2.2.4a) 也给出了其他文献中所定义的 $g_D = \dfrac{g_0}{g_+}$ 的表达式和物理内涵 [5]。

在考虑施主掺杂时由 (5.2.2.4a) 得到如下几个结论。

(1) 一个有效的施主应该在室温下满足 $f^+(E_D) \approx 1$，即完全离化，这意味着 $2e^{\frac{\mu - E_D}{k_B T}} \approx 0$，室温时 $kT \approx 25.85\text{meV}$，如果取 1% 作为未离化能量，$e^{-4.6} \leqslant 0.01$，可以推算出离化率接近 100% 要求 Fermi 能级至少需要在施主能级 E_D 下 119meV，否则，就要考虑离化的有效性了。

(2) 这个数值结果只表示离化的有效性，并没有说明离化电子的去向，比如存在补偿能级的情形，施主电子优先跃迁到补偿受主能级上。

(3) (5.2.2.4a) 告诉我们，在材料制备过程中，片面提高掺杂原子浓度并不能直接提高有效离化载流子浓度，这主要是因为，随着施主浓度的提高，Fermi 能级与施主能级的距离越来越近，使得离化率大幅下降。如果 Fermi 能级高于施主能级，则

$$f^+(E_D) \approx \frac{1}{2} e^{\frac{E_D - \mu}{k_B T}} \qquad (5.2.2.4b)$$

(4) 由于电子跃迁到导带底的概率为 $e^{-\frac{E_{Dc}}{k_B T}}$，如果要让电子跃迁到导带中成为有效输运载流子，则 E_D 与导带底的距离应该小于载流子热能。

图 5.2.2 以 Fermi 能级距离施主能级上下 $5k_B T$ 范围对离化率 (5.2.2.4a) 作图，可以看出，当 Fermi 能级靠近施主能级时，离化率大幅下降，同时中性态简并度也影响这一区段的离化率，简并度增加，离化率下降。

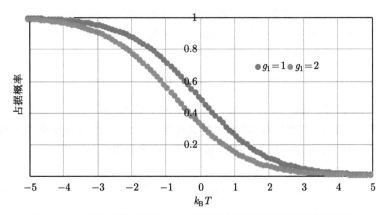

图 5.2.2　施主离化率随 Fermi 能级与施主能级相对距离的变化

如果缺陷能级连续分布，比如带尾态与带间 Gauss 型缺陷，缺陷态密度为能量的函数，假设认为连续分布上的子系统具有同一个电化学势，总的正电荷浓度为

$$N_{\mathrm{D}}^{+} = \int_{\mathrm{lower}}^{\mathrm{upper}} \frac{D(E)}{1 + \dfrac{g_0}{g_+} \mathrm{e}^{\frac{\mu - E}{k_{\mathrm{B}} T}}} \mathrm{d}E \qquad (5.2.2.5)$$

2. 俘获一个电子的受主 (单电子受主)

类氢原子受主位于价带顶附近，轨道上只有一个未配对电子，接受电子的过程：

$$\mathrm{A} + \mathrm{e}^{-} \Longleftrightarrow \mathrm{N_{A-}} \qquad (5.2.2.6)$$

如果是单纯的四重简并的 $\varGamma_8$，受主有 4 个简并态，而在自旋轨道劈裂能比较小的情况下，如 Si，受主有 6 个简并态 [6]，这里用 g_0 表示。一个能量为 E_{A} 的电子简并度为 g_0 的中性态，两个能量为 E_{A} 的电子简并度为 1 的负电荷态，配分函数为

$$Z = g_0 \mathrm{e}^{\frac{\mu - E_{\mathrm{A}}}{k_{\mathrm{B}} T}} + g_- \mathrm{e}^{\frac{2\mu - 2E_{\mathrm{A}}}{k_{\mathrm{B}} T}} \qquad (5.2.2.7)$$

负电荷态概率为

$$f^{-}(E_{\mathrm{A}}) = \frac{g_- \mathrm{e}^{\frac{2\mu - 2E_{\mathrm{A}}}{k_{\mathrm{B}} T}}}{z} = \frac{1}{1 + \dfrac{g_0}{g_-} \mathrm{e}^{\frac{E_{\mathrm{A}} - \mu}{k_{\mathrm{B}} T}}} \qquad (5.2.2.8)$$

如果受主能级也呈连续分布，那么总的负电荷浓度为

$$N_{\mathrm{A}}^{-} = \int_{\mathrm{lower}}^{\mathrm{upper}} \frac{D(E)}{1 + \dfrac{g_0}{g_-} \mathrm{e}^{\frac{E - \mu}{k_{\mathrm{B}} T}}} \mathrm{d}E \qquad (5.2.2.9)$$

最终要注意的是，离化率 (5.2.2.4a) 和 (5.2.2.8) 仅适用于热平衡独立单能级缺陷情形。

5.2.3 电荷中性方程

没有电场的材料中，电子、空穴与缺陷上电荷满足之和为 0 的条件

$$p + p_{\mathrm{D}} - n - n_{\mathrm{D}} = 0 \qquad (5.2.3.1)$$

式中，下标 D 项表示缺陷上的电荷，(5.2.3.1) 称为电荷中性方程，在研究材料特性时非常有用，通常被用来获得热平衡时各种缺陷在带隙中的分布对 Fermi 能级离导带边距离的影响规律。对于仅含有单一能级缺陷的材料而言，可以直接写出其方程，如导带与价带满足抛物色散关系下，单一施主与受主的情形分别为

$$N_{\mathrm{v}} F_{1\mathrm{h}}(-E_{\mathrm{g}} - \eta_{\mathrm{e}}) + \frac{N_{\mathrm{D}}}{1 + g_{\mathrm{D}} \mathrm{e}^{\eta_{\mathrm{e}} - E_{\mathrm{Dc}}}} - N_{\mathrm{c}} F_{1\mathrm{h}}(\eta_{\mathrm{e}}) = 0 \qquad (5.2.3.2a)$$

$$N_{\mathrm{v}} F_{1\mathrm{h}} \left(-E_{\mathrm{g}} - \eta_{\mathrm{e}} \right) - N_{\mathrm{c}} F_{1\mathrm{h}} \left(\eta_{\mathrm{e}} \right) - \frac{N_{\mathrm{A}}}{1 + g_{\mathrm{A}} \mathrm{e}^{E_{\mathrm{Av}} - E_{\mathrm{g}} - \eta_{\mathrm{e}}}} = 0 \qquad (5.2.3.2\mathrm{b})$$

式中，$E_{\mathrm{Dc}} = E_{\mathrm{c}} - E_{\mathrm{D}}$ 和 $E_{\mathrm{Av}} = E_{\mathrm{A}} - E_{\mathrm{v}}$ 分别是施主和受主的离化能，各种补偿情况的例子参考文献 [7]。(5.2.3.1) 在非抛物色散能带情况下，载流子统计分布如 (4.2.3.5)。(5.2.3.1) 的求解通常采用迭代的数值方法 (相关理论基础见第 10 章)，其中需要用到载流子浓度对约化 Fermi 能的导数，在抛物色散能带的 Fermi-Dirac 积分形式下导数出 (4.3.1.2b) 可以直接得到简单的表达式，而对于由 Kane 参数表达的非抛物色散能带的载流子浓度，则需要通过迭代求解的方式间接得到，如 (4.3.4.1) 定义的有理多项式的导数为

$$\frac{\mathrm{d}\eta_{\mathrm{e}}}{\mathrm{d}n} = \frac{1 + \dfrac{B_1}{B_0^3} \dfrac{n}{N_{\mathrm{c}}} + 2 \dfrac{B_2}{B_0^5} \left(\dfrac{n}{N_{\mathrm{c}}} \right)^2 + \cdots + j \dfrac{B_j}{B_0^{2j+1}} \left(\dfrac{n}{N_{\mathrm{c}}} \right)^j}{n} \qquad (5.2.3.3)$$

【练习】

在 Si 掺杂浓度为 $10^{18} \mathrm{cm}^{-3}$ 的情形下，比较 GaAs 导带在 ① 抛物色散关系，导带边有效质量为 $0.067 m_0$，载流子浓度为 (4.2.3.2)；② 满足 (3.5.6.3) 的非抛物色散关系，两种情况下 Fermi 能级距离带边的位置。

5.2.4　n 型掺杂: GaInP/AlInP-Si

从上面的结论我们可以看出，一种材料中所能够实现的最大掺杂浓度是由掺杂原子能级的位置决定的，下面观察其中的关联关系。以单一施主为例，电荷中性方程成为

$$n - N_{\mathrm{D}} \frac{1}{1 + 2\mathrm{e}^{\frac{E_{\mathrm{F}} - E_{\mathrm{D}}}{k_{\mathrm{B}} T}}} = N_{\mathrm{c}} F_{1\mathrm{h}} \left(\frac{E_{\mathrm{F}} - E_{\mathrm{c}}}{k_{\mathrm{B}} T} \right) - N_{\mathrm{D}} \frac{1}{1 + 2\mathrm{e}^{\frac{E_{\mathrm{F}} - E_{\mathrm{c}} + E_{\mathrm{Dc}}}{k_{\mathrm{B}} T}}} = 0 \quad (5.2.4.1)$$

其中，载流子浓度与 Fermi 能级满足 Fermi-Dirac 积分关系。(5.2.4.1) 是一个非线性方程，需要采用数值方法求解，如借助二分法或牛顿-拉弗森 (Newton-Raphson) 迭代方法等一些专门的数值计算方法，后面会着重展开。

下面我们以 III-V 族太阳电池中常用的宽带隙半导体材料 GaInP 和 AlInP 为例，计算其中的有效掺杂浓度随掺入原子的变化规律。两者导带边态密度、Si 施主离化能见表 5.2.1。

表 5.2.1　相关参数 [8]

材料	$N_{\mathrm{c}}/\mathrm{cm}^{-3}$	$N_{\mathrm{D}}/\mathrm{cm}^{-3}$	$E_{\mathrm{Dc}}/\mathrm{meV}$
GaInP	1.0×10^{18}	$10^{17} \sim 10^{20}$	5,50
AlInP	1.225×10^{19}	$10^{17} \sim 10^{20}$	5,50

图 5.2.3 给出了根据 (5.2.4.1) 获得的 GaInP 材料中，不同 Si 施主离化能的情况下，有效载流子浓度 n 与有效离化率 f^+ 之间的趋势，可以看出，随着离化能 E_{Dc} 的增加，有效载流子浓度和有效离化率都下降，有趣的是，即使 GaInP 中硅原子浓度达到 $1 \times 10^{20} \mathrm{cm}^{-3}$，有效载流子浓度也只有 $4 \times 10^{18} \mathrm{cm}^{-3}$，这与实验结果有一定的吻合度。

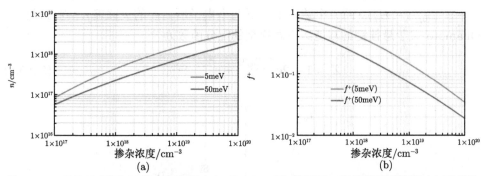

图 5.2.3 GaInP 不同 Si 施主离化能 (5meV，50meV) 情况下，有效载流子浓度 (a) 和有效离化率 (b)

对于 AlInP 材料，带边态密度是 GaInP 的 10 倍，如果仅是单纯考虑这一点，则理论计算的结果表明，有效载流子浓度也相应提高了。但是由于 AlInP 中施主未知缺陷复合体 (DX) 中心的存在，极大地补偿了 Si 施主，使得有效载流子浓度往往比 GaInP 低。

5.2.5 三能级态双电子中心

我们在半导体材料中经常遇到很多缺陷，可以贡献或俘获两个电子，比如 CdTe 中的 Cd 空位，如果要与 6 价的 Te 成键，则需要俘获两个电子；或者既可以贡献电子也可以俘获电子，比如非晶硅中的悬挂键。因此整个系统存在三个态。假设基态、第一占据态与第二占据态的能量和简并度分别为 E，g_0；E_1，g_1；E_2，g_2，则子系统的配分函数：

$$Z = g_0 \mathrm{e}^{-\frac{E_0}{k_B T}} + g_1 \mathrm{e}^{\frac{\mu - E_1}{k_B T}} + g_2 \mathrm{e}^{\frac{2\mu - E_2}{k_B T}} \tag{5.2.5.1a}$$

子系统处于基态，第一占据态与第二占据态的概率为

$$f_0 = \cfrac{1}{1 + \cfrac{g_1}{g_0} \mathrm{e}^{\frac{\mu - (E_1 - E_0)}{k_B T}} + \cfrac{g_2}{g_0} \mathrm{e}^{\frac{2\mu - (E_2 - E_0)}{k_B T}}} \tag{5.2.5.1b}$$

$$f_1 = \cfrac{1}{\cfrac{g_0}{g_1} \mathrm{e}^{\frac{(E_1 - E_0) - \mu}{k_B T}} + 1 + \cfrac{g_2}{g_1} \mathrm{e}^{\frac{\mu - (E_2 - E_1)}{k_B T}}} \tag{5.2.5.1c}$$

$$f_2 = \frac{1}{\frac{g_0}{g_2}\mathrm{e}^{\frac{(E_2-E_0)-2\mu}{k_\mathrm{B}T}} + \frac{g_1}{g_2}\mathrm{e}^{\frac{(E_2-E_1)-\mu}{k_\mathrm{B}T}} + 1} \tag{5.2.5.1d}$$

如图 5.2.4 所示，如果上述三态分别取非晶硅中的两性悬挂键 (dangle bond, DB) 缺陷的正电荷态 (D^+)、中性态 (D) 与负电荷态 (D^-)，并假设悬挂键是 s 态，相应的简并度分别为 1，2，1，同时定义 $E_1 - E = E_{+/0}$，有效电子关联能 $U_\mathrm{eff} = E_{0/-} - E_{+/0}$(同一个缺陷上放置两个电子所需要的关联能)，则可以得到 Okamoto 关于悬挂键的双能级三态模型的配分函数为 [9]

$$Z = 1 + 2\mathrm{e}^{\frac{\mu-E_{+/0}}{k_\mathrm{B}T}} + \mathrm{e}^{\frac{2\mu-2E_{+/0}-U_\mathrm{eff}}{k_\mathrm{B}T}} \tag{5.2.5.2}$$

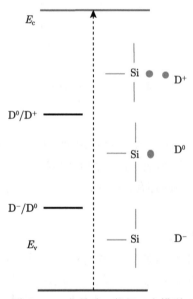

图 5.2.4　非晶硅双能级三态模型

考虑悬挂键连续分布具有态密度 $D(E)$，那么所引入的总正电荷数目为

$$\rho_\mathrm{DB}^+ = \int_\mathrm{lower}^\mathrm{upper} \left[F^+(E) - F^-(E)\right] D(E)\,\mathrm{d}E \tag{5.2.5.3}$$

这里的 E 为 $E_{+/0}$。如果认为 $D^{+/0}$ 与 $D^{0/-}$ 之间没有关联，上述双能级三态模型可以简化成单能级双态的施主能级加受主能级模型，悬挂键所引入的电荷统计与前面单电子施主与受主统计一致。关于 (D^0) 的简并度，实验已经得到其简并度为 2.0055，近似于单 s 能级的简并度，然而电子核磁共振实验的结果却认为是 p 态占主导的杂化轨道 [10]。

5.2.6 CdTe 中的多态电荷统计

CdTe 的 p 型现象是材料研究重点之一, 实验和理论计算结果表明存在多种多态缺陷 (表 5.2.2[11,12]), 如 Cd 空位 V_{Cd} 与 Cd 的金属替位 (Cu_{Cd})、Te 的 V 族替位以及缺陷复合体 $V_{Cd}^{-2} - Cl_{Te}^{+}\big|^{0/-}$。$V_{Cd}$ 由于 Cd 是二价, 可以出现容纳一个电子与两个电子的情况, 即 $V_{Cd}^{0/-}$ 与 $V_{Cd}^{-/-2}$, Cu_{Cd} 由于 Cu 本身已经是一价, 只能容纳一个电子即 $Cu_{Cd}^{0/-}$, 而 $V_{Cd}^{-2} - Cl_{Te}^{+}\big|^{0/-}$ 来源于电荷补偿。

表 5.2.2 CdTe 中三种可能的 p 电荷态

受主激活能	计算	霍尔	深能级谱 (DLTS)	低温荧光 (LTPL)+ 光磁共振 (OMR)	电子顺磁共振 (EPR)
$Cu_{Cd}^{0/-}$	0.22	0.3~0.4	0.35	—	0.35
$V_{Cd}^{0/-}$	0.13	0.15	—	—	0.14
$V_{Cd}^{-/-2}$	0.21	0.6~0.9	—	<0.47	0.40
$V_{Cd}^{-2} - Cl_{Te}^{+}\big|^{0/-}$	0.10	0.14~0.17	0.12	0.12	0.12

容易得到配分函数为

$$Z = 1 + 2e^{\frac{E_F - E_{A1}}{k_B T}} + e^{\frac{2E_F - E_{A2}}{k_B T}} \tag{5.2.6.1}$$

如果存在 Cd 空位, p 型掺杂所产生的有效空穴浓度由电荷中性方程决定:

$$p - n - N_V F^- - N_V F^{-2} + N_D - N_A = 0 \tag{5.2.6.2}$$

【练习】

由 (5.2.6.1) 和 (5.2.6.2) 结合表 5.2.2 中缺陷参数计算热平衡时 Fermi 能级位置。

5.3 缺陷化学反应的统计热力学模型

现在知道很多缺陷都是相互转化的, 比如 p-Si 中的 BO 复合体, 非晶硅中的弱键与悬挂键、CdTe 中的 $V_{Cd}^{-2} - Cl_{Te}^{+}\big|^{0/-}$ 复合体等, 它们之间可以相互转化, 现在提出一个问题, 如果知道缺陷反应公式, 已知一种组分的浓度或者分布, 能否根据缺陷化学反应得到其他组分的分布? 我们目前唯一知道的是反应物都是固态的, 并且认为缺陷反应平衡时就是各种缺陷的分布, 这就构成了缺陷化学的基本出发点。

5.3.1　基本公式

一般而言，对于如 (5.3.1.1) 的缺陷化学反应，存在如 (5.3.1.2) 的质量作用定律所定义的平衡常数及与 Gibbs 自由能变化之间的联系 [13,14]：

$$b_1 B_1 + b_2 B_2 + \cdots b_n B_n = 0 \tag{5.3.1.1}$$

$$\prod_i n_i^{b_i} = K_p = \mathrm{e}^{-\frac{\Delta G}{k_B T}} \tag{5.3.1.2}$$

其中，自由能变化由 (5.1.2.6) 决定。上述的缺陷生成反应很多，除了 5.2.6 节中关于 CdTe 中的多态缺陷，还有 CIGS 中的亚稳态本征缺陷 [15]，如 V_{Cu} 是一种反应焓为负，极其容易形成的电子补偿缺陷，$V_{Cu} + e^- \rightleftharpoons V_{Cu}^-$，$V_{Se}$ 与 V_{Cu} 的复合反应：$(V_{Se} - V_{Cu})^+ + 2e^- \rightleftharpoons (V_{Se} - V_{Cu})^-$，以及 $In_{Cu}^{2+} + 2e^- \rightleftharpoons In_{Cu}^0$ 等。

5.3.2　掺杂离化反应决定的离化率

根据 5.3.1 节的思想可以得到由施主与导带组成的非平衡状态下的离化率。以 (5.2.2.2) 中的施主离化反应为例，这个过程中电子从靠近导带边，的局域能级 E_D 跃迁到导带边，成为可以自由输运的载流子，能量从 E_D 提高到 E_c，初态为施主能级有 1 个电子简并度为 2 的电荷中性态与导带的空态，末态为空的施主加一个能量为 E_c 简并度为 N_c 的导带电子态。如果忽略其中的电子关联效应，则电子的能量从 E_D 提高到 E_c，能量变化为 $\Delta U = E_c - E_D$，电子的简并度从 2 到带边的 N_c，可以证明如果粒子态的简并度为 g，那么熵为 $S = k_B \ln g$(留作练习)，离化过程伴随的熵变分成两部分，① 施主原子熵：$S_1 = k_B \ln \dfrac{N_D!}{(N_D - N_D^+)! N_D^+!}$，与②电子熵：$S_2 = k_B (\ln N_c - \ln 2)$，如图 5.3.1 所示，其中虚线表示空轨道。

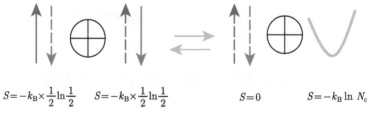

$$S = -k_B \times \tfrac{1}{2}\ln\tfrac{1}{2} \qquad S = -k_B \times \tfrac{1}{2}\ln\tfrac{1}{2} \qquad\qquad S = 0 \qquad\qquad S = -k_B \ln N_c$$

图 5.3.1　施主电子跃迁到导带的电子熵示意图

离化过程 Gibbs 自由能变化为 $\Delta G = \Delta U - T(S_1 + S_2)$，这样就得到反应式：

$$\frac{N_D^+ n}{N_D - N_D^+} = \mathrm{e}^{\frac{E_D - E_c}{k_B T} + \ln \frac{N_D!}{(N_D - N_D^+)! N_D^+!} + \ln \frac{N_c}{2}} = \frac{N_c}{2} \frac{(N_D - N_D^+)! N_D^+!}{N_D!} \mathrm{e}^{\frac{E_D - E_c}{k_B T}} \tag{5.3.2.1}$$

(5.3.2.1) 如果忽略原子熵的变化，则容易得到离化率为 [16]

$$f^+(E_D) = \frac{N_D^+}{N_D} = \frac{1}{1 + n\dfrac{2}{N_c}e^{\frac{E_c - E_D}{k_B T}}} \tag{5.3.2.2}$$

可以验证，如果载流子分布满足 MB 统计，(5.3.2.2) 退化成 (5.2.2.4a)。上述处理过程中，我们没有计算原子熵变，只考虑电子离化跃迁过程中所发生的量子能级变化，也忽略了多电子效应。

【练习】

类比图 5.3.1，画出受主电子熵变示意图，并推导离化率表达式。

5.3.3 位错占据的统计力学模型

随着半导体材料制备技术的发展，位错以一种缺陷的形式越来越多地出现在太阳电池结构中。比如基于大失配结构的 III-V 族多结太阳电池，允许将不同晶格常数的半导体材料有机结合起来，部分克服了一直困扰高效太阳电池晶格匹配与带隙匹配相互制约的障碍。常见的有在 GaAs 上生长 1.0eV InGaAs 和 0.7eV InGaAs，后两者的晶格常数都要比 GaAs 大，通过引入多个台阶小失配层或晶格缓变层来实现有效分解大晶格失配的目的。晶格失配所产生的位错缺陷大多数控制在缓冲层界面处，这里用到了材料学的一个基本结论：位错只会终止在材料界面。另外，通常的化合物半导体中总是存在或多或少的位错，因此研究这些位错，尤其是存在离化掺杂的半导体材料中的有效载流子浓度是非常具有指导意义的。

物理图像上 [17,18]，刃位错和螺旋位错，都可以看成一条带有电荷的线，上面的电荷是周期性分布的。只不过刃位错以悬挂键的形式存在，形式与数目是由位错核的本征结构决定的，能够在一定程度上失掉或得到电子造成离化，而螺旋位错是以扭曲化学键的形式存在的，其强度也比通常的化学键要弱，与非晶硅中的弱键一样，这种扭曲键能产生带尾能级态或深能级态。鉴于位错核的带电特征，其周围会产生相反电荷聚集形成静电屏蔽，形成所谓的屏蔽带电线，电子离开或进入位错能级时，会改变这种静电屏蔽的特性及强度。另外，由于位错核上的电荷周期分布，不同格点上的载流子也存在静电作用，要统计位错上有效载流子浓度，需要考虑材料中的掺杂浓度及种类对这种经典屏蔽效应的影响。

首先，需要计算局域电荷线所产生的静电能，自由载流子与离化杂质所决定的静态介电函数：

$$\varepsilon(k) = 1 + \left(\frac{k_G}{k}\right)^2 \tag{5.3.3.1a}$$

$$k_{\mathrm{G}}^2 = \frac{q^2}{\varepsilon_0 \varepsilon_{\mathrm{L}} k_{\mathrm{B}} T} \left[\sum_i n_i + \sum_m p_m + \frac{N_{\mathrm{A}}^- \left(N_{\mathrm{A}} - N_{\mathrm{A}}^- \right)}{N_{\mathrm{A}}} + \frac{N_{\mathrm{D}}^+ \left(N_{\mathrm{A}} - N_{\mathrm{D}}^+ \right)}{N_{\mathrm{D}}} \right]$$

$$\text{(5.3.3.1b)}$$

k_{G} 是广义屏蔽波矢，其他物理参数具有通常意义。如果位错核上的点总数为 D，共占有 n_{t} 个额外电荷，那么每个格点上的平均有效占据数目为 $q_{\mathrm{D}} = q n_{\mathrm{t}}/D$，电荷密度为

$$\rho_{\mathrm{ex}} \left(r \right) = q_{\mathrm{D}} \sum_{j=1}^{D} \delta \left(r - r_j \right) \tag{5.3.3.2}$$

有了位错电荷密度分布，就可以计算静电屏蔽能，这与处理杂质离化所采用的方法完全一样，有如下结果：

$$W = \frac{q_{\mathrm{D}}^2 D}{4\pi \varepsilon_0 \varepsilon_{\mathrm{L}} b} \left\{ -\ln \left(1 - \mathrm{e}^{bk_{\mathrm{G}}} \right) - \frac{1}{2} \frac{bk_{\mathrm{G}} \mathrm{e}^{bk_{\mathrm{G}}}}{1 - \mathrm{e}^{bk_{\mathrm{G}}}} - \frac{1}{4} bk_{\mathrm{G}} \right\} \tag{5.3.3.3a}$$

通常有 $bk_{\mathrm{G}} \ll 1$，因此可以将展开级数简化成

$$W = \frac{q_{\mathrm{D}}^2 D}{4\pi \varepsilon_0 \varepsilon_{\mathrm{L}} b} \left\{ -\ln \left(bk_{\mathrm{G}} \right) - \frac{1}{2} \right\} \tag{5.3.3.3b}$$

下面开始考虑位错的占据分布，采用的方法与前面一样，都是热力学统计原理。

1. 60° 刃位错

自由能变化为

$$\Delta G = \left(n_{\mathrm{t}} + 2\xi D \right) \left(E_{\mathrm{D}} - E_{\mathrm{F}} \right) + W - TS \tag{5.3.3.4a}$$

$$S = k \ln \Omega = k \frac{2D!}{\left(n_{\mathrm{t}} + 2\xi D \right)! \left(2D - n_{\mathrm{t}} - 2\xi D \right)!} \tag{5.3.3.4b}$$

求自由能对 n_{t} 的极值可以得到

$$n_{\mathrm{t}} = 2D \left(\frac{1}{1 + \mathrm{e}^{\frac{E_{\mathrm{D}}^* - E_{\mathrm{F}}}{k_{\mathrm{B}} T}}} - \varsigma \right) \tag{5.3.3.5a}$$

$$E_{\mathrm{D}}^* = E_{\mathrm{D}} + \frac{\partial W}{\partial n_{\mathrm{t}}} = E_{\mathrm{D}} + \frac{q^2 n_{\mathrm{t}}}{2\pi \varepsilon_0 \varepsilon_{\mathrm{L}} b D} \left\{ -\ln \left(bk_{\mathrm{G}} \right) - \frac{1}{2} \right\} \tag{5.3.3.5b}$$

2. 螺旋位错

螺旋位错具有两个相对独立的能级，E_1 和 E_2，共同占有 $2D$ 个态，假设 E_1 上有电子 n_1 及 E_2 上有电子 n_2，有效的额外电子为 $n_1 + n_2 - 2D$，自由能变化为

$$\Delta G = n_1 (E_2 - E_F) + n_2 (E_2 - E_F) + W(n_1, n_2) - T(S_1 + S_2) \qquad (5.3.3.6)$$

求自由能关于 n_1 或 n_2 的极值可以得到

$$n_{1(2)} = 2D \frac{1}{1 + e^{\frac{E_{1(2)}^* - E_F}{k_B T}}} \qquad (5.3.3.7a)$$

$$E_{1(2)}^* = E_{1(2)} + \frac{\partial W}{\partial n_{1(2)}} \qquad (5.3.3.7b)$$

如果需要计算电荷平衡时费米能级的位置，则需要与电荷中性条件联立求解：

$$\sum_l n_l - \sum_m p_m + \sum_i N_A^- i - \sum_j N_D^+ j + n_t = 0 \qquad (5.3.3.8)$$

更多关于位错相关的扩展缺陷的研究参考文献 [19]。

5.4 典型的非晶半导体：非晶硅

5.4.1 弱键

首先我们看一下非晶硅，这是一个非常具有典型特征的材料体系。我们知道非晶硅中的成键以标准硅四面体键为中心形成一定形状的分布，形成这种分布的主要原因是拉伸、扭曲，导致成键能量的某种中心分布，最终形成能级时不再是整齐划一的带边，而是形成延伸到带隙内的带尾态。这些偏离标准四面体键的化学键在能量上是不稳定的，称为弱键。弱键在带隙内的分布呈连续指数的形式：

$$D_{bt}(E) = N_{v0} e^{-\frac{E - E_v}{E_{v0}}} \qquad (5.4.1.1)$$

这里的 E_{v0} 是弱键态的特征能量，表示的是弱键所形成的带尾态的分布情况。由于这些弱键在能量上是不稳定的，所以很容易失去电子表现为施主能级，它们分布在价带顶附近，或直接断裂形成悬挂键。缺陷池模型认为悬挂键在带隙内所形成的分布是连续的、具有一定能量范围的，如图 5.4.1 所示。尽管不同的模型假设分布情况不同，但一致认为是连续的。

关于如何给出这个统一的态密度，基本有两种模型：离散分布与缺陷池高斯分布 [20]。

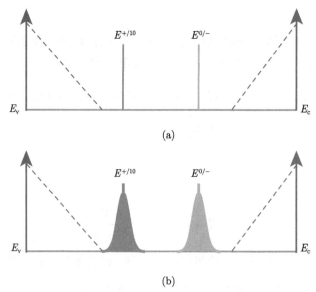

(a)

(b)

图 5.4.1　双能级图：(a) 缺陷能级离散分布，(b) 缺陷能级连续分布即缺陷池模型

缺陷池分布通常假设悬挂键缺陷分布呈高斯分布，即

$$D_{\mathrm{DB}}\left(E\right) = \frac{N_{\mathrm{DB}}}{\sigma_{\mathrm{DB}}\sqrt{2\pi}}\mathrm{e}^{-\left(\frac{E-E_{\mathrm{v}}}{\sqrt{2}\sigma_{\mathrm{DB}}}\right)^2} \tag{5.4.1.2}$$

高斯分布有单能级和双能级两种区别。有的文献里面，把双高斯能级模型称为标准模型，分别对应施主和受主能级。

5.4.2　缺陷态密度

非晶硅材料特性分析中通常由缺陷化学反应获得缺陷态密度，以获得某些关联关系。下面举几个例子，根据 Street 和 Winer 等的结论 [21,22]，非晶硅的主要缺陷反应如下。

首先，Si—Si 弱键本身可能断裂成为悬挂键 D，形成的悬挂键不能自由运动或扩散：

$$\mathrm{WB} \Longleftrightarrow \left(\mathrm{D}_1^0 + \mathrm{D}_2^0\right)_{\mathrm{pair}} \tag{5.4.2.1a}$$

其次，未掺杂的非晶硅中，Si—H 键断裂形成的 D、H 原子跑到 Si—Si 弱键使其断裂形成 Si—H—D 的复合体，也存在两个 Si—H 键参与弱键断裂并复合的情况，形成两个分离的悬挂键，如图 5.4.2 所示。

$$\mathrm{SiH} + \mathrm{WB} \Longleftrightarrow \left(\mathrm{D}_1^0 + \mathrm{SiH}\right)_{\mathrm{pair}} + \mathrm{D}_2^0 \tag{5.4.2.1b}$$

$$2\mathrm{SiH} + \mathrm{WB} \Longleftrightarrow (\mathrm{SiHHSi})_{\mathrm{pair}} + \left(\mathrm{D}_1^0 + \mathrm{D}_2^0\right)_{\mathrm{pair}} \qquad (5.4.2.1c)$$

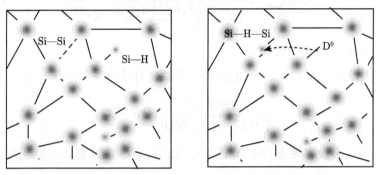

图 5.4.2 有 SiH 参与的非晶硅中悬挂键缺陷反应示意图

再次，在掺杂的情况下，掺杂原子的电荷使悬挂键发生不同态之间的跃迁：

$$\mathrm{D} + \mathrm{e}^- \Longleftrightarrow \mathrm{D}^- \qquad (5.4.2.1d)$$

$$\mathrm{D} + \mathrm{h}^+ \Longleftrightarrow \mathrm{D}^+ \qquad (5.4.2.1e)$$

下面分别观察几个缺陷反应所对应的缺陷态密度形式。

1. 中性悬挂键反应

根据 5.3.1 节中所建立的框架，中性悬挂键密度的相关定义为

$$\left[\mathrm{D}_1^0\right] = f^0\left(E_1\right)\left(\mathrm{D}_1\right) \qquad (5.4.2.2a)$$

$$\left[\mathrm{D}_2^0\right] = f^0(E_2)\left(\mathrm{D}_2\right) \qquad (5.4.2.2b)$$

$$\frac{[\mathrm{D}_1^0 + \mathrm{D}_2^0]_{\mathrm{pair}}}{[\mathrm{WB}]} = \frac{(N_{\mathrm{D}^0})_{\mathrm{pair}}}{N_{\mathrm{t}} - (N_{\mathrm{D}})_{\mathrm{pair}}} = \frac{f^0\left(E_1\right) f^0\left(E_2\right)\left(N_{\mathrm{D}}\right)_{\mathrm{pair}}}{N_{\mathrm{t}} - (N_{\mathrm{D}})_{\mathrm{pair}}} = \mathrm{e}^{-\frac{\Delta G}{k_{\mathrm{B}}T}} \qquad (5.4.2.2c)$$

电子熵变如图 5.4.3 所示。

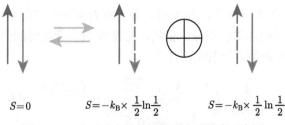

$$S = 0 \qquad\qquad S = -k_{\mathrm{B}} \times \frac{1}{2}\ln\frac{1}{2} \qquad\qquad S = -k_{\mathrm{B}} \times \frac{1}{2}\ln\frac{1}{2}$$

图 5.4.3 非晶硅中悬挂键断裂电子熵变示意图

$$\Delta G = \Delta H - T\Delta S = E_1 + E_2 - 2E_{\mathrm{t}} - k_{\mathrm{B}}T\ln 4 \tag{5.4.2.2d}$$

$$(N_{\mathrm{D}})_{\mathrm{pair}} = \frac{N_{\mathrm{t}}}{1 + \dfrac{f^0\,(E_1)}{2}\dfrac{f^0\,(E_2)}{2}\mathrm{e}^{\frac{E_1 + E_2 - 2E_{\mathrm{t}}}{k_{\mathrm{B}}T}}} \tag{5.4.2.2e}$$

2. 有 Si—H 键参与的反应

Si—H 键参与的 (5.4.2.1b) 根据质量作用定律所产生的平衡式为

$$\frac{[\mathrm{SiHD}]\,[\mathrm{D}]}{\{[\mathrm{WB}] - [\mathrm{D}]\}\,[\mathrm{SiH}]} = \mathrm{e}^{-\frac{\Delta G}{k_{\mathrm{B}}T}} \tag{5.4.2.3}$$

这里 SiH 浓度中没有减去 [SiHD] 或 [D] 的原因是 [SiHD] 总体上表现为 [SiH]，得

$$[D\,(E^*)] = \frac{[\mathrm{WB}\,(E)]}{1 + \dfrac{[\mathrm{SiHD}]}{[\mathrm{SiH}]}\mathrm{e}^{\frac{\Delta G}{k_{\mathrm{B}}T}}} = \frac{N_{\mathrm{v}0}\mathrm{e}^{-\frac{E - E_{\mathrm{v}}}{E_{\mathrm{v}0}}}}{1 + \dfrac{[\mathrm{SiHD}]}{[\mathrm{SiH}]}\mathrm{e}^{\frac{\Delta G}{k_{\mathrm{B}}T}}} \tag{5.4.2.4}$$

以弱键中的电子能量 $2E$、Si—H 键能量 E_{H} 和中性悬挂键中的电子能量 E^* 作为考察变量，如图 5.4.4 所示，得到 (5.4.2.1b) 反应前后的内能变化为

$$\Delta E \approx 2E^* + E_{\mathrm{H}} - E_{\mathrm{H}} - 2E = 2\,(E^* - E) \tag{5.4.2.5}$$

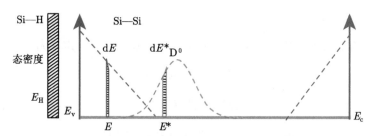

图 5.4.4　有 Si—H 参与的非晶硅中悬挂键缺陷反应的能量变化

分母中的 [SiHD]/[SiH] 表示 Si—H 键中形成 SiHD 的比例，由于整个复合体的能量在 Si—H 的基础上增加了 E^*，如果以 E_{H} 为参考能量零点，则有 $[\mathrm{SiHD}]/[\mathrm{SiH}] = \mathrm{e}^{2(\mu_{\mathrm{D}} - E^*)/kT}$。鉴于所有弱键都有可能形成能量为 E^* 的悬挂键，所以需要对所有弱键态进行积分。根据缺陷池模型，悬挂键的分布是连续的，比如选取缺陷池分布函数，这种情况下有

$$\rho_{\mathrm{D}}\,(E^*) = \frac{1}{\sigma\sqrt{2\pi}}\int_0^\infty \frac{N_{\mathrm{v}0}\mathrm{e}^{-\frac{E - E_{\mathrm{v}}}{E_{\mathrm{v}0}}}}{1 + \dfrac{[\mathrm{SiHD}]}{[\mathrm{SiH}]}\mathrm{e}^{\frac{\Delta G}{k_{\mathrm{B}}T}}}\mathrm{e}^{-\left(\frac{E^* - E_{\mathrm{D}0}}{\sqrt{2}\sigma}\right)^2}\mathrm{d}E \tag{5.4.2.6}$$

如果认为反应自由能忽略熵变 (包括电子与 H 原子), 则可以得到

$$
\rho_{\mathrm{D}}\left(E^{*}\right)=\frac{N_{\mathrm{v}0}E_{\mathrm{v}0}k_{\mathrm{B}}T}{(2E_{\mathrm{v}0}-k_{\mathrm{B}}T)\sigma\sqrt{2\pi}}\left(\frac{2E_{\mathrm{v}0}}{k_{\mathrm{B}}T}\mathrm{e}^{-\frac{\mu_{\mathrm{D}}}{E_{\mathrm{v}0}}}-\mathrm{e}^{-2\frac{\mu_{\mathrm{D}}}{E_{\mathrm{v}0}}}\right)\mathrm{e}^{-\left(\frac{E^{*}-E_{\mathrm{D}_{0}}}{\sqrt{2}\sigma}\right)^{2}} \qquad (5.4.2.7)
$$

缺陷化学势即悬挂键中电子自由能, 分成三部分: 悬挂键电子本身的平均能量, 不同电荷态被占据的构型熵, 悬挂键与 Si—H 形成复合体的附加关联熵。

(1) 缺陷电子本身能量。

如果以电子为考察对象, 当缺陷位于 D^{+} 时, 其能量为 E_{F}, 当位于 D^{0} 时, 其能量为 E, 当位于 D^{-} 时, 其能量为 $2E+U-E_{\mathrm{F}}$。电子平均能量:

$$
\langle e\rangle=E_{\mathrm{F}}f^{+}+Ef^{0}+(2E-E_{\mathrm{F}}+U)f^{-} \qquad (5.4.2.8)
$$

(2) 不同电荷态被占据的构型熵。

这里我们需要注意的是, 统计分布是对能量进行的, 而态的统计分布则需要考虑其简并度。以 D^{0} 能级为例, 电子由于自旋, 简并度为 2, 分摊到每个态的概率是 $f^{0}(E)/2$。根据统计热力学定义, 熵的统计表达式是对态求和。因此有

$$
S=-k\left(f^{+}\ln f^{+}+2\times\frac{f^{0}}{2}\ln\frac{f^{0}}{2}+f^{-}\ln f^{-}\right) \qquad (5.4.2.9)
$$

其中, 中性态有两种自旋态, 简并度为 2, 统计熵要对两个态求和, 如果不考虑氢的附加熵, 那么缺陷化学势为

$$
\mu_{\mathrm{d}}=E_{\mathrm{F}}+k_{\mathrm{B}}T\ln f^{+}=E+k_{\mathrm{B}}T\ln\frac{f^{0}}{2}=(2E-E_{\mathrm{F}}+U)\ln f^{-} \qquad (5.4.2.10)
$$

(3) 悬挂键与 Si—H 形成复合体的附加关联熵。

材料中可能 (与能量为 E 的悬挂键形成复合体的可能的 Si—H 键数目) 形成能量为 E 的悬挂键的 Si—H 键的数目为 H 的总浓度乘上能够形成能量为 E 的点的能量分布 $HP(E)$。每形成两个悬挂键中有 i 个悬挂键能与 Si—H 键复合, 形成复合体的总数目为 $iD(E)/2$, 概率为 $p_{\mathrm{d}}=iD(E)/2HP(E)$, 对总可能格点进行求和并除以态密度, 得到单个电子的关联熵:

$$
S_{H}=-\frac{i}{2}k_{\mathrm{B}}\ln\frac{iD\left(E\right)}{2HP\left(E\right)} \qquad (5.4.2.11)
$$

把这三项综合起来就得到悬挂键中每个电子的总化学势:

$$
\mu_{\mathrm{d}}=E+k_{\mathrm{B}}T\ln\frac{f^{0}}{2}+\frac{i}{2}k_{\mathrm{B}}T\ln\frac{iD\left(E\right)}{2HP\left(E\right)} \qquad (5.4.2.12\mathrm{a})
$$

有了化学势, 根据质量作用定律, 考虑悬挂键的形成是由能够转换成悬挂键的弱键数目决定的, 则根据 (5.4.2.6) 得到态密度 $D(E)$:

$$
D\left(E\right)=\gamma\left[\frac{2}{f^{0}}\right]^{\rho k_{\mathrm{B}}T/E_{\mathrm{v}0}}P\left(E+\frac{\rho\sigma^{2}}{E_{\mathrm{v}0}}\right) \qquad (5.4.2.12\mathrm{b})
$$

3. 有电子空穴参与的反应

对于掺杂半导体，电子空穴参与反应，非平衡情况下光注入或者其他载流子注入改变了载流子占据数，电子空穴复合：

$$\frac{[D_1^0 + D_2^0]_{\text{pair}}}{[e][h][WB]} = \frac{f^0(E_1) f^-(E_2)(N_D)_{\text{pair}}}{np\left[N_t - (N_D)_{\text{pair}}\right]} = e^{-\frac{\Delta G}{k_B T}} \tag{5.4.2.13}$$

其中电子熵变如图 5.4.5 所示。

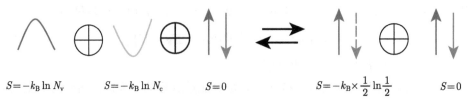

$$S=-k_B \ln N_v \qquad S=-k_B \ln N_c \qquad S=0 \qquad\qquad S=-k_B \times \frac{1}{2} \ln\frac{1}{2} \qquad S=0$$

图 5.4.5   电子空穴借助悬挂键复合的电子熵变示意图

反应过程前后的自由能变化为

$$G = \Delta H - T\Delta S = E_1 + E_2 - (2E_t - E_g) - k_B T(\ln 2 - \ln N_c N_v) \tag{5.4.2.14}$$

5.4.3   器件模拟中的悬挂键缺陷态密度模型

如何用合适的模型反映出非晶硅材料中的悬挂键所引起的缺陷态密度一直是材料物理研究的内容。根据非晶硅带隙悬挂键缺陷的基本特征 (单电子三电荷态，在某个峰值能量附近具有连续分布 (非晶网络的内在无序))，核心是三电荷态之间的关联关系 (是独立表征还是两表征，还是三个联系起来一起表征)。对于器件物理来说，能够输入的参数是缺陷态密度以及缺陷态类型，不同类型决定了其分布统计是不一样的，因此最终结果也是有区别的。在器件模拟中表征缺陷态密度常用的模型可以归结为如下几种 [23,24]。

1. 独立三电荷态模型

基本特征：D^+，D^0 与 D^- 是三个独立的电荷能级，各自服从高斯分布，具有自己的态密度、分布宽度与峰值能量，即

$$N^+(E) = \frac{N^+}{\sigma_+ \sqrt{2\pi}} e^{-\left(\frac{E-E_+}{\sqrt{2}\sigma_+}\right)^2} \tag{5.4.3.1a}$$

$$N^0(E) = \frac{N^0}{\sigma_0 \sqrt{2\pi}} e^{-\left(\frac{E-E_0}{\sqrt{2}\sigma_0}\right)^2} \tag{5.4.3.1b}$$

$$N^-(E) = \frac{N^-}{\sigma_- \sqrt{2\pi}} e^{-\left(\frac{E-E_-}{\sqrt{2}\sigma_-}\right)^2} \tag{5.4.3.1c}$$

2. 双能级模型

基本特征：将 $D^{+/0}$ 与 $D^{0/-}$ 分别看成服从电荷占据统计的施主缺陷与受主缺陷，各自服从高斯分布。即具有独立的分布密度、分布宽度与峰值能量：

$$D_{+/0}(E) = \frac{N_{+/0}}{\sigma_{+/0}\sqrt{2\pi}} e^{-\left(\frac{E - E_{DB}^{+/0}}{\sqrt{2}\sigma_{+/0}}\right)^2} \tag{5.4.3.2a}$$

$$D_{0/-}(E) = \frac{N_{0/-}}{\sigma_{0/-}\sqrt{2\pi}} e^{-\left(\frac{E - E_{DB}^{0/-}}{\sqrt{2}\sigma_{0/-}}\right)^2} \tag{5.4.3.2b}$$

依据这个模型得到的缺陷电荷数目为

$$\rho = q \int_{E_c^{Mob}}^{E_v^{Mob}} \left[N_{+/0}(E) f^+(E) - N_{0/-}(E) f^-(E) \right] dE \tag{5.4.3.3}$$

式中，$N_{0/-}(E) = N_{+/0}(E + U)$；$E_{DB}^{0/-} = E_{DB}^{+/0} + U$。

3. 单能级三电荷态模型

基本特征：三电荷态具有同一个缺陷态密度，每个能级具有三个电荷态，因此可以看成服从电荷占据统计的三电荷态缺陷。三电荷态分布以及上面占据的电荷：

$$N^+(E) = N_{DB} f^+(E) \tag{5.4.3.4a}$$

$$N^0(E) = N_{DB} f^0(E) \tag{5.4.3.4b}$$

$$N^-(E) = N_{DB} f^-(E) \tag{5.4.3.4c}$$

$$\rho = q \int_{E_c^{Mob}}^{E_v^{Mob}} \left[N_{DB}(E) \left(f^+(E) - f^-(E) \right) \right] dE \tag{5.4.3.4d}$$

其中的统计分布满足：$f^+(E) + f^0(E) + f^-(E) = 1$。

5.5 带尾态与 Gauss 态的电荷密度

如上所述，太阳电池中常用的非晶材料、多晶材料和有机材料的施主/受主能级呈现连续分布，这些分布通常采用指数分布或 Gauss 分布。下面以热平衡情形为例阐述其特点，要注意的是，这里我们已经默认为各种能量被载流子热能归一化过。

(1) 价带顶带尾态: 价带顶附近的带尾态基本是弱键, 容易失去电子, 类似施主, 以价带顶为能级参考零点, 分布如图 5.5.1 所示, 带正电荷的总数目为

$$\rho_{vt}^+ = N_t \int_0^{E_g} e^{-\frac{x}{E_{vt}}} \frac{1}{1+e^{\frac{E_F-(E_v+x)}{k_BT}}} dx = N_t E_{vt} \int_0^{\frac{E_g}{E_{vt}}} e^{-x} \frac{1}{1+e^{\frac{E_F-(E_v+xE_{vt})}{k_BT}}} dx$$

(5.5.1)

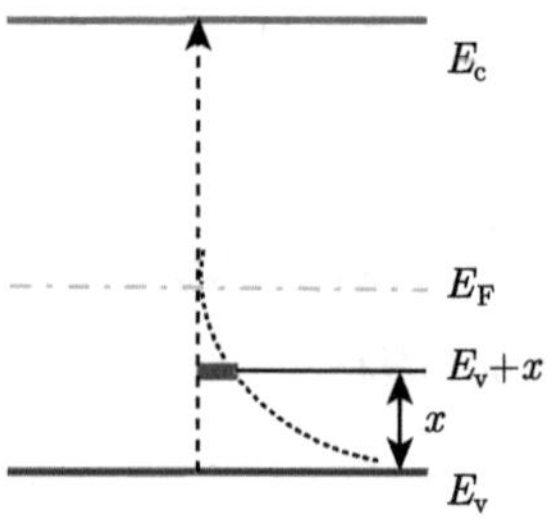

图 5.5.1　价带顶带尾态能级分布

(2) 导带底带尾态。对于导带底受主态, 能量参考点取导带底, 各能级分布如图 5.5.2 所示, 总的负电荷态数目为

$$\rho_{ct}^- = N_t \int_0^{E_g} e^{-\frac{x}{E_{ct}}} \frac{1}{1+e^{\frac{(E_c-x)-E_F}{k_BT}}} dx = N_t E_{ct} \int_0^{\frac{E_g}{E_{ct}}} e^{-x} \frac{1}{1+e^{\frac{(E_c-xE_{ct})-E_F}{k_BT}}} dx$$

(5.5.2)

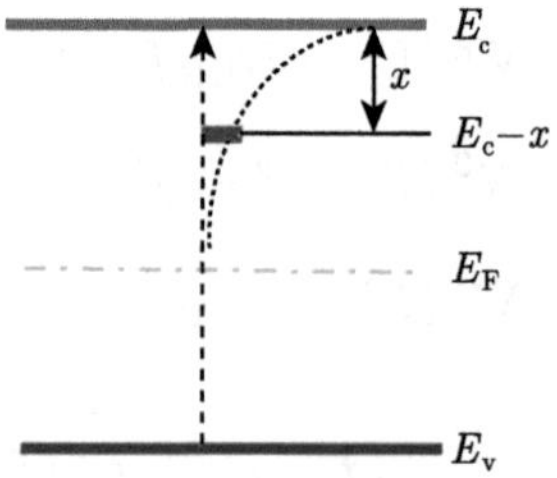

图 5.5.2　导带底带尾态能级分布

(3) 带间 Gauss 分布类施主态。以导带底为能级参考零点, 分布如图 5.5.3 所示, 带正电荷的总数目为

$$\rho_{gs}^+ = \frac{N}{\sqrt{2\pi}W_D} \int_0^{E_g} e^{-\left(\frac{x-E_D}{\sqrt{2}W_D}\right)^2} \frac{1}{1+e^{\frac{E_F-(E_c-x)}{k_BT}}} dx$$

$$= \frac{N}{\sqrt{\pi}} \int_{-\frac{E_D}{\sqrt{2}W_D}}^{\frac{E_g-E_D}{\sqrt{2}W_D}} e^{-x^2} \frac{1}{1+e^{\frac{E_F-(E_c-E_D-\sqrt{2}W_Dx)}{k_BT}}} dx$$

(5.5.3)

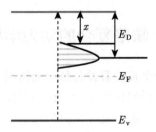

图 5.5.3 带间 Gauss 分布施主态能级分布

(4) 带间 Gauss 分布类受主态。以导带底为能级参考零点，分布如图 5.5.4 所示，带负电荷的总数目为

$$\rho_{gs}^{-} = \frac{N}{\sqrt{2\pi}W_A} \int_0^{E_g} e^{-\left(\frac{x-E_A}{\sqrt{2}W_A}\right)^2} \frac{1}{1+e^{\frac{(E_c-x)-E_F}{k_B T}}} dx$$

$$= \frac{N}{\sqrt{\pi}} \int_{-\frac{E_A}{\sqrt{2}W_A}}^{\frac{E_g-E_A}{\sqrt{2}W_A}} e^{-x^2} \frac{1}{1+e^{\frac{(E_c-E_A-\sqrt{2}W_A x)-E_F}{k_B T}}} dx \qquad (5.5.4)$$

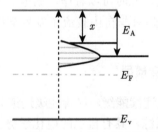

图 5.5.4 带间 Gauss 分布受主态能级分布

Gauss 态缺陷在非晶硅、微晶硅、CIGS、CdTe、有机太阳电池的数值分析中广泛存在，如 Gloeckler 在进行 CIGS 与 CdTe 的数值分析中分别采用了如表 5.5.1 所示的数值 [25]，类似的数值也能在文献 [26] 的第 8 章中找到。

表 5.5.1 带间 Gauss 态缺陷参数

	ZnO	CdS	CIGS	SnO$_2$	CdTe
$N_{DG}, N_{AG}/\text{cm}^{-3}$	D:10^{17}	A:10^{18}	D:10^{14}	D:10^{15}	D:2×10^{14}
$E_A, E_D/\text{eV}$	带隙中间	带隙中间	带隙中间	带隙中间	带隙中间
W_g/eV	0.1	0.1	0.1	0.1	0.1
σ_e/cm^2	10^{-12}	10^{-17}	5×10^{-13}	10^{-12}	10^{-12}
σ_h/cm^2	10^{-12}	10^{-12}	10^{-15}	10^{-15}	10^{-15}

5.6　缺陷复合的动力学模型

采用统计力学模型的一个直接假设是热平衡情况下可以认为所有的子系统具有同样的化学势。如果系统受到外部激励，比如电注入、光注入等，则各个子系统的化学势肯定是不相等的，那么就存在两个问题：

(1) 电荷分布是怎样的？

(2) 电荷分布是怎样确定的？

为此需要建立联系各个子系统的动力学模型。

(1) 每个子系统内的弛豫时间比子系统之间的跃迁时间要短得多。实际中这也是合理的结果，比如：导带与价带跃迁时间尺度为 $10^{-6} \sim 10^{-9}$s，载流子在导带或价带内通过发射声子进行的时间尺度仅为 $10^{-12} \sim 10^{-15}$s，可以认为在进行带间跃迁时，导带与价带内载流子分布是不变的。这个假设的直接推论就是每个子系统都有属于自己的电化学势能，即准 Fermi 能级。

(2) 带间缺陷最高可占据态能量不能高于导带底。如果缺陷的最高可占据态能量高于导带底，那么该占据态是不稳定的，占据电子很容易与导带中的电子发生交换或者直接进入导带底，此时可以看作占据电子也是导带中的电子。

(3) 电荷占据假设：缺陷只与自由载流子发生交换，不同缺陷之间没有相互作用。

5.6.1　单态缺陷-SRH 复合模型

单态，离散能级或者是连续能级，尽管能级连续分布，但是能级不互相干扰，即每个能级可以看成一个系综，具有自己的电化学势。如果能级之间有关联，则称为多态缺陷，多态缺陷的统计我们将在以后触及，首先考虑这种独立单态统计动力学模型[27,28]。

考虑如下三个能级之间的跃迁，比如施主能级，导带电子价带电子 (空穴)，如果以施主为参考对象，施主能够发射电子到导带而呈正电荷，也能俘获导带中的电子进行复合，同时也能发射电子给价带 (即俘获空穴)，俘获价带电子 (发射空穴)。通常发射系数以 e_n^0，e_p^+ 表示，俘获系数写成 C_n^+，C_p^0，符号的下标表示俘获的载流子类型，上标表示施主当前的电荷类型，复合动力学过程见图 5.6.1。

导带电子交换到施主能级 E_D 的净数目为

$$N_{cD}(E_D) = N_D(E_D) f_D^+(E_D) \int_{E_c}^{\infty} C_n^+(E, E_D) f_e(E) N_c(E)\, dE$$

$$- N_D(E_D) f_D(E_D) e_n^0(E_D) \tag{5.6.1.1a}$$

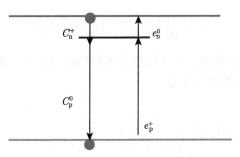

图 5.6.1 单能级缺陷复合动力学过程

施主能级 E_D 电子交换到价带的净数目为

$$N_{Dv}(E_D) = N_D(E_D) f_D(E_D) \int_{-\infty}^{E_v} C_p^0(E, E_D) f_h(E) N_v(E) dE$$
$$- N_D(E_D) f_D^+(E_D) e_p^+(E_D) \tag{5.6.1.1b}$$

进一步假设发射与俘获系数可以表示成与能量无关的唯象参数,上面的双重积分可以进行分离变量,得到

$$N_{cD}(E_D) = N_D^+(E_D) C_n^+ n - N_D^0(E_D) e_n^0 \tag{5.6.1.2a}$$

$$N_{Dv}(E_D) = N_D^0(E_D) C_p^0 p - N_D^+(E_D) e_p^+ \tag{5.6.1.2b}$$

在稳态的情况下,从导带到施主与从施主到价带的电子净数目应该相等,得到在非热平衡稳态下的施主正电荷数目为

$$N_D^+(E_D) = N_D(E_D) \frac{C_p^0 p + e_n^0}{C_n^+ n + e_n^0 + C_p^0 p + e_p^+} = N_D(E_D) f_D^+(E_D) \tag{5.6.1.3}$$

其中,$f_D^+(E_D)$ 是施主为正电荷的稳态占据概率,同样复合速率为

$$R(E_D) = N_D(E_D) \frac{C_n^+ C_p^0 np - e_n^0 e_p^+}{C_n^+ n + e_n^0 + C_p^0 p + e_p^+} \tag{5.6.1.4}$$

如果施主呈连续态分布,则需要对态密度 $N_D(E_D)$ 求和或者进行积分。式 (5.6.1.4) 基于载流子 Fermi-Dirac 统计分布,如果假设载流子服从 Maxwell-Boltzman 统计分布,依据统计力学的细致平衡原理,即在热平衡情况下各个子系综具有统一的 Fermi 能级,各个发射俘获过程中应该平衡,可以得到关于施主能级的发射系数与俘获系数的关联关系:

$$e_n^0 = \frac{g_1}{g_0} N_c e^{\frac{E_D - E_c}{k_B T}} C_n^+ = \frac{g_1}{g_0} C_n^+ n_t \tag{5.6.1.5a}$$

$$e_{\mathrm{p}}^{+} = \frac{g_1}{g_0} N_{\mathrm{v}} e^{\frac{E_{\mathrm{v}} - E_{\mathrm{D}}}{k_{\mathrm{B}}T}} C_{\mathrm{p}}^0 = \frac{g_1}{g_0} C_{\mathrm{p}}^0 p_{\mathrm{t}} \tag{5.6.1.5b}$$

式中，g 是各个态的简并度，对于导带电子和单能级施主，都是 2；n_{t} 和 p_{t} 是缺陷有效浓度，于是复合速率成为

$$\begin{aligned}
R\left(E_{\mathrm{D}}\right) &= N_{\mathrm{D}}\left(E_{\mathrm{D}}\right) \frac{np - N_{\mathrm{c}} N_{\mathrm{v}} e^{-\frac{E_{\mathrm{g}}}{k_{\mathrm{B}}T}}}{\dfrac{1}{C_{\mathrm{p}}^0}\left(n + n_{\mathrm{t}}\right) + \dfrac{1}{C_{\mathrm{n}}^+}\left(p + p_{\mathrm{t}}\right)} \\
&= \frac{np - n_{\mathrm{i}}^2}{\dfrac{1}{N_{\mathrm{D}}\left(E_{\mathrm{D}}\right) C_{\mathrm{p}}^0}\left(n + n_{\mathrm{t}}\right) + \dfrac{1}{N_{\mathrm{D}}\left(E_{\mathrm{D}}\right) C_{\mathrm{n}}^+}\left(p + p_{\mathrm{t}}\right)}
\end{aligned} \tag{5.6.1.6}$$

俘获系数为载流子的俘获截面 σ_{p} 与热速率 v_{th} 之积，如 $C_{\mathrm{p}}^0 = \sigma_{\mathrm{p}} v_{\mathrm{th}}$，定义缺陷对应寿命：

$$\tau_{\mathrm{p}} = \frac{1}{N_{\mathrm{D}}\left(E_{\mathrm{D}}\right) C_{\mathrm{p}}^0} \tag{5.6.1.7}$$

俘获截面、缺陷数目和热速率的定义就好比马路上没有井盖的下水井口面积、数目，以及行人的速度，于是 (5.6.1.6) 就成为我们所熟悉的 SRH 复合模型：

$$R\left(E_{\mathrm{D}}\right) = \frac{np - n_{\mathrm{i}}^2}{\tau_{\mathrm{p}}\left(n + n_{\mathrm{t}}\right) + \tau_{\mathrm{n}}\left(p + p_{\mathrm{t}}\right)} \tag{5.6.1.8}$$

这种假设下的施主能级正电荷概率为

$$f_{\mathrm{D}}^{+}\left(E_{\mathrm{D}}\right) = \frac{C_{\mathrm{p}}^0 p + e_{\mathrm{n}}^0}{C_{\mathrm{n}}^+ n + e_{\mathrm{n}}^0 + C_{\mathrm{p}}^0 p + e_{\mathrm{p}}^+} = \frac{\tau_{\mathrm{n}} p + \tau_{\mathrm{p}} n_{\mathrm{t}}}{\tau_{\mathrm{p}}\left(n + n_{\mathrm{t}}\right) + \tau_{\mathrm{n}}\left(p + p_{\mathrm{t}}\right)} \tag{5.6.1.9}$$

从上述推导过程可以看出，(5.6.1.9) 实际上是针对 Maxwell-Boltzmann 分布统计的，尤其是 Fermi-Dirac 统计中并不严格适用，实际应用中考虑到差别不大，在 Fermi-Dirac 统计情形也直接引用，只是把载流子浓度换成 Fermi-Dirac 统计的形式。

热平衡情况下，没有净复合，假设电子空穴的俘获界面相等，$\tau_{\mathrm{n}} = \tau_{\mathrm{p}}$，由于是施主能级，空穴相关浓度都比较小，载流子满足：$p, p_{\mathrm{t}} \ll n, n_{\mathrm{t}}$，(5.6.1.9) 退化成 (5.2.2.4a)。

单态受主能级可以采取类似的处理方法，施主能级占据负电荷态的概率为

$$f_{\mathrm{D}}^{-}\left(E_{\mathrm{D}}\right) = \frac{\tau_{\mathrm{p}} n + \tau_{\mathrm{n}} p_{\mathrm{t}}}{\tau_{\mathrm{p}}\left(n + n_{\mathrm{t}}\right) + \tau_{\mathrm{n}}\left(p + p_{\mathrm{t}}\right)} \tag{5.6.1.10}$$

5.6.2 SRH 复合速率与俘获截面、缺陷能级位置的关系

SRH 复合与缺陷的物理特征具有很大的关联关系，了解这些关联关系对于知道它们对于太阳电池最终性能的影响非常关键，最直接的参数是缺陷浓度、缺陷能级的位置与俘获截面的大小。

一般半导体太阳电池中的大量复合中心可以看作是 SRH 复合，包括晶体硅中的各种点缺陷 (比如掺杂能级、间隙 Fe_i 原子及其与 B 形成的 B_sFe_i，以及 BO 复合体中在带隙内形成的缺陷能级等)，非晶硅材料中的带尾态以及带间态 (尽管是连续分布的)，CIGS 与 CdTe 中的各种缺陷，有机半导体中的缺陷等。研究其特征对于我们设计和研制性能良好的太阳电池具有极其重要的意义。

SRH 复合的一个基本特征是载流子寿命随注入的量发生变化，这对载流子寿命的测试与表征产生了极大影响。对于不同掺杂浓度以及类型的半导体材料，材料本身存在一定的载流子浓度，比如常用的 p-Si 衬底，B 掺杂浓度为 10^{15}cm^{-3} 数量级，如果完全离化，则产生的空穴浓度为 10^{15}cm^{-3}，电子浓度为 10^5cm^{-3}。对于一般太阳光入射所产生的光电流为 40mA/cm^2，换算成光生载流子浓度为 10^{17}cm^{-3}，是远大于空穴和电子浓度的。现在考虑不同情形下的载流子有效寿命。首先，一般注入情况下，就如同在硅太阳电池中所遇到的一样，电子与空穴产生同样的过剩载流子，对两者的影响都很大，这种情况下，必须同时考虑两种载流子，$n = n_0 + \Delta n$，$p = p_0 + \Delta p$，有

$$
\begin{aligned}
R(E_D) &= \frac{(n_0 + \Delta n)(p_0 + \Delta p) - n_i^2}{\tau_p(n_0 + \Delta n + n_t) + \tau_n(p_0 + \Delta p + p_t)} \\
&= \frac{n_0 \Delta p + p_0 \Delta n + \Delta n \Delta p}{\tau_p(n_0 + \Delta n + n_t) + \tau_n(p_0 + \Delta p + p_t)}
\end{aligned}
\tag{5.6.2.1a}
$$

式中，若 $\Delta n \approx \Delta p$，则根据载流子有效寿命定义得到

$$
\tau = \frac{\tau_p(n_0 + \Delta n + n_t) + \tau_n(p_0 + \Delta p + p_t)}{n_0 + p_0 + \Delta n}
\tag{5.6.2.1b}
$$

另外，显而易见，复合速率与缺陷能级在带隙中的位置息息相关，通常把带边附近但距离大于载流子热能的缺陷称为俘获中心 (capture center)，之所以如此定义，主要是因为这些缺陷会优先俘获各种掺杂所产生的载流子，比如，所有 Si 掺杂的含 Al 的 III-V 化合物都有一个位于导带下 $\sim 300 \text{meV}$ 的中心 DX[29-32]。位于带隙中间的称为复合中心，它们提供了导带电子与价带空穴之间的强耦合复合。

【练习】

选取一组 SRH 复合参数，以缺陷能级为参数，画图观察 $R(E_T)$ 的变化。

5.6.3 多能级多态情形

上面我们考虑具有单能级或者单态的缺陷，如果缺陷具有多个能级或者量子态，则又如何？与单一能级缺陷相比，肯定会发生的情况是电子不只在导带与价

带中交换, 也会在不同能级或者量子态之间发生跃迁 (图 5.6.2)。Sah 与 Shockley 最早研究了这种情况 [33]。

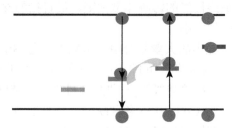

图 5.6.2　多能级缺陷复合动力学过程

假设一个具有 m 个电荷态 (区别于纯粹量子态) 的缺陷, 相邻态之间跃迁通过俘获或发射导带或价带 (而不是别的缺陷能级) 中的一个电子 (单电子) 来相互转换, 稳态情况下, 最高可占据态的电荷数目肯定是不变的, 因此最近邻下面一个电荷态转换到最高占据态的净数目应该为零! 依次类推归纳, 可以知道各个电荷态之间的转换数目也都是零。考察不同电荷态之间的转换, 比如 i 与 $i+1$ 电荷态之间, 有如下关系:

$$N^{i \to i+1} = N_i C_{\mathrm{n},i} n + N_i e_{\mathrm{n},i} p \tag{5.6.3.1a}$$

$$N^{i+1 \to i} = N_{i+1} C_{\mathrm{p},i+1} p + N_{i+1} e_{\mathrm{p},i+1} \tag{5.6.3.1b}$$

非稳态情况下, 不同电荷态之间的跃迁不带走任何电荷, 以第 i 电荷态为考察对象, 电子跃迁方程为

$$\frac{\mathrm{d}N_i}{\mathrm{d}t} = N_{i-1} C_{\mathrm{n},i-1} n + N_{i-1} e_{\mathrm{p},i-1} + N_{i+1} e_{\mathrm{n},i+1} + N_{i+1} C_{\mathrm{p},i+1} p - N_i C_{\mathrm{p},i} p$$

$$- N_i e_{\mathrm{p},i} - N_i C_{\mathrm{n},i} n - N_i e_{\mathrm{n},i} \tag{5.6.3.2a}$$

基态与最高态, 由于没有下面 (上面) 可以供跃迁的电荷态, 则方程分别退化成

$$\frac{\mathrm{d}N_1}{\mathrm{d}t} = N_2 e_{\mathrm{n},1} + N_2 C_{\mathrm{p},2} p - N_1 e_{\mathrm{p},1} - N_1 C_{\mathrm{n},1} n \tag{5.6.3.2b}$$

$$\frac{\mathrm{d}N_m}{\mathrm{d}t} = N_{m-1} C_{\mathrm{n},m-1} n + N_{m-1} e_{\mathrm{p},m-1} - N_m C_{\mathrm{p},m} p - N_m e_{\mathrm{n},m} \tag{5.6.3.2c}$$

在稳态情况下, 第 i 电荷态随时间的变化应该为零, 考虑到 m 个电荷态总共有 m 个这样方程, 因此通过求解这 m 维线性方程组可以得到每个电荷态的占据数目, 如果总的缺陷数目为 N, 则相应电荷态的稳态占据概率为

$$f_i = \frac{N_i}{N} \tag{5.6.3.3}$$

5.6.4 非晶硅三态复合模型

关于上述多能级跃迁复合的典型应用是非晶硅中的三态复合模型，这是 Oka-moto 在 1977 年建立的 [34]，我们这里简单地加以描述：考虑如图 5.6.3 所示的悬挂键的三态。

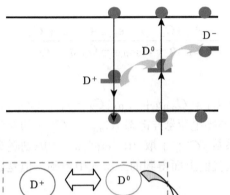

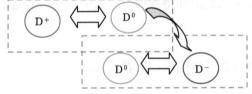

图 5.6.3　含有态间耦合的多能级缺陷复合动力学过程

定义两个中性态的隧穿项：

$$R^0 = k_0 \left(N_0^2 - 4e^{\frac{U}{k_B T}} N_+ N_- \right) \tag{5.6.4.1}$$

三种电荷态的动力学方程分别为

$$\frac{dN_+}{dt} = N_0 e_{n,0} + N_0 C_{p,0} p - N_+ e_{p,+} - N_+ C_{n,+} n + R^0 \tag{5.6.4.2a}$$

$$\frac{dN_0}{dt} = N_+ C_{n,+} n + N_+ e_{p,+} + N_- e_{n,-} + N_- C_{p,-} p - N_0 C_{p,0} p$$

$$- N_0 e_{p,0} - N_0 C_{n,0} n - N_0 e_{n,0} - R^0 \tag{5.6.4.2b}$$

$$\frac{dN_-}{dt} = N_0 C_{n,0} n + N_0 e_{p,0} - N_- C_{p,-} p - N_- e_{n,-} + R^0 \tag{5.6.4.2c}$$

这是一个三维非线性方程组，一般的情形是不存在解析解的，好在这个方程组中每个子方程中的非线性耦合项是一样的，这样就使得我们能够把两个分量表示成剩余一个分量的函数而得到最终解析表达式。经过一系列推导得到一个二次式：

$$k_0^2 \left(a_0^{+2} - 4e^{\frac{U}{k_B T}} a_-^+ \right) N_+^2 + \left[k_0^2 \left(a_0^{+2} - 4e^{\frac{U}{k_B T}} a_-^+ \right) + C_1 a_0^+ - C_2 \right] N_+$$

$$+ C_1 b_0 N + k_0^2 b_0^2 N^2 = 0 \tag{5.6.4.3a}$$

$$N_- = \frac{N(C_{n,0}n + N_0 e_{p,0} - C_{p,0}p - e_{n,0}) - N_+ (e_{p,+} + C_{n,+}n - C_{n,0}n - N_0 e_{p,0} + C_{p,0}p + e_{n,0})}{C_{p,-}p + e_{n,-} + C_{n,0}n + N_0 e_{p,0} - C_{p,0}p - e_{n,0}}$$

$$= a_-^+ N_+ + b_- N \tag{5.6.4.3b}$$

$$N_0 = \frac{N(C_{p,-}p + e_{n,-}) - N_+ (C_{p,-}p + e_{n,} + e_{p,+} + C_{n,+}n)}{C_{p,-}p + e_{n,-} + C_{n,0}n + N_0 e_{p,0} - C_{p,0}p - e_{n,0}} = a_0^+ N_+ + b_0 N$$
$$\tag{5.6.4.3c}$$

为了公式推导方便, 记 $C_1 = C_{p,0}p + e_{n,0}$, $C_2 = e_{p,+} + C_{n,+}n$。

通常非晶硅带尾态与零电荷悬挂键态 ($C_{n,p}$ 与 $C_{n,p}^0$) 的俘获系数取 $10^{-8}\mathrm{cm}^3/\mathrm{s}$, 而其他电荷态的俘获系数 ($C_{n,p}^{+/-}$) 取 $10^{-7}\mathrm{cm}^3/\mathrm{s}$。考虑到隧穿耦合项的存在, 缺陷统计的表达式可以从我们上面得到的二次式中得到, 但是比较烦琐。这可以作为练习。

【练习】

推导隧穿耦合项存在时缺陷统计的表达式。

5.7　带　隙　收　缩

缺陷能够引起材料吸收带隙的降低, 主要分成两种情况: ①能带内的缺陷能级与能带本身相互作用; ②重掺杂所产生的高载流子浓度的多体效应。

5.7.1　稀 N Ⅲ-V 族化合物中的反交叉

首先看一个缺陷能级位于能带内的典型例子。20 世纪 90 年代, 研究人员发现在 Ⅲ-V 族化合物中掺入少量的 N 可以导致带隙收缩[35-37], 其中最有意义的是往小组分 InGaAs 中掺 N, 形成与 GaAs 衬底匹配的 1.0eV 材料, 这种材料也是四结高效太阳电池一直梦寐以求的, 或作为 1.3μm 晶格匹配材料以制备通信波段激光器。为了解释这种带隙反常收缩行为, 研究人员提出了 N 原子的局域能级 E_N 与导带边 E_c 的反交叉模型。假设 N 原子由于高电负性在导带里形成高能量局域能级, 波函数为 ϕ_N, 导带边电子波函数为 ϕ_c, 整个体系的波函数为 $c_1\phi_N + c_2\phi_c$, 则 Schrödinger 方程为

$$H| c_1\phi_N + c_2\phi_c\rangle = E| c_1\phi_N + c_2\phi_c\rangle \tag{5.7.1.1}$$

进一步假设 N 局域能级与导带边的相互作用项为 $V = \langle\phi_N|H|\phi_c\rangle$, 那么体系

的本征矩阵为

$$\begin{bmatrix} E_N - E & V \\ V^* & E_c - E \end{bmatrix} \begin{pmatrix} c_1 \\ c_2 \end{pmatrix} = 0 \tag{5.7.1.2}$$

求解上述本征值方程可以得到两个能级值:

$$E^{\pm} = \frac{E_N + E_c \pm \sqrt{(E_N - E_c)^2 + 4|V|^2}}{2} \tag{5.7.1.3}$$

显而易见, 负号所产生的值比导带边要低, 导致带隙收缩 (bandgap shrinkage)。

5.7.2 重掺杂引起的带隙收缩

随着掺杂浓度的增加, 粒子之间的多体效应开始显现, 如载流子之间的关联、交换以及杂质之间相互作用等会导致材料的光学带隙变窄, 这种效应称为带隙收缩。计入带隙收缩效应对半导体器件中的重掺杂层是必须的。对于半导体太阳电池, 发生带隙收缩效应的区域通常包括 n-窗口层、n-背场层、掺杂浓度在 $5 \times 10^{19} \mathrm{cm}^{-3}$ 以上的隧穿结层等。例如, 带隙收缩使得原本可能没有附加光学吸收的隧穿结层产生了对下面较长波长子电池的吸收, 从而影响其短波量子效率, 这也同样适用于 n+/p− 型结构中重掺杂的发射区。

一般数值分析喜欢采用掺杂浓度的有理多项式形式, 以方便实施, 如 III-V 材料中 [38]:

$$\Delta E_g = A\sqrt[3]{N} + B\sqrt[4]{N} + C\sqrt{N} \tag{5.7.2.1}$$

带隙收缩在导带与价带上的分配比例取 0.5 或载流子带边有效质量的比。掺杂材料中的带隙收缩幅度取决于同种类型载流子的带边有效质量, 例如, 同样在掺杂浓度 $1 \times 10^{18} \mathrm{cm}^{-3}$ 下, Si 由于其导带与价带有效质量都比较大, n-Si 与 p-Si 的带隙收缩都在 5meV 以内; n-GaAs 的收缩幅度则达到 60meV, 而 p-GaAs 的幅度则与 p-Si 相同 [39]。

5.8 缺陷相关的数据结构

基于上述建立的各种缺陷的物理模型可以建立封装其模型参数的数据结构。

5.8.1 封装缺陷的数据结构

最简单的缺陷模型包含单能级 sld_、带尾态 bt_ 和 Gauss 缺陷 gs_, 依据的是 5.2 节中缺陷部分的物理模型。在此基础上, 可以定义一个能够唯一描述材料缺陷特性的数据结构 Defect_，包含带尾态、单能级缺陷、Gauss 缺陷的缺陷复合体 Defect_，模型参数如表 5.8.1 所示。

表 5.8.1　含有单能级、带尾态、Gauss 缺陷的材料数据结构

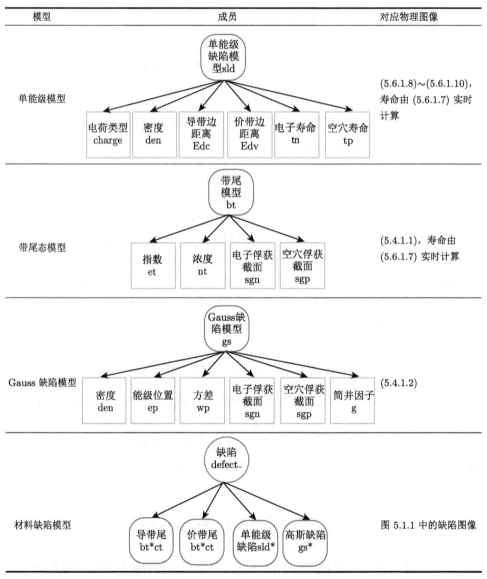

模型	成员	对应物理图像
单能级模型	单能级缺陷模型 sld：电荷类型 charge、密度 den、导带边距离 Edc、价带边距离 Edv、电子寿命 tn、空穴寿命 tp	$(5.6.1.8) \sim (5.6.1.10)$，寿命由 $(5.6.1.7)$ 实时计算
带尾态模型	带尾模型 bt：指数 et、浓度 nt、电子俘获截面 sgn、空穴俘获截面 sgp	$(5.4.1.1)$，寿命由 $(5.6.1.7)$ 实时计算
Gauss 缺陷模型	Gauss缺陷模型 gs：密度 den、能级位置 ep、方差 wp、电子俘获截面 sgn、空穴俘获截面 sgp、简并因子 g	$(5.4.1.2)$
材料缺陷模型	缺陷 defect_：导带尾 bt*ct、价带尾 bt*ct、单能级缺陷sld*、高斯缺陷 gs*	图 5.1.1 中的缺陷图像

5.8.2　功能层与子层数据结构

在描述材料缺陷特性的数据结构的基础上，可以定义描述储存原始物理模型与实验测试数据的数据结构：功能层。对于多层太阳电池结构，功能层具有如下

特征。

(1) 功能层是最小的功能单元, 制备时采用完全相同的工艺参数。

(2) 可能多个功能层对应一种材料, 仅是掺杂类型与浓度不同而已, 例如, 晶体硅太阳电池中的发射区、基区与背场等; pin 非晶硅太阳电池中的 p 层、i 层与 n 层; III-V 族太阳电池发射区中的高掺杂层、低掺杂层。

(3) 正是由于掺杂类型与浓度的不同, 它们的迁移率、缺陷结构也不相同, 同时与缺陷相关联的一些物理效应也不同, 比如带隙收缩效应、掺杂对折射率、载流子有效质量的修正等。

(4) 材料组分缓变与掺杂缓变等单独成一功能层, 材料组分缓变的例子如 CIGS 太阳电池中的基区; 而掺杂缓变包括所有的扩散、函数型掺杂所引起的掺杂浓度随深度变换的层, 如 p 型晶体硅中发射区、III-V 族太阳电池指数掺杂的基区等。

典型功能层成员如图 5.8.1 所示。

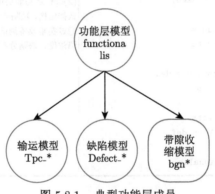

图 5.8.1 典型功能层成员

要注意的是, 其中用输运系数模型 Tpc 封装了载流子系综热导率与迁移率模型参数, 如图 5.8.2 所示。

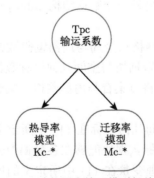

图 5.8.2 功能层中输运模型相关成员

根据上面的特征，表 5.8.2 定义了一个典型的功能层数据结构。

表 5.8.2   典型的功能层数据结构及成员说明

模型	数据结构	说明
功能层模型	```type functionalis_ !Status logical :: isused logical :: isbgn ! id for material parameter integer :: Ma_ID ! Thermo-equilibrium values of reduced Fermi energy real(wp) :: ye0 character(50) :: name ! transport models type(tpc_) :: tc ! bandgap narrowing model type(bgn_) :: bn ! all kind defects type(defect_) :: def end type functionalis_```	(1) 整数变量 Ma_ID 表示功能层材料所指向的材料参数模型地址，这是因为如前面阐述的，太阳电池中存在大量材料参数相同而掺杂类型与浓度不同的功能层； (2)def 是功能层中包括掺杂能级的所有缺陷的数据结构，缺陷物理参数都是依据计算或者实际通过实验设备测试的，如本征寿命、缺陷能级、缺陷浓度、缺陷分布等

其中，值得注意的是，functionalis_ 还可以继续扩展掺杂对载流子有效质量、能带参数以及光学参数的修正模型。

实际上在程序执行过程中，为了封装功能层的几何尺寸与其他物理模型参数的关联关系，我们需要引入另外一个数据结构 sublayer(成员如图 5.8.3 所示)，具有如下几种功能。

(1) 含有指向功能层内网格点全局与局部编码数组块的指针成员，这些编码数据限定了网格点物理变量数据块与空间几何坐标数据块的范围，这个编码数据块被进一步分成了边界上网格点集合与内部网格点集合两种，方便在处理功能层物理边界时调用。

(2) 含有指向网格点空间几何坐标在 (1) 中所定义的编码范围内的数据块的指针成员，这些空间几何坐标数据块能够在各种偏微分方程局部离散化时调用。

(3) 含有指向网格点物理变量在 (1) 中所定义的编码范围内的数据块的指针成员，方便在各种矩阵与函数值计算中即时引用。通常的网格点变量包括静电势、电子准 Fermi 能级、空穴准 Fermi 能级、电子系综温度、空穴系综温度、晶格温度等六个。

(4) 含有功能层边界类型信息与地址的成员，包括是否存在边界的逻辑变量、边界模型参数的地址等，边界的编码与 (1) 中边界网格点集合编码一一对应。

(5) 含有功能层中复合缺陷数据结构地址的指针成员，方便即时引用复合缺陷中的物理模型参数与测试数据参数。

(6) 含有储存临时能带模型变量的数据结构成员，这些能带模型变量是功能层掺杂与能带材料模型相互应用的结果。

(7) 含有其他一些临时计算得到的物理常数或者常用固定参数，如介电常数、由功能层迁移率模型计算得到的空间局部迁移率、功能层厚度、热平衡时准 Fermi 能级与导带边距离等。

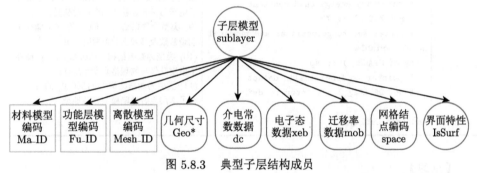

图 5.8.3　典型子层结构成员

根据上面的特征，表 5.8.3 定义了一个典型的一维器件结构的 sublayer 数据结构。

表 5.8.3　一维子层数据结构及成员说明

模型	数据结构	说明
子层模型	type sublayer_ 　! material ID 　integer :: Ma_ID 　! functionalis ID 　integer :: Fu_ID 　! mesh ID 　integer :: Mesh_ID 　! number of grid 　integer :: Ng 　!Number of Nodes on Boundary(NoB) 　integer :: NoB(2,3) 　! Is Surface exist ?	(1) 整型变量 Ma_ID、Mesh_ID 与 Fu_ID 分别是能带模型、离散模型与功能层地址； (2) 整型变量 Ng 是网格点数目； (3) 整型数组 NoB(2,3) 表示一维功能层中左右两边边界上网格点的全局、材料块内与功能层内编码，行数 2 表示一维功能层仅有两个边界，编号分别为 "1" 和 "2"；

模型	数据结构	说明

子层模型	`logical :: IsSurf(2)`
	`! Is Surface Contact ?`
	`logical :: IsSurfOutter(2)`
	`! Surface ID`
	`integer :: Surf_ID(2)`
	`! funcionalis thickness`
	`real( wp ) :: Th`
	`! Ef - Ec at thermal equilibrium`
	`real( wp ) :: EfmEc`
	`! temporary dielectric constant`
	`type( DIELECTRIC2_ ) :: dc2`
	`! temporary mobility constant`
	`type( MOB2_ ) :: mo2`
	`! temporary energy band constant`
	`type( XEB_ ) :: Xb`
	`!pointer set to geometrical and physical nodal variables`
	`type( SPACE_ ) :: sp`
	`! pointer to functionalis defect`
	`type( DEFECT_ ) , pointer :: def`
	
	`end type Sublayer_`
		(4) 两个 2 元逻辑变量数组 IsSurf(2) 与 Is-SurfOutter(2) 及整型 Surf_ID(2) 分别表示左右边界是否存在, 是否外表面以及表面模型参数地址;
		(5) 实型变量 Th 表示功能层厚度;
		(6) 实型变量 EfmEc 是热平衡时该层材料从 Fermi 能级到导带底的距离, 也就是定义上的化学势;
		(7) 类型为数据结构 DIELECTRIC2_ 的 dc2 储存了静态与高频介电常数两个暂时变量;
		(8) 类型为数据结构 MOB2_ 的 mo2 储存了电子与空穴迁移率两个暂时变量;
		(9) 类型为数据结构 XEB_ 的 Xb 储存了能带参数及其导出数值暂时变量;
		(10) 类型为数据结构 SPACE_ 的 sp 储存了本层几何与物理格点变量地址;
		(11) 类型为数据结构 DEFECT_ 的 def 储存了本层复合缺陷模型参数地址

【练习】

参考第 3 章中发展的 DEL 模型建立相关的子层数据结构。

5.8.3　材料块数据结构

既然子层数据结构与器件材料制备过程中每步工艺所对应的功能层一一对应, 我们定义子层的集合数据结构: 材料块 LAYER_, 它应该具有如下几个意义:

(1) 从物理上说, 所有的子层都具有一个能带模型参数, 比如硅、非晶硅中的 pin 三层, GaAs 电池中的发射区、i 区、基区等, 一个材料块 LAYER_ 中的所有子层的组成元素与组分相同, 材料组分缓变的功能层单独成为一个材料块 LAYER_。

(2) 从工艺上说, 材料块 LAYER_ 是一步器件工艺所对应的区域, 比如 GaAs 太阳电池中通过化学选择性刻蚀所形成的金属半导体接触台面, 台面里可能含有表面很薄的高掺杂层与中间比较中等的中掺杂层。

(3) 从数值上说, 材料块 LAYER_ 里面的网格点物理变量都是连续的, 即使存在像重掺杂所引起的带隙收缩、载流子有效质量、能带参数、光学参数的有限修正。

依据这些原则，定义的材料块 LAYER_ 成员变量如表 5.8.4 所示。

表 5.8.4 典型的功能层数据结构及成员说明

模型	数据结构	说明
材料块模型	```type LAYER_

! Material ID
integer :: Ma_ID
! Number of Sublayer
Integer :: Nsl
! Number of grid
integer :: Ng
! thickness
real(wp) :: Th

! sublayer array
type(SUBLAYER_) , pointer :: Sl(:)
! pointer set to geometrical and
physical nodal variables type(SPACE_)
:: sp
    end type Layer_``` | (1) 整型变量 Ma_ID 是能带模型地址；
(2) 整型变量 Ng 是网格点数目；
(3) 整型变量 Nsl 是子层数目；
(4) 实型变量 Th 表示功能层厚度以方便确定网格点距离边界；
(5) 类型为数据结构 SUBLAYER_ 的 Sl 数组储存了子层参数；
(6) 类型为数据结构 SPACE_ 的 sp 储存了本层几何与物理格点变量地址 |

5.9 占据概率与复合速率的计算

实际经验发现，计算缺陷占据概率与复合速率具有很大的数值风险，往往需要特别注意。

5.9.1 电荷占据概率的数值溢出

电荷中性方程、Poisson 方程与连续性方程中涉及大量的缺陷电荷的 SRH 统计占据与复合计算。简单的以单能级缺陷的相关占据概率与复合速率 (5.6.1.8)~(5.6.1.10)，在实际数值实施过程中，由于 n, p, n_t, p_t 等四项有可能同时低于数值精度或直接数值溢出，这需要特殊数值处理。以 (5.6.1.10) 为例，为了观察其中单纯隐含的潜在数值溢出，将载流子浓度、缺陷形式浓度写成指数函数的形式：

$$f^1 = \frac{\tau_p N_c e^{\ln F_{1h}(\eta_e)} + \tau_n N_v e^{-E_{dv}}}{\tau_n \left(N_v e^{\ln F_{1h}(\eta_h)} + N_v e^{-E_{dv}} \right) + \tau_p \left(N_c e^{\ln F_{1h}(\eta_e)} + N_c e^{-E_{dc}} \right)} \tag{5.9.1.1}$$

有一种情况是分母可能存在数值溢出的风险，例如，空穴与电子浓度很低，而缺陷能级又位于带隙中间，距离导带与价带比较远。接近本征的宽带隙材料通常就是这种情况，反映在数值上是

$$S = \text{Max} \left\{ \ln F_{1h}(\eta_e), \ln F_{1h}(\eta_h), -E_{dc}, -E_{dv} \right\} < \text{EXP}_{\text{low\_bound}} \tag{5.9.1.2}$$

这种情况下，分母出现数值下溢，需要将分母与分子进行归一化，归一化因子取 S，这样做的好处是能够避免分母出现数值溢出，上述占据概率就成为

$$f^1 = \frac{\tau_p N_c e^{\ln F_{1h}(\eta_e)-S} + \tau_n N_v e^{-E_{dv}-S}}{\tau_n \left(N_v e^{\ln F_{1h}(\eta_h)-S} + N_v e^{-E_{dv}-S}\right) + \tau_p \left(N_c e^{\ln F_{1h}(\eta_e)-S} + N_c e^{-E_{dc}-S}\right)}$$
(5.9.1.3)

实施中更倾向的一种处理方法是把寿命与带边态密度都放在指数上，归一化因子 S 取

$$\mathrm{Max}\{\ln N_c + \ln \tau_p + \ln F_{1h}(\eta_e), \ln N_v + \ln \tau_n$$
$$+ \ln F_{1h}(\eta_h), \ln N_c + \ln \tau_p - E_{dc}, \ln N_v + \ln \tau_n - E_{dv}\}$$
(5.9.1.4)

占据概率为

$$f^1 = \frac{e^{\ln N_c + \ln \tau_p + \ln F_{1h}(\eta_e)-S} + e^{\ln N_v + \ln \tau_n - E_{dv}}}{e^{\ln N_c + \ln \tau_p + \ln F_{1h}(\eta_e)-S} + e^{\ln N_c + \ln \tau_p - E_{dc}-S} + e^{\ln N_v + \ln \tau_n + \ln F_{1h}(\eta_h)-S} + e^{\ln N_v + \ln \tau_n - E_{dv}-S}}$$
(5.9.1.5)

确定的是分母肯定 >1，数值健壮性大大增强。电荷中性方程成为完全的指数函数形式：

$$e^{\ln N_v + \ln F_{1h}(\eta_h)} - e^{\ln N_c + \ln F_{1h}(\eta_e)} + \sum_{i=1}^{n_D} N_D^i f_i^0(\ln n, \ln p) - \sum_{j=1}^{n_A} N_A^j f_j^1(\ln n, \ln p) = 0$$
(5.9.1.6)

5.9.2 数值稳定的电荷占据概率子程序

根据 (5.9.1.4)，我们整理出电荷数据占据概率数值稳定性处理的基本思路如下。

令

$$S_1 = \ln N_c + \ln \tau_p + \ln F_{1h}(\eta_e)$$
(5.9.2.1a)

$$S_2 = \ln N_c + \ln \tau_p - E_{dc}$$
(5.9.2.1b)

$$S_3 = \ln N_v + \ln \tau_n + \ln F_{1h}(\eta_h)$$
(5.9.2.1c)

$$S_4 = \ln N_v + \ln \tau_n - E_{dv}$$
(5.9.2.1d)

简单的做法是直接寻找 $S = \mathrm{Max}\{S_1, S_2, S_3, S_4\}$，然后归一化 $S_1 - S_4$，$S_1 = S_1 - S$，$S_2 = S_2 - S$，$S_3 = S_3 - S$，$S_4 = S_4 - S$，计算新的 $S_1 \sim S_4$ 的自然指

数值，并生成占据概率与导数值，这里 f^0 表示未被占据概率，f^1 表示被占据概率。占据概率的表达式为

$$\text{den} = S_1 + S_2 + S_3 + S_4 \tag{5.9.2.2}$$

$$f^1 = \frac{S_1 + S_4}{\text{den}} \tag{5.9.2.3}$$

$$f^0 = \frac{S_2 + S_3}{\text{den}} \tag{5.9.2.4}$$

简单的微分计算表明导数值具有如下形式:

$$\frac{\partial f^1}{\partial \eta_e} = \left(1 - f^1\right) \frac{S_1}{\text{den}} \frac{F_{mh}(\eta_e)}{F_{1h}(\eta_e)}, \quad \frac{\partial f^1}{\partial \eta_h} = -f^1 \frac{S_3}{\text{den}} \frac{F_{mh}(\eta_h)}{F_{1h}(\eta_h)} \tag{5.9.2.5}$$

$$\frac{\partial f^0}{\partial \eta_e} = -f^0 \frac{S_1}{\text{den}} \frac{F_{mh}(\eta_e)}{F_{1h}(\eta_e)}, \quad \frac{\partial f^0}{\partial \eta_h} = \left(1 - f^0\right) \frac{S_3}{\text{den}} \frac{F_{mh}(\eta_h)}{F_{1h}(\eta_h)} \tag{5.9.2.6}$$

实际编程实施时还有如下几点。

(1) 考虑到数值误差相消的因素以及同类数据相减的原则，我们不是直接比较 $S_1 \sim S_4$ 的大小，而是采用四个同类量差作为输入参数，分别是

$$c_1 = S_1 - S_2 = \ln F_{1h}(\eta_e) + E_{dc} \tag{5.9.2.7a}$$

$$c_2 = S_3 - S_4 = \ln F_{1h}(\eta_h) + E_{dv} \tag{5.9.2.7b}$$

$$c_3 = \ln \frac{N_c}{N_v} + \ln \frac{\tau_p}{\tau_n} \tag{5.9.2.7c}$$

$$c_4 = \ln F_{1h}(\eta_e) - \ln F_{1h}(\eta_h) \tag{5.9.2.7d}$$

同时存在上面四个项之间的关联关系: $c_3 + c_4 = S_1 - S_3$，$c_2 + c_3 + c_4 = S_1 - S_4$，通过它们可以组合出 $S_1 \sim S_4$ 中两两之差，如表 5.9.1 所示。

表 5.9.1　SRH 统计模型分母最大值的中间变量

被减数	减数			
	S_1	S_2	S_3	S_4
S_1	0	c_1	$c_3 + c_4$	$c_2 + c_3 + c_4$
S_2	$-c_1$	0	$c_3 + c_4 - c_1$	$c_2 + c_3 + c_4 - c_1$
S_3	$-(c_3 + c_4)$	$c_1 - (c_3 + c_4)$	0	c_2
S_4	$-(c_2 + c_3 + c_4)$	$c_1 - (c_2 + c_3 + c_4)$	$-c_2$	0

(2) 在寻找 $S = \text{Max}\{S_1, S_2, S_3, S_4\}$ 的步骤中，根据表 5.9.1 中计算得到的两两之差，首先判断 $S_1 - S_2$ 与 $S_3 - S_4$ 的正负，分别获得两组参数中的各自最大值，再进行比较，获得整体最大值。

(3) 归一化 $S_1 \sim S_4$，计算新的 $S_1 \sim S_4$ 的自然对数值过程中，最大项对应的自然指数直接取 1，其他依据表中差值分别计算自然指数值。

(4) 返回的导数值是关于电子空穴约化 Fermi 能的，方便子程序适用于能量输运模型。

表 5.9.2 所示的子程序 SLD_FindDenMaxNumber(s) 执行了寻找 $S_1 \sim S_4$ 中的最大值并计算变量 (5.9.2.1a)∼ (5.9.2.1d) 归一化后的自然指数值。

表 5.9.2　执行 SRH 分母稳定性数值算法的子程序

参数与说明	子程序

输入参数：
S(1:4)：变量 (5.9.2.7a)∼(5.9.2.7d)
返回参数：
S(1:4)：归一化的 (5.9.2.1a)∼
(5.9.2.1d) 的自然指数值
 	
! OBJECT :
! =======
! Find maximum of denominators of SRH occpuation and use
	`use math , only : Math_Exp`
	`use Ah_Precision,only:wp=>REAL_PRECISION,OPERATOR`
	`(.GreaterThan.)`
	`implicit none`
	`real( wp ) , intent( inout ) :: s(4)`
	
	`logical :: flag(4)`
	`integer :: i,j`
	`real( wp ) :: c(4)`
	
	`! check n > nt ?`
	`flag(1) = s(1).GreaterThan.0.0_wp`
	`flag(2) = .NOT.flag(1)`
	`! check p > pt ?`
	`flag(3) = s(2).GreaterThan.0.0_wp`
	`flag(4) = .NOT.flag(3)`
	`if( flag(1) ) then`
	`  if( flag(3) ) then`
	`    ! check tp*n > tn*p ?`
	`    if( s(3)+s(4).GreaterThan.0.0_wp ) then`
	`     ! tp*n is the biggest`
	`     flag(3) = .FALSE.`
	`    else`
	`     flag(1) = .FALSE.`
	`    end if`
	`  else`
	`    ! check tp*n > tn*pt ?`
	`    if( sum(s(2:4)).GreaterThan.0.0_wp ) then`
	`     ! tp*n is the biggest`
	`    flag(4) = .FALSE.`
	`    else`
	`     flag(1) = .FALSE.`
	`    end if`
	`  end if`
	`end if`

续表

参数与说明	子程序
| ! the maximum to scale the denominators, return their exponential values<br>! =======<br><br>! Model :<br>! =======<br>!   S = Max( s(1:4) )<br>!   s(1:4) = Exp( s(1:4)-S)<br>! ======= | ```
else
  if( flag(3) ) then
    ! check tp*nt > tn*p ?
    if( s(3)+s(4)-s(1).GreaterThan.0.0_wp ) then
      ! tp*n is the biggest
      flag(3) = .FALSE.
    else
      flag(2) = .FALSE.
    end if
else
    ! check tp*nt > tn*pt ?
    if( s(2)+s(3)+s(4)-s(1).GreaterThan.0.0_wp ) then
      ! tp*n is the biggest
      flag(4) = .FALSE.
    else
      flag(2) = .FALSE.
    . end if
  end if
end if
if( flag(1) ) then
  c(2) = - s(1) c(3) = - sum(s(3:4)) c(4) = c(3)-
s(2)
else if( flag(2) )then
  c(1) = s(1) c(3) = s(1)-(s(3)+s(4)) c(4) =
c(3)-s(2)
else if( flag(3) ) then
  c(1) = sum(s(3:4)) c(2) = c(1) - s(1) c(4) = -
s(2)
else if( flag(4) )then
  c(1) = sum(s(2:4)) c(2) = c(1) - s(1) c(3) = s(2)
end if
do i = 1, 4, 1
  if( flag(i) ) then s(i) = 1.0_wp
  else s(i) = Math_Exp( c(i) )
  end if
end do
``` |

表 5.9.3 所示的子程序调用 SLD_FindDenMaxNumber 后计算了单能级缺陷的占据概率 SLD_Occupation。

5.9.3 单能级缺陷的复合速率子程序

有了上面的 SLD_FindDenMaxNumber，可以直接得到单能级缺陷的复合速率子程序，我们回忆扩散漂移情形下的单能级缺陷的复合速率为
```

表 5.9.3　计算单能级缺陷的占据概率的子程序

参数与说明	子程序

输入参数：
IsOccupied: 占据还是未占据
CB: 存放导带参数的 SEB_ 数据结构
VB: 存放价带参数的 SEB_ 数据结构
d: 存放缺陷模型参数的 SLD_SRH1_ 数据结构
返回参数：
f(1:3): 占据概率, $d\eta_e$, $d\eta_h$
 	
! OBJECT :
! =======
! This subroutine calculate the SRH occupation factor of SLD.
! =======
! MODEL :
! =======
! den = sum(s(1:4))
! f0 = (s2+s3/den), f1 = (s1+s4)/den
! =======
! Implentment :
! =======
!(1)Invoke SLD_FindDenMaxNumber to calculate the exponential
! values of the scaled denonimator numbers;
!(2)return occupation values and derivatives.
! =======
	``fortran
	use eband , only : SEB_
	  use Ah_Precision , only : wp => REAL_PRECISION
	  implicit none
	  logical , intent(in) :: IsOccupied
	  type(SEB_) , intent(in) :: CB,VB
	  type(SLD_BSRH1_) , intent(in) :: d
	  real(wp) , intent(out) :: f(3)
	
	  real(wp) :: s(4),den
	
	  s(1) = cb%ln1 + d%Edc + cb%s
	  s(2) = vb%ln1 + d%Edv + vb%s
	  s(3) = cb%lnn - vb%lnn + d%lnrtptn
	  s(4) = cb%ln1 - vb%ln1
	  call SLD_FindDenMaxNumber(s)
	
	100 den = 1.0_wp/sum(s)
	  if (IsOccupied) then
	    f(1) = (s(1)+s(4))*den
	    f(2) = (1.0_wp-f(1))*(s(1)*den)*cb%rm1
	    f(3) = - f(1)*(s(3)*den)*vb%rm1
	
	  else
	    f(1) = (s(2)+s(3))*den
	    f(2) = - f(1)*(s(1)*den)*cb%rm1
	    f(3) = (1.0_wp-f(1))*(s(3)*den)*vb%rm1
	  end if
	``

$$R = \frac{1}{S_1 + S_2 + S_3 + S_4}\left(1 - e^{E_{Fh} - E_{Fe}}\right)np \tag{5.9.3.1}$$

在实际实施时，我们要考虑如下几点：

(1) 后面会看到对于电子连续性方程与空穴连续性方程，由于归一化的存在，实际上分别计算的是

$$R_{Fe} = \frac{1}{S_1 + S_2 + S_3 + S_4}\left(1 - e^{E_{Fh} - E_{Fe}}\right)p = \frac{1}{\tau_n}\frac{S_3}{S_1 + S_2 + S_3 + S_4}\left(1 - e^{E_{Fh} - E_{Fe}}\right) \tag{5.9.3.2a}$$

$$R_{Fh} = \frac{1}{S_1 + S_2 + S_3 + S_4}\left(1 - e^{E_{Fh} - E_{Fe}}\right)n = \frac{1}{\tau_p}\frac{S_1}{S_1 + S_2 + S_3 + S_4}\left(1 - e^{E_{Fh} - E_{Fe}}\right) \tag{5.9.3.2b}$$

将上面两式中的 n 和 p 分别转换成 S_1 和 S_3，于是就有最终计算时的形式：

$$R_{\mathrm{Fe}} = \left[\frac{1}{\tau_{\mathrm{n}}} \frac{S_3}{S_1 + S_2 + S_3 + S_4} \right] \left(1 - e^{E_{\mathrm{Fh}} - E_{\mathrm{Fe}}} \right) \tag{5.9.3.3a}$$

$$R_{\mathrm{Fh}} = \left[\frac{1}{\tau_{\mathrm{p}}} \frac{S_1}{S_1 + S_2 + S_3 + S_4} \right] \left(1 - e^{E_{\mathrm{Fh}} - E_{\mathrm{Fe}}} \right) \tag{5.9.3.3b}$$

(2) 由于 $1 - e^{E_{\mathrm{Fh}} - E_{\mathrm{Fe}}}$ 在每个缺陷中都存在且与缺陷模型参数没有任何关系，所以，在单能级缺陷的复合速率子程序中仅计算每个式中 $[\cdots]$ 项，后面称为复合速率主项。

基于上面的实施考虑，可以写出单能级缺陷的复合速率子程序 SLD_CalRecomrate 如表 5.9.4 所示。

表 5.9.4　计算单能级缺陷的复合速率的子程序 SLD_CalRecomrate

参数与说明	子程序

输入参数：
IsFe: 电子还是空穴
CB: 存放导带参数的 SEB_ 数据结构
VB: 存放价带参数的 SEB_ 数据结构
d: 存放缺陷模型参数的 SLD_SRH1_ 数据结构
返回参数：
f(1:3): 占据概率, $\mathrm{d}\eta_{\mathrm{e}}$, $\mathrm{d}\eta_{\mathrm{h}}$
 	
`! OBJECT :`
`! =======`
`!Jacobian and functional values of scaled`
`single-level-defect recombination rate`
`! =======`
`! Model :`
`! =======`
`!  Electron:`
`!    tn*p                         1`
`!  --------------------*--`
`!  tn*(p+pt) + tp*(n+nt)     tn`
`!  Hole:`
`!    tp*n                         1`
`!  --------------------*--`
`!  tn*(p+pt) + tp*(n+nt)     tp`
`! =======`
`! Implentment :`
`! =======`
`!(1) Call subroutine SLD_FindDenMaxNumber`
`to find maximum and scale denominator`
`numbers`
`! =======`
	`use eband , only : SEB_`
	`  use Ah_Precision , only : wp =>`
	`REAL_PRECISION`
	`  implicit none`
	`  logical , intent( in ) :: IsOccupied`
	`  type( SEB_ ) , intent( in ) :: CB,VB`
	`  type( SLD_BSRH1_ ) , intent( in ) :: d`
	`  real( wp ) , intent( out ) :: f(3)`
	
	`  real( wp ) :: s(4),den`
	
	`  s(1) = cb%ln1 + d%Edc + cb%s`
	`  s(2) = vb%ln1 + d%Edv + vb%s`
	`  s(3) = cb%lnn - vb%lnn + d%lnrtptn`
	`  s(4) = cb%ln1 - vb%ln1`
	`  call SLD_FindDenMaxNumber( s )`
	
	`100 den = 1.0_wp/sum( s )`
	`! calculate function values and`
	`derivatives`
	`  if( IsFe ) then`
	`   f(1) = s(3)/den`
	`   f(2) = - f(1)*s(1)/den*cb%rm1`
	`   f(3) = f(1)*(1.0_wp-f(1))*vb%rm1`
	`   f = f/d%tn`
	`  else`
	
	`   f(1) = s(1)/den`
	`   f(2) = f(1)*(1.0_wp-f(1))*cb%rm1`
	`   f(3) = - f(1)*s(3)/den*vb%rm1`
	`   f = f/d%tp`
	
	`  end if`

对于载流子系综温度各不相同的能量输运模型，复合速率是以对载流子浓度的偏导数的形式体现，之后通过 η_e 和 η_h 传递到其他参数，如 SRH 复合速率与载流子浓度 $n(p)$ 的偏导数：

$$\frac{\partial R}{\partial n} = \frac{p}{\mathrm{den}} - R\frac{\tau_\mathrm{p}}{\mathrm{den}} \tag{5.9.3.4a}$$

$$\frac{\partial R}{\partial p} = \frac{n}{\mathrm{den}} - R\frac{\tau_\mathrm{n}}{\mathrm{den}} \tag{5.9.3.4b}$$

同样的过程也适用于 Auger 复合速率。

【练习】

编写能量输运方程中单能级缺陷的复合速率子程序。

5.9.4　复合缺陷的点电荷子程序

有了单能级占据概率子程序，我们就可以计算缺陷复合体的空间某点的电荷密度，由于缺陷复合体集合依赖于导带与价带组合，所以复合缺陷的点电荷计算有单能带与多能带两种版本。由于能带结构的复杂性，这里仅列出比较简单的单能级版本 Defect_CalChargeSB，如表 5.9.5 所示。

表 5.9.5　计算复合缺陷电荷密度的子程序 Defect_CalChargeSB

参数与说明	子程序
| 输入参数：<br>cb: 存放导带参数的 SEB_ 数据结构<br>vb: 存放价带参数的 SEB_ 数据结构<br>def: 存放点缺陷集合模型参数的 DEFECT_ 数据结构<br>返回参数：<br>f(1:3): 占据概率, $d\eta_e$, $d\eta_h$<br><br>! OBJECT :<br>! =======<br>!　This subroutine calculate the locally Scaled<br>!　charge density of the defect and derivative.<br>! =======<br>! MODEL :<br>! =======<br>!　sum( Nd*f0 ) - sum( Na*f1 )<br>! =======<br>! Implentment :<br>! =======<br>!( 1 ) Invoke SLD_Occupation to calcaulte the SRH<br>!　occupation factor.<br>! ======= | ```
do i = 1 ,def%nsld, 1

  DF => def%sld(i)
  ds => DF%srh

  if(df%IsD) then
   if( DF%ionized ) then
    f(1) = f(1) + DF%den
    cycle
   end if
   call SLD_Occupation( .FALSE.,cb,vb,
   ds,f0 )
   f = f + DF%DEN * f0
  else
   if( DF%ionized ) then
    f(1) = f(1) - DF%den
     cycle
   end if
   call SLD_Occupation( .TRUE.,cb,vb,
   ds,f0 )
   f = f - DF%DEN*f0
  end if
end do
......
``` |
```

5.9.5 复合缺陷的复合速率子程序

与单能级占据概率子程序到复合缺陷点电荷密度子程序类似，我们可以直接获得缺陷复合体的复合速率，这里也仅列出了比较简单的单能级版本 Defect_Cal-RecomRateSB，如表 5.9.6 所示。

表 5.9.6 计算复合缺陷复合速率的子程序 Defect_CalRecomRateSB

参数与说明	子程序

输入参数：
IsFe：*电子还是空穴*
cb：*存放导带参数的 SEB_ 数据结构*
vb：*存放价带参数的 SEB_ 数据结构*
def：*DEFECT_ 数据结构*
返回参数：
f(1:3)：*复合速率主项，$d\eta_e$，$d\eta_h$*
`! OBJECT :`
`! =======`
`!Jacobian and functional values of scaled`
`composite defect recombination rate`
`! =======`
`! Model :`
`! =======`
`!   Electron:`
`!         tn*p 1`
`!   SUM( ---------------------*-- )`
`!     tn*(p+pt) + tp*(n+nt) tn`
`!   Hole:`
`!         tp*n 1`
`!   SUM( ---------------------*-- )`
`!    tn*(p+pt) + tp*(n+nt) tp`
`! =======`
 	
`! Implentment :`
`! =======`
`!Call SLD_CalRecomrate to calculate SLD part`
`! =======`
	`do i = 1 ,def%nsld, 1`
	
	`call SLD_CalRecomrate(`
	`IsFe,cb,vb,def%dlc(i)%srh1,f0 )`
	`  f = f + f0`
	`     ...`
	`end do`

5.10 缺陷态连续分布的计算

数值计算中已经发展了面向连续分布缺陷态的各种物理量的专门方法。

5.10.1 缺陷态连续分布的自适应积分算法

上面谈到缺陷态密度连续分布的情形，无论电荷密度还是复合速率都需要对态密度进行连续积分。在态密度随能量分布不确定的情况下，如果直接以数值精度来等分积分区间，计算量是非常巨大的。以带尾态指数函数为例，设数值精度为 ε，在这种情况下，$N\Delta x = E_{\mathrm{g}}$，取 $\Delta x = \varepsilon$，有 $N \geqslant E_{\mathrm{g}}/\varepsilon$。对于非晶硅，迁移率带隙为 $1.9\mathrm{eV}/kT = 74$，如果误差为 10^{-6}，那么区间个数 $N = 10^8$，这个区间划分数目是巨大的，同时大部分区域指数函数衰减很快，也没有必要在这些区域同样细分积分间隔。为了减少计算量，可以采用自适应积分算法来获得所需要精度的积分，其基本思想是，积分函数值大的地方积分区间间隔小，函数值小的地方积分区间间隔大 [40]，基本过程如图 5.10.1 所示。

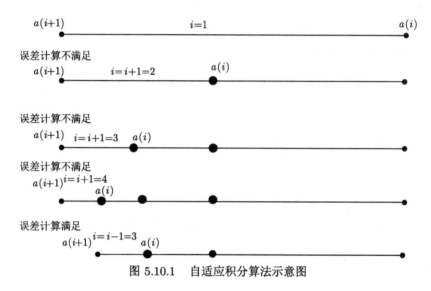

图 5.10.1　自适应积分算法示意图

(1) 将积分区间等间隔划分，采用一链表来储存格点分布，初始猜测一个区间个数 N。

(2) 等分最左边区间并进行误差判断。分成两种情况：

A. 如果最左边区间划分后计算得到的积分值与划分前的积分值满足误差，则把当前积分区间一分为二，进行端点重新赋值。$i = i + 1$，新当前积分区间左边端点是上一次层次积分区间左边端点 $a(i+1) = a(i)$，新当前积分区间左边端点是上一次层次积分区间中间端点 $a(i) = 0.5 \times [a(i+1) + a(i-1)]$，数组增加一个元素。

B. 如果满足误差，则把当前积分值累加，端点数组减掉一个元素，$i = i - 1$，新当前积分区间左边端点是上一次层次积分区间右边区间左边端点 $a(i+1)$，新当前积分区间左边端点是上一次层次积分区间中间端点 $a(i)$。

(3) 直到 $i = 0$ 回到右边端点，终止迭代计算。

等分最左边区间并进行误差判断的方法有很多，最直接的是梯形求和与 Cavalieri-Simpson 法，相关的比较列在表 5.10.1 中。

表 5.10.1 积分区间误差判断的方法举例

区间误差 ε_{int}	$\varepsilon\dfrac{h}{b-a}$	$\varepsilon\dfrac{h}{b-a}$
当前积分值 S	$\dfrac{h}{2}\left[f(a_{i+1})+f(a_i)\right]$	$\dfrac{h}{3}\left[f(a_{i+1})+4f\left(a_{i+1}+\dfrac{h}{2}\right)+f(a_i)\right]$
等分区间 积分值 S_2	$\dfrac{h}{4}\left[f(a_{i+1})+2f\left(a_{i+1}+\dfrac{h}{2}\right)+f(a_i)\right]$	$\dfrac{h}{6}\left[f(a_{i+1})+4f\left(a_{i+1}+\dfrac{h}{4}\right)+2f\left(a_{i+1}+\dfrac{h}{2}\right)\right.$ $\left.+4f\left(a_{i+1}+\dfrac{3h}{4}\right)+f(a_i)\right]$
误差判断	$\lvert S-S_2\rvert<\varepsilon_{\text{int}}$	$\lvert S-S_2\rvert<10\varepsilon_{\text{int}}$

5.10.2 带尾态与 Gauss 缺陷的 Gauss 积分法

采用自适应积分方法来处理各种局域态积分，尽管能获得足够的数值精确度，但是计算次数比较多，有些情况下限制了程序运行效率，因此在保证合适计算精度的情况下，寻找快速简洁的数值积分方法是比较关键的。任何特殊的方法必须建立在对数值对象认真研究的情况下，例如，带尾态的载流子积分可以表示成带尾态密度的负值指数函数与 Fermi-Dirac 占据函数之间的乘积；而悬挂键缺陷的有效电荷积分可以表示成缺陷池态密度的 Gauss 分布函数与 Fermi-Dirac 占据函数之间的乘积。先前所采用的积分方法都是建立在对积分区域的等间距划分，忽视了指数函数、Gauss 函数与 Fermi-Dirac 占据函数在远离最大点值处快速衰减的特性。数值数学很早就建立了利用这些函数建立正交函数系对积分进行插值计算的理论基础与实施方法，这类方法统称为 Gauss 插值方法。

同时，物理模型参数的取值范围也使得采用正交函数积分法具有合理性，例如，通常 $E_{\text{g}}/E_{\text{VT}}$ 是一个非常大的数，非晶硅中 $E_{\text{VB}}=50\text{meV}$，$E_{\text{g}}=1.78\text{eV}$，$E_{\text{g}}/E_{\text{VB}}=35.6$，其负指数基本趋于 0，因此可以直接套用权重函数为指数负函数的 Gauss 积分形式。这里我们根据需要给出指数函数和 Gauss 函数的实际应用。利用正交多项式进行 Gauss 积分的基本思想是，如果积分可以表示成权重函数 $w(x)$ 与系数函数乘积在 $[-1,1]$ 区间定积分的形式：

$$I_{\text{w}}(f)=\int_{-1}^{1}f(x)\,w(x)\,\text{d}x \tag{5.10.2.1}$$

那么积分值可以表示成若干相应点函数值乘积与系数乘积之和：

$$I_{n,\text{w}}(f)=\sum_{i=0}^{n}\alpha_i f(x_i) \tag{5.10.2.2}$$

其中，α_i 是正交多项式所产生的对应于插值点 x_i 的系数 [41]。下面以常见的带尾态与 Gauss 分布缺陷态为例阐述。

(1) 态密度随负值指数分布。权重函数是负值指数函数时，选取的正交多项式是 Laguerre 多项式，n 阶的生成形式为

$$L_n\left(x\right) = \mathrm{e}^x \frac{\mathrm{d}^n}{\mathrm{d}x}\left(\mathrm{e}^{-x}x^n\right) \tag{5.10.2.3a}$$

这样就得到权重函数为负值指数函数的 Gauss 积分表达式：

$$I\left(f\right) = \int_0^\infty \mathrm{e}^{-x}\varphi\left(x\right)\mathrm{d}x = \sum_{i=1}^n \alpha_i\varphi\left(x_i\right) + \frac{\left(n!\right)^2}{\left(2n\right)!}\varphi^{2n}\left(\xi\right), \quad 0 < \xi < \infty \tag{5.10.2.3b}$$

式中，$\alpha_i = \dfrac{\left(n!\right)^2 x_i}{\left[L_{n+1}\left(x_i\right)\right]^2}$。表 5.10.2 给出了 9 个插值点的插值系数 α_i 及相应插值点 $x_i, i = 1, \cdots, 9$。

表 5.10.2　权重函数为负值指数函数的 9 个插值系数及插值点

i	α_i	x_i
1	0.152322227732	0.336126421798
2	0.807220022742	0.411213980424
3	2.005135155619	0.199287525371
4	3.783473973331	0.(1)474605627657
5	6.204956777877	0.(2)559962661079
6	9.372985251688	0.(3)305249767093
7	13.466236911092	0.(5)659212302608
8	18.833597788992	0.(7)411076933035
9	26.374071890927	0.(10)329087403035

(2) 态密度呈 Gauss 分布。Gauss 权重函数的正交函数系为 Hermite 多项式：

$$H_n\left(x\right) = \left(-1\right)^n \mathrm{e}^{x^2}\frac{\mathrm{d}^n}{\mathrm{d}x}\left(\mathrm{e}^{-x^2}\right) \tag{5.10.2.4a}$$

权重函数为 Gauss 分布函数的 Gauss 积分表达式为

$$I\left(f\right) = \int_{-\infty}^\infty \mathrm{e}^{-x^2}\varphi\left(x\right)\mathrm{d}x$$

$$= \sum_{i=1}^n \alpha_i\varphi\left(x_i\right) + \sum_{i=2}^n \alpha_i\varphi\left(-x_i\right) + \frac{\left(n\right)!\sqrt{\pi}}{2^n\left(2n\right)!}\varphi^{2n}\left(\xi\right), \quad 0 < \xi < \infty$$

$$\tag{5.10.2.4b}$$

式中，$\alpha_i = \dfrac{2^{n+1}(n)!\sqrt{\pi}}{\left[H_{n+1}(x_i)\right]^2}$，注意到与负值指数函数不同的是，这样的求和需要在 0 点两边对称进行。表 5.10.3 给出了单边 8 个插值点 (含 0 点) 的插值系数 α_i 及相应插值点 $x_i, i = 1, \cdots, 8$。

表 5.10.3　权重函数为 Gauss 函数的 8 个插值系数及插值点

i	α_i	x_i
1	0.00000000000000	0.5641003087264
2	0.56506958325558	0.4120286874989
3	1.13611558521092	0.1584889157959
4	1.71999257518649	0.(1)3078003387255
5	2.32573248617386	0.(2)2778068842913
6	2.96716692790560	0.(3)1000044412325
7	3.66995037340445	0.(5)1059115547711
8	4.49999070730939	0.(8)1522475804254

5.11　缺陷对输运模型的拓展

第 4 章的输运方程仅考虑能带范畴内的相关机制，一旦缺陷作为一个子系综加入，则相应的输运方程要做对应的修改。

5.11.1　缺陷复合下的输运模型

当需要表征的时间尺度接近缺陷的有效寿命时，缺陷上的电荷占据概率不再是固定数值，其对时间的变化也形成了一个有效方程，进而拓展了输运模型[42]。

这里以 4.5.8 节中的扩散漂移模型为例，假设存在某一单能级缺陷的半导体材料，对 Poisson 方程进行时间微分得到其含时形式为

$$\nabla\left[\varepsilon\nabla\frac{\partial V}{\partial t}\right] + q\left\{\frac{\partial(qp)}{\partial t} - \frac{\partial(qn)}{\partial t} + N_{\mathrm{TD}}\frac{\partial(qf_{\mathrm{TD}})}{\partial t} - N_{\mathrm{TA}}\frac{\partial(qf_{\mathrm{TA}})}{\partial t}\right\} = 0$$

(5.11.1.1a)

电子连续性方程为

$$\nabla \cdot J_{\mathrm{n}} + q\left(G_{\mathrm{n}} - R_{\mathrm{n}}\right) - \frac{\partial(qn)}{\partial t} = 0$$

(5.11.1.1b)

式中，电子复合速率为 $R_{\mathrm{n}} = N_{\mathrm{T}}[C_{\mathrm{n}}n(1-f_{\mathrm{T}}) - e_{\mathrm{n}}f_{\mathrm{T}}]$，这里 f_{T} 为缺陷被电子占据的概率。

空穴连续性方程为

$$\nabla \cdot J_{\mathrm{p}} - q\left(G_{\mathrm{p}} - R_{\mathrm{p}}\right) + \frac{\partial(qp)}{\partial t} = 0$$

(5.11.1.1c)

式中，空穴复合速率为 $R_\mathrm{p} = N_\mathrm{T}[C_\mathrm{p}pf_\mathrm{T} - e_\mathrm{p}(1-f_\mathrm{T})]$。

深能级缺陷的复合动力学方程为

$$N_\mathrm{T}\frac{\partial(qf_\mathrm{T})}{\partial t} = q[R_\mathrm{n} - R_\mathrm{p}] \tag{5.11.1.1d}$$

通过转换，Mock 将含时 Poisson 方程转换成数值稳定性更好的形式 [43]：

$$\nabla\cdot\left[\varepsilon\nabla\frac{\partial qV}{\partial t}\right] -q\nabla\cdot\{J_\mathrm{n} + J_\mathrm{p}\} = 0 \tag{5.11.1.1e}$$

这样，化合物半导体结构中载流子输运特性的含时半导体基本微分方程组拓展成为由含时 Poisson 方程、载流子 (电子空穴) 连续性方程、含时材料内部缺陷与界面缺陷电子占据概率方程等四个方程 ((5.11.1.1b)∼ (5.11.1.1e)) 组成的偏微分方程组。类似地，也可以拓展能量输运模型方程体系。

输运模型 ((5.11.1.1b)∼ (5.11.1.1e)) 广泛应用于分辨率 >10ps 级半导体双异质结时间分辨光谱的数值分析中 (见 1.4.4 节寿命的测试)[44-46]。目前化合物半导体双异质结结构广泛应用于微波、光电转换、探测、发光与吸收等半导体器件中，掌握这些器件结构中双异质结的载流子输运以及有效寿命对于器件结构的设计和测试结果分析具有指导性作用。时间分辨光致发光荧光谱通过半导体结构的荧光谱随时间的演化情况来分析不同层中材料缺陷以及异质结界面缺陷对载流子输运的影响，实际中测试所得到的时间分辨荧光光谱随时间的演化曲线取决于结构本身荧光谱随时间的演化曲线与所用测试仪器自身仪器响应函数的卷积耦合。仪器响应函数是表征时间分辨率的参数，主要受到所使用光源的脉冲形状、光学系统中的实践色散、探测器的渡越时间涨落以及电子系统的定时抖动等因素的影响。

【练习】

给出含缺陷占据率时变方程的能量输运模型。

5.11.2　无序有机半导体器件的输运模型

由 C 和 H 组成的有机化合物通过 sp^2 轨道杂化成键形成最高占据分子轨道 (HOMO) 和最低未占据分子轨道 (LUMO)[47]。有机太阳电池中的光激发粒子主要是紧密束缚在一起的激子，以扩散的形式到达施主受主界面，受到内建电场作用时分离成能够输出两个电极的电子和空穴，如图 5.11.1 所示。

图 5.11.1　有机半导体典型输运机制

有机太阳电池的数值分析模型有三种：①能够模拟微观载流子跳跃的蒙特卡罗 (Monte Carlo) 方法；②以跳跃输运概率为演化目标的主方程；③第 4 章所发展的半经典扩散漂移模型 (也称宏观连续介质模型 [48])。其与晶体无机材料不同之处如下所述 [49,50]。

(1) 分子结构的无序导致态密度的 Gauss 分布：

$$N_{\text{Gauss}}(E) = \frac{N_0}{\sqrt{2\pi}\sigma} e^{-\left(\frac{E-E_0}{\sqrt{2}\sigma}\right)^2} \tag{5.11.2.1}$$

式中，无序参数 σ 从 50meV 到 150meV；N_0 是点密度；E_0 是参考能级。

(2) 缺陷呈现类带尾态的指数分布：

$$N_{\text{Exp}}(E) = \frac{N_{\text{trap}}}{k_B T_0} e^{\frac{E}{k_B T_0}} \tag{5.11.2.2}$$

(3) 迁移率高度依赖于载流子浓度与电场强度：

$$\mu(T, p, F) = \mu_0(T) g_1(p, T) g_2(F, T) \tag{5.11.2.3}$$

式中，$g_1(p,T)$ 和 $g_2(F,T)$ 分别是相对应的增强因子。

建立输运模型的时候，会在 5.11.2 节所发展的方程体系上增加激子扩散 X 与电荷传输态 I 的动力学方程，如 [51]

$$\frac{\partial X}{\partial t} = G(x) - k_{\text{cap}} X(x) + D_X \frac{\partial^2 X}{\partial x^2} - k_{\text{R,X}} X(x) \tag{5.11.2.4a}$$

$$\frac{\partial I}{\partial t} = k_{\text{cap}} X(x) - D(F, I, x) - k_{\text{R,I}} X(x) \tag{5.11.2.4b}$$

式中，G 和 D 分别是激子光照产生速率与激子分离速率；k_{cap} 和 $k_{\text{R,X}}$ 分别是激子在失主/受主界面和体内的复合系数，$k_{\text{R,I}}$ 是电荷传输态在体内的复合系数。

【练习】

依据 (5.11.2.1)～ (5.11.2.3) 拓展第 3 章中所发展的 DEL 数据结构。

5.12 量子限制

5.12.1 量子限制中的复合

太阳电池对量子限制有两点很理想的期望 [52]：①窄带隙阱区产生的低能量光生载流子能够获取额外能量 "逃逸" 到宽带隙垒区；②宽带隙垒区的高能量光生载流子不至于 "掉" 到低能量阱区中。①已经被证明是存在的，量子阱太阳电池的光生电流密度相较于普通结构是增加的，而②实际上却从来没有实现过，所有量子结构的太阳电池的开路电压均低于普通结构，尽管采用很多设计与制备思路进行改进 [53,54]，这是目前所有量子结构太阳电池效率均低于普通结构的主要原因。显而易见，量子阱中的二维载流子态密度大大增强了自发辐射复合速率，我们制备的含有量子结构的 1.9eV 太阳电池通常很容易在正向偏置电压下发红光。低维半导体结构中的复合表达式见文献 [55]。

另外一个方面，量子阱结构修改了材料的声子态密度，使得依赖于声子辅助跃迁的 Auger 复合特性发生了变化 [56]。

5.12.2　量子限制的数据结构

量子限制 (QC) 是目前所遇到的第一个面向非局域物理模型的数据结构，从数值实施的需要来看，该数据结构需要明确发生量子限制的能带与区域，可能还有其他一些辅助参数，但是前两者是最关键的，在数据结构中这可以通过存在量子限制的功能层的编号、量子限制的种类等两个成员描述出来，如图 5.12.1 所示。

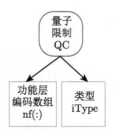

图 5.12.1　典型的量子限制数据结构及成员说明

参 考 文 献

[1] 梁希侠, 班士良. 统计热力学. 北京: 科学出版社, 2008.

[2] 高执棣. 化学热力学基础. 北京: 北京大学出版社, 2007:123-126.

[3] Landsberg P T. Recombination in Semiconductors. Cambridge: Cambridge University Press, 2003:40-50.

[4] Peter Y, Cardona M. Fundamentals of Semiconductors. 3rd ed. Berlin, Heidelberg: Springer, 2003:166-180.

[5] 刘恩科. 半导体物理学. 7 版. 北京: 电子工业出版社, 2017:86-88.

[6] Schubert E F. Doping in III-V Semiconductors. Cambridge: Cambridge University Press, 1993:122.

[7] Grundmann M. The Physics of Semiconductors, An Introduction Including Nanophysics and Applications. Berlin, Heidelberg: Springer-Verlag, 2010:206-211.

[8] Vurgaftman I, Meyer J R, Ram-Mohan L R. Band parameters for III-V compound semiconductors and their alloys. J. Appl. Phys., 2001, 89:5815.

[9] Okamoto H, Hamakawa Y. Electronic behaviours of the gap states in amorphous semi-conductors. Solid St. Communs., 1977, 24:23.

[10] Searle T. Properties of Amorphous Silicon and its Alloys. London: INSPEC, The Institution of Electrical Engineers, 1998:130-160.

[11] Seymour F. Studies of Electronic States Controlling the Performance of CdTe Solar Cells. Ph.D. (Materials Science) Thesis, Colorado School of Mines, 2005.

[12] Chin K K, Gessert T A, Wei S. The roles of Cu impurity states in CdTe thin film solar cells. 35th IEEE Photovoltaic Specialists Conference, 2010:001915-001918.

[13] Kittel C. 热物理学. 张福初, 梁民基, 译. 北京: 人民教育出版社, 1982:356-360.

[14] Seebauer E G, Kratzer M C. Charged Semiconductor Defects: Structure, Thermody-namics, and Diffusion. London: Springer, 2009:7-13.

[15] Decock K, Zabierowski P, Burgelman M. Modeling metastabilities in chalcopyrite-based thin film solar cells. J. Appl. Phys., 2012, 111(4):5765-433.

[16] Seeger K. Semiconductor Physics, An Introduction. 9th ed. Berlin, Heidelberg: Springer, 2010:41.

[17] Broudy R M, Mcclure J W. Statistics of the occupation of dislocation acceptors (one-dimensional interaction statistics). J. Appl. Phys., 1960, 31(9):1511-1516.

[18] Masut R, Penchina C M, Farvacque J L. Occupation statistics of dislocation deep levels in Ⅲ-V compounds. J. Appl. Phys., 1982, 53(7):4964-4969.

[19] Holt D B, Yacobi B G. Extended Defects in Semiconductors: Electronic Properties, Device Effects and Structures. Cambridge: Cambridge University Press, 2007.

[20] Schropp R, Zeman M. Amorphous and Microcrystalline Solar Cells: Modeling, Materi-als, and Device. Boston: Springer, 1998:128-130.

[21] Winer K. Chemical-equilibrium description of the gap-state distribution in a-Si:H. Phys-ical Review Letters, 1989, 63(14):1487-1490.

[22] Winer K. Defect formation in a-Si:H. Phys. Rev. B, 1990, 41(17):12150.

[23] Bär M, Weinhardt L, Heske C. Advanced Characterization Techniques for Thin Film Solar Cells. Hoboken: John Wiley & Sons Inc, 2011:633-657.

[24] Schropp R E, Zeman M. Amorphous and Microcrystalline Solar Cells: Modeling, Ma-terials, and Device. Boston: Springer, 1998:140-142.

[25] Gloeckler M, Fahrenbruch A L, Sites J R. Numerical modeling of CIGS and CdTe solar cells: setting the baseline. 3rd World Conference on Photovoltaic Energy Conversion, Proceedings of, 2003, 1:491-494.

[26] Scheer R, Schock H. Chalcogenide Photovoltaics: Physics, Technologies, and Thin Film Devices. Hoboken: John Wiley & Sons Inc., 2011.

[27] Shockley W, Read W. Statistics of the recombinations of holes and electrons. Physical Review, 1952, 87(5):835-842.

[28] Simmons J G, Taylor G W. Nonequilibrium steady-state statistics and associated effects for insulators and semiconductors containing an arbitrary distribution of traps. Physical Review B, 1971, 4(2):502-511.

[29] Adachi S. Properties of Aluminum Gallium Arsenide. EMIS Datareview Series No. 7, London: INSPEC, the Institute of Electrical Engineers, 1993: Chap 9.

[30] Shawki T, Salmer G, El-Sayed O. 2-D simulation of degenerate hot electron transport in MODFETs including DX center trapping. IEEE Transactions on Computer-Aided Design of Integrated Circuits and Systems, 1990, 9(11):1150-1163.

[31] Gombia E, Mosca R, Franchi S, et al. Minority carrier capture at DX centers in AlGaSb Schottky diodes. J. Appl. Phys., 1998, 84(9):5337-5337.

[32] Mizuta H, Yamaguchi K, Yamane M, et al. Two-dimensional numerical simulation of Fermi-level pinning phenomena due to DX centers in AlGaAs/GaAs HEMTs. IEEE Transactions on Electron Devices, 1989, 36(10): 2307-2314.

[33] Sah C T, Shockley W. Electron-hole recombination statistics in semiconductors through flaws with many charge conditions. Physical Review, 1958, 109(4):1103-1115.

[34] Okamoto H, Hamakawa Y. Electronic behaviours of the gap states in amorphous semi-conductors. Solid St. Communs., 1977, 24:23.

[35] Kondow M, Uomi K, Niwa A, et al. GaInNAs: a novel material for long-wavelength-range laser diodes with excellent high-temperature performance. Japanese J. Appl. Phys., 1996, 35(Part 1):1273-1275.

[36] Kudrawiec R, Sek G, Misiewicz J, et al. Experimental investigation of the CMN matrix element in the band anticrossing model for GaAsN and GaInAsN layers. Solid State Communications, 2004, 129(6):353-357.

[37] Tu C W. Effect of band anticrossing on the optical transitions in $GaAs_{1-x}N_x$/GaAs multiple quantum wells. Phys. Rev. B, 2001, 64(8):126-30.

[38] Jain S, Mcgregor J, Roulston D. Band-gap narrowing in novel III-V semiconductors. J. Appl. Phys., 68(7):3747-749.

[39] Adachi S. IV 族、III-V 族和 II-VI 族半导体材料的特性. 季振国, 等译. 北京: 科学出版社, 2009:121.

[40] Alfio Q. 数值数学. 北京: 科学出版社, 2006:402.

[41] 张善杰, 金建铭. 特殊函数计算手册. 南京: 南京大学出版社, 2011: 19.

[42] Degrave S, Burgelman M, Nollet P. Modelling of polycrystalline thin film solar cells: new features in SCAPS version 2.3. 3rd World Conference on Photovoltaic Energy Conversion. Proceedings of IEEE, 2003,1:487-490.

[43] Mock M S. Analysis of Mathematical Models of Semiconductor Devices. Dublin: Boule Press, 1983.

[44] King R R, Ermer J H, Joslin D E, et al. Double heterostructures for characterization of bulk lifetime and interface recombination velocity in III-V multijunction solar cells. 2nd World Conference on Photovoltaic Solar Energy Conversion, 1998:86-90.

[45] Kuriyama T, Kamiya T, Yanai H. Effect of photon recycling on diffusion length and internal quantum efficiency in $Al_xGa_{1-x}As$-GaAs heterostructures. Japanese Journal of Applied Physics, 1977, 16(3):465-477.

[46] Durbin S M, Gray J L. Numerical modeling of photon recycling in high efficiency GaAs

solar cells. 22nd IEEE PVSC, 1991: 188-191.

[47] Huang H, Huang J. Organic and Hybrid Solar Cells. Switzerland: Springer International Publishing, 2014:19-52.

[48] 帅志刚, 等. 有机光电材料理论与计算. 北京: 科学出版社, 2020:245.

[49] Knapp E, Haeusermann R, Schwarzenbach H, et al. Numerical simulation of charge transport in disordered organic semiconductor devices. J. Appl. Phys., 2010, 108(5):913.

[50] Stodtmann S, Lee R, Weiler C, et al. Numerical simulation of organic semiconductor devices with high carrier densities. J. Appl. Phys., 2012, 112:11.

[51] Savoie B, Tan S, Jerome J, et al. Ascertaining the limitations of low mobility on organic solar cell performance. International Workshop on Computational Electronics. IEEE, 2012:1-4.

[52] Corkish R, Green M A. Recombination of carriers in quantum well solar cells. Conference Record of the 23rd IEEE Photovoltaic Specialists Conference (Cat. No.93CH3283-9), 1993:675-680.

[53] Toprasertpong K, Kim B, Nakano, et al. Carrier collection model and design rule for quantum well solar cells. IEEE 44th Photovoltaic Specialist Conference (PVSC), 2017:2201-2204.

[54] Huang H H, Toprasertpong K, Delamarre A, et al. Numerical demonstration of trade-off between carrier confinement effect and carrier transport for multiple-quantum-well based high-efficiency InGaP solar cells. Compound Semiconductor Week (CSW), 2019: 1-2.

[55] Landsberg P T. Recombination in Semiconductors. Cambridge: Cambridge University Press, 2003:488-495.

[56] Haug A. Auger recombination in quantum well InGaAs. Electronics Letters,1990, 26(17): 1415-1416.

第 6 章　光学产生速率

6.0　概　述

本章将要回答如何产生输运方程中光学源 (光学产生速率) 的问题, 尤其针对多层结构膜系, 同时也会给出一些光学减反射膜系设计的实用方法。如在第 1 章中看到的, 太阳电池四个关键的基本原则之一是尽可能地将光限制在吸收区里面, 这是太阳电池中光学设计的基本出发点。

与所有光电子学器件中的基础一样, 太阳电池光设计的出发点是麦克斯韦 (Maxwell) 方程, 同时半导体太阳电池有一些独特特征, 例如宏观器件 (面积比较大), 太阳光总是平行入射 (聚光太阳电池除外), 因此比其他光电子学器件, 如半导体激光器与无源波导器件, 更加简单一些。宏观器件使得仅聚焦垂直方向, 不需要处理一些横向衍射效应, 平行入射光是平面电磁波, 可以在设计中采用经典的射线光学理论。对于有些太阳电池而言, 垂直光入射所经过的光程不足以吸收完全, 在这种情况下, 需要采用一些几何结构来增加光的有效光程。思路主要有两种: ① 嵌入各种光学反射器以增加光在里面的反射次数, 反射器的位置分为中间与背面两种, 中间位置能够有效调节多结太阳电池中不同子电池的电流密度, 背面反射器能够有效增加近带边光学吸收, 如薄膜太阳电池中的背面金属反射器、GaInP/GaAs/Ge 太阳电池中的 GaAs 子电池中间反射器等; ② 改变光的传输方向, 比如让光在材料里面斜方向或完全横向传输, 如晶体硅太阳电池中的倒金字塔表面、薄膜太阳电池中背面的随机粗糙表面等。前一种思路可以用薄膜光学方法来处理, 后一种思路表现为局部入射点可以等效成斜入射与反射。严格地说, 随机粗糙表面的光学处理需要采用 Maxwell 方程组处理, 但是对于规则表面或者周期性表面, 斜入射几何光学方法也能够给出一些指导性结果。随着近年表面光学微结构, 如光子晶体、亚波长图形与表面等离激元等概念, 光学微结构开始在太阳电池中应用, 基于 Maxwell 方程的时域有限差分方法 (FDTD) 也逐渐被采用, 但是 FDTD 并不是这里要阐述的问题, 有兴趣的读者可以参看这方面的专门书籍。

光学模型的整体意义如图 6.0.1 所示。首先是经常要遇到的反射谱, 这贯穿在各种太阳电池设计与制备过程中。反射谱是说太阳电池对不同波长太阳光的反射率分布, 结合太阳光谱, 从反射谱可以计算出单结电池、多结电池中不同子电池吸收波段的反射电流, 从而获得简单的关于反射谱优值的评价标准, 也可以采用各种优化算法来减小目标波段积分反射电流，以实现减反射膜系的初步独立优化。同时在实际工作中，经常遇到的情况是测试了一种多层光学结构中各个层的光学参数 (折射率与消光系数)，根据测试获得的反射谱来拟合各个层的实际生长厚度。光学模型的第二个意义是能够获得目标层内的光学效率，即特定波长电磁波在目标层内各个位置上能够转成电流的概率，是电磁场能量在目标层内分布的直接体现。结合光学效率与光强分布可以得到光学产生速率，进而获得理想光生电流密度，这种计算仅考虑了多层薄膜光学干涉效应，从而排除了材料复合的影响。理想光生电流密度对多层结构，尤其是多结太阳电池设计具有核心意义。本章不会涉及材料自发辐射所引起的光子循环利用现象。

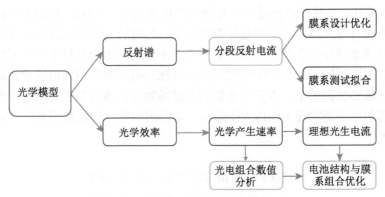

图 6.0.1 半导体太阳电池光学模型意义

定义减反射膜系的优化的两个层次，第一层次是纯粹依据目标波段积分反射电流或目标层理想光生电流，第二层次是把目标层中光学产生与缺陷复合整体效果作为目标。

从光学角度讲，半导体太阳电池的类别可以分成如下几种。

(1) 界面突变平行多层薄膜体系。如 III-V 族多结太阳电池，从减反射膜到吸收层材料，每个界面都是突变且平行的，衬底的下表面有一层用作接触电极的金属，充当下面镜子，除了衬底 (通常 > 100μm，本书称为厚膜) 外，其他层的厚度 (~ μm，本书称为薄膜) 与波长相当，在光被吸收干净没有进入衬底的情况下，只需采用多层薄膜光学模型处理。如果需要考虑衬底背面界面反射与透射的影响，则需要采用薄膜与厚膜交叉的模型 (如 Ge 衬底)。但有一些衬底背面表面不是光滑突变 (GaAs、InP 等衬底)，而是经过打磨的粗糙表面，光入射到背面是散射而不是纯粹反射，则采用薄膜与厚膜交叉的模型就不再适用了。尽管如此，多层薄膜光学处理方法依然是 III-V 族太阳电池光学分析的首选。

(2) 前面表面是光学微结构，后面是突变界面。如单面 Si 太阳电池，前面是倒金字塔图形，图形上沉积了介质薄膜，充当减反射膜与表面钝化，衬底厚度通

常 $> 100\mu m$，是厚膜，背面可以认为是突变界面。

(3) 前面是多层薄膜体系，衬底背面是随机粗糙表面。如非晶硅太阳能电池、CIGS、CdTe、I-Ⅲ-Ⅵ$_2$、有机太阳电池等，背面的随机粗糙可能来源于磁控溅射沉积的金属，如 Ag-ZnO、Mo 等，也可能来自于玻璃表面，每层膜厚度均与波长相当，光进入衬底表面而反射或散射。

从材料的角度讲，需要明确半导体光伏材料在光照下所产生的响应，即所对应的光学参数，入射电磁波下半导体材料中的电子态受到扰动[1,2]：

$$H_1 = \frac{q}{mc}\boldsymbol{A}\cdot\boldsymbol{p} - qV \tag{6.0.1}$$

可以看出，这个扰动涵盖了电磁场与静电场的双重作用。不过鉴于本书目的，不会完全展开建立材料光电参数与微观电子态之间的关联关系的相关内容。

结合第 3 章中相关物理图像，会产生一个疑问：由于材料中电荷密度在原子尺度上的高度离散，材料中的电磁场物理量在晶格常数范围内也应该是高度振荡的。这里需要强调的是，本章所依据的电磁场物理量都是原子局域电荷所诱导的高度振荡的电磁场物理量在远大于晶格常数范围内的一种权重平均值[3]，是一种宏观上的物理量，如电场强度：

$$\boldsymbol{E}(\boldsymbol{r}) = \int \mathrm{d}\boldsymbol{r}' \boldsymbol{E}^{\mathrm{micro}}(\boldsymbol{r}-\boldsymbol{r}') f(\boldsymbol{r}') \tag{6.0.2}$$

式中，$f(\boldsymbol{r}')$ 是某个权重函数。

从多层薄膜光学的角度考虑，会存在两种模式的电磁波：如果某层两边折射率都相对比较高，则会产生类似量子限制的导引模，这种模式广泛出现于以半导体激光器为代表的光电器件中，另外一种为类似平面波的瞬时模。

需要注意的是，本章中的电磁单位采用高斯单位制 (CGS 制)，连同还有第 3 章 3.5.3 节、3.6.1 节、3.6.2 节，第 7 章，但在 4.2.1 节中采用国际单位制 (SI 制)，SI 制与 CGS 制单位之间的转换如表 6.0.1 所示 (c 是真空光速)。

表 6.0.1 SI 制与 CGS 制的相互转换关系

SI 制	$\boldsymbol{B}$	$\boldsymbol{D}$	ε_0	μ_0	$\boldsymbol{H}$	$\boldsymbol{A}$	χ_e	χ_m
CGS 制	$\frac{\boldsymbol{B}}{c}$	$\frac{\boldsymbol{D}}{4\pi}$	$\frac{1}{4\pi}$	$\frac{4\pi}{c^2}$	$\frac{c\boldsymbol{H}}{4\pi}$	$\frac{\boldsymbol{A}}{c}$	$4\pi\chi_e$	$4\pi\chi_m$

6.1 电磁学基础

本节简明陈述太阳电池器件物理中所涉及的电磁学基础。

6.1.1 复矢量 Maxwell 方程

这里简明列举一下 Maxwell 方程组，因为它是后面所有光学简化模型的基础。本节这里的矢量全部是复矢量，省略了标号，仅在需要区别实矢量上面加上符号 "$\sim$" 声明。方程组的微分形式：

$$\nabla \times \boldsymbol{E} = -\frac{1}{c}\frac{\partial \boldsymbol{B}}{\partial t} \tag{6.1.1.1a}$$

$$\nabla \times \boldsymbol{H} = \frac{4\pi}{c}\boldsymbol{J} + \frac{1}{c}\frac{\partial \boldsymbol{D}}{\partial t} \tag{6.1.1.1b}$$

$$\nabla \cdot \boldsymbol{D} = 4\pi\rho_{\text{ext}} \tag{6.1.1.1c}$$

$$\nabla \cdot \boldsymbol{B} = 0 \tag{6.1.1.1d}$$

各物理量具有通常意义。太阳电池电流由运导电流 $\boldsymbol{J}_{\text{cond}}$ 与自发辐射复合引起的电流 $\boldsymbol{J}_{\text{sp}}$ 两部分组成，$\boldsymbol{J}_{\text{sp}}$ 是太阳电池吸收区特有的量，后面会深入讨论。ρ_{ext} 是除极化电荷外的电荷密度。如 SiO、TiO、AlO、TaO 等减反射膜材料与 SiN 等钝化膜材料，$\boldsymbol{J}_{\text{cond}}$ 与 $\boldsymbol{J}_{\text{sp}}$ 为 0，(6.1.1.1b) 简化成

$$\nabla \times \boldsymbol{H} = \frac{1}{c}\frac{\partial \boldsymbol{D}}{\partial t} \tag{6.1.1.1e}$$

通常把 (6.1.1.1) 中变量之间的关系与材料特性联系起来，组成所谓的物构方程：

$$\boldsymbol{J}_{\text{cond}} = \sigma_1 \boldsymbol{E} \tag{6.1.1.2a}$$

$$\boldsymbol{D} = \varepsilon_1 \boldsymbol{E} = (1 + 4\pi\chi_{\text{e}}\boldsymbol{P})\,\boldsymbol{E} \tag{6.1.1.2b}$$

$$\boldsymbol{B} = \mu_1 \boldsymbol{H} = (1 + 4\pi\chi_{\text{m}}\boldsymbol{M})\,\boldsymbol{H} \tag{6.1.1.2c}$$

式中，σ_1, ε_1, μ_1, χ_{e}, χ_{m} 分别是材料电导率、介电常数、磁导率、电极化率与磁极化率。极化电荷密度与极化之间满足 $\rho_{\text{ext}} = \int \mathrm{d}\boldsymbol{r}' \rho^{\text{micro}}\,(\boldsymbol{r} - \boldsymbol{r}')\,f\,(\boldsymbol{r}') = -\nabla \cdot \boldsymbol{P}$，极化引起的电流密度为 $\boldsymbol{J}_{\text{bound}} = \dfrac{\partial \boldsymbol{P}}{\partial t} + c\nabla \times \boldsymbol{M}$。介电常数与磁导率涵盖材料极化影响。时变形式 $\mathrm{e}^{-\mathrm{i}\omega t}$，$\omega$ 是波频率，$\omega = 2\pi f = 2\pi\dfrac{c}{\lambda}$，方程 (6.1.1.1b) 写成

$$
\begin{aligned}
\nabla \times \boldsymbol{H} &= \frac{4\pi}{c}\boldsymbol{J}_{\text{sp}} + \frac{1}{c}\left(4\pi\sigma_1 + \varepsilon_1\frac{\partial}{\partial t}\right)\boldsymbol{E} \\
&= \frac{4\pi}{c}\boldsymbol{J}_{\text{sp}} - \mathrm{i}\omega\frac{1}{c}\left(\frac{\mathrm{i}4\pi}{\omega}\sigma_1 + \varepsilon_1\right)\boldsymbol{E} = \frac{4\pi}{c}\boldsymbol{J}_{\text{sp}} - \frac{1}{c}\frac{\partial\,(\hat{\varepsilon}\boldsymbol{E})}{\partial t}
\end{aligned}
\tag{6.1.1.3}
$$

这样就定义了材料存在导电情形下的复介电常数：

$$\hat{\varepsilon} = \varepsilon_1 + \mathrm{i}\frac{4\pi\sigma_1}{\omega} = \varepsilon_1 + \mathrm{i}\varepsilon_2 \tag{6.1.1.4}$$

将 (6.1.1.1a) 与 (6.1.1.3) 两边分别取旋度，得到

$$\nabla \times \nabla \times \boldsymbol{E} = -\nabla^2\boldsymbol{E} + \nabla\left(\nabla\cdot\boldsymbol{E}\right) = -\frac{\mu_1}{c}\frac{\partial\nabla\times\boldsymbol{H}}{\partial t}$$

$$\nabla \times \nabla \times \boldsymbol{H} = -\nabla^2\boldsymbol{H} + \nabla\left(\nabla\cdot\boldsymbol{H}\right) = \frac{4\pi}{c}\nabla\times\boldsymbol{J}_{\mathrm{sp}} + \frac{1}{c}\left(4\pi\sigma_1 + \varepsilon_1\frac{\partial}{\partial t}\right)\nabla\times\boldsymbol{E}$$

将 (6.1.1.1a) 与 (6.1.1.1b) 分别代入上式，取代等号右边相应旋度项，得到关于电场强度与磁场强度的波动方程：

$$-\nabla^2\boldsymbol{E} + \left(\frac{\mu_1\varepsilon_1}{c^2}\frac{\partial^2}{\partial t^2} + \frac{4\pi\sigma_1\mu_1}{c^2}\frac{\partial}{\partial t}\right)\boldsymbol{E} + \nabla\left(\frac{4\pi\rho_{\mathrm{ext}}}{\varepsilon_1}\right) + \frac{4\pi}{c}\frac{\partial\boldsymbol{J}_{\mathrm{sp}}}{\partial t} = 0 \tag{6.1.1.5a}$$

$$-\nabla^2\boldsymbol{H} + \left(\frac{\mu_1\varepsilon_1}{c^2}\frac{\partial^2}{\partial t^2} + \frac{4\pi\sigma_1\mu_1}{c^2}\frac{\partial}{\partial t}\right)\boldsymbol{H} - \frac{4\pi}{c}\nabla\times\frac{\partial\boldsymbol{J}_{\mathrm{sp}}}{\partial t} = 0 \tag{6.1.1.5b}$$

时变形式下，(6.1.1.1a) 与 (6.1.1.1b) 又简化成

$$-\nabla^2\boldsymbol{E} - \left(\frac{\mu_1\varepsilon_1}{c^2}\omega^2 + \mathrm{i}\omega\frac{4\pi\sigma_1\mu_1}{c^2}\right)\boldsymbol{E} + \nabla\left(\frac{4\pi\rho_{\mathrm{ext}}}{\varepsilon_1}\right) + \mathrm{i}\omega\frac{4\pi}{c}\boldsymbol{J}_{\mathrm{sp}} = 0 \tag{6.1.1.5c}$$

$$-\nabla^2\boldsymbol{H} - \left(\frac{\mu_1\varepsilon_1}{c^2}\omega^2 + \mathrm{i}\omega\frac{4\pi\sigma_1\mu_1}{c^2}\right)\boldsymbol{H} - \mathrm{i}\omega\frac{4\pi}{c}\nabla\times\boldsymbol{J}_{\mathrm{sp}} = 0 \tag{6.1.1.5d}$$

太阳电池中的材料的 Maxwell 方程由于有自发辐射效应的存在，原则上需要采用有源下的表达形式 [4,5]，但通常在各种软件中依然采用无源形式来计算电场强度。

6.1.2   Maxwell 方程的势形式

数学上认为，任何二阶可导矢量能够表示成散度量与旋度量的和：

$$\boldsymbol{F} = -\nabla\varPhi + \nabla\times\boldsymbol{A} \tag{6.1.2.1}$$

根据 (6.1.1.1c) 和 (6.1.1.1d) 很容易验证，电场强度与磁感应强度需要满足如下形式 [6,7]：

$$\boldsymbol{E} = -\nabla\varPhi - \frac{1}{c}\frac{\partial\boldsymbol{A}}{\partial t} \tag{6.1.2.2a}$$

$$\boldsymbol{B} = \nabla\times\boldsymbol{A} \tag{6.1.2.2b}$$

库仑 (Coulomb) 标度下 $\nabla\cdot\boldsymbol{A}=0$，表明矢量势 $\boldsymbol{A}$ 只有垂直传播方向的量。结合 (6.1.2.1) 与 (6.1.1.1b) 有

$$\left(\nabla^2-\frac{1}{c^2}\frac{\partial^2}{\partial t^2}\right)\boldsymbol{A}=-\frac{4\pi}{c}\boldsymbol{J}-\frac{1}{c}\frac{\partial \boldsymbol{D}}{\partial t} \qquad (6.1.2.3)$$

结合 (6.1.2.2a) 与 (6.1.1.2c) 就得到了 Poisson 方程，也容易看出 $\varPhi$ 就是静电势。

$$\nabla\cdot(\varepsilon_1\nabla\varPhi)+4\pi\rho_{\mathrm{ext}}=0 \qquad (6.1.2.4)$$

有时把电磁波矢量 (如 $\boldsymbol{E},\boldsymbol{B},\boldsymbol{A},\boldsymbol{J}$) 分解成沿传播方向与垂直方向的量，如图 6.1.1 所示。

$$\boldsymbol{E}=(\boldsymbol{s}\cdot\boldsymbol{E})\,\boldsymbol{s}+(\boldsymbol{s}\times\boldsymbol{E})\times\boldsymbol{s}=\boldsymbol{E}^{\mathrm{L}}+\boldsymbol{E}^{\mathrm{T}} \qquad (6.1.2.5)$$

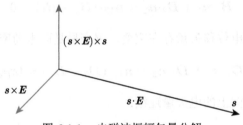

图 6.1.1　电磁波振幅矢量分解

将散度作用于 (6.1.1.1b) 得到

$$\nabla\cdot\left(\frac{4\pi}{c}\boldsymbol{J}^{\mathrm{L}}+\frac{1}{c}\frac{\partial \boldsymbol{D}}{\partial t}\right)=0 \qquad (6.1.2.6)$$

存在关系 $\dfrac{1}{c}\dfrac{\partial \boldsymbol{D}}{\partial t}=-\dfrac{4\pi}{c}\boldsymbol{J}^{\mathrm{L}}$，代入 (6.1.2.2) 得到

$$\left(\nabla^2-\frac{1}{c^2}\frac{\partial^2}{\partial t^2}\right)\boldsymbol{A}=-\frac{4\pi}{c}\boldsymbol{J}^{\mathrm{T}} \qquad (6.1.2.7)$$

6.1.3　突变界面的连续条件

尽管由于制备手段与过程内在机理的影响，太阳电池的两种材料界面上会存在随机起伏或窄范围内的组分变化现象，使得建立精确光学模型变得复杂起来，但通常还是认为构成太阳电池的各层材料之间是突变界面，并且这种近似被证明与实际测试结果在很大程度上具有一致性。

如图 6.1.2 所示的介质与数字标定，两种介质 1 和 2 的法线方向分别是垂直界面的内法线，光线传输方向为从 1 到 2，与介质 2 的法线方向一致，这与通常太阳光线从上到下垂直照射在太阳电池表面形象地一致。电磁理论建立了磁感应强度、电位移矢量、电矢量与磁矢量的突变界面连续性条件[8-10]，结论如下。

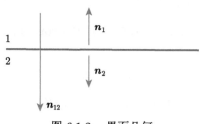

图 6.1.2　界面几何

(1) 法线方向上的磁感应强度连续：

$$\boldsymbol{B}_1 \cdot \boldsymbol{n}_1 + \boldsymbol{B}_2 \cdot \boldsymbol{n}_2 = \boldsymbol{n}_{12} \cdot (\boldsymbol{B}_2 - \boldsymbol{B}_1) = 0 \qquad (6.1.3.1a)$$

(2) 法线方向的电位移矢量存在突变，突变量是面电荷密度的 4π 倍：

$$\boldsymbol{D}_1 \cdot \boldsymbol{n}_1 + \boldsymbol{D}_2 \cdot \boldsymbol{n}_2 = \boldsymbol{n}_{12} \cdot (\boldsymbol{D}_2 - \boldsymbol{D}_1) = 4\pi \rho_{\mathrm{s}} \qquad (6.1.3.1b)$$

(3) 垂直法线方向上的电矢量连续：

$$\boldsymbol{D}_1 \times \boldsymbol{n}_1 + \boldsymbol{D}_2 \times \boldsymbol{n}_2 = \boldsymbol{n}_{12} \times (\boldsymbol{D}_2 - \boldsymbol{D}_1) = 0 \qquad (6.1.3.1c)$$

(4) 垂直法线方向上的磁矢量存在突变，突变量是面电流密度的 4π 倍：

$$\boldsymbol{H}_1 \times \boldsymbol{n}_1 + \boldsymbol{H}_2 \times \boldsymbol{n}_2 = \boldsymbol{n}_{12} \times (\boldsymbol{H}_2 - \boldsymbol{H}_1) = 4\pi \boldsymbol{J}_{\mathrm{s}} \qquad (6.1.3.1d)$$

【练习】

建立界面微体积元，推导 (6.1.3.1a)～ (6.1.3.1d)。

6.1.4　平面波

(6.1.1.5c) 与 (6.1.1.5d) 的求解依然比较复杂，通常进一步忽略减反射膜、钝化层、吸收层等自发辐射复合电流，同时假定外部电荷为 0，这些近似经过验证是正确的，得到 Helmhotz 形式的方程[11]：

$$\nabla^2 \tilde{\boldsymbol{E}} + \left(\frac{\mu_1 \varepsilon_1}{c^2} \omega^2 + \mathrm{i}\omega \frac{4\pi \sigma_1 \mu_1}{c^2} \right) \tilde{\boldsymbol{E}} = \left(\nabla^2 + \boldsymbol{k}^2 \right) \tilde{\boldsymbol{E}} = 0 \qquad (6.1.4.1a)$$

$$\nabla^2 \tilde{\boldsymbol{H}} + \left(\frac{\mu_1 \varepsilon_1}{c^2} \omega^2 + \mathrm{i}\omega \frac{4\pi \sigma_1 \mu_1}{c^2} \right) \tilde{\boldsymbol{H}} = \left(\nabla^2 + \boldsymbol{k}^2 \right) \tilde{\boldsymbol{H}} = 0 \qquad (6.1.4.1b)$$

上述 (6.1.4.1a) 与 (6.1.4.1b) 的解为

$$\tilde{E} = E e^{i\tilde{k}\cdot r} \tag{6.1.4.2a}$$

$$\tilde{H} = H e^{i\tilde{k}\cdot r} \tag{6.1.4.2b}$$

式中，E 和 H 为实向量振幅；$\tilde{k}$ 是所谓的波矢。如果电磁波传输方向为 s，则有

$$\tilde{k} = \frac{\omega}{c}\left(\mu_1\varepsilon_1 + i\frac{4\pi\sigma_1\mu_1}{\omega}\right)^{\frac{1}{2}} s = \frac{2\pi}{\lambda}(\mu_1\hat{\varepsilon})^{\frac{1}{2}} s = (\mu_1\hat{\varepsilon})^{\frac{1}{2}} k_0 \tag{6.1.4.3}$$

通常光学材料的测试与表征使用折射率 n 与消光系数 k 的描述方式，定义材料的复折射率为

$$\hat{N} = n + ik = \left(\mu_1\varepsilon_1 + i\frac{4\pi\sigma_1\mu_1}{\omega}\right)^{\frac{1}{2}} \tag{6.1.4.4}$$

由此可以得到折射率与消光系数和介电常数、电导率、磁导率等参数之间的关系：

$$n^2 = \frac{\mu_1}{2}\left\{\left[\varepsilon_1^2 + \left(\frac{4\pi\sigma_1}{\omega}\right)^2\right]^{1/2} + \varepsilon_1\right\} \tag{6.1.4.5a}$$

$$k^2 = \frac{\mu_1}{2}\left\{\left[\varepsilon_1^2 + \left(\frac{4\pi\sigma_1}{\omega}\right)^2\right]^{1/2} - \varepsilon_1\right\} \tag{6.1.4.5b}$$

注意减反射膜与钝化层中部分氧化物 (如 TiO) 的消光系数 k 不为 0。k 与吸收系数 α 的关系为

$$\alpha = \frac{4\pi}{\lambda}k = 2k_0 k \tag{6.1.4.6}$$

解 (6.1.4.2a) 与 (6.1.4.2b) 加上时变项就成为常见的单色平面波形式：

$$\tilde{E} = E e^{i(\tilde{k}\cdot r - \omega t)} \tag{6.1.4.7a}$$

$$\tilde{H} = H e^{i(\tilde{k}\cdot r - \omega t)} \tag{6.1.4.7b}$$

结合 (6.1.4.1a) 与 (6.1.4.1b)，(6.1.4.7a) 与 (6.1.4.7b)，建立电场振幅与磁场振幅的关系：

$$\frac{\hat{N}}{c}s \times E = \mu H \tag{6.1.4.8a}$$

$$\frac{\hat{N}}{c}s \times H = -\varepsilon E \tag{6.1.4.8b}$$

太阳电池材料磁导率为 1, 根据 (6.1.4.8a) 与 (6.1.4.8b) 得到单一电磁波的能量分布, 即光强:

$$I = \frac{1}{2}\mathrm{Re}\left(\boldsymbol{E}\times\boldsymbol{H}^*\right) = \frac{1}{2}\mathrm{Re}\left(EH^*\right)\boldsymbol{s} = \frac{1}{2}\sqrt{\frac{\varepsilon_0}{\mu_0}}n\left|E\right|^2\boldsymbol{s} = \frac{1}{2}c\varepsilon_0 n\left|E\right|^2\boldsymbol{s} \quad (6.1.4.9)$$

通常把电场强度与磁场强度的比称为阻抗, 反映了此处的负载:

$$\hat{Z}_s = \frac{4\pi}{c}\frac{\hat{E}}{\hat{H}} = \frac{4\pi}{c}\left(\frac{\mu_1}{\hat{\varepsilon}}\right)^{\frac{1}{2}} \quad (6.1.4.10)$$

根据太阳电池横向尺寸远大于垂直尺寸的特点, 通常用垂直方向上的材料光学性质来统一代表整体性质, 这就使得减反射膜系与半导体材料层具有理想的均匀、各向同性、稳态、只存在突变界面 (也忽略了垂直方向多晶材料内部晶界对光线传输的影响) 等简化特征, 如电导、磁导和介电常数都是标量而不是张量, 根据上述过程很容易知道, 这种情形的电磁波是平面矢量波。

【练习】

分别取 AM0 与 AM1.5G 的 800nm 处的入射光强, 依据 (6.1.4.9) 估算空气表面电场强度。

6.1.5　吸收系数的微观模型

折射率、消光系数 (或吸收系数) 是材料的宏观物理参数, 当然是可以测试的, 很多情况下需要将这些宏观参数与材料的微观电子态特征联系起来 [12,13]。光照情况下, 电子动量修正为

$$\boldsymbol{p} \rightarrow \boldsymbol{p} + \frac{q}{c}\boldsymbol{A} \quad (6.1.5.1)$$

电子的 Hamiltonian 为

$$H = \frac{1}{2m}\left(\boldsymbol{p} + \frac{q}{c}\boldsymbol{A}\right)^2 + V\left(r\right) \quad (6.1.5.2)$$

不考虑二阶非线性项, 并考虑到矢量势的 Coulomb 散度性质, 有

$$H \approx H_0 + \frac{q\boldsymbol{A}\cdot\boldsymbol{p}}{mc} = H_0 + H_1 \quad (6.1.5.3)$$

取电场振幅为 $E(k,\omega)$:

$$\tilde{\boldsymbol{E}} = E\left(k,\omega\right)\boldsymbol{e}e^{\mathrm{i}\left(\tilde{\boldsymbol{k}}\cdot\boldsymbol{r} - \omega t\right)} \quad (6.1.5.4)$$

由矢量势与电场之间的关系 $\boldsymbol{E} = -\dfrac{1}{c}\dfrac{\partial \boldsymbol{A}}{\partial t}$ 得到其表示:

$$\tilde{\boldsymbol{A}} = \mathrm{i}\frac{cE(k,\omega)}{\omega}\boldsymbol{e}\mathrm{e}^{\mathrm{i}(\tilde{\boldsymbol{k}}\cdot\boldsymbol{r}-\omega t)} \tag{6.1.5.5}$$

在太阳光 $300\sim2000\mathrm{nm}$ 范围内 $\tilde{\boldsymbol{k}}\cdot\boldsymbol{r} \approx 0$,即矢量势在原子尺度上的变换比较缓,于是有

$$\tilde{\boldsymbol{A}} \approx \mathrm{e}^{-\mathrm{i}\omega t}\mathrm{i}\frac{cE(k,\omega)}{\omega}\boldsymbol{e}\left(1+\mathrm{i}\tilde{\boldsymbol{k}}\cdot\boldsymbol{r}\right) \tag{6.1.5.6}$$

根据 Fermi 黄金定律,单位时间内矢量势引起的从价带态 v 到导带态 c 的电子跃迁数目为

$$W_{\mathrm{cv}}(\hbar\omega) = \frac{2\pi q^2 |E(k,\omega)|^2}{\hbar m^2\omega^2}\left|\left\langle c\left|\boldsymbol{e}\cdot\boldsymbol{p}\mathrm{e}^{\mathrm{i}\tilde{\boldsymbol{k}}\cdot\boldsymbol{r}}\right|v\right\rangle\right|^2 \delta(\hbar\omega - E_{\mathrm{cv}}) \tag{6.1.5.7}$$

单位时间单位体积内的吸收功率为

$$P = \boldsymbol{J}\cdot\boldsymbol{E} = \sigma|\boldsymbol{E}|^2 = \frac{c}{4\pi}n\alpha|E(k,\omega)|^2 = \hbar\omega W_{\mathrm{cv}}(\hbar\omega) \tag{6.1.5.8a}$$

于是吸收系数为

$$\alpha = \frac{(2\pi)^2 q^2}{nc\omega m^2}\left|\left\langle c\left|\boldsymbol{e}\cdot\boldsymbol{p}\mathrm{e}^{\mathrm{i}\tilde{\boldsymbol{k}}\cdot\boldsymbol{r}}\right|v\right\rangle\right|^2 \delta(\hbar\omega - E_{\mathrm{cv}}) \tag{6.1.5.8b}$$

在完美周期性晶体材料中,根据 3.5.3 节所发展的跃迁矩阵元的选择定则,(6.1.5.8) 所定义的光学跃迁矩阵元中首先波矢需要满足:

$$\boldsymbol{k}_{\mathrm{c}} = \boldsymbol{k}_{\mathrm{v}} + \boldsymbol{k}_{\mathrm{o}} \tag{6.1.5.9}$$

(6.1.5.9) 中光子波矢加了下标 o,鉴于光子波矢很小,可以认为 $\boldsymbol{k}_{\mathrm{c}} \approx \boldsymbol{k}_{\mathrm{v}}$,光学跃迁有时也称为垂直跃迁。其次动量 $\boldsymbol{p}$ 对称性为 D^1,光学跃迁矩阵元要求直积 $D^{\mathrm{c}} \times D^1 \times D^{\mathrm{v}}$ 中存在恒等表示。

在太阳电池的量子效率分析中经常遇到的是基于 3.6.3 节的抛物色散关系双带模型的吸收系数与光子能量的简单函数关系,如直接带隙与间接带隙的近带边吸收系数分别为 [14]

$$\alpha^{\mathrm{direct}}(\hbar\omega) \approx \frac{q^2\left(2\dfrac{m_{\mathrm{c}}m_{\mathrm{v}}}{m_{\mathrm{c}}+m_{\mathrm{v}}}\right)^{3/2}}{4\pi^2 nc\hbar^2 m_{\mathrm{c}}}(\hbar\omega - E_{\mathrm{g}})^{1/2} \tag{6.1.5.10a}$$

$$\alpha^{\mathrm{indirect}}(\hbar\omega) \approx \frac{1}{3}\frac{q^2\left(2\dfrac{m_{\mathrm{c}}m_{\mathrm{v}}}{m_{\mathrm{c}}+m_{\mathrm{v}}}\right)^{5/2}}{\pi^2 nc\hbar^2 m_{\mathrm{c}}}\frac{(\hbar\omega - E_{\mathrm{g}})^{3/2}}{\hbar\omega} \tag{6.1.5.10b}$$

6.1.6   量子限制区域的吸收

量子限制对光学跃迁的影响体现在 (6.1.5.7) 的光学矩阵元上。针对太阳电池平面均匀性的特点，根据 3.6.4 节中的结论，导带与价带中电子的波函数具有

$$|c\rangle = c_{\mathrm{c}}^k(z)\, \mathrm{e}^{\mathrm{i}(k_x x + k_y y)} \psi_{\mathrm{c}}^k \tag{6.1.6.1a}$$

$$|v\rangle = c_{\mathrm{v}}^k(z)\, \mathrm{e}^{\mathrm{i}(k_x x + k_y y)} \psi_{\mathrm{v}}^k \tag{6.1.6.1b}$$

(6.1.6.1a) 和 (6.1.6.1b) 中等号右边最后一个因子是导带与价带对应的 Bloch 函数，动量矩阵元为

$$\langle c|\boldsymbol{e}\cdot\boldsymbol{p}\mathrm{e}^{\mathrm{i}\boldsymbol{k}\cdot\boldsymbol{r}}|v\rangle \approx \langle \mathrm{e}^{\mathrm{i}(k_x x + k_y y)} \psi_{\mathrm{c}}^k|\boldsymbol{e}\cdot\boldsymbol{p}\mathrm{e}^{\mathrm{i}\boldsymbol{k}\cdot\boldsymbol{r}}|\mathrm{e}^{\mathrm{i}(k_x x + k_y y)} \psi_{\mathrm{v}}^k\rangle \langle c_{\mathrm{c}}^k(z)|c_{\mathrm{v}}^k(z)\rangle \tag{6.1.6.2}$$

(6.1.6.2) 表明，一维结构下，光学跃迁矩阵元增加了包络函数的调制部分，当然，体材料对称性所体现的波矢守恒依然存在，只是现在变成了横向波矢之间的守恒。在子能带抛物色散关系假设下，(6.1.5.7) 中所要求的能量守恒为

$$\delta\left[\hbar\omega - E_{\mathrm{cv}}^{ij}(k_{\mathrm{t}})\right] = \delta\left[\left(E_{\mathrm{c}} + E_{\mathrm{c}}^i + \frac{\hbar^2 k_{\mathrm{t}}^2}{2m_{\mathrm{c}}}\right) - \left(E_{\mathrm{v}} + E_{\mathrm{v}}^j + \frac{\hbar^2 k_{\mathrm{t}}^2}{2m_{\mathrm{v}}}\right) - \hbar\omega\right] \tag{6.1.6.3}$$

其中，i 和 j 分别为导带/价带对应的子能级编号。鉴于平面波存在 TE 和 TM 偏振两种形式，$\boldsymbol{e}\cdot\boldsymbol{p}$ 跃迁矩阵元分别存在垂直和平行传输方向的两种，如 x 和 z 方向，其他偏振方向的光可以分解成这两种基本形式的叠加 [12,15]。

6.2   太阳电池中的薄膜光学框架

半导体太阳电池中，除晶体硅太阳电池 (晶体材料厚度 (如 100~300μm) 远大于入射光波长 (0.3~1μm)) 外，其他都是由若干层甚至几十层材料组成的，每层厚度与入射光波长相差无多 (如 GaAs 电池与 GaInP 电池的基区典型厚度分别是 3500nm 与 1000nm)。著名的是目前广为使用的 GaInP/GaAs/Ge 三结太阳电池，每个子电池至少包含窗口层、发射区、基区、背场等四层材料，两个子电池之间通过重掺杂隧穿结连接起来，整体结构构成了多层光学膜系。根据光学原理，薄膜干涉效应显著，处理方法必须充分考虑光学干涉效应。另外一方面，完全数值实施 (6.1.1.1) 与 (6.1.1.5) 存在很大的困难，且不论是否还需要与载流子输运方程联系在一起组成自洽体系。

6.2.1   太阳电池的薄膜光学近似

对于太阳电池，通常有如下假设。

(1) 减反射膜系材料 (氧化物、氮化物等),不存在体电荷与面电荷,尽管这与实际工艺制备材料特性相违背 (如 SiN_x 中通常存在金属离子诱导的电荷),但经验表明这假设大体正确。

(2) 减反射膜与太阳电池材料都是非磁,磁导率为 1。

(3) 忽略太阳电池中自发辐射复合电流密度对电场强度与磁场强度的影响。

(4) 忽略半导体材料界面上电流密度对垂直法线方向上磁矢量的影响,尤其在处理纯光学分析时,即垂直法线方向上的磁矢量不存在突变。

上述假设下,(6.1.4.8a) 和 (6.1.4.8b) 进一步简化成 (此处忽略一些基本常数)[11]

$$\hat{N}s \times E = H \tag{6.2.1.1a}$$

$$\hat{N}s \times H = -\varepsilon_1 E \tag{6.2.1.1b}$$

根据散度关系 $\nabla \cdot \nabla \times = 0$,得到电场强度与磁场强度的纵向分量都是 0,都只有垂直分量:

$$E^L = 0 \tag{6.2.1.2a}$$

$$H^L = 0 \tag{6.2.1.2b}$$

在 (6.2.1.1) 与 (6.2.1.2) 的基础上建立了针对太阳电池的薄膜光学体系方法。

6.2.2 光学产生速率

本节建立光学产生速率与光强之间的关系。以太阳电池层垂直方向一维情形为例 (图 6.2.1),波长为 λ 的光在 x 处与 $x + \Delta x$ 处被吸收损耗的光强为 $\Delta I = I(\lambda, x) - I(\lambda, x + \Delta x)$,相应的光子数为 $\Delta I / E_{ph}(\lambda)$,如果一个光子产生一对电子空穴,对于半导体太阳电池,结论一般是成立的。产生的电荷数目为 $\Delta I / E_{ph}(\lambda) = G(\lambda, x)\Delta x$,于是光学产生速率的定义为

$$G(\lambda, x) = \frac{1}{E_{ph}(\lambda)} \lim_{\Delta x \to 0} \frac{I(\lambda, x) - I(\lambda, x + \Delta x)}{\Delta x} = -\frac{1}{E_{ph}(\lambda)} \frac{dI}{dx} \tag{6.2.2.1}$$

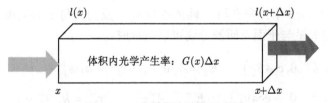

图 6.2.1　光学产生速率示意图

根据定义可以得到光学产生速率的单位。如果器件空间尺度的典型单位为 nm,光子能量以 eV 归一化,入射光强单位为 W/(m²·nm),这样得到光学产生速

率的单位为

$$\frac{1}{eV} \cdot W/(m^2 \cdot nm) \cdot \frac{1}{nm} = 6.241 \times 10^{21} \frac{1}{nm} cm^{-3} \cdot s^{-1} \tag{6.2.2.2}$$

对 (6.2.2.1) 进行关于波长的积分，就可以得到该格点上总的光学产生速率。有趣的是，如果把光学产生速率两边乘上静电荷，则有

$$\frac{1}{eV} \cdot W/(m^2 \cdot nm) \cdot \frac{1}{nm} \cdot q = 0.1 \frac{mA}{cm^2} \frac{1}{nm} \frac{1}{nm} \tag{6.2.2.3}$$

归一化连续性方程时，需要两边除上一个用来归一化的载流子浓度，比如 $10^{19} cm^{-3}$，得到

$$\frac{1}{eV} \cdot W/(m^2 \cdot nm) \cdot \frac{1}{nm} \frac{1}{10^{19} cm^{-3}} = 6.241 \times 10^2 \frac{1}{nm} s^{-1} \tag{6.2.2.4}$$

有时候我们需要计算整个层内的总电流密度来衡量该结构能够得到的最大电流密度，其实就认为该层的量子效率为 100%，这是光生电流的上限了。光生电流密度的定义为光学产生速率对空间和波长积分值乘上电子电荷，即

$$J_{opt}^i = q \iint G_i(\lambda, z) \, d\lambda dz \tag{6.2.2.5}$$

单位是 $\frac{mA}{cm^2}$。这个量通常被理解为一个结构中能够产生的最大电流密度，因为不考虑材料和界面损耗。

6.2.3 平面波的界面连续

为了建立平面电磁波的界面连续性条件 [10]，建立如图 6.2.2 所示的几何构型。x 轴表示两层材料 1 和 2 的突变界面，z 轴表示与突变界面垂直的光的传输方向，xz 组成光的传输平面，y 轴垂直纸面向外，三轴满足右手螺旋关系。每一层里都有正向光与反向光，layer1 中正向光与 z 轴角度为 θ_1^+，反向光与 z 轴角度为 $\pi - \theta_1^-$，layer2 中正向光与 z 轴角度为 θ_2^+，反向光与 z 轴角度为 $\pi - \theta_2^-$，这四种光的传输矢量与平面电磁波分别可以表示成

$$\boldsymbol{s}_1^+ = (\sin\theta_1^+, 0, \cos\theta_1^+), \quad \boldsymbol{E}_1^+ = A_1^+ e^{i\tau_1^+}, \quad \tau_1^+ = \boldsymbol{k}_1 \cdot \boldsymbol{s}_1^+ - \omega t \tag{6.2.3.1a}$$

$$\boldsymbol{s}_1^- = (\sin\theta_1^-, 0, -\cos\theta_1^-), \quad \boldsymbol{E}_1^- = A_1^- e^{i\tau_1^-}, \quad \tau_1^- = \boldsymbol{k}_1 \cdot \boldsymbol{s}_1^- - \omega t \tag{6.2.3.1b}$$

$$\boldsymbol{s}_2^+ = (\sin\theta_2^+, 0, \cos\theta_2^+), \quad \boldsymbol{E}_2^+ = A_2^+ e^{i\tau_2^+}, \quad \tau_2^+ = \boldsymbol{k}_2 \cdot \boldsymbol{s}_2^+ - \omega t \tag{6.2.3.1c}$$

$$\boldsymbol{s}_2^- = (\sin\theta_2^-, 0, -\cos\theta_2^-), \quad \boldsymbol{E}_2^- = A_2^- e^{i\tau_2^-}, \quad \tau_2^- = \boldsymbol{k}_2 \cdot \boldsymbol{s}_2^- - \omega t \tag{6.2.3.1d}$$

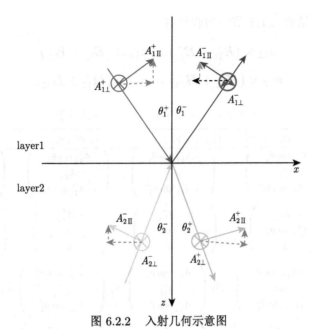

图 6.2.2   入射几何示意图

每种光的矢量都可以分解成沿 y 轴方向的垂直分量与在传输平面内的平行分量，以 layer1 中正向光为例，电场三个分量可以写成

$$\boldsymbol{E}_1^+ = \begin{pmatrix} A_{1\|}^+ \cos \theta_1^+ \\ A_{1\perp}^+ \\ -A_{1\|}^+ \sin \theta_1^+ \end{pmatrix} \mathrm{e}^{\mathrm{i}\tau_1^+} \tag{6.2.3.2}$$

根据 (6.2.1.1a) 可以得到磁场强度：

$$\boldsymbol{H}_1^+ = \hat{N}_1 \boldsymbol{s}_1^+ \times \boldsymbol{E}_1^+ = \hat{N}_1 \mathrm{e}^{\mathrm{i}\tau_1^+} \begin{bmatrix} \boldsymbol{x} & \boldsymbol{y} & \boldsymbol{z} \\ \sin\theta_1^+ & 0 & \cos\theta_1^+ \\ A_{1\|}^+ \cos\theta_1^+ & A_{1\perp}^+ & -A_{1\|}^+ \sin\theta_1^+ \end{bmatrix}$$

$$= \hat{N}_1 \begin{pmatrix} -A_{1\perp}^+ \cos\theta_1^+ \\ A_{1\|}^+ \\ A_{1\perp}^+ \sin\theta_1^+ \end{pmatrix} \mathrm{e}^{\mathrm{i}\tau_1^+} \tag{6.2.3.3}$$

同样得到 layer1 反向光、layer2 正向光与反向光的分量，如表 6.2.1 所示。

仅考虑界面两边的连续性，此时各种光的相位因子 $\tau_{1,2}^{+/-} = 0$，下标 12 和 21 分别表示 layer1 中靠近 layer2，以及 layer2 中靠近 layer1。由连续条件 (6.1.3.1c)

与 (6.1.3.1d)，结合 6.1.4 节中的假设有

$$n_{12} \times \left(E_{21}^+ + E_{21}^- \right) = n_{12} \times \left(E_{12}^+ + E_{12}^- \right) \tag{6.2.3.4a}$$

$$n_{12} \times \left(H_{21}^+ + H_{21}^- \right) = n_{12} \times \left(H_{12}^+ + H_{12}^- \right) \tag{6.2.3.4b}$$

表 6.2.1　layer1 与 layer2 中的分量

电磁分量	layer1 正向光 $\times e^{i\tau_1^+}$	layer1 反向光 $\times e^{i\tau_1^-}$	layer2 正向光 $\times e^{i\tau_2^+}$	layer2 反向光 $\times e^{i\tau_2^-}$
电场	$\begin{pmatrix} A_{1\parallel}^+ \cos\theta_1^+ \\ A_{1\perp}^+ \\ -A_{1\parallel}^+ \sin\theta_1^+ \end{pmatrix}$	$\begin{pmatrix} -A_{1\parallel}^- \cos\theta_1^- \\ A_\perp^- \\ -A_{1\parallel}^- \sin\theta_1^- \end{pmatrix}$	$\begin{pmatrix} A_{2\parallel}^+ \cos\theta_2^+ \\ A_{2\perp}^+ \\ -A_{2\parallel}^+ \sin\theta_2^+ \end{pmatrix}$	$\begin{pmatrix} -A_{2\parallel}^- \cos\theta_2^- \\ A_{2\perp}^- \\ -A_{2\parallel}^- \sin\theta_2^- \end{pmatrix}$
$n_{12}\times$ 电场	$\begin{pmatrix} -A_{1\perp}^+ \\ A_{1\parallel}^+ \cos\theta_1^+ \\ 0 \end{pmatrix}$	$\begin{pmatrix} -A_{1\perp}^- \\ -A_{1\parallel}^- \cos\theta_1^- \\ 0 \end{pmatrix}$	$\begin{pmatrix} -A_{2\perp}^+ \\ A_{2\parallel}^+ \cos\theta_2^+ \\ 0 \end{pmatrix}$	$\begin{pmatrix} -A_{2\perp}^- \\ -A_{2\parallel}^- \cos\theta_2^- \\ 0 \end{pmatrix}$
磁场	$\hat{N}_1\begin{pmatrix} -A_{1\perp}^+ \cos\theta_1^+ \\ A_{1\parallel}^+ \\ A_{1\perp}^+ \sin\theta_1^+ \end{pmatrix}$	$\hat{N}_1\begin{pmatrix} A_{1\perp}^- \cos\theta_1^- \\ A_{1\parallel}^- \\ A_{1\perp}^- \sin\theta_1^- \end{pmatrix}$	$\hat{N}_2\begin{pmatrix} -A_{2\perp}^+ \cos\theta_2^+ \\ A_{2\parallel}^+ \\ A_{2\perp}^+ \sin\theta_2^+ \end{pmatrix}$	$\hat{N}_2\begin{pmatrix} A_{2\perp}^- \cos\theta_2^- \\ A_{2\parallel}^- \\ A_{2\perp}^- \sin\theta_2^- \end{pmatrix}$
$n_{12}\times$ 磁场	$\hat{N}_1\begin{pmatrix} -A_{1\parallel}^+ \\ -A_{1\perp}^+ \cos\theta_1^+\theta_1^+ \\ 0 \end{pmatrix}$	$\hat{N}_1\begin{pmatrix} -A_{1\parallel}^- \\ A_{1\perp}^- \cos\theta_1^- \\ 0 \end{pmatrix}$	$\hat{N}_2\begin{pmatrix} -A_{2\parallel}^+ \\ -A_{2\perp}^+ \cos\theta_2^+ \\ 0 \end{pmatrix}$	$\hat{N}_2\begin{pmatrix} -A_{2\parallel}^- \\ A_{2\perp}^- \cos\theta_2^- \\ 0 \end{pmatrix}$

垂直界面法线方向 $n_{12} = (0,0,1)$ 的分量为

$$n_{12}\times E_1^+ = \begin{bmatrix} x & y & z \\ 0 & 0 & 1 \\ A_{1\parallel}^+ \cos\theta_1^+ & A_{1\perp}^+ & -A_{1\parallel}^+ \sin\theta_1^+ \end{bmatrix} e^{i\tau_1^+} = \begin{pmatrix} -A_{1\perp}^+ \\ A_{1\parallel}^+ \cos\theta_1^+ \\ 0 \end{pmatrix} e^{i\tau_1^+}$$

$$\tag{6.2.3.5}$$

根据电场与磁场的互异关系，得到相应的磁场强度垂直界面法线方向的分量为

$$n_{12}\times H_1^+ = \hat{N}_1 e^{i\tau_1^+} \begin{bmatrix} x & y & z \\ 0 & 0 & 1 \\ -A_{1\perp}^+ \cos\theta_1^+ & A_{1\parallel}^+ & A_{1\perp}^+ \sin\theta_1^- \end{bmatrix}$$

$$= \hat{N}_1 \begin{pmatrix} -A_{1\parallel}^+ \\ -A_{1\perp}^+ \cos\theta_1^+ \\ 0 \end{pmatrix} e^{i\tau_1^+} \tag{6.2.3.6}$$

x 轴方向连续：

$$A_{1\perp}^+ + A_{1\perp}^- = A_{2\perp}^+ + A_{2\perp}^- \tag{6.2.3.7a}$$

$$\hat{N}_1 \left(A_{1\parallel}^+ + A_{1\parallel}^- \right) = \hat{N}_2 \left(A_{2\parallel}^+ + A_{2\parallel}^- \right) \tag{6.2.3.7b}$$

y 轴方向连续:

$$A_{1\parallel}^+ \cos\theta_1^+ - A_{1\parallel}^- \cos\theta_1^- = A_{2\parallel}^+ \cos\theta_2^+ - A_{2\parallel}^- \cos\theta_2^- \tag{6.2.3.7c}$$

$$\hat{N}_1 \left(A_{1\perp}^+ \cos\theta_1^+ - A_{1\perp}^- \cos\theta_1^- \right) = \hat{N}_2 \left(A_{2\perp}^+ \cos\theta_2^+ - A_{2\perp}^- \cos\theta_2^- \right) \tag{6.2.3.7d}$$

这样界面连续条件可以分成平面分量与垂直分量两部分:

$$A_{1\perp}^+ + A_{1\perp}^- = A_{2\perp}^+ + A_{2\perp}^- \tag{6.2.3.8a}$$

$$\left(A_{1\perp}^+ - A_{1\perp}^- \right) N_1 \cos\theta_1 = \left(A_{2\perp}^+ - A_{2\perp}^- \right) N_2 \cos\theta_2 \tag{6.2.3.8b}$$

$$N_1 \left(A_{1\parallel}^+ + A_{1\parallel}^- \right) = N_2 \left(A_{2\parallel}^+ + A_{2\parallel}^- \right) \tag{6.2.3.8c}$$

$$\left(A_{1\parallel}^+ - A_{1\parallel}^- \right) \cos\theta_1 = \left(A_{2\parallel}^+ - A_{2\parallel}^- \right) \cos\theta_2 \tag{6.2.3.8d}$$

同时依据 layer1 内与 layer2 内的界面平面分量守恒可以得到菲涅耳 (Fresnel) 定律:

$$\theta_1^+ = \theta_1^- = \theta_1 \tag{6.2.3.9a}$$

$$\theta_2^+ = \theta_2^- = \theta_2 \tag{6.2.3.9b}$$

对于界面平行突变多层薄膜体系,认为各层中正向光与反向光的路线遵守入射与反射关系,正向光与下一层正向光遵守入射与透射关系 (这两种关系来自经典光学的光线可逆原理)。

【练习】

推导表 6.2.1 中各分量表达式。

6.2.4 平面波的界面转移矩阵

根据 (6.2.3.8a)~ (6.2.3.8d) 可以整理成两个转移矩阵:

$$\begin{pmatrix} A_{2\perp}^+ \\ A_{2\perp}^- \end{pmatrix} = \frac{1}{2N_2 \cos\theta_2} \begin{pmatrix} N_2 \cos\theta_2 + N_1 \cos\theta_1 & N_2 \cos\theta_2 - N_1 \cos\theta_1 \\ N_2 \cos\theta_2 - N_1 \cos\theta_1 & N_2 \cos\theta_2 + N_1 \cos\theta_1 \end{pmatrix}$$

$$\times \begin{pmatrix} A_{1\perp}^+ \\ A_{1\perp}^- \end{pmatrix} \tag{6.2.4.1a}$$

$$\begin{pmatrix} A_{2\parallel}^+ \\ A_{2\parallel}^- \end{pmatrix} = \frac{1}{2N_2 \cos\theta_2} \begin{pmatrix} N_2 \cos\theta_1 + N_1 \cos\theta_2 & N_1 \cos\theta_2 - N_2 \cos\theta_1 \\ N_1 \cos\theta_2 - N_2 \cos\theta_1 & N_2 \cos\theta_1 + N_1 \cos\theta_2 \end{pmatrix}$$

$$\times \begin{pmatrix} A_{1\parallel}^+ \\ A_{1\parallel}^- \end{pmatrix} \tag{6.2.4.1b}$$

对于 (6.2.4.1a) 与 (6.2.4.1b)，分别定义光学导纳 $\eta_i^{\mathrm{s}} = N_i \cos\theta_i$ 与 $\eta_i^{\mathrm{p}} = N_i/\cos\theta_i$：

$$
\begin{pmatrix} A_{2\perp}^+ \\ A_{2\perp}^- \end{pmatrix} = \frac{\eta_1^{\mathrm{s}} + \eta_2^{\mathrm{s}}}{2\eta_2^{\mathrm{s}}} \begin{pmatrix} 1 & -\dfrac{\eta_1^{\mathrm{s}} - \eta_2^{\mathrm{s}}}{\eta_1^{\mathrm{s}} + \eta_2^{\mathrm{s}}} \\[2mm] -\dfrac{\eta_1^{\mathrm{s}} - \eta_2^{\mathrm{s}}}{\eta_1^{\mathrm{s}} + \eta_2^{\mathrm{s}}} & 1 \end{pmatrix} \begin{pmatrix} A_{1\perp}^+ \\ A_{1\perp}^- \end{pmatrix}
$$

$$
= \frac{t_{12}^{\mathrm{s}}}{1 - (r_{12}^{\mathrm{s}})^2} \begin{pmatrix} 1 & -r_{12}^{\mathrm{s}} \\ -r_{12}^{\mathrm{s}} & 1 \end{pmatrix} \begin{pmatrix} A_{1\perp}^+ \\ A_{1\perp}^- \end{pmatrix} \tag{6.2.4.2a}
$$

$$
\begin{pmatrix} A_{2\parallel}^+ \\ A_{2\parallel}^- \end{pmatrix} \cos\theta_2 = \frac{\eta_1^{\mathrm{p}} + \eta_2^{\mathrm{p}}}{2\eta_2^{\mathrm{p}}} \begin{pmatrix} 1 & -\dfrac{\eta_1^{\mathrm{p}} - \eta_2^{\mathrm{p}}}{\eta_1^{\mathrm{p}} + \eta_2^{\mathrm{p}}} \\[2mm] -\dfrac{\eta_1^{\mathrm{p}} - \eta_2^{\mathrm{p}}}{\eta_1^{\mathrm{p}} + \eta_2^{\mathrm{p}}} & 1 \end{pmatrix} \begin{pmatrix} A_{1\parallel}^+ \\ A_{1\parallel}^- \end{pmatrix} \cos\theta_1
$$

$$
= \frac{t_{12}^{\mathrm{p}}}{1 - (r_{12}^{\mathrm{p}})^2} \begin{pmatrix} 1 & -r_{12}^{\mathrm{p}} \\ -r_{12}^{\mathrm{p}} & 1 \end{pmatrix} \begin{pmatrix} A_{1\parallel}^+ \\ A_{1\parallel}^- \end{pmatrix} \cos\theta_1 \tag{6.2.4.2b}
$$

式中，采用记号 $t_{12}^{\mathrm{s/p}} = \dfrac{2\eta_1^{\mathrm{s/p}}}{\eta_1^{\mathrm{s/p}} + \eta_2^{\mathrm{s/p}}}$, $r_{12}^{\mathrm{s/p}} = \dfrac{\eta_1^{\mathrm{s/p}} - \eta_2^{\mathrm{s/p}}}{\eta_1^{\mathrm{s/p}} + \eta_2^{\mathrm{s/p}}}$ 分别标示透射系数与反射系数。上述界面转移矩阵为二阶复对称矩阵，有个很有趣的性质：容易验证其左逆为反方向转移矩阵，即

$$
\left[\frac{t_{12}}{1 - r_{12}^2} \begin{pmatrix} 1 & -r_{12} \\ -r_{12} & 1 \end{pmatrix} \right]^{-1} = \frac{1}{t_{12}} \begin{pmatrix} 1 & r_{12} \\ r_{12} & 1 \end{pmatrix}
$$

$$
= \frac{t_{21}}{1 - r_{21}^2} \begin{pmatrix} 1 & -r_{21} \\ -r_{21} & 1 \end{pmatrix} \tag{6.2.4.3}
$$

鉴于电场与磁场都与传输方向垂直，光垂直入射时，电场与磁场都是横向，与材料界面平行，但在斜入射情况下，只能有一个平行，一个不平行。如果电场平行，磁场不平行，则称为 TE 光 (s)，反之称为 TM 光 (p)。对于太阳光，可以看作由 50%:50% 的 TE 光与 TM 光组成 [16]。

6.2.5　平面波的传输矩阵

将光程差计入 (6.2.1.2a) 和 (6.2.1.2b) 两式，就得到传输矩阵。这里不再区分平面分量与垂直分量。通常标示入射多层膜系中正向光与反向光有多种情形，采用如图 6.2.3 的符号标示。

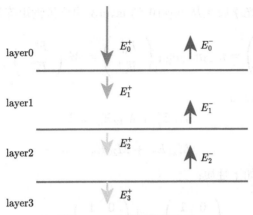

图 6.2.3 传输矩阵示意图

以每层中界面透射光为该层正向光 (E^+)，以与下一层界面反射光为该层负向光 (E^-)，layer0 代表空气层，太阳光的入射 E_0^+ 与反射 E_0^- 都发生在空气层与第一层的界面上，layer1 与 layer2 都存在透射正向光 $E_{1,2}^+$ 与反射反向光 $E_{1,2}^-$ 两种，layer3 表示该波长光在该层中被完全吸收干净仅存在透射正向光 E_3^+ 而不存在反射反向光。layer1 的两种波 $E_1^{+/-}$ 与 layer2 的两种波 $E_2^{+/-}$ 之间通过如下一个 2×2 复矩阵联系：

$$
\begin{pmatrix} E_2^+ \\ E_2^- \mathrm{e}^{-\mathrm{i}\delta_2} \end{pmatrix} = \frac{t_{12}}{1-r_{12}^2} \begin{pmatrix} 1 & -r_{12} \\ -r_{12} & 1 \end{pmatrix} \begin{pmatrix} E_1^+ \mathrm{e}^{-\mathrm{i}\delta_1} \\ E_1^- \end{pmatrix} \Rightarrow \begin{pmatrix} E_2^+ \\ E_2^- \end{pmatrix}
$$
$$
= \frac{t_{12}}{1-r_{12}^2} \begin{pmatrix} \mathrm{e}^{-\mathrm{i}\delta_1} & -r_{12} \\ -r_{12}\mathrm{e}^{\mathrm{i}(\delta_2-\delta_1)} & \mathrm{e}^{\mathrm{i}\delta_2} \end{pmatrix} \begin{pmatrix} E_1^+ \\ E_1^- \end{pmatrix} = m_{12} \begin{pmatrix} E_1^+ \\ E_1^- \end{pmatrix}
$$

$$(6.2.5.1a)$$

式中，$t_{12} = \dfrac{2\eta_1}{\eta_1+\eta_2}$，$r_{12} = \dfrac{\eta_1-\eta_2}{\eta_1+\eta_2}$，$\delta_1 = k_0 \eta_1^{\mathrm{s}} d_1$，$\delta_2 = k_0 \eta_2^{\mathrm{s}} d_2$，注意到这里无论是哪种偏振，光程都是 $d\cos\theta$，都可以归入 s 波导纳。layer0 到 layer1 的传输矩阵可以认为是 $d_1 = 0$ 的特例，有

$$
\begin{pmatrix} E_1^+ \\ E_1^- \end{pmatrix} = \frac{t_{01}}{1-r_{01}^2} \begin{pmatrix} 1 & -r_{01} \\ -r_{01}\mathrm{e}^{\mathrm{i}\delta_1} & \mathrm{e}^{\mathrm{i}\delta_1} \end{pmatrix} \begin{pmatrix} E_0^+ \\ E_0^- \end{pmatrix} = m_{01} \begin{pmatrix} E_0^+ \\ E_0^- \end{pmatrix} \quad (6.2.5.1b)
$$

layer2 到 layer3 的传输矩阵可以认为是 $d_3 = 0$ 与 $E_3^- = 0$ 的特例，也有

$$
\begin{pmatrix} E_3^+ \\ 0 \end{pmatrix} = \frac{t_{23}}{1-r_{23}^2} \begin{pmatrix} \mathrm{e}^{-\mathrm{i}\delta_2} & -r_{23} \\ -r_{23}\mathrm{e}^{-\mathrm{i}\delta_2} & 1 \end{pmatrix} \begin{pmatrix} E_2^+ \\ E_2^- \end{pmatrix} = m_{23} \begin{pmatrix} E_2^+ \\ E_2^- \end{pmatrix} \quad (6.2.5.1c)
$$

最后得到图中光学膜系从 layer0 到 layer3 的总传输矩阵为

$$\begin{pmatrix} E_3^+ \\ 0 \end{pmatrix} = m_{23}m_{12}m_{01} \begin{pmatrix} E_0^+ \\ E_0^- \end{pmatrix} = M \begin{pmatrix} E_0^+ \\ E_0^- \end{pmatrix} \tag{6.2.5.2a}$$

展开成线性方程形式为

$$M_{11}E_0^+ + M_{12}E_0^- = E_3^+ \tag{6.2.5.2b}$$

$$M_{21}E_0^+ + M_{22}E_0^- = 0 \tag{6.2.5.2c}$$

传输矩阵具有如下性质:

$$\begin{pmatrix} 0 & 1 \\ 1 & 0 \end{pmatrix} m_{12}^{-1} \begin{pmatrix} 0 & 1 \\ 1 & 0 \end{pmatrix} = m_{21} \tag{6.2.5.3}$$

如果从 layer3 到 layer0 反方向照射, 此时, E_0^- 成了 layer0 中的透射波, E_3^+ 成了 layer3 中的反射波, 同时 layer3 中增加了入射波, 膜系传输矩阵为

$$\begin{pmatrix} E_0^- \\ 0 \end{pmatrix} = M' \begin{pmatrix} E_3^- \\ E_3^+ \end{pmatrix} \tag{6.2.5.4}$$

根据几何关系, 可以看出:

$$M' = \begin{pmatrix} 0 & 1 \\ 1 & 0 \end{pmatrix} M^{-1} \begin{pmatrix} 0 & 1 \\ 1 & 0 \end{pmatrix} = \frac{1}{M_{11}M_{22} - M_{12}M_{21}} \begin{pmatrix} M_{11} & -M_{21} \\ -M_{12} & M_{22} \end{pmatrix}$$
$$\tag{6.2.5.5}$$

这样当计算得到一个方向的传输矩阵时, 可以直接获得反方向传输矩阵而无须重新计算。(6.2.5.4) 展开成线性方程形式为

$$M'_{11}E_3^- + M'_{12}E_3^+ = E_0^- \tag{6.2.5.6a}$$

$$M'_{21}E_3^- + M'_{22}E_3^+ = 0 \tag{6.2.5.6b}$$

【练习】

1. 推导 (6.2.5.1a);
2. 验证 (6.2.5.3)。

6.2.6 反射与透射系数

如果计算得到 (6.2.5.2a) 中的 M, 根据 (6.2.5.2b) 和 (6.2.5.2c) 与 (6.2.2.6a) 和 (6.2.2.6b), 很容易得到正向入射和反向入射光的幅度反射系数和透射系数。

正向入射情形, 由 (6.2.5.2b) 和 (6.2.5.2c) 可以得到幅度反射系数与透射系数为

$$r = \frac{E_0^-}{E_0^+} = -\frac{M_{21}}{M_{22}} \tag{6.2.6.1a}$$

$$t = \frac{E_3^+}{E_0^+} = \frac{M_{11}M_{22} - M_{21}M_{12}}{M_{22}} \tag{6.2.6.1b}$$

反向入射情形, 由 (6.2.5.6a) 和 (6.2.5.6b) 可以得到幅度反射系数与透射系数为

$$r' = \frac{E_3^+}{E_3^-} = \frac{M_{12}}{M_{22}} \tag{6.2.6.2a}$$

$$t' = \frac{E_0^-}{E_3^-} = \frac{1}{M_{22}} \tag{6.2.6.2b}$$

这样就有四个变量存在, 可以把相应的传输矩阵元表示成反射和透射复系数为变量的形式:

$$M_{11} = \frac{tt' - rr'}{t'} \tag{6.2.6.3a}$$

$$M_{12} = \frac{r'}{t'} \tag{6.2.6.3b}$$

$$M_{21} = -\frac{r}{t'} \tag{6.2.6.3c}$$

$$M_{22} = \frac{1}{t'} \tag{6.2.6.3d}$$

传输矩阵成为

$$M = \frac{1}{t'} \begin{pmatrix} tt' - rr' & r' \\ -r & 1 \end{pmatrix} \tag{6.2.6.4}$$

振幅反射系数与反射率之间的关联关系是

$$R = |r|^2 \tag{6.2.6.5}$$

如果知道入射电场矢量幅度 (根据 (6.1.4.9) 从入射太阳光强计算), 反射光电场矢量幅度为

$$E_0^- = rE_0^+ \tag{6.2.6.6}$$

有了 (E_0^+, E_0^-)，根据传输矩阵可以计算相应每层中的电场幅度。同样可以得到振幅透射系数：

$$E_3^+ = tE_0^+ \tag{6.2.6.7}$$

【练习】

由 (6.2.5.5) 与 (6.2.5.6a) 和 (6.2.5.6b)，推导 (6.2.6.3a)~ (6.2.6.3d)。

6.2.7　多层薄膜的电磁场振幅

假设已经采用 6.2.2 节中的方法计算得到层 i 中电场振幅 $(\hat{E}^+, \hat{E}^-)$，传输与偏振方向如图 6.2.4 所示，层 i 的厚度为 h，现在可以很方便地写出层 i 中 z 处的电场与磁场振幅，这里把正向光出发点作为 0 点，透射角度为 θ，如图 6.2.4 所示几何构型，显而易见，正向光 z 处的形式有效光程差是

$$\boldsymbol{k}_+ \cdot \boldsymbol{r} = k_0 \hat{N} \cos\theta z = k_0 \hat{\eta}_s z \tag{6.2.7.1}$$

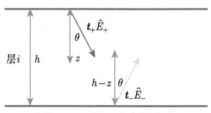

图 6.2.4　层 i 中电场分布

垂直距离为 z 处的电场强度与磁场强度分别为

$$\hat{E} = \boldsymbol{t}_+ \hat{E}_+ \mathrm{e}^{\mathrm{i}k_0\hat{\eta}_s z} + \boldsymbol{t}_- \hat{E}_- \mathrm{e}^{\mathrm{i}k_0\hat{\eta}_s(h-z)}$$

$$= \boldsymbol{t}_+ \hat{E}_+ \mathrm{e}^{\mathrm{i}k_0\hat{\eta}_s^r z} \mathrm{e}^{-k_0\hat{\eta}_s^i z} + \boldsymbol{t}_- \hat{E}_- \mathrm{e}^{\mathrm{i}k_0\hat{\eta}_s^r(h-z)} \mathrm{e}^{-k_0\hat{\eta}_s^i(h-z)} \tag{6.2.7.2a}$$

$$\hat{H} = \boldsymbol{y}\hat{N} \left[\hat{E}_+ \mathrm{e}^{\mathrm{i}k_0\hat{\eta}_s^r z} \mathrm{e}^{-k_0\hat{\eta}_s^i z} + \hat{E}_- \mathrm{e}^{\mathrm{i}k_0\hat{\eta}_s^r(h-z)} \mathrm{e}^{-k_0\hat{\eta}_s^i(h-z)} \right] \tag{6.2.7.2b}$$

式中，$\boldsymbol{t}_+ = (\cos\theta, 0, -\sin\theta)$ 与 $\boldsymbol{t}_- = (-\cos\theta, 0, -\sin\theta)$ 分别是正向光与反向光的单位偏振矢量；$\hat{\eta}_s$ 是 s 极化光学导纳，其上标 r 与 i 分别表示实部与虚部。

【练习】

由 (6.2.7.2a) 推导 (6.2.7.2b)。

6.2.8　多层薄膜的光强与产生速率

根据 (6.1.6.1) 计算光学产生速率需要获知光强，由 (6.1.4.9) 得到空间 z 处的光强为

$$I = \frac{c\varepsilon_0}{2}\mathrm{Re}\left\{(n-\mathrm{i}k)\left[\boldsymbol{s}_+\hat{E}_+\left(\lambda,z\right)+\boldsymbol{s}_-\hat{E}_-\left(\lambda,z\right)\right]\left[\hat{E}_+^*\left(\lambda,z\right)+\hat{E}_-^*\left(\lambda,z\right)\right]\right\}$$

$$(6.2.8.1)$$

利用了 $t\times y=s$ 的关系，$\hat{E}_+\left(\lambda,z\right)=\hat{E}_+\mathrm{e}^{\mathrm{i}k_0\hat{\eta}_\mathrm{s}^\mathrm{r}z}\mathrm{e}^{-k_0\hat{\eta}_\mathrm{s}^\mathrm{i}z}$，$\hat{E}_-\left(\lambda,z\right)=\hat{E}_-\mathrm{e}^{\mathrm{i}k_0\hat{\eta}_\mathrm{s}^\mathrm{r}(h-z)}$ $\mathrm{e}^{-k_0\hat{\eta}_\mathrm{s}^\mathrm{i}(h-z)}$。[ ] 内分别得到四项：

$$m_{1=}\left|\hat{E}_+\right|^2\mathrm{e}^{-2k_0\hat{\eta}_\mathrm{s}^\mathrm{i}z}\boldsymbol{s}^+=I_+\boldsymbol{s}_+ \qquad (6.2.8.2a)$$

$$m_2=\hat{E}_+\hat{E}_-^*\mathrm{e}^{\mathrm{i}k_0\hat{\eta}_\mathrm{s}^\mathrm{r}(2z-h)}\mathrm{e}^{-k_0\hat{\eta}_\mathrm{s}^\mathrm{i}h}\boldsymbol{s}_+ \qquad (6.2.8.2b)$$

$$m_3=\hat{E}_+^*\hat{E}_-\mathrm{e}^{-\mathrm{i}k_0\hat{\eta}_\mathrm{s}^\mathrm{r}(h-2z)}\mathrm{e}^{-k_0\hat{\eta}_\mathrm{s}^\mathrm{i}h}\boldsymbol{s}_-=m_2^*\boldsymbol{s}_- \qquad (6.2.8.2c)$$

$$m_4=\left|\hat{E}_-\right|^2\mathrm{e}^{-2k_0\hat{\eta}_\mathrm{s}^\mathrm{i}(h-z)}\boldsymbol{s}_-=I_-\boldsymbol{s}_- \qquad (6.2.8.2d)$$

式中，m_1 与 m_4 分别是正向光与反射光在 z 处的光强；m_2 与 m_3 分别表示两者的相干项。鉴于 m_3 与 m_2 互为复共轭，最终得到光强为

$$I=\frac{c\varepsilon_0}{2}\left\{n\left[I_+\boldsymbol{s}_++\mathrm{Re}\left(m_2\right)\left(\boldsymbol{s}_++\boldsymbol{s}_-\right)+I_-\boldsymbol{s}_-\right]+k\left[\mathrm{Im}\left(m_2\right)\left(\boldsymbol{s}_+-\boldsymbol{s}_-\right)\right]\right\}$$

$$(6.2.8.3)$$

经过演算，很容易获得 (6.2.8.3) 中的实部与虚部项分别为

$$\mathrm{Re}\left(m_2\right)=\mathrm{e}^{-k_0\hat{\eta}_\mathrm{s}^\mathrm{i}h}\left[\left(E_+^\mathrm{r}E_-^\mathrm{r}+E_+^\mathrm{i}E_-^\mathrm{i}\right)\cos k_0\hat{\eta}_\mathrm{s}^\mathrm{r}\left(2z-h\right)\right.$$
$$\left.-\left(E_+^\mathrm{i}E_-^\mathrm{r}-E_+^\mathrm{r}E_-^\mathrm{i}\right)\sin k_0\hat{\eta}_\mathrm{s}^\mathrm{r}\left(2z-h\right)\right] \qquad (6.2.8.4a)$$

$$\mathrm{Im}\left(m_2\right)=\mathrm{e}^{-k_0\hat{\eta}_\mathrm{s}^\mathrm{i}h}\left[\left(E_+^\mathrm{r}E_-^\mathrm{r}+E_+^\mathrm{i}E_-^\mathrm{i}\right)\sin k_0\hat{\eta}_\mathrm{s}^\mathrm{r}\left(2z-h\right)\right.$$
$$\left.+\left(E_+^\mathrm{i}E_-^\mathrm{r}-E_+^\mathrm{r}E_-^\mathrm{i}\right)\cos k_0\hat{\eta}_\mathrm{s}^\mathrm{r}\left(2z-h\right)\right] \qquad (6.2.8.4b)$$

根据定义 (6.2.1.1)，可以得到 (6.2.8.3) 所附属的光学产生速率。

【练习】

1. 演算 (6.2.8.2a)~ (6.2.8.2d)；

2. 演算 (6.2.8.4a) 和 (6.2.8.4b)。

6.2.9　垂直入射下的多层薄膜

垂直入射时，传输矢量与极化导纳之间存在如下关系：

$$\boldsymbol{s}_+=-\boldsymbol{s}_-=\boldsymbol{z} \qquad (6.2.9.1a)$$

$$\hat{\eta}_\mathrm{s}=\hat{N}=n+\mathrm{i}k \qquad (6.2.9.1b)$$

光强为

$$I_i(\lambda, z) = \frac{c\varepsilon_0}{2}\{n[I_+ - I_-] + 2k[\text{Im}(m_2)]\}z \tag{6.2.9.2}$$

首先考虑该层完全被吸收的情况，即只有入射光，能流密度即光强为

$$I_i(\lambda, z) = n\frac{c\varepsilon_0}{2}z\left|\hat{E}_+\right|^2 e^{-\alpha z} \tag{6.2.9.3a}$$

其次是存在正向与反向两个分量的情况，既有入射光也有反射光，光强为

$$I_i(\lambda, z) = \left\{ n\left(\left|\hat{E}_+\right|^2 e^{-\alpha z} - \left|\hat{E}_-\right|^2 e^{-\alpha(h-z)}\right) \right.$$
$$+ 2ke^{-0.5\alpha_i h}[(E_+^r E_-^r + E_+^i E_-^i)\sin k_0 n(2z-h)$$
$$\left. + (E_+^i E_-^r - E_+^r E_-^i)\cos k_0 n(2z-h)]\right\}z \tag{6.2.9.3b}$$

这两种情况所对应的光学产生速率：

$$G_i(\lambda, z) = \frac{c\varepsilon_0}{2}\frac{\alpha n}{E_{ph}(\lambda)}z\left|E_i^+\right|^2 e^{-\alpha z} \tag{6.2.9.4a}$$

$$G_i(\lambda, z) = \frac{c\varepsilon_0}{2}\frac{\alpha_i n_i}{E_{ph}(\lambda)}\{\left|E_i^+\right|^2 e^{-\alpha z} + \left|E_i^-\right|^2 e^{-\alpha(h-z)}$$
$$+ 2e^{-0.5\alpha_i h}[(E_+^i E_-^r - E_+^r E_-^i)\sin k_0 n(2z-h)$$
$$- (E_+^r E_-^r + E_+^i E_-^i)\cos k_0 n(2z-h)]\} \tag{6.2.9.4b}$$

(6.2.9.4a) 与 (6.2.9.4b) 相对应的光生电流分别为

$$J_{opt}^i(\lambda) = \frac{c\varepsilon_0}{2}\frac{qn_i}{E_{ph}(\lambda)}\left|E_i^+\right|^2 \tag{6.2.9.5a}$$

对于不能完全吸收的光，存在反向分量和正向分量叠加的情况，总电流密度为

$$J_{opt}^i(\lambda) = \frac{c\varepsilon_0}{2}\frac{q}{E_{ph}(\lambda)}[n_i\left(\left|E_i^+\right|^2 + \left|E_i^-\right|^2\right)\left(1 - e^{-\alpha_i h}\right)$$
$$+ 4ke^{-0.5\alpha_i h}\left(E_{i,r}^+ E_{i,r}^- + E_{i,i}^+ E_{i,i}^-\right)\sin k_0 n_i h] \tag{6.2.9.5b}$$

注意到括号内两个三角函数的积分为

$$\int_0^h \sin k_0 n_i(2z-h)\mathrm{d}z = 0, \qquad \int_0^h \cos k_0 n_i(2z-h)\mathrm{d}z = \frac{\sin k_0 n_i h}{k_0 n_i}$$

6.3 厚晶体与混合膜系

有些太阳电池结构中某一层很厚，超出了薄膜干涉光学的处理范围，这时需要采用厚薄膜混合的处理方法，如果厚膜是最后一层，则组成了厚晶体模型，在薄膜中间则形成混合膜系。

6.3.1 厚晶体模型

如果光在单层半导体材料里基本上被完全吸收，不会入射到下表面进行反射，则这种情况下 (图 6.3.1)，入射光子流密度为 $I_0^+(\lambda)$，表面反射率为 $R(\lambda)$，材料内部 z 处的剩余光子流密度为

$$I(\lambda, z) = I_0^+(\lambda)\left[1 - R(\lambda)\right]\mathrm{e}^{-\alpha(\lambda)z} \tag{6.3.1.1}$$

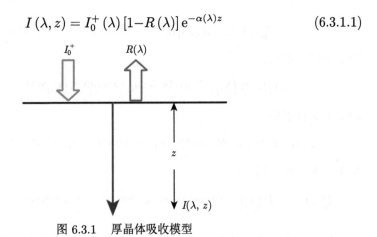

图 6.3.1　厚晶体吸收模型

z 点的光学产生率为

$$G(\lambda, z) = \frac{I(\lambda, z)\,\alpha(\lambda)}{E_{\mathrm{ph}}(\lambda)} = \frac{I_0^+(\lambda)}{E_{\mathrm{ph}}(\lambda)}\alpha(\lambda)\left[1 - R(\lambda)\right]\mathrm{e}^{-\alpha(\lambda)z} \tag{6.3.1.2}$$

这种处理方法通常称为厚晶体模型，注意到光学产生率是该处光子数密度与相应吸收系数的乘积，可以认为是光如射线一样在材料内传播并被吸收 [17]。

在早期的太阳电池光学设计与光生电流密度计算中，像这种射线光学模型应用得比较多，比如 glass/TCO/α:SiH/Ag 结构，如图 6.3.2 所示。

一种简化处理方法是，不考虑 glass(玻璃) 与透明导电氧化物 (TCO)，TCO 与 α:SiH 之间界面的反射，认为光全部透射。只存在空气与玻璃，α:SiH 与 Ag 之间的反射，并假定前表面的反射系数为 $R_{\mathrm{f}}(\lambda)$，后表面的反射系数为 $R_{\mathrm{b}}(\lambda)$，入射进来的光，在前表面与后表面之间多次反射。如果能够跟踪光线的传输，并忽略反射光与入射光之间的耦合效应，则得到光每次经过 x 处的剩余光子流强度，如下所述。

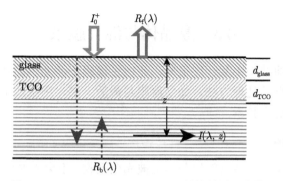

图 6.3.2　glass/TCO/α:SiH/Ag 结构的厚晶体模型

第一次：

$$I_0^+(\lambda)\left[1-R(\lambda)\right]e^{-\alpha_{\mathrm{glass}}(\lambda)d_{\mathrm{glass}}}e^{-\alpha_{\mathrm{TCO}}(\lambda)d_{\mathrm{TCO}}}e^{-\alpha(\lambda)z}$$

经下表面反射后：

$$I_0^+(\lambda)\left[1-R(\lambda)\right]e^{-\alpha_{\mathrm{glass}}(\lambda)d_{\mathrm{glass}}}e^{-\alpha_{\mathrm{TCO}}(\lambda)d_{\mathrm{TCO}}}e^{\alpha(\lambda)z}e^{-2\alpha(\lambda)d}R_{\mathrm{b}}(\lambda)$$

经上表面反射后：

$$I_0^+(\lambda)\left[1-R(\lambda)\right]e^{-2\alpha_{\mathrm{glass}}(\lambda)d_{\mathrm{glass}}}e^{-2\alpha_{\mathrm{TCO}}(\lambda)d_{\mathrm{TCO}}}e^{-\alpha(\lambda)z}e^{-2\alpha(\lambda)d}R_{\mathrm{b}}(\lambda)R_{\mathrm{f}}(\lambda)$$

经下表面二次反射后：

$$I_0^+(\lambda)\left[1-R(\lambda)\right]e^{-2\alpha_{\mathrm{glass}}(\lambda)d_{\mathrm{glass}}}e^{-2\alpha_{\mathrm{TCO}}(\lambda)d_{\mathrm{TCO}}}e^{\alpha(\lambda)z}e^{-4\alpha(\lambda)d}R_{\mathrm{b}}^2(\lambda)R_{\mathrm{f}}(\lambda)$$

$$\cdots$$

如果只考虑第一次与经下表面第一次反射后的强度和，那么有

$$G(\lambda,z)=I_0^+(\lambda)\,\alpha(\lambda)\left[1-R(\lambda)\right]e^{-\alpha_{\mathrm{glass}}(\lambda)d_{\mathrm{glass}}}e^{-\alpha_{\mathrm{TCO}}(\lambda)d_{\mathrm{TCO}}}e^{-\alpha(\lambda)z}$$

$$\times\left[1+e^{-2\alpha(\lambda)(d-z)}R_{\mathrm{b}}(\lambda)\right] \tag{6.3.1.3}$$

6.3.2　薄膜与厚膜混合膜系

一些太阳电池中某一层厚度远远超过光波长，比如，硅太阳电池，前面减反射介质膜 (20~30nm)/厚吸收材料 (100~ 200μm)/介质膜 (20~30nm)；Ⅲ-V 族太阳电池，前面减反射介质膜 (100~200nm)/电池本体 (5~ 6μm)/衬底 (100~300μm)/背面金属薄膜 (2~5μm)。这两种结构中都存在厚度超过波长 100 倍的厚膜，在这种情况下，厚膜里相干光学模型已经不能适用，需要不同的处理方法。由于薄膜体系采用振幅、反射/透射系数，厚膜体系采用光强、反射率/透射率等不同参数表示，所以处理混合膜系时必须统一，建立如图 6.3.3 所示的包含上下两个薄膜体系与中间厚度为 d 的厚膜的混合体系 [18,19]。

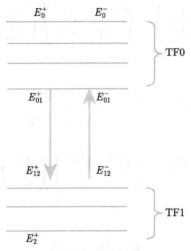

图 6.3.3 薄膜与厚膜交叉系统

处理这种系统的基本思想是分成上面薄膜子体系和下面薄膜子体系，中间厚膜分离出来，在没有干涉的情况下，厚膜里的光可以看成从上向下和反向两个光束的叠加。在图 6.3.3 中，上面薄膜体系记为 0，厚膜记为 1，下面薄膜体系记为 2，从光线跟踪的角度来说，薄膜体系 1 存在光从上到下和从下到上两个过程。光从上到下时，两个薄膜子体系的传输矩阵为

$$\begin{pmatrix} E_{01}^+ \\ E_{01}^- \end{pmatrix} = M^1 \begin{pmatrix} E_0^+ \\ E_0^- \end{pmatrix} \tag{6.3.2.1a}$$

$$\begin{pmatrix} E_2^+ \\ 0 \end{pmatrix} = M^2 \begin{pmatrix} E_{12}^+ \\ E_{12}^- \end{pmatrix} \tag{6.3.2.1b}$$

式中，$E^{+/-}$ 为上面空气界面电场强度；$E_{01}^{+/-}$ 为厚膜上边缘电场强度；$E_{12}^{+/-}$ 为厚膜下边缘电场强度；E_2^+ 为下面空气界面电场强度。当以光强为参量时，传输矩阵的各个复系数需要采用模平方的形式：

$$\begin{pmatrix} I_{01}^+ \\ I_{01}^- \end{pmatrix} = \frac{1}{|t_1|^2} \begin{pmatrix} \left|t_1 t_1'\right|^2 - \left|r_1 r_1'\right|^2 & |r_1'|^2 \\ -|r_1|^2 & 1 \end{pmatrix} \begin{pmatrix} I_0^+ \\ I_0^- \end{pmatrix} \tag{6.3.2.2a}$$

$$\begin{pmatrix} I_2^+ \\ I_2^- \end{pmatrix} = \frac{1}{|t_2|^2} \begin{pmatrix} \left|t_2 t_2'\right|^2 - \left|r_2 r_2'\right|^2 & |r_2'|^2 \\ -|r_2|^2 & 1 \end{pmatrix} \begin{pmatrix} I_{12}^+ \\ I_{12}^- \end{pmatrix} \tag{6.3.2.2b}$$

厚膜中的两个光束在其中的传输矩阵为

$$\begin{pmatrix} I_{12}^+ \\ I_{12}^- \end{pmatrix} = \begin{pmatrix} \mathrm{e}^{-\alpha d} & 0 \\ 0 & \mathrm{e}^{\alpha d} \end{pmatrix} \begin{pmatrix} I_{01}^+ \\ I_{01}^- \end{pmatrix} \tag{6.3.2.3}$$

总的光强传输矩阵为

$$\begin{pmatrix} I_2^+ \\ I_2^- \end{pmatrix} = \frac{1}{|t_2|^2} \begin{pmatrix} \left| t_2 t_2' \right|^2 - \left| r_2 r_2' \right|^2 & \left| r_2' \right|^2 \\ -\left| r_2 \right|^2 & 1 \end{pmatrix} \begin{pmatrix} \mathrm{e}^{-\alpha d} & 0 \\ 0 & \mathrm{e}^{\alpha d} \end{pmatrix}$$

$$\times \frac{1}{|t_1|^2} \begin{pmatrix} \left| t_1 t_1' \right|^2 - \left| r_1 r_1' \right|^2 & \left| r_1' \right|^2 \\ -\left| r_1 \right|^2 & 1 \end{pmatrix} \begin{pmatrix} I_0^+ \\ I_0^- \end{pmatrix} = M \begin{pmatrix} I_0^+ \\ I_0^- \end{pmatrix} \tag{6.3.2.4}$$

总的光强反射系数为

$$R = \frac{I_0^-}{I_0^+} = \frac{M_{21}}{M_{22}} \tag{6.3.2.5}$$

光强透射系数为

$$T = \frac{M_{11} M_{22} - M_{21} M_{12}}{M_{22}} \tag{6.3.2.6}$$

厚膜里面的光强为

$$I(z) = I_{01}^+ \mathrm{e}^{-\alpha z} - I_{01}^- \mathrm{e}^{\alpha z} \tag{6.3.2.7}$$

相应的光学产生速率为

$$G(z) = \frac{\alpha}{E_{\mathrm{ph}}} \left(I_{01}^+ \mathrm{e}^{-\alpha z} + I_{01}^- \mathrm{e}^{\alpha z} \right) \tag{6.3.2.8}$$

上述发展的处理方法广泛应用于各种混合膜系的太阳电池中。

6.4　不规则表面

不规则表面在太阳电池中涉及两种情况: ①采用某种工艺所产生的随机粗糙表面; ②尺寸相对比较大且规则的图形表面, 所有不规则表面都是为了有效增加太阳光在吸收区内的光程差。

6.4.1　随机粗糙表面

有些半导体材料带边吸收系数比较小, 如晶体硅; 还有一种情况是电池结构中本身半导体材料厚度比较小, 光在吸收材料中的强度衰减关系为 $\mathrm{e}^{-\alpha d}$。显而易见, 在吸收系数一定的情况下, 增加 d 是唯一的选择, 如高效晶体硅太阳电池前表面的倒金字塔织构, 非晶硅中的 Ag/ZnO 背反射器 (粗糙表面) 等。前者通过改变前表面与光入射夹角来改变光在硅材料内的传输方向，后者通过后表面起伏来改变反射光在材料内部的传输方向。光在不同界面的反射机制如图 6.4.1(a)~ (c) 所示，随着界面粗糙度的增加，入射光与反射光的相干程度在逐步下降，在随机粗糙表面的情形下，入射光与反射光完全没有相干，散射光场是完全无序的[20]。

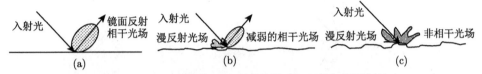

图 6.4.1   不同粗糙情况下界面反射光与入射光作用机制

太阳电池中的随机粗糙表面通常有如下假设。

(1) 在保证材料平均厚度不变的情况下，只是材料边界存在随机粗糙表面。

(2) 粗糙度的起伏相对于波长很小且比较缓 (粗糙度的斜率很小)，$h(x)$ 表示偏离平均值的高度，$kh(x) \ll 1$ 和 $|\nabla h(x)| \ll 1$。太阳电池中界面粗糙度通常为 0.5~2nm，显然远小于波长。

(3) 偏离高度的分布满足 Gauss 分布，即

$$p(h) = \frac{1}{\sqrt{2\pi}\sigma} e^{-\frac{(h-h_0)^2}{2\sigma^2}} \tag{6.4.1.1}$$

式中，σ 是粗糙度；h_0 是平均值，通常取 0。根据 (2) 中的假设有 $\sigma \ll \lambda$。

(4) 光主要发生镜面反射，存在少量漫反射，认为粗糙度仅对镜面反射进行了微小扰动。

6.4.2 随机粗糙表面的标量散射模型

如果界面粗糙度满足 6.3.2 节中的条件，那么光在界面会以镜面反射和透射为主，粗糙度的影响仅作为一种微扰，也就是在上述所发展的薄膜光学体系上进行修正，这种模型称为标量散射模型[21,22]，与之相对应的是严格求解 Maxwell 方程组的矢量散射模型，目前几乎所有太阳电池中的粗糙度都满足标量散射模型的要求，因此这种模型广泛应用于实际工作中。

建立如图 6.4.2 的体系计算电场在镜面反射附近的散射分量，整个界面的粗糙度的平均值为 0，且粗糙度斜率很小，在这种情况下，漫反射角 $\theta^r = \theta_1 + \varepsilon$，且 $\varepsilon \ll \theta$，仅考虑粗糙度 h 对光程的影响，反射系数可以表示成

$$\hat{r}(h) = \hat{r}[h(x)] e^{ikh(x)} \tag{6.4.2.1}$$

随机粗糙表面呈 Gauss 分布，漫反射的平均值为

$$\langle \hat{r}(h) \rangle = \int_{-\infty}^{+\infty} p(h) r(h) \, dh = \frac{\hat{r}}{\sqrt{2\pi}\sigma} \int_{-\infty}^{+\infty} e^{-\frac{h^2}{2\sigma^2}} e^{ikh} dh$$

$$= \frac{\hat{r}e^{-\frac{k^2\sigma^4}{2\sigma^2}}}{\sqrt{2\pi}\sigma} \int_{-\infty}^{+\infty} e^{-\frac{\left(h-\mathrm{i}k\sigma^2\right)^2}{2\sigma^2}}\,\mathrm{d}h = \hat{r}e^{-\frac{k^2\sigma^2}{2}} \tag{6.4.2.2}$$

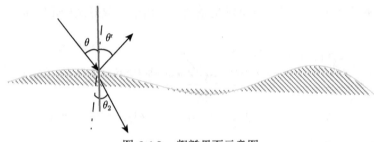

图 6.4.2   粗糙界面示意图

反射率：

$$R = |\langle\hat{r}(h)\rangle|^2 = |\hat{r}|^2\,e^{-k^2\sigma^2} = R\left(\theta_1\right)e^{-k^2\sigma^2} \tag{6.4.2.3}$$

(6.4.2.3) 表明漫反射的量与镜面反射的量呈指数关系。粗糙表面偏离角度比较小，可以得到

$$k\sigma \approx 2\frac{2\pi}{\lambda}n_1\cos\theta_1\sigma \tag{6.4.2.4}$$

(6.4.2.3) 进一步简化成

$$R = R\left(\theta_1\right)e^{-\left(4\pi n_1\frac{\sigma}{\lambda}\cos\theta_1\right)^2} \approx R\left(\theta_1\right) - R\left(\theta_1\right)\left(4\pi n_1\frac{\sigma}{\lambda}\cos\theta_1\right)^2 \tag{6.4.2.5}$$

(6.4.2.5) 即粗糙表面光漫反射的 Lambert-Beer 公式，随机表面对光的散射只与镜面入射的夹角 θ 有关。垂直入射漫反射分量为

$$R = R\left(\theta_1\right)e^{-\left(4\pi n_1\frac{\sigma}{\lambda}\right)^2} \tag{6.4.2.6}$$

对于透射分量，粗糙表面的透射幅度为 $\hat{t}(h) = \hat{t}[h(x)]\,e^{\mathrm{i}(k_1-k_2)h(x)}$，平均透射振幅为

$$\langle\hat{t}(h)\rangle = \hat{t}\left(\theta_1\right)e^{-\frac{(k_1-k_2)^2\sigma^2}{2}} \tag{6.4.2.7}$$

总透射率为

$$T = \left|\hat{t}\left(h\right)\right|^2 = \left|\hat{t}\right|^2\,e^{-(k_1-k_2)^2\sigma^2} = T\left(\theta_1\right)e^{-(k_1-k_2)^2\sigma^2} \tag{6.4.2.8}$$

如果垂直入射，有

$$T = T\left(\theta_1\right)e^{-\left[2\pi(n_1-n_2)\frac{\sigma}{\lambda}\right]^2} \tag{6.4.2.9}$$

(6.4.2.6) 广泛应用于多层结构反射谱拟合中的表面粗糙度拟合。

6.4.3 存在随机粗糙界面的多层膜系

上面只考虑了单个粗糙表面,如果粗糙表面在里面某个界面或每个界面上都存在,则存在两种情况,一是每个粗糙表面的粗糙度是完全独立的随机变量,即互相不关联,二是下面的粗糙表面导致上面的粗糙度增加,即粗糙度是可加的。在这两种情况下,存在两个问题是亟须解决的,其中一个与反射谱有关,由于这种粗糙表面漫散射所引起的光偏离了镜面反射方向,所测量的反射谱强度肯定是有所下降的,在这种情况下,反射曲线的分布又发生什么样的变化?

形式如 (6.2.4.2) 的界面转移矩阵,由于粗糙度 h 的存在,发生了振幅光程的延迟与缩减:

$$\begin{pmatrix} A_2^+ \mathrm{e}^{-\mathrm{i}k_2 h} \\ A_2^- \mathrm{e}^{\mathrm{i}k_2 h} \end{pmatrix} = \frac{t_{12}}{1-r_{12}^2} \begin{pmatrix} 1 & -r_{12} \\ -r_{12} & 1 \end{pmatrix} \begin{pmatrix} A_1^+ \mathrm{e}^{\mathrm{i}k_1 h} \\ A_1^- \mathrm{e}^{-\mathrm{i}k_1 h} \end{pmatrix} \tag{6.4.3.1}$$

于是有

$$\begin{pmatrix} A_2^+ \\ A_2^- \end{pmatrix} = \frac{t_{12}}{1-r_{12}^2} \begin{pmatrix} \mathrm{e}^{\mathrm{i}(k_1-k_2)h} & -r_{12}\mathrm{e}^{-\mathrm{i}(k_1+k_2)h} \\ -r_{12}\mathrm{e}^{\mathrm{i}(k_1+k_2)h} & \mathrm{e}^{-\mathrm{i}(k_1-k_2)h} \end{pmatrix} \begin{pmatrix} A_1^+ \\ A_1^- \end{pmatrix}$$

$$= I(\lambda, h) \begin{pmatrix} A_1^+ \\ A_1^- \end{pmatrix} \tag{6.4.3.2}$$

对 (6.4.3.2) 进行 Gauss 概率平均:

$$\frac{1}{\sqrt{2\pi}\sigma} \int_{-\infty}^{+\infty} \mathrm{e}^{-\frac{h^2}{2\sigma^2}} \mathrm{e}^{\pm\mathrm{i}(k_1\pm k_2)h} \mathrm{d}h = \mathrm{e}^{-\frac{[(k_1\pm k_2)\sigma]^2}{2}} \tag{6.4.3.3}$$

因此界面转移矩阵成为

$$\begin{pmatrix} A_2^+ \\ A_2^- \end{pmatrix} = \frac{t_{12}}{1-r_{12}^2} \begin{pmatrix} \mathrm{e}^{-\frac{[(k_1-k_2)\sigma]^2}{2}} & -r_{12}\mathrm{e}^{-\frac{[(k_1+k_2)\sigma]^2}{2}} \\ -r_{12}\mathrm{e}^{-\frac{[(k_1+k_2)\sigma]^2}{2}} & \mathrm{e}^{-\frac{[(k_1-k_2)\sigma]^2}{2}} \end{pmatrix} \begin{pmatrix} A_1^+ \\ A_1^- \end{pmatrix} \tag{6.4.3.4}$$

(6.4.3.4) 对界面转移矩阵进行了局部修正,增加了相位因子,也就是说,界面转移矩阵不只依赖于波长,还依靠界面粗糙度所引入的相位因子,同时光在层内的传输矩阵保持不变。

6.4.4 图形表面–光线跟踪算法

在这种情况下经常采用的一种方法就是常用的光线跟踪算法。光线跟踪算法在图像处理算法中已经很成熟,其基本思路是跟踪光线发生反射、折射和吸收,如果光被吸收衰减到一定程度,就可以认为光已经被完全吸收,或者彻底消失了,为了表征不同的几何形状，或者一种随机的表面对光线的作用，通常随机产生一些光线，然后对所有可能的情况进行概率加权平均，这种得到光学产生速率的方法称为蒙特卡罗光线跟踪方法。这种方法在太阳电池中的应用起源于 Green 研究硅太阳电池表面金字塔形状的陷光效应 [23]，关于这方面的综述可以参见文献 [24]，[25]。

6.5　数值计算相关

光学计算模块作为半导体太阳电池设计相对比较独立的环节，具有一些独有的计算特征。

6.5.1　典型计算需求

结合实际工作，太阳电池光学设计的主要需求与特征总结如表 6.5.1。其中一些说明如下。

表 6.5.1　太阳电池光学设计主要需求与特征

典型应用	目标函数	计算需求
与测试反射谱比较	单波段光谱加权积分反射电流绝对值差 $\left\| J_{\mathrm{R}}^{\mathrm{cal}}\left(\lambda_1, \lambda_2\right) - J_{\mathrm{R}}^{\mathrm{exp}}\left(\lambda_1, \lambda_2\right) \right\|$	单波段 (λ_1, λ_2) 光谱加权积分反射电流
与测试反射谱拟合	反射谱测试值与计算值均方差 (2 范数) 最大值最小化	单波段 (λ_1, λ_2) 反射谱
单结或多结减反射膜初始设计优化	(1) 单波段积分反射电流的最小化：$$\mathrm{Min}\left[J_{\mathrm{R}}^{\mathrm{cal}}\left(\lambda_1, \lambda_2\right) \right]$$ (2) 多波段积分反射电流最大值的最小化：$$\mathrm{Min}\{\mathrm{Max}[J_{\mathrm{R}}^{\mathrm{cal}}\left(\lambda_1, \lambda_2\right),$$ $$J_{\mathrm{R}}^{\mathrm{cal}}\left(\lambda_2, \lambda_3\right), \cdots]\}$$	单波段光谱加权积分反射电流
光学膜系与太阳电池联合设计优化	(1) 单结所属层光生电流的最大化：$$\mathrm{Max}\left[J_{\mathrm{op}}^{\mathrm{cal}}\left(\lambda_1, \lambda_2\right) \right]$$ (2) 多结所属层光生电流最小值的最大化：$$\mathrm{Max}\{\mathrm{Min}[J_{\mathrm{op}}^{\mathrm{cal}}\left(\mathrm{opl}_1\right),$$ $$J_{\mathrm{op}}^{\mathrm{cal}}\left(\mathrm{opl}_2\right), \cdots]\}$$	单波长单层的光生电流密度
特定波长单层或多层驻波观察 稳态荧光数值拟合 瞬态荧光数值拟合 量子效率求解 电学特性数值分析	单波段或多波段多层网格点上的光学产生速率	单波长单层网格点上的电场强度

(1) 太阳电池衡量反射谱是否适合的标准是对太阳光谱的加权并转换成电流，而不是看起来的"适合"，由于太阳光谱强度分布的不均匀，某些看起来"不怎么样"的反射谱却具有很好的特性。以反射谱为例，结合 (1.1.1.3)，其反射电流为

$$J^{\mathrm{R}} = \frac{q}{E_{\mathrm{ph}}(\lambda)} \int_{\lambda_1}^{\lambda_2} I(\lambda) R(\lambda) \, \mathrm{d}\lambda \qquad (6.5.1.1)$$

(2) 测试反射谱与计算反射谱均方差，或 2 范数，最大值最小化的定义分别为

$$\mathrm{Min}\left[C \cdot \sum_{\lambda_i} \sqrt{\frac{\left(R_{\lambda_i}^{\mathrm{exp}} - R_{\lambda_i}^{\mathrm{cal}}\right)^2}{N}} \right] \qquad (6.5.1.2a)$$

$$\left\| R^{\mathrm{exp}} - R^{\mathrm{cal}} \right\|_2 = \sum_{\lambda_i} \sqrt{\left(R_{\lambda_i}^{\mathrm{exp}} - R_{\lambda_i}^{\mathrm{cal}}\right)^2} \qquad (6.5.1.2b)$$

$$\left\| R^{\mathrm{exp}} - R^{\mathrm{cal}} \right\|_\infty = \left| R_{\lambda_i}^{\mathrm{exp}} - R_{\lambda_i}^{\mathrm{cal}} \right| \qquad (6.5.1.2c)$$

通常都需要乘上合适的系数进行放大与缩小。

(3) 单结所属层光生电流的计算如 (6.2.9.5a) 与 (6.2.9.5b)。同时在入射光强为 1 的情况下得到 (6.2.9.3a) 和 (6.2.9.3b) 的值称为光学效率 (OE)，该值能够反映纯材料光学特性对多层器件结构的响应的影响。相关的工作体现在有机太阳电池的光学特性研究与器件结构设计上 [26]。

6.5.2 数值计算细节

在实施上述数值计算过程中，有几个细节问题需要注意。

1. 斜入射角

斜入射情况下，需要注意复透射角的计算 [10]。根据惠更斯定律，入射光与透射光之间的角度满足 $\hat{N}_1 \sin\theta_1 = \hat{N}_2 \sin\theta_2$，鉴于折射率为复数，入射角为所谓的复折射角：

$$\hat{N}_2 \cos\theta_2 = \hat{N}_2 \sqrt{1 - \sin^2\theta_2} = \sqrt{\hat{N}_2^2 - \left(\hat{N}_1 \sin\theta_1\right)^2} = \sqrt{\hat{N}_2^2 - \left(\hat{N}_0 \sin\theta_0\right)^2}$$
$$(6.5.2.1)$$

考虑实际中光衰减这一物理要求，需要开根号得到虚部为正数，这一点在实际运算中要格外注意。

2. 有效光程与截断

传输矩阵计算的时候需要考虑不同波长的光在不同层中消失的情况，从物理意义上说，既然入射光都已经完全被吸收，也就没有下一个界面的反射光了；从

数值上说，计算这样的层矩阵元会出现上溢或者下溢 (矩阵元数值非常大或者非常小)。截断标准是设定光的有效光程是否满足预先设定的阈值。比如取判定标准：

$$e^{-\sum\limits_{i}\alpha_i(\lambda)d_i}<10^{-6} \tag{6.5.2.2a}$$

或者转换成光程差的表达为

$$\sum_i \alpha_i(\lambda)\,d_i > 13.186 \tag{6.5.2.2b}$$

3. 相对光强

数值计算的时候，通常不直接根据光强计算每层中的电场振幅，而是根据传输矩阵计算给出相对电场振幅，例如，依据反射系数的定义，将传输矩阵稍微修改一下，可以分别得到

$$\begin{pmatrix} E_i^+ \\ E_i^- \end{pmatrix} = M \begin{pmatrix} E_0^+ \\ E_0^- \end{pmatrix} = M \begin{pmatrix} E_0^+ \\ rE_0^+ \end{pmatrix}$$

$$\frac{E_i^+}{E_0^+} = m_{11} + rm_{12} \tag{6.5.2.3a}$$

$$\frac{E_i^-}{E_0^+} = m_{21} + rm_{22} \tag{6.5.2.3b}$$

(6.5.2.3a) 和 (6.5.2.3b) 定义了在知道反射系数情况下，第 i 层中正向和反向电场强度振幅对正向入射电场振幅的比值，而正向入射电场振幅可以从入射光强 $I_0(\lambda) = \dfrac{n_0}{8\pi\varepsilon_0}z\left|E_0^+\right|^2$ 中得到。

【练习】

某多层电池结构在 700nm 的光学结构如表 6.5.2 所示。

表 6.5.2　某多层电池结构

层	1	2	3	4	5	6	7	8
$n+ik$	1.0	1.3819	2.334	同 1	同 2	3.123	3.31+i0.23 ×10^{-3}	3.20
厚度/nm	∞	71.24	6.8	16.5	38.5	21	465	100
层	9	10	11	12	13	14	15	
$n+ik$	3.56+i0.66 ×10^{-3}	3.36+i0.55 ×10^{-2}	同 6	3.43+i0.55 ×10^{-2}	3.66+i0.082	3.56	3.75+i0.15	
厚度/nm	20	20	110	15	1000	100	∞	

计算上述结构在 700nm 的反射率以及每一层内的正向/反向电场强度，画出 700nm 光在该结构内的光强分布曲线。

6.5.3 实际的材料光学参数

在进行反射谱拟合、设计与光电联合数值分析的时候，光学参数的选取对结果的合理与否起着决定意义，这是一件非常耗费精力的事。通常来说，实际中的光学参数主要有三个来源。

(1) 通过常用的仪器 (如椭偏仪) 测试得到的光学参数。这种方法通过测试实验数据再通过模型拟合得到光学参数，结果往往与太阳电池中同样制备条件的材料具有一定的差异，差距的来源可能是制备材料的基底、表面氧化层、拟合方法、所选的拟合模型等。图 6.5.1 显示了同一模型拟合椭偏仪数据得到的同一过程蒸发的 GaAs 和 Si 衬底上 TiO 的折射率，可以看到两者的偏差在 0.01 左右，尽管看起来不大，但是在多结太阳电池反射谱拟合与设计中却能引起层厚的偏移，尤其是四层减反射膜对膜厚极其敏感。另外一个很大的来源在于用于单层光学参数所制备的材料与太阳电池中多层结构中的材料在界面与表面上的不同，如单层 AlInP 材料的表面会有一层氧化物，而 Ⅲ-V 族多结太阳电池中的 AlInP 表面却是干净的。

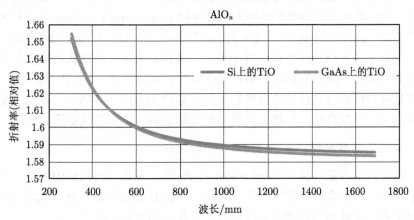

图 6.5.1 同一模型拟合椭偏仪数据得到的同一过程蒸发的 GaAs 和 Si 衬底上 TiO 的折射率

(2) 有理多项式经验色散模型。结合实验数据，实验人员用数据统计方法，总结出所使用材料光学参数的色散关系，这种有理多项式表示的色散模型能够提高数值计算效率，节省程序运行空间，目前已经建立了相当多的光学材料的有理多项式色散模型，如 ZnSe 的 Sellmeier 模型 [27]：

$$n^2 = 4.0 + \frac{1.9\lambda^2}{\lambda^2 - 0.113^2} \tag{6.5.3.1}$$

另外一种常用的经验色散模型是所谓的传输函数，如与 InP 匹配的 InAlAs 复介电常数 [28]：

$$\hat{\varepsilon}\left(\mathrm{i}\hbar\omega, T, X, \Theta\right) = \frac{\sum\limits_{n=0}^{8} b_i \left(\mathrm{i}\hbar\omega\right)^n}{\sum\limits_{n=0}^{8} a_i \left(\mathrm{i}\hbar\omega\right)^n} \tag{6.5.3.2}$$

(3) 模型介电函数。根据 6.1.5 节中的结论，固体材料的光学参数由其能带结构决定，介电函数可以表示成多个带隙临界点谐振子的组合[29,30]，再结合实验测试数据可以得到各个参数值。如与 GaAs 晶格匹配的 AlGaInP[31] 和 AlGaAs[32,33]，与 InP 晶格匹配的 InGaAsP[34] 等材料，是 Ⅲ-V 族多结太阳电池设计中经常使用的模型。

实际中，为了降低光学参数不准确所带来的影响，三种方法得到的光学参数通常综合使用。

6.5.4　优化算法

从上面可以知道，设计与优化膜系实际上是对一个非线性多变量目标函数进行优化，允许范围内的参数空间称为轨迹空间 (configuration space)，目标函数称为优值函数 (merit function)。通常优值函数具有局部极值点与全局极值点，数学上已经发展了很多成熟的算法，也出现了一些针对光学系统优化所产生的专门方法，如下山算法、信赖域算法、模拟退火算法、遗传算法、Needle 算法等，基本思想都是从初始值寻找能够有效降低优值函数值的方向或者路径。我们不准备对所有算法逐一详细介绍，仅概述几种依据实际经验，认为比较适用的方法。

1. 权重下山单纯形算法 (weighted-simplex)

传统单纯形方法又称 Nelder-Mead 方法[35]，是通过纯几何的方式寻找优值函数下降方向，在非线性优化中广泛使用，尤其在目标函数导数难以获得的情况下，但是难以保证能够得到全局极值点，其基本思想如下所述。

对于 n 变量目标函数，首先给出 $n+1$ 个初始值组成的集合 (选取)，是 n 维空间中凸几何体 (2 维是三角形，3 维是四面体)，计算 $n+1$ 个点的函数值并标志最差 (MW)、次差 (NW) 和最优 (MO) 的点的位置。

优化过程如下：首先找到最差点相对其他 n 个点所组成的超平面重心点 G 的一倍反射点 R，即 $R-G=G-\mathrm{MW}$，并计算其函数值，该函数值的分布只能存在四种情况：①比最优点还优；②介于最优点与次差点之间；③介于次差点与最差点之间；④比最差点还差。

情形 1：将反射点再沿同一方向增加一倍距离，$R-G=2\,(G-\mathrm{MW})$，观察是否再优一些，如果是，将 MW 点替换为该点；如果否，用一倍反射点取代 MW 点成为 MO 点，更新 MO 点函数值。

情形 2: 如果一倍反射点比次差 NW 点优但比最优点 MO 差, 那么取代 MW 点并更新函数值。

情形 3: 说明反射方向不能够优化函数, 需要在重心点 G 与 MW 点之间寻找, 即 $C - G = 0.5\,(G - \text{MW})$, 如果压缩点 C 函数值比 MW 点优, 那么用 C 点取代 MW 点并更新相应函数值。

情形 4: 将所有点向最优点 MO 压缩, 即 $X_i - \text{MO} = (\text{MO} - X_i)$, 更新点坐标及函数值。

上述四种情况都会生成新的单纯形, 如果没有满足相应的迭代中止要求, 那么重复空间操作。

传统单纯形方法在计算超平面重心时, 没有把相关顶点现有函数值信息反映在内, 定义是

$$G = \sum_{i=1}^{n} P_i \tag{6.5.4.1}$$

如果把顶点函数值与最高点函数值差作为权重 [36], 那么可以得到修正过的重心:

$$G = \frac{\sum_{i=1}^{n} \dfrac{f_{ihi} - f_i}{d_{i,ihi}} P_i}{\sum_{i=1}^{n} \dfrac{f_{ihi} - f_i}{d_{i,ihi}}} \tag{6.5.4.2}$$

可以想象的是, 当顶点边长变短时, 权重趋近于方向导数。

2. 模拟退火算法

模拟退火算法是热力学方式寻找优值函数下降方向, 与传统数值方法不同, 该算法允许优值函数值以一定的概率适当增加, 以跳出可能存在的局部极小值点 [37], 这样提高了寻找全局优化点的能力, 这种从当前位置 x 到下一位置 x' 的接收概率如下:

$$P\,(x, x') = \begin{cases} 1, & f\,(x') < f\,(x) \\ \mathrm{e}^{-\beta[f(x') - f(x)]}, & f\,(x') > f\,(x) \end{cases} \tag{6.5.4.3}$$

(6.5.4.3) 明确了模拟退火算法有两个关键步骤: ①如何从当前点 x 出发到下一点 x'(step generation); ②如何选择函数增量的标度参数 β, 通常采用类热力学 Boltzmann 统计的形式, 即

$$\beta = \frac{1}{T\,(x, x')} \tag{6.5.4.4}$$

步骤②通常称为温度衰减，初始值时，函数值变化比较大，需要用比较大的 T 将函数值差衰减到比较小，而越接近最优点，前后函数值的差距越小，需要采用比较小的 T 放大函数值差。模拟退火算法的整体形式如下：

- 以某种概率分布的形式从当前点 x 产生下一点 x'。
- 如果 $f(x') < f(x)$，接受 x'，否则以概率 $e^{-\beta[f(x')-f(x)]}$ 接受 x'。

模拟退火算法的具体实施可见 Goffe 公开的 SA 程序，另外，上述两个关键步骤的不同策略衍生了不同的算法版本[38-41]。实际应用证明，权重单纯形算法比传统单纯形算法更适合于多层膜系反射谱拟合。模拟热退火算法相较于权重单纯形算法，更加适合多层减反射膜系的设计。

3. 等效界面与插入算法

膜系过程中如果要在第 i 层与第 $i+1$ 层之间插入新的一层材料，一种方法是直接计算，另外一种方法是借助等效振幅的方式，多层光学效应可以等效为一个界面，其基本思想是所有层所产生的反射与透射系数都可以用从最下面累加的形式生成。如图 6.5.2 所示的一层材料的等效界面生成过程：其所依据的是光学的射线性质，假设下面没有反射只有透射，而光线主要在中间一层中反复地反射和折射。

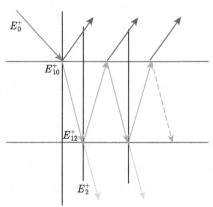

图 6.5.2　单层等效界面

这样有，$r = r_{01} + t_{01}e^{-i\delta}r_{12}e^{-i\delta}t_{10} + t_{01}e^{-i\delta}r_{12}e^{-i\delta}\left(r_{10}e^{-i\delta}r_{12}e^{-i\delta}\right)t_{10} + \cdots$，括号中的项为等比数列比例因子，考虑到 $r_{01} = -r_{10}$，得到单层等效成界面的等效反射振幅为

$$r = r_{01} + \frac{t_{01}e^{-i\delta}r_{12}e^{-i\delta}t_{10}}{1 - r_{10}e^{-i\delta}r_{12}e^{-i\delta}} = \frac{r_{01} + r_{12}e^{-i2\delta}}{1 + r_{01}r_{12}e^{-i2\delta}} \tag{6.5.4.5a}$$

对于透射光，$t = t_{01}e^{-i\delta}t_{12} + t_{01}e^{-i\delta}\left(r_{12}e^{-i\delta}r_{10}e^{-i\delta}\right)t_{12} + \cdots$，得到单层等效成界面的等效透射振幅为

$$t = \frac{t_{01}\mathrm{e}^{-\mathrm{i}\delta}t_{12}}{1 + r_{01}r_{12}\mathrm{e}^{-\mathrm{i}2\delta}} \tag{6.5.4.5b}$$

这样在设计薄膜的时候可以从最后一层向前推。实际上也可以根据多层薄膜光学的传输矩阵方法推导出这个 (6.5.4.5a) 和 (6.5.4.5b)，考虑如图 6.5.3 的单层薄膜及其电场振幅分布。

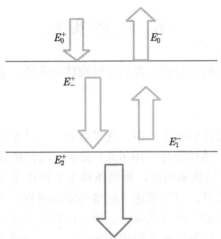

图 6.5.3　单层传输矩阵电场振幅分布

最下面一层只有出射的光，中间薄膜存在反射光也存在入射光，光程为 δ，根据传输矩阵有

$$\begin{bmatrix} E_2^+ \\ 0 \end{bmatrix} = \frac{t_{12}t_{01}}{(1-r_{12}^2)(1-r_{01}^2)} \begin{bmatrix} \mathrm{e}^{-\mathrm{i}\delta} & -r_{12} \\ -r_{12}\mathrm{e}^{-\mathrm{i}\delta} & 1 \end{bmatrix} \begin{bmatrix} 1 & -r_{01} \\ -r_{01}\mathrm{e}^{\mathrm{i}\delta} & \mathrm{e}^{\mathrm{i}\delta} \end{bmatrix} \begin{bmatrix} E_0^+ \\ E_0^- \end{bmatrix}$$

$$= \frac{t_{12}t_{01}}{(1-r_{12}^2)(1-r_{01}^2)} \begin{bmatrix} \mathrm{e}^{-\mathrm{i}\delta} + r_{01}r_{12}\mathrm{e}^{\mathrm{i}\delta} & -\left(r_{01}\mathrm{e}^{-\mathrm{i}\delta} + r_{12}\mathrm{e}^{\mathrm{i}\delta}\right) \\ -\left(r_{12}\mathrm{e}^{-\mathrm{i}\delta} + r_{01}\mathrm{e}^{\mathrm{i}\delta}\right) & \mathrm{e}^{\mathrm{i}\delta} + r_{01}r_{12}\mathrm{e}^{-\mathrm{i}\delta} \end{bmatrix} \begin{bmatrix} E_0^+ \\ E_0^- \end{bmatrix}$$

$$\tag{6.5.4.6}$$

容易得到反射系数：$r = \dfrac{E_0^-}{E_0^+} = \dfrac{r_{12}\mathrm{e}^{-\mathrm{i}\delta} + r_{01}\mathrm{e}^{\mathrm{i}\delta}}{\mathrm{e}^{\mathrm{i}\delta} + r_{01}r_{12}\mathrm{e}^{-\mathrm{i}\delta}} = \dfrac{r_{01} + r_{12}\mathrm{e}^{-\mathrm{i}2\delta}}{1 + r_{01}r_{12}\mathrm{e}^{-\mathrm{i}2\delta}}$，类似地得到等效透射振幅系数。

在第 i 层与第 $i+1$ 层之间插入新的一层材料时，过程如图 6.5.4 所示，首先将前 $i-1$ 与 $i+1$ 层下面的所有层等效成单一界面，在插入新材料层后，合并新的 $i+1$ 层下面的等效界面，从而得到新的光学膜系的反射与透射特性。

【练习】

编写权重单纯形算法的子程序。

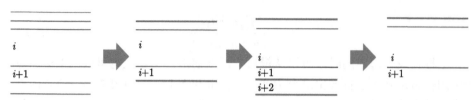

图 6.5.4   等效界面方法在膜系操作的作用示意图

6.6 软 件 实 施

有了上面的物理与数学基础，我们可以构建独立的光学计算模块。

6.6.1 模块架构

实际的太阳电池器件研制工作中，光学计算模块经常可以独立成一个小的软件进行各种如 6.1 节所述的任务。图 6.6.1 显示了我们所开发的软件 AHSCS 中光学计算模块 Optics 的基本组成，数据结构主要描述了各种光学模型、过程控制与计算结果的参数特征，算法描述了任务的实施过程，主要分成基本计算、复合计算、优化算法与辅助过程等四部分。所有的数据结构综合起来组合成一个光学数值分析任务。所有的算法实施组成了子程序。辅助过程主要包含各种数据读取、变量初始化、计算结果输出、不同计算过程中间的变量重置、内存释放等，如图 6.6.2 所示。

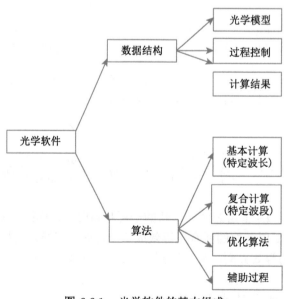

图 6.6.1   光学软件的基本组成

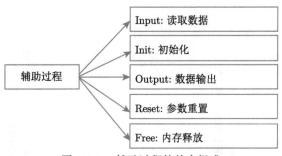

图 6.6.2 辅助过程的基本组成

6.6.2 数据结构: 光学模型

光学模型描述了光谱、材料光学色散与器件结构的相关特征。图 6.6.3 列举了 Optics 模块的光学模型基本组成, 包含由分析波段 (起始、中止与步长)、光谱 (波长与强度)、光照 (单波长/光照强度、光谱类型)、光学色散 (nk 常数/介电模型/实验测试文件路径)、减反射膜 (光学参数名称、厚度)、生长结构 (生长层名字、厚度)、完整结构、光学层 (光学参数数据地址、厚度) 等。其中减反射膜与生长结构分别对应光学镀膜工艺与材料生长工艺环节的结构, 完整结构是指将光学膜系与生长模型合并成一个整体结构后重新排序形成的编号, 光学层是将完整结构中光学性质相同的邻近层合并成同一层所形成的结构, 里面含有与完整结构的索引关系。比如, 在材料生长时区分掺杂浓度不同的发射区、本征区 (UID) 与基区, 但在光学层里则把三者合并成同一层, 采用相同的光学色散关系模型。光学层还有另外一个作用是标志某个光学色散模型是否已经用过, 如果是, 无须重新计算, 直接采用相关值即可。

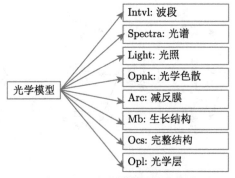

图 6.6.3 光学模型的基本组成

表 6.6.1 列举了图 6.6.3 相关的数据结构的具体实施, 相关的成员说明见第四列。这里需要注意的是, 光学色散是第 3 章中材料模型的光学子模型的一个成员,

表 6.6.1　光学模型的数据结构实施

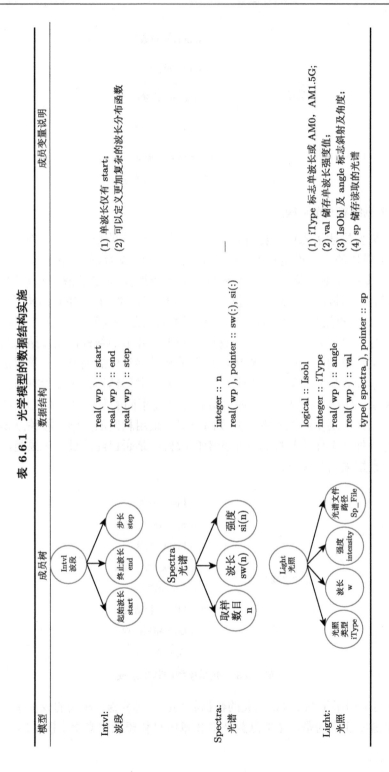

模型	成员树	数据结构	成员变量说明
Intvl: 波段		real(wp) :: start real(wp) :: end real(wp) :: step	(1) 单波长仅有 start; (2) 可以定义更加复杂的波长分布函数
Spectra: 光谱		integer :: n real(wp), pointer :: sw(:), si(:)	—
Light: 光照		logical :: Isobl integer :: iType real(wp) :: angle real(wp) :: val type(spectra_), pointer :: sp	(1) iType 标志单波长或 AM0, AM1.5G; (2) val 储存单波长强度值; (3) IsObl 及 angle 标志斜射及角度; (4) sp 储存读取的光谱

续表

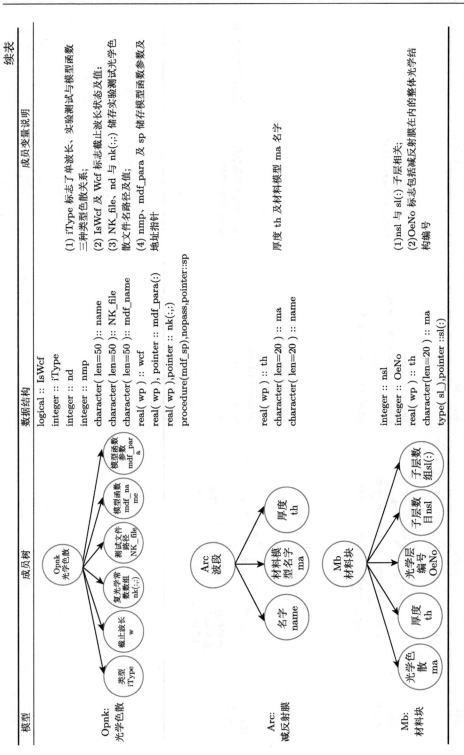

模型	成员树	数据结构	成员变量说明
Opnk: 光学色散		logical :: IsWcf integer :: iType integer :: nd integer :: nmp character(len=50):: name character(len=50):: NK_file character(len=50):: mdf_name real(wp) :: wcf real(wp), pointer :: mdf_para(:) real(wp),pointer:: nk(:,:) procedure(mdf_sp),nopass,pointer::sp	(1) iType 标志了单波长、实验测试与模型函数三种类型色散关系; (2) IsWcf 及 Wcf 标志截止波长状态及值; (3) NK_file、nd 与 nk(:,:) 储存实验测试光学色散文件名路径及值; (4) nmp、mdf_para 及 sp 储存模型函数函数参数及地址指针
Arc: 减反射膜		real(wp) :: th character(len=20) :: ma character(len=20) :: name	厚度 th 及材料模型 ma 名字
Mb: 材料块		integer :: nsl integer :: OeNo real(wp) :: th character(len=20) :: ma type(sl_),pointer ::sl(:)	(1)nsl 与 sl(:) 子层相关; (2)OeNo 标志包括减反射膜在内的整体光学结构编号

续表

模型	成员树	数据结构	成员变量说明
Ocs: 完成结构	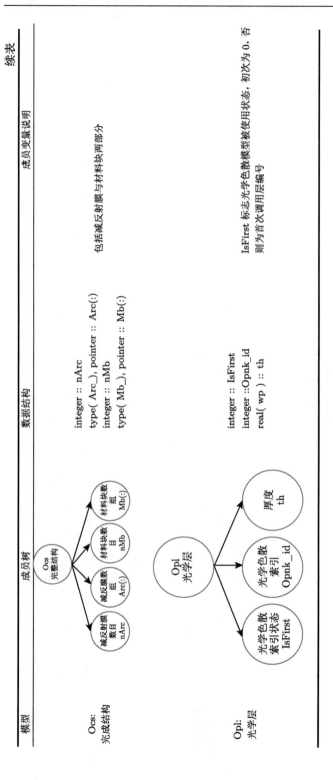	integer :: nArc type(Arc_), pointer :: Arc(:) integer :: nMb type(Mb_), pointer :: Mb(:)	包括减反射膜与材料块两部分
Opl: 光学层		integer :: IsFirst integer ::Opnk_id real(wp) :: th	IsFirst 标志光学色散模型被使用状态，初次为 0，否则为首次调用层编号

成员树图（Ocs 完整结构）：
- 减反射膜数目 nArc
- 减反射膜数组 Arc(:)
- 材料块数目 nMb
- 材料块数组 Mb(:)

成员树图（Opl 光学层）：
- 光学色散索引状态 IsFirst
- 光学色散索引 Opnk_id
- 厚度 th

生长结构是由第 4 章中描述的功能层按照生长顺序组成的集合，对于纯粹光学数值分析任务，可以把材料模型和功能层模型中与厚度及材料色散模型不相关的参数都缺省掉。

6.6.3 数据结构: 过程控制

过程控制明确了数值计算过程的要求，如图 6.6.4 所示，Optics 模块的过程控制数据结构包括子电池吸收截止波长所引起的波段划分，各子电池吸收波段由于填充因子不同所引入的反射谱比例系数，各子电池吸收层在光学层中的位置，退火优化算法控制参数，需要优化的层的位置、上限、下限等参数，拟合或优化过程最大次数与精度控制参数。子电池反射谱比例系数，取决于实际中制备的太阳电池的 I/V 曲线的最大功率点以下的电流密度与填充因子最好的子电池的短路电流密度的比值，如 III-V 族 5 结太阳电池。

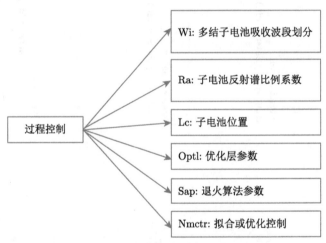

图 6.6.4 过程控制的基本组成

表 6.6.2 列举了图 6.6.4 相关的数据结构的具体实施，相关的成员说明见第四列。其中需要注意的是，子电池位置索引由于同一个子电池可能包含多层不同光学性质的材料而需要在数组中引入下一层地址数组，如 III-V 族的 1.7eV 子电池发射区通常是 GaInP，基区是 $Al_{0.22}Ga_{0.78}As$，优化层中的块编号与子层编号方便对结果进行回溯。

6.6.4 数据结构: 计算结果

计算结果涉及 6.0 节中所描述的基本结果。图 6.6.5 列举了 Optics 模块中根据用户指定要求会输出的反射谱、不同谱段对应的反射电流、指定层的光学效率 (不一定限于子电池吸收层) 与光生电流密度等。

表 6.6.2　过程控制的数据结构实施

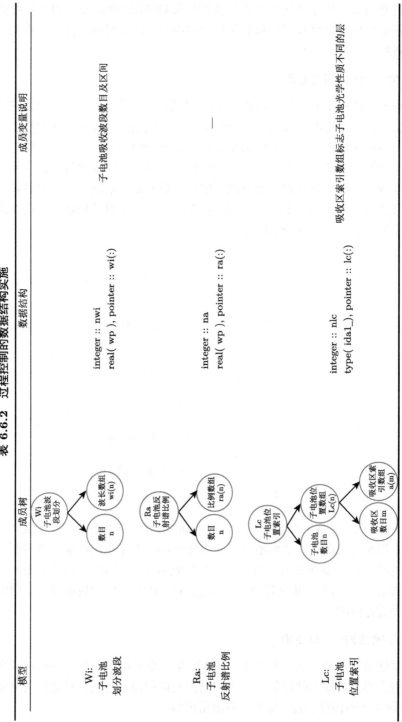

模型	成员树	数据结构	成员变量说明
Wi: 子电池 划分波段	Wi 子电池波段划分 → 波长数组 wi(n)、数目 n	integer :: nwi real(wp), pointer :: wi(:)	子电池吸收波段数目及区间
Ra: 子电池 反射谱比例	Ra 子电池反射谱比例 → 比例数组 ra(n)、数目 n	integer :: na real(wp), pointer :: ra(:)	—
Lc: 子电池 位置索引	Lc 子电池位置索引 → 子电池位置数组 Lc(n)（子电池数目 n）→ 吸收区索引数组 a(m)、吸收区数目 m	integer :: nlc type(ida1_), pointer :: lc(:)	吸收区索引数组标志子电池光学性质不同的层

续表

模型	成员树	数据结构	成员变量说明
Optl: 优化层参数	优化层参数 Optl — 材料块地址 mID、子层地址 sID、下限 lb、上限 ub、步长控制参数 c、初始步长 Vm	integer :: mID integer :: sID real(wp) :: lb real(wp) :: ub real(wp) :: c real(wp) :: Vm	—
Sap: 退火算法参数	退火算法参数 Sap — 初始温度 t、温度衰减系数 rt、步长调整计算次数 ns、温度衰减计算次数 nt、随机数种子1 iseed1、随机数种子2 iseed2	integer :: ns integer :: nt integer :: iseed1 integer :: iseed2 real(wp) :: rt real(wp) :: t	—
NmCtr: 材料块	拟合或优化控制参数 NmCtr — 最大计算次数 itmax、相对误差 releps、绝对误差 abseps	integer :: itmax real(wp) :: releps real(wp) :: abseps	最大迭代次数、相对误差与绝对误差

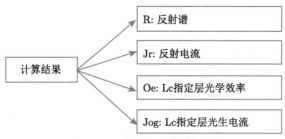

图 6.6.5　过程控制的基本组成

表 6.6.3 列举了图 6.6.5 相关的数据结构的具体实施，相关的成员说明见第四列。

表 6.6.3　计算结果的数据结构实施

模型	成员树	数据结构	成员变量说明
R: 反射谱		real(wp), pointer :: r(:)	—
Jr: 反射电流		real(wp) :: I_total real(wp) :: r_total real(wp), pointer :: I_ref(:) real(wp), pointer :: I_inc(:) real(wp), pointer :: r_I_ref(:)	I_total 与 r_total 分别是总的入射 电流与反射电流值
OE: 光学效率		type(rda2_), pointer :: OE(:)	rd2 是复合的不 定长度二维实数数组

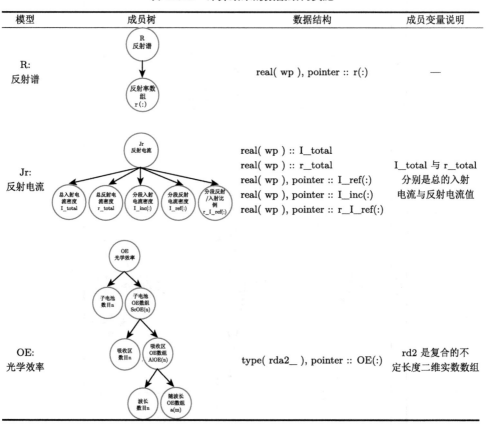

续表

模型	成员树	数据结构	成员变量说明
Jog: 光电流	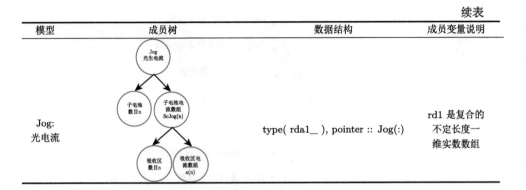	type(rda1__), pointer :: Jog(:)	rd1 是复合的 不定长度一 维实数数组

6.6.5 数值任务

综合上述数据结构，现在可以定义描述一个数值任务的大数据结构，包括两部分：数值任务对象参数库与数值任务属性描述，前者包括减反射膜 Arc、材料块 Mb、光学层 Opl、完整结构 Ocs、光学色散模型 Opnk 集合等，后者包括任务编码、过程控制参数、输出的计算结果等。Optics 模块中光学任务 Opwork 组成如图 6.6.6 所示，我们这里不准备如上面几节中的做法一样给出详细的编程实施过程，因为这种组合的简繁与顺序仅取决于个人的喜好。

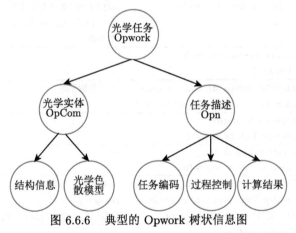

图 6.6.6 典型的 Opwork 树状信息图

6.6.6 基本计算

基本计算是指涉及最基础的单波长光学计算过程，涵盖界面处电场振幅、传输矩阵相乘、光学产生速率、反射系数、光生电流、混合膜系、表面粗糙度修正等等，为了高效配合上述基本计算过程的实施，还需要一个辅助数值模块进行复数矩阵乘除的快速数值计算、实验测试光学参数的样条插值等。Optics 中定义了波长为 lw 的一个 Opo 的模块 (头文件)，如图 6.6.7 所示，下面从属了各种基本计算所组成的子模块。

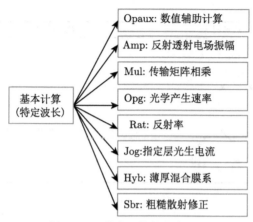

图 6.6.7   基本计算的基本组成

表 6.6.4 列举了图 6.6.7 相关的子程序及其对应的公式, 相关的说明见第三列。

表 6.6.4   基本计算子程序

模块	典型数值计算	参数说明	对应公式
Amp: 界面电场振幅	opwThinTransAmp0(ep,em,h1, h2,nr1,nr2,lw)	(1) ep 与 em 前向与反向波振幅; (2) h1 与 h2 当前层及下一层厚度; (3) nr1 与 nr2 当前层及下一层光学参数	(6.2.5.1c)
	opwThinTransAmp1(ep,em,h1, h2,nr1,nr2,lw)	—	(6.2.5.1a)
Mul: 传输矩阵相乘	opwThinMatMul0(m,h1,h2,nr1,nr2,lw)	m 是传输矩阵	(6.2.5.2)
	opwThinMatMul1(m,h1,h2,nr1,nr2,lw)	—	(6.2.5.2)
Opg: 光学产生速率	opwThinOptGenRate0 (opg,ep,hg,n,Is,nr,lw,dw,p0)	—	(6.2.9.4a)
	opwThinOptGenRate1(opg,ep,em,hg,n,Is,nr,lw,dw,th)	—	(6.2.9.4b)
Rat: 反射系数	opwThinSysRefAmp(ht,nr,nl,lw,em0)	em0 是反射振幅	(6.2.6.1a)
	opwThinSysTransMat(em,ht,nr,nl,lw)	em 是正/反振幅	—
	opwThinSysRandT(nl,ht,nr,lw,r,t)	计算反射系数 r 与透射系数 t	—
Jog: 光生电流	opwThinSysOptCur (nl,ht,nr,lw,er,nc,lc,wcf,jog)	—	(6.2.9.5a) 和 (6.2.9.5b)
Hyb: 混合膜系	opwHybridSysRefAmp(ht,nr,nl,k0,nth,lth,I0)		(6.3.2.1)~ (6.3.2.5)
Sbr: 粗糙散射修正	opsbr(n,sig,lw,nr,R)	—	(6.4.2.6)

【练习】

编写表 6.6.4 中的子程序。

6.6.7 复合与优化计算

复合计算是基本计算函数的组合，能够有效完成单波段或多波段的特定任务，如反射谱、反射谱偏差、反射电流、光学效率、光学产生速率、光生电流等光学分析常见的功能。优化算法主要包含拟合反射谱或优化光学层厚度所需要的常用优化算法，这里仅列出了单纯形与模拟退火两种算法，如图 6.6.8 所示。

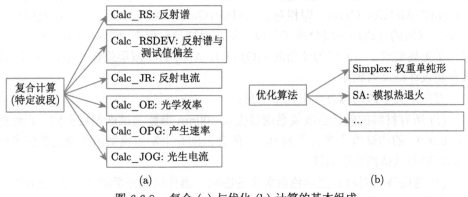

图 6.6.8　复合 (a) 与优化 (b) 计算的基本组成

Optics 中复合与优化计算的每个子程序除了典型的返回值 (如偏差、最大反射电流、优化目标函数地址等) 外，基本有两个输入参数分别对应图 6.6.6 中的光学实体 OpCom 与任务描述 Opn，如表 6.6.5 所示。

表 6.6.5　复合与优化计算子程序

模块	成员树	子程序说明
OpCal	OpCalc_ref(on,oc) OpCalc_Jog(on,oc) OpCalc_Opg(on,oc)	on 和 oc 任务描述与光学实体
	OpCalc_RsDev(dev,on,oc)	dev 是反射谱拟合偏差
	OpCalc_IRs(maxIR,on,oc)	maxIR 是最大反射电流
Opt	opt_amoeba(on,oc,f,Optfun) opt_sa(on,oc,f,Optfun)	Optfun 是优化目标函数地址

【练习】

1. 试用 Matlab，C 语言等编写一个简单程序，使之能够对一个多层太阳电池结构进行反射谱拟合、反射膜系优化与光学效率计算。

2. 分析一下, 在存在表面粗糙度与厚度拟合的情况下, 权重单纯形算法该做哪些修改?

6.7   典 型 示 例

如第 1 章中所述, 多结太阳电池在减反射膜设计与制备方面具有比较大的挑战。这里我们选取一个五结太阳电池中前面三结的减反射膜的设计与优化过程, 同时给出本章所发展的方法在器件结构设计方面独立于载流子输运方程的信息获取能力。该电池的光谱波段划分暂定为 2.1eV/1.7eV/1.424eV, 材料组成为 AlGaInP/AlGaAs/GaAs, 即相对于 GaInP/GaAs/Ge 电池而言, 该电池结构把 870nm 以前的光谱由两段分成了三段, 从而对减反射膜在 300~900nm 的反射率提出了更高要求。当前广为使用的 SiO/TiO、AlO/TiO 双层膜体系不再适用, 需要重新设计减反射膜系。

首先, 关于该结构有如下几个信息:

(1) 所有材料的能量色散关系通过生长 100nm 薄膜测试椭偏仪得到, 同时把 $k < 0.0001$ 的测试值直接设置为 0, 有的会借助介电常数模型函数或文献值来矫正和比对测试结构的准确性。

(2) 忽略掺杂对材料光学色散关系的影响, 器件结构光学层 16 层 (表 6.7.1), 实际中器件的功能层数目超过 35 层, 如子电池吸收区可能包含同等材料组成的发射区、本征区、低掺杂基区、高掺杂基区、界面区等 5 层, 隧穿结里可能含有一些增强隧穿概率的微结构层等, 这些不同掺杂层累积会增加反射谱曲线拟合的不确定性。

(3)AlInP 表面有一层很薄的氧化物, 其组分未知, 可能是 AlO_x 或其他, 采用一种比较简单的模型[31] 来表征其光学色散关系模型。

(4) 结构中含有所谓的 base-thinning, 即上一层子电池由于电流密度太高而采取的基区减薄的方式, 以让更多的光进入下一子电池中。

典型的光学减反射膜设计过程分成如下几步。

1. 反推"光学厚度"

如果把生长厚度结合测试得到的光学色散参数代入计算, 得到的反射谱与测试得到的反射谱曲线相差很大; 另一方面, 外延生长层厚度可以通过其他测试方法准确得到, 如透射电镜 (TEM)、二次离子质谱 (SIMS)、反射振荡曲线等, 并且现代材料生长技术能够把层厚度以非常精确的方式控制住, 导致这个问题的直接原因是实验测试的光学色散关系在带隙以下具有一定的误差, 通过多层累加以后就产生比较大的误差, 另一个潜在的因素是忽略了掺杂引起的对材料色散关系的影响。

同时, 结合测试得到的光学色散参数, 在 6.5.4 节权重下山单纯形算法基础上实施目标函数 (6.5.1.2a)(拟合波长范围 350~870nm, 迭代终止条件为厚度相对误差在 1% 以下, 最大拟合次数为 600), 也可以得到这些光学层的厚度, 与材料生长厚度存在一定的差距, 这种差距纯粹是为了适应光学色散关系的误差, 两种光学层厚度分别称为物理厚度与光学厚度, 后者是光学减反射膜设计的依据, 前者是器件电学性能计算的依据。

表 6.7.1 器件结构的光学层组成

编号	子结构	层	材料	带隙	厚度范围/nm
	金属半导体接触	接触层	GaAs	—	300
0	表面氧化物		AlO_x	—	0.5~2
1		窗口层	AlInP	2.28	10~50
2	顶电池	吸收区	$Al_{0.3}(GaIn)_{0.7}P$	2.1	480
3		背场层	$Al_{0.7}(GaIn)_{0.3}P$	2.28	20~100
4	连接顶电池与中电池的隧穿结	p++	$Al_{0.9}Ga_{0.1}As$	2.05	10~50
5		n++	$Al_{0.2}(GaIn)_{0.8}P$	2.02	10~50
6		窗口层	AlInP	2.28	10~200
7	中电池	发射区	GaInP	1.9	10~50
8		吸收层	$Al_{0.22}Ga_{0.78}As$		10~2000
9		背场层	GaInP	1.9	10~100
10	连接中电池与顶电池的隧穿结	p++	$Al_{0.3}Ga_{0.7}As$	—	10~100
11		n++	GaInP	1.9	10~100
12		窗口层	AlInP	2.28	10~200
13	底电池	吸收区	GaAs	1.424	1000~5000
14		背场层	$Al_{0.2}Ga_{0.8}As$	—	10~200
15	衬底	—	GaAs	1.424	∞

实践经验显示, 在光学结构上蒸发一个已知膜系增加光学干涉能够更加准确地获得光学厚度, 这要是因为目标函数 (6.5.1.2a) 中峰谷拟合的有效性远大于强度拟合 (强度拟合还取决于表面粗糙度), 附加光学膜能够增加曲线振荡。这里选取了一个 58nm/80nm 的 TiO_x/AlO_x 双层膜, 曲线拟合如图 6.7.1 所示。

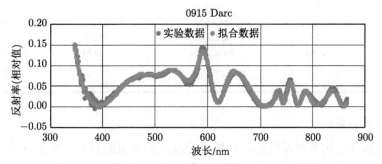

图 6.7.1 拟合的 0915 双层减反射膜 (Darc) 测试数据

　　在此基础上以表面层状态 (表面层及其氧化物厚度) 为参数，内部层厚度固定，对纯光学结构进行反射谱拟合，也得到了比较好的结果 (图 6.7.2)。

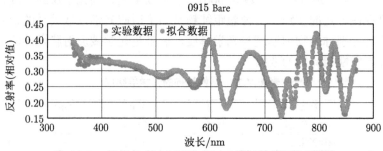

图 6.7.2　拟合的 0915 裸片 (Bare) 减反射膜测试数据

　　表 6.7.2 中列举了不同时间拟合双层减反射膜与裸片反射谱得到的光学厚度，其中 0915 拟合中没有注意到隧穿结采用的是 GaInP_Te，而是采用 Al$_{10}$GaInP_Te 材料 (这两种材料的光学参数在 650nm 左右稍微有些区别)，在 1125 拟合中修正了这个错误，导致厚度稍微有些起伏。

表 6.7.2　拟合得到的光学厚度

	生长厚度/nm	0915 Bare	0915 Darc	1125 Darc
AlO	80		79.5618	79.5988
TiO	58		57.2975	57.4548
		氧化物:1nm	氧化物:0	
1	25	15.7	15.2132	15.3328
2	475	448.7971	448.7971	445.3241
3	54	47.3187	47.3187	49.1313
4	20	23.0367	23.0367	23.5262
5	20	29.0583(Al10)	29.0583(Al10)	28.0766
6	30	21.4616	21.4616	19.0675
7	40	39.6502	39.6502	41.9465
8	1650	1642.3355	1642.3355	1641.0886
9	40	39.9902	39.9902	43.8683
10	20	22.3838	22.3838	19.2789
11	20	28.6409	28.6409	30.0978
12	100	102.5999	102.5999	104.4591
13	3100	3054.5179	3054.5179	2945.3578
14	20	20	20	20
15	0	0	0	0

2. 减反射膜设计

　　获得器件结构光学厚度后，开始进行减反射膜系的设计，鉴于该结构是作为五结太阳电池的前三结存在，减反射膜系需要四层以上 [43]，三个子电池对应吸收截止波段分别为 600nm、700nm 与 870nm，整个波段为 300~870nm，因此设定设计与优化减反射膜的目标函数为

$$\text{Min} \left\{ \text{Max} \left[J_R^{cal}(300\text{nm},600\text{nm}), J_R^{cal}(600\text{nm},700\text{nm}), J_R^{cal}(700\text{nm},870\text{nm}) \right] \right\} \tag{6.7.1}$$

搜索算法为 6.5.4 节中的模拟退火算法，优势为可以设定各个层的厚度范围 (1~200nm)。之所以没有选取多结所属层光生电流最小值的最大化作为优化目标函数，是因为发现通过椭偏仪测试得到的光学色散参数在带尾以下具有较大的不确定性，会直接影响不同子电池的光生电流密度的准确性，而反射特性则受相关因素影响较小。

选取的材料包括目前的 AlO、TiO、SiO、TaO、ZnS、MgF 等，图 6.7.3 显示了一些四层结构的结果，可以看出，MgF/ZnS 具有最好的性能，350~700nm 反射率都在 2% 以下，所有反射谱在 800nm 左右具有一个约 5% 的高反射区。下面开始制备四层 MgF/ZnS/MgF/ZnS 减反射膜，并依据上述发展的方法解决遇到的问题。

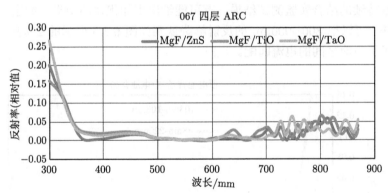

图 6.7.3　初步四层减反射膜搜索结果

3. 新减反射膜厚度优化

基于 2) 中搜索的四层减反射膜厚度，采用电子束蒸发在表 6.7.2 所示的光学结构上进行制备，并测试反射谱，发现与图 6.7.3 中的设计结果相差较大。依据 1) 中方法，以减反膜厚度为参数进行了反射谱拟合，获得制备的光学厚度如表 6.7.3 所示。

发现主要是第一层 ZnS 发生了比较大的偏差，基于对制备工艺的研究，将第一层 ZnS 厚度增加 42nm，反射曲线立即有了很大的改善。如图 6.7.4 所示，其中 first 为第一次测试结果，Modified 为调整了第一层厚度的测试结果。上述过程验证了我们发展的方法体系的有效性。

表 6.7.3　设计与拟合的四层减反射膜光学厚度

材料	设计厚度/nm	拟合厚度/nm
MgF	71.24	76.6169
ZnS	6.8	6.5764
MgF	16.5	16.4037
ZnS	38.5	23.686

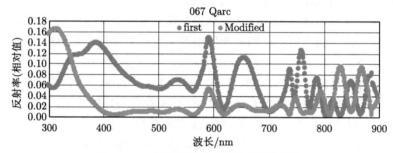

图 6.7.4　两次四层减反射膜反射谱曲线

通过持续的结合实验测试结果，有可能给出更加优化的结果，如进一步借助上述算法，可以把 800~900nm 的反射峰降低到如图 6.7.5 所示的 2% 左右，同时也提高了子电池之间的电流匹配。

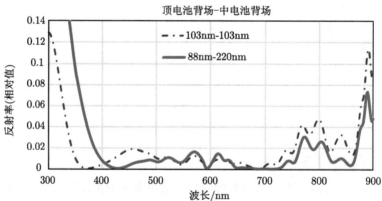

图 6.7.5　持续优化的四层减反射膜反射谱曲线，虚线是原有结果，实线是现有结果，可以看出 800nm 左右的反射率大幅下降

4. 光学效率反映的结构特征

光学效率对器件结构设计的启示意义主要反映在两方面：①某个层对子电池波段响应的影响，如窗口层、隧穿结、背场层等；②子电池吸收区中某个层厚度对响应的影响。图 6.7.5 显示了上述结构中 2.1eV 顶电池窗口层 AlInP 厚度 (10nm、

18nm、25nm 与 40nm) 对其光学响应的影响。可以看出,随着厚度降低,450nm 以前的短波响应从 < 80% 迅速提高到 90% 以上,尤其是 400nm 以前的响应提高更加明显,同时在 450nm 附近观察到 AlInP 材料消光级数 k 的振荡所引起的凹坑效应 (图 6.7.6 中虚线椭圆所示)。这告诉我们,如果要实现比较好的短波响应,则首先要确保实际的 AlInP 窗口层在 10nm 左右。

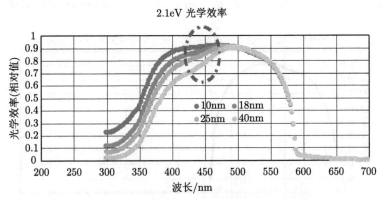

图 6.7.6   不同窗口层厚度对短波响应的影响

图 6.7.7 则显示了 2.1eV 子电池吸收区不同厚度 (460nm、510nm、560nm 与 610nm) 对长波响应的影响,其中窗口层厚度固定在 18nm。可以看出,随着吸收区厚度的增加,470nm 以后的效应从 90% 提高到 95% 左右。但现实中在 2.1eV 子电池的电流相对 1.7eV 子电池过剩的情况下,只能采取减少 2.1eV 子电池厚度的做法,以让更多的光进入 1.7eV 子电池中,这种做法通常称为顶电池基区减薄。

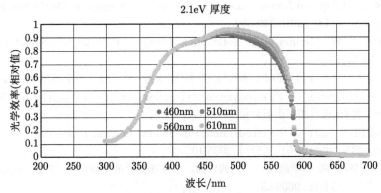

图 6.7.7   2.1eV 子电池不同吸收区厚度对长波响应的影响

多结电池的 OE 可以进一步分析不同子电池的光学耦合,比如在 Ⅲ-Ⅴ 族太阳电池中经常使用的顶电池基区减薄就是在顶电池光生电流密度过剩的情况

下, 通过减薄顶电池基区的方式让更多的光进入下面的子电池, 如 GaInP(1.9eV)/
GaAs(1.424eV) 中多用这种方法。在表 6.7.1 所示的五结太阳电池的前三结中, 顶
电池 (2.1eV) 的光生电流密度依然高于第二结 (1.7eV), 也采取了顶电池基区减
薄的做法, 图 6.7.8 是计算得到的三结电池的 OE, 其中第二结电池采用发射区
GaInP 与基区 AlGaAs 相异的异质结结构, 分别计算了其中的 OE, 可以看出顶
电池的长波光学效应边比较斜, 这是 Top Cell Base Thinning 的典型体现。

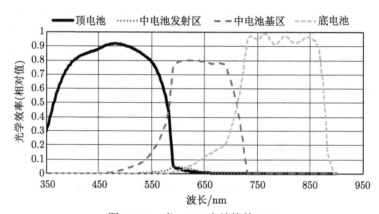

图 6.7.8　表 6.7.1 中结构的 OE

参 考 文 献

[1] Dressel M, Gruner G. Electrodynamics of Solids: Optical Properties of Electron in Matter. 北京: 世界图书出版公司, 2005:72.

[2] Bartolo B D. Optical Interactions in Solids. 2nd ed. Singapore: World Scientific Publishing Co Pte Ltd, 2010:349-350.

[3] Ashcroft N W, Mermin N D. Solid State Physics. Philadelphi: Saunders College, 1976:534-536.

[4] Li X. 器件设计、建模与仿真. 陈四海, 黄黎蓉, 李蔚, 译. 北京: 科学出版社, 2014:6.

[5] Dressel M, Gruner G. Electrodynamics of Solids: Optical Properties of Electron in Matter. 北京: 世界图书出版公司, 2005:17.

[6] Dressel M, Gruner G. Electrodynamics of Solids: Optical Properties of Electron in Matter. 北京: 世界图书出版公司, 2005:10.

[7] Born M, Wolf E. 光学原理——光的传播、干涉和衍射的电磁理论. 7 版. 杨葭荪译. 北京: 电子工业出版社, 2009:65.

[8] Chuang S L. 光子器件物理. 2 版. 贾东方, 等译. 光子器件物理. 北京: 电子工业出版社, 2013:19.

[9] Dressel M, Gruner G. Electrodynamics of Solids: Optical Properties of Electron in Matter. 北京: 世界图书出版公司, 2005:31-44.

[10] Born M, Wolf E. 光学原理——光的传播、干涉和衍射的电磁理论. 7 版. 杨葭荪译. 北京: 电子工业出版社, 2009:32-36.

[11] Macleod H A. Thin-Film Optical Filters. 5th ed. Florida: CRC Press, 2021.

[12] Chuang S L. 光子器件物理. 2 版. 贾东方, 等译. 光子器件物理. 北京: 电子工业出版社, 2013:226-229.

[13] Casey H C, Panish M B. Heterostructure Lasers. New York: Academic Press, 1978: 126.

[14] Pankove J I. Optical Processes in Semiconductors. Hoboken: Prentice-Hall, 1971:36.

[15] Piprek J. Semiconductor Optoelectronic Devices, Introduction to Physics and Simulation. New York: Academic Press, 2003:125.

[16] Sopori B L, Marshall T. Optical confinement in thin silicon films: a comprehensive ray optical theory. Conference Record of the Twenty Third IEEE Photovoltaic Specialists Conference (Cat. No.93CH3283-9), 1993:127-132.

[17] Krc J, Topic M. Optical Modeling and Simulation of Thin-Film Photovoltaic Devices. Los Angeles: CRC Press, 2013.

[18] Troparevsky M C, Sabau A S, Lupini A R, et al. Transfer-matrix formalism for the calculation of optical response in multilayer systems: from coherent to incoherent interference. Optics Express, 2010, 18(24):24715-24721.

[19] Katsidis C, Siapkas D. General transfer-matrix method for optical multilayer systems with coherent, partially coherent, and incoherent interference. Applied Optics, 2002, 41(19): 3978-3987.

[20] Ogilvy J A. Theory of wave scattering from random rough surfaces. Journal of the Acoustical Society of America, 1991, 90(6): 2332.

[21] Beckmann P. Scattering of light by rough surfaces//Wolf E. Progress in Optics VI. Amsterdam: North-Holland, 1961.

[22] Celli V, Marvin A, Toigo F. Light scattering from rough surfaces. Physical Review B, 1975, 11(4):1779-1786.

[23] Campbell P, Green M A. Light trapping properties of pyramidally textured surfaces. J. Appl. Phys., 1987, 62: 243-249.

[24] Müller F M. Photovoltaic Modeling Handbook. Hoboken: John Wiley & Sons Inc, 2018: 27-92.

[25] Green M A. Lambertian light trapping in textured solar cells and light-emitting diodes: analytical solutions. Prog. Photovoltaics Res. Appl., 2002, 10:235-241.

[26] Jung S, Kim K Y, Lee Y L, et al. Optical modeling and analysis of organic solar cells with coherent multilayers and incoherent glass substrate using generalized transfer matrix method. Japanese Journal of Applied Physics, 2011, 50(12):122301-122308.

[27] Wakaki M, Kudo K, Shibuya T. 光学材料手册. 周海宪, 程云芳, 译. 北京: 化学工业出版社, 2010:446.

[28] Grassi E, Johnson S R, Beaudoin M, et al. Modeling of optical constants of InGaAs and InAlAs measured by spectroscopic ellipsometry. Journal of Crystal Growth, 1999,

201/202:1081-1084.

[29] Palik E. Handbook of Optical Constants of Solids. New York: Academic Press, 1985: 189-211.

[30] Adachi S. IV 族、III-V 族和 II-VI 族半导体材料的特性. 季振国, 等译. 北京: 科学出版社, 2009:221-245.

[31] Schubert M, Woollam J A, Leibiger G, et al. Isotropic dielectric functions of highly disordered $Al_x Ga_{1-x} InP$ ($0 \leqslant x \leqslant 1$) lattice matched to GaAs. J. Appl. Phys., 1999, 86:2025.

[32] Kim C C, Garland J W, Raccah P M. Modeling the optical dielectric function of the alloy system $Al_x Ga_{1-x} As$. Phys. Rev. B, 1993, 47(4): 1876-1888.

[33] Snyder P G, Woollam J A, Alterovitz S A, et al. Modeling $Al_x Ga_{1-x} As$ optical constants as functions of composition. J. Appl. Phys., 1990, 68(11): 5925-5926.

[34] Adachi S. Optical properties of $In_{1-x} Ga_x As_y P_{1-y}$ alloys. Phys. Rev. B, 1989, 39:12612.

[35] Nelder J, Mead A R. A simplex method for function minimization. Computer Journal, 1965, 7:308-313.

[36] Huang Y, McColl W F. An improved simplex method for function minimization. IEEE International Conference on Systems, Man and Cybernetics. Information Intelligence and Systems (Cat. No.96CH35929), 1996, 3:1702-1705.

[37] Goffe W L, Ferrier G D, Rogers J. Global optimization of statistical functions with simulated annealing. Journal of Econometrics, 1994, 60(1/2):65-100.

[38] Isaacs A, Ray T, Smith W. A hybrid evolutionary algorithm with simplex local search. IEEE Congress on Evolutionary Computation, 2007:1701-1708.

[39] Goffe W L, Ferrier G, Rogers J. SIMANN: FORTRAN module to perform global optimization of statistical functions with simulated annealing. Computational Economics Software Archive, 1992, 60(94):65-99.

[40] Zhang J. The hybrid method of steepest descent: conjugate gradient with simulated nnealing// Molecular Structures and Structural Dynamics of Prion Proteins and Prions. Focus on Structural Biology, 9, Dordrecht: Springer, 2015.

[41] Forbes G, Jones A. Towards global optimization with adaptive simulated annealing. Proc. SPIE, 1991:1-10.

[42] Aiken D J. High performance anti-reflection coatings for broadband multi-junction solar cells. Solar Energy Materials & Solar Cells, 2000, 64(4):393-404.

第 7 章　光子自循环

7.0　概　　述

光子自循环效应 (又称自激发效应、自吸收效应) 是很多光电子器件中 (如激光器、探测器、发光二极管、太阳电池等) 非常关键的一种效应，其研究历史可以追溯到 1957 年 [1,2]。太阳电池中的相关历史也有近四十年。如第 1 章中所述，在材料质量比较差，如缺陷复合寿命远小于自发辐射复合寿命时，不需要考虑光子自循环效应，如果材料提纯技术与制备技术使得上述两者寿命开始相当，光子自循环效应对太阳电池性能的影响就比较显著。严格地说，光子自循环效应是一种量子光学效应，需要在量子电动力学框架内严格求解。但基于自发辐射光具有相位随机、不相干的特征，同时太阳电池吸收层的厚度远大于能够发生量子效应的德布罗意 (de Broglie) 波长，则在经典 Maxwell 方程的框架内的近似求解具有合理的物理基础。自发辐射光产生的电流可以看作是空间相位随机的点源，同时忽略外部电荷，(6.1.1.5a) 成为

$$\nabla^2 \boldsymbol{E} + \left(\frac{\mu_1 \varepsilon_1}{c^2} \omega^2 + \mathrm{i}\omega \frac{4\pi \sigma_1 \mu_1}{c^2} \right) \boldsymbol{E} = \mathrm{i}\omega \frac{4\pi}{c} \boldsymbol{J}_{\mathrm{sp}} \delta\left(x\right) \delta\left(y\right) \delta\left(z\right) \tag{7.0.1}$$

众所周知，自发辐射点源具有球对称的特性，解是球面波 [3]：

$$\boldsymbol{E}\left(\boldsymbol{r}\right) \sim \frac{\mathrm{e}^{\mathrm{i}\boldsymbol{k}\cdot\boldsymbol{r}}}{r} \tag{7.0.2}$$

(7.0.2) 决定了经典电磁理论框架内处理自发辐射光必须涉及对所有角度的球面的积分。根据索末菲 (Sommerfield) 等式，球面波可以展开平面方向的柱面波 k_ρ 与垂直方向的平面波 k_z 的积分：

$$\frac{\mathrm{e}^{\mathrm{i}\boldsymbol{k}\cdot\boldsymbol{r}}}{r} = \mathrm{i} \int_0^\infty \mathrm{d}k_\rho \frac{k_\rho}{k_z} J_0\left(k_\rho \rho\right) \mathrm{e}^{\mathrm{i}k_z|z|} \tag{7.0.3}$$

其中，$k_\rho^2 = k_x^2 + k_y^2$ 是平面波矢；$J_0\left(k_\rho \rho\right) = \dfrac{1}{2\pi} \displaystyle\int_0^{2\pi} \mathrm{d}\alpha \mathrm{e}^{\mathrm{i}k_\rho \rho \cos\left(\alpha - \phi\right)}$，这里 α 与 ϕ 分别是平面波矢与平面矢量在柱坐标中的角度。

另一方面必须指出的是，光子自循环效应仅在自发辐射复合系数比较大的直接带隙半导体中存在 $(B \sim 10^{-10} \mathrm{cm}^3 \cdot \mathrm{s}^{-1})$，而在间接带隙半导体中无须考虑 $(B \sim 10^{-14} \mathrm{cm}^3 \cdot \mathrm{s}^{-1})$，典型的如 Si 太阳电池。从器件物理的角度来说，载流子自发辐射复合重新产生的光会导致整个器件几何区域内的光场强度重新分布，影响少子寿命、扩散长度、扩散系数等材料参数 [4]，最终对电学参数，主要是开路电压产生影响 [5,6]。

基于上述认识，本章在射线光学框架和经典 Maxwell 方程框架内发展能够有效嵌入半经典输运模型的算法。

7.1　基本模型

光子的自发辐射所导致的自吸收表现为器件内某点自发辐射所产生的光有多少能够达到另一点，具有很强的空间非局域性，相关物理模型包括三部分。

1. 自发辐射光谱

器件区域内某点电子空穴自发辐射复合产生的光的能量色散关系为 [7,8]

$$B(np - n_0 p_0) = \frac{1}{\pi^2 \hbar^3 c^2} \int_{Eg}^{\infty} (\hbar\omega)^2 n^2(\hbar\omega) \alpha(\hbar\omega) \frac{1}{\mathrm{e}^{\frac{\hbar\omega - \Delta E_F}{k_B T}} - 1} \mathrm{d}(\hbar\omega) \quad (7.1.1a)$$

其中，$\Delta E_F = E_{Fh} - E_{Fe}$ 是电子/空穴系综准 Fermi 能级距离。鉴于实际中常遇到的反映材料光学色散关系的数据是折射率–消光系数，利用吸收系数与消光系数之间的关系得到

$$B(np - n_0 p_0) = \frac{2}{\pi^2 \hbar^3 c^2} \int_{E_g}^{\infty} (\hbar\omega)^3 n^2(\hbar\omega) k(\hbar\omega) \frac{1}{\mathrm{e}^{\frac{\hbar\omega - \Delta E_F}{k_B T}} - 1} \mathrm{d}(\hbar\omega) \quad (7.1.1b)$$

根据量纲估算，(7.7.1a) 和 (7.7.1b) 的单位为 $10^{30} \mathrm{cm}^{-3} \cdot \mathrm{s}^{-1}$。定义光子能量为 E 的自发辐射光比例系数为

$$c(E) = E^3 n^2(E) k(E) \frac{\mathrm{e}^{\frac{\Delta E_F - E}{k_B T}}}{1 - \mathrm{e}^{\frac{\Delta E_F - E}{k_B T}}} \Delta E \bigg/ \int_{E_g}^{\infty} E^3 n^2(E) k(E) \frac{\mathrm{e}^{\frac{\Delta E_F - E}{k_B T}}}{1 - \mathrm{e}^{\frac{\Delta E_F - E}{k_B T}}} \mathrm{d}E$$
$$(7.1.2)$$

于是能量为 E 的自发辐射光强度为

$$G^{sp}(E) = B(np - n_0 p_0) c(E) \quad (7.1.3)$$

(7.1.3) 中载流子浓度是空间的函数，相应的自发辐射光强也是空间的函数，体现在 Fermi 能级距离上。

2. 空间关联函数

自发辐射光器件内某点到另一点反映的是两者的关联函数，显而易见这是一个与器件结构、光子能量、材料光学特性息息相关的量 $s[\boldsymbol{r}, \boldsymbol{r}', \hbar\omega, \text{Structure}, \text{Material}]$，本质上是太阳电池多层结构存在一辐射源所产生的发射谱的空间分布，另一方面，自发辐射光又是低强度、随机、非相干的，不同点的光可以认为是相互独立的。空间关联函数的计算是整个光子自循环效应的核心。

3. 附加光学产生速率

器件内某点自发辐射光谱所附加的光强是器件内所有能够产生的自发辐射光的点叠加，从这一点来说，光子自循环效应反映的是器件区域内所有点的关联。以一维为例，假设 z 与 z' 之间在能量 $\hbar\omega$ 的关联函数为 $s(z, z' : \hbar\omega)$，总的在 z' 处附加的光强为

$$G^{\mathrm{PR}}(z') = \int G^{\mathrm{sp}}(z, \hbar\omega) s(z, z' : \hbar\omega) \, \mathrm{d}(\hbar\omega) \, \mathrm{d}z \qquad (7.1.4)$$

7.2 自发辐射光谱

(7.1.1a) 和 (7.1.1b) 定义的自发辐射速率是对能量的积分，只发生在能量高于带隙的载流子。太阳电池中，准 Fermi 能级的差通常小于光子能量 $\Delta E_{\mathrm{F}} < \hbar\omega$，(7.1.1b) 中等号右边的积分可以转换成

$$\int_{E_{\mathrm{g}}}^{\infty} E^3 n^2(E) k(E) \frac{\mathrm{e}^{\frac{\Delta E_{\mathrm{F}} - E}{k_{\mathrm{B}} T}}}{1 - \mathrm{e}^{\frac{\Delta E_{\mathrm{F}} - E}{k_{\mathrm{B}} T}}} \mathrm{d}E \qquad (7.2.1a)$$

作积分变换 $E = E_{\mathrm{g}} + x$，(7.2.1a) 能够转换成如 (5.10.2.3b) 的权重函数是负值指数函数的积分形式：

$$\mathrm{e}^{\frac{\Delta E_{\mathrm{F}} - E_{\mathrm{g}}}{k_{\mathrm{B}} T}} \int_{E_{\mathrm{g}}}^{\infty} \frac{E^3 n^2(E_{\mathrm{g}} + x) k(E_{\mathrm{g}} + x)}{1 - \mathrm{e}^{\frac{\Delta E_{\mathrm{F}} - E}{k_{\mathrm{B}} T}}} \mathrm{e}^{-\frac{x}{k_{\mathrm{B}} T}} \mathrm{d}x \qquad (7.2.1b)$$

如果光学带隙与光子能量之间的差大到相对数值要求精度上可以忽略的情况：$1 - \mathrm{e}^{\frac{\Delta E_{\mathrm{F}} - E_{\mathrm{g}}}{k_{\mathrm{B}} T}} \approx 1$：

$$\mathrm{e}^{\frac{\Delta E_{\mathrm{F}} - E_{\mathrm{g}}}{k_{\mathrm{B}} T}} \int_{E_{\mathrm{g}}}^{\infty} E^3 n^2(E_{\mathrm{g}} + x) k(E_{\mathrm{g}} + x) \mathrm{e}^{-\frac{x}{k_{\mathrm{B}} T}} \mathrm{d}x \qquad (7.2.1c)$$

(7.2.1a)~(7.2.1c) 所定义的曲线综合了消光系数与光子能量指数函数的双重效应，理想的曲线应该在带边能量向上附近很小区域内有一最高点，然后以指数函数形式急剧下降，如图 7.2.1 所示。

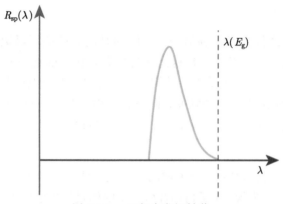

图 7.2.1　理想自发辐射谱

　　然而现实中却不是这样，这里举一个实际中遇到的情形来观察 (7.2.1c) 中积分函数的变化规律。以光学带隙为 1.92eV 的 AlGaInP 材料为例，准 Fermi 能级差取开路电压 1480mV，折射率与消光系数依据来自于椭偏仪测试相关材料样品，计算得到的曲线如图 7.2.2 所示，可以看出在光学带隙边缘自发复合辐射光强度并不为 0，与理论结果不相符，这意味着实际操作中必须采用某种具有理论形式的消光系数或吸收系数模型以确保自洽。另外距离带隙 100nm 处，自发辐射光分量比仅剩下 10^{-6} 不到。

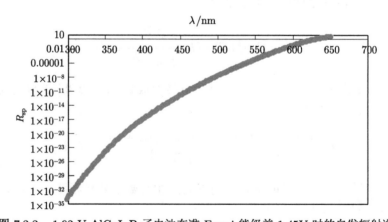

图 7.2.2　1.92eV AlGaInP 子电池在准 Fermi 能级差 1.45V 时的自发辐射谱

【练习】

　　结合 (5.10.2.3b) 编写一个 (7.2.1c) 的子函数，并选取某种材料结合器件光学参数进行数值分析。

7.3　空间关联函数的射线光学法

鉴于太阳电池吸收层的纵向尺寸 d(通常 >1000nm) 远大于电子波长,所以能够以经典光学的方法处理,而不是借助严格的量子光学体制。可以在射线光学框架内建立空间关联函数的计算方法:通过光线跟踪确立某自发辐射所产生的光在材料内部不同位置的分布,也就是跟踪某点发射的光能否达到另外一处 (目标点),如果能够达到,会产生多大的附加光强。鉴于自发辐射的光各向同性呈球面波辐射,因此需要考虑不同方向的光最终在目标点所产生的光强和。早期的很多文章与软件中都采用这种又形象又容易理解的射线光学方法 [9-15],其缺点是难以处理面向多结太阳电池的复杂多层结构,尤其是不同子电池之间的光子耦合。这种方法的基本框架有如下几部分。

1. 几何构型

建立如图 7.3.1 的三层模型,上下界面满足严格平行,太阳电池吸收层在上界面 1 与下界面 2 中间,为了使该模型具有更广泛的物理意义,上界面 1 与下界面 2 两边都允许存在更多的层,实际中对应的情况是上界面 1 对应窗口层与发射区界面,下界面 2 对应基区与背场界面。规定上界面 1 为空间坐标中的 z 轴 0 点,正方向为上界面 1 垂直向下,发射角为光线与正方向夹角。严格平行膜系以及太阳电池的横向大尺寸,使得能够将模型简化成一维情形,也就是与上界面 1 距离相等的平面上的点在物理上是 “同一个” 点,即如果以上界面 1 为 0 点,所有的 $(x, y, z) \to (z)$。

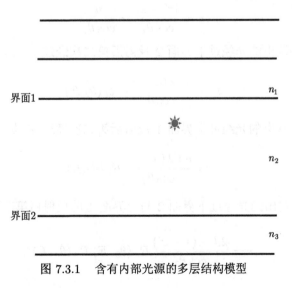

图 7.3.1　含有内部光源的多层结构模型

2. 物理假设

(1) 材料光学特性具有空间各向同性的特征，即折射率、消光系数与自发辐射；

(2) 材料内部非常均匀，没有任何能够发生散射的因素；

(3) 自发辐射复合的强度与入射到材料内部该点的光强相互独立，即弱耦合机制；

(4) 自发辐射光的相位随机使得围绕发射点所产生的球的单位立体角内具有等同的强度分布：

$$\int_0^\pi \frac{1}{4\pi r^2} 2\pi r \sin\theta \mathrm{d}\theta = 1 \tag{7.3.1}$$

自发辐射光与 z 坐标轴的夹角为 θ，那么目标点处的附加光强为

$$G^{\mathrm{PR}}\left(z, z' : \hbar\omega\right) = \int G\left[(\theta, z) : \hbar\omega\right] s\left[(\theta, z), (z') : \hbar\omega\right] \mathrm{d}\theta \tag{7.3.2}$$

这里 $s[(\theta, z), z', E]$ 表示能量为 E 的光从 (θ, z) 到 z' 处的映射函数。

3. 射线几何

假设以能量为 E，发射角 θ 入射的球面波分量在上界面 1 与下界面 2 的反射系数分别为 $r_1(\theta, E)$ 与 $r_2(\theta, E)$，可以看出 z 点上半球的路线与下半球的路线有所不同，对于到达点在发射点下方的情形，存在如下射线路径：

(1) 从 z 点发出的光第一次经过 z' 点，光程 r、发射角 θ 与到达点垂直距离 $u = |z' - z|$ 之间满足：

$$r = \frac{|z' - z|}{\cos\theta_1} = \frac{u}{\cos\theta_1} \tag{7.3.3a}$$

(2) 从 z 点发出的光经过下界面 2 反射后第二次经过 z' 点，光程 r 满足：

$$r = \frac{u + 2\left(d - z'\right)}{\cos\theta_2} R_2\left(\theta_2, E\right) \tag{7.3.3b}$$

(3) 从 z 点发出的光经过上界面 1 反射后第二次经过 z' 点，光程 r 满足：

$$r = \frac{u + 2\left(d - z\right)}{\cos\theta_2} R_1\left(\theta_2, E\right) \tag{7.3.3c}$$

(4) 从 z 点发出的光经过下界面 2 与上界面 1 的反射后第三次经过 z' 点，光程 r 满足：

$$r = \frac{2d - (z - z')}{\cos\theta_3} R_1\left(\theta_3, E\right) R_2\left(\theta_3, E\right) \tag{7.3.3d}$$

......

路径 1 在内荧光方面显然具有最强的效应，一些文章和软件中通常只考虑该因素的影响[13]，如图 7.3.2 的几何中，半径 $r = \dfrac{u\sin\theta}{\cos\theta}$，对 r 的积分可以转换成对水平轴的夹角 θ，(7.3.3a) 最终可以转换成指数积分的形式：

$$\int_0^{\pi/2} \frac{\mathrm{e}^{-\alpha\frac{u}{\cos\theta}}}{4\pi\left(\dfrac{u}{\cos\theta}\right)^2}2\pi r\mathrm{d}r = \int_0^{\pi/2} \frac{\mathrm{e}^{-\alpha\frac{u}{\cos\theta}}}{4\pi\left(\dfrac{u}{\cos\theta}\right)^2}2\pi\frac{u\sin\theta}{\cos\theta}\mathrm{d}\left(\frac{u\sin\theta}{\cos\theta}\right)$$

$$= -\frac{1}{2}\int_0^{\pi/2} \frac{\mathrm{e}^{-\alpha\frac{u}{\cos\theta}}}{\cos\theta}\mathrm{d}\left(\cos\theta\right)$$

$$= -\frac{1}{2}\int_1^0 \frac{\mathrm{e}^{-\alpha\frac{u}{t}}}{t}\mathrm{d}t = \frac{1}{2}\int_{\alpha u}^{+\infty} \frac{\mathrm{e}^{-x}}{x}\mathrm{d}x = \frac{1}{2}Ei\left(\alpha u\right) \quad (7.3.4)$$

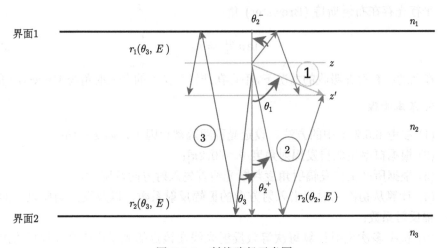

图 7.3.2　射线路径示意图

类似地，可以得到 (7.3.3b)~(7.3.3d) 的指数积分形式[12]。有时将 (7.3.4) 所定义的形式标志为 E_1，存在上界面或下界面反射的情形标志为 E_2，以此类推。

4. 界面反射

自发辐射光在上下两个界面的反射涉及球面波在多层介质薄膜中的传输计算，这是射线光学方法的难点，不同的文章往往做了一些近似，如认为吸收层两边是无限厚介质材料[12,15]，在这种假设基础上，文献 [12] 中对比平面波，将入射光线分成平行分量与垂直分量两种：

$$r_\perp (u, r', n) = \frac{u - \left[(n^2 - 1)\, r'^2 + n^2 u^2 \right]^{1/2}}{u + \left[(n^2 - 1)\, r'^2 + n^2 u^2 \right]^{1/2}} \tag{7.3.5a}$$

$$r_\parallel (u, r', n) = \frac{\left[(n^2 - 1)\, r'^2 + n^2 u^2 \right]^{1/2} - n^2 u}{\left[(n^2 - 1)\, r'^2 + n^2 u^2 \right]^{1/2} + n^2 u} \tag{7.3.5b}$$

通常太阳电池的窗口层与背场层的带隙比吸收区的要宽, 在能够发生光子自循环效应的波长范围满足折射率 $n_2 > \max(n_1, n_3)$, 导致上界面 1 与下界面 2 上存在光全反射角 $\theta_{1\mathrm{cri}}$ 与 $\theta_{2\mathrm{cri}}$。

$$\tan \theta_{\mathrm{cr}}^1 = \frac{n_1}{(1 - n_1^2)^{1/2}} \tag{7.3.6}$$

平行光存在布儒斯特 (Brewster) 角：

$$\tan \theta_{\mathrm{B}}^1 = n_1 \tag{7.3.7}$$

在两边材料存在吸收的情况下, 不存在严格意义上的全反射角与 Brewster 角。

5. 基本步骤

(1) 参考 6.5.2 节中的方法, 设定光程跟踪截止因子, 如 $s = 15$;

(2) 根据概率生成自发辐射角度 $\theta \in [0, 2\pi]$;

(3) 根据所产生自发辐射角度判断光线首先入射方向及层;

(4) 计算从初次入射层沿入射方向的振幅反射系数, 以及反方向层以下的等效振幅反射系数;

(5) 根据多次反射计算每次等效反射光线在该点的光学产生率 (判断该点与光发射点沿光入射方向的相对位置), 根据光学跟踪截止因子判断光是否在该处消失, 如流程图 7.3.3 所示。

(6) 对于每处取得的光学产生率关联系数进行算术平均, 即得该层内的本层光干涉关联系数;

(7) 如果需要计算隔层的光学产生速率关联系数, 需要进一步计算透射系数。

【练习】

1. 参考 (7.3.4) 编写一个关于一阶效应的空间关联函数子程序。

2. 推导存在上或下两界面反射时的空间关联函数形式: $E_2(\alpha u_2^+)$ 和 $E_2(\alpha u_2^-)$, 其中 $+$ 和 $-$ 分别表示存在下反射和上反射的情形。

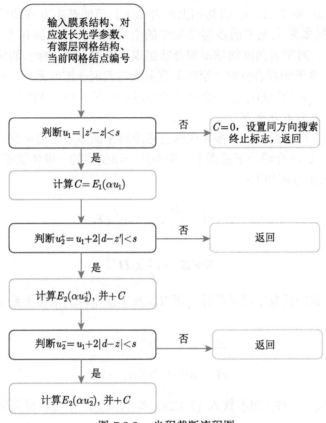

图 7.3.3　光程截断流程图

7.4　空间关联函数的 Maxwell 方程法

前面提到自发辐射效应本质上是一种量子电磁效应,但鉴于太阳电池的大尺寸,与电子空穴对相对易的光学模式为经典电磁波,因此能够在纯经典电磁学的框架内解决,这里依然假设服从场与源的弱耦合机制。经典理论中与之类似的情形是小偶极子天线辐射功率,自发辐射事件在几何空间与频率空间内相互无关联,模型是单频高度空间局域的偶极子。为了与输运模型的数值求解相匹配,这里的空间局域点是指器件区域网格离散后的网格点:

$$\boldsymbol{J}^{\mathrm{sp}}\left(\boldsymbol{r},\omega\right)=J_0^{\mathrm{sp}}\delta\left(\boldsymbol{r}-\boldsymbol{r}'\right)\boldsymbol{s} \tag{7.4.1a}$$

其中,$\boldsymbol{s}$ 是局域自发辐射电流方向;局域电流密度可以由输运模型得到,如 (4.5.8.2a) 定义:

$$\nabla\cdot\boldsymbol{J}_{\mathrm{sp}}\left(\boldsymbol{r},\omega\right)=qR_{\mathrm{sp}} \tag{7.4.1b}$$

在 (7.4.1a) 和 (7.4.1b) 的基础上结合 6.1.1 节的基本方程能够求解某一传输方向上 s 的太阳电池平面多层结构中的空间分布, 注意到每个 s 对应球面波的一个角度, 对所有角度的球面积分就组成了辐射点到目标点的空间关联函数 $s(z, z' : \hbar\omega)$, 鉴于弱耦合机制, 空间关联函数与载流子浓度无关, 现实中不需要每次重新计算, 而是初始计算一次就以表的形式储存下来, 供以后多次检索调用, 有些文献中称之为再分布表 [16]。

计算电磁学里已经发展了多种能够有效求解平面多层结构中存在独立随机点源的方法 [17], 这里介绍一下适用于太阳电池一维结构的一维传输矩阵法 [18], 所依据的 Maxwell 方程如下:

$$\nabla \times \boldsymbol{H} = \frac{4\pi}{c} \boldsymbol{J}_{\mathrm{sp}} - \mathrm{i} \frac{\omega}{c} \hat{\varepsilon} \boldsymbol{E} \tag{7.4.2a}$$

$$\nabla \times \boldsymbol{E} = \mathrm{i} \frac{\omega}{c} \mu_0 \boldsymbol{H} \tag{7.4.2b}$$

由于整体结构具有平面对称性, 所以解对平面坐标的依赖关系呈现为平面波的形式:

$$\boldsymbol{E} = \mathrm{e}^{\mathrm{i}(k_x x + k_y y)} \boldsymbol{e}_k(z) \tag{7.4.3a}$$

$$\boldsymbol{H} = \mathrm{e}^{\mathrm{i}(k_x x + k_y y)} \boldsymbol{h}_k(z) \tag{7.4.3b}$$

将 (7.4.3a) 和 (7.4.3b) 代入 (7.4.2a) 和 (7.4.2b) 中可以得到分量所满足的关系:

$$
\begin{aligned}
\mathrm{i}k_y h_z - \frac{\mathrm{d}}{\mathrm{d}z} h_y &= \frac{4\pi}{c} J_x^{\mathrm{sp}} - \mathrm{i} \frac{\omega}{c} \hat{\varepsilon} e_x \\
\frac{\mathrm{d}}{\mathrm{d}z} h_x - \mathrm{i}k_x h_z &= \frac{4\pi}{c} J_y^{\mathrm{sp}} - \mathrm{i} \frac{\omega}{c} \hat{\varepsilon} e_y \\
\mathrm{i}k_x h_y - \mathrm{i}k_y h_x &= \frac{4\pi}{c} J_z^{\mathrm{sp}} - \mathrm{i} \frac{\omega}{c} \hat{\varepsilon} e_z
\end{aligned}
\tag{7.4.4a}
$$

$$
\begin{aligned}
\mathrm{i}k_y e_z - \frac{\mathrm{d}}{\mathrm{d}z} e_y &= -\mathrm{i} \frac{\omega}{c} \hat{\varepsilon} h_x \\
\frac{\mathrm{d}}{\mathrm{d}z} e_x - \mathrm{i}k_x e_z &= -\mathrm{i} \frac{\omega}{c} \hat{\varepsilon} h_y \\
\mathrm{i}k_x e_y - \mathrm{i}k_y e_x &= -\mathrm{i} \frac{\omega}{c} \hat{\varepsilon} h_z
\end{aligned}
\tag{7.4.4b}
$$

由 (7.4.4a) 的第三式可以看出磁场的横向分量存在不连续性, 因此在建立传输矩阵的时候需要将存在自发辐射电流源的位置单独增加一个虚拟界面, 如图 7.4.1 所示。

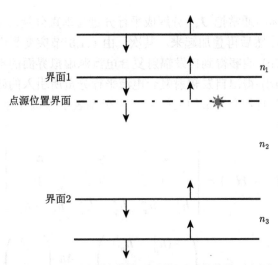

图 7.4.1 含有自发辐射点源虚拟界面的传输示意图

将两个界面 (包括点源位置增加的界面) 之间电场与磁场展开成平面结构中反向与正向平面波的叠加形式:

$$\boldsymbol{e}_k\left(z\right) = \boldsymbol{e}_k^+ \mathrm{e}^{\mathrm{i}k_z z} + \boldsymbol{e}_k^- \mathrm{e}^{\mathrm{i}k_z(d-z)} \tag{7.4.5a}$$

$$\boldsymbol{h}_k\left(z\right) = \boldsymbol{h}_k^+ \mathrm{e}^{\mathrm{i}k_z z} + \boldsymbol{h}_k^- \mathrm{e}^{\mathrm{i}k_z(d-z)} \tag{7.4.5b}$$

这种平面波中的包络形式能够与边界条件有效结合起来, 即在最上面的终止层里仅存在向上的瞬逝波, 下面的终止层里仅存在向下的瞬逝波。注意这里的终止层并不一定是器件外, 只要满足 6.5.2 节中的有效光程截断条件, 如 GaInP/GaAs 双结太阳电池中顶电池 650nm 自发辐射光向下消失在光学带隙为 870nm 的 GaAs 子电池中。这样向上/向下的边界条件分别为

$$\boldsymbol{e}_k^j\left(z\right) = \boldsymbol{e}_k^{j-} \mathrm{e}^{-\mathrm{i}k_z^j z} \tag{7.4.6a}$$

$$\boldsymbol{e}_k^{j'}\left(z\right) = \boldsymbol{e}_k^{j'+} \mathrm{e}^{\mathrm{i}k_z^{j'} z} \tag{7.4.6b}$$

(7.4.6a) 和 (7.4.6b) 中附加了相应的层的编号 j 和 j'。将 (7.4.5a)、(7.4.5b) 和 (7.4.6a)、(7.4.6b) 代入 (7.4.4a) 和 (7.4.4b) 并结合界面条件, 就得到类似我们平面波处理多层结构的传输矩阵, 通过遍历所有平面内角度并进行球面积分求和可以获得 z 与 z' 的空间关联函数 $s\left(z, z' : \hbar\omega\right)$。

如同第 6 章所述的, 传输矩阵建立了不同材料界面振幅的关联关系, 一般材料异质界面的边界条件由 (6.1.3.1a)~(6.1.3.1d) 直接得到。但是自发辐射电流源虚拟界面边界条件需要专门的处理方法。首先, 鉴于自发辐射光具有空间随机不

相关的特性，实际中通常把 $\boldsymbol{J}_{\mathrm{sp}}$ 分解成平行分量与垂直分量，分别得到相对应的界面连续性条件，然后再叠加起来。其次，由 6.1.3 节突变界面的连续条件结合 (7.4.4a) 和 (7.4.4b) 能够得到自发辐射复合电流源虚拟界面的不连续性。这个过程中，由 (6.1.3.1d) 得出自发辐射复合电流平行分量所引入的磁场分量不连续性为 (注意此处及下面各个变量的上标 $+$、$-$ 分别表示虚拟界面沿 z 方向的两边，不再标志正反向波)

$$
\boldsymbol{z} \times \left(\boldsymbol{H}^{+} - \boldsymbol{H}^{-}\right) = \left|
\begin{array}{ccc}
\boldsymbol{x} & \boldsymbol{y} & \boldsymbol{z} \\
0 & 0 & 1 \\
h_x^+ - h_x^- & h_y^+ - h_y^- & h_z^+ - h_z^-
\end{array}
\right|
$$

$$
= \begin{pmatrix} -(h_y^+ - h_y^-) \\ h_x^+ - h_x^- \\ 0 \end{pmatrix} = \frac{4\pi}{c} \begin{pmatrix} j_x^{\mathrm{sp}} \\ j_y^{\mathrm{sp}} \\ 0 \end{pmatrix} \tag{7.4.7a}
$$

由 (6.1.3.1c) 可以得到电场平面分量在界面上是连续的：

$$
\boldsymbol{z} \times \left(\boldsymbol{D}^{+} - \boldsymbol{D}^{-}\right) = \left|
\begin{array}{ccc}
\boldsymbol{x} & \boldsymbol{y} & \boldsymbol{z} \\
0 & 0 & 1 \\
e_x^+ - e_x^- & e_y^+ - e_y^- & e_z^+ - e_z^-
\end{array}
\right|
$$

$$
= \begin{pmatrix} -(e_y^+ - e_y^-) \\ e_x^+ - e_x^- \\ 0 \end{pmatrix} = \begin{pmatrix} 0 \\ 0 \\ 0 \end{pmatrix} \tag{7.4.7b}
$$

由 (7.4.4b) 的第三式可以得到 h_z 是连续的：

$$
h_z^+ - h_z^- = 0 \tag{7.4.7c}
$$

而由 (7.4.4a) 的第三式可知 e_z 存在不连续：

$$
e_z^+ - e_z^- = -\frac{4\pi}{\omega\hat{\varepsilon}} \left(k_x j_x^{\mathrm{sp}} + k_y j_y^{\mathrm{sp}}\right) \tag{7.4.7d}
$$

(7.4.7a)~(7.4.7d) 确定了自发辐射电流平行分量相对应的所有电磁场分量的界面条件。

对于自发辐射复合电流的垂直分量，由 (7.4.7a) 可以知道磁场的平行分量是连续的：

$$h_x^+ - h_x^- = 0 \tag{7.4.8a}$$

$$h_y^+ - h_y^- = 0 \tag{7.4.8b}$$

由 (7.4.4a) 的第三式可以得到

$$e_z = \frac{4\pi}{\mathrm{i}\omega\hat{\varepsilon}} J_z^{\mathrm{sp}} - \frac{c}{\omega\hat{\varepsilon}}(k_x h_y - k_y h_x) \tag{7.4.8c}$$

将 (7.4.8c) 代入 (7.4.4b) 的前两式，并作面元上的微体积元积分可以得到电场分量在自发辐射复合电流源虚拟界面的边界条件为

$$e_x^+ - e_x^- = k_x \frac{4\pi}{\omega\hat{\varepsilon}} J_{z,l}^{\mathrm{sp}} \tag{7.4.8d}$$

$$e_y^+ - e_y^- = k_y \frac{4\pi}{\omega\hat{\varepsilon}} J_{z,l}^{\mathrm{sp}} \tag{7.4.8e}$$

(7.4.8d) 与 (7.4.8e) 中的 l 表示线电流密度，在此基础上得到磁场的垂直分量也是连续的：

$$h_z^+ - h_z^- = 0 \tag{7.4.8f}$$

注意到电场强度和磁场强度横向分量的界面条件，分别建立对应 $e_y(A_\perp)$ 和 $e_x(A_\parallel \cos\theta)$ 的在自发辐射复合电流源处虚拟界面的转移矩阵。(7.4.7a)~(7.4.7d) 与 (7.4.8a)~(7.4.8f) 建立了传输矩阵在自发辐射复合电流源处虚拟界面的转移矩阵，从而健全了整个传输矩阵体系，在此基础上，能够将瞬失层中电磁分量表示成自发辐射复合电流密度分量的函数，进而得到所有层中电磁分量的表达式。

【练习】

1. 结合本节所发展的框架，建立包含所有界面的传输矩阵并编程实施。

2. 考虑 600nm 时的光学结构：air(1.0,0.0,∞)/Win1(3.23,0,18nm)/GaInP (3.6,0.17,600nm)/BSF(3.34,0.0006,50nm)/TJP(3.64,0.07,20nm)/TJN(3.58,0.06, 20nm) /Win2(3.23,0,100nm)/GaAs(3.9,0.22,3000nm)，括号内分别为 n,k 与厚度，计算 GaInP 距离 BSF 50nm 处垂直方向辐射电流与 GaAs 中距离 Win2 250nm 处的空间关联函数。

3. 在练习 1 和 2 的基础上，建立面向自发辐射光子耦合的合适的数据结构。

7.5 空间关联函数的量子光学框架

自发辐射的量子光学框架是在环境对独立原子自发辐射谱的影响基础上发展起来的 [19]，到目前形成了所谓的微腔量子光学体系，广泛应用于内嵌量子点、过渡金属原子的二维光子晶体中 [20]。这时所有的电磁学物理量都要采用量子离散

的形式 [21,22]，以无损介质中嵌入二能级电偶极子为例，自由光场的二次量子化形式为

$$H = \sum_{k,n} \hbar\omega_{nk}\sqrt{\pi}\left(\hat{a}_{nk}\hat{a}_{nk}^\dagger + \frac{1}{2}\right) \tag{7.5.1}$$

式中，$\hat{a}_{nk}$ 与 $\hat{a}_{nk}^\dagger$ 分别是第 n 个模式波矢为 k 的光子的湮灭和产生算符，满足通常的对易关系。矢量势以产生湮灭算符的形式展开成介质中自由光场的正交模式的和：

$$\tilde{\boldsymbol{A}} = \sum_{k,n} \sqrt{\pi\hbar\omega_{nk}}\left[\hat{a}_{nk}\boldsymbol{A}_{nk}\left(\boldsymbol{r}\right)\mathrm{e}^{-\mathrm{i}\omega_{nk}t} + \hat{a}_{nk}^\dagger \boldsymbol{A}_{nk}^*\left(\boldsymbol{r}\right)\mathrm{e}^{\mathrm{i}\omega_{nk}t}\right] \tag{7.5.2}$$

其中，振幅系数满足正交关系：

$$\int \varepsilon\left(\boldsymbol{r}\right)\boldsymbol{A}_{nk}^*\left(\boldsymbol{r}\right)\boldsymbol{A}_{nk}\left(\boldsymbol{r}\right)\mathrm{d}\boldsymbol{r} = \left(\frac{\omega}{\omega_{nk}}\right)^2 \delta_{nn'}\delta_{kk'} \tag{7.5.3}$$

忽略静电势的影响，可以得到电场矢量的展开式：

$$\tilde{\boldsymbol{E}} = \mathrm{i}\omega_{nk} \sum_{k,n} \sqrt{\pi\hbar\omega_{nk}}\left[\hat{a}_{nk}\boldsymbol{A}_{nk}\left(\boldsymbol{r}\right)\mathrm{e}^{-\mathrm{i}\omega_{nk}t} - \hat{a}_{nk}^\dagger \boldsymbol{A}_{nk}^*\left(\boldsymbol{r}\right)\mathrm{e}^{\mathrm{i}\omega_{nk}t}\right] \tag{7.5.4}$$

另一方面，导带与价带组成的双能级体系为

$$H_\mathrm{e} = E_\mathrm{c}\left|c\right\rangle\left\langle c\right| + E_\mathrm{v}\left|v\right\rangle\left\langle v\right| \tag{7.5.5}$$

结合 6.1.5 节的内容，光子与电子偶极子之间的相互作用量在电偶极子近似下为

$$H_\mathrm{e\text{-}ph} = \left(\left\langle v\left|\boldsymbol{p}\right|c\right\rangle\left|c\right\rangle\left\langle v\right| + \left\langle c\left|\boldsymbol{p}\right|v\right\rangle\left|v\right\rangle\left\langle c\right|\right)\cdot\tilde{\boldsymbol{A}} \tag{7.5.6}$$

在弱相互作用情况下 (这对太阳电池来说，通常是适用的)，自发辐射速率能够在微扰理论体系的框架内解决，如 (7.5.7) 所示。自发辐射速率的计算也可以借助量子动力学的方法 [23,24]。无论采用何种形式，最关键的是关于矢量势的关联方程

$$\left(\nabla^2 - \frac{1}{c^2}\frac{\partial^2}{\partial t^2}\right)\boldsymbol{A}_{nk}\left(x,t\right) = -\frac{4\pi}{c}\boldsymbol{J}_{nk}\left(x',t\right) - \frac{1}{c}\frac{\partial \boldsymbol{D}}{\partial t} \tag{7.5.7}$$

参 考 文 献

[1] Moss T S. Theory of the spectral distribution of recombination radiation from InSb. Proc. Phys. Soc. B, 1957, 70:247-250.

[2] Landsberg P T. Lifetimes of excess carriers in InSb. Proc. Phys. Soc. B, 1957, 70:1175-1176.

[3] Weng C C. Waves and Fields in Inhomogenous Media. Hoboken: John Wiley & Sons Inc, 1990:59.

[4] Kuriyama T, Kamiya T, Yanai H. Effect of photon recycling on diffusion length and internal quantum efficiency in $Al_xGa_{1-x}As$-GaAs heterostructures. Japanese J. Appl. Phys., 1977, 16(3):465-477.

[5] Mart A, Balenzategui J L, Reyna R F. Photon recycling and Shockley's diode equation. J. Appl. Phys., 1997, 82(8):4067-4075.

[6] Steiner M A, Geisz J F, García I, et al. Optical enhancement of the open-circuit voltage in high quality GaAs solar cells. J. Appl. Phys., 2013, 113(12):123109.

[7] Chuang S L. 光子器件物理. 2 版. 贾东方, 等译. 北京: 电子工业出版社, 2013:233.

[8] Pankove J I. Optical Processes in Semiconductors. Hoboken: Prentice-Hall, 1971:108.

[9] Durbin S M, Gray J L. Numerical modeling of photon recycling in high efficiency GaAs solar cells. 22nd PVSC IEEE, 1991, 1:188-191.

[10] Durbin S M, Gray J L, Ahrenkiel R K, et al. Numerical modeling of the influence of photon recycling on lifetime measurements. 23rd PVSC IEEE, 1993:628-632.

[11] Parks J W, Brennan K F, Smith A W. Two-dimensional model of photon recycling in direct gap semiconductor devices. J. Appl. Phys., 1997, 82(7):3493-3498.

[12] Badescu V, Landsberg P T. Influence of photon recycling on solar cell efficiencies. Semiconductor Science & Technology, 1997, 12(11):1491.

[13] Durbin S M, Gray J L, Patkar M P, et al. Modeling LED emission intensity using a photon recycling approach. Proceedings of SPIE, 1994, 2146:68-78.

[14] Ng W C, Letay G. A generalized 2D and 3D white LED device simulator integrating photon recycling and luminescent spectral conversion effects. Proceedings of SPIE, 2007, 6486:64860T-64860T-10.

[15] Balenzategui J L, Martí A. Detailed modelling of photon recycling: application to GaAs solar cells. Solar Energy Materials & Solar Cells, 2006, 90(7-8):1068-1088.

[16] Walker A W, Höhn O, Micha D N, et al. Impact of photon recycling on GaAs solar cell designs. IEEE Journal of Photovoltaics, 2015, 5(6): 1636-1645.

[17] Weng C C. Waves and Fields in Inhomogenous Media. Hoboken: John Wiley & Sons Inc, 1990:128-131.

[18] Whittaker D M, Culshaw I S. Scattering-matrix treatment of patterned multilayer photonic structures. Physical Review B, 1999, 60(4):2610-2618.

[19] Purcell E M. Spontaneous emission probabilities at radio frequencies. Physical Review, 1946, 69:681.

[20] Lodahl P, Driel A, Nikolaev I S, et al. Controlling the dynamics of spontaneous emission from quantum dots by photonic crystals. Nature, 2004, 430(7000):654-657.

[21] Bartolo B D. Optical Interactions in Solids. Singapore: World Scientific Co Pte Ltd, 2010:286-294.

[22] Creatore C, Andreani C. Quantum theory of spontaneous emission in multilayer dielec-
      tric structures. Conference on Lasers and Electro-Optics and Conference on Quantum
      Electronics and Laser Science, 2008:1-2.

[23] Hooijer C, Li G X, Allaart K, et al. Spontaneous emission in multilayer semiconductor
      structures. IEEE Journal of Quantum Electronics, 2001,37(9):1161-1170.

[24] Baba T, Hamano T, Koyama F, et al. Spontaneous emission factor of a microcavity
      DBR surface-emitting laser. IEEE Journal of Quantum Electronics, 1991,27(6):1347-
      1358.

第 8 章 表面与界面

8.0 概　述

根据第 1 章中关于窗口层、背场层等的描述，可以总结出界面与表面在太阳电池中两个主要作用：① 改变载流子系综的化学势，表面与界面存在大量的界面缺陷态，能够有效俘获光生载流子，直接关系到开路电压的大小；② 改变载流子的输运方向或者输运能力，表面与界面除了能够增加势垒外，还能附加电场，从而改变载流子的输运特性。

与第 4 章体材料中载流子输运模型方法一样，表面与界面的输运模型适用性取决于所建立的物理假设。从材料特性上看，表面与界面代表着完美周期性体材料的突然中断 [1]，与之相接的另外一种介质具有截然不同的势能，如钝化表面的绝缘体势垒宽度通常为几个电子伏特，电子浓度几乎是 0，金属半导体接触的势垒宽度为 0，且电子密度与散射概率都很高，通常处于平衡中：

$$f(x_0, k) = f^0(x_0, k) \tag{8.0.1}$$

异质结则是处于前两者的中间，势垒高度从 0 到几百电子伏特，这意味着两边的载流子分布特征相差比较大，如图 8.0.1 所示。

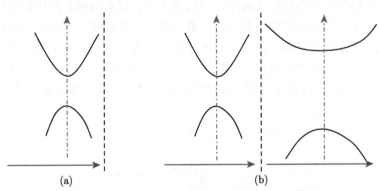

图 8.0.1　表面 (a) 与异质结界面材料 (b) 示意图

如第 4 章一样，表面与界面模型取决于对其的物理假设，本质上说，表面与界面电子态与体材料的完全不同，求解界面输运特性需要电子态与输运模型的联立自洽。为了简化过程，在本章中我们认为表面与界面效应仅集中在附近几个原子层 (即层厚度 $L \gg a$, a 是晶格常数，如图 8.0.2 所示)[2]，具有近似二维的有限尺寸，并且材料电子态依然具有完美的周期性特征 (电子态服从有效质量 Schrödinger 方程)，仅附加了一个外场作用 (主要是静电势) 的小扰动，第 3 章中所发展的包络函数模型依然适用，这样省略了对表面与界面电子态求解的工作，允许我们将注意力集中在输运模型的建立与求解上，这种模型通常称为陡变表面/界面模型。

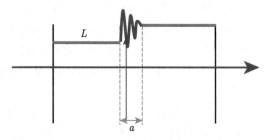

图 8.0.2　异质结界面能带示意图

完全描述表面与界面物理特性需要借助全量子力学框架，如密度矩阵与 Wigner 函数方法，但陡变模型允许我们在附近能带起伏剧烈区域采用 Wigner 方程，内部平坦区域采用 Boltzmann 方程，这种处理方法称为半量子界面输运。表面与界面效应的陡变假设可以进一步理想化成势垒分布具有台阶状，从量子力学教科书里关于无限深势阱模型和无线扩展模型的处理结果知道，表面与界面处波函数通常是瞬逝波。

基于上述台阶状势能分布模型，可以用入射、反射与透射的概念来形象描述载流子在表面与界面处的输运行为。经典力学中，能量相对低的入射载流子在界面发生反射，而能量相对高的入射载流子在界面发生透射，量子力学中能量低的载流子也会以适当的概率透射，如图 8.0.3 所示。本章将借助量子力学中入射、反射与透射 "流密度" 的概念，建立表面与界面的复合模型与输运模型 [3,4]。

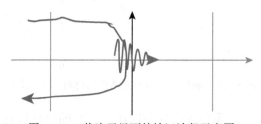

图 8.0.3　载流子界面的输运途径示意图

8.1 异质界面

半导体太阳电池中的界面在物理上代表了两种特性相异的区域的分界线，在数学上代表了某个区域的边界，因此需要建立这些界面物理和数学意义上的边界条件。

8.1.1 边界连接条件

半导体的陡变异质结界面破坏了晶体势的周期性，导致界面附近晶胞的势能急剧变化，为了准确反映这种现象，需要建立分段连续的包络函数在陡变异质结界面处的连接条件，通常称为边界条件，最直接最直观的物理要求是多带有效包络函数所反映的垂直界面流密度连续 [5]：

$$\boldsymbol{J}_n^{i,j} = \boldsymbol{n} \cdot \boldsymbol{J}^{i,j} = \frac{1}{2}\left[c_{ik}^* \boldsymbol{n} \cdot \boldsymbol{v} c_{jk} + c_{jk}^* \boldsymbol{n} \cdot \boldsymbol{v} c_{ik}\right] = \text{const} \tag{8.1.1.1}$$

其中，$\boldsymbol{n}$ 是界面发现方向；$\boldsymbol{v} = \dfrac{1}{\hbar}\dfrac{\partial H}{\partial \boldsymbol{k}}$ 是载流子速率；$c_{i,jk}$ 是波矢为 k 的 i/j 带的包络函数。多带包络函数自然要求每个子带都要满足上述连续性要求，如 Kane 的 8 带模型 [6,7]。单带情况下 (8.1.1.1) 退化成

$$\boldsymbol{J}_n = -\mathrm{i}\frac{\hbar}{2m}\left(c_k^* \frac{\partial c_k}{\partial \boldsymbol{n}} - c_k \frac{\partial c_k^*}{\partial \boldsymbol{n}}\right) \tag{8.1.1.2}$$

(8.1.1.2) 要求有效质量 Schrödinger 方程的包络函数在界面上满足：

$$\frac{1}{m_1}\frac{\partial c_{1k}}{\partial z} = \frac{1}{m_2}\frac{\partial c_{2k}}{\partial z} \tag{8.1.1.3a}$$

$$c_{1k} = c_{2k} \tag{8.1.1.3b}$$

本章中建立如图 8.1.1 所示的能带排列配置，假设 $x\text{-}y$ 是异质结平面方向，z 是载流子垂直运动方向，左边是窄带隙材料 1，右边是宽带隙材料 2，带阶是 ΔE_c。

载流子的能量守恒和横向动量守恒需要将第 3 章的包络函数形式代入 (8.1.1.3a) 和 (8.1.1.3b) 得到

$$E_1(k_1) = \Delta E_\mathrm{c} + E_2(k_2) \tag{8.1.1.4a}$$

$$\hbar k_{1x(y)} = \hbar k_{2x(y)} \tag{8.1.1.4b}$$

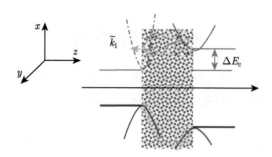

图 8.1.1　异质结界面能带排列

假设左右两边材料的电子态都是简单的 Γ_{6c} 球面抛物色散能带:

$$E\left(k\right)=\frac{\hbar^2}{2m}\left(k_x^2+k_y^2+k_z^2\right) \tag{8.1.1.5}$$

根据能量与横向波矢守恒, 能够跨越势垒高度的材料 1 垂直波矢所应该满足的最小值为

$$k_{1z}\left(k_2\right)=\operatorname{sgn}\left(k_{2z}\right)\sqrt{\frac{m_1}{m_2}k_{2z}^2+\tilde{k}^2} \tag{8.1.1.6a}$$

$$\tilde{k}^2=\frac{2m_1}{2\hbar}\Delta E_c+\frac{m_1-m_2}{m_1}\left(k_x^2+k_y^2\right) \tag{8.1.1.6b}$$

如果以入射载流子的能量色散关系作为标准, 反射载流子的能量色散关系相当于以 x-y 平面保持不变, 而 z 轴旋转了 $180°$, 因此入射波矢与反射波矢满足关系: 横向波矢相等, 垂直波矢反号, 即

$$k_{1z}=-k'_{1z} \tag{8.1.1.7}$$

【练习】

假设界面两边电子态能带结构分别是 Γ_{6c} 与 X_{1c}, 推导其波矢之间的相互关系。

8.1.2　跨越界面的流

载流子流密度的边界条件可以通过分析到达或离开界面的粒子数得到 [8], 进入每种材料的粒子数 = 从另外一边材料横跨界面输运过来的粒子数 (transflow) + 从本材料内部入射到界面却被反射回来的粒子数 (reflow), 这种方法也称为入流方法 (inflow method)。

以单位时间内左边区域 2 靠近异质结界面向 2 内流入的载流子为例, 可以分成两部分: ① 从左边区域 1 经过异质结界面过来的载流子; ②从区域 2 向区域 1

流动的载流子被异质结界面反射，改变方向又重新向区域内流动的载流子。

$$\text{Inflow}\,(2) = \text{Transflow}\,(1) + \text{Reflow}\,(2)$$

$$= T^{1\to 2} \times \text{Outflow}\,(1) + \left(1 - T^{2\to 1}\right) \times \text{Outflow}\,(2) \tag{8.1.2.1}$$

考虑如图 8.1.2 所示的界面几何构置，假设材料 1 中载流子从左向右入射到界面的概率为 T^+，材料 2 中载流子从右向左入射到界面的概率为 T^-，两者所对应的反射概率分别为 $1 - T^+$ 与 $1 - T^-$。

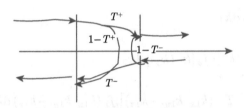

图 8.1.2　异质界面流的概率分布图

结合图 8.1.2 能够形象地得到波矢 $\boldsymbol{k}_1$ 的粒子单位时间内从 1 方向到达界面的数目与波矢 $\boldsymbol{k}_2$ 的粒子单位时间内离开界面进入 2 内的数目，分别为

$$\boldsymbol{v}_{1z}\,(k_1)\,f_1\,(x_0, \boldsymbol{k}_1)\,\mathrm{d}\boldsymbol{k}_1 \mathrm{d}x \mathrm{d}y \mathrm{d}t \tag{8.1.2.2a}$$

$$\boldsymbol{v}_{2z}\,(k_2)\,f_2\,(x_0, k_2)\,\mathrm{d}\boldsymbol{k}_2 \mathrm{d}x \mathrm{d}y \mathrm{d}t \tag{8.1.2.2b}$$

将 (8.1.2.1) 转换成电子态加统计的方式，右边区域 2 靠近异质结界面处从异质结界面向 2 内流入的载流子数目为

$$\text{Inflow}\,(2) = \boldsymbol{v}_{2z} f_2\,(\boldsymbol{k}_2)\,\mathrm{d}\boldsymbol{k}_2$$

$$= T\,[\boldsymbol{k}_1\,(\boldsymbol{k}_2)]\,f_1\,[\boldsymbol{k}_1\,(\boldsymbol{k}_2)]\,\boldsymbol{v}_{1z}\mathrm{d}\boldsymbol{k_1} + [1 - T\,(\boldsymbol{k}_2)]\,f_2\,(k_{2t}, -k_{2z})\,\boldsymbol{v}_{2z}\mathrm{d}\boldsymbol{k}_2 \tag{8.1.2.3}$$

式中，黑体代表三维空间矢量；$\boldsymbol{k}_2\,(\boldsymbol{k}_1)$ 是 2 (波矢为 $\boldsymbol{k}_2$) 运动到 1 成为波矢为 $\boldsymbol{k}_1$ 的载流子，代表能够通过异质结界面的那部分载流子，反之亦然。在图 8.1.2 的坐标系中，设定向右的方向为正，有 $\boldsymbol{v}_{1z} < 0$ 和 $\boldsymbol{v}_{2z} > 0$。从时间反演对称知道，从 1 到 2 的隧穿概率与从 2 到 1 的隧穿概率相等：

$$T^+\,(\boldsymbol{k}_1) = T^-\,[\boldsymbol{k}_2\,(\boldsymbol{k}_1)] \tag{8.1.2.4}$$

借助分布函数，分别得到 2 中从左到右与 1 中从右到左以及 1 中反方向的粒子流

$$\boldsymbol{v}_{2z} f_2\left(\boldsymbol{k}_2\right) \mathrm{d}\boldsymbol{k}_2$$

$$=\boldsymbol{v}_{1z} T^{+}\left[\boldsymbol{k}_1\left(\boldsymbol{k}_2\right)\right] f_1\left[\boldsymbol{k}_1\left(\boldsymbol{k}_2\right)\right] \mathrm{d}\boldsymbol{k}_1$$

$$+ \boldsymbol{v}_{2z}\left[1 - T^{-}\left(k_{2x}, k_{2y}, -k_{2z}\right)\right] f_2\left(k_{2x}, k_{2y}, -k_{2z}\right) \mathrm{d}\boldsymbol{k}_2 \tag{8.1.2.5a}$$

$$\boldsymbol{v}_{1z} f_1\left(\boldsymbol{k}_1\right) \mathrm{d}\boldsymbol{k}_1$$

$$=\boldsymbol{v}_{2z} T^{-}\left[\boldsymbol{k}_2\left(\boldsymbol{k}_1\right)\right] f_2\left[\boldsymbol{k}_2\left(\boldsymbol{k}_1\right)\right] \mathrm{d}\boldsymbol{k}_2$$

$$+ \boldsymbol{v}_{1z}\left[1 - T^{+}\left(k_{1x}, k_{1y}, -k_{1z}\right)\right] f_1\left(k_{1x}, k_{1y}, -k_{1z}\right) \mathrm{d}\boldsymbol{k}_1 \tag{8.1.2.5b}$$

其中，垂直波矢前面的负号表示反射反向几何能带结构的单元体积元。数学上有 $\boldsymbol{v}_{1z}\mathrm{d}\boldsymbol{k}_1 = \boldsymbol{v}_{2z}\mathrm{d}\boldsymbol{k}_2$，取代上面两式相应部分可以得到

$$\boldsymbol{v}_{2z} f_2\left(\boldsymbol{k}_2\right) \mathrm{d}\boldsymbol{k}_2$$

$$=T\left[\boldsymbol{k}_1\left(\boldsymbol{k}_2\right)\right] f_1\left[\boldsymbol{k}_1\left(\boldsymbol{k}_2\right)\right] \boldsymbol{v}_{2z}\mathrm{d}\boldsymbol{k}_2$$

$$+ \left[1 - T^{-}\left(k_{2x}, k_{2y}, -k_{2z}\right)\right] f_2\left(k_{2x}, k_{2y}, -k_{2z}\right) \boldsymbol{v}_{2z}\mathrm{d}\boldsymbol{k}_2 \tag{8.1.2.6a}$$

$$\boldsymbol{v}_{1z} f_1\left(\boldsymbol{k}_1\right) \mathrm{d}\boldsymbol{k}_1$$

$$=T\left[\boldsymbol{k}_2\left(\boldsymbol{k}_1\right)\right] f_2\left[\boldsymbol{k}_2\left(\boldsymbol{k}_1\right)\right] \boldsymbol{v}_{1z}\mathrm{d}\boldsymbol{k}_1$$

$$+ \left[1 - T^{+}\left(k_{1x}, k_{1y}, -k_{1z}\right)\right] f_1\left(k_{1x}, k_{1y}, -k_{1z}\right) \boldsymbol{v}_{1z}\mathrm{d}\boldsymbol{k}_1 \tag{8.1.2.6b}$$

上述公式简化为

$$f_2\left(\boldsymbol{k}_2\right) = T\left[\boldsymbol{k}_1\left(\boldsymbol{k}_2\right)\right] f_1\left[\boldsymbol{k}_1\left(\boldsymbol{k}_2\right)\right] + \left[1 - T^{-}\left(k_{2x}, k_{2y}, -k_{2z}\right)\right] f_2\left(k_{2x}, k_{2y}, -k_{2z}\right) \tag{8.1.2.7a}$$

$$f_1\left(\boldsymbol{k}_1\right) = T\left[\boldsymbol{k}_2\left(\boldsymbol{k}_1\right)\right] f_2\left[\boldsymbol{k}_2\left(\boldsymbol{k}_1\right)\right] + \left[1 - T^{+}\left(k_{1x}, k_{1y}, -k_{1z}\right)\right] f_1\left(k_{1x}, k_{1y}, -k_{1z}\right) \tag{8.1.2.7b}$$

(8.1.2.7a) 和 (8.1.2.7b) 建立了两边具有相同能量的载流子统计函数的互换联系, 也就是说, 在表征单带陡变界面时, 仅需要一个分布函数就足够了。另外需要明确的是, 材料内部分布函数形式不适合界面附近, 但实际中距离界面几个平均自由程处的分布函数就已经接近于体材料内部形式了。

【练习】

证明对于任意的能带色散关系有 $\boldsymbol{v}_{1z}\mathrm{d}\boldsymbol{k}_1 = \boldsymbol{v}_{2z}\mathrm{d}\boldsymbol{k}_2$。

8.1.3 界面两边的矩框架

基于第 4 章中 4.6 节关于流体力学框架能够建立界面流密度的表达式 [9], 回忆其中的主要步骤是要在输运模型分布函数上乘上矩 $M(\boldsymbol{k})$ 再对波矢 $\boldsymbol{k}$ 积分, 这里需要注意的是界面的 $\boldsymbol{k}$ 的积分范围仅在半 $\boldsymbol{k}$ 空间进行, 如果以界面作为 z 轴 0 点, 则材料 1 和 2 的入流分别仅在 $\boldsymbol{k}$ 的半 − 空间与半 + 空间进行, 结合入射流与反射流在波矢之间的关联关系:

$$\int_0^{+\infty}\mathrm{d}k_{2z}\int_{-\infty}^{+\infty}\mathrm{d}k_{2x}\mathrm{d}k_{2y}\boldsymbol{v}_{2z}\left(\boldsymbol{k}_2\right)M\left(\boldsymbol{k}_2\right)f_2\left(\boldsymbol{k}_2\right)$$

$$=\int_0^{+\infty}\mathrm{d}k_{2z}\int_{-\infty}^{+\infty}\mathrm{d}k_{2x}\mathrm{d}k_{2y}\boldsymbol{v}_{2z}\left(\boldsymbol{k}_2\right)M\left(\boldsymbol{k}_2\right)\Big\{T^+\left[\boldsymbol{k}_1\left(\boldsymbol{k}_2\right)\right]f_1\left[\boldsymbol{k}_1\left(\boldsymbol{k}_2\right)\right]$$

$$+\left[1-T^-\left(k_{2x},k_{2y},-k_{2z}\right)\right]f_2\left(k_{2x},k_{2y},-k_{2z}\right)\Big\} \tag{8.1.3.1a}$$

$$\int_{-\infty}^0\mathrm{d}k_{1z}\int_{-\infty}^{+\infty}\mathrm{d}k_{1x}\mathrm{d}k_{1y}\boldsymbol{v}_{1z}\left(\boldsymbol{k}_1\right)M\left(\boldsymbol{k}_1\right)f_1\left(\boldsymbol{k}_1\right)$$

$$=\int_{-\infty}^0\mathrm{d}k_{1z}\int_{-\infty}^{+\infty}\mathrm{d}k_{1x}\mathrm{d}k_{1y}\boldsymbol{v}_{1z}\left(\boldsymbol{k}_1\right)M\left(\boldsymbol{k}_1\right)\Big\{T^-\left[\boldsymbol{k}_2\left(\boldsymbol{k}_1\right)\right]f_2\left[\boldsymbol{k}_2\left(\boldsymbol{k}_1\right)\right]$$

$$+\left[1-T^+\left(k_{1x},k_{1y},-k_{1z}\right)\right]f_1\left(k_{1x},k_{1y},-k_{1z}\right)\Big\} \tag{8.1.3.1b}$$

(8.1.3.1a) 和 (8.1.3.1b) 成对出现, 是处理界面输运的基本公式。将右边第二项移到左边并积分变换得到异质结界面两边的流入矩方程:

$$\int_{-\infty}^{+\infty}\mathrm{d}k_{2z}\int_{-\infty}^{+\infty}\mathrm{d}k_{2x}\mathrm{d}k_{2y}\boldsymbol{v}_{2z}\left(\boldsymbol{k}_2\right)M\left(\boldsymbol{k}_2\right)f_2\left(\boldsymbol{k}_2\right)$$

$$=\int_0^{+\infty}\mathrm{d}k_{2z}\int_{-\infty}^{+\infty}\mathrm{d}k_{2x}\mathrm{d}k_{2y}\boldsymbol{v}_{2z}\left(\boldsymbol{k}_2\right)M\left(\boldsymbol{k}_2\right)\Big\{T^+\left[\boldsymbol{k}_1\left(\boldsymbol{k}_2\right)\right]f_1\left[\boldsymbol{k}_1\left(\boldsymbol{k}_2\right)\right]$$

$$
\left. - T^{-}\left(k_{2x}, k_{2y}, -k_{2z}\right) f_2\left(k_{2x}, k_{2y}, -k_{2z}\right) \right\} \tag{8.1.3.2a}
$$

$$
\int_{-\infty}^{+\infty} \mathrm{d}k_{1z} \int_{-\infty}^{+\infty} \mathrm{d}k_{1x}\mathrm{d}k_{1y} \boldsymbol{v}_{1z}\left(\boldsymbol{k}_1\right) M\left(\boldsymbol{k}_1\right) f_1\left(\boldsymbol{k}_1\right)
$$

$$
= \int_{-\infty}^{+\infty} \mathrm{d}k_{1z} \int_{-\infty}^{+\infty} \mathrm{d}k_{1x}\mathrm{d}k_{1y} \boldsymbol{v}_{1z}\left(\boldsymbol{k}_1\right) M\left(\boldsymbol{k}_1\right) \left\{ T^{-}\left[\boldsymbol{k}_2\left(\boldsymbol{k}_1\right)\right] f_2\left[\boldsymbol{k}_2\left(\boldsymbol{k}_1\right)\right] \right.
$$

$$
\left. - T^{+}\left(k_{1x}, k_{1y}, -k_{1z}\right) f_1\left(k_{1x}, k_{1y}, -k_{1z}\right) \right\} \tag{8.1.3.2b}
$$

如果横向波矢 k_x 与 k_y 具有相同的有效质量, 可以用 $k_t^2 = k_x^2 + k_y^2$ 统一表示, (8.1.3.2a) 和 (8.1.3.2b) 为

$$
\int_{-\infty}^{0} \mathrm{d}k_{1z} \int_{-\infty}^{\infty} \mathrm{d}k_{1x}\mathrm{d}k_{1y} \boldsymbol{v}_{1z} M\left(\boldsymbol{k}_1\right) f_1\left(\boldsymbol{k}_1\right)
$$

$$
= \int_{-\infty}^{0} \mathrm{d}k_{1z} \int_{-\infty}^{\infty} \mathrm{d}k_{1x}\mathrm{d}k_{1y} \boldsymbol{v}_{1z} M\left(\boldsymbol{k}_1\right) \left\{ T\left[\boldsymbol{k}_2\left(\boldsymbol{k}_1\right)\right] f_2\left[\boldsymbol{k}_2\left(\boldsymbol{k}_1\right)\right] \right.
$$

$$
\left. + \left[1 - T\left(k_{1t}, -k_{1z}\right)\right] f_1\left(k_{1t}, -k_{1z}\right) \right\} \tag{8.1.3.3a}
$$

$$
\int_{0}^{\infty} \mathrm{d}k_{2z} \int_{-\infty}^{\infty} \mathrm{d}k_{2x}\mathrm{d}k_{2y} \boldsymbol{v}_{2z} M\left(\boldsymbol{k}_2\right) f_2\left(\boldsymbol{k}_2\right)
$$

$$
= \int_{0}^{\infty} \mathrm{d}k_{2z} \int_{-\infty}^{\infty} \mathrm{d}k_{2x}\mathrm{d}k_{2y} \boldsymbol{v}_{2z} M\left(\boldsymbol{k}_2\right) \left\{ T\left[\boldsymbol{k}_1\left(\boldsymbol{k}_2\right)\right] f_1\left[\boldsymbol{k}_1\left(\boldsymbol{k}_2\right)\right] \right.
$$

$$
\left. + \left[1 - T\left(k_{2t}, -k_{2z}\right)\right] f_2\left(k_{2t}, -k_{2z}\right) \right\} \tag{8.1.3.3b}
$$

通常界面两边的能带排列与能量守恒原则决定了 (8.1.3.2a) 和 (8.1.3.2b) 中波矢的积分范围, 以图 8.1.1 情形为例, 右边能量高于左边, 能量守恒限制了左边 k_{1z} 的积分范围只能到某个 $\tilde{k}_{1z} < 0$ 而不是 0, 右边可以从 0 积分:

$$
\int_{-\infty}^{\infty} \mathrm{d}k_{2z} \int_{-\infty}^{\infty} \mathrm{d}k_{2x}\mathrm{d}k_{2y} \boldsymbol{v}_{2z} M\left(\boldsymbol{k}_2\right) f_2\left(\boldsymbol{k}_2\right)
$$

$$= \int_0^\infty \mathrm{d}k_{2z} \int_{-\infty}^\infty \mathrm{d}k_{2x}\mathrm{d}k_{2y} \boldsymbol{v}_{1z} M\left(\boldsymbol{k}_2\right) T\left(\boldsymbol{k}_2\right) \left[f_1\left(\boldsymbol{k}_2\right) - f_2\left(\boldsymbol{k}_2\right)\right] \tag{8.1.3.4a}$$

$$\int_{-\infty}^\infty \mathrm{d}k_{1z} \int_{-\infty}^\infty \mathrm{d}k_{1x}\mathrm{d}k_{1y} \boldsymbol{v}_{1z} M\left(\boldsymbol{k}_1\right) f_1\left(\boldsymbol{k}_1\right)$$

$$= \int_{-\infty}^{\bar{k}_{1z}} \mathrm{d}k_{1z} \int_{-\infty}^\infty \mathrm{d}k_{1x}\mathrm{d}k_{1y} \boldsymbol{v}_{1z} M\left(\boldsymbol{k}_1\right) T\left(\boldsymbol{k}_1\right) \left[f_2\left(\boldsymbol{k}_1\right) - f_1\left(\boldsymbol{k}_1\right)\right] \tag{8.1.3.4b}$$

其他能带分布也要视情况具体分析积分范围。

8.1.4 抛物能带下的显式表达

假设载流子能量色散关系满足抛物线形 (Γ_{6c}) 且两边的能量排列满足图 8.1.1, 能量可以分离成输运方向和垂直方向两个分量, 同时界面材料质量足够好, 没有能够导致能量损失的散射, 这种情况下, 载流子在两边的能量守恒 $E = E_{1c(v)} + E_{1k_z} + E_{1k_t} = E_{2c(v)} + E_{2k_z} + E_{2k_t}$, 同时横向动量也守恒 $k_{1t} = k_{2t}$, (8.1.3.2a) 和 (8.1.3.2b) 可以写成

$$\int_{-\infty}^{+\infty} \mathrm{d}k_{1z} \int_{-\infty}^{+\infty} \mathrm{d}k_{1x}\mathrm{d}k_{1y} \boldsymbol{v}_{1z} M\left(\boldsymbol{k}_1\right) f_1\left(\boldsymbol{k}_1\right)$$

$$= \int_{-\infty}^0 \mathrm{d}k_{1z} \int_{-\infty}^\infty \mathrm{d}k_{1x}\mathrm{d}k_{1y} \boldsymbol{v}_{1z} M\left(\boldsymbol{k}_1\right) \left\{ T\left[\boldsymbol{k}_2\left(\boldsymbol{k}_1\right)\right] f_2\left[\boldsymbol{k}_2\left(\boldsymbol{k}_1\right)\right] \right.$$

$$\left. - T\left(k_{1t}, -k_{1z}\right) f_1\left(k_{1t}, -k_{1z}\right) \right\} \tag{8.1.4.1a}$$

$$\int_{-\infty}^\infty \mathrm{d}k_{2z} \int_{-\infty}^\infty \mathrm{d}k_{2x}\mathrm{d}k_{2y} \boldsymbol{v}_{2z} M\left(\boldsymbol{k}_2\right) f_2\left(\boldsymbol{k}_2\right)$$

$$= \int_0^\infty \mathrm{d}k_{2z} \int_{-\infty}^\infty \mathrm{d}k_{2x}\mathrm{d}k_{2y} \boldsymbol{v}_{2z} M\left(\boldsymbol{k}_2\right) \left\{ T\left[\boldsymbol{k}_1\left(\boldsymbol{k}_2\right)\right] f_1\left[\boldsymbol{k}_1\left(\boldsymbol{k}_2\right)\right] \right.$$

$$\left. - T\left(k_{2t}, -k_{2z}\right) f_2\left(k_{2t}, -k_{2z}\right) \right\} \tag{8.1.4.1b}$$

在这种假设下, z 方向的速率、穿透概率只与 z 方向的波矢有关, 同时我们假设矩也只与 z 方向的波矢有关, 注意到有如下的几个变换式子:

$$\int_{-\infty}^\infty \mathrm{d}k_{1x}\mathrm{d}k_{1y} = 2\pi \int_0^\infty k_{1t}\mathrm{d}k_{1t} = \frac{2\pi m_1}{\hbar^2} \int_0^\infty \mathrm{d}E_{1t} \tag{8.1.4.2a}$$

$$\int_{-\infty}^{0} \mathrm{d}k_{1z} \boldsymbol{v}_{1z}(k_1) = \int_{0}^{\infty} \mathrm{d}k_{1z} \boldsymbol{v}_{1z}(k_{1t}, -k_{1z}) = -\frac{1}{\hbar} \int_{0}^{\infty} \mathrm{d}E_{1z} \qquad (8.1.4.2b)$$

$$\int_{-\infty}^{\infty} \mathrm{d}k_{2z} \boldsymbol{v}_{2z}(k_2) = \frac{1}{\hbar} \int_{0}^{\infty} \mathrm{d}E_{2z} \qquad (8.1.4.2c)$$

单位倒空间中的电子/空穴电荷数目为 $\mp \dfrac{2q}{(2\pi)^3}$。电流密度的表达式为 $M(k_{1z})$ $=1$ 时的矩方程，从异质结界面处两侧入射的净电流密度，经过参数变换并对能量进行热能归一化后分别成为

$\boldsymbol{n}_1 \cdot \boldsymbol{J}_{0-}$

$$= \pm \frac{4q\pi m_1 (k_{\mathrm{B}} T)^2}{(2\pi\hbar)^3} \int_{0}^{\infty} \mathrm{d}E_{1z} T(E_{1z}) \int_{0}^{\infty} \mathrm{d}E_{1t} [f_2(E_{1z}, E_{1t}) - f_1(E_{1z}, E_{1t})]$$

$$(8.1.4.3a)$$

$\boldsymbol{n}_2 \cdot \boldsymbol{J}_{0+}$

$$= \mp \frac{4q\pi m_2 (k_{\mathrm{B}} T)^2}{(2\pi\hbar)^3} \int_{0}^{\infty} \mathrm{d}E_{2z} T(E_{2z}) \int_{0}^{\infty} \mathrm{d}E_{2t} [f_1(E_{2z}, E_{2t}) - f_2(E_{2z}, E_{2t})]$$

$$(8.1.4.3b)$$

通常把 $A_1 = \dfrac{q m_1 k_{\mathrm{B}}^2}{2\pi^2 \hbar^3}$ 称为材料的理查森 (Richardson) 常数，可以看出 Richardson 常数与载流子的有效质量相关，此时 $\dfrac{4q\pi m_1 (k_{\mathrm{B}} T)^2}{(2\pi\hbar)^3} = A_1 T^2$。还有另外一种表达方式：$A_1 T^2 = q N_1 v_1^{\mathrm{th}}$，这里 N_1 是带边态密度，$v_1^{\mathrm{th}} = \left(\dfrac{k_{\mathrm{B}} T}{2\pi m}\right)^{1/2}$，我们采用后面一种表达方式。这里矛盾的一点是：两边的 Richardson 常数不一致从而导致两边电流实际上不相等，但从时间反演对称性这一点上可以知道，两边应该具有相等的 Richardson 常数。因此取一个共同的 Richardson 常数，比如质量取两边几何平均 $m = \sqrt{m_1 m_2}$。

下面处理分布函数对载流子能量的积分。电子能量为 $E_{\mathrm{e}} = E_{\mathrm{c}} + E_{k_z} + E_{k_t}$。空穴的能量取电子能量的反向，表达式为 $E_{\mathrm{h}} = -E_{\mathrm{v}} + E_{k_z} + E_{k_t}$，对于这种能量坐标系，要注意价带中对应的电子能量为 $E_{\mathrm{e}} = -E_{\mathrm{h}} = -E_{\mathrm{v}} + E_{k_z} + E_{k_t}$，这样电子 $E_z = E_{\mathrm{c}} + E_{kz}$，空穴 $E_z = -E_{\mathrm{v}} + E_{kz}$。假设电子与空穴的分布函数满足 Fermi-Dirac 统计形式：

$$f_{\mathrm{e}}\left(E_z, E_t\right) = \frac{1}{1+\mathrm{e}^{E_c+E_{k_z}+E_{k_t}-E_{\mathrm{Fe}}}} \tag{8.1.4.4a}$$

$$f_{\mathrm{h}}\left(E_z, E_t\right) = \frac{1}{1+\mathrm{e}^{-E_v+E_{k_z}+E_{k_t}+E_{\mathrm{Fh}}}} \tag{8.1.4.4b}$$

相应的关于横向能量的积分为

$$\int f_{\mathrm{e}}\left(E_z, E_t\right) \mathrm{d}E_t = -\ln\left(1+\mathrm{e}^{-E_c-E_{k_z}-E_{k_t}+E_{\mathrm{Fe}}}\right) \tag{8.1.4.5a}$$

$$\int f_{\mathrm{h}}\left(E_z, E_t\right) \mathrm{d}E_t = -\ln\left(1+\mathrm{e}^{E_v-E_{k_z}-E_{k_t}-E_{\mathrm{Fh}}}\right) \tag{8.1.4.5b}$$

将 (8.1.4.5a) 和 (8.1.4.5b) 代入 (8.1.4.3a) 和 (8.1.4.3b), 整理积分得到异质结界面两边的电流密度为

$$\boldsymbol{n}_1 \cdot \boldsymbol{J}_{\mathrm{n}}^1 = q N_{1\mathrm{c}} v_{1\mathrm{c}}^{\mathrm{th}} \int_0^\infty \mathrm{d}E_{1z} T\left(k_{1z}\right) \ln \frac{1+\mathrm{e}^{-E_{1z}+E_{\mathrm{Fe}}^2}}{1+\mathrm{e}^{-E_{1z}+E_{\mathrm{Fe}}^1}} \tag{8.1.4.6a}$$

$$\boldsymbol{n}_2 \cdot \boldsymbol{J}_{\mathrm{n}}^2 = q N_{2\mathrm{c}} v_{2\mathrm{c}}^{\mathrm{th}} \int_0^\infty \mathrm{d}E_{2z} T\left(k_{2z}\right) \ln \frac{1+\mathrm{e}^{-E_{2z}+E_{\mathrm{Fe}}^1}}{1+\mathrm{e}^{-E_{2z}+E_{\mathrm{Fe}}^2}} \tag{8.1.4.6b}$$

$$\boldsymbol{n}_1 \cdot \boldsymbol{J}_{\mathrm{p}}^1 = -q N_{1\mathrm{v}} v_{1\mathrm{v}}^{\mathrm{th}} \int_0^\infty \mathrm{d}E_{1z} T\left(k_{1z}\right) \ln \frac{1+\mathrm{e}^{-E_{1z}-E_{\mathrm{Fh}}^2}}{1+\mathrm{e}^{-E_{1z}-E_{\mathrm{Fh}}^1}} \tag{8.1.4.6c}$$

$$\boldsymbol{n}_2 \cdot \boldsymbol{J}_{\mathrm{p}}^2 = -q N_{2\mathrm{v}} v_{2\mathrm{v}}^{\mathrm{th}} \int_0^\infty \mathrm{d}E_{2z} T\left(k_{2z}\right) \ln \frac{1+\mathrm{e}^{-E_{2z}-E_{\mathrm{Fh}}^1}}{1+\mathrm{e}^{-E_{2z}-E_{\mathrm{Fh}}^2}} \tag{8.1.4.6d}$$

(8.1.4.6a)～(8.1.4.6d) 是处理含有量子隧穿的界面输运的基本公式。这里要注意两个问题。

(1) 异质结界面电流方向, 在上面的坐标系中电子电流和空穴电流方向是从左向右。在数值离散过程中根据差分方向进行方向修正。

(2) 垂直能量的积分范围, 尽管为了方便我们把所有的垂直能量的积分范围记为 $0 \sim \infty$, 但在实际中必须根据能带分布的具体情况, 选用合适的积分范围。

(8.1.4.6a)～(8.1.4.6d) 广泛应用于含有隧穿效应的金属半导体接触的数值分析中 [10-12], 差别在于不同文献中采取的载流子统计与隧穿概率的计算方法不同。

【练习】

1. 从 (8.1.4.3a)～(8.1.4.3b) 的基础上结合 (8.1.4.4a) 和 (8.1.4.4b) 推导 (8.1.4.6a)～(8.1.4.6d)。

2. 如果电子态是 $\mathrm{L}_{1\mathrm{c}}$ 或 $\mathrm{X}_{1\mathrm{c}}$, 写出 (8.1.4.6a)～(8.1.4.6d) 可能具有的形式。

8.1.5　半经典界面模型

如果界面附近的能带分布没有能够发生量子隧穿的可能，或者量子隧穿效应可以忽略，那么可以采用所谓的半经典近似：粒子的量子特征仅体现在其能带结构上，界面势垒是台阶状分布，能量小于台阶的输运概率为 0，大于则为 1，这是在很多半导体太阳电池中存在的典型界面处理方式 [13]。

以图 8.1.1 的能带排列所示，从 1 输运到 2 的载流子满足 $-k_{1z} > \tilde{k}$，采用台阶函数的形式表达为

$$T^+ (k_{1x}, k_{1y}, k_{1z}) = s\left(-k_{1z} - \tilde{k}\right) \tag{8.1.5.1a}$$

材料 2 处粒子输运到 1 的概率由于没有遇到任何"势垒"，等于 1：

$$T^- (k_{2x}, k_{2y}, k_{2z}) = 1 \tag{8.1.5.1b}$$

这样材料 2 与 1 在界面的入流总结为

$$v_{2z} f_2 (k_2)\, dk_2 = v_{1z} [k_1 (k_2)]\, dk_1 \tag{8.1.5.2a}$$

$$v_{1z} f_1 (k_1)\, dk_1 = v_{2z} f_2 [k_2 (k_1)]\, s\left(-k_{1z} - \tilde{k}\right) dk_2$$
$$+ v_{1z} f_1 (k_{1x}, k_{1y}, -k_{1z})\, s\left(k_{1z} + \tilde{k}\right) dk_1 \tag{8.1.5.2b}$$

(8.1.5.2b) 右边第二项表示 1 中载流子能量比较低，不能进入到 2 又被反射回来的部分。对两边波矢分别进行积分得到各自流密度：

$$\int_0^{+\infty} dk_{2z} \int_{-\infty}^{+\infty} dk_{2x} dk_{2y} v_{2z} (k_2) M (k_2) f_2 (k_2)$$
$$= \int_0^{+\infty} dk_{2z} \int_{-\infty}^{+\infty} dk_{2x} dk_{2y} v_{2z} (k_2) M (k_2) f_1 [k_1 (k_2)] \tag{8.1.5.3a}$$

$$\int_{-\infty}^0 dk_{1z} \int_{-\infty}^{+\infty} dk_{1x} dk_{1y} v_{1z} (k_1) M (k_1) f_1 (k_1)$$
$$- \int_{-\tilde{k}}^0 dk_{1z} \int_{-\infty}^{+\infty} dk_{1x} dk_{1y} v_{1z} (k_1) M (k_1) f_1 (k_{1x}, k_{1y}, -k_{1z})$$

$$= \int_{-\infty}^{-\tilde{k}} \mathrm{d}k_{1z} \int_{-\infty}^{+\infty} \mathrm{d}k_{1x}\mathrm{d}k_{1y} v_{1z}(k_1) M(k_1) f_2[k_2(k_1)] \tag{8.1.5.3b}$$

考虑到 v_{1z} 与载流子浓度及能量的 $M(k_1)$ 分别是波矢的奇函数与偶函数，可以整合积分：

$$\int_{-\infty}^{+\tilde{k}} \mathrm{d}k_{1z} \int_{-\infty}^{+\infty} \mathrm{d}k_{1x}\mathrm{d}k_{1y} v_{1z}(k_1) M(k_1) f_1(k_1)$$

$$= \int_{-\infty}^{-\tilde{k}} \mathrm{d}k_{1z} \int_{-\infty}^{+\infty} \mathrm{d}k_{1x}\mathrm{d}k_{1y} v_{1z}(k_1) M(k_1) f_2[k_2(k_1)] \tag{8.1.5.4}$$

8.1.6 热载流子界面输运

在 (8.1.5.3a) 和 (8.1.5.3b) 的基础上，假设合适的载流子分布函数能够得到电流密度与能流密度的显式表示 [14]。如采用关于波矢 k 三阶函数的偏移热电子分布函数描述实空间传输效应，能够得到所谓的热离子发射情形公式，在 Maxwell 分布假设下，有

$$f_i(k_i) = \mathrm{e}^{-\frac{\hbar^2 k_i^2}{2m_i k_B T_{ei}}} \left[1 - \frac{\tau_i}{k_B T_{ei}} \frac{\hbar k_i}{m_i} (a_i + k_i^2 b_i) \right] \mathrm{e}^{\frac{-E_{Fei} - E_{ci}}{k_B T_{ei}}} \tag{8.1.6.1}$$

电荷与能量流密度能够表示成 a_i 和 b_i 的线性组合：

$$J_{ni} = \frac{q}{m_i} N_{ci} c_i \tau_i \left[a_i + 5 \frac{m_i k_B T_{ei}}{\hbar^2} b_i \right] \tag{8.1.6.2a}$$

$$S_{ni} = -\frac{5}{2} \frac{q k_B T_{ei}}{m_i} N_{ci} c_i \tau_i \left[a_i + 7 \frac{m_i k_B T_{ei}}{\hbar^2} b_i \right] \tag{8.1.6.2b}$$

将分布拆成对称部分与非对称部分：

$$f_i(k_i) = f_{iS}(k_i) + f_{iA}(k_i) \tag{8.1.6.3}$$

在关于材料 2 的入流中，舍掉材料分布函数的非对称部分，即

$$\int_0^{+\infty} \mathrm{d}k_{2z} \int_{-\infty}^{+\infty} \mathrm{d}k_{2x}\mathrm{d}k_{2y} v_{2z}(k_2) M(k_2) f_2(k_2)$$

$$= \int_0^{+\infty} \mathrm{d}k_{2z} \int_{-\infty}^{+\infty} \mathrm{d}k_{2x}\mathrm{d}k_{2y} v_{2z}(k_2) M(k_2) f_{1S}[k_1(k_2)] \tag{8.1.6.4a}$$

将该部分认为被界面反射回来又入射到材料 1 内的入流, 经过整理可以得到

$$\int_{-\infty}^{+\bar{k}} dk_{1z} \int_{-\infty}^{+\infty} dk_{1x}dk_{1y} v_{1z}\left(k_1\right) M\left(k_1\right) f_{1S}\left(k_1\right)$$

$$+ \int_{-\infty}^{+\infty} dk_{1z} \int_{-\infty}^{+\infty} dk_{1x}dk_{1y} v_{1z}\left(k_1\right) M\left(k_1\right) f_{1A}\left(k_1\right)$$

$$= \int_{-\infty}^{-\bar{k}} dk_{1z} \int_{-\infty}^{+\infty} dk_{1x}dk_{1y} v_{1z}\left(k_1\right) M\left(k_1\right) f_2\left[k_2\left(k_1\right)\right] \tag{8.1.6.4b}$$

将上式第一项转换成关于 k_2 的积分:

$$\int_{-\infty}^{+\bar{k}} dk_{1z} \int_{-\infty}^{+\infty} dk_{1x}dk_{1y} v_{1z}\left(k_1\right) M\left(k_1\right) f_{1S}\left(k_1\right)$$

$$= \int_{-\infty}^{-\bar{k}} dk_{1z} \int_{-\infty}^{+\infty} dk_{1x}dk_{1y} v_{1z}\left(k_1\right) M\left(k_1\right) f_{1S}\left(k_1\right)$$

$$= \int_{-\infty}^{0} dk_{2z} \int_{-\infty}^{+\infty} dk_{2x}dk_{2y} v_{2z}\left(k_2\right) M\left(k_2\right) f_{1S}\left[k_1\left(k_2\right)\right] \tag{8.1.6.4c}$$

假设两边的电子态如 Γ_{6c}, 则两者波矢之间的相互转换关系为

$$\left[k_1\left(k_2\right)\right]^2 = \frac{m_1}{m_2}\left(k_2\right)^2 + \frac{2m_1}{\hbar^2}\Delta E_c \tag{8.1.6.5}$$

经过整理得到如下关系:

$$\boldsymbol{n}_1 \cdot \boldsymbol{J}_n^{\text{TE}} = q\left[v_{n2}\left(T_{e2}\right) n_2 - \frac{m_2}{m_1} v_{n1}\left(T_{e1}\right) n_1 e^{-\frac{\Delta E_c}{k_B T_{e1}}}\right]$$

$$= q\left[v_{n2}\left(T_{e2}\right) n_2 - v_{n2}\left(T_{e1}\right) n_0\right] \tag{8.1.6.6a}$$

$$\boldsymbol{n}_1 \cdot \boldsymbol{S}_{n,2}^{\text{TE}} = -2\left[k_B T_{e2} v_{n2}\left(T_{e2}\right) n_2 - \frac{m_2}{m_1} k_B T_{e1} v_{n1}\left(T_{e1}\right) n_1 e^{-\frac{\Delta E_c}{k_B T_{e1}}}\right]$$

$$= -2\left[k_B T_{e2} v_{n2}\left(T_{e2}\right) n_2 - k_B T_{e1} v_{n2}\left(T_{e1}\right) n_0\right]$$

$$= \boldsymbol{n}_1 \cdot \boldsymbol{S}_{n,1}^{\text{TE}} + \frac{1}{q}\Delta E_c \boldsymbol{n}_1 \cdot \boldsymbol{J}_n^{\text{TE}} \tag{8.1.6.6b}$$

式中，$v_{ni}(T_{ei}) = \sqrt{\dfrac{2k_B T_{ei}}{\pi m_i}}$ 称为发射速率；$n_0 = \left(\dfrac{T_{e1}}{T_{e2}}\right)^{3/2} N_{c2}\mathrm{e}^{\frac{E_{Fe1}-E_{c2}}{k_B T_{e1}}}$ 形象地理解为 1 中发射到 2 中的有效载流子浓度。

(8.1.6.6a) 应用于异质结数值分析，参考文献 [15]。关于热离子发射在非晶硅太阳电池、有机场效应管中的应用，参考文献 [16], [17]，流体动力学框架内的热离子发射模型，见文献 [18]。

热离子发射模型应用于数值分析中的结果是导致异质结界面两边载流子系综准 Fermi 能级的不连续性，图 8.1.3 是计算得到的 1.9eV GaInP 短路情况下的能带 (EB) 图，界面输运采用热离子发射 ((8.1.6.6a))，可以看出电子与空穴准 Fermi 能级分别在背场与窗口层界面处存在跳跃 (图中圆圈标注)，这对数值计算策略提出了新要求。

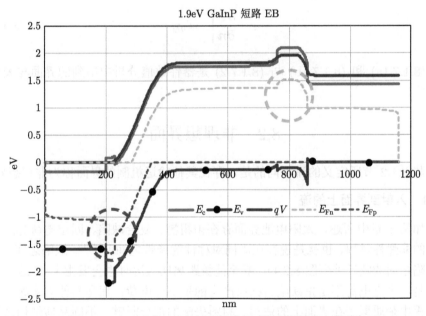

图 8.1.3　1.9eV GaInP 短路能带图 (彩图见封底二维码)

一些数值分析中用到了 (8.1.6.6a) 的 Maxwell-Boltzmann 形式[19]：

$$\boldsymbol{n}_1\cdot\boldsymbol{J}_n^{\mathrm{TE}} = A \times T^2 \mathrm{e}^{-E_B/k_B T}\left[\mathrm{e}^{qV_R/k_B T}\mathrm{e}^{E_{Fe}^+/k_B T} - \mathrm{e}^{qV_L/k_B T}\mathrm{e}^{E_{Fe}^-/k_B T}\right] \qquad (8.1.6.7)$$

8.1.7 表面和界面的静电势

由第 6 章陡变界面连续性条件可以得到表面与界面的静电势边界条件，首先，不同材料的静电势在界面处的值相等，其次，存在 (6.1.3.1b) 定义的电位移矢量关系，根据电位移矢量与电势之间的关系 $\boldsymbol{D} = \varepsilon\boldsymbol{E} = -\varepsilon\dfrac{\partial V}{\partial \boldsymbol{n}}$，这里 $\boldsymbol{n}$ 是表面法线方向，得到静电势的界面边界条件 [20]：

$$V_+ = V_- \tag{8.1.7.1a}$$

$$\varepsilon_+ \left.\frac{\partial V}{\partial \boldsymbol{n}}\right|_+ - \varepsilon_- \left.\frac{\partial V}{\partial \boldsymbol{n}}\right|_- + \rho_s = 0 \tag{8.1.7.1b}$$

对于表面而言，半导体一侧的静电势是变化的，空气或氧化物的静电势为恒定值，$\varepsilon_+ \left.\dfrac{\partial V}{\partial \boldsymbol{n}}\right|_+ = 0$，于是得到边界条件：

$$\varepsilon_- \left.\frac{\partial V}{\partial \boldsymbol{n}}\right|_- = \rho_s \tag{8.1.7.2}$$

(8.1.7.1a) 和 (8.1.7.1b) 与 (8.1.7.2) 是器件数值分析中用到的界面与表面物理模型。

8.2　非理想界面

与 8.1.2 节所定义的流不同的是，存在其他输运机制的界面称为非理想界面。

8.2.1　入射到界面上的流

如第 1 章中所述，太阳电池界面存在由粗糙、复合缺陷、固定电荷等因素所诱导的非弹性过程，也就是说存在不同对称性的能带之间 [21-23]、缺陷之间、能带与缺陷之间的跃迁 [24](图 8.2.1)，甚至能量距离比较远时也会发生 [25]。这里要明确的是，固定电荷不是指缺陷占据所产生的那部分电荷，而是其他因素如材料生长过程中杂质原子在界面上的沾污、材料失配的部分断键、不同晶体结构之间的过渡区域等引入的不受载流子分布影响的电荷密度，缺陷统计分布所产生的界面电荷分布则与载流子分布息息相关。更一般地，左右两边材料都有多个能带，每个能带均有自己的分布函数，多能带的存在导致界面处载流子在不同能谷之间的转移、界面复合与产生，这些都是非弹性过程。

界面上的流可以形象地分成四部分：左边右边的入射流与反射流，比如：$T^+_{\mu',v}(k_{\mu'}, k_v)\,\mathrm{d}k_v$ 是从左边能带 μ' 到右边能带 v 的隧穿跃迁概率，$R^-_{v',v}(k_{v'}, k_v)\,\mathrm{d}k_v$ 是从右边能带 v' 到右边能带 v 的反射跃迁概率 [26]。

这种情形下界面两边的入射流分别为

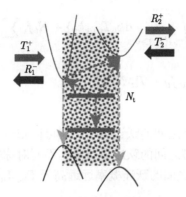

图 8.2.1 实际界面的各种跃迁过程

$$v_{vz}(k_v)\,f_v(k_v)$$

$$= \sum_{\mu'} \int_{v_{\mu'z}(k_{\mu'})>0} \mathrm{d}k_{\mu'} v_{\mu'z}(k_{\mu'})\,T^{+}_{\mu',v}(k_{\mu'},k_v)\,f_{\mu'}(k_{\mu'})$$

$$- \sum_{v'} \int_{v_{v'z}(k_{v'})<0} \mathrm{d}k_{v'} v_{v'z}(k_{\mu'})\,R^{-}_{v',v}(k_{v'},k_v)\,f_{v'}(k_{v'}) + \sum_{t} T_{tv}(k_v)\,N_t f_t$$

$$(8.2.1.1a)$$

$$v_{\mu z}(k_\mu)\,f_\mu(k_\mu)$$

$$= \sum_{v'} \int_{v_{v'x}(k_{v'})<0} \mathrm{d}k_{v'} v_{v'z}(k_{\mu'})T^{-}_{v',v}(k_{v'},k_\mu)\,f_{v'}(k_{v'})$$

$$- \sum_{\mu'} \int_{v_{\mu'z}(k_{\mu'})>0} \mathrm{d}k_{\mu'} v_{\mu'z}(k_{\mu'})\,R^{+}_{\mu',v}(k_{\mu'},k_\mu)\,f_{\mu'}(k_{\mu'}) + \sum_{t} T_{t\mu}(k_\mu)\,N_t f_t$$

$$(8.2.1.1b)$$

某个界面缺陷态 N_t 的电荷变化涉及两边能带、其他缺陷的产生与复合，动力学方程为

$$N_t \frac{\mathrm{d}f_t}{\mathrm{d}t} = \sum_{\mu'} \int_{v_{\mu'z}(k_{\mu'})>0} \mathrm{d}k_{\mu'} v_{\mu'}z(k_{\mu'})\,R^{+}_{\mu',v}(k_{\mu'},k_v)\,f_{\mu'}(k_{\mu'})$$

$$- \sum_{v'} \int_{v_{v'x}(k_{v'})<0} \mathrm{d}k_{v'} v_{v'z}(k_{\mu'})\,T^{-}_{v',v}(k_{v'},k_\mu)\,f_{v'}(k_{v'})$$

$$- N_t f_t \sum_{\upsilon} \int_{\upsilon_{\upsilon z}(k_\upsilon)>0} \mathrm{d}k_\upsilon T_{t\upsilon}(k_\upsilon) - N_t f_t \sum_{\mu} \int_{\upsilon_{\mu z}(k_\mu)<0} \mathrm{d}k_\mu T_{t\mu}(k_\mu)$$

$$+ \sum_{t'} [T_{t't} N_{t'} f_{t'} - T_{tt'} N_t f_t] \tag{8.2.1.1c}$$

只要明确了不同能带之间的跃迁概率，就可以知道上述多能带之间的转移过程，但是同一对称性能带之间的跃迁概率要比不同对称性能带之间的跃迁概率大得多 [27]，比如 Γ_{6c}-Γ_{6c} 之间的跃迁概率远远高于 Γ_{6c}-L_{6c} 之间的跃迁概率。

8.2.2 界面上的复合

上述陡变界面假设能够严格区分两边材料特性的情况，进一步的直接推论是两边载流子浓度与复合速率不同，假设复合速率分别为 S_n^+，S_n^-，S_p^+，S_p^-，缺陷在窄带隙一方的能量位置为 $E:(E_{dc}, E_{dv})$，如图 8.2.2 所示。

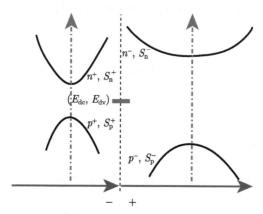

图 8.2.2   理想异质结界面

根据第 5 章中统计热力学模型可以得到界面缺陷的占据概率为

$$f(E)$$

$$= \frac{S_n^+ \times n^+ + S_n^- \times n^- + S_p^+ \times p_t^+ + S_p^- \times p_t^-}{S_n^+ \times n^+ + S_n^- \times n^- + S_n^+ \times n_t^+ + S_n^- \times n_t^- + S_p^+ \times p^+ + S_p^- \times p^- + S_p^+ \times p_t^+ + S_p^- \times p_t^-} \tag{8.2.2.1a}$$

(8.2.2.1a) 中的相关缺陷上形式载流子浓度如第 5 章中所定义。如果两边界

面复合速率相等，(8.2.2.1a) 退化为

$$f(E) = \frac{S_n\left(n^+ + n^-\right) + S_p\left(p_t^+ + p_t^-\right)}{S_n\left(n^+ + n^-\right) + S_n\left(n_t^+ + n_t^-\right) + S_p\left(p^+ + p^-\right) + S_p\left(p_t^+ + p_t^-\right)}$$

$$(8.2.2.1b)$$

有了界面缺陷的占据概率，就能够直接得到界面两边关于电子与空穴的复合量：

$$R_e^+(E) = S_n^+ n^+\left[1 - f(E)\right] - S_n^+ n_t^+ f(E) \tag{8.2.2.2a}$$

$$R_h^+(E) = S_p^+ p^+ f(E) - S_p^+ p_t^+\left[1 - f(E)\right] \tag{8.2.2.2b}$$

$$R_e^-(E) = S_n^- n^-\left[1 - f(E)\right] - S_n^- n_t^- f(E) \tag{8.2.2.2c}$$

$$R_h^-(E) = S_p^- p^- f(E) - S_p^- p_t^-\left[1 - f(E)\right] \tag{8.2.2.2d}$$

由 (8.2.2.1b) 得到由载流子浓度表示的各种界面复合速率，如左边电子的复合量为

$$R_e^-(E)$$

$$= \frac{S_n n^-\left[S_n\left(n_t^+ + n_t^-\right) + S_p\left(p^+ + p^-\right)\right] - S_n n_t^-\left[S_n\left(n^+ + n^-\right) + S_p\left(p_t^+ + p_t^-\right)\right]}{S_n\left(n^+ + n^-\right) + S_n\left(n_t^+ + n_t^-\right) + S_p\left(p^+ + p^-\right) + S_p\left(p_t^+ + p_t^-\right)}$$

$$(8.2.2.3)$$

【练习】

在 (8.2.2.3) 的基础上补齐两边复合量 $R_h^-(E)$、$R_e^+(E)$ 和 $R_h^+(E)$。

8.2.3 异质界面的输运方程

跨越界面的输运方程需要综合考虑界面复合与界面输运电流，以电子系综为例，假设左边 (−) 是一种半导体材料，右边 (+) 是另外一种相异的半导体材料，由材料 (−) 指向 (+) 的法线方向是 $\boldsymbol{n}$，垂直界面的向上方向为 $\boldsymbol{t}$，在左边取一高度为 s，长度为 h 的小体积元，如图 8.2.3 所示，对电子输运方程 (4.5.8.2a) 两边取体积元上的积分并结合 Gauss 定理有

$$s\boldsymbol{J}_n^{\mathrm{TE}}\cdot\boldsymbol{n} + h\boldsymbol{J}_n^2\cdot\boldsymbol{t} - s\boldsymbol{J}_n^3\cdot\boldsymbol{n} - h\boldsymbol{J}_n^4\cdot\boldsymbol{t} + q\left(G - R\right)sh - qR_e^-(E)s = q\frac{\partial n}{\partial t}sh$$

$$(8.2.3.1a)$$

一维情况下，切向 $\boldsymbol{t}$ 的量都消失，方程 (8.2.3.1a) 成为

$$\boldsymbol{J}_{\mathrm{n}}^{\mathrm{TE}}\cdot\boldsymbol{n} - \boldsymbol{J}_{\mathrm{n}}^3\cdot\boldsymbol{n} + q\left(G - R\right)h - qR_{\mathrm{e}}^-\left(E\right) = q\frac{\partial n}{\partial t}h \tag{8.2.3.1b}$$

(8.2.3.1a) 和 (8.2.3.1b) 是关于电子电流密度的输运方程，类似地，可以得到关于能量输运方程的形式。

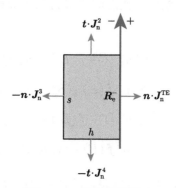

图 8.2.3　界面小体积元

【练习】
补齐一维异质界面两边电子空穴输运方程体系以及能量输运方程体系。

8.3　表面和电极接触

半导体太阳电池与外界环境接触的边界只有表面与金属半导体接触，通常决定了器件性能。

8.3.1　表面

表面对应没有材料外电流输运的情形，结合输运模型可以得到在表面的边界条件 [28]，如图 8.3.1 所示，假设左边 (−) 是半导体材料，右边 (+) 是没有电流的介电材料或者真空，由材料指向真空的法线方向是 $\boldsymbol{n}$，垂直界面的向上方向为 $\boldsymbol{t}$，采用 8.2.3 节的数学处理有

$$\int \nabla\cdot\boldsymbol{J}_{\mathrm{n}}\mathrm{d}V + \int q\left(G - R\right)\mathrm{d}V$$
$$= s\boldsymbol{J}_{\mathrm{n}}^1\cdot\boldsymbol{n} + h\boldsymbol{J}_{\mathrm{n}}^2\cdot\boldsymbol{t} - s\boldsymbol{J}_{\mathrm{n}}^3\cdot\boldsymbol{n} - h\boldsymbol{J}_{\mathrm{n}}^4\cdot\boldsymbol{t} + q\left(G - R\right)sh$$
$$= q\frac{\partial n}{\partial t}sh \tag{8.3.1.1}$$

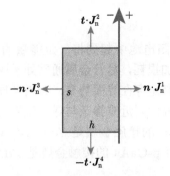

图 8.3.1 表面单元几何配置

由于向 (+) 区域没有电流: $\boldsymbol{J}_n^1 = 0$, 当 $s, h \to 0$ 时, $h\left(\boldsymbol{J}_n^2 \cdot \boldsymbol{t} - \boldsymbol{J}_n^4 \cdot \boldsymbol{t}\right) \to 0$, $q\frac{\partial n}{\partial t} sh \to 0$, $qGsh \to 0$, $\boldsymbol{J}_n^3 \to \boldsymbol{J}_n^-$, 得到如下简化关系:

$$
\boldsymbol{n} \cdot \boldsymbol{J}_n^- = - qRh = -q\frac{np - n_0 p_0}{\dfrac{1}{\nu_{\text{th}} \sigma_p N_t h}\left(n + n_t\right) + \dfrac{1}{\nu_{\text{th}} \sigma_n N_t h}\left(p + p_t\right)}
$$

$$
= -q\frac{np - n_0 p_0}{\dfrac{1}{S_p}\left(n + n_t\right) + \dfrac{1}{S_n}\left(p + p_t\right)} = -qR_s \tag{8.3.1.2a}
$$

式中, $S_p = \nu_{\text{th}} \sigma_p N_t h$ 称为表面复合速率, 单位是 cm/s; $N_t h$ 可以认为是表面上的二维缺陷浓度, 称为表面缺陷浓度; R_s 称为表面复合速率, 类似地得到空穴的表面边界条件为

$$
\boldsymbol{n} \cdot \boldsymbol{J}_p^- = qR_s \tag{8.3.1.2b}
$$

有的器件物理模型中采用所谓的少子模型, 以 n 型材料为例, 空穴是少子, 表面复合速率:

$$
R_s \approx \frac{n\left(p - p_0\right)}{\dfrac{1}{S_p}n} = S_p\left(p - p_0\right) \tag{8.3.1.3}
$$

(8.3.1.2b) 简化成

$$
\boldsymbol{n} \cdot \boldsymbol{J}_p^- = qS_p\left(p - p_0\right) \tag{8.3.1.4}
$$

(8.3.1.2)~(8.3.1.4) 有时也会应用于多晶类型的晶界数值分析中。

8.3.2　金属半导体接触

金属半导体接触在太阳电池中起到将一定能量的光生载流子输出做功的作用，显然要求不能够有附加损耗，尽管金属通常处于快速热平衡中，但与半导体毕竟是两种不同的材料，必定存在界面势垒，金属半导体接触的主要工作是降低势垒的影响，这主要通过界面附近重掺杂与寻找低界面势垒的金属材料等两条技术途径来完成，如 n-GaAs 的接触金属是 AuGeNi/Au/Ag/Au，界面掺杂浓度在 $1 \times 10^{18} \mathrm{cm}^{-3}$ 以上，而 p-GaAs 的接触金属是 Pd/Ag/Au，界面掺杂浓度在 $4 \times 10^{18} \mathrm{cm}^{-3}$ 以上。

图 8.3.2(a) ~ (e) 显示了不同掺杂情况下界面能带分布情况 [29]：(a) 和 (e) 都属于欧姆 (Ohmic) 接触范畴，在这种情况下重掺杂使得界面附近能带强烈弯曲，大幅提高了量子隧穿概率，在一定的电压范围内呈现电阻特征，实际边界 (隧穿电流界面 x_T) 满足电荷中性条件；(c) 是一种理想的 Ohmic 接触，金属与半导体准 Fermi 能级一直重合，现实中金属半导体接触在热退火工艺中金属原子与半导体原子相互扩散到对方形成 Fermi 能级的钉扎效应，称为 flatband 接触；(b)

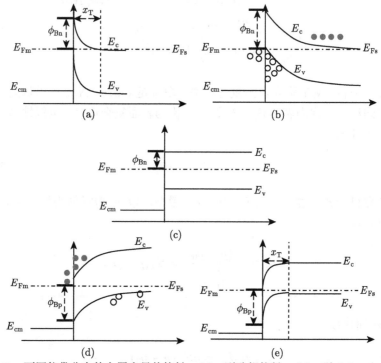

图 8.3.2　不同能带分布的金属半导体接触：(a)n 型欧姆接触，(b)n 型 Schottky 接触，(c)flatband 接触，(d)p 型 Schottky 接触，(e)p 型欧姆接触

和 (d) 情形对应载流子在界面存在跨越势垒的热离子发射与可能的量子隧穿两种机制，电学性能不再是单纯的电阻特征，类似有附加势垒的结输运，称为肖特基 (Schottky) 接触，边界处存在净电荷，不满足电荷中性条件。

显而易见，Schottky 接触势垒会影响载流子的输运特性，进而制约电池性能，如 CdS/CdTe 电池需要控制背面接触的空穴 Schottky 势垒高度 <300meV，否则对电池性能有较大的负面影响 [30]。

Ohmic 接触的情况下，可以认为表面复合速率趋于无穷，为了使电流有限符合实际物理意义，需要载流子的准 Fermi 能级与金属 Fermi 能级一致，电子与空穴系综温度也具有相似的性质，n 型接触与 p 型接触分别为

$$E_{\mathrm{Fe}} = E_{\mathrm{Fm}}^{\mathrm{n}} \tag{8.3.2.1a}$$

$$E_{\mathrm{Fh}} = E_{\mathrm{Fm}}^{\mathrm{p}} \tag{8.3.2.1b}$$

$$T_e = T_{\mathrm{Fm}}^{\mathrm{n}} \tag{8.3.2.1c}$$

$$T_{\mathrm{h}} = T_{\mathrm{Fm}}^{\mathrm{p}} \tag{8.3.2.1d}$$

$$T_{\mathrm{L}}^{\mathrm{n(p)}} = T_{\mathrm{Fm}}^{\mathrm{n(p)}} \tag{8.3.2.1e}$$

本书的分析中假设 n 接触端金属的准 Fermi 能级为电压 0 点，p 接触端金属的准 Fermi 能级为施加电压端，热平衡下各层准 Fermi 能级重合，两端金属的 Fermi 能级都在 0 点。由 (8.3.2.1b) 得到 Ohmic 接触下，接触端的半导体的准 Fermi 能级都为 0。

(b) 和 (d) 的 Schottky 接触，热平衡下接触端的半导体存在能带弯曲的静电势，如果 n 型与 p 型半导体 Fermi 能级到导带边与价带边的距离分别为 η_{e} 与 η_{h}，则静电势分别为

$$qV_{\mathrm{n}} = W_{\mathrm{m}} - \chi_{\mathrm{n}} + \eta_{\mathrm{e}} = \Phi_{\mathrm{B}} + \eta_{\mathrm{e}} \tag{8.3.2.2a}$$

$$qV_{\mathrm{p}} = \Phi_{\mathrm{B}} - \eta_{\mathrm{h}} - E_{\mathrm{g}} \tag{8.3.2.2b}$$

有时会考虑 Schottky 界面附近能带弯曲引起的量子隧穿效应，这需要将 (8.1.4.6a)～(8.1.4.6d) 与 (8.3.1.2a) 和 (8.3.1.2b) 共同作为边界条件，如图 8.3.2(b) n 型金属接触，隧穿热离子发射电流与复合电流分别为

$$\boldsymbol{n} \cdot \boldsymbol{J}_{\mathrm{n}}^{+} \left[x\left(E_z\right) \right] = qN_{\mathrm{c}} v_{\mathrm{c}}^{\mathrm{th}} \int_0^\infty \mathrm{d}E_z T\left(k_z\right) \ln \frac{1+\mathrm{e}^{-E_z+E_{\mathrm{Fm}}}}{1+\mathrm{e}^{-E_z+E_{\mathrm{Fe}}}} \tag{8.3.2.3a}$$

$$\boldsymbol{n} \cdot \boldsymbol{J}_{\mathrm{n}}^{+}\left(0^{+}\right)=-q R_{\mathrm{s}} \qquad (8.3.2.3\mathrm{b})$$

式中，E_{Fm} 与 E_{Fe} 分别是金属与半导体的准 Fermi 能级；R_{s} 是表面复合。

8.3.3　电极确定的能带排列

　　根据金属半导体接触能够确定多异质结中不同层材料的能带排列 $(E_{\mathrm{c}}-E_{\mathrm{v}})$，这是数值分析中建立能带坐标系的依据。通常输入材料能带位置的参数有 Schottky 势垒 $\varPhi_{\mathrm{Bn}}$-电子亲和势 χ_{e} 与 Schottky 势垒 $\varPhi_{\mathrm{Bn}}$-导带带阶 ΔE_{c} 两种参数，一般不把金属的功函数作为输入对象，如文献 [31] 中在优化 $\mathrm{CuIn}_{1-x}\mathrm{Ga}_x\mathrm{Se}_2$ (CIGS) 结构中采用如表 8.3.1 所示的电子亲和势。

表 8.3.1　缓变层 CIGS 太阳电池的 Schottky 势垒 $\varPhi_{\mathrm{Bn}}$-电子亲和势 χ_{e}

$\varPhi_{\mathrm{Bn}}$		CIGS	CdS	ZnO	ZnO:Al	$\varPhi_{\mathrm{Bp}}$
0.0eV	$\chi_{\mathrm{e}}/\mathrm{eV}$	0:4.57 1:3.98	4.25	4.25	4.25	0.2eV

而文献 [32] 中则采用如表 8.3.2 所示的带阶描述方式。

表 8.3.2　缓变层 CIGS 太阳电池的 Schottky 势垒 $\varPhi_{\mathrm{Bn}}$-导带带阶 ΔE_{c}

$\varPhi_{\mathrm{Bn}}$		ZnO	CdS	CIGS	$\varPhi_{\mathrm{Bp}}$
0.0eV	$\Delta E_{\mathrm{c}}/\mathrm{eV}$	0.0	−0.2	0.3	0.2eV

　　本书约定采用前者，这种坐标系中将器件结构中所涉及的材料按照电子亲和势排列，金属半导体接触处的金属材料则是按照功函数 (金属 Fermi 能级)，图 8.3.3 示意了一种三层结构的太阳电池 $\varPhi_{\mathrm{B}}$-χ 坐标系。

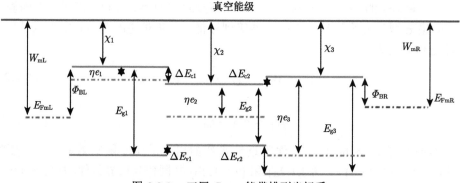

图 8.3.3　三层 $\varPhi_{\mathrm{B}}$-χ 能带排列坐标系

　　在 $\varPhi_{\mathrm{B}}$-χ 坐标系中，有如下两点常用的规则：

(1) 两种不同半导体材料的导带带阶为电子亲和势之差：

$$\Delta E_{\mathrm{c}}^{(i-1)/i} = \chi_i - \chi_{i-1} \tag{8.3.3.1a}$$

$$\Delta E_{\mathrm{v}}^{(i-1)/i} = \Delta E_{\mathrm{g}}^{(i-1)/i} - \Delta E_{\mathrm{c}}^{(i-1)/i} \tag{8.3.3.1b}$$

(8.3.3.1a) 和 (8.3.3.1b) 称为电子亲和势规则。然而很多实验表明，电子亲和势规则并不总是成立的。

(2) 按照约定，以 n 型金属接触为 0 参考点，第 i 种半导体的导带位置为

$$E_{\mathrm{c}}^i = W_{\mathrm{ml}} - \chi_i = \Phi_{\mathrm{BL}} + \chi_1 - \chi_i \tag{8.3.3.2}$$

对于 Ohmic 接触而言，热平衡时 $\Phi_{\mathrm{BL}} = -\eta_{\mathrm{e}}^1$。图 8.3.4 显示了数值实施过程中将输入的 Φ_{B}-χ 参数体系转换成方便计算的 E_{c}-E_{v} 坐标体系，这将在第 10 章中详细阐述。

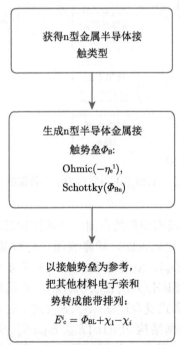

图 8.3.4　Φ_{B}-χ 能带排列坐标系到 E_{c}-E_{v} 坐标系的转换过程

【练习】

依照图 8.3.3 编写能够依据 n 型金属半导体接触类型排列能带边的程序。

8.4 数 据 结 构

依据上述建立的物理模型，能够定义表面与界面相关的数据结构。关于表面，区分为金属半导体接触与自由表面两种，前者包括 Ohmic 接触与 Schottky 接触两种情形，后者包括钝化与裸露两种，之所以把金属半导体接触单独列为一种独立的表面，是因为其关系到器件工艺、施加电压与数值离散顺序的问题。界面分为同质与异质界面两种情况。前者界面两边具有相同的复合速率，通常在材料内部不同掺杂功能层之间由于制备参数发生变化而产生界面缺陷，如生长中断、源的切换等。后者界面两边的复合速率不同，除了制备参数外，材料原子种类、晶格常数、晶体结构等因素的相异也引入大量界面缺陷态。这种描述框架的内在嵌套关系如图 8.4.1 所示。

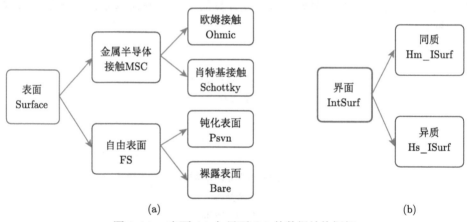

图 8.4.1   表面 (a) 与界面 (b) 的数据结构框架

在数据结构依据的物理模型参数方面，欧姆接触最基本应该含有串联微分电阻这个参数，同质界面、钝化表面、裸露表面、肖特基接触 4 个模型都至少包含缺陷态能级位置 (E_{dc}, E_{dv})、复合速率 (S_n, S_p) 等 4 个基本参数，可以统一地采用一个共用数据结构 SSRH: $(E_{dc}, E_{dv}, S_n, S_p)$，异质界面则包含缺陷态能级位置 (E_{dc}, E_{dv})、界面两边形式复合速率 $(S_n^+, S_p^+, S_n^-, S_p^-)$ 等 6 个基本参数，也可以封装成一个异质界面数据结构 ISRH: $(E_{dc}, E_{dv}, S_n^+, S_p^+, S_n^-, S_p^-)$。钝化表面和裸露表面可以采用一个统一的包含表面电荷密度与复合速率模型参数的数据结构 OSurf，类似地，异质界面与同质界面也可以封装在同一数据结构 IntSurf 中，采用一个指示成员来确定是同质还是异质。表 8.4.1 中分别定义了这几个物理模型的数据结构。

表 8.4.1　表面与界面的数据结构成员继承关系

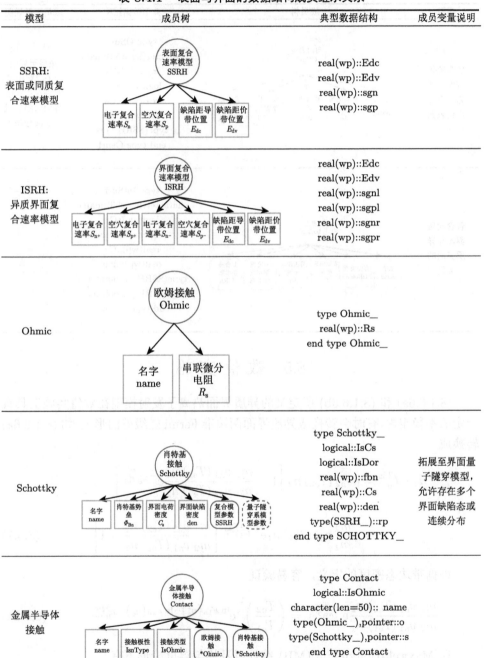

模型	成员树	典型数据结构	成员变量说明
SSRH: 表面或同质复 合速率模型		real(wp)::Edc real(wp)::Edv real(wp)::sgn real(wp)::sgp	
ISRH: 异质界面复 合速率模型		real(wp)::Edc real(wp)::Edv real(wp)::sgnl real(wp)::sgpl real(wp)::sgnr real(wp)::sgpr	
Ohmic		type Ohmic_ real(wp)::Rs end type Ohmic_	
Schottky		type Schottky_ logical::IsCs logical::IsDor real(wp)::fbn real(wp)::Cs real(wp)::den type(SSRH_)::rp end type SCHOTTKY_	拓展至界面量 子隧穿模型, 允许存在多个 界面缺陷态或 连续分布
金属半导体 接触		type Contact logical::IsOhmic character(len=50):: name type(Ohmic_),pointer::o type(Schottky_),pointer::s end type Contact	

续表

模型	成员树	典型数据结构	成员变量说明
包含钝化表面与裸露表面的自由表面	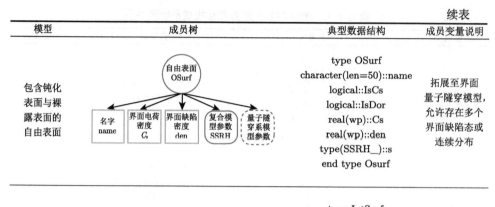	type OSurf character(len=50)::name logical::IsCs logical::IsDor real(wp)::Cs real(wp)::den type(SSRH_)::s end type Osurf	拓展至界面量子隧穿模型，允许存在多个界面缺陷态或连续分布
包含同质界面与异质界面的界面		type IntSurf character(len=50)::name logical::IsCs logical:: IsDor real(wp)::Cs real(wp)::den type(SSRH_), pointer::s type(ISRH_), pointer::i end type IntSurf	

8.5　数 值 实 施

(8.1.6.6a) 和 (8.1.6.6b) 所定义的异质界面热离子发射模型在数值实施上具有一定的不稳定性, 有时会转换成异质界面两边准 Fermi 能级差的形式, 如 (8.1.6.6a) 转换成

$$
\boldsymbol{n}_1 \cdot \boldsymbol{J}_{\mathrm{n}}^{\mathrm{TE}} = q v_{\mathrm{n}2}\left(T_{\mathrm{e}2}\right) n_2 \left[1 - \frac{m_2}{m_1} \frac{v_{\mathrm{n}1}\left(T_{\mathrm{e}1}\right)}{v_{\mathrm{n}2}\left(T_{\mathrm{e}2}\right)} \frac{n_1}{n_2} \mathrm{e}^{-\frac{\Delta E_{\mathrm{c}}}{k_{\mathrm{B}} T_{\mathrm{e}1}}}\right]
$$

$$
= q \frac{m_2}{m_1} v_{\mathrm{n}1}\left(T_{\mathrm{e}1}\right) n_1 \mathrm{e}^{-\frac{\Delta E_{\mathrm{c}}}{k_{\mathrm{B}} T_{\mathrm{e}1}}} \left[\frac{m_1}{m_2} \frac{v_{\mathrm{n}2}\left(T_{\mathrm{e}2}\right)}{v_{\mathrm{n}1}\left(T_{\mathrm{e}1}\right)} \frac{n_2}{n_1} - 1\right] \tag{8.5.1}
$$

根据带边态密度的定义, 容易验证:

$$
\frac{m_1}{m_2} \frac{v_{\mathrm{n}2}\left(T_{\mathrm{e}2}\right)}{v_{\mathrm{n}1}\left(T_{\mathrm{e}1}\right)} \frac{n_2}{n_1} \mathrm{e}^{-\frac{\Delta E_{\mathrm{c}}}{k_{\mathrm{B}} T_{\mathrm{e}1}}} = \left(\frac{T_{\mathrm{n}2}}{T_{\mathrm{n}1}}\right)^2 \mathrm{e}^{\ln F_{1\mathrm{h}}\left(\eta_{\mathrm{e}}^2\right) - \ln F_{1\mathrm{h}}\left(\eta_{\mathrm{e}}^1\right) + \frac{\Delta E_{\mathrm{c}}}{k_{\mathrm{B}} T_{\mathrm{e}1}}} \tag{8.5.2a}
$$

在 Maxwell-Boltzmann (MB) 统计以及均匀温度情形下有

$$
\frac{m_1}{m_2} \frac{v_{\mathrm{n}2}}{v_{\mathrm{n}1}} \frac{n_2}{n_1} \mathrm{e}^{-\frac{\Delta E_{\mathrm{c}}}{k_{\mathrm{B}} T}} = \mathrm{e}^{\frac{E_{\mathrm{Fe}}^{+} - E_{\mathrm{Fe}}^{-}}{k_{\mathrm{B}} T}} \tag{8.5.2b}
$$

于是 (8.5.1) 成为

$$\boldsymbol{n}_1 \cdot \boldsymbol{J}_{\mathrm{n}}^{\mathrm{TE}} = q v_{\mathrm{n}2} n_2 \left[1 - \mathrm{e}^{\frac{E_{\mathrm{Fe}}^{-} - E_{\mathrm{Fe}}^{+}}{k_{\mathrm{B}} T}} \right] = q \frac{m_2}{m_1} v_{\mathrm{n}1} n_1 \mathrm{e}^{-\frac{\Delta E_c}{k_{\mathrm{B}} T}} \left[\mathrm{e}^{\frac{E_{\mathrm{Fe}}^{+} - E_{\mathrm{Fe}}^{-}}{k_{\mathrm{B}} T}} - 1 \right] \quad (8.5.3)$$

(8.5.3) 是一些数值分析中采用的模型 [33]。类似地，能够将 (8.1.6.6b) 转换成相似形式，这会极大地方便数值计算的实施。

$$Q_2 = -2 k_{\mathrm{B}} T_{\mathrm{L}} \left[t_2^3 \nu_2 (T_{\mathrm{L}}) N_{c2} \mathrm{e}^{\ln F_{1h}(\eta_e^2)} - t_1^3 \nu_2 (T_{\mathrm{L}}) N_{c2} \mathrm{e}^{\ln F_{1h}(\eta_e^1) - \frac{\Delta E_c}{k_{\mathrm{B}} T_1}} \right] \quad (8.5.4)$$

同样，(8.2.2.2a)~(8.2.2.2d) 形式上描述了界面两边的复合速率，但不具备数值实施上的便利，在各种输运方程中，往往需要以主载流子浓度为归一化参数，因此需要进行转换，如 MB 统计情形下界面两边电子与空穴的复合速率分别为

$R_{\mathrm{e}}^{+}(E)$

$$= S_{\mathrm{n}}^{+} n^{+} \frac{\left\{ S_{\mathrm{p}}^{+} p^{+} \left(1 - \mathrm{e}^{E_{\mathrm{Fh}}^{+} - E_{\mathrm{Fe}}^{+}} \right) + S_{\mathrm{n}}^{-} n_t^{-} \left(1 - \mathrm{e}^{E_{\mathrm{Fe}}^{-} - E_{\mathrm{Fe}}^{+}} \right) + S_{\mathrm{p}}^{-} p^{-} \left(1 - \mathrm{e}^{E_{\mathrm{Fh}}^{-} - E_{\mathrm{Fe}}^{+}} \right) \right\}}{\mathrm{den}}$$

$$(8.5.5\mathrm{a})$$

$R_{\mathrm{h}}^{+}(E)$

$$= S_{\mathrm{p}}^{+} p^{+} \frac{\left\{ S_{\mathrm{p}}^{+} n^{+} \left(1 - \mathrm{e}^{E_{\mathrm{Fh}}^{+} - E_{\mathrm{Fe}}^{+}} \right) + S_{\mathrm{p}}^{-} p_t^{-} \left(1 - \mathrm{e}^{E_{\mathrm{Fh}}^{+} - E_{\mathrm{Fh}}^{-}} \right) + S_{\mathrm{n}}^{-} n^{-} \left(1 - \mathrm{e}^{E_{\mathrm{Fh}}^{+} - E_{\mathrm{Fe}}^{-}} \right) \right\}}{\mathrm{den}}$$

$$(8.5.5\mathrm{b})$$

$R_{\mathrm{e}}^{-}(E)$

$$= S_{\mathrm{n}}^{-} n^{-} \frac{\left\{ S_{\mathrm{p}}^{+} p^{+} \left(1 - \mathrm{e}^{E_{\mathrm{Fh}}^{+} - E_{\mathrm{Fe}}^{-}} \right) + S_{\mathrm{n}}^{+} n_t^{+} \left(1 - \mathrm{e}^{E_{\mathrm{Fe}}^{+} - E_{\mathrm{Fe}}^{-}} \right) + S_{\mathrm{p}}^{-} p^{-} \left(1 - \mathrm{e}^{E_{\mathrm{Fh}}^{-} - E_{\mathrm{Fe}}^{-}} \right) \right\}}{\mathrm{den}}$$

$$(8.5.5\mathrm{c})$$

$R_{\mathrm{h}}^{-}(E)$

$$= S_{\mathrm{p}}^{-} p^{-} \frac{\left\{ S_{\mathrm{n}}^{+} n^{+} \left(1 - \mathrm{e}^{E_{\mathrm{Fh}}^{-} - E_{\mathrm{Fe}}^{+}} \right) + S_{\mathrm{p}}^{+} p_t^{+} \left(1 - \mathrm{e}^{E_{\mathrm{Fh}}^{-} - E_{\mathrm{Fh}}^{+}} \right) + S_{\mathrm{n}}^{-} n^{-} \left(1 - \mathrm{e}^{E_{\mathrm{Fh}}^{-} - E_{\mathrm{Fe}}^{-}} \right) \right\}}{\mathrm{den}}$$

$$(8.5.5\mathrm{d})$$

进一步的数值处理细节参考第 12 章。

【练习】

在 Maxwell-Boltzmann 统计情形下，推导 (8.5.5a)~(8.5.5d)。

参 考 文 献

[1] Lüth H. Solid Surfaces, Interfaces and Thin Films. Berlin, Heidelberg: Springer, 2010:265-328.

[2] Laikhtman B. Boundary conditions for envelope functions in heterostructures. Physical Review B, Condensed Matter, 1992, 46(8):4769.

[3] Schroeder D. Modeling of Interface Carrier Transport for Device Simulation. Vienna: Springer, 1994:42.

[4] Schroeder D. The inflow moments method for the description of electron transport at material interfaces. J. Appl. Phys., 1992, 72:964-970.

[5] Rodina A V, Alekseev A Y, Efros A L, et al. General boundary conditions for the envelope function in the multi-band $k \cdot p$ model. Physical Review B, 2002, 65(12):125302.

[6] Kisin M V, Gelmont B L, Luryi S. Boundary-condition problem in the Kane model. Physical Review B, 1998, 58(8):4605-4616.

[7] Grinberg A A, Luryi S. On electron transport across interfaces connecting materials with different effective masses. IEEE Transactions on Electron Devices, 1998, 45(7):1561-1568.

[8] Maeda H. Electron transport across a semiconductor heterojunction. Jap. J. Appl. Phys., 1986, 25:1221-1226.

[9] Schroeder D. Modeling of Interface Carrier Transport for Device Simulation. Vienna: Springer, 1994:57-60.

[10] Ieong M K, Solomon P M, Laux S E, et al. Comparison of raised and Schottky source/drain MOSFETs using a novel tunneling contact model. International Electron Devices Meeting 1998. Technical Digest (Cat. No.98CH36217), 1998:733-736.

[11] Matsuzawa K, Uchida K, Nishiyama A. A unified simulation of Schottky and Ohmic contacts. IEEE Transactions on Electron Devices, 2000, 47(1):103-108.

[12] Tait G B, Nabet B. Current transport modeling quantum-barrier-enhanced heterodimensional contacts. IEEE Transactions on Electron Devices, 2003, 50(12):2573-2578.

[13] Schroeder D. Modeling of Interface Carrier Transport for Device Simulation. Vienna: Springer, 1994:54.

[14] Schroeder D. Modeling of Interface Carrier Transport for Device Simulation. Vienna: Springer, 1994:161-167.

[15] Horio K, Yanai H. Numerical modeling of heterojunctions including the thermionic emission mechanism at the heterojunction interface. IEEE Transactions on Electron Devices, 1990, 37(4):1093-1098.

[16] Schiff E A. Thermionic emission model for interface effects on the open-circuit voltage of amorphous silicon based solar cells. IEEE Photovoltaic Specialists Conference, 2002: 1086-1089.

[17] Weis M, Nakao M, Lin J, et al, Thermionic emission model for contact resistance in organic field-effect transistor. Thin Solid Films, 2009, 518(2):795-798.

[18] Hjelmgren H, Tang T W. Thermionic emission in a hydrodynamic model for hetero-junction structures. Solid-State Electronics, 1994, 37(9):1649-1657.

[19] Fonash S J. Solar Cell Device Physics. New York : Academic Press, 1981:117.

[20] Selberherr S. Analysis and Simulation of Semiconductor Devices. Vienna: Springer,1984: 174.

[21] Ando T, Akera H. Connection of envelope functions at semiconductor heterointerfaces. II. Mixings of and X valleys in GaAs/Al_xGa_{1-x}As. Phys. Rev. B, Condens. Matter, 1989, 40(17):11619-11633.

[22] Ivchenko E L, Kiselev A A, Fu Y, et al. Valley mixing effects on electron tunneling trans-mission in GaAs/AlAs heterostructures. Solid-State Electronics, 1994, 37(4-6):813-816.

[23] Ivchenko E L, Kaminski A Y, Rössler U. Heavy-light hole mixing at zinc-blende (001) interfaces under normal incidence. Physical Review B, 1996, 54(8):5852-5859.

[24] Mönch W. Semiconductor Surfaces and Interfaces. Berlin Heidelberg: Springer, 1995: Chap 19.

[25] Ivchenko E I, Pikus G E. Superlattices and Other Heterostructure. Berlin Heidelberg: Springer, 1995.

[26] Schroeder D. Modeling of Interface Carrier Transport for Device Simulation. Vienna : Springer, 1994:76.

[27] Fu Y, Willander M, Ivchenko E L, et al. Valley mixing in GaAs/AlAs multilayer structures in the effective-mass method. Phys. Rev. B, Condens. Matter, 1993, 47(20):13498.

[28] Nelson J. The Physics of Solar Cells. London: Imperial College Press, 2003:110-111.

[29] Schroeder D. Modeling of Interface Carrier Transport for Device Simulation. Vienna: Springer, 1994:94.

[30] Scheer R, Schock H W. Chalcogenide Photovoltaics: Physics, Technologies, and Thin Film Devices. Hoboken: John Wiley & Sons Inc, 2007.

[31] Song S H, Nagaich K, Aydil E S, et al. Structure optimization for a high efficiency CIGS solar cell. 35th IEEE Photovoltaic Specialists Conference, 2010:002488-002492.

[32] Gloeckler M, Fahrenbruch A L, Sites J R. Numerical modeling of CIGS and CdTe solar cells: setting the baseline. 3rd World Conference on Photovoltaic Energy Conversion, 2003:491-494.

[33] Horio K, Yanai H. Numerical modeling of heterojunctions including the thermionic emission mechanism at the heterojunction interface. IEEE Transactions on Electron Devices, 1990, 37(4):1093-1098.

第 9 章 量子隧穿

9.0 概 述

太阳电池中存在量子隧穿的地方主要发生在隧穿结与界面 (金属半导体接触与异质界面) 两个地方。在串联型多结太阳电池中，如 Ⅲ-Ⅴ 族太阳电池与硅基薄膜太阳电池，广泛使用隧穿结来实现极性转换，如 n 转换到 p，或 p 转换到 n 等，实现这种极性转换的机制是，不同极性电子态波函数在重掺杂能带急剧弯曲情形下大大降低了空间距离 (~nm) 而引起重叠，导致载流子容易在这些态中隧穿。这些重叠态可以分成价带/导带、缺陷态/能带 (导带和价带)、缺陷态之间三种类型，第 8 章中所描述的金属半导体界面与异质界面附近，有时能带会发生剧烈弯曲 (~nm)，也可能导致量子隧穿。图 9.0.1 列举了这种分类及相应的数值模型表现。发生上述隧穿的机制有直接态对态隧穿，也有借助中间缺陷势阱的共振隧穿和借助声子态的辅助隧穿等。

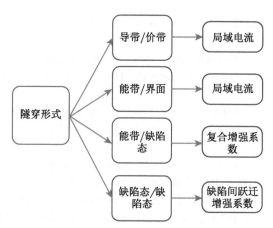

图 9.0.1　不同隧穿形式及对应的数值模型

根据第 4 章中的理论框架，量子隧穿现象是一种二体关联的空间非局域效应，跃迁矩阵元与分布函数具有很强的空间关联，严格的处理方法只能是多体量子动力学，如密度矩阵或维格纳 (Wigner) 函数。一种不太复杂的方法是把隧穿导致的湮灭以局部电流和能流的形式嵌入第 4 章所发展的半经典输运模型中。根据所作的假设，这种方法可以分成经典局域模型、半经典、单体量子等几种模型。其中经典局域模型中隧穿电流仅取决于局部电场强度和材料带隙，如 (9.0.1) 的形式：

$$G_T\left(F\right) = \frac{q^2\left|F\right|^2 m_{\mathrm{r}}}{18\pi\hbar^2\sqrt{E_{\mathrm{g}}}} \times \mathrm{e}^{-\pi\frac{\sqrt{m_{\mathrm{r}}}E_{\mathrm{g}}^{\frac{3}{2}}}{2q\hbar\left|F\right|}} \tag{9.0.1}$$

式中，F 是局部电场强度；E_{g} 是材料带隙；其他参数具有通常意义，(9.0.1) 仅适用于均匀材料、均匀电场强度的情形，不适用于半导体太阳电池中常有的异质结。

半经典二体隧穿电流则取决于隧穿概率与载流子供给函数的乘积的空间能量积分，反映了空间两点的有效关联，称为非局域方法，依据隧穿概率的处理方式分成 Kane 模型与 Esaki 模型 [1]，前者的隧穿概率采用了局部电场强度关联简单近似，如 (9.0.2) 的形式：

$$T = A \times F^2 \times \mathrm{e}^{-\frac{B}{F}} \tag{9.0.2}$$

Esaki 模型的隧穿概率与供给函数都需要能够反映空间关联的计算方法，这种方法中，隧穿概率与空间能带分布息息相关，如 (9.0.3)

$$J_{\mathrm{n}}\left(E, x, x'\right) = AT^2 \times T\left(E, x\leftrightarrow x'\right) \times \left\{\ln\left[1 + \mathrm{e}^{\frac{E_{\mathrm{Fe}}(x)-E}{k_{\mathrm{B}}T}}\right] - \ln\left[1 + \mathrm{e}^{\frac{-E-E_{\mathrm{Fh}}(x')}{k_{\mathrm{B}}T}}\right]\right\} \tag{9.0.3}$$

式中，AT^2 称为 Richardson 常数；$T\left(E, x\leftrightarrow x'\right)$ 是能量为 E 的载流子从空间位置 x 到 x' 的隧穿概率，其他常数具有通常的物理意义。

单体量子框架分成多带包络函数方法与格林 (Green) 函数方法，前者能够在单电子假设下不需要太多计算资源处理空间非均匀电场下的多带耦合隧穿 (参见第 4 章)[2]，隧穿电流表达式为

$$J\left(x\right) = \frac{\hbar}{\mathrm{i}m}\mathrm{Im}\sum_n\left[\chi_{\mathrm{n}}^*\left(x\right)\nabla\chi_{\mathrm{n}}\left(x\right)\right] \tag{9.0.4}$$

后者能够对量子结构体系提供严格的数值精度高的解，如量子结构或者薄 pin 结构的隧穿结 [3]，基本思路是求解推迟 Green 函数矩阵计算隧穿概率 [4]。

$$\left(EI - H - \sum s - \sum D\right)G = I \tag{9.0.5a}$$

$$T\left(E\right) = \mathrm{Tr}\left[\Gamma_{\mathrm{S}}\left(E\right)G\left(E\right)\Gamma_{\mathrm{D}}\left(E\right)G^{\dagger}\left(E\right)\right] \tag{9.0.5b}$$

整体分类框架如图 9.0.2 所示。

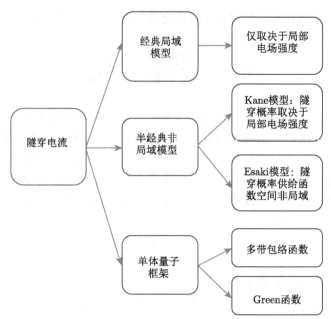

图 9.0.2　局域隧穿电流的数值方法

　　需要说明的是，各种机制的隧穿大大增加了数值分析的复杂性，但在现实中，依然采用一些相对简单，易于数值分析又能得到合适结果的方法 [5,6]。

　　关于隧穿结的设计，首先遇到的问题是，采用多少浓度的掺杂才足够？经验认为，约化 Fermi 能应该在 $\geqslant 2$，通过求解 5.3.3 节中的电荷中性方程能够得到相应的掺杂浓度。

【练习】

　　1. Si 作为 n 型掺杂剂，其离化能为 5meV，如果某种材料的 N_c 为 $1\times10^{17}\mathrm{cm}^{-3}$，当约化 Fermi 能为 2 时，对应的缺陷浓度是多少？Zn 作为 p 型掺杂剂，其离化能为 22meV，如果某种材料的 N_v 为 $7\times10^{18}\mathrm{cm}^{-3}$，对应的缺陷浓度是多少？

　　2. 练习 1 中 Si 掺杂情形，如果 N_c 为 $1\times10^{17}\mathrm{cm}^{-3}$ 的材料的非抛物 Kane 参数为 $1.02\mathrm{eV}^{-1}$，约化 Fermi 能依然假设为 2，这时对应的掺杂浓度应该是多少？

9.1　导带/价带隧穿

　　导带/价带隧穿 (简称 BTBT) 体现为导带中的电子通过隧穿的形式进入到价带或者相反的过程，这是一种纯粹的量子力学现象，而且依赖于载流子能量。图 9.1.1 示意了一种左边 p++/右边 n++ 隧穿结构在正向偏压情况下电子从导带隧穿到价带的情形。BTBT 从电子态特征上可以分为直接隧穿和间接隧穿两种，

前者是对应同一 k 值的电子态,如闪锌矿结构中的 Γ_{6c}-Γ_{8v},后者需要借助声子在不同 k 值的电子态之间隧穿,如 Si 中的 Δ-Γ_{25v}。从发生隧穿的电子态的维数上可以分成体材料、二维、一维等,它们的波函数通常需要求解 Schrödinger 方程得到。近十年来,BTBT 结构因为能够降低集成电路功耗的快速开关器件的隧穿场效应管有望取代传统的 n-MOSFET 而受到越来越多的重视 [7],关于 BTBT 的计算方法得到了深入研究 [8-10]。

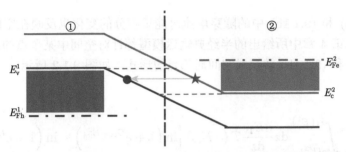

图 9.1.1 左边 p++/右边 n++ 隧穿结构在正向偏压隧穿示意图

借助于 (8.1.4.6a)~(8.1.4.6d) 能够直接给出两边的隧穿电流密度表达式及方向。有一点不同的是,其中的法线方向变成了指向隧穿的方向,需要明确的是,量子隧穿是依赖于方向的物理机制。

(1) 考察图 9.1.1 左边 ① 点,① 点位于价带中,多子是空穴,有 $\mathrm{d}E_{1z} = -\mathrm{d}E_{1v}$,左边总的隧穿电流为

$$\boldsymbol{n}_1 \cdot \boldsymbol{J}_{1p}^{\mathrm{T}}$$

$$= -qN_1 v_{\mathrm{th}}^{1v} \int_{E_c^2}^{E_v^1} \mathrm{d}E_{1v} T\left(-E_{1v}\right) \left[\ln\left(1 + \mathrm{e}^{E_{1v} - E_{\mathrm{Fe}}^2}\right) - \ln\left(1 + \mathrm{e}^{E_{1v} - E_{\mathrm{Fh}}^1}\right)\right]$$

$$(9.1.1\mathrm{a})$$

对于重掺杂 n 区,隧穿点能量在电子准 Fermi 能级以下,$E_{1v} - E_{\mathrm{Fe}}^2 < 0$,$\mathrm{e}^{E_{1v} - E_{\mathrm{Fe}}^2} < 1$,而对于重掺杂 p 区,隧穿点能量在空穴准 Fermi 能级以下,$\mathrm{e}^{E_{1v} - E_{\mathrm{Fh}}^1} > 1$,括号里的分布项为负,电流实际上是从左向右的。

(2) 考察图 9.1.1 右边 ② 点,② 点位于导带中,多子是电子,$\mathrm{d}E_{2z} = \mathrm{d}E_{2c}$,电子隧穿电流为

$$\boldsymbol{n}_2 \cdot \boldsymbol{J}_{2n}^{\mathrm{T}} = qN_{2c} v_{\mathrm{th}}^{2c} \int_{E_c^2}^{E_v^1} \mathrm{d}E_{2c} T\left(E_{2c}\right) \left[\ln\left(1 + \mathrm{e}^{-E_{2c} + E_{\mathrm{Fh}}^1}\right) - \ln\left(1 + \mathrm{e}^{-E_{2c} + E_{\mathrm{Fe}}^2}\right)\right]$$

$$(9.1.1\mathrm{b})$$

根据上面的分析，有 $e^{-E_{2c}+E_{Fe}^2} > 1$ 和 $e^{-E_{2c}+E_{Fh}^1} < 1$，括号里的分布项为负，电流实际上也是从左向右的。

(9.1.1a) 和 (9.1.1b) 中出现了 $N_1 \upsilon_{th}^{1v}$ 与 $N_{2c}\upsilon_{th}^{2c}$ 两个参数值，为了保持隧穿电流的可逆性，需要采用同一个 Richardson 常数，这通常是由用户提前作为参数输入的。BTBT 另外一个需要注意的是发生隧穿的能量区间，对于隧穿二极管，如果是 A/D 掺杂形式，为 $\{E_c^2, E_v^1\}$，D/A 掺杂形式为 $\{E_v^1, E_c^2\}$，通常由程序自动搜索给出。

(9.1.1a) 和 (9.1.1b) 中的隧穿电流对能量积分的变化也反映在空间坐标位置变化上，而第 4 章中所给出的半经典输运模型都针对空间中某个点的形式，需要将 (9.1.1a) 和 (9.1.1b) 转换成空间局部点的形式，如图 9.1.2 所示。

$$\boldsymbol{n}_1 \cdot \boldsymbol{J}_{1p}^{T}$$

$$= -qAT^2 \int_{z_0(E_c^2)}^{z_1(E_v^1)} \mathrm{d}z \frac{\mathrm{d}E_{1v}}{\mathrm{d}z} T(-E_{1v}) \left[\ln\left(1+e^{E_{1v}-E_{Fe}^2}\right) - \ln\left(1+e^{E_{1v}-E_{Fh}^1}\right) \right]$$

$$(9.1.1c)$$

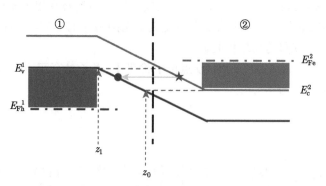

图 9.1.2　BTBT 中能量积分向坐标积分的转换

结合空穴电流连续性方程得到空间 z 点处的 BTBT 产生项为

$$\frac{\mathrm{d}\left[\boldsymbol{n}_1 \cdot \boldsymbol{J}_{1p}^{T}(z)\right]}{\mathrm{d}z}$$

$$= qG_p^T(z) = -qAT^2 \frac{\mathrm{d}E_{1v}}{\mathrm{d}z} T(-E_{1v}) \left[\ln\left(1+e^{E_{1v}-E_{Fe}^2}\right) - \ln\left(1+e^{E_{1v}-E_{Fh}^1}\right) \right]$$

$$(9.1.2)$$

(9.1.2) 具有与第 4 章中半经典输运模型产生的复合项相同的局域表达形式，但比较烦琐的是 BTBT 是具有方向性的产生项，实际中会借助数值离散方法使用，如 8.2.3 节在小体积元中积分：

$$sJ_{\mathrm{p}}^{1}\cdot\boldsymbol{n}+hJ_{\mathrm{p}}^{2}\cdot\boldsymbol{t}-sJ_{\mathrm{p}}^{3}\cdot\boldsymbol{n}-hJ_{\mathrm{p}}^{4}\cdot\boldsymbol{t}-q\left(G-R\right)sh-\int\boldsymbol{n}_{1}\cdot\boldsymbol{J}_{1\mathrm{p}}^{\mathrm{T}}\mathrm{d}\Omega=q\frac{\partial p}{\partial t}sh \quad (9.1.3)$$

在如图 9.1.3 所示的隧穿电流中有

$$\int\boldsymbol{n}_{1}\cdot\boldsymbol{J}_{1\mathrm{p}}^{\mathrm{T}}\mathrm{d}\Omega=-AT^{2}\Delta E_{1\mathrm{v}}T\left(-E_{1\mathrm{v}}\right)\left[\ln\left(1+\mathrm{e}^{E_{1\mathrm{v}}-E_{\mathrm{Fe}}^{2}}\right)-\ln\left(1+\mathrm{e}^{E_{1\mathrm{v}}-E_{\mathrm{Fh}}^{1}}\right)\right]s$$

$$(9.1.4)$$

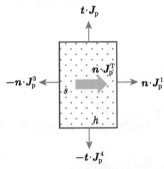

图 9.1.3 BTBT 隧穿电流沿 $\boldsymbol{n}$ 的小体积元

(9.1.1a)∼(9.1.1c) 与 SILVACO-Altlas 中采用的 BTBT 计算模型一致[11]，其应用可以参考文献 [12]。

【练习】

给出 BTBT 下能量输运方程的形式。

9.2 能带/界面隧穿

能带/界面隧穿 (BTST) 与处理存在隧穿的 Schottky 接触时一样，只是有一边需要将隧穿电流当作局部产生复合项，而另外一边则把所有隧穿电流当作界面复合产生项[13]。以 GaInP 电池的 n-AlInP 窗口层与 n-GaInP 发射层的异质结界面为例，其异质结界面势垒如图 9.2.1 所示，表现为 AlInP 导带带阶出现一个尖峰，右边界面方程中需要增加由 1 向 2 的所有隧穿所产生的电流密度。一维情况下与 (8.10.1b) 相对应的左边区域界面与右边界面的连续性方程分别为

$$\boldsymbol{J}_{\mathrm{n}}^{\mathrm{TE}}\cdot\boldsymbol{n}_{1}-\boldsymbol{J}_{\mathrm{n}}^{-}\cdot\boldsymbol{n}_{1}+q\left(G-R\right)h-qR_{\mathrm{e}}^{-}\left(E\right)+E_{1z}T\left(k_{1z}\right)\ln\frac{1+\mathrm{e}^{-E_{1z}+E_{\mathrm{Fe}}^{2}}}{1+\mathrm{e}^{-E_{1z}+E_{\mathrm{Fh}}^{1}}}$$

$$=q\frac{\partial\left(0^{-}\right)}{\partial t}h \tag{9.2.1a}$$

$$\boldsymbol{J}_{\mathrm{n}}^{\mathrm{TE}}\cdot\boldsymbol{n}_2 - \boldsymbol{J}_{\mathrm{n}}^{+}\cdot\boldsymbol{n}_2 + q\left(G-R\right)h - qR_{\mathrm{e}}^{-}\left(E\right) + \boldsymbol{n}_1\cdot\boldsymbol{J}_{\mathrm{n}}^{\mathrm{T}} = q\frac{\partial n\left(0^{+}\right)}{\partial t}h \tag{9.2.1b}$$

其中, $\boldsymbol{J}_{\mathrm{n}}$ 的上标 −/+ 分别表示左边与右边在小积分元上稍微远离界面的流。

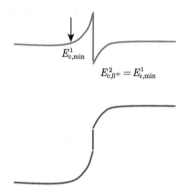

图 9.2.1　AlInP/GaInP 异质结势垒分布示意图

处理能带/界面隧穿时, 需要注意两点。

(1) 发生隧穿的能量区间。从能带图上可以看出, 如果只考虑两边能带之间的直接隧穿, 假设隧穿不能到禁带中去, 能够发生隧穿的能量下限为 AlInP 窗口层中导带最小值与 GaInP 发射层界面导带两者的最小值, 即 $E_{\mathrm{min}}^{\mathrm{T}} = \max\{E_{\mathrm{c,min}}^{1},$ $E_{\mathrm{c,0^{+}}}^{2}\}$。

(2) 与 BTBT 一样, BTST 也需要一个统一的 Richardson 常数。

【练习】

给出图 9.2.1 能带分布下存在 BTST 的异质结界面两边电子能量输运方程形式。

9.3　缺陷到能带隧穿

缺陷到能带隧穿通常情况下极大地影响了半导体器件中高电场区域的载流子输运特性, 在半导体太阳电池中, 这主要体现在重掺杂的隧穿结中。

9.3.1　基本框架

载流子从带隙间缺陷态隧穿到导带或价带 (TTBT) 在电场强度比较高的情况下往往是一种伴随效应, 表现为复合速率的增强或载流子寿命的降低 [14,15], 通过修正通常的 SRH 复合动力学模型, 可以自然地引入一种形式上的增强因子。如

图 9.3.1 所示，增加由带间深能级缺陷到能带中连续态量子隧穿所引入的非局域附加项的复合动力学方程如 (9.3.1.1a) 和 (9.3.1.1b)。

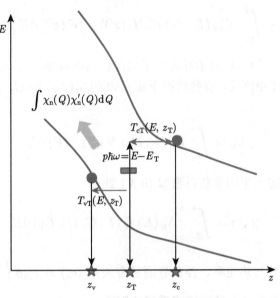

图 9.3.1　缺陷到导带隧穿示意图

$$\frac{\mathrm{d}n_T}{\mathrm{d}t} = N_T \Bigg\{ (1 - f_T) \Bigg[\int_{E_c}^{+\infty} N_c(E) f_c(E) C_n(E, E_T) \, \mathrm{d}E$$

$$+ \int_{E_T}^{E_c} C_{tn}(E, E_T) N_c[E(x')] f_c[E(x')] \, \mathrm{d}E \Bigg] \Bigg\}$$

$$- f_T \Bigg\{ \int_{E_c}^{+\infty} N_c(E) [1 - f_c(E)] C_n(E, E_T) \, \mathrm{d}E$$

$$+ \int_{E_T}^{E_c} C_{tn}(E, E_T) N_c[E(x')] [1 - f_c[E(x')]] \, \mathrm{d}E \Bigg\} \qquad (9.3.1.1a)$$

$$\frac{\mathrm{d}p_T}{\mathrm{d}t} = N_T \Bigg\{ \Bigg[f_T \int_{-\infty}^{E_v} N_v(E) [1 - f_v(E)] C_p(E, E_T) \, \mathrm{d}E$$

$$+ \int_{E_v}^{E_T} C_{tp}(E, E_T) N_v[E(x')] [1 - f_v[E(x')]] \, \mathrm{d}E \Bigg] \Bigg\}$$

$$- (1 - f_{\mathrm{T}}) \left\{ \int_{-\infty}^{E_{\mathrm{v}}} N_{\mathrm{v}} (E) \, f_{\mathrm{v}} (E) \, C_{\mathrm{p}} (E, E_{\mathrm{T}}) \, \mathrm{d}E \right.$$

$$\left. + \int_{E_{\mathrm{v}}}^{E_{\mathrm{T}}} C_{\mathrm{tp}} (E, E_{\mathrm{T}}) \, N_{\mathrm{v}} \, [E \, (x')] \, f_{\mathrm{v}} \, [E \, (x')] \, \mathrm{d}E \right\} \qquad (9.3.1.1\mathrm{b})$$

(9.3.1.1a) 中，第一项表示导带电子被俘获到缺陷态，$C_{\mathrm{n}} (E, E_{\mathrm{T}}) \propto M$ 是俘获系数，正比于跃迁矩阵元。有些情况下定义如 (9.3.1.2a) 的 C_{n} 为俘获速率，单位是 s^{-1}：

$$C_{\mathrm{n}} = \int_{E_{\mathrm{c}}}^{\infty} C_{\mathrm{n}} (E, E_{\mathrm{T}}) \, N (E) \, f (E) \, \mathrm{d}E \qquad (9.3.1.2\mathrm{a})$$

有些情况下定义平均俘获系数如 (9.3.1.2b)：

$$\langle c_{\mathrm{n}} \rangle n = \int_{E_{\mathrm{c}}}^{+\infty} N_{\mathrm{c}} (E) \, f_{\mathrm{c}} (E) \, C_{\mathrm{n}} (E, E_{\mathrm{T}}) \, \mathrm{d}E \qquad (9.3.1.2\mathrm{b})$$

平均俘获系数与热速率、俘获界面具有关系 $\langle c_{\mathrm{n}} \rangle = v_{\mathrm{th}} \sigma \left(\dfrac{\mathrm{cm}^3}{\mathrm{s}} \right)$。材料的本征寿命是平均俘获系数与缺陷密度乘积的倒数：

$$\frac{1}{\tau_{\mathrm{n}}^0} = N_{\mathrm{T}} \langle c_{\mathrm{n}} \rangle = \frac{N_{\mathrm{T}}}{n} \int_{E_{\mathrm{c}}}^{+\infty} N_{\mathrm{c}} (E) \, f_{\mathrm{c}} (E) \, C_{\mathrm{n}} (E, E_{\mathrm{T}}) \, \mathrm{d}E \qquad (9.3.1.3)$$

(9.3.1.1a) 中第二项表示缺陷态电子跃迁到导带，类似地可以定义 e_{n} 为发射速率，同样方式应用于空穴，这样 (9.3.1.1a) 和 (9.3.1.1b) 能够转换成第 5 章中通常 SRH 模型的唯象动力学方程：

$$\frac{\mathrm{d}n_{\mathrm{T}}}{\mathrm{d}t} = N_{\mathrm{T}} \left[(1 - f_{\mathrm{T}}) \, C_{\mathrm{n}} - f_{\mathrm{T}} e_{\mathrm{n}} \right] \qquad (9.3.1.4\mathrm{a})$$

$$\frac{\mathrm{d}p_{\mathrm{T}}}{\mathrm{d}t} = N_{\mathrm{T}} \left[f_{\mathrm{T}} C_{\mathrm{p}} - (1 - f_{\mathrm{T}}) \, e_{\mathrm{p}} \right] \qquad (9.3.1.4\mathrm{b})$$

形式稳态载流子分布为

$$f_{\mathrm{T}} = \frac{C_{\mathrm{n}} + e_{\mathrm{p}}}{C_{\mathrm{n}} + C_{\mathrm{p}} + e_{\mathrm{n}} + e_{\mathrm{p}}} \qquad (9.3.1.5)$$

形式复合速率为

$$R_{\mathrm{T}} = N_{\mathrm{T}} \frac{C_{\mathrm{n}} C_{\mathrm{p}} - e_{\mathrm{n}} e_{\mathrm{p}}}{C_{\mathrm{n}} + C_{\mathrm{p}} + e_{\mathrm{n}} + e_{\mathrm{p}}} = \frac{np - n_0 p_0}{\tau_{\mathrm{p}} (n + n_0) + \tau_{\mathrm{n}} (p + p_0)} \qquad (9.3.1.6)$$

从导带到缺陷的跃迁机制通常认为有四种: 热跃迁、光子参与的辐射跃迁、声子参与的无辐射跃迁、光子与声子共同参与的辐射跃迁。第一种机制的跃迁矩阵元正比于深能级缺陷到导带的热概率, 第二种机制的跃迁矩阵元正比于电偶极子作用强度, 第三种机制的跃迁矩阵元正比于声子跃迁概率。我们在 (9.3.1.1a) 和 (9.3.1.1b) 复合动力学方程中显式表示出带间深能级缺陷到能带中连续态非局域隧穿所引入的非局域附加项:

$$\frac{\mathrm{d}n}{\mathrm{d}t} = N_{\mathrm{T}} \left(1 - f_{\mathrm{T}}\right) \left(C_{\mathrm{n}} + C_{\mathrm{t}}\right) + N_{\mathrm{T}} f_{\mathrm{T}} \left(e_{\mathrm{n}} + e_{\mathrm{t}}\right) \tag{9.3.1.7}$$

式中, $C_{\mathrm{t}} = \int_{E_{\mathrm{T}}}^{E_c} C_{\mathrm{tn}}\left(E, E_{\mathrm{T}}\right) N\left(E, x\right) f\left(E, x\right) \mathrm{d}E$, $e_{\mathrm{t}} = \int_{E_{\mathrm{T}}}^{E_c} C_{\mathrm{tn}}\left(E, E_{\mathrm{T}}\right) N\left(E, x\right) \left(1 - f\left(E, x\right)\right) \mathrm{d}E$, $x = x\left(E = E_c\right)$ 表示与 E 等能隧穿点。非局域隧穿引起的俘获系数正比于跃迁矩阵元与隧穿概率的乘积: $C_{\mathrm{tn}}\left(E, E_{\mathrm{T}}\right) \propto M\left(E\right) T\left[E\left(x, x'\right)\right]$, 这种情况下, 载流子新有效寿命为

$$\frac{1}{\tau_{\mathrm{n}}} = \frac{N_{\mathrm{T}}}{n} \left\{ \int_{E_c}^{+\infty} N_c\left(E\right) f_c\left(E\right) C_{\mathrm{n}}\left(E, E_{\mathrm{T}}\right) \mathrm{d}E \right.$$

$$\left. + \int_{E_{\mathrm{T}}}^{E_c} C_{\mathrm{tn}}\left(E, E_{\mathrm{T}}\right) N_c\left[E\left(x'\right)\right] f_c\left[E\left(x'\right)\right] \mathrm{d}E \right\} \tag{9.3.1.8}$$

定义场增强因子 $g_{\mathrm{n}}^{[16]}$:

$$\frac{1/\tau_{\mathrm{n}}}{1/\tau_{\mathrm{n}}^0} = 1 + \frac{\int_{E_{\mathrm{T}}}^{E_c} C_{\mathrm{tn}}\left(E, E_{\mathrm{T}}\right) N_c\left[E\left(x'\right)\right] f_c\left[E\left(x'\right)\right] \mathrm{d}E}{\int_{E_c}^{+\infty} N_c\left(E\right) f_c\left(E\right) C_{\mathrm{n}}\left(E, E_{\mathrm{T}}\right) \mathrm{d}E} = 1 + g_{\mathrm{n}} \tag{9.3.1.9}$$

9.3.2 热跃迁辅助机制

(9.3.1.9) 定义的场增强因子里数值计算上非常繁复, 因而提出了很多种简化的方法。例如, 考虑到带内弛豫时间与隧穿时间的不同, 可以认为整个能带内的所有电子均以带边的概率进行跃迁, 这样就可以有能够在计算上实施的量:

$$g_{\mathrm{n}} = \frac{\int_{E_{\mathrm{T}}}^{E_c} M\left(E\right) T\left(E\right) n\left(x\right) \mathrm{d}E}{M\left(E_c - E_{\mathrm{T}}\right) \int_{E_c}^{\infty} N\left(E\right) f\left(E\right) \mathrm{d}E} = \frac{1}{n} \int_{E_{\mathrm{T}}}^{E_c} \frac{M\left(E\right)}{M\left(E_c - E_{\mathrm{T}}\right)} T\left(E\right) n\left(x\right) \mathrm{d}E \tag{9.3.2.1}$$

假设忽略隧穿发生区域的载流子浓度变化，可以有

$$g_{\mathrm{n}} = \int_{E_{\mathrm{T}}}^{E_{\mathrm{c}}} \frac{M(E)}{M(E_{\mathrm{c}} - E_{\mathrm{T}})} T(E) n(x) \,\mathrm{d}E \tag{9.3.2.2}$$

热跃迁概率主导:

$$g_{\mathrm{n}} = \frac{\int_{E_{\mathrm{T}}}^{E_{\mathrm{c}}} \mathrm{c}^{-E} T(E) n(x) \,\mathrm{d}E}{\mathrm{e}^{E_{\mathrm{c}} - E_{\mathrm{T}}} n} \tag{9.3.2.3}$$

进一步假设 $N_{\mathrm{c}}[E(x')]$ 和 $f_{\mathrm{c}}[E(x')]$ 与空间位置无关，得到形式:

$$g_{\mathrm{n}} = \frac{\int_{E_{\mathrm{T}}}^{E_{\mathrm{c}}} \mathrm{e}^{E_{\mathrm{T}} - E} T[E(x,x')]\mathrm{d}E}{\mathrm{e}^{E_{\mathrm{T}} - E_{\mathrm{c}}}} = \int_{E_{\mathrm{T}}}^{E_{\mathrm{c}}} \mathrm{e}^{E_{\mathrm{c}} - E} T[E(x,x')]\mathrm{d}E \tag{9.3.2.4}$$

如果将 (9.3.2.4) 中的隧穿概率用均匀电场和材料的 WKB 模型的形式表达出来，则可以得到文献 [17], [18] 数值分析中所用的公式。

【练习】

参考文献 [17], [18]，推导出采用均匀电场和材料的 WKB 模型隧穿概率的场增强因子 g_{n}。

9.3.3 声子辅助机制

声子辅助隧穿情况下，根据黄昆等的研究结果 [19]，电子态为 i、声子数为 n 的初始态到电子态为 f、声子数为 n' 的末态的跃迁概率为

$$W = \frac{2\pi}{\hbar} \frac{Av}{n} \sum_{\acute{n}} |\langle fn'| u_{\mathrm{s}} |in\rangle|^2 \tag{9.3.3.1a}$$

其中 u_{s} 为电子–声子相互作用; $\dfrac{Av}{n}$ 为对初态 i 的各声子态 n 按热分布进行的统计平均。在假设电子跃迁矩阵元不依赖于声子态的情况下，跃迁概率可以分解成两项积:

$$W = \frac{2\pi}{\hbar} |\langle f| u_{\mathrm{s}} |i\rangle|^2 \frac{Av}{n} \sum_{\acute{n}} \int \chi_n(Q) \chi_{n'}(Q) \,\mathrm{d}Q \tag{9.3.3.1b}$$

(9.3.3.1b) 中后面一项为不同声子态波函数之间的重叠积分,也称为声子谱型函数:

$$M_{\mathrm{c(v)}}(i\hbar\omega) = \frac{(i\mp S)^2}{S} \mathrm{e}^{-S(2\bar{n}+1)} \left(\frac{\bar{n}+1}{\bar{n}}\right)^{\frac{i}{2}} I_i\left(2S\sqrt{\bar{n}(\bar{n}+1)}\right) \tag{9.3.3.2a}$$

$$I_i\left(\xi\right) = \frac{1}{\sqrt{2\pi}} \frac{\mathrm{e}^{\sqrt{i^2+\xi^2}}}{\left(i^2+\xi^2\right)^{1/4}} \left(\frac{\xi}{i+\sqrt{i^2+\xi^2}}\right)^i \tag{9.3.3.2b}$$

(9.3.3.2a) 中 S 是 Huang-Rhys 因子；$i = (E - E_\mathrm{T})/\hbar\omega$；$\bar{n}$ 是平均声子数。如果依然假设跃迁主要发生在带边，结合 (9.3.2.1) 得到声子辅助跃迁主导的场增强因子 [20]：

$$g_\mathrm{n} = \frac{\sum_0^{\mathrm{INT}\left(\frac{E_\mathrm{c}-E_\mathrm{T}}{\hbar\omega}\right)} M_\mathrm{p}\left(i\hbar\omega\right) T\left(i\hbar\omega\right) n\left(x\right)}{M_\mathrm{p}\left(\mathrm{Ceiling}\left(\dfrac{E_\mathrm{c}-E_\mathrm{T}}{\hbar\omega}\right)\hbar\omega\right) n} \tag{9.3.3.3}$$

文献 [21] 中进一步给出了 $\left|\langle f|\,u_\mathrm{s}\,|i\rangle\right|^2$ 的计算方法，可以取代 (9.3.3.3) 中的隧穿概率。相关应用可以参考文献 [22]。

9.3.4 缺陷辅助共振隧穿机制

隧穿结需要实现简并状态的重掺杂，而掺杂原子特性与晶格原子多有不同，在材料中产生大量的局域缺陷，浓度很高的情况下会形成势阱。另一方面，高电场强度下电子和空穴波函数延伸到带隙内与缺陷势阱中的波函数重叠，这样会形成类似双势垒的共振隧穿情形，有可能会协助载流子进行共振隧穿 (RTBT)，如图 9.3.2 所示，其中 $F_\mathrm{c,v}$ 是导带与价带的包络函数。

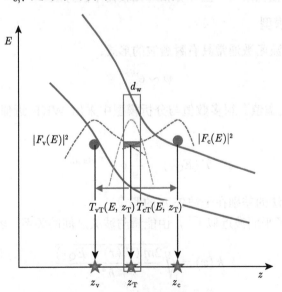

图 9.3.2 缺陷辅助共振隧穿示意图

假设缺陷位置为 z_T，俘获界面为 σ，浓度为 N_T，形成的势阱宽度为 d_w，能量为 E 的电子从导带到缺陷的透射系数与反射系数分别为 $T_\mathrm{cT}(E, z_\mathrm{T})$ 和 $R_\mathrm{cT}(E, z_\mathrm{T})$，

能量为 E 的空穴从价带到缺陷的透射系数与反射系数分别为 $T_{\mathrm{vT}}(E, z_{\mathrm{T}})$ 和 $R_{\mathrm{vT}}(E, z_{\mathrm{T}})$，则共振隧穿的透射系数为 [23]

$$T(E, z_{\mathrm{T}}) = \frac{T_{\mathrm{cT}}(E, z_{\mathrm{T}}) \, T_{\mathrm{vT}}(E, z_{\mathrm{T}})}{1 + R_{\mathrm{cT}}(E, z_{\mathrm{T}}) R_{\mathrm{vT}}(E, z_{\mathrm{T}}) - 2\sqrt{R_{\mathrm{cT}}(E, z_{\mathrm{T}}) R_{\mathrm{vT}}(E, z_{\mathrm{T}})} \cos\varphi} \tag{9.3.4.1}$$

其中，$\varphi = 2kd_{\mathrm{w}} + \theta_{\mathrm{v}} + \theta_{\mathrm{c}}$，这里 $\theta_{\mathrm{v}}, \theta_{\mathrm{c}}$ 分别是缺陷势阱相对价带与导带的反射系数的相位。隧穿概率为

$$t(E, z_{\mathrm{T}}) = \sigma N_{\mathrm{T}}^{2/3} T(E, z_{\mathrm{T}}) \tag{9.3.4.2}$$

代入 (9.1.1a) 和 (9.1.1b) 中得到相应的隧穿电流密度。这种机理最早用来解释 MOS 跨越单势垒的电流增强 [23,24]，后来被用来解释隧穿结的峰值电流密度的波动 [25,26]。

9.4　隧穿概率的计算

量子隧穿概率的计算方法有很多种，但在太阳电池这样尺寸比较大的器件数值分析软件中，往往采用一些计算相对比较简单的方法。

9.4.1　WKB 模型

进入势垒的波函数通常具有瞬逝波的形式：

$$\psi \sim \mathrm{e}^{\mathrm{i}kx - \frac{\mathrm{i}}{\hbar}t} \tag{9.4.1.1}$$

其中，波矢 k 是虚值。很多数值与分析模型中采用 WKB 近似来计算隧穿概率，形式 [27] 为

$$T(E_{\mathrm{QT}}) = \frac{\pi^2}{9} \mathrm{e}^{-2\int k(x)\mathrm{d}x} \tag{9.4.1.2}$$

不同计算方法的差别在于波矢 k 的假设。

(1) 自由粒子平面波近似 [28]，由能量与波矢之间的关系，容易得到波矢为

$$k(x) = \sqrt{\frac{2m(V(x) - E_{\mathrm{QT}})}{\hbar^2}} \tag{9.4.1.3}$$

在材料和电场强度均匀的情况下，对于平行波矢 $k_{\parallel}$：

$$T(E_{\mathrm{QT}}) = \frac{\pi^2}{9} \mathrm{e}^{-\pi \frac{\sqrt{m_{\mathrm{r}}} E_{\mathrm{g}}^{\frac{3}{2}}}{2q\hbar\,|F|}} \times \mathrm{e}^{-\pi \frac{\pi\hbar k_{\parallel}}{2q\,|F|} \sqrt{\frac{E_{\mathrm{g}}}{m_{\mathrm{r}}}}} \tag{9.4.1.4}$$

通过对 $k_\parallel$ 的积分能够直接得到 (9.0.1)，这种模型的应用可以参考文献 [29]、[30]。

(2) 双带耦合模型 [31,32]。BTBT 是电子和空穴两种载流子参与的过程，混合了两种载流子的性质，波矢 k 需要综合两者：

$$k\left(x\right) = \frac{k_{\mathrm{e}}k_{\mathrm{h}}}{\sqrt{k_{\mathrm{e}}^2 + k_{\mathrm{h}}^2}} \tag{9.4.1.5}$$

式中，$k_{\mathrm{e}}\left(x\right) = \sqrt{\dfrac{2m_{\mathrm{c}}\left[E_{\mathrm{c}}\left(x\right) - E_{\mathrm{QT}}\right]}{\hbar^2}}$ 和 $k_{\mathrm{h}}\left(x\right) = \sqrt{\dfrac{2m_{\mathrm{h}}\left[E_{\mathrm{QT}} - E_{\mathrm{v}}\left(x\right)\right]}{\hbar^2}}$ 分别是电子与空穴的波矢，这里导带与价带有效质量定义为隧穿起点与终点处的有效质量的几何平均，即

$$m_{\mathrm{c}} = \sqrt{m_{\mathrm{e}}\left(x_{\mathrm{start}}\right)m_{\mathrm{h}}\left(x_{\mathrm{end}}\right)} \tag{9.4.1.6a}$$

$$m_{\mathrm{h}} = \sqrt{m_{\mathrm{h}}\left(x_{\mathrm{start}}\right)m_{\mathrm{e}}\left(x_{\mathrm{end}}\right)} \tag{9.4.1.6b}$$

图 9.4.1 是采用 AHSCS 计算得到的 $\mathrm{Al_{0.4}Ga_{0.6}As/Al_{0.3}Ga_{0.2}In_{0.5}P}$ 热平衡能

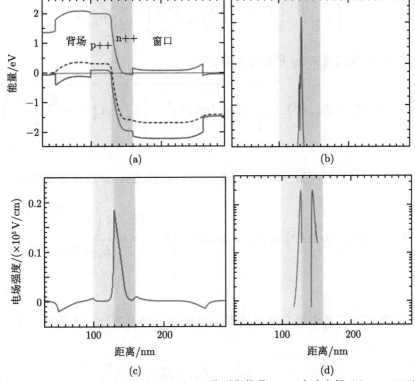

图 9.4.1 $\mathrm{Al_{0.4}Ga_{0.6}As/Al_{0.3}Ga_{0.2}In_{0.5}P}$ 热平衡能带 (a)、内建电场 (c)、TTBT(b)、BTBT(d) 隧穿概率

带 (a)、内建电场 (c)、TTBT(b)、BTBT(d) 隧穿概率等分布图。可以看出，由于能带分布的影响，TTBT 多发生在界面附近，而 BTBT 则发生在距离界面有一定距离的位置。

(3) 双带包络函数模型 [33]。(9.4.1.3) 与 (9.4.1.4) 忽略了异质结构能带分布的多样性，改进方法在于 (3.6.4.4a) 和 (3.6.4.4b) 的一维双带包络函数模型，假设导带/价带包络函数都具有 (9.4.1.1) 的形式：

$$\left[E_{\mathrm{c}} + \frac{\hbar^2 k_z^2}{2m_{\mathrm{c}}^{\mathrm{l}}} + \frac{\hbar^2 \left(k_x^2 + k_y^2 \right)}{2m_{\mathrm{c}}^{\mathrm{t}}} \right] \psi_{\mathrm{c}} (z) + \hbar P k_z \psi_{\mathrm{v}} (x) = E \psi_{\mathrm{c}} (x) \tag{9.4.1.7a}$$

$$\left[E_{\mathrm{v}} - \frac{\hbar^2 k_z^2}{2m_{\mathrm{v}}^{\mathrm{l}}} + \frac{\hbar^2 \left(k_x^2 + k_y^2 \right)}{2m_{\mathrm{v}}^{\mathrm{t}}} \right] \psi_{\mathrm{v}} (z) + \hbar P k_z \psi_{\mathrm{c}} (x) = E \psi_{\mathrm{v}} (x) \tag{9.4.1.7b}$$

(9.4.1.7a) 和 (9.4.1.7b) 定义的本征能量为 E 时的本征方程在忽略横向波矢的情况下为

$$\left[E - \frac{E_{\mathrm{c}} + E_{\mathrm{v}}}{2} \right]^2 = \left[\frac{E_{\mathrm{g}}}{2} + \frac{\hbar^2 k_z^2}{2m_{\mathrm{r}}} \right]^2 + \left(\hbar P k_z \right)^2 \tag{9.4.1.8}$$

求解 (9.4.1.8) 得到波矢 k_z 所满足的解：

$$\frac{\hbar^2 k_z^2}{m_{\mathrm{r}}} = - \left(E_{\mathrm{g}} + 2m_{\mathrm{r}} P^2 \right) \pm \sqrt{ \left(E_{\mathrm{g}} + 2m_{\mathrm{r}} P^2 \right)^2 - \left[E_{\mathrm{g}}^2 - 4 \left(E - \frac{E_{\mathrm{c}} + E_{\mathrm{v}}}{2} \right)^2 \right] } \tag{9.4.1.9}$$

鉴于 (9.4.1.9) 中根号内第一项远大于第二项，借助 Taylor 级数展开得到

$$\frac{\hbar^2 k_z^2}{m_{\mathrm{r}}} = - \left(E_{\mathrm{g}} + 2m_{\mathrm{r}} P^2 \right) \pm \left(E_{\mathrm{g}} + 2m_{\mathrm{r}} P^2 \right) \left[1 - \frac{E_{\mathrm{g}}^2 - 4 \left(E - \frac{E_{\mathrm{c}} + E_{\mathrm{v}}}{2} \right)^2}{\left(E_{\mathrm{g}} + 2m_{\mathrm{r}} P^2 \right)^2} \right] \tag{9.4.1.10}$$

这样的虚值波矢有两个解，隧穿概率主要取决于绝对值比较小的那一个，即取 + 号：

$$\frac{\hbar^2 k_z^2}{m_{\mathrm{r}}} = - \frac{E_{\mathrm{g}}^2 - 4 \left(E - \frac{E_{\mathrm{c}} + E_{\mathrm{v}}}{2} \right)^2}{E_{\mathrm{g}} + 2m_{\mathrm{r}} P^2} \tag{9.4.1.11}$$

(9.4.1.10) 将异质结构多层材料之间的差异通过动量矩阵元 P 和联合有效质量 m_r 体现出来。

在数值实施过程中，如同在第 6 章计算光波穿透深度截止判断一样，我们也建立了相关的判断标准，分辨隧穿的截止深度。显而易见，太厚的势垒宽度，隧穿概率会大大降低，根据量子力学基本结论，波函数在里面的分布呈 e^{-kz}，可以把 $\int k_z \mathrm{d}z$ 作为衡量指标，如果值大于 15，则人为设定隧穿概率就是 0。

【练习】

编程实施本节所发展的隧穿概率计算方法，并选取实际遇到的结构进行数值比较。

9.4.2 传输矩阵方法

与第 4 章中计算量子限制区域能级所采用的传输矩阵一样，也可以用传输矩阵方法来计算隧穿概率[34-36]，过程类似。对于势垒左边区域，波函数由前向与反向两部分组成：

$$\phi_1(x) = C_1 \mathrm{e}^{\mathrm{i}k_1 x} + D_1 \mathrm{e}^{-\mathrm{i}k_1 x} \tag{9.4.2.1a}$$

势垒右边区域的波函数为

$$\phi_r(x) = C_r \mathrm{e}^{\mathrm{i}k_r x} + D_r \mathrm{e}^{-\mathrm{i}k_r x} \tag{9.4.2.1b}$$

但是事实上载流子隧穿到右边仅有透射前向波 $D_r = 0$。不同区间之间的连续性条件为

$$\begin{bmatrix} \phi_i(x_i^-) \\ \dfrac{1}{m_i} \phi_i(x_i^-)' \end{bmatrix} = \begin{bmatrix} \phi_{i+1}(x_i^+) \\ \dfrac{1}{m_{i+1}} \phi_{i=1}(x_i^+)' \end{bmatrix} \tag{9.4.2.2}$$

由这个连续性条件可以得到不同势垒区界面所产生的两边系数联系方程：

$$C_r(A_r \mathrm{d}B_r - \mathrm{d}A_r B_r) = C_1\left(A_1 \mathrm{d}B_r - \frac{m_2}{m_1}\mathrm{d}A_1 B_r\right) + D_1\left(B_1 \mathrm{d}B_r - \frac{m_2}{m_1}\mathrm{d}B_1 B_r\right) \tag{9.4.2.3a}$$

$$-D_r(A_r \mathrm{d}B_r - \mathrm{d}A_r B_r) = C_1\left(A_1 \mathrm{d}A_r - \frac{m_2}{m_1}\mathrm{d}A_1 A_r\right) + D_1\left(B_1 \mathrm{d}A_r - \frac{m_2}{m_1}\mathrm{d}B_1 A_r\right) \tag{9.4.2.3b}$$

式中，$A_1 = \mathrm{Ai}\,[u_i\,(x_i+1)]$，$B_1 = \mathrm{Bi}\,[u_i\,(x_{i+1})]$ 与 $\mathrm{d}A\,(B)_{1(\mathrm{r})}$ 表示左右边 Airy 函数在界面上的值及导数值，这样得到不同网格区间波函数的系数传递矩阵：

$$
\begin{bmatrix} C_{i+1} \\ D_{i+1} \end{bmatrix} = \frac{\pi}{u'_{i+1}\,(x_{i+1})} \begin{bmatrix} A_1 \mathrm{d}B_\mathrm{r} - \mathrm{d}A_1 B_\mathrm{r}\dfrac{m_{i+1}}{m_i} & B_1 \mathrm{d}B_\mathrm{r} - \mathrm{d}B_1 B_\mathrm{r}\dfrac{m_{i+1}}{m_i} \\ \mathrm{d}A_1 A_\mathrm{r}\dfrac{m_{i+1}}{m_i} - A_1 \mathrm{d}A_\mathrm{r} & \mathrm{d}B_1 A_\mathrm{r}\dfrac{m_{i+1}}{m_i} - B_1 \mathrm{d}A_\mathrm{r} \end{bmatrix} \begin{bmatrix} C_i \\ D_i \end{bmatrix}
$$

$$
= \frac{\pi}{u'_{i+1}\,(x_{i+1})} \begin{bmatrix} M^i_{11} & M^i_{12} \\ M^i_{21} & M^i_{22} \end{bmatrix} \begin{bmatrix} C_i \\ D_i \end{bmatrix} \tag{9.4.2.4}
$$

如取左边区域为坐标原点即 $x_0 = 0$，左边区域到势垒第一个区间之间的传递矩阵为

$$
M_{10} = \frac{\pi}{u'_1\,(x_0)} \begin{bmatrix} \mathrm{d}B_1 - \mathrm{i}k_0 B_1\dfrac{m_1}{m_0} & \mathrm{d}B_1 + \mathrm{i}k_0 B_1\dfrac{m_1}{m_0} \\ \mathrm{i}k_0 A_1\dfrac{m_1}{m_0} - A_1 & -\mathrm{i}k_0 A_1\dfrac{m_1}{m_0} - A_1 \end{bmatrix} \tag{9.4.2.5}
$$

从隧穿势垒区域到右边区域的传递矩阵为

$$
M_{i,i+1} = -\frac{1}{2\mathrm{i}k_{i+1}}
$$

$$
\times \begin{bmatrix} -\left(\mathrm{i}k_{i+1}A_i + \mathrm{d}A_i\dfrac{m_{i+1}}{m_i}\right)\mathrm{e}^{-\mathrm{i}k_{i+1}x_{i+1}} & -\left(\mathrm{i}k_{i+1}B_i + \mathrm{d}B_i\dfrac{m_{i+1}}{m_i}\right)\mathrm{e}^{-\mathrm{i}k_{i+1}x_{i+1}} \\ -\left(\mathrm{i}k_{i+1}A_i - \mathrm{d}A_i\dfrac{m_{i+1}}{m_i}\right)\mathrm{e}^{\mathrm{i}k_{i+1}x_{i+1}} & -\left(\mathrm{i}k_{i+1}B_i - \mathrm{d}B_i\dfrac{m_{i+1}}{m_i}\right)\mathrm{e}^{\mathrm{i}k_{i+1}x_{i+1}} \end{bmatrix}
$$

$$
\tag{9.4.2.6}
$$

假设势垒区被分成 n 份，最终得到总的传递矩阵为

$$
\begin{bmatrix} C_{n+1} \\ D_{n+1} \end{bmatrix} = \prod_i M_{i+1,i} \begin{bmatrix} C_0 \\ D_0 \end{bmatrix} \tag{9.4.2.7}
$$

右边区域只有前向波，可以得到如下两个关系：

$$
M_{11}C_0 + M_{12}D_0 = C_{n+1} \tag{9.4.2.8a}
$$

$$
M_{21}C_0 + M_{22}D_0 = 0 \tag{9.4.2.8b}
$$

根据量子力学基本结论，得到隧穿概率为

$$T\left(E\right) = \frac{q\left|C_{n+1}\right|^2 \dfrac{\hbar k_{n+1}}{m_{n+1}}}{q\left|C_0\right|^2 \dfrac{\hbar k_0}{m_0}} = \frac{m_0\left|C_{n+1}\right|^2 k_{n+1}}{m_{n+1}\left|C_0\right|^2 k_0} = \frac{m_0 k_{n+1}}{m_{n+1} k_0}\left|\frac{C_{n+1}}{C_0}\right|^2$$

$$= \frac{m_0 k_{n+1}}{m_{n+1} k_0}\left|\frac{M_{22}M_{11} - M_{21}M_{12}}{M_{22}}\right|^2 \tag{9.4.2.9}$$

通常在实际中，采用方形势垒估算隧穿概率幅度，其表达式如量子力学教科书中描述的

$$T = \left[1 + \frac{V^2}{4E\left(V - E\right)}\sinh\left(kL\right)\right]^{-1} \tag{9.4.2.10}$$

其中，波矢 k 采用 (9.4.1.3)。

【练习】

编程实施传输矩阵法计算隧穿概率。

9.5 隧穿相关的数据结构

与量子限制一样，各种量子隧穿效应引入空间非局域关联，同时还需要人为输入隧穿模型的参数，如 Richardson 常数、Huang-Rhys 因子等 [37,38]，这些参数对最终数值结果的准确性影响巨大，作为能够涵盖这些特性的数据结构，如 BTBT 至少应该包含两边功能层编号、Richardson 常数等，能带到界面隧穿 (BTST) 需要明确载流子类型、功能层与界面编号、Richardson 常数，典型的两者数据结构如图 9.5.1 所示。

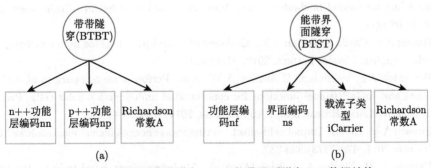

图 9.5.1　典型的带带隧穿 (a) 和能带界面隧穿 (b) 数据结构

缺陷对能带的隧穿 (TTBT) 的数据结构比较复杂一些, 除了要明确发生隧穿的功能层编号外, 还要明确缺陷辅助隧穿的机制, 如热跃迁还是声子辅助跃迁, 伴随需要明确相关物理模型参数, 一个示例的典型 TTBT 数据结构如图 9.5.2 所示。

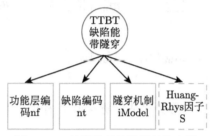

图 9.5.2　计算结果的数据结构实施

缺陷辅助共振隧穿涉及一些人为确定的参数, 如缺陷势阱宽度、位置等, 相应的数据结构也会存在一些任意的特点, 这里不再叙述。

【练习】

建立一个面向 9.3.4 节缺陷辅助共振隧穿模型的数据结构。

参 考 文 献

[1]　Kane K O. Theory of tunneling. J. Appl. Phys., 1961, 32(1):83-91.

[2]　Huang J Z, Chew W C, Peng J, et al. Model order reduction for multiband quantum transport simulations and its application to p-type junctionless transistors. IEEE Transactions on Electron Devices, 2013, 60(7):2111-2119.

[3]　Samberg J P, Carlin C Z, Bradshaw G K, et al. Effect of GaAs interfacial layer on the performance of high bandgap tunnel junctions for multijunction solar cells. Applied Physics Letters, 2013, 103(10):103503-103503-4.

[4]　David E, Marco P, Palestri P, et al. A review of selected topics in physics based modeling for tunnel field-effect transistors. Semiconductor Science Technology, 2017, 32(8):083005.

[5]　Hauser J R, Carlin Z, Bedair S M. Modeling of tunnel junctions for high efficiency solar cells. Applied Physics Letters, 2010, 97(4):623.

[6]　Wheeldon J F, Valdivia C E, Walker A W, et al. Performance comparison of AlGaAs, GaAs and InGaP tunnel junctions for concentrated multijunction solar cells. Progress in Photovoltaics: Research and Applications, 2011, 19(4): 442-452.

[7]　Ionescu A M, Riel H. Tunnel field-effect transistors as energy-efficient electronic switches. Nature, 2011, 479(7373):329-337.

[8]　Carrillo N H, Ziegler A, Luisier M, et al. Modeling direct band-to-band tunneling: from bulk to quantum-confined semiconductor devices. J. Appl. Phys., 2015, 117(23):

234501.

[9] Pan A, Chi O C. Modeling direct interband tunneling. I. Bulk semiconductors. J. Appl. Phys., 2014, 116(5):237-608.

[10] Pan A, Chi O C. Modeling direct interband tunneling. II. Lower-dimensional structures. J. Appl. Phys., 2014, 116(5):054509-054509-8.

[11] Silvaco-Altlas User's Manual, 2012:252-253.

[12] Lumb P, González M, Yakes M K, et al. High temperature current-voltage characteristics of InP-based tunnel junctions. Progress in Photovoltaics Research & Applications, 2015, 23(6):773-782.

[13] Serra A C, Santos H A. Transmission tunneling current across heterojunction barriers. Proceedings of MELECON'94. Mediterranean Electrotechnical Conference, 1994, 2:581-584.

[14] Vincent G, Chantre A, Bois D. Electric field effect on the thermal emission of traps in semiconductor junctions. J. Appl. Phys., 1979, 50(8):5484-5487.

[15] Zhu Q S, Hiramatsu K, Sawaki N, et al. Field effect on thermal emission from the 0.40eV electron level in InGaP. J. Appl. Phys., 1993, 73:771.

[16] Schenk A. An improved approach to the Shockley-Read-Hall recombination in inhomogeneous fields of space-charge regions. J. Appl. Phys., 1992, 71(7):3339-3349.

[17] Hurkx G A, Klaassen D B, Knuvers M P. A new recombination model for device simulation including tunneling. IEEE Transactions on Electron Devices, 1992, 39(2):331-338.

[18] Baudrit M, Algora C. Tunnel diode modeling, including nonlocal trap-assisted tunneling: a focus on III-V multijunction solar cell simulation. IEEE Transactions on Electron Devices, 2010, 57(10):2564-2571.

[19] 黄昆. 晶格弛豫和多声子跃迁理论. 物理学进展, 1981, (1):35-89.

[20] Schenk A. An improved approach to the Shockley-Read-Hall recombination in inhomogeneous fields of space-charge regions. J. Appl. Phys., 1992, 71(7):3339-3349.

[21] Nez-Molinos F J, Palma A, Miz F, et al. Physical model for trap-assisted inelastic tunneling in metal-oxide-semiconductor structures. J. Appl. Phys., 2001, 90(7):3396-3404.

[22] Walker A W, Thériault O, Wilkins M M, et al. Tunnel-junction-limited multijunction solar cell performance over concentration. IEEE Journal of Selected Topics in Quantum Electronics, 2013, 19(5):1-8.

[23] Stievenard D, Letartre X, Lannoo M. Defect-assisted resonant tunneling: a theoretical model. Applied Physics Letters, 1992, 61(13):1582-1584.

[24] Jiang C W, Green M A, Cho E C, et al. Resonant tunneling through defects in an insulator: modeling and solar cell applications. J. Appl. Phys., 2004, 96(9):5006-5012.

[25] Jandieri K, Baranovskii S D, Rubel O, et al. Resonant electron tunneling through defects in GaAs tunnel diodes. J. Appl. Phys., 2008, 104(9):183516.

[26] Jandieri K, Baranovskii S D, Stolz S, et al. Fluctuations of the peak current of tunnel diodes in multi-junction solar cells. Journal of Physics D: Applied Physics, 2009,

42(15):155101.

[27] Schiff L I. Quantum Mechanics. 3rd ed. New York: McGraw-Hill, 1968:268-279.

[28] Lyumkis E, Mickevicius R, Penzin O, et al. Simulation of electron tunneling in HEMT devices. Proceedings of the IEEE Twenty-Seventh International Symposium on Compound Semiconductors (Cat. No.00TH8498), 2000:179-184.

[29] Li Z Q, Xiao Y G, Li Z. Modeling of multi-junction solar cells by crosslight APSYS. Proceedings of SPIE—the International Society for Optical Engineering, 2006, 6339:633909-633909-8.

[30] Muralidharan P, Vasileska D, Allen C, et al. Modeling of InAs/GaSb tunnel junction. 38th IEEE Photovoltaic Specialists Conference, 2012: 002096-002100.

[31] Baudrit M, Algora C. Tunnel diode modeling, including nonlocal trap-assisted tunneling: a focus on III-V multijunction solar cell simulation. IEEE Transactions on Electron Devices, 2010, 57(10):2564-2571.

[32] Louarn K, Fontaine C, Arnoult A, et al. Modelling of interband transitions in GaAs tunnel diode. Semiconductor Science & Technology, 2016, 31(6):06T01.

[33] Yang R Q, Sweeny M, Day D, et al. Interband tunneling in heterostructure tunnel diodes. IEEE Transactions on Electron Devices, 1991, 38(3):442-446.

[34] Leung C S Y, Skellern D J. Implementation of piecewise-linear model for self-consistent calculation of resonant tunnelling current.Conference on Optoelectronic and Microelectronic Materials and Devices Proceedings, 1996:267-270.

[35] Filipovic L, Baumgartner O, Kosina H. Modeling direct band-to-band tunneling using QTBM. International Conference on Simulation of Semiconductor Processes and Devices (SISPAD), 2013:212-215.

[36] Tait G B, Nabet B. Current transport modeling in quantum-barrier-enhanced heterodimensional contacts. IEEE Transactions on Electron Devices, 2003, 50(12):2573-2578.

[37] Kim R K, Dutton R W. Effects of local electric field and effective tunnel mass on the simulation of band-to-band tunnel diode model. 2005 International Conference on Simulation of Semiconductor Processes and Devices, 2005:159-162.

[38] Walker A W, Thériault O, Wilkins M M, et al. Tunnel-junction-limited multijunction solar cell performance overconcentration. IEEE Journal of Selected Topics in Quantum Electronics, 2013, 19(5):1-8.